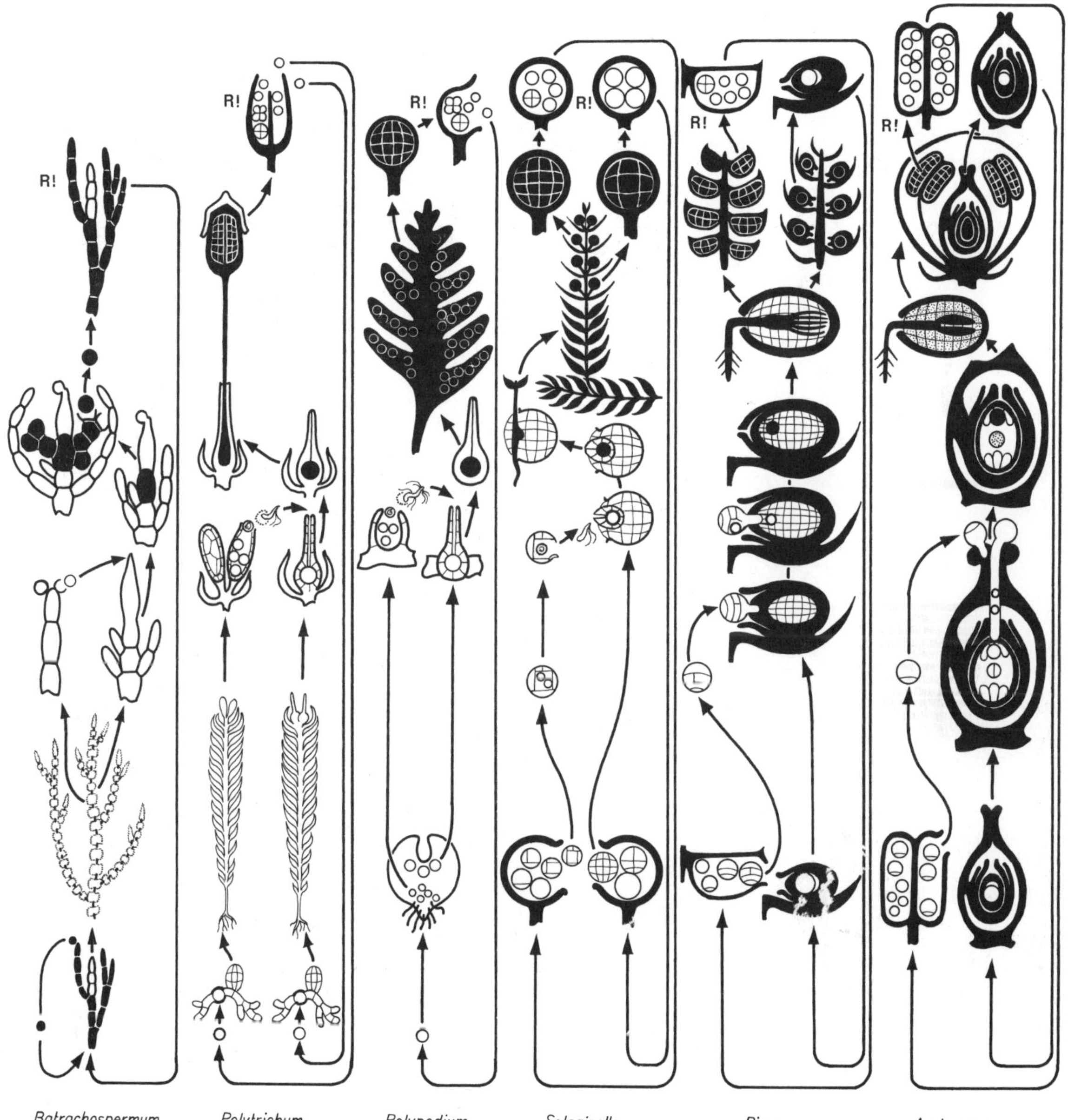
R!
R!
R!
R!
R!
R!
Batrachospermum
Polytrichum
Polypodium
Selaginella
Pinus
Angiosperme

Braune/Leman/Taubert

Pflanzenanatomisches Praktikum II

Pflanzenanatomisches Praktikum II

Zur Einführung in den Bau, die Fortpflanzung
und Ontogenie der niederen Pflanzen
(auch der Bakterien und Pilze)

von
Wolfram Braune
Alfred Leman
Hans Taubert

Vierte Auflage

mit 118 Abbildungen

Spektrum Akademischer Verlag Heidelberg Berlin

Die Autoren

Professor i. R. Dr. Wolfram Braune, Heinrich-Heine-Straße 15, 07749 Jena

Dr. Alfred Leman, Otto-Devrient Straße 14, 07743 Jena

Dr. Hans Taubert, Berthold-Delbrück-Straße 36, 07749 Jena

1. Auflage 1976 unter dem Titel: Praktikum zur Morphologie und Entwicklungsgeschichte der Pflanzen
2. Auflage 1982
3. Auflage 1990
alle im Gustav Fischer Verlag Jena

Titelbild: Die Blaualge/das Cyanobacterium *Anabaena variabilis.*
Faden mit eingeschalteten Heterocyten.

Die Deutsche Bibliothek – CIP-Einheitsaufnahme

Braune, Wolfram:
Pflanzenanatomisches Praktikum / von Wolfram Braune ; Alfred Leman ; Hans Taubert. – Heidelberg ; Berlin : Spektrum, Akad. Verl.
Teilw. im Fischer-Verl., Jena
2. Zur Einführung in den Bau, die Fortpflanzung und Ontogenie der niederen Pflanzen (auch der Bakterien und Pilze). – 4. Aufl. – 1999
ISBN 3-8274-0924-1

Korrigierter Nachdruck, 2002, der 4. Auflage 1999

Lektorat: Dr. Alrun Schmiedeknecht
Produktion: Ute Amsel
Einbandgestaltung: Kurt Bitsch, Birkenau
Satz: Typomedia Satztechnik GmbH, Ostfildern
Druck und Verarbeitung: Franz Spiegel Buch GmbH, Ulm

Vorwort zur 4. Auflage

Mit dieser Nachauflage verfolgen wir weiterhin das Ziel, eine praktische Anleitung zum Kennenlernen von Bau, Fortpflanzungs- und Entwicklungsprozessen bei nicht-tierischen Organismen zu geben. (Das Kapitel über die Fortpflanzungsorgane der Samenpflanzen wurde herausgenommen und dem Pflanzenanatomischen Praktikum I, 8. Auflage, hinzugefügt.) In dieser Absicht, also unter bewußter Einbeziehung von Bakterien und Pilzen, möge der Titel auch künftig vor formaler Kritik bewahrt bleiben. Am Grundkonzept des Buches, das breite Zustimmung fand, haben wir nichts verändert.

Rasch wechselnde und oft kontroverse Auffassungen zur systematischen Stellung der betreffenden Taxa machen es schwierig, einem einmütig akzeptierten Standpunkt zu folgen. So hielten wir die unveränderte Beibehaltung des in der 3.Auflage eingegangenen Kompromisses nochmals für vertretbar. Es war, entsprechenden Anfragen und Vorschlägen nachgebend, unser Entschluß, vor einer künftigen grundlegenden Revision der taxonomischen Gliederung des Werkes auch zwischenzeitlich den im Buch gesammelten, vor allem methodischen Erfahrungsschatz weiterhin für Studenten und Interessenten verfügbar zu halten, das Buch also unter diesem Gesichtspunkt als eine Hilfe in einführenden Praktika anzubieten.

Die verlegerische Betreuung auch dieser Auflage lag wiederum in bewährten Händen. Wir danken Verlag und Lektorat für die Förderung dieser Anliegen.

Jena, im Sommer 1999

W. Braune A. Leman H. Taubert

Vorbemerkungen zur 4. Auflage

Die Leistungen der Organismen, an deren kausalem Verständnis heute besonders im Bereich molekularer Dimensionen so erfolgreich gearbeitet wird, sind stets an Strukturen gebunden: auf molekularer, subzellulärer, zellulärer und organismischer Ebene. Jede einseitige Akzentuierung zugunsten der einen oder anderen Komponente dieser Einheit von Struktur und Funktion kann den auf das Ganze gerichteten Erkenntnisprozeß stören. Im Unterricht werden physiologische Vorgänge, biochemische und biophysikalische Erscheinungen aus didaktischen Gründen notwendigerweise an wenigen Standardobjekten demonstriert. Für die Schulung der Urteilsfähigkeit darüber, wie sich andere Objekte für spezielle Vorhaben eignen könnten, bleibt wenig Raum.
Wir sehen auch, daß erfolgreiches Wirken in der biologischen Praxis – des Mikrobiologen in der Industrie, des Wasserwirtschaftlers, des Phytopathologen, des Bearbeiters von Umweltprojekten – Organismenkenntnis voraussetzt und die Fähigkeit, eine bestimmte Form in das Gesamtsystem des Lebendigen einzuordnen.
Vergleichende Morphologie, Entwicklungsgeschichte und Embryologie, verbunden mit einem Grundvolumen an Artenkenntnis, vermitteln wesentliche Informationen hierzu. Praktische Anleitungen sind in der Literatur sehr zerstreut und außerhalb der Bibliotheken kaum erhältlich. Andererseits erlaubt die große Zahl moderner biologischer Fachgebiete keine zeitaufwendigen Spezialstudien in den traditionellen morphologisch orientierten Disziplinen; und bloßes Lehrbuchstudium wird dem Anliegen nicht gerecht. Das vorliegende Praktikum soll helfen, mit einfachen Methoden elementare Informationen über die Objekte des Pflanzenreichs durch eigene Anschauung und durch praktischen Umgang mit den Organismen zu gewinnen.
Beim Zusammenstellen des Materials zu einem geschlossenen Praktikum dieser Art ließen wir uns vor allem durch unsere eigenen Erfahrungen leiten, da wir Vorbilder nicht fanden.

Der Gestaltung liegen folgende Prinzipien zugrunde:

- Das formulierte Grundanliegen umfaßt ein breites Spektrum verschiedener Gesichtspunkte, z. B. phylogenetische und ontogenetische Entwicklungslinien, Formenvielfalt, ökologische Beziehungen, wirtschaftliche Bedeutung. Das erforderte, Akzente zu setzen, so daß bei der praktischen Arbeit mit den ausgewählten Repräsentationsformen oder Pflanzengruppen – ihrer besonderen Eignung entsprechend – der eine oder andere Aspekt in den Vordergrund rückt.
- Alle Objekte werden ohne taxonomisches Werturteil vorgestellt. Großer Artenreichtum einer Organismengruppe ist nicht gleichbedeutend mit phylogenetischer Vielfalt und Tragweite der Merkmale. Das beeinflußte den Umfang der einzelnen Kapitel.
- Die praktische Arbeit am Objekt sollte durch das Studium eines entsprechenden Lehrbuchs vorbereitet und begleitet werden. Hieraus werden sich möglicherweise auch weiterhin Schwierigkeiten hinsichtlich der taxonomischen Zuordnung und Wichtung und beim Gebrauch einiger Termini ergeben. Durch die nunmehr größere Bereitschaft von Lehrbuchautoren zur Akzeptanz veränderter, den heutigen Homologie-Vorstellungen entsprechender Begriffe zur Kennzeichnung von Fortpflanzungsstrukturen, waren wir nunmehr in der Lage, diesem berechtigten Anliegen konsequent zu folgen.
  Danach wird die Entstehung reproduktiver Zellen (Gonite) im Innern einer pflanzlichen, von einer Zellwand umschlossenen Mutterzelle (der Gonitocyste) als Gonitogonie bezeichnet.
  Gonite, die zur Entwicklung eines neuen Individuums bzw. einer neuen Generation ohne Sexualakt befähigt sind, werden Sporen genannt; ist ein Sexualakt erforderlich, handelt es sich um Gameten. Die primäre Hülle der Gonite ist stets die Zellwand der Gonitocyste. Eine Sporen bildende Gonitocyste heißt Sporocyste (nach herkömmlicher Terminologie auch bei Protobionten als Sporangium bezeichnet), eine Gameten bildende heißt Gametocyste (nach herkömmlicher Terminologie auch bei Protobionten als Gametangium bezeichnet).

Demgegenüber sind bei Bryophyten und Kormophyten entale Gonitocystengruppen von congenital verwachsenen mehrzelligen sterilen Hüllen umschlossen. Diese Organe werden als Gonitangien bezeichnet. Die Gonitangien des Sporophyten heißen Sporangien und bilden Sporen; diejenigen des Gametophyten heißen Gametangien und bilden Gameten. Da sich bei diesen Pflanzen die primären Hüllen (Zellwände der Gonite bildenden Mutterzellen) vor der Entlassung der Gonite auflösen, befinden sich diese bei Reife direkt innerhalb einer aus Zellen aufgebauten sekundären Hülle, der Angialwand. Damit wird deutlich, daß es sich bei den Hüllen um Sporen und Gameten, der primären Hülle (der Zellwand der Gonite bildenden Mutterzelle) einerseits und der sekundären zelligen Hülle (der Angialwand) andererseits *lediglich um analoge Bildungen* handelt, die eine klare terminologische Unterscheidung sinnvoll und notwendig erscheinen lassen.
Hinsichtlich weiterer abzuleitender nomenklatorischer Konsequenzen für spezifische Fortpflanzungsstrukturen bei Phycophyta und Mycota (z.B. Zygogamie, Cystogamie, Gonitothomus, Gonitothecium) sei auf die im Vorwort zur 3. Auflage genannten Veröffentlichungen und auf den Text dieses Buches verwiesen.

- Dem Praktikum zur vergleichenden Morphologie, Entwicklungsgeschichte, und Embryologie sollten mikroskopische Grundlagenstudien zur Anatomie der Pflanzen vorausgehen, die Erfahrungen in den elementaren präparativen Manipulationen, im Umgang mit dem Mikroskop und für Sinn und Methoden des mikroskopischen Zeichnens vermitteln. In diesem Gedanken legten wir Wert auf reichliches, durchweg originales Bildmaterial, räumten nunmehr aber dem Mikrofoto den Vorrang ein. Das geschah auch, um Vorbehalten zu begegnen: Da Abbildungen in Lehrbüchern immer wieder übernommen werden, kann der Eindruck entstehen, als seien die dargestellten Sachverhalte nur schwierig oder selten zu sehen. In Wahrheit sind viele dieser Beobachtungen für jeden Interessierten ohne große Mühe möglich.
- Es wurden solche Objekte ausgewählt, die in der Natur leicht zugänglich sind. Rückgriff auf Stammsammlungen wissenschaftlicher Einrichtungen haben wir bewußt vermieden.
- Die didaktische Aufbereitung des Stoffes lehnt sich weitgehend an unser „Pflanzenanatomisches Praktikum I" an (Spektrum Akademischer Verlag Heidelberg, 8. Aufl. 1999): Theoretische Abschnitte vor den Beobachtungsanleitungen sind als kurze Repetitorien gedacht, zugehörige Abbildungen und Schemata am Rand sollen als Merkhilfe dienen.
  Alle Kapitel sind, soweit es das Grundanliegen zuläßt, so gestaltet, daß sie einzeln und unabhängig voneinander bearbeitet werden können, ohne daß eines die Kenntnis der vorangegangenen unbedingt voraussetzt.
  Präparative Verfahren von allgemeiner Bedeutung werden im Methodenregister beschrieben. Dort wird auch die Mikrotomtechnik in Grundzügen behandelt. Dennoch ist der gesamte Praktikumsstoff so bearbeitet, daß die Mikrotomie für kein Stoffgebiet eine unabdingbare Methode darstellt.

Wir übersehen nicht, daß unserem Anliegen je nach örtlichen Bedingungen und Traditionen in verschiedener Weise hätte entsprochen werden können, und gewiß ist die Gefahr groß, daß sich bei der Breite des Stoffgebietes auch Fehler eingeschlichen haben. Unsere Bitte gilt daher allen Benutzern des Buches, uns durch kritische Hinweise und Vorschläge zu unterstützen.
Der Dankespflicht an die Mitarbeiter des Verlages kommen wir gern nach: Wir fanden verständnisvolles Entgegenkommen und erfreuten uns einer angenehmen, sachdienlichen Zusammenarbeit.
Das Verständnis unserer Frauen für das Opfer an gemeinsamer Freizeit bewahrte uns die Freude an der Arbeit. Dafür gebührt ihnen unser Dank an erster Stelle.

Jena, 1974/1981/1989/1999/2002

Wolfram Braune Alfred Leman Hans Taubert

Inhalt

Prokaryota

1. Bacteria und Cyanobacteria

1.1. Bacteria (Bakterien)

Einzellige bzw. lockere Zellaggregationen (Coenobien) bildende **prokaryotische Organismen,** die vorwiegend saprophytisch oder parasitisch leben. Nur wenige Formen (Rhodospirillaceae, Chromatiaceae, Chlorobiaceae) mit Photosynthese (Bacteriochlorophylle); diese immer anaerob und ohne Abscheidung von Sauerstoff.

Wenn nicht durch Überschreiten extremer Lebensbedingungen unterdrückt, sind Bakterien überall gegenwärtig, oft in sehr großen Individuenzahlen (bis 10^9 Keime je Gramm oder Milliliter in Ackerboden, Klärschlamm, Abwasser).

Die durch die **geringe Größe** der Zellen gegebene große Oberfläche je Gramm lebender Substanz bedingt die Potenz zu außergewöhnlich hohem Stoffumsatz (Richtzahl für Größe: Stäbchen 1 µm dick, 5 µm lang; Kokken 1 µm Durchmesser; Richtzahl für Stoffumsatz: im Vergleich zu Blattgewebe höherer Pflanzen je Trockengewichtseinheit bis 2000fache Atmungsintensität).

Bedeutung

- Wichtiger Faktor im Haushalt der Natur, besonders im **Stoffkreislauf:** Zersetzung und Mineralisation organischer Substanzen, Stoffumbau (z. B. Fäulnis, Verwesung, Gärung, Ammonifikation, Nitrifikation, Denitrifikation, Bindung von atmosphärischem Stickstoff, Sulfurikation, Desulfurikation).
- Erreger von **Infektionskrankheiten,** vorwiegend bei Mensch und Tier (Pilze dagegen vorwiegend phytopathogen!).
- **Darm- und Hautflora** bei Mensch und Tier; lebensnotwendig, aber Wechselwirkung weitgehend ungeklärt.
- Industrielle Nutzung für **biologische Synthesen** (z. B. Vitamin B_{12}, Polymyxin, Bacitracin, Milchsäure, Enzyme für Waschmittel, Impfstoffe), zur Produktwandlung (z. B. Herstellung von Silagen, Sauergemüse, Käse) und zur Abfallbeseitigung (Methanvergärung, Biogas!).

Cytologie

Protoplast wie bei jeder lebenden Zelle von Elementarmembranen umschlossen und **kompartimentiert** (geringer als bei Eukaryota!). Im Grundcytoplasma (mit endoplasmatischem Reticulum) zahlreiche **Ribosomen** als Orte der RNA-Synthese. (Archaebacteria weichen u. a. in der Sequenz der rRNA wesentlich von den Eubacteria ab, daher als besondere Abteilung gewertet; von manchen Autoren sogar als drittes Organismenreich neben Prokaryota und Eukaryota gestellt.)

Morphologisch distinkte, durch Elementarmembranen abgegrenzte Mitochondrien, Plastiden und Zellkerne fehlen (Gegensatz zur eukaryotischen Zelle!). Die jeweils entsprechenden Funktionen sind jedoch gesichert: Photosynthesepigmente, Atmungs- und weitere Enzymsysteme an spezifischen Membranstapeln **(Mesosomen, Thylakoidstapel).** DNA als zartes Fasernetz im Bereich des Kernäquivalents (Nucleoid). Dieser Genophor liegt als geschlossener Fadenring vor, der sich bei der Zellteilung an die Zellwand anheftet und als Ring repliziert. Daneben im Cytoplasma noch **Plasmide** (kleine, zur Replikation fähige DNA-Ringe). DNA mit Hilfe der Feulgenschen Nuclealreaktion (Reg. 83) und spezifischer Kernfärbung (Reg. 66) nachweisbar.

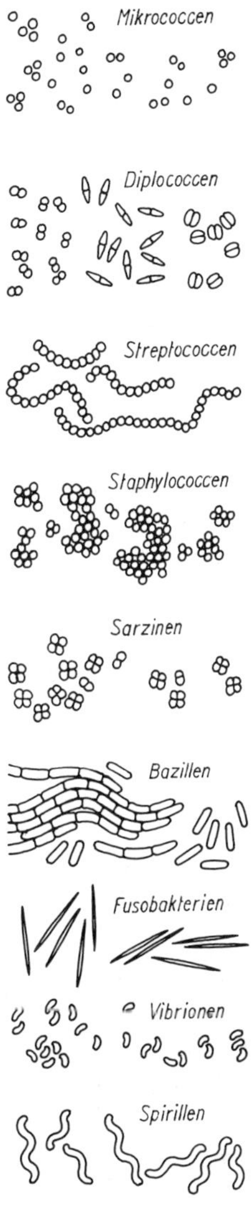

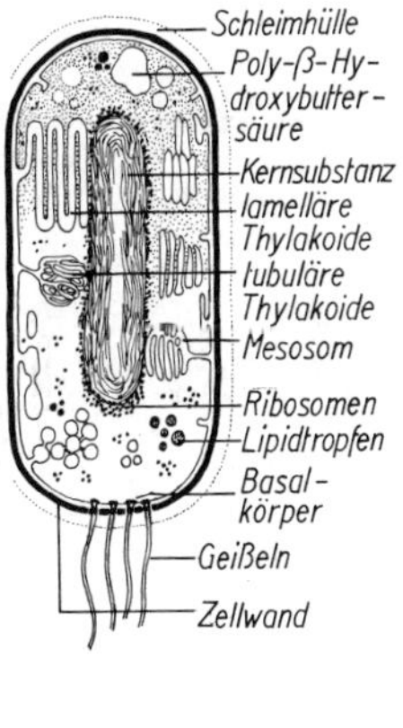

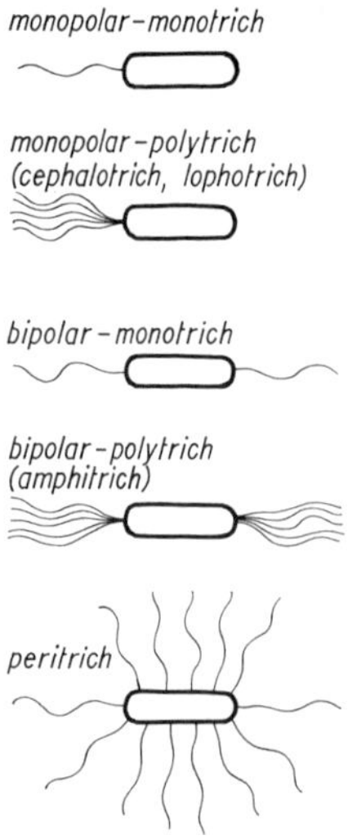

Geißeln: Fädige, cytoplasmatische Strukturen, die innerhalb der Cytoplasmamembran entspringen und in je einer ringartigen Struktur in der Cytoplasmamembran und der Zellwand verankert sind. Sie bestehen aus wenigen schraubig miteinander verdrillten **Proteinfibrillen** (kontraktiles, myosinähnliches Flagellin; im Unterschied zu Geißeln eukaryotischer Zellen nicht 9 + 2-Fibrillen, s. S. 142). Die Geißeln liegen mit einem Durchmesser von 0,05 bis 0,12 μm unter der lichtmikroskopischen Auflösungsgrenze, sie können aber bis zu 12 μm lang werden. Sie ermöglichen den Bakterien in flüssigen Medien freie, gerichtete Beweglichkeit (Photo-, Chemo-, Aerotaxis).
Fimbrien (= Pili): sehr zarte, nur elektronenoptisch wahrnehmbare Cytoplasmafäden an der Zelloberfläche.
Zellwand: Etwa 20 nm dick, **keine Fibrillärstruktur** (Unterschied zur Zellwand höherer Pflanzen!). Das **Stützskelett** besteht aus **Murein** (N-Acetylglucosamin und N-Acetylmuraminsäure β-glykosidisch zu Ketten verbunden; fehlt bei Archaebacteria, dafür Pseudomurein bzw. spezifische Protein- und Polysaccharidhüllen), dessen Makromoleküle mit bestimmten Aminosäuren peptidartig verknüpft sind und sich über Diaminosäuren (z. B. m-Diaminopimelinsäure, L-Lysin) zu einem großen, sackförmigen Makromolekül, dem **Mureinsacculus,** verbinden. Dieses Mureinskelett ist mit anderen Substanzen **(Lipoproteide, Lipopolysaccharide, Phospholipoide)** inkrustiert und beschichtet. Nach der Zusammensetzung von Stützskelett und additiven Substanzen in der Wand lassen sich nach spezieller Färbung (Gramfärbung, Reg. 48) gram-negative und gram-positive Bakterien unterscheiden. Das Gramverhalten korreliert mit wesentlichen anderen Eigenschaften der Bakterien und ist ein bedeutendes taxonomisches Merkmal:

	gram-negativ	*gram-positiv*
Mureingerüst	einschichtig	mehrschichtig
Additive Substanzen	Anteil hoch	Anteil geringer, Aminosäuren variieren von Art zu Art
Bindevermögen des Farbstoff-Iod-Komplexes	gering	hoch
Isoelektrischer Punkt	höher	niedriger
Penicillin-empfindlichkeit	geringer	höher
Streptomycin-empfindlichkeit	höher	geringer
Nährstoffansprüche	geringer; z. T. autotrophe Formen	höher autotrophe Formen fehlen
Toxinbildung	vorwiegend Endotoxine	vorwiegend Exotoxine

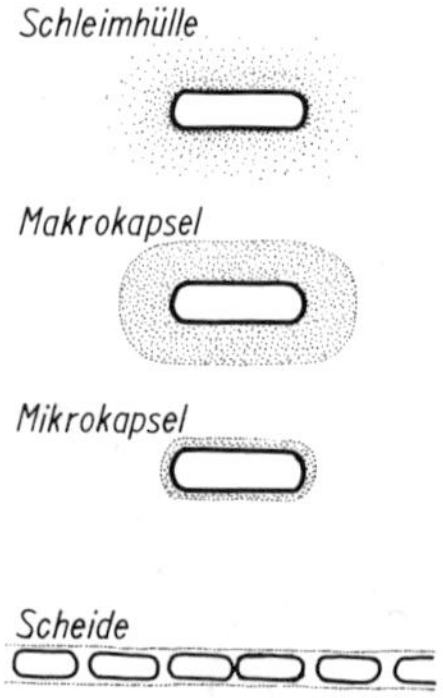

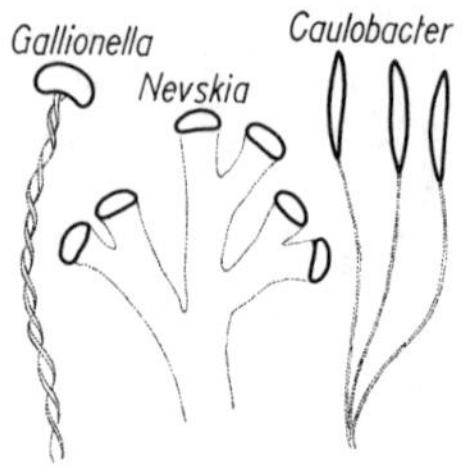

Auf der Außenseite der Zellwand wird eine **Schleimschicht** von z. T. komplizierter Zusammensetzung sezerniert. Je nach Konsistenz und Dimension kann zwischen **Kapsel** (Mikro-, Makrokapsel), Schleimhülle, wasserlöslicher Schleimausscheidung und entsprechenden Übergangsformen unterschieden werden.
Werden Schleimstoffe gerichtet ausgeschieden, entstehen **Scheiden** *(Sphaerotilus, Leptothrix)* oder **Stiele** *(Gallionella, Nevskia).*
Reservestoffe: Neben **Polysacchariden** und **Lipiden** treten **Polyphosphate** (Volutingranula), **Schwefel** und **Poly-β-hydroxybuttersäure** (Energie- und Kohlenstoffquelle) auf.

Morphologie

Drei Grundformen: **Kugel** (Coccen); **Stäbchen** (zylindrisch: Mehrzahl der Bakterien, z. B. Pseudomonadaceae, Enterobacteriaceae, Bacillaceae; schraubig gewunden bis kommaförmig: Spirillaceae; gerade oder gekrümmt, mit zugespitzten Enden: *Fusobacterium;* flexibel, gewunden: Spirochaetales); **verzweigt, unregelmäßig,** bis **hyphenartig** (Actinomycetales). Konvergente Formen bei Archaebacteria.

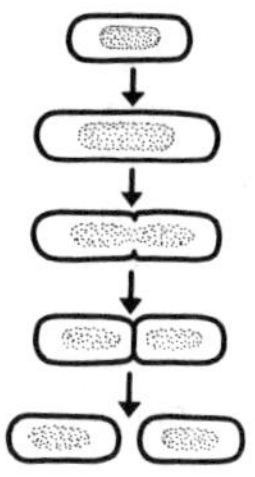

Die Zellen können aufgrund unvollständiger Trennung nach der Teilung und je nach Lage der Teilungsebene in lockeren Zellverbänden mit charakteristischer Gestalt zusammenbleiben (nicht bei Archaebacteria): Zellpaare oder perlschnurartige **Ketten** *(Streptococcus),* **Pakete** *(Sarcina, Micrococcus),* unregelmäßige **Haufen** *(Veillonella),* **Trauben** *(Staphylococcus),* **Stäbchenketten** *(Bacillus).*

Kolonieform. Auf der Oberfläche fester Kulturmedien entwickeln sich Einzelzellen oder mikroskopische Zellansammlungen (z. B. bei fraktioniertem Ausstrich; Reg. 55) zu makroskopisch sichtbaren **Bakterienkolonien** (Abb. 1A), deren Merkmale für die Bestimmung benutzt werden (z. B. Farbe, Konsistenz, Rand, Oberfläche usw.), jedoch durch Variation erschwert, da die Kolonien je nach Intensität der Schleimbildung in drei Formen auftreten können: **S-Form** (**s**mooth, Normalform) feucht, glatt, weich, glänzend, gewölbt; **R-Form** (**r**ough, meist unter ungünstigen Lebensbedingungen oder nach langer in-vitro-Kultur) trocken, rauh, flach, faltig, am Rand fasrig oder mit Ausläufern; **M-Form** (**m**ucosus) stark schleimig, fadenziehend. Variationsvorgänge mit Änderungen des Antigenbestandes verbunden.

Sporenbildung:

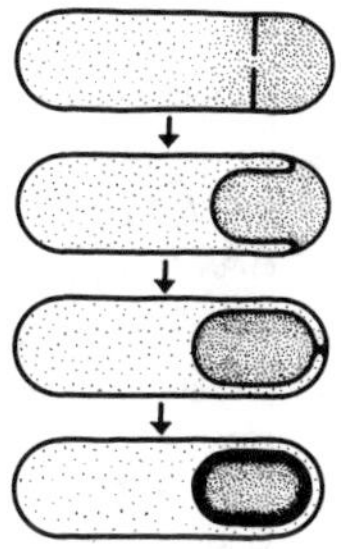

Vermehrung und Fortpflanzung

Die Mehrzahl der Bakterien vermehrt sich durch **Querteilung** (Spaltung) unter günstigen Bedingungen in hoher Frequenz (z. B. eine Teilung in 20 min). Dabei entsteht in der Zelle irisblendenartig eine Querwand, die entlang der Fläche aufspaltet und die Tochterzellen voneinander trennt (s. Randleiste). Bei Actinomycetales Zerfall von Hyphen (arthrosporenartig) und Ausbildung von (meist exogenen) Sporen.

Die Arten der Familie Bacillaceae pflanzen sich durch **endogene,** zum Teil äußerst widerstandsfähige **Dauersporen** fort, die ungünstige Lebensbedingungen überstehen. Sporenbildung: Nach örtlicher Konzentration von Reservestoffen (Aerobier: Poly-β-hydroxybuttersäure, Anaerobier: Polysaccharide) und Entquellung schnürt sich ein **Sporenprotoplast** durch „innere Zellteilung" in der Mutterzelle ab **(Vorspore),** danach entwickeln sich Hüllen um die reife Spore, später geht die Mutterzelle in Lyse über.

Übertragung von genetischem Material **(Gentechnologie!)** durch Konjugation, Transduktion, Transformation; wird für industrielle Mikrobiologie **(Biotechnologie!)** genutzt (z. B. Produktion von Insulin, Interferon).

Sporenkeimung

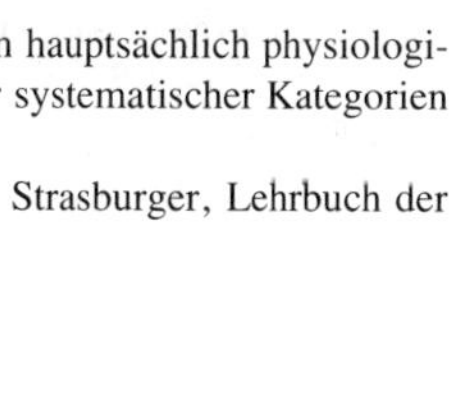

Übersicht über das System

Das System der Bakterien ist weitgehend künstlich. Zur Unterscheidung der Taxa dienen hauptsächlich physiologische Merkmale. Morphologische Unterschiede sind nur für die Differenzierung größerer systematischer Kategorien von Bedeutung.

Nach Bergey's Manual of Determinative Bacteriology, 8. Auflage, Baltimore 1974 und Strasburger, Lehrbuch der Botanik, 32. Auflage, Jena 1983 (weniger bekannte Gattungen wurden ausgelassen):

Erste Abteilung: Archaebacteria

- Methanobacteriaceae
  Methanobacterium, Methanococcus, Methanospirillum, Methanosarcina;
- Halophile Formen
  Halococcus, Halobacterium;

– Thermo-acidophile Formen
Sulfolobus, Thermoplasma.

Zweite Abteilung: Eubacteria

Erste Klasse: gram-negative Eubacteria

– Photoautotrophe Bakterien
Rhodospirillales: Rhodospirillaceae *Rhodospirillum, Rhodopseudomonas, Rhodomicrobium;* Chromatiaceae *Chromatium, Thiocystis, Thiosarcina, Thiospirillum, Lamprocystis, Thiopedia;* Chlorobiaceae *Chlorobium, Chloropseudomonas, Pelodictyon, Clathrochloris;*

– Gleitende Bakterien
Myxobacterales: Myxococcaceae *Myxococcus;* Archangiaceae *Archangium;* Cystobacteraceae *Cystobacter;* Polyangiaceae *Polyangium, Chondromyces;*
Cytophagales: Cytophagaceae *Cytophaga, Flexibacter, Saprospira, Sporocytophaga;* Beggiatoaceae *Beggiatoa, Thioploca;* Simonsiellaceae *Simonsiella, Alysiella;* Leucotrichaceae *Leucothrix, Thiothrix;*
Familien und Gattungen unsicherer Zuordnung: Achromatiaceae *Achromatium;* Pelonemataceae *Pelonema, Peloploca;*

– Bakterien mit Scheiden
Sphaerotilus, Leptothrix, Streptothrix, Crenothrix;

– Knospende und/oder mit Anhängseln versehene Bakterien
Hyphomicrobium, Caulobacter, Gallionella, Nevskia, Metallogenium;

– Spirochäten
Spirochaetales: Spirochaetaceae *Spirochaeta, Cristispira, Treponema, Borrelia, Leptospira;*

– Spiralige und gekrümmte Bakterien
Spirillaceae *Spirillum, Campylobacter;*
Gattungen unsicherer Zuordnung: *Bdellovibrio, Pelosigma;*

– Aerobe Stäbchen und Coccen
Pseudomonadaceae *Pseudomonas, Xanthomonas, Zoogloea;* Azotobacteraceae *Azotobacter, Azomonas, Beijerinckia;* Rhizobiaceae *Rhizobium, Agrobacterium;* Methylomonadaceae *Methylomonas, Methylococcus;* Halobacteriaceae *Halobacterium, Halococcus;*
Gattungen unsicherer Zuordnung: *Alcaligenes, Acetobacter, Brucella, Bordetella;*
Neisseriaceae *Neisseria, Acinetobacter;*
Gattungen unsicherer Zuordnung: *Paracoccus, Lampropedia;*

– Fakultativ anaerobe Stäbchen
Enterobacteriaceae *Escherichia, Citrobacter, Salmonella, Shigella, Klebsiella, Enterobacter, Serratia, Proteus, Erwinia,* Vibrionaceae *Vibrio, Photobacterium;*
Gattungen unsicherer Zuordnung: *Chromobacterium, Flavobacterium, Haemophilus, Pasteurella, Streptobacillus;*

– Anaerobe Stäbchen und Coccen
Bacteroidaceae *Bacteroides, Fusobacterium, Leptotrichia;*
Gattungen unsicherer Zuordnung: *Desulfovibrio, Selenomonas;*
Veillonellaceae *Veillonella;*

– Chemolithoautotrophe Bakterien
Oxidation von Ammoniak zu Nitrit: Nitrobacteraceae *Nitrobacter, Nitrosomonas;* Schwefelstoffwechsel: *Thiobacillus, Thiobacterium, Thiospira;* Ablagerung von Eisen- oder Manganoxid: Siderocapsaceae *Siderocapsa, Ochrobium;*

– Obligat parasitische Bakterien
Rickettsiales obligat intrazellulär, außerhalb lebender Zellen nicht kultivierbar; durch bakteriendichte Filter filtrierbar.

Zweite Klasse: gram-positive Eubacteria

– Coccen
Aerob und/oder fakultativ anaerob: Micrococcaceae *Micrococcus, Staphylococcus;* Streptococcaceae *Streptococcus, Leuconostoc;* Anaerob: Peptococcaceae *Peptococcus, Peptostreptococcus, Sarcina;*

- Endosporenbildende Stäbchen und Coccen
  Bacillaceae *Bacillus, Sporolactobacillus, Clostridium, Desulfotomaculum, Sporosarcina;*
  Gattung unsicherer Zuordnung: *Oscillospira;*
- Asporogene stäbchenförmige Bakterien
  Lactobacillaceae *Lactobacillus;*
  Gattungen unsicherer Zuordnung: *Listeria, Erysipelothrix;*
- Actinomyceten und verwandte Organismen
  Coryneforme Gruppe: *Corynebacterium, Arthrobacter, Cellulomonas;*
  Gattungen unsicherer Zuordnung: *Brevibacterium, Microbacterium;*
  Propionibacteriaceae *Propionibacterium, Eubacterium;*
  Actinomycetales: Actinomycetaceae *Actinomyces, Bifidobacterium;*
  Mycobacteriaceae *Mycobacterium;* Frankiaceae *Frankia;* Nocardiaceae *Nocardia;* Streptomycetaceae *Streptomyces;* Micromonosporaceae *Micromonospora, Thermoactinomyces;*
- Mycoplasmen
  Keine Zellwand, Kolonien „Spiegelei"-Form; durch bakteriendichte Filter filtrierbar, auf Nährmedien kultivierbar; *Mycoplasma, Acholeplasma.*

Beobachtungsziel: Wuchsform der Bakterienzelle. Lophotrich bipolare (= amphitriche) Begeißelung; die Bakterienkolonie als definierte makroskopische Wuchsform

Objekte: *Streptococcus pneumoniae* (Klein) Chester, *Streptococcus salivarius* Seelemann (Streptococcaceae); *Micrococcus* spec., *Staphylococcus epidermidis* (Winslow et Winslow) Evans (Micrococcaceae); *Bacillus megaterium* de Bary (Bacillaceae); *Borrelia* spec. (Spirochaetaceae); *Spirillum* spec. (Spirillaceae); *Streptomyces* spec. (Streptomycetaceae); *Fusobacterium* spec. (Bacteroidaceae).

Materialbeschaffung: *Streptococcus pneumoniae, Fusobacterium* und *Borrelia:* Vorwiegend als apathogene Saprophyten auf der Schleimhaut in Mundhöhle und Respirationstrakt; häufig im weißlichgrauen Zahnbelag (besonders in den Interdentalräumen), auch im Belag der Zunge.
Streptococcus salivarius: Häufigster aerober Saprophyt in der Mundhöhle. Zunge auf Thioglycolatagar (Reg. 70) abdrücken, der bei 35 bis 37 °C bebrütet wird. Es entstehen – fast in Reinkultur – bis 2 mm große, durchsichtige, später weißlich graue Kolonien von weicher Konsistenz; auf Nähragar mit hohem Zuckergehalt sind die Kolonien größer und schleimig.
Micrococcus: Als ubiquitäre, aerobe Luftkeime häufig auf Fangplatten (Reg. 55); kleine, runde halbkugelige Kolonien, die gelb, orange oder korallenrot gefärbt sind; aufgrund der Zellanordnung meist mit matter Oberfläche.
Staphylococcus epidermis: Häufiger Vertreter der normalen Hautflora. Abstriche von Handrücken, Oberarm oder Stirn auf Nähragar anlegen und bei 35 bis 37 °C bebrüten. Es entstehen kleine, porzellanweiße, glänzende, schwach gewölbte, runde Kolonien. (Vorsicht! Es treten auch weiße Varianten von *Staphylococcus aureus* auf, die ernste Infektionen – vor allem an der Haut – verursachen können!).
Bacillus megaterium: Isolierung aus Erdproben, Abwasser und Faulschlamm (Reg. 59) und von Fangplatten (Reg. 55). Auf Nähragar sind die Kolonien groß, cremefarben bis gelb, rund und ganzrandig, von weicher Konsistenz und glatter, glänzender Oberfläche. R-Formen (s. S. 17) kommen vor.
Spirillum spec.: In Flüssigkeiten mit faulendem organischem Material; mit Sicherheit in Schweinejauche, die allgemein als günstiges Studienobjekt für die Formenfülle der Bakterien empfohlen werden kann (Abb. 5F).
Streptomyces: Isolierung aus Erdproben (Reg. 60).
Bei allen zur Beobachtung empfohlenen Mikroorganismen sind die Sicherheitsvorschriften für den Umgang mit infektiösem Material zu beachten, besonders auch, wenn mit unbekannten Keimen gearbeitet wird (z. B. Fangplatten, Isolierungen aus Bodenproben, Klärschlamm, Abwasser)!

Präparation: Von *Streptococcus salivarius, Micrococcus* spec. und *Staphylococcus epidermidis* Ausstriche auf Objektträger herstellen (Reg. 16) und Übersichtsfärbung mit Methylenblaulösung nach Loeffler (Reg. 77) oder mit verdünnter Carbolfuchsinlösung durchführen (Reg. 63). Um Teilungsstadien von Coccen beobachten zu können, empfiehlt es sich, Ausstriche von *Micrococcus* spec. nur sehr zart mit stark verdünnter Carbolfuchsinlösung (Farbton der Farblösung wie schwaches Himbeerwasser) anzufärben.

Streptococcus pneumoniae, Fusobacterium und *Borrelia:* Etwas Zahnbelag aus Interdentalräumen entnehmen oder den Belag der Zungenoberseite abstreifen. Material auf einem Objektträger in einem Tropfen Wasser verrühren und Übersichtsfärbung (Reg. 107) durchführen.
Spirillum: Schweinejauche einige Tage bei Zimmertemperatur stehenlassen. Wenn reichlich Spirillen gewachsen sind, Ausstrich auf Objektträger anlegen und mit verdünnter Carbolfuchsinlösung (Reg. 16, 63) färben. Außerdem einen Tropfen der Jauche mit Deckglas bedecken (lebende Bakterien!).
Streptomyces: Mycelflocken aus Submerskultur (Reg. 55, 60) entnehmen und auf einigen Objektträgern in etwas Wasser ausbreiten; einen Teil des Materials zur Übersicht mit Carbolfuchsinlösung (Reg. 63) färben, mit einem anderen Teil Kernfärbung nach Boroviczeny (Reg. 66) oder Feulgensche Nuclealreaktion (Reg. 83) durchführen. Alle gefärbten Präparate in Dauerpräparate überführen (Reg. 51).

Beobachtungen: Alle Präparate mit hochauflösenden Objektiven (homogene Immersion) beobachten. Coccen (Coccus; gr. kokkos, die Beere) zeigen oft Wuchsformen, die auf typische Aneinanderlagerungen kugelförmiger Einzelzellen zurückzuführen sind (Abb. 1B–F). Bei den meisten Coccenarten haften die Einzelzellen nach der Spaltung längere Zeit in charakteristisch geformten Zellverbänden *(Diplococcen, Streptococcus, Micrococcus, Staphylococcus)* aneinander. Die typische Lagerung der Zellen ist auf die Orientierung der Querwände bei der Zellteilung zurückzuführen.
Die Präparate von Zahn- oder Zungenbelag nach abgestoßenen Schleimhautepithelzellen absuchen, die häufig mit *Streptococcus pneumoniae* dicht besetzt sind. Bei Diplococcen bleiben die Tochterzellen zu Paaren vereint. So sind bei *Streptococcus pneumoniae* die Einzelzellen länglich oval gestreckt bis lanzettlich geformt (Abb. 1B), während sie bei anderen Gattungen (z. B. *Neisseria*) mit der Breitseite aneinanderliegen und die Zellpaare in der Form Kaffeebohnen ähneln.
Daß Coccen erheblich von der Kugelform abweichen können, zeigt auch *Streptococcus salivarius,* einer der häufigsten Aerobier der Mundhöhlenflora (Abb. 1C). Hier hängen runde bis längliche Diplococcen zu verschieden langen Ketten aneinander. Kurz vor der Teilung können die Einzelzellen wie Kurzstäbchen aussehen. Die Kettenlänge der Streptococcen (gr. streptos, die Halskette) wirkt sich auf das makroskopische Wuchsbild in flüssigen Nährmedien aus: kurze Ketten – Nährmedium homogen getrübt; lange Ketten – körniger Bodensatz, Überstand klar.
Micrococcus zeichnet sich durch paketförmige Lagerung der Einzelzellen aus, die dadurch zustande kommt, daß die Querwände bei der Zellteilung senkrecht aufeinanderstehen. Es bilden sich regelmäßige Pakete von acht und mehr Einzelzellen (Abb. 1E). Die Stellung der Querwände ist bei zart gefärbten Präparaten besonders an den Zellen gut zu erkennen, bei denen sich nach der Teilung die Tochterzellen noch nicht abgerundet haben (Abb. 1D).
Staphylococcus epidermidis (gr. staphylos, die Traube) bildet im Gegensatz zu *Micrococcus* unregelmäßige, weintraubenähnliche Zellhaufen (Abb. 1F). In beiden Gattungen haben die Einzelzellen annähernd Kugelform.
In Abhängigkeit von der Präparationstechnik und den Wachstumsbedingungen können in Präparaten von *Micrococcus* auch Einzelzellen und Zellpaare, bei *Staphylococcus* außerdem kurze Ketten und sarcinaähnliche Pakete beobachtet werden. Es ist einige Erfahrung notwendig, um die Keime richtig einzuordnen. Maßgebend für das richtige Einschätzen der Wuchsform (die bei Coccen gleichzeitig wichtiges Familien- bzw. Gattungsmerkmal sein kann!) ist die vorherrschende Wuchsform unter Berücksichtigung möglicher Bruchstücke (z. B. Einzelzellen und diplococcale Formen bei *Micrococcus;* kurze Ketten und räumliche Aggregationen bei *Staphylococcus*).
Die häufigste Wuchsform ist das zylindrische Stäbchen, das mit *Bacillus megaterium,* einem großen Vertreter der Bacillaceae, vorgestellt werden soll (Abb. 3F, G). Aufgrund der Größe (1,2 bis 1,5 mal 2,0 bis 5,0 µm) lassen die Zellen in bescheidenem Umfang cytologische Einzelheiten erkennen.
Die Stäbchen haben abgerundete bis zugespitzte Enden und sind besonders auf glucosehaltigen Nährmedien sehr formvariabel. (Im Gegensatz dazu wird bei *Bacillus cereus,* S. 24, ein Stäbchen

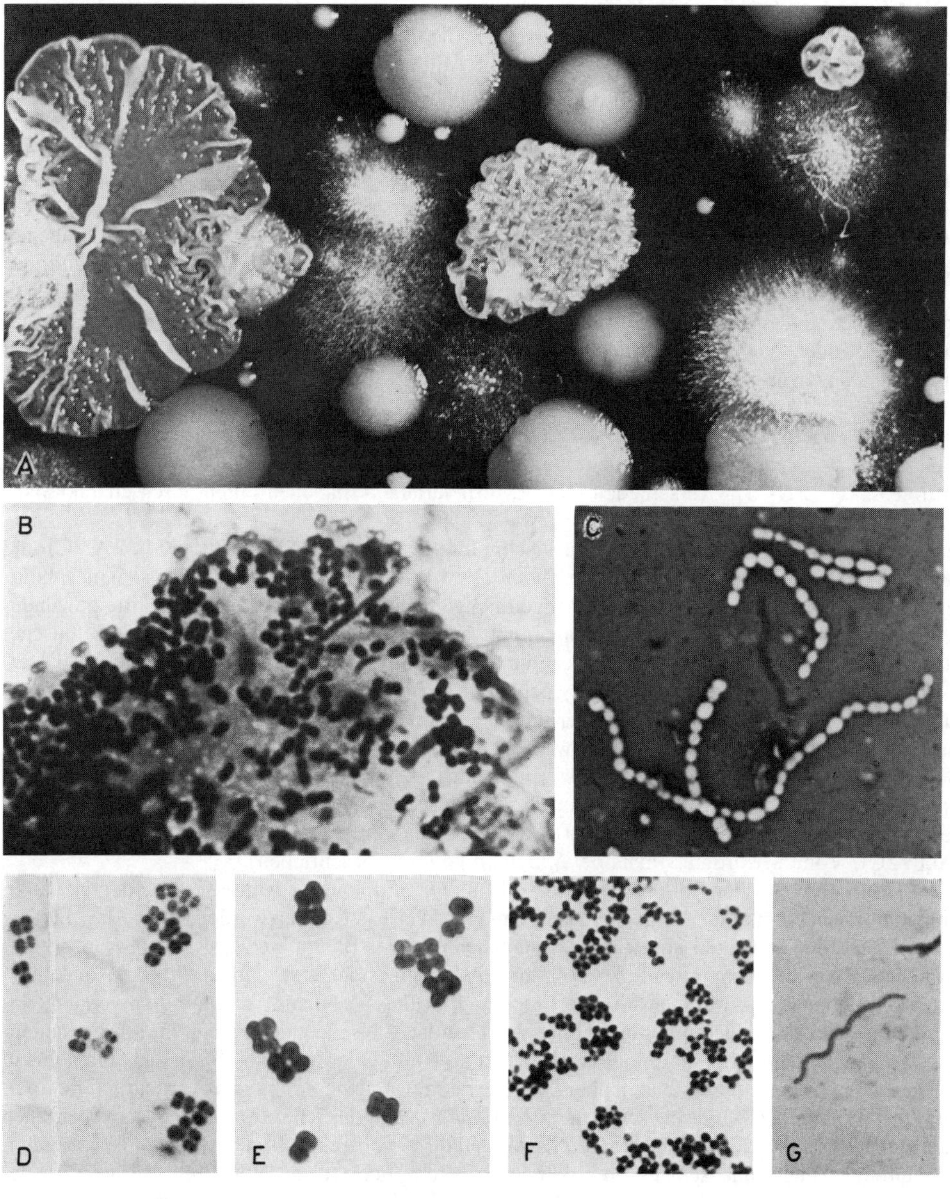

Abb. 1. Wuchsformen der Bakterien. **A** Aufsicht auf verschiedenartige Bakterien- und Pilzkolonien, die auf einer Fangplatte gewachsen sind; 5:1. **B** Mit Diplococcen dicht besetzte Epithelzelle; 2000:1. **C** *Streptococcus salivarius,* von Zungenabstrich isoliert. Tuscheausstrich; 1500:1. **D** *Micrococcus,* mit Carbolfuchsin schwach angefärbt. In einzelnen, noch nicht geteilten Zellen bereits Querwände angelegt; 1500:1. **E** *Micrococcus,* in der typischen Paketform; 2000:1. **F** *Staphylococcus epidermidis.* Von Hautabstrich isoliert; 1000:1. **G** *Borrelia,* Ausstrich von Zahnbelag; 2000:1. B, E, F, G Carbolfuchsinfärbung.

von auffallend uniformem Wuchsbild beschrieben.) Kurz nach der Keimung sind die Zellen eiförmig bis coccoid. Bei jungen Stäbchen erscheint das Cytoplasma schaumig bis vakuolisiert. Die Struktur tritt besonders nach zarter Färbung mit Anilinfarben hervor (Abb. 3G). An lebenden Zellen erkennt man eingelagerte Fetttröpfchen an ihrer stärkeren Lichtbrechung (Abb. 3F). An den wurstförmigen Stäbchen treten mitunter knospenartige Auftreibungen hervor. Als Besonderheit finden sich gelegentlich solche Zellen, deren Brechzahl sich so gering von der Brechzahl des Kulturmediums unterscheidet, daß ihre Umrisse nur mit Mühe zu erkennen sind. Es handelt sich um die sogenannten „ghost forms" („Geister"- oder „Schatten"-Formen; Abb. 3F).

Nur in der Gattung *Fusobacterium* (Abb. 2D) ist die seltene Wuchsform der fusiformen Stäbchen vertreten, die im Intestinaltrakt der Säuger und auch als anaerobe Keime der normalen Mundflora des Menschen vorkommen. Manche Fusobakterien scheinen als Sekundärkeime bei pathogenen Prozessen beteiligt zu sein. Die Form der Zellen ist verschieden. Neben schlanken, spindelförmig an beiden Enden zugespitzten Stäbchen sind auch Arten zu finden, deren Zellen in Paaren zusammenhängen und nur an den äußeren Enden zugespitzt sind. Die Zellpaare sind meist gebogen (Abb. 2D).

Eigenartige anaerobe Stäbchen, deren systematische Einordnung umstritten ist und die mitunter auch zu *Fusobacterium* gestellt werden, können in Massen im Zahnbelag der gesunden Mundhöhle auftreten (Abb. 2D). Die verschieden langen, formvariablen Stäbchen fallen durch charakteristische Granula auf.

Spirillum demonstriert die Grundform des schraubig gewundenen Stäbchens (Abb. 2A–C) und liefert im Lebendpräparat eindrucksvolle Bilder. Die *Spirillum*-Arten unterscheiden sich morphologisch durch Anzahl und Ausdehnung der regelmäßigen Windungen. Die korkzieherartig gewundenen Zellen sind stark beweglich und tragen entweder an beiden Zellenden je ein Geißelbüschel (lophotrich bipolar = amphitrich) oder nur an einem Zellende ein einziges aus 5 bis 20 Einzelgeißeln (lophotrich monopolar = cephalotrich). Die Geißeln eines Büschels wirken als funktionelle Einheit und schlagen synchron (bis zu 3000 Kreisbewegungen je Minute!). Es fällt auf, daß die Zellen trotz der heftigen Bewegung in sich starr bleiben. Bei *Spirillum* lassen sich die Geißelbüschel durch einfache Übersichtsfärbung darstellen (bei Bakterien sind sonst aufwendigere Manipulationen notwendig). Die meisten *Spirillum*-Arten enthalten im Cytoplasma Volutingranula, die bei Färbung mit Methylenblau (Reg. 75, 77) als violett gefärbte Körperchen hervortreten (Abb. 2C). Volutin wurde erstmals bei *Spirillum volutans* beschrieben.

Die Zellmorphologie der Spirochaetaceae soll an *Borrelia* studiert werden, die jederzeit durch Präparation von Zahn- oder Zungenbelag auf einfache Weise gewonnen werden kann (Abb. 1G).

Spirochaeten sind im Gegensatz zu anderen stäbchenförmigen Bakterien relativ kompliziert gebaut: Um den stark gestreckten (etwa $0{,}5 \times 200$ µm), an beiden Enden zugespitzten Protoplasmaleib ist ein Axialfilament (aus wenigen bis über hundert Fibrillen bestehend) schraubig gewunden, das wiederum von einer äußeren Hüllmembran umgeben ist. Diese Details können nur elektronenoptisch erkannt werden. An gefärbten Präparaten ist im Hellfeld lediglich die Form der Zellen gut zu sehen. Im Gegensatz zu *Spirillum* ist bei *Borrelia* der gewundene Zelleib außerordentlich flexibel, und die Windungen sind in Zahl und Amplitude veränderlich. Die Zellen bewegen sich schlangenartig. Aufgrund ihrer geringen Dicke und der spezifischen Brechzahl sind die lebenden, ungefärbten Zellen nur schwer zu erkennen. Es empfiehlt sich Dunkelfeld (Reg. 26) oder

---

Abb. 2. Wuchsformen der Bakterien. **A** *Spirillum,* amphitrich begeißelt; 1800:1. **B** *Spirillum.* Lebend, Dunkelfeld. Geißelschöpfe erscheinen als helle Striche an den Zellpolen; 1800:1. **C** *Spirillum.* Nach Methylenblaufärbung treten die Volutingranula als dunkel gefärbte Körperchen hervor; 1600:1. **D** *Fusobacterium.* Die an beiden Enden zugespitzten Zellen sind zu Paaren vereinigt.Zellpaare gekrümmt, dazwischen lange pleomorphe Stäbchen mit charakteristischen Granula; 1500:1. **E** *Zoogloea ramigera.* Zellen in Schleim eingelagert. Tuschepräparat; 1500:1; **F** *Streptomyces.* Mycel aus Submerskultur; 1400:1. **G** *Streptomyces.* Nach spezieller Kernfärbung treten die Kernäquivalente in perlschnurartiger Anordnung hervor; 1400:1. A, D, F Carbolfuchsinfärbung.

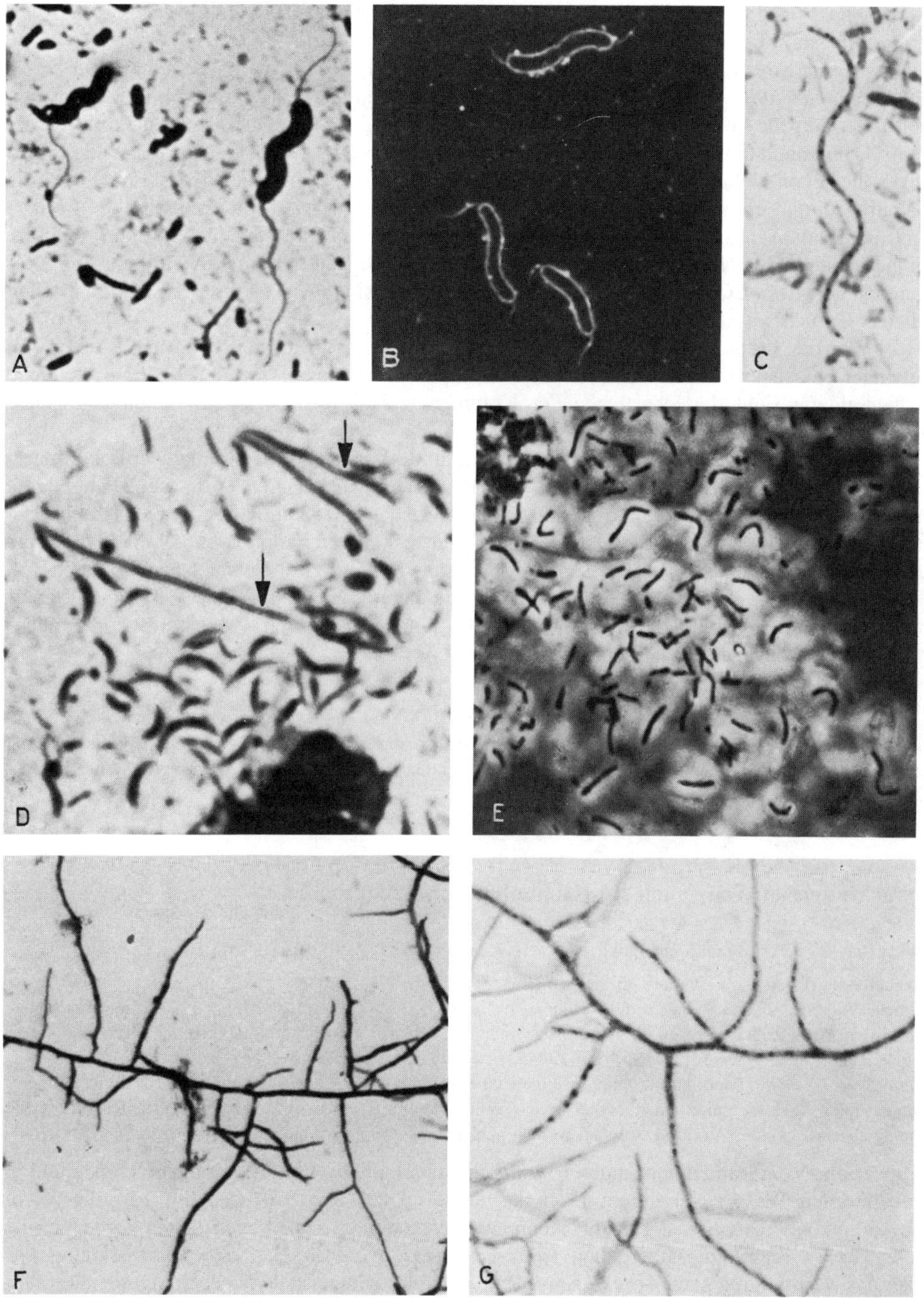
A
B
C
D
E
F
G

Phasenkontrast (Reg. 87). Im Unterschied zu *Treponema*-Arten (z. B. Syphilliserreger) läßt sich *Borrelia* mit Anilinfarben gut anfärben.
Die fädige Wuchsform der Actinomyceten („Strahlenpilze“) soll an einem Vertreter der artenreichen Gattung *Streptomyces* kennengelernt werden, die zu den häufigsten Bodenmikroorganismen gehört. Die fädigen, stark verzweigten, hyphenartigen Zellen sind im Querschnitt nicht dicker als 1,5 µm. Querwände fehlen bis auf die sporogenen Hyphenabschnitte. Im Gegensatz zu den Pilzen zweigen die Seitenhyphen nahezu rechtwinklig ab (Abb. 2F, G). Das Mycel wächst im Substrat als Substratmycel und entwickelt bei geeigneten Bedingungen Luftmycel, das an speziellen Lufthyphen (Sporophoren) arthrosporenartige Conidien abschnürt. Im Gegensatz zu den Endosporen der Bacillaceae sind sie nicht hitzeresistent. Die Kernregionen liegen in den Hyphen perlschnurartig hintereinander (Abb. 2G). Kulturen von *Streptomyces* spec. sind meist an ihrem charakteristischen „erdigen“ Geruch sofort zu erkennen.
Die Kolonien der Streptomyceten wachsen bedeutend langsamer als die der Bakterien. Sie sind von knorpeliger Konsistenz und lassen sich mit der Impföse nur schwer zerteilen. Durch reichliche Conidienbildung sieht die Oberfläche der Kolonien meist kreidig weiß und rauh aus. Viele Streptomyceten bilden Pigmente.
Die Bakterienkolonien liefern mit ihren Eigenschaften Merkmale zum Bestimmen der Bakterienarten. Die Vielfalt der Kolonieformen läßt sich am einfachsten mit Hilfe von Fangplatten demonstrieren (Abb. 1A). Die mikroskopische Analyse der einzelnen Kolonien bietet zahlreiche Wuchsformen, und man wird bald feststellen, daß nur in wenigen Fällen vom Koloniebild auf die Wuchsform der Einzelzelle geschlossen werden kann. So sind zum Beispiel Hefekolonien von Bakterienkolonien makroskopisch kaum zu unterscheiden. Der Beobachter sollte auch darauf achten, daß die Merkmale der Kolonien in Abhängigkeit von den Wachstumsbedingungen, besonders vom Nährmedium, erheblich variieren.

Weitere Objekte:

Vibrio (Vibrionaceae): Kurze, kommaförmig gekrümmte Stäbchen; die Wuchsform ist als Teil einer Spirillenwindung aufzufassen, meist mit nur einer Geißel an einem Zellpol, lebhaft beweglich; zahlreiche Arten saprophytisch im Süß- und Salzwasser und im Boden.
Streptococcus-Arten sind in Silage, Sauerkraut und saurer Milch zu finden.

Beobachtungsziel: Das Nucleoid (Genophor, „Kernäquivalent“)

Objekt: *Bacillus cereus* Frankl. et Frankl. oder *B. cereus* var. *mycoides* Flügge (Bacillaceae).

Materialbeschaffung: Isolierung aus Erdproben (Reg. 59).
Merkmale: *Bacillus cereus*. Stäbchen mit rechteckigen Enden; 1,0 bis 1,2 µm mal 3,0 bis 5,0 µm; meist in langen Ketten; peritrich begeißelt; Sporen ellipsoid bis zylindrisch; 1,0 mal 1,5 µm; Kolonieform variiert: groß, flach, unregelmäßig, schmutzigweiß, rauh (R-Form); rund, gewölbt, glänzend (S-Form).
B. cereus var. *mycoides*. Merkmale stimmen weitgehend mit denen von *B. cereus* überein. Stäbchen etwas dünner; Kolonien grauweiß, ausgebreitet, flach, mycelähnlich verästelt (Name!), wobei die einzelnen „Ausläufer“ alle in eine Richtung abgebogen sind. Aus Bodenproben werden gehäuft linkswendige Kolonieformen isoliert.

Präparation: Vom Rand einer jungen Kolonie mit der Impföse etwas Material entnehmen und in einem Tropfen Wasser auf einem Deckglas ausstreichen (Reg. 16), das mit Eiweißglycerol (Reg. 29) präpariert ist. Es ist günstig, wenn neben vegetativen Zellen auch Zellen vorliegen, die bereits zur Sporenbildung übergehen (mikroskopische Kontrolle!). Nach Lufttrocknung des Ausstrichs Kernfärbung nach Boroviczeny (Reg. 66) oder Feulgensche Nuclealreaktion (Reg. 83) durchführen, dann Dauerpräparat herstellen (Reg. 51).

Beobachtungen: Da die Nucleoide mit etwa 0,5 µm Durchmesser an der Grenze des lichtmikroskopischen Auflösungsvermögens liegen, unbedingt hochauflösende Immersionsobjekte verwenden und an die obere Grenze der förderlichen Vergrößerung gehen. Die nahezu rechteckigen Zellen von *Bacillus cereus* var. *mycoides* hängen teilweise in Ketten oder Paaren zusammen (Abb. 4I). In

den homogen grau gefärbten Zellen treten die Nucleoide als dunkelviolett bis schwarzblau (Boroviczeny) oder purpur (Feulgen) gefärbte Körperchen hervor. Das Interphasenucleoid ist kugelig bis bohnenförmig. Im Verlauf der Teilung streckt es sich und wird hantelförmig. Chromosomale Strukturen lassen sich nicht erkennen. Die beiden Tochternucleoide sind schließlich nur noch durch einen dünnen Faden miteinander verbunden. Nach vollzogener Teilung sind die Nucleoide noch eine Zeitlang unregelmäßig tropfenförmig.
Interessant ist die Beobachtung, daß in einigen Zellen bereits zwei Nucleoide enthalten sind, obwohl noch keine Querwand eingezogen worden ist. Diese Erscheinung vorauseilender Nucleoidteilungen ist bei Bakterien häufig, und es sind dann zwei bis vier Nucleoide in einer Zelle zu sehen.

Weitere Objekte:

Im Prinzip sind alle größeren Stäbchen und Coccen für die Darstellung und Beobachtung der Nucleoide geeignet.

Beobachtungsziel: Schleimhülle und Makrokapsel der Bakterienzelle; Stiel- und Scheidenbildung (als spezielle Formen der Schleimabscheidung)

Objekte: *Zoogloea ramigera* (Pseudomonadaceae); Keime aus glatten, glänzenden (S-Formen) oder schleimigen (M-Formen) Kolonien von Fangplatten (Reg. 55) oder Ausstrichen (Reg. 16), z. B. *Klebsiella pneumoniae* Trevisan, *Enterobacter aerogenes* Hormaeche et Edwards (Enterobacteriaceae); *Gallionella* spec.; *Sphaerotilus natans* Kützing.

Materialbeschaffung: *Zoogloea ramigera.* Abwasserbakterium, „Zoogloeen" bildend. Frei schwebend in Form feiner Flöckchen oder als mehr oder weniger dicker, schleimig-gelatinös-knorpeliger Belag in Abflüssen von Klimaanlagen, wasserwirtschaftlichen Anlagen o. ä. Etwas von dem Belag in Petrischale einsammeln und sehr feucht halten.
Von Fangplatten (Reg. 55) oder Ausstrichen (Reg. 16) geeignete Kolonie aussuchen.
An definierten Keimen sind für die Darstellung von Makrokapseln *Klebsiella pneumoniae* und *Enterobacter aerogenes* geeignet, die in Hygieneinstituten bei der Enterobacteriaceendiagnose anfallen.
Gallionella. Ein Eisenbakterium, das vor allem im zeitigen Frühjahr (Februar, März) in eisen(II)haltigem Wasser rostroten bis ockerfarbenen Belag (Eisen(III)hydroxid) auf Steinen, Ästen usw. bildet, der sehr leicht zerfällt. Vorwiegend in schattigen Quellen und Waldbächen, aber auch am Auslauf von Feld und Wiesendrainagen. Rostfarbenen Belag in Wasser vom Standort sammeln und möglichst bald untersuchen. Kultur gelingt nicht.
An Aufwuchspräparaten läßt sich das natürliche Wachstum verfolgen: Saubere Objektträger am natürlichen Standort in das Wasser einhängen oder -legen und mehrere Tage darin belassen. Den Bewuchs dann – ohne ihn vom Objektträger zu entfernen! – als Lebendpräparat oder im gefärbten Zustand untersuchen.
Sphaerotilus natans. Abwasserbakterium, das besonders in der kühleren Jahreszeit in Form schmutziggrauer, fellartiger Zotten in Abwässern und stark verunreinigten Flüssen flottiert. Kultivierbar.

Präparation: *Zoogloea ramigera.* Von dem Belag eine Impföse voll oder aus Abwasser eine Flocke in einen Tropfen Wasser auf einen Objektträger überführen, etwas Tusche zusetzten (Reg. 106) und mit Deckglas abdecken. Von Keimen aus geeigneten Kolonien oder von *Klebsiella pneumoniae* bzw. *Enterobacter aerogenes* Tuscheausstriche herstellen und mit Carbolfuchsin färben (Reg. 106).
Gallionella. Rostfarbene Flöckchen in etwas Wasser auf Objektträger ausbreiten; nach Lufttrocknung Übersichtsfärbung mit Carbolfuchsin (Reg. 63, 107).
Sphaerotilus natans. Von eingesammeltem Material Lebendpräparat herstellen.

Beobachtungen: *Zoogloea ramigera* (Abb. 2E). Das Präparat vorteilhaft im Phasenkontrast untersuchen. Während junge Zellen durch eine lange Geißel (monotrich, mono- oder bipolar) sehr beweglich sein können, werden ältere Zellen durch eine gelatinös-knorpelige Schleimmasse zu einer „Zoogloea" zusammengehalten. Die Zellen sondern soviel Schleimsubstanz ab, daß sie deutlich voneinander isoliert liegen. Durch Tuschezusatz (dunkler Bildhintergrund) wird die farblose Substanz der Schleimhülle indirekt sichtbar. Die Bakterienzellen erscheinen im Phasen-

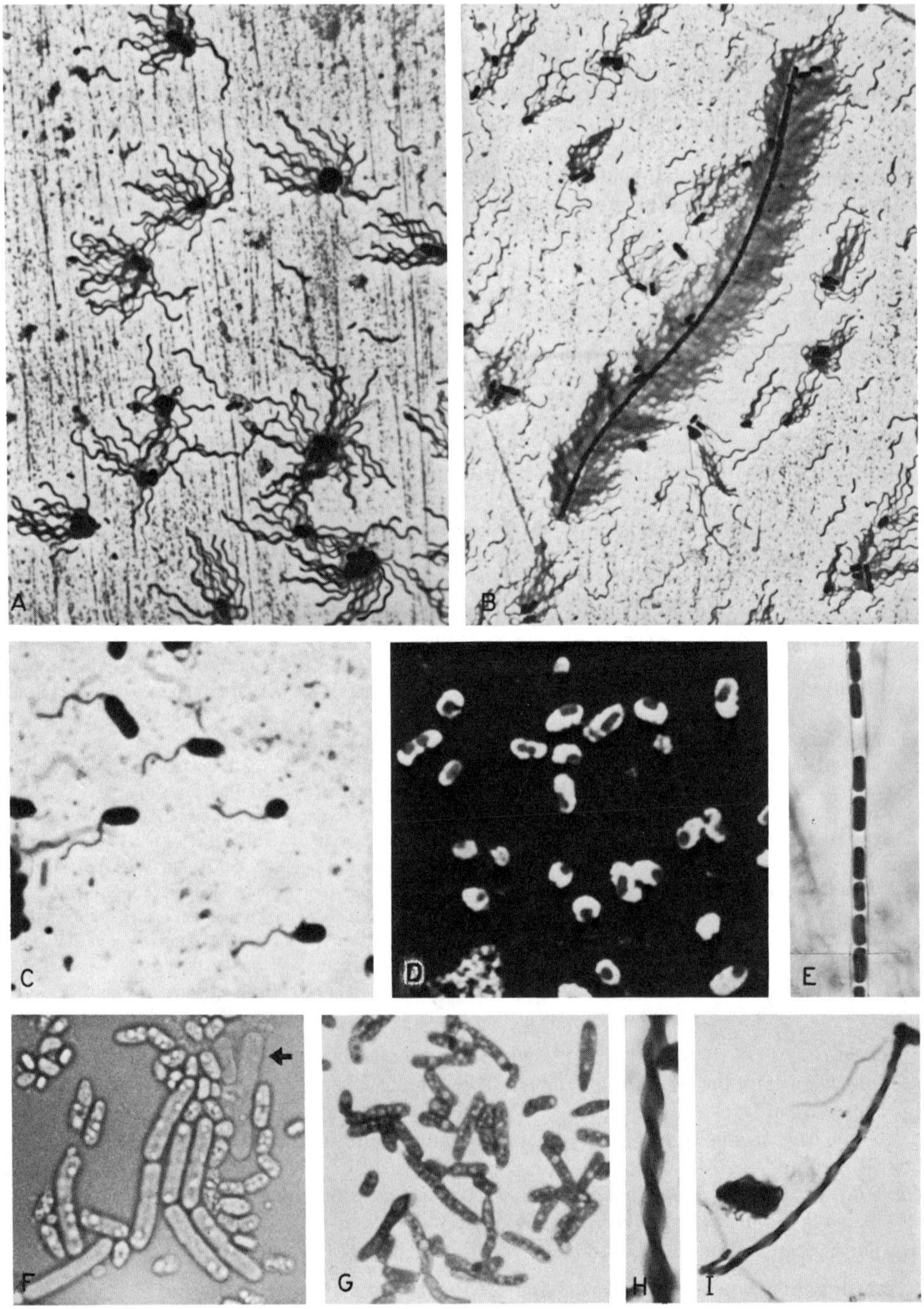
A
B
C
D
E
F
G
H
I

kontrast dunkel. Die typisch fingerförmig gelappte Struktur wachsender Kolonien kommt nur bei geringerer Vergrößerung als in der Abb. 2E zum Ausdruck.
Makroskapseln (Abb. 3D). Im dunklen, graubraun durchscheinenden Tuschefilm sind scharf begrenzte ovale bis längliche, helle Stellen zu erkennen, die nicht von Tusche bedeckt sind. Es handelt sich um die Makrokapseln der Bakterien, in die die feinen Partikel der Tusche nicht eindringen. Die Schleimhüllen heben sich somit hell gegen den dunklen Untergrund ab. In den Kapseln liegen – oft etwas exzentrisch – die eigentlichen Bakterienzellen in Form scharf begrenzter Stäbchen, die durch die Carbolfuchsinfärbung leuchtend rot gefärbt sind.
Gallionella (Abb. 3H, I) gehört zu den Eisenbakterien, die gelöstes Eisen(II)- zu unlöslichem Eisen(III)hydroxid oxidieren, das mit zum Aufbau der Stiele verwendet wird. Die spiralig gedrehten Stiele sind das Auffallendste dieser Organismen. Nach elektronenoptischen Befunden bestehen die gedrehten Bänder aus bis zu 90 Fibrillen von je etwa 50 nm Stärke.
Am freien Ende der sehr gleichmäßig gedrehten Stiele sitzen bohnen- bis nierenförmige Zellen von 0,5 bis 0,7 µm mal 0,8 bis 1,5 µm Größe. Die Zellen, die an der konkaven Seite die Stielsubstanz ausscheiden, sind sehr flach, durchsichtig, und ihre Begrenzung ist unscharf. Sie lösen sich sehr leicht von den Stielen ab: Bei der Präparation von Bakterienflöckchen findet man – im Gegensatz zu vorsichtig behandelten Aufwuchsplatten – fast nur Stiele ohne Zellen.
Sphaerotilus natans, ebenfalls ein Eisenbakterium, ist ein monopolar lophotrich begeißeltes Bakterium, dessen Einzelzellen innerhalb röhrenförmiger Scheiden wachsen (Abb. 3E). Die Scheiden bestehen aus Polysacchariden, die mit unterschiedlichen Mengen Eisenhydroxid inkrustiert sind. Nach Vermehrung durch Querteilung schlüpfen die beweglichen Zellen aus. Wenn sie sich an anderen Fäden festsetzen, entstehen Scheinverzweigungen, die in der Masse das myceähnliche Wachstum bewirken.
Vermehrung erfolgt auch durch einfache mechanische Fragmentation der Fäden.

Weitere Objekte:

Nevskia ramosa Famintzin: Kahmhaut auf stagnierendem Süßwasser; 2 µm lange einzellige, stäbchenförmige Organismen, die Schleimsubstanz in Form dichotom verzweigter, flacher Stiele ausscheiden.
Caulobacter vibrioides Henrici et Johnson: Junge Zellen sind monotrich monopolar begeißelt. Im Entwicklungszyklus setzen sie sich mit dem begeißelten Pol auf feste Substrate (z. B. auch auf Bakterienzellen), dann wächst dieser Zellpol zu einem Stiel aus. Die schwach gekrümmten, an den Enden konisch abgestumpften Stäbchen vermehren sich durch Querteilung.

Beobachtungsziel: Beweglichkeit der Bakterien: die Begeißelung der Bakterienzelle; polarer und peritricher Begeißelungstyp

Objekte: *Pseudomonas aeruginosa* Schröter oder *Pseudomonas fluorescens* Migula (Pseudomonadaceae); *Proteus vulgaris* Hauser (Enterobacteriaceae).

Materialbeschaffung: *Pseudomonas aeruginosa.* Aus Abwasser, Klärschlamm oder Erdproben isolieren (Reg. 55). Diese Art läßt sich auch durch Abstriche aus Handwaschbecken oder Ausgüssen isolieren. Auf Nähragar entstehen

---

Abb. 3. **A, B** *Proteus vulgaris.* **A** Peritriche Begeißelung; 1200:1. **B** Peritrich begeißelte Zellen hängen zu einem Filament zusammen. Zwischen den übrigen Zellen zahlreiche abgelöste Geißeln; 800:1. **C** *Pseudomonas aeruginosa.* Monotrich monopolar begeißelte Zellen; 1200:1. A–C Geißelfärbung. **D** *Klebsiella pneumoniae.* Kapseln im Tuscheausstrich dargestellt. Bakterienzellen innerhalb der Kapseln mit Carbolfuchsin angefärbt; 800:1. **E** *Sphaerotilus natans.* Einzelzellen in der Scheide eingeschlossen. Phasenkontrast; 800:1. **F** *Bacillus megaterium.* Lebend auf Nähragar (Objektträgerkultur). In den Zellen zahlreiche Fetttröpfchen. Links Zelle mit „Knospe", darüber Sporen (hell) zwischen jungen Zellen; rechts oben „Schattenformen" (←); 1. **G** *Bacillus megaterium.* Mit Methylenblau gefärbt: schaumige Struktur des Cytoplasmas; 1200:1. **H** Abschnitt eines Stieles von *Gallionella;* 2200:1. **I** *Gallionella.* Auf dem gedrehten Stiel die nicht scharf begrenzte, bohnenförmige Zelle. Carbolfuchsinfärbung 1400:1.

große, sich ausbreitende graue Kolonien mit durchscheinendem, unregelmäßig weiterwachsendem Rand, die grünspanfarbenen, blaugrünen Farbstoff (Pyocyanin und Fluorescein) an das Nährmedium abgeben. Beim Öffnen der Petrischalen ist eigenartig-süßlicher Geruch („Lindenblüte", „Jasmin") wahrzunehmen, der mitunter auch als heringslakeähnlich empfunden wird. Pigment und Geruch sind für Ps. aeruginosa typische Erkennungsmerkmale! Die Pigmente fluoreszieren im UV-Licht grünlich-gelb.

Pseudomonas fluorescens. Erbsen in ein Kulturröhrchen geben, mit Wasser überschichten und bei Raumtemperatur stehenlassen. In wenigen Tagen bildet sich im oberen Teil der Flüssigkeitssäule eine grünlich gefärbte trübe Zone. Mit der Impföse davon Material entnehmen und fraktioniert auf Nähragar ausstreichen (Reg. 55), wenn notwendig, in mehreren Passagen wiederholen. Der Keim kann auch aus Abwasser, Klärschlamm und Erde isoliert werden. Auf Nähragar wachsen grau bis graurötlich gefärbte, schleimige, fadenziehende Kolonien. Das Kulturmedium färbt sich grünlich bis olivbräunlich. Der charakteristisch süßliche Geruch der Kolonien von *Ps. aeruginosa* fehlt!

Während für *Ps. aeruginosa* das Temperaturoptimum bei 37 bis 42 °C liegt, wächst *Ps. fluorescens* am besten bei 20 bis 25 °C.

Proteus vulgaris. Fettarmes Fleisch („Geschabtes") in Kulturröhrchen geben und das verschlossene Gefäß möglichst bei 35 bis 37 °C stehenlassen, bis das Fleisch in Fäulnis übergeht, dann mit Wasser überschichten und weiter bebrüten. Aus der trüben Flüssigkeit kann durch fraktionierte Ausstriche auf Nähragar (Reg. 55, 70) *Proteus vulgaris* isoliert werden. Diese Enterobacteriacee ist der am stärksten bewegliche Keim und bildet unter normalen Wachstumsbedingungen keine begrenzten Kolonien. Von der Impfstelle aus überwächst er sehr schnell hauchartig die gesamte Nährbodenoberfläche, die einem ungeübten Beobachter mitunter als noch steril erscheinen kann. Die Bakterien schwärmen oft schubweise, so daß der Rasen gezont erscheint.

Proteus vulgaris kann auch aus Abwasser und Klärschlamm und von anderen faulenden Substraten isoliert werden.

Präparation: Von beiden Gattungen Lebendpräparate herstellen (Reg. 41), eventuell Hohlschliffobjektträger für „hängenden Tropfen" verwenden (Reg. 84).

Bakteriengeißeln sind so dünn, daß sie einzeln lichtmikroskopisch nicht wahrgenommen werden können. Sie müssen daher durch spezielle Beizverfahren aufgequollen und dann gefärbt werden. Die Kulturen mikroskopisch auf Beweglichkeit der Zellen prüfen, dann Geißelfärbung durchführen (Reg. 42). Bei der empfohlenen Färbung werden die Geißeln in einem Arbeitsgang gebeizt und gefärbt.

Identifizierung von *Pseudomonas aeruginosa.* Die ebenfalls zur Beobachtung geeignete Art *Ps. fluorescens* Migula liefert nur Fluorescein aber kein Pyocyanin. Pyocyanin läßt sich aus flüssigem Kulturmedium mit Chloroform ausschütteln, das sich dabei mehr oder weniger intensiv blau färbt. Nach Ansäuern entsteht aus Pyocyanin rotes, chloroformunlösliches α-Oxyphenazin, das wieder in die wäßrige Phase übertritt.

Beobachtungen: Starke Immersionsobjektive verwenden und die Lebendpräparate von beiden Bakterienarten vergleichend betrachten. Bei längerer Beobachtung „hängenden Tropfen" verwenden.

Beweglichkeit der Bakterien wird oft durch passive Bewegung vorgetäuscht (Brownsche Molekularbewegung: ständiges Zittern oder Taumeln der Bakterien an einer Stelle; Strömungsbewegung: alle Bakterien wandern in eine Richtung). Aktive Bewegung liegt vor, wenn Bakterien das Mehrfache ihrer Körperlänge nach verschiedenen Richtungen zurücklegen. Manchmal bewegen sich nur einzelne Keime im Präparat aktiv, während die Masse der Zellen durch Strömung bewegt wird.

Meist sind aerobe Zellen am Deckglas- oder Tropfenrand und rings um eingeschlossene Luftblasen herum am beweglichsten (Sauerstoffangebot!). Aufgrund des Sauerstoffverbrauchs und der Anreicherung von Stoffwechselprodukten im Präparat hört die Bewegung der Bakterien bald auf. Manchmal hingegen setzt die Beweglichkeit im Präparat erst nach einiger Zeit ein. Bei etwas Erfahrung kann man Pseudomonadaceae (z. B. *Pseudomonas aeruginosa*) und Enterobacteriaceae (z. B. *Proteus vulgaris*) an der Art der Bewegung unterscheiden: Während die Pseudomonaden geradlinig und oft sehr schnell durch das Medium schießen, bewegen sich die Enterobacterien – besonders dann, wenn mehrere Stäbchen zu einer Kette zusammenhängen (Abb. 3B) – langsamer und unruhig taumelnd.

An gefärbten Präparaten sollen nunmehr die grundlegenden Unterschiede der Begeißelung studiert werden.

Die Bakteriengeißeln sind fast nie im gesamten Präparat gleich gut angefärbt. Oft sind nur in einer schmalen Randzone rings um den Ausstrich gute Bilder zu finden. Das mag mit darauf zurückzuführen sein, daß bei der Präparation die Suspension vom Rande her eintrocknet und in einer bestimmten Zone besonders günstige Bedingungen für das Anfärben eintreten.
Pseudomonas aeruginosa ist wie alle Pseudomonaden polar begeißelt. Im Gegensatz zu den amphitrich begeißelten Spirillen trägt *Ps. aeruginosa* jedoch nur an einem Zellpol ein bis drei (Abb. 3C), *Pseudomonas fluorescens* nur eine Geißel (monotrich). Dieser Begeißelungstyp ist im Bakterienreich relativ selten (Gattungen, in denen monotrich begeißelte Arten vorkommen: *Desulfovibrio, Nitrosomonas, Nitrobacter, Vibrio, Caulobacter*).
Pseudomonas aeruginosa ist etwa 0,5 × 1,5 µm groß und demonstriert damit gleichzeitig die Wuchsform des zylindrischen Kurzstäbchens.
Proteus vulgaris gilt als Schulbeispiel für die Darstellung der peritrichen Begeißelung, die für die beweglichen Eubacterien typisch ist (Abb. 3A, B). Besonders eindrucksvolle Formen sind zu beobachten, wenn mehrere Stäbchen in einer Kette zusammenhängen (Abb. 3B). Beim Betrachten gefärbter Bakteriengeißeln ist zu beachten, daß diese Strukturen aus einer Mehrzahl von Einzelgeißeln bestehen (Ausnahme: monotriche Begeißelung). Während der Präparation verkleben benachbarte Geißeln zu „Zöpfen", die nur elektronenoptisch in die Einzelgeißeln aufgelöst werden können. Da die Geißeln sehr leicht abfallen, sind in den Präparaten immer zahlreiche abgerissene Geißelzöpfe zu sehen.

Weitere Beobachtungen: An lebenden Bakterien werden die Geißeln im Dunkelfeld sichtbar, wenn sie zu Zöpfen zusammengelegt sind (Abb. 2B).
Unter normalen Bedingungen schlagen die Geißeln so schnell, daß sie nicht gesehen werden können. Deshalb müssen dem Kulturmedium viskose Stoffe (Tragant, Quittenschleim, Gummi arabicum) zugesetzt werden, die den Geißelschlag bremsen (Reg. 39). Auch luftgetrocknete Präparate geben im Dunkelfeld eindrucksvolle Bilder.

Weitere Objekte:

Spirillum-Arten: Fast immer in faulenden Flüssigkeiten, besonders in Schweinejauche, zu finden. Die polaren Geißelzöpfe werden mitunter schon bei einfacher Carbolfuchsinfärbung sichtbar (s. S. 23).
Chromatium okenii Petry: Schwefelbacterium mit Photosynthesepigmenten. Zellen ovoid, vibrioähnlich gekrümmt oder stäbchenförmig, mit Schwefeleinlagerungen; immer einzeln, relativ groß (5 bis 6 µm dick, bis 15 µm lang); Massenvorkommen rötlich gefärbt. Cephalotrich begeißelt. Das polare Geißelbüschel kann an der lebenden Zelle bereits im Hellfeld gesehen werden!
Auch andere *Chromatium*-Arten sind zur Beobachtung der Geißeln geeignet.
Thiospirillum jenense Winogradsky: Schwefelbacterium mit Photosynthesepigmenten. Spiralig gewundene, sehr große Stäbchen (2,5 bis 4 µm dick, bis 100 µm lang!); mit Schwefeleinlagerungen. An hellen Standorten in faulendem, stagnierendem Wasser zu finden, das Schwefelwasserstoff enthält. Die polaren Geißelbüschel können an der lebenden Zelle bereits im Hellfeld gesehen werden!
Auch andere *Thiospirillum*-Arten sind zur Beobachtung der Geißeln geeignet.
Im Prinzip lassen sich bei allen beweglichen Bakterien die Geißeln durch Färbung und im Dunkelfeld darstellen.

Beobachtungsziel: Entwicklung und Keimung der Bakterienspore; unterschiedliche Form und Lage der Endospore; die Wuchsform des zylindrischen Stäbchens

Objekte: *Bacillus cereus* Frankl. et Frankl. oder *Bacillus cereus* var. *mycoides* Flügge (Bacillaceae), *Clostridium sporogenes* Metchnikoff (Bacillaceae).

Materialbeschaffung: *Bacillus cereus* oder *cereus* var. *mycoides*. Isolierung aus Erdproben (Reg. 59) oder von Fangplatten (Reg. 55). Merkmale der Arten s. S. 24.
Clostridium sporogenes. Isolierung aus Proben von reichlich organisch gedüngtem Boden (Reg. 59). Der Keim ist apathogen und obligat anaerob. Zur Anzucht und Stammhaltung Thioglycolatmedium (Reg. 70) verwenden. Für die Isolierung und Stammhaltung solcher Bakterien sind mitunter nicht die notwendigen Voraussetzungen gegeben. Da die Art in manchen mikrobiologisch arbeitenden Einrichtungen als Testkeim für die Kontrolle anaerober Kulturbedingungen gehalten wird, ist die Beschaffung aus diesen Institutionen zu empfehlen. Merkmale der Art: Stäbchen von 0,6

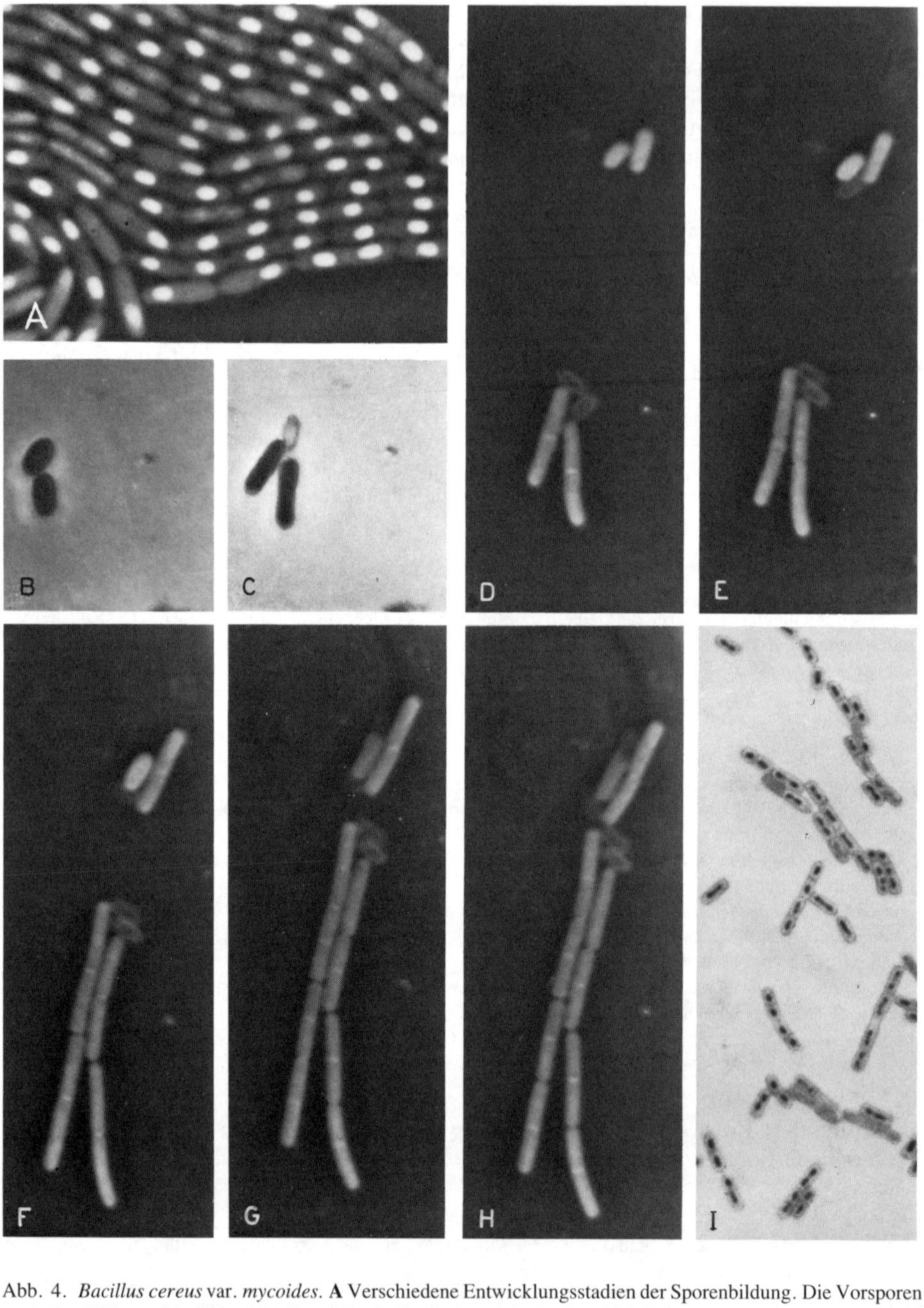

Abb. 4. *Bacillus cereus* var. *mycoides*. **A** Verschiedene Entwicklungsstadien der Sporenbildung. Die Vorsporen sind grau abgebildet und in ihrem Umriß unscharf. Sie sind größer als die reifen Sporen, die scharf umrandet sind und aufgrund der höheren Brechzahl hell erscheinen; lebende Zellen im Phasenkontrast 2200:1. B–H In Objektträgerkultur geimpfte Sporen keimen und wachsen zu Stäbchenketten aus. **B** Sporen gequollen. **C** Linke Spore polar ausgekeimt, Stäbchen vor der leeren Sporenhülle. Bei der rechten Spore tritt das vegetative Stäbchen polar aus der Sporenhülle aus. **D** Erste Querwände angelegt. **E** Jedes Stäbchen hat sich geteilt; neue Querwände bereits angelegt. Rechte obere Spore ausgekeimt. **F** Stäbchenketten nach den ersten zwei Zellteilungen. Einzelzellen noch durch Cytoplasmafäden miteinander verbunden. **G, H** Alle Sporen ausgekeimt. Zwischen den Stadien B und H liegt ein Zeitraum von 280 min; 2000:1; B, C positiver, D–H negativer Phasenkontrast. **I** Kernfärbung nach Boroviczeny. Einzelne Zellen zeigen, daß die Teilung der Nucleoide der Zellteilung vorausgeht; 1000:1.

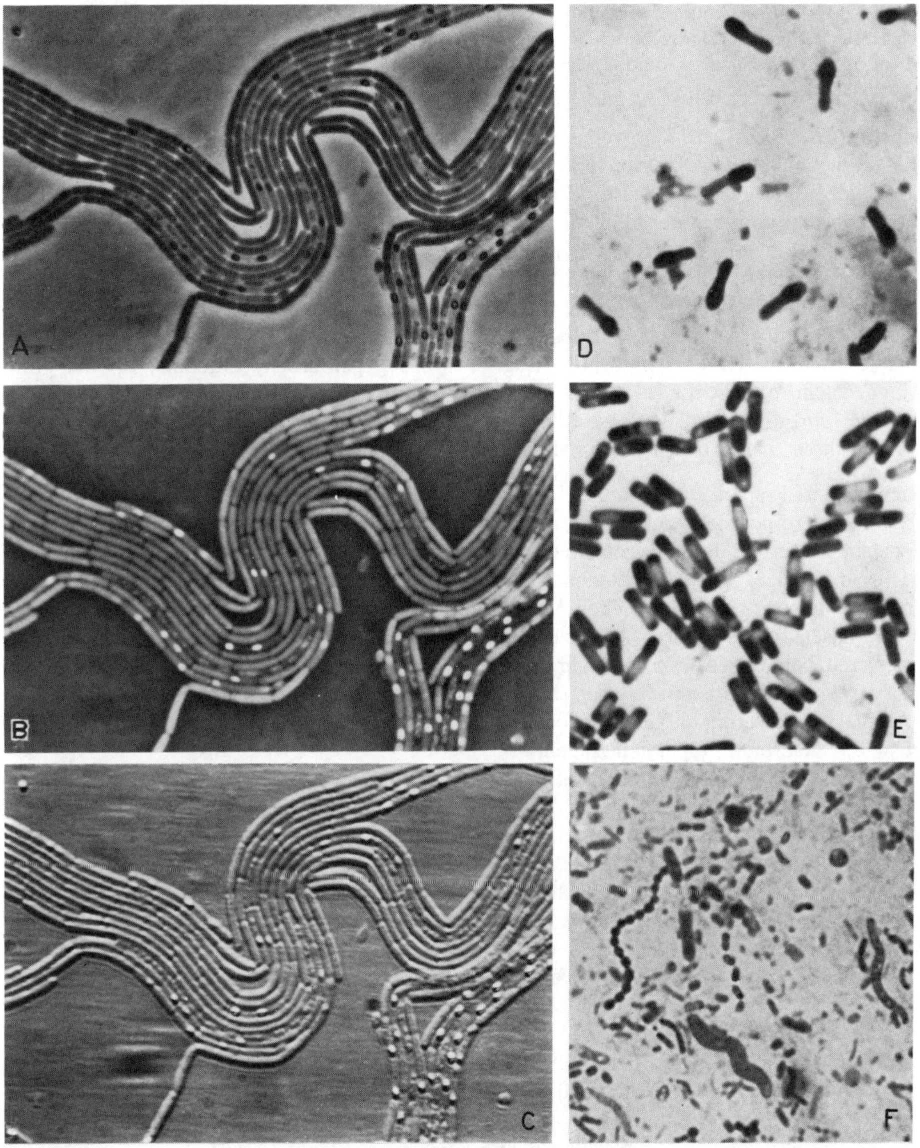

Abb. 5. **A–C** *Bacillus cereus* var. *mycoides*. In Objektträgerkultur gewachsene Stäbchen mit beginnender Sporenbildung. Verschiedene optische Beobachtungsverfahren. **A** Positiver Phasenkontrast. **B** Negativer Phasenkontrast. **C** Interferenzkontrast mit differentieller Aufspaltung im weißen Licht; 1000:1. **D** *Clostridium sporogenes*. Zellen versport. Sporen liegen subterminal bis terminal, Zellen durch die Sporen aufgetrieben (Tennisschlägerform) positiver Phasenkontrast; 1500:1. **E** *Bacillus cereus* var. *mycoides*. Versporte Zellen. Sporen durch Sporenfärbung dargestellt (Sporen grau); 1500:1. **F** Bakterienflora in Schweinejauche ist arten- und formenreich. Carbolfuchsinfärbung; 800:1.

bis 0,8 mal 3,0 bis 7,0 µm Größe, die einzeln, in Paaren oder auch in mehr oder weniger langen Ketten wachsen. Peritrich begeißelt. Sporen oval, exzentrisch bis subterminal; Sporenmutterzelle tennisschlägerförmig aufgetrieben. Die Kolonien auf Nähragar sind klein, irregulär und transparent. Mit zunehmendem Alter werden sie faserig und nehmen schmutziggelbe Färbung an.

Präparation: *Bacillus* spec. Von versporten Kolonien (mikroskopische Kontrolle!) mit Impföse Material entnehmen und Objektträgerkultur so beimpfen, daß nur einzelne Sporen auf dem Nähragar liegen (Reg. 55, 84). Bei Zimmertemperatur stehenlassen. Plastilinumrandung mit Löchern versehen, damit in der Objektträgerkultur aerobe Bedingungen herrschen.
Sporenfärbung: Von versporter Bakterienkultur (Reg. 53, 59) mit der Impföse (Reg. 55) Material entnehmen und hitzefixierten Ausstrich anlegen (Reg. 16). Das Präparat mit 5%iger wäßriger Malachitgrünlösung bedecken und über schwacher Flamme mehrmals bis zum Siedebeginn erhitzen. Nach dem Abkühlen die Farblösung vorsichtig mit Wasser abspülen und mit verdünnter wäßriger Safranin- oder Fuchsinlösung (Reg. 63, 107) gegenfärben; Ergebnis: Sporen grün, vegetative Zellen rosa bis rot.
Clostridium sporogenes. Mit Impföse Material entnehmen und auf einem Objektträger in etwas Wasser verrühren, Deckglas auflegen. Möglichst im Phasenkontrast beobachten.

Beobachtungen: Präparate mit starken Immersionsobjektiven untersuchen.
Dem Studium der Sporenentwicklung soll die Untersuchung der lebenden, nicht versporten Zellen vorausgehen. Aufgrund der geringen Brechzahldifferenz zwischen Stäbchen und Nährmedium ist das Hellfeld weniger gut zum Beobachten geeignet. Wenn möglich, sollte eines der mit Abb. 5A–C demonstrierten optischen Verfahren angewendet werden. Neben dem bekannten positiven Phasenkontrast (Abb. 5A) setzen sich heute auch negativer Phasenkontrast (Abb. 5B) und Interferenzkontrast (Abb. 5C), mehr und mehr durch (Reg. 57, 87). Obwohl die Zellen von *Bacillus cereus* relativ groß sind, lassen sich kaum Einzelheiten erkennen. Bei manchen Zellen ist das Protoplasma schaumig aufgelockert oder granuliert. Die schaumige Struktur läßt sich auch an fixierten, zart gefärbten Präparaten zeigen.
Viele stäbchenförmige Bakterien, vor allem aber die *Bacillus*-Arten, bilden oft Ketten, da die Zellen nach der Teilung noch einige Zeit durch eine dünne Cytoplasmabrücke miteinander verbunden bleiben (Abb. 4D–H). Auf Nähragar erinnert das Wuchsbild am Kolonierand und bei sehr jungen Kolonien an das Bild geflößter Baumstämme, die sich in der Strömung ausrichten. Wenn die Oberfläche des Nähragars feucht genug ist, lösen sich bald Zellen aus dem Verband und schwimmen frei umher (*Bacillus cereus* var. *mycoides* ist mitunter unbeweglich), Geißeln sind ohne spezielle Präparation nicht zu erkennen.
Um die Entwicklung der Endosporen verfolgen zu können, ist es notwendig, die Objektträgerkultur über längere Zeit hinweg zu beobachten. Das günstigste Stadium liegt dann vor, wenn zwischen den noch nicht versporten Zellen einzelne Zellen mit ausdifferenzierten Sporen auftauchen (Abb. 4A). Auf den Kolonierand einstellen. Die Zellen dürfen nur in einer Schicht liegen.
Die Sporenbildung setzt damit ein, daß sich innerhalb der Zelle zentral oder subterminal ein begrenzter Cytoplasmabereich zur Vorspore verdichtet und im Bild der lebenden Zelle durch hellere Tönung als das umgebende Cytoplasma (höhere Brechzahl; Abb. 4A) auffällt. In der Vorspore werden Proteine, Dipicolinsäure (kommt nur in Bakteriensporen vor!) und β-Hydroxybuttersäure (Aerobier) bzw. Polysaccharide (Anaerobier) gespeichert. Dabei tritt Wasser aus. Die sehr hitzeresistente, mehrschichtige Sporenhülle wird sowohl von der Spore her als auch vom umgebenden Cytoplasma der Sporenmutterzelle aus aufgebaut. Einzelheiten des komplizierten Vorganges der Sporenbildung sind nur im Elektronenmikroskop sichtbar.
Die Sporenkeimung hingegen läßt sich im Phasenkontrast recht gut verfolgen: Hierzu mit dem Immersionsobjektiv auf eine geeignete Sporengruppe in einer frisch angeimpften Objektträgerkultur einstellen und, ohne zu verändern, über einen Zeitraum von zwei bis drei Stunden in Abständen beobachten (Abb. 4B–H).
In den Zwischenzeiten Mikroskopierleuchte löschen, da das Wachstum durch Licht gehemmt wird. Schon wenige Minuten nach dem Beimpfen auf das Nährmedium quellen die Sporen beträchtlich

auf (Abb. 4B). Gleichzeitig ändert sich der Kontrast durch Absinken der Brechzahl. Etwa nach einer Stunde gleiten die jungen Stäbchen polar aus der Spore heraus, wobei die leere Sporenhülle als durchsichtiges Bläschen liegenbleibt (Abb. 4C–H; bei anderen *Bacillus*-Arten auch laterale Keimung; z. B. *Bacillus subtilis*).
Die ausgekeimten Zellen legen nach begrenztem Längenwachstum erste Querwände an und teilen sich. Dabei bleiben die Tochterzellen durch dünne Cytoplasmafäden miteinander verbunden, so daß längere Zellketten entstehen (Abb. 4H).
Während bei *Bacillus cereus* und *B. cereus* var. *mycoides* die Endosporen vorwiegend zentral bis parazentral in der Sporenmutterzelle liegen und deren Umfang nicht verändern, demonstriert *Clostridium sporogenes* die subterminale Lage der Sporen, die wie die terminale Lage für zahlreiche Anaerobier typisch ist (Abb. 5D). Ebenso charakteristisch ist für *Clostridium*-Arten, daß die großen Sporen die Sporenmutterzelle auftreiben. Je nach Lage der Spore hat die Zelle Spindel-, Tennisschläger- oder Trommelschlegelform. Bei *Clostridium sporogenes* liegt Tennisschlägerform vor.

Weitere Objekte:

Bacillus subtilis Cohn, Heubazillus: Leicht aus Heu zu isolieren (Reg. 53). Sporen ellipsoid bis zylindrisch, zentral oder subterminal: 0,6 bis 0,9 mal 1,0 bis 1,5 µm groß.
Bacillus megaterium de Bary: Aus Erdproben, Klärschlamm, Abwasser zu isolieren (Reg. 59). Sporen wie bei *B. subtilis,* aber größer; dünnwandig. Sporenhülle ist nach der Keimung nicht mehr sichtbar.
Clostridium butyricum Prazmowski: Obligat anaerob. Isolierung aus naßfaulen Kartoffeln oder Rüben, auch aus verdorbener Silage: Keimhaltiges Material in Kulturgefäß geben, mit etwas Kalk versetzen, Wasser zugeben und 30 min auf 65 bis 70 °C erhitzen. Dann enghalsiges Gefäß mit abgekochtem (an gelöstem Sauerstoff verarmten) Wasser bis in den Hals füllen (kleine Oberfläche; kein Luftraum!), mit Gummistopfen verschließen und einige Tage bei 35 °C bebrüten. Sporen exzentrisch bis subterminal; Sporenmutterzellen meist spindelförmig aufgetrieben.

1.2. Cyanobacteria („Blaualgen“)

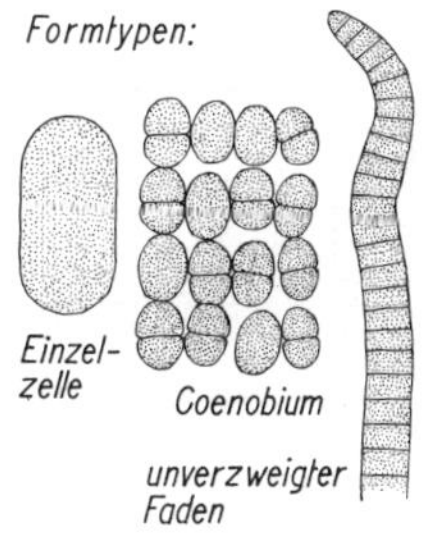

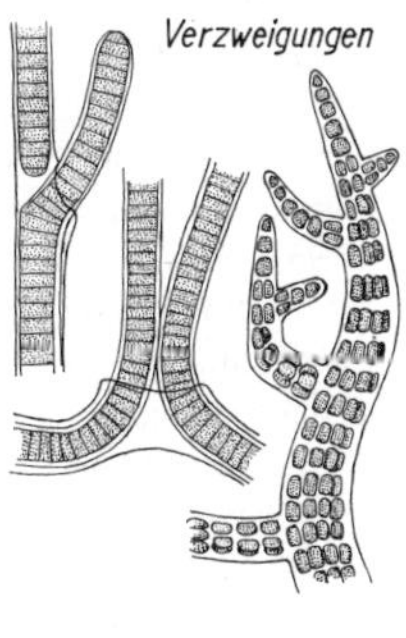

Die Cyanobacteria (von Algologen auch wie bisher als Cyanophyceen oder Blaualgen bezeichnet) leben einzellig oder in Verbänden von unterschiedlicher Gestalt (Zellen zu mehr oder weniger unregelmäßig geformten Coenobien oder zu unverzweigten oder echt bzw. unecht verzweigten Fäden vereinigt).
Protoplast: Aufbau aus dem peripheren, durch Thylakoide gegliederten und die Photosynthesepigmente tragenden **Chromatoplasma** und dem zentralen, farblosen, DNA-haltigen **Centroplasma** (Zentralkörper, Kernäquivalent). Typische **Prokaryotenorganisation:** Kein individualisierter membranumgrenzter Kern und keine selbständigen membranumgrenzten Chromatophoren. Mitochondrien, Dictyosomen und endoplasmatisches Reticulum fehlen. Partikuläre Einschlüsse: Im Chromatoplasma *Cyanophycinkörner* (Proteinkörper aus Arginin und Asparagin; früher „Ektoplasten“ genannt, „strukturierte Granula“) und *Polyglucosidgranula* („Cyanophyceen“-Glykogen); im Centroplasma: der DNA-enthaltende *Chromatinapparat* (früher „Chromidialapparat“), das **Volutin** (Polyphosphatgranula; „metachromatische Granula“, „Epiplasten“), **Carboxysomen** (polyedrische Körper, Ribulosebisphosphat-Carboxylase) und **Ribosomen** vom Prokaryotentyp.
Pigmente: Chlorophyll a (die meisten Formen sind photoautotroph, auch organische Substrate können verwertet werden), kein Chlorophyll b. Carotenoide: besonders β-Caroten, Flavacin und verschiedene Xanthophylle. Charakteristisches Pigment **Phycocyanin** (blau) fehlt keiner Art, das rote **Phycoerythrin** ist nur in einigen Gruppen anzutreffen (beides sind wasserlösliche Phycobiline, die nicht in, sondern auf den Thylakoiden in **Phycobilisomen** lokalisiert sind). Zellen bzw. Lager meist blaugrün, aber auch stahlblau, schwarzblau, rötlich, gelbbraun, violett, olivgrün je nach dem Anteil von Chlorophyll, Carotenoiden und Phycobilinen (in einigen Fällen kommt **chromatische Adaptation** vor: Wechsel der Eigenfärbung komplementär zur Farbe des eingestrahlten Lichtes).
Nur wenige farblose Vertreter (z. B. *Beggiatoa,* autotroph durch Chemosynthese).

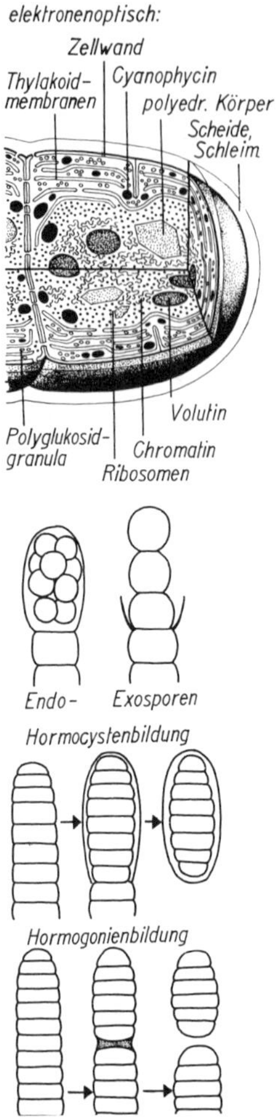

Erste mikroskopisch nachweisbare *Photosyntheseprodukte:* glykogenähnliche Polysaccharide („Cyanophyceenstärke") und Glycoproteide. **„Gasvakuolen"** („Pseudovakuolen") kommen bei planktischen Formen als stark lichtbrechende Räume von unregelmäßiger Gestalt vor. Sie liegen an der Grenze zwischen Chromato- und Centroplasma.

Zellwände sind unterschiedlich dick, meist deutlich geschichtet und oft von fester oder verquollener und verschleimter, manchmal pigmentierter **Scheide** oder formloser **Gallerte** umgeben. Ihre innerste Schicht entspricht als Stützlamelle der **Muropeptidwand** der Bakterien.

Geißeln fehlen stets, dennoch sind einige fädige Formen zu gleitend-kriechender *Fortbewegung* befähigt, möglicherweise durch Ausstoß von Schleim aus feinsten Zellwandporen oder aber unter Beteiligung von Mikrofibrillen der Scheide.

Fortpflanzung und *Vermehrung* erfolgen rein vegetativ, es sind keine zuverlässigen Hinweise auf irgendwelche Sexualprozesse bekannt. Zuwachs durch Zellteilung (Querwandbildung einer sich schließenden Irisblende vergleichbar). Weiterhin je nach Art möglich: Zerfall in Fadenfragmente **(Hormogonien** und **Hormocysten)**, Bildung von **Exo-** und **Endosporen**. Ausbildung besonderer Zelltypen: Dauerzellen **(Akineten, Cysten)** durch starke Wandverdickungen und Zellvergrößerung unter Einlagerung von Reservestoffen. **Heterocysten** (Grenzzellen) in einigen Gruppen in Form einzelner, lichtmikroskopisch inhaltsarmer, durch Verlust an Phycobilinen blasser bis gelblichgrüner Zellen, die von einer dicken Wand umgeben sind und die im Zusammenhang mit der Fähigkeit dieser Organismen zur Bindung von Luftstickstoff stehen.

Ökologie: Besiedeln sehr verschiedenartige Biotope mit extremen Bedingungen: z. B. Temperatur (Thermen, polare Zonen), Feuchtigkeit (Gewässer, aride Böden, nackter Fels), Wasserstoffionenkonzentration (Moor- bzw. Sodagewässer), Nährstoffversorgung (oligo- bis eutroph). Einige Arten (s. Abb. 8) verursachen Wasserblüten und Vegetationsfärbungen der Gewässer (teilweise unter Bildung toxischer Stoffwechselprodukte), weitere beteiligen sich am Aufbau des Vegetationskörpers der Flechten oder leben endophytisch oder endosymbiontisch in anderen Pflanzen.

Übersicht über das System

Ordnung: Chroococcales

Einzellig, häufig Coenobien bildend, Vermehrung meist durch einfache Teilung.

Synechococcus, Synechocystis, Microcystis, Aphanocapsa, Aphanothece, Chroococcus, Gloeocapsa, Gomphosphaeria, Merismopedia

Ordnung: Pleurocapsales

Ordnung: Dermocarpales

Ordnung: Oscillatoriales (= Hormogonales)

Fadenförmig, Zellen eng aneinandergefügt mit plasmatischer Verbindung (Plasmodesmen und „Tüpfel"). Vermehrung: Hormogonien. Oft Heterocysten.

14 Familien, u. a.:

Stigonemataceae	*Stigonema*
Scytonemataceae	*Scytonema, Tolypothrix*
Rivulariaceae	*Rivularia, Gloeotrichia, Calothrix*
Nostocaceae	*Nodularia, Nostoc, Anabaena, Cylindrospermum, Aphanizomenon*
Oscillatoriaceae	*Oscillatoria, Spirulina, Phormidium, Lyngbya*
Beggiatoaceae	*Beggiatoa*

Bestimmungshilfe für wichtige und häufige Gattungen
(Formenübersicht auf Abb. 6)

1. Einzellig, jedoch häufig Coenobien bildend (aber nie fadenförmig, nie Endosporen, Exosporen oder Heterocysten) . . . . Chroococcales
   1.1. Zellen einzeln oder in wenigzelligen Verbänden
      1.1.1. Zellen kugelig
         1.1.1.1. Zellen einzeln, ohne Gallerthüllen . . . . *Synechocystis*
         1.1.1.2. Mehrere Zellen beisammen, mit Gallerthüllen
            • Zellen mit eng anliegenden Gallerthüllen, parallel der äußeren Begrenzung des Protoplasten . . . . . . *Chroococcus*
            • Zellen mit mehrfach geschichteten, blasig erweiterten Gallerthüllen . . . . *Gloeocapsa*
      1.1.2. Zellen länglich, gerade, nicht in gemeinsamer Gallerte . . . . *Synechococcus*
   1.2. Zahlreiche Zellen in Verbänden vereinigt
      1.2.1. Zellen unregelmäßig nach allen Raumrichtungen gelagert („ungeordnete Haufen“ bildend), in gemeinsamer, amorpher Gallerte
         1.2.1.1. Verbände von bestimmter Gastalt, meist zerrissen und durchbrochen; zahlreiche, sehr kleine Zellen . . . . *Microcystis*
         1.2.1.2. Verbände formlos, Zellen locker gelagert
            • Zellen kugelig . . . . *Aphanocapsa*
            • Zellen länglich . . . . *Aphanothece*
      1.2.2. Zellen regelmäßig, „geordnete“, hohlkugelförmige bzw. tafelförmige Verbände bildend
         1.2.2.1. Verbände hohlkugelförmig, Zellen auf deutlichen, vom Zentrum ausstrahlenden Gallertstielen . . *Gomphosphaeria*
         1.2.2.2. Zellen zu einschichtigen, flach-tafelförmigen rechteckigen Verbänden vereinigt, kugelige oder längliche Zellen oft in Vierergruppen . . . . *Merismopedia*

2. Fadenförmig, Fäden frei (nicht zu Pseudoparenchymen vereinigt), Zellen in enger Verbindung miteinander (Plasmodesmen). Hormogonien in der Regel, Heterocysten nur in einigen Gruppen vorhanden . . . . Oscillatoriales (= Hormogonales)
   2.1. Fäden mit echter Verzweigung, oft mehrreihig . . . . Stigonemataceae, *Stigonema*
   2.2. Fäden unverzweigt (höchstens scheinverzweigt), immer einreihig . . . . Nostocales
      2.2.1. Fäden peitschenförmig, in ein meist deutliches „Haar“ ausgehend, Heterocysten vorhanden, unverzweigt oder scheinverzweigt . . . . Rivulariaceae
         2.2.1.1. Fäden einzeln oder in Büscheln oder Krusten vereinigt . . . . *Calothrix*
         2.2.1.2. Fäden zu großen (mit bloßem Auge sichtbaren) kugeligen oder halbkugeligen Gallertlagern vereinigt
            • Dauerzellen vorhanden . . . . *Gloeotrichia*
            • Dauerzellen fehlen . . . . *Rivularia*
      2.2.2. Fäden nicht in ein „Haar“ auslaufend, nicht peitchenförmig
         2.2.2.1. Fäden mit Scheinverzweigungen, mit Heterocysten, mit Hormogonien . . . . Scytonemataceae
            • Scheinverzweigungen einzeln, regellos, Fäden daher unregelmäßig seitlich verzweigt . *Tolypothrix*
            • Scheinverzweigungen selten einzeln, meist zu zweien: parallele, sich überkreuzende oder Schlingen bildende Fäden . . . . *Scytonema*
         2.2.2.2. Fäden unverzweigt
            • Heterocysten vorhanden . . . . Nostocaceae
            •• Heterocysten inmitten der Trichome
            ••• Zellen kürzer als breit . . . . *Nodularia*
            ••• Zellen länger als breit, tonnenförmig
            •••• Zellen an den Fadenenden stark verlängert, farblos, Fichtennadelartige makroskopische Lager . . . . *Aphanizomenon*
            •••• Alle Zellen gleich
            ••••• Fäden nie einzeln, sondern zu verschieden gestalteten, ± kugeligen bis blattartig flachen, auch makroskopisch sichtbaren Gallertlagern vereinigt *Nostoc*
            ••••• Fäden einzeln oder zu formlosen gallertigen Flöckchen oder zarten hautartigen Lagern vereinigt . . . . *Anabaena*
            •• Heterocysten stets an einem Ende des Fadens . . . . *Cylindrospermum*

- Heterocysten fehlen . . . . Oscillatoriaceae
  - •• Organismen ohne deutlich sichtbare Scheiden
    - ••• Fäden regelmäßig spiralig gewunden, Querwände meist nicht sichtbar. . . . . *Spirulina*
    - ••• Fäden gerade oder unregelmäßig gebogen, meist in häutigen Lagern vereinigt, Kriechbewegung mit Rotation um die Längsachse verbunden . . . . *Oscillatoria*
    - ••• wie *Oscillatoria*, jedoch farblos . . . . *Beggiatoa*
  - •• Organismen mit deutlichen Scheiden
    - ••• Scheiden schleimig, Fäden mit den Scheiden verklebt, Lager bildend . . . *Phormidium*
    - ••• Scheiden fest, häutig. Fäden einzeln oder Lager bildend . . . . *Lyngbya*

Beobachtungsziel: Morphologische Bauprinzipien (Coenobien der Chroococcales, einreihig-unverzweigte Fäden, Scheinverzweigungen, echte Verzweigungen)

Objekte: *Chroococcus, Gloeocapsa, Microcystis, Merismopedia; Oscillatoria* (auch *Phormidium, Lyngbya*), *Nostoc; Scytonema, Tolypothrix; Stigonema.*

Materialbeschaffung: Blaualgen findet man mühelos in nahezu allen Wasseransammlungen, mitunter auch an austrocknenden, nur feuchten Standorten. Zunächst den Blick schulen: Viele Blaualgen können dieser Organismengruppe schon ohne optische Hilfsmittel ziemlich sicher zugeordnet werden. Anfangs die charakteristisch blaugrün gefärbten Formen sammeln (dieser Farbton ist für Blaualgen spezifisch). Mit der so gewonnenen Erfahrung sind dann anders gefärbte oder nur mit dem Mikroskop zu erkennende Vertreter leichter zu identifizieren. Mit Sicherheit erhält man viele verschiedene Typen durch Abschaben der blaugrünen bis schwarzbraunen Beläge ständig feuchter Stellen in Gewächshäusern (z. B. Wände, Fußboden, Tische, Blumentöpfe). In stehenden und fließenden Gewässern überziehen dünne häutige Lager in verschiedenen Farbabstufungen von leuchtendem Blaugrün (nie Grasgrün!) bis schmutzig Graugrün oder nahezu Schwarz den Gewässerboden (besonders Steine und untergetauchte Pflanzenteile abschaben). Andere Formen bilden gallertige Knötchen, besonders am Ufer.
In stehenden Gewässern frei schwimmende planktische Formen gewinnt man mit Hilfe eines feinmaschigen Netzes (Planktonnetz, Reg. 91), bei Massenvorkommen (Verfärbung des Wassers!) auch durch Schöpfen und gegebenenfalls nachträglicher Anreicherung (Reg. 14).
Sichere Fundstellen sind weiterhin: Rand und Boden dörflicher Abwassergräben und Stellen, an denen Abwässer in einen Vorfluter eingeleitet werden (Oscillatorien, *Phormidium, Lyngbya*), Wände von Aquarien und künstlichen Wasserbecken im Freiland, untergetauchte Steine in nährstoffreichen stehenden und fließenden Gewässern, feuchte Mauern und überrieselte Felsen *(Gloeocapsa, Chroococcus).*
Fast stets liefern auch Rohkulturen reiche Ausbeute verschiedener Blaualgenarten:

Kultur: Der Ansatz von Kulturen ist sehr zu empfehlen. Rohkulturen (Reg. 96) sind auch mit einfachsten Mitteln überall leicht zu führen, und man sollte die Vorteile dieser Technik nutzen. Es werden entweder Blaualgen enthaltende Sammelproben oder aber lediglich Proben von Teich- oder Flußwasser bzw. sogar nur von Erde bzw. Schlamm mit dem Kulturmedium etwa im Verhältnis 1:10 überschichtet. Als Kulturmedium dient im einfachsten Falle das Teich- oder Flußwasser selbst, das durch Zusatz von Kaliumnitrat und Dikaliumhydrogenphosphat (jeweils 0,2 bis 0,5 g je Liter Wasser) mit den Grundnährstoffen N und P angereichert werden kann.
Besseres Wachstum beobachtet man mit einer der Grundnährlösungen nach Knop, Bristol oder Starr (Reg. 70).
Nach 4–6 Wochen setzt im allgemeinen üppiges Wachstum ein, das durch Zusatz organischer Stoffe (z. B. Einbringen eines kleinen Stückchens Schnittkäse unter die Erdschicht) noch erheblich gefördert werden kann (organische Zusätze erhöhen die Gefahr des Überwucherns durch heterotrophe Bakterien, rein anorganische Medien drängen das Bakterienwachstum zugunsten der Blaualgen zurück).
Aus Rohkulturen sind durch wiederholtes Übertragen isolierter Organismen (= „Überimpfen“ in Abständen von etwa 3–4 Wochen) Artreinkulturen zu gewinnen (Reg. 95). Wenn die Kulturen weitergeführt werden sollen, müssen die Nährlösungen durch Agar (1,5–2%) verfestigt werden (Reg. 8, 70).
Bakterienfreie (axenische) Reinkulturen (Reg. 95) von Blaualgen sind nur mit großem Aufwand zu gewinnen (für die hier vorgesehenen Untersuchungen sind sie nicht erforderlich).

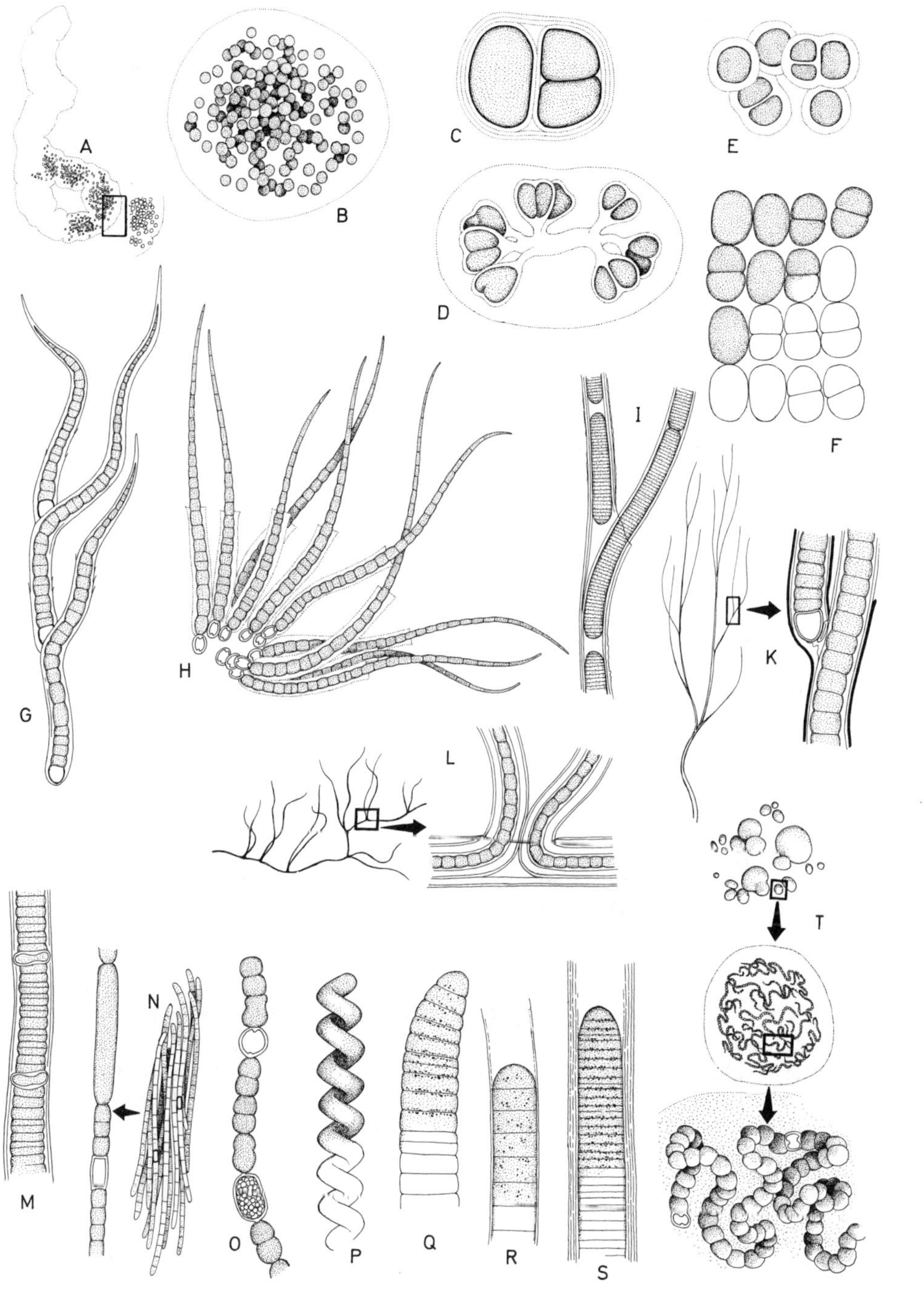

Abb. 6. Cyanobacteria. **A** *Microcystis,* **B** *Aphanocapsa,* **C, E** *Chroococcus,* **D** *Gomphosphaeria,* **F** *Merismopedia,* **G** *Calothrix,* **H** *Gloeotrichia,* **I** *Plectonema,* **K** *Tolypothrix,* **L** *Scytonema,* **M** *Nodularia,* **N** *Aphanizomenon,* **O** *Anabaena,* **P** *Spirulina,* **Q** *Oscillatoria,* **R** *Phormidium,* **S** *Lyngbya,* **T** *Nostoc.*

Präparation: Präparate von lebendem Material als Frischpräparat anfertigen (Reg. 41): Einbetten in Wasser oder Glycerolwasser (Reg. 47). Formen, die makroskopische Gallertlager ausbilden *(Nostoc),* lassen sich in dieser Weise oft schwierig handhaben. Präparate gelingen mühelos, wenn das Material bereits vor dem Auflegen des Deckglases zerteilt (evtl. vorgequetscht) wurde. Für morphologische Untersuchungen der verschiedenen Bautypen sind spezielle Färbungen meist entbehrlich. Zur Übersichtsfärbung wird Alizarinviridin (Reg. 10) nach Fixierung mit Pfeifferschem Gemisch (Reg. 36) oder Chromiumsäure (Reg. 24) empfohlen. Die plasmatischen Anteile färben sich grün. Einschluß in Glycerolgelatine (Reg. 46) ist möglich.
Zur Lebendbeobachtung leistet das Phasenkontrastverfahren mehr (Reg. 87).

Weitere Präparationen: Dauerpräparate sind einfach herzustellen: Fixieren mit Pfeifferschem Gemisch (Reg. 36), wiederholt auswaschen in Glycerolwasser 1 : 10, schonend in reines Glycerol überführen, einbetten in Glycerolgelatine (Reg. 46). Die meisten Arten sind jedoch so widerstandsfähig, daß auf vorsichtiges Entwässern verzichtet werden kann. Die Organismen werden dann entweder direkt aus Glycerolwasser oder aber nach rasch durchlaufener Folge verschiedener Glycerol-Wasser-Mischungen aus reinem Glycerol in das Einschlußmittel überführt.

Beobachtungen: Zunächst bei geringer mikroskopischer Vergrößerung das Material nach den einfacher gebauten nichtfädigen Formen durchsuchen. Die großen, erwachsen bis 1 mm langen, aus sehr vielen isolierten Einzelzellen zusammengefügten Lager der planktischen Blaualge *Microcystis* sind charakteristisch geformt: Die kugeligen, 3–7 µm großen Zellen (Abb. 7B) sind in unregelmäßig netzartig durchbrochenen Gebilden vereint (Abb. 7A), die im ausgewachsenen Zustand durchlöcherten Stoffetzen ähneln (in der Jugend sind die kugeligen oder länglichen Lager nicht durchbrochen). Die Zellen liegen in einer gemeinsamen, die äußere Form der Lager bestimmenden homogenen Gallerte regellos, da bei Teilungen nach allen Richtungen des Raumes abgegliedert wird (vgl. Abb. 8B, *Gomphosphaeria*).
Ähnliches gilt für die beiden in Warmhäusern häufigen Gattungen *Chroococcus* (Abb. 7L) und *Gloeocapsa.* Allerdings liegen hier nur wenige der kugeligen (durch gegenseitigen Druck auch abgeflachten) oder länglichen (= *Gloeothece*) Zellen in einer gemeinsamen Gallerte beisammen, meist sind es zwei bis acht. Einzelcoenobien sind nicht selten zu großen Lagern vereinigt.
Die oft geschichteten Gallerthüllen sind bei mittlerer bis stärkerer Vergrößerung immer deutlich zu erkennen; sie liegen den *Chroococcus*-Zellen eng an, umgeben also die Zellen in gleichmäßig dicker Schicht und sind bei *Gloeocapsa* und *Gloeothece* (Abb. 7I) mehrfach ineinandergeschachtelt und blasig aufgetrieben.
Einen anderen Bautyp coccaler Cyanobacterien demonstriert die Gattung *Merismopedia,* die im Plankton zwischen Wasserpflanzen vorkommt: Hier entstehen durch regelmäßig abwechselnde Zellteilungen, die nur in einer Ebene senkrecht zueinander erfolgen, tafelförmige, einschichtige, rechteckige Platten (Abb. 8H). In ihnen liegen die kugeligen oder abgeplatteten Zellen in geraden Quer- und Längsreihen in einer gemeinsamen Gallerte eingebettet.
Fädige Formen entstehen, wenn die Teilungsebene bei der Zellteilung über längere Zeit oder ausschließlich (bei unverzweigten Typen) senkrecht zur Längsachse des wachsenden Fadens liegt. Bei den stets unverzweigten Fäden der häufigen, submerse Substrate hautartig dunkelblaugrün überziehenden *Oscillatoria*-Arten (sehr ähnlich: *Phormidium* und *Lyngbya*) liegen in dieser Weise kettenförmig oder geldrollenartig, zylindrisch oder scheibenförmig identisch gebaute Zellen eng aneinandergefügt in gleicher Breite hintereinander. Für die Beobachtungen vorteilhaft eine der breiten Formen auswählen! (Abb. 7C, D). Die Untersuchung bei mittlerer Vergrößerung bestätigt: Es handelt sich um sehr einfach gebaute, einreihige, unverzweigte Trichome. Abweichungen in der Zellänge entstehen durch Unterschiede in der Teilungsfrequenz der einzelnen Zellen (s. S. 41). Bei einigen Formen nimmt die Breite der Zellen zum Fadenende hin allmählich ab, so daß sich die Fäden verjüngen. Nur die Endzellen können abweichend gebaut sein (stärkere Vergrößerung!): Die Apikalzelle ist bei einigen Arten breit abgerundet, bei anderen kopfig, kegel- oder zitzenförmig, spitz oder kugelig.
Unter dem Mikroskop fallen die meist leuchtend blaugrünen Filamente der Oscillatorien durch ihre Beweglichkeit auf (s. S. 45); sind die Fäden zahlreich, entstehen zierliche Muster. Oscillatorien verraten dem bloßen Auge ihre Anwesenheit in einer frisch eingesammelten Probe auch dadurch,

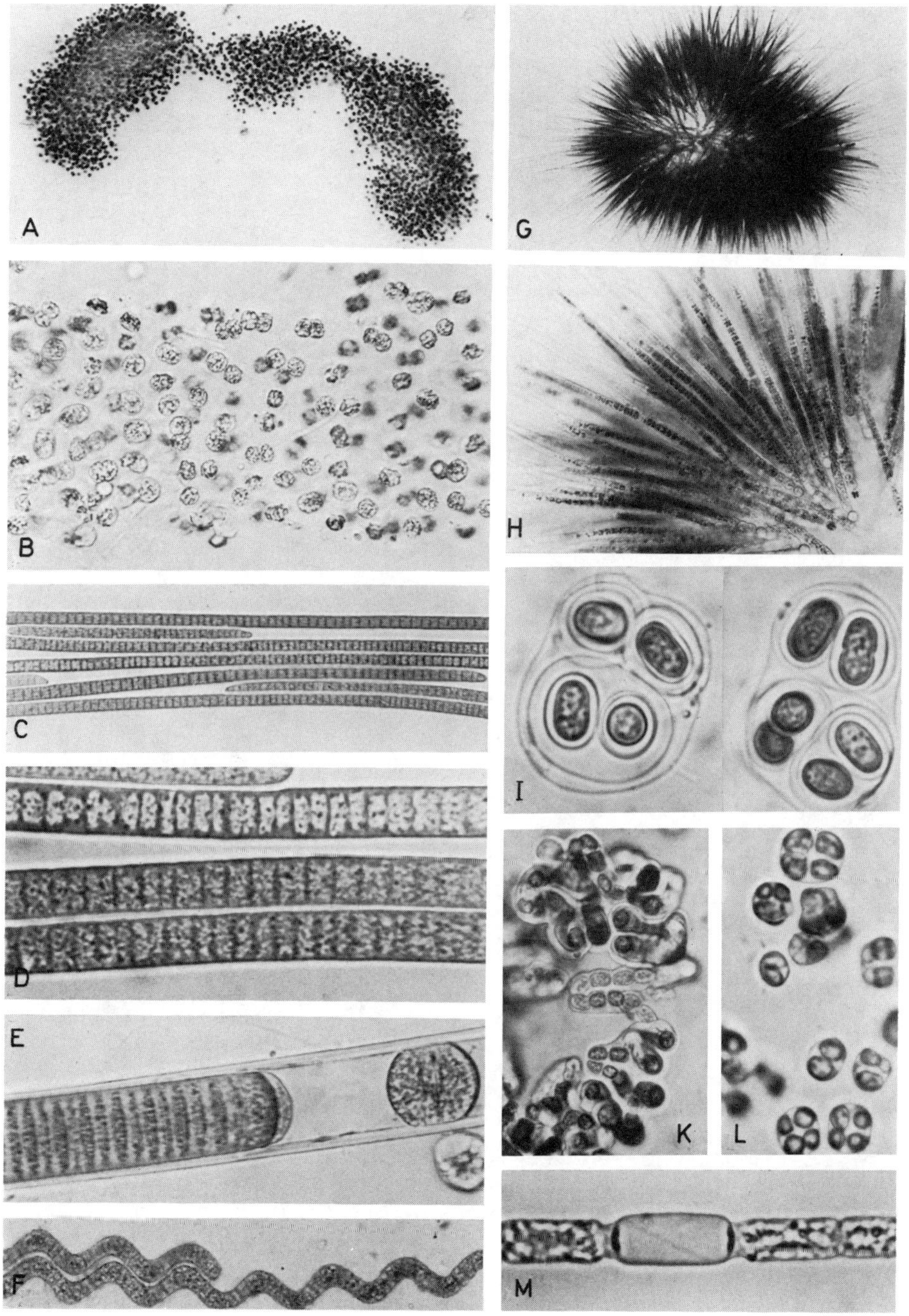

Abb. 7. **A** *Microcystis,* Habitus des Lagers; 80:1. **B** *Microcystis,* Ausschnitt aus dem Lager; 800:1. **C** *Oscillatoria;* 160:1. **D** *Oscillatoria;* Zellteilungen im oberen Faden; 640:1. **E** *Lyngbya;* 1050:1. **F** *Spirulina;* 400:1. **G, H** *Gloeotrichia echinulata;* G 40:1, H Ausschnitt 120:1. **I** *Gloeothece;* geschichtete, aufgetriebene Gallerthüllen; 800:1. **K** *Nostoc;* 480:1. **L** *Chroococcus;* 360:1. **M** Aphanizomenon; 1100:1.

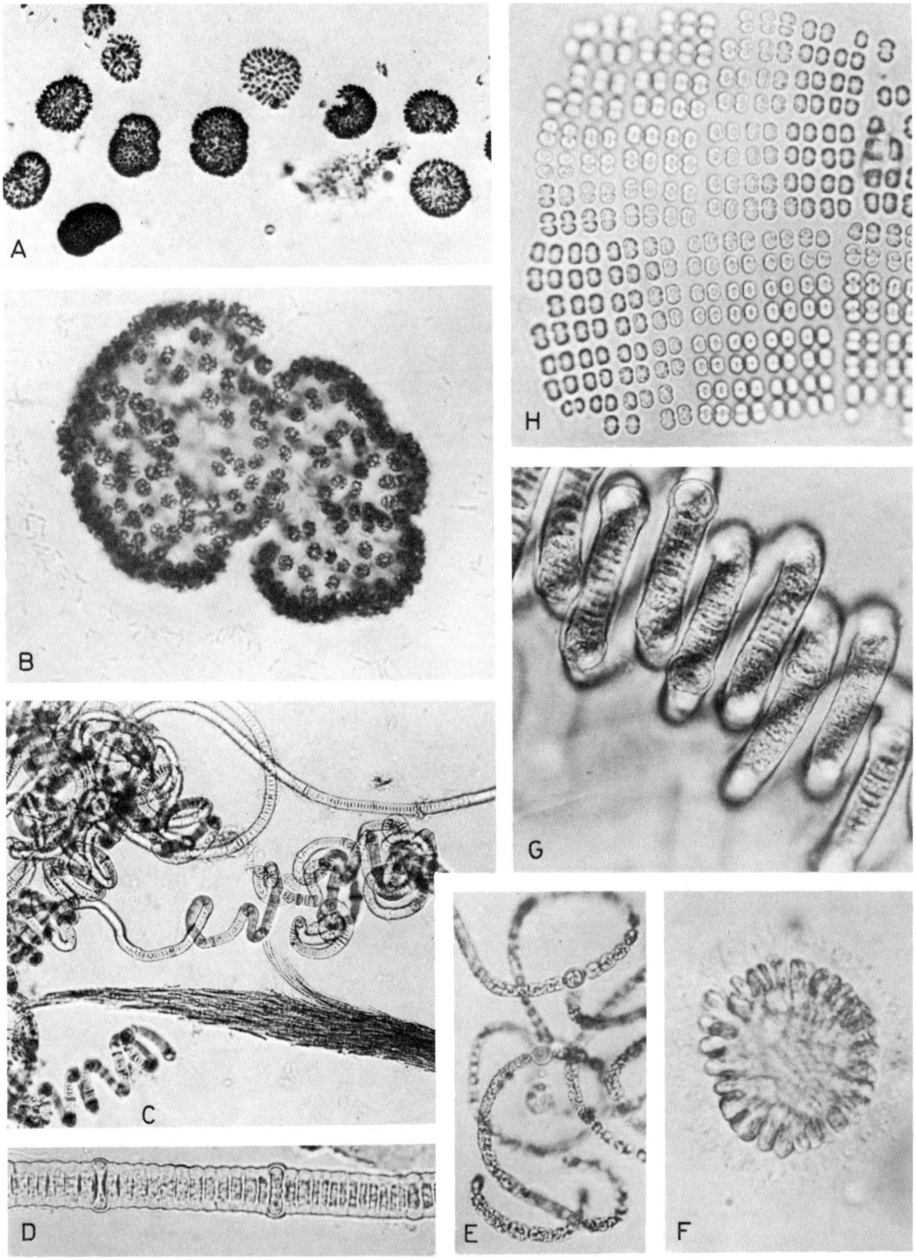

Abb. 8. **A–E, G** Wasserblüte bildende Cyanobacteria. **A** *Gomphosphaeria*-Verbände; 100:1. **B** *Gomphosphaeria;* einzelnes Lager, außerhalb der gemeinsamen Gallerthülle von heterotrophen Bakterien besiedelt; 500:1. **C** *Nodularia* (verschlungen) und spanförmiges Lager von *Aphanizomenon* (unten rechts); 120:1. **D, G** *Nodularia,* Einzelfäden stärker vergrößert; D 600:1, G 500:1. **E** *Anabaena;* 400:1. **F** *Coelosphaerium;* 250:1. **H** *Merismopedia,* tafelförmige Coenobien aus regelmäßig in Vierergruppen angeordneten Einzelzellen; 300:1.

daß sie sich bereits nach wenigen Stunden, spätestens nach einem Tag an der belichteten Seite des Sammelgefäßes anreichern und aus Schlammteilchen und sogar über die Wasseroberfläche „hinauskriechen".
Eine der häufigsten unverzweigten fädigen Blaualgen ist *Nostoc* (Abb. 7K). Gewöhnlich findet man sie an überrieselten Felsen, an Teichrändern und auf immerfeuchten Wiesen und Wegen in Form großer Gallertklümpchen (bis über einen Zentimeter im Durchmesser!). In Rohkulturen tritt sie häufig spontan auf. Die Klümpchen erweisen sich unter dem Mikroskop schon bei geringer Vergrößerung als dichte Knäuel unzähliger miteinander verschlungener, in die Schleimmasse eingebetteter Filamente. Jeder Faden besteht aus einer Kette ovaler bis rundlicher und tonnenförmiger Zellen, zwischen die einzelne abweichend gebaute Zellen eingefügt sind (= Heterocysten, s. S. 44). Die Fäden (nicht die Lager!) von *Anabaena* (Abb. 9B, 8E), *Cylindrospermum, Nodularia* (Abb. 8D, G) und *Aphanizomenon* (Abb. 7M) sind ähnlich gebaut.
Einen anderen Typ des morphologischen Aufbaues repräsentieren die Gattungen *Tolypothrix* (Abb. 9N) und *Scytonema,* die am sichersten aus Warmhäusern oder durch Rohkulturen zu gewinnen sind (*Tolypothrix* wächst in polsterförmigen Lagern, beide kommen häufig aerophytisch vor). Im Mikroskop erkennt man bei geringer Vergrößerung verworrene Zweigsysteme. An günstigen Stellen des Präparates sehen die Lager wie verzweigte Bäumchen aus. Die Filamente bestehen zwar – wie die aller bisher studierten fädigen Formen – aus einreihigen Zellfäden, sie brechen jedoch an manchen Stellen auseinander und bilden Scheinverzweigungen aus. Die durch den Bruch entstehenden beiden Enden treten seitlich aus der Scheide hervor und wachsen entweder beide getrennt weiter (Scheinverzweigungen paarig = *Scytonema*-Typ), oder es wächst nur eines der beiden Enden aus, dann entsteht lediglich ein Seitenast (*Tolypothrix*-Typ). In beiden Gruppen sind meist deutliche Scheiden ausgebildet, die besonders im Phasenkontrastbild gut dargestellt werden. Schließlich kommen in der Gattung *Stigonema* auch echte Verzweigungen vor: Eine der interkalaren Zellen teilt sich nicht – wie üblich – quer, sondern in Längsrichtung, also parallel zur Längsachse des Fadens. Bei starker Vergrößerung ist an den Verzweigungsstellen die veränderte Lage der Zellwand und der so entstehende enge plasmatische Zusammenhang der „Seitenast"-Zellen mit denen des „Hauptastes" deutlich zu erkennen. Eine der seitlichen Zellen wird zur Spitzenzelle eines Seitenzweiges. Die unregelmäßigen seitlichen Verzweigungen fallen schon bei geringer Vergrößerung auf, ebenso wie die Tatsache, daß wir es bei diesen aerophytisch an feuchten Felsen und Mauern oder Baumstämmen lebenden Arten mit mehrreihigen Fäden zu tun haben.

Fehlermöglichkeiten: Verwechslungen der Chroococcales mit eukaryoten grünen Algen sind durch das Fehlen echter Zellorganellen bei den Blaualgen (wie Plastiden, Pyrenoide, Zellkern) sicher auszuschließen. Alle blaugrünen Formen sind eindeutig nach ihrer spezifischen Färbung den Cyanobacterien zuzuordnen. Die natürliche Färbung der Organismen ist in Dauerpräparaten nicht zu bewahren. Die Variabilität der Form ist sehr groß und der Übergang zwischen einigen Gattungen fließend. Einige Arten sind deshalb schwierig zu bestimmen.

Beobachtungsziel: Zellteilungen, Hormogonien, Dauerzellen, Heterocysten

Objekte: *Oscillatoria* (möglichst breite Form, z. B. *O. princeps* Vauch., *O. limosa* Agardh), *Anabaena* (bzw. *Nostoc*).

Materialbeschaffung: Oscillatorien bilden dünne, häutige, an den Rändern auffasernde Überzüge z. B. auf Schlamm und wasserbedeckten Steinen, *Nostoc*-Arten dagegen dicke, sich abrundende Gallertklümpchen (s. oben). Nach *Anabaena* lohnt es sich stets auch im Plankton zu suchen. Rohkulturen anlegen (Reg. 96 und S. 36)!

Kultur: Roh- oder (besser) Artreinkulturen (Reg. 95) sind unerläßlich, wenn man sich bei der Suche nach den hier interessierenden Strukturen von den Zufällen der Probenahme unabhängig machen will.

Präparation: Am besten lebendes Material untersuchen (Totalpräparat, Reg. 105). *Nostoc*-Lager zu einer dünnen Schicht quetschen, vorher zerteilen (s. Hinweis auf S. 38).
Es ist möglich, Dauerpräparate herzustellen (s. S. 38), Frischmaterial ist jedoch in jedem Falle vorzuziehen.

Beobachtungen: An gut wachsenden, jungen *Oscillatoria*-Populationen sind Zellteilungen schon bei mittlerer Vergrößerung zu beobachten: Nicht alle der parallel liegenden Querwände, die den Faden in einzelne Zellen aufteilen, sind geschlossen – ein Hinweis auf noch unfertige Wände, die im Zusammenhang mit Zellteilungsvorgängen stehen. Räumlich gesehen handelt es sich um ringförmige Gebilde, die sich konzentrisch, von der Wand beginnend und zentripetal fortschreitend, wie eine Irisblende schließen. Wandbildung bei stärkerer Vergrößerung untersuchen! Manche Oscillatorien zeigen eine so hohe Teilungsfrequenz, daß die Zellen sich erneut zu teilen beginnen, noch bevor die vorangegangene Teilung beendet ist. Dann sieht man innerhalb der noch nicht völlig getrennten Abschnitte bereits neue – schmale – Ringleisten an den Außenwänden der zylinderförmigen Zellen. Nun das Präparat noch einmal bei mittlerer Vergrößerung durchmustern und auf die Lage der von den Teilungsvorgängen betroffenen Zellen innerhalb des Fadens achten: Eine Polarisierung der Teilungshäufigkeit ist nicht festzustellen, jede Zelle des „interkalar" wachsenden Fadens ist teilungsfähig.
In alternden Oscillatoriaceenpopulationen beobachtet man häufig eine andere Erscheinung: Einzelne, selten mehrere zusammenliegende Zellen innerhalb eines Fadens sterben ab, die beidseitig angrenzenden Zellen wölben sich gegen diese vor, und es bilden sich so stärker lichtbrechende, bikonkav-linsenartige Scheiben toter Zellen aus („Konkavzellen", Abb. 9H). An diesen Stellen brechen die Fäden leicht auseinander. Es entstehen bewegliche, davonkriechende Teilstücke, die an einer Seite noch länger die nekrotisierte Zelle tragen können. Es sind Hormogonien, von denen jedes für sich zu einem neuen Faden bzw. Lager heranwachsen kann. (Aufgrund der Baueigentümlichkeiten und ihrer Beweglichkeit werden die intakten Individuen der scheidenlosen Oscillatorien häufig auch als „Blaualgen im zeitlebens hormogonalen Stadium" angesehen).
Zellvermehrung und Hormogonienbildung tragen dazu bei, die Art zu erhalten. Diesem Ziel (allerdings in anderer Weise) dienen auch andere spezifisch ausgestaltete Zellen, die man besonders gut bei *Nostoc* oder *Anabaena*-Arten studieren kann (Abb. 9D–G). Die Organismen bestehen aus Ketten tonnenförmiger Zellen, von denen sich stets eine größere Anzahl in Teilung befindet (langgestreckt, mit deutlicher Einschnürung, Abb. 9A, B).
Bei mittlerer Vergrößerung fällt auf, daß die Reihen der tonnenförmigen Zellen von Zeit zu Zeit durch zwei verschiedene Typen abweichend gebauter, größerer Zellen unterbrochen sind. Die Besonderheiten und Unterschiede dieser beiden „Spezialzellen" zeigen sich unter hochauflösender Optik. Meist sind es die größeren von beiden, deren Protoplast dicht granuliert und stark lichtbrechend erscheint. Es sind Dauerzellen (Akineten), zu denen sich vegetative Fadenzellen unter starker Wandverdickung und Einlagerung von Reservesubstanzen differenzieren (Abb. 9D–G). Häufig sind gleichzeitig viele benachbarte Zellen in dieser Weise umgewandelt, so daß regelrechte Ketten von Dauerzellen entstehen. Schon beim Präparieren, mit Sicherheit jedoch durch geringen Deckglasdruck, trennen sich die Glieder dieser Ketten voneinander, da sie bei Reife nicht mehr plasmatisch verbunden sind.

Abb. 9. **A** *Anabaena.* Volutinkörner im Centroplasma nach Methylenblaufärbung; Volutinkörner fehlen in der interkalar gelegenen Heterocyste; 1100:1. **B** *Anabaena,* ungefärbt; 1100:1. **C** *Anabaena.* Karminessigsäurefärbung, die dunklen Strukturen sind die sich rot färbenden Cyanophycingranula im peripheren Chromatoplasma; 1200:1. **D** *Anabaena.* Zwei kurze Fadenstücke und zahlreiche isolierte Akineten bei schiefer Beleuchtung (Cyanophycinkörner deutlich kontrastiert); rechts eine Heterocyste; 1000:1. **E** wie D; auskeimende Akineten (rechts); links drei Heterocysten, eine interkalar im Fadenverband; 1000:1. **F** *Anabaena,* Fäden mit Heterocysten und isoliert liegenden Dauerzellen (Akineten); 1000:1. **G** *Anabaena.* Fäden und zahlreiche isoliert liegende Akineten im Phasenkontrast; 1000:1. **H** *Oscillatoria,* Aufteilung der Fäden durch interkalar absterbende „Konkavzellen"; 360:1. **I** *Calothrix.* Trichome in weiten Scheiden, austretende Hormogonien mit basal gelegenen Heterocysten; 400:1. **K** *Oscillatoria* (Tuschepräparat): Schleimkugeln an den Fadenenden; 400:1. **L** *Phormidium.* Hormogonien im Phasenkontrast. Scheide wird an fadenfreien Stellen sichtbar; 400:1. **M** *Calothrix.* wie I, Phasenkontrast; 400:1. **N** *Tolypothrix,* Habitus und Hormogonien; 800:1.

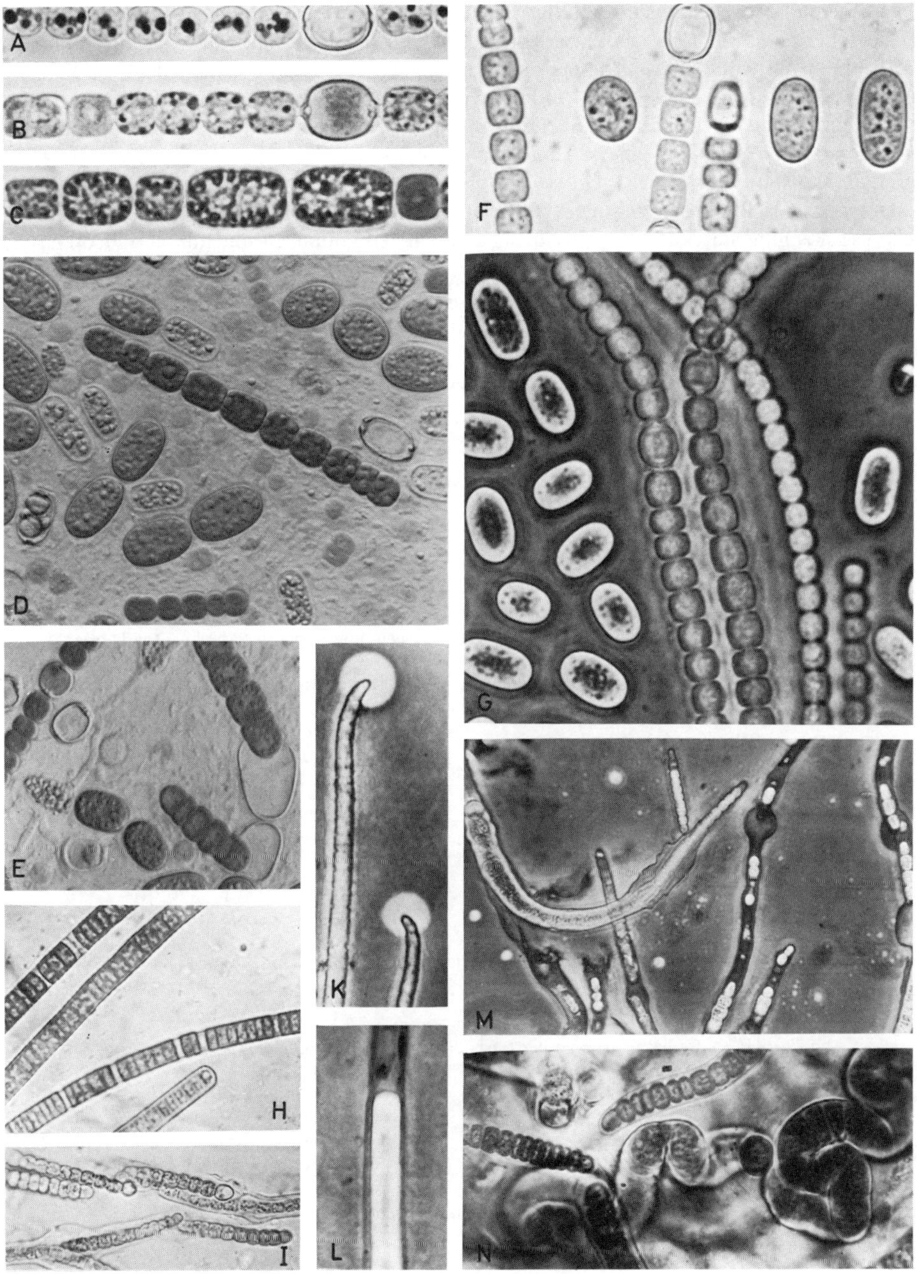
A
B
C
D
E
F
G
H
I
K
L
M
N

Bei der kleineren Form spezialisierter Zellen handelt es sich um die Heterocysten. Verglichen mit den Dauerzellen sind sie arm bzw. frei von Reservestoffen und daher durchsichtig-homogen (Abb. 9B, D–F). In ihrer Gestalt ähneln sie den vegetativen Zellen, sind jedoch größer und charakteristisch gelblich bis gelbbraun, im Inneren auch gelbgrün gefärbt. Mit auffallend scharfer Kontur ist die verdickte Zellwand zu erkennen. Dort, wo Fadenzellen an eine Heterocyste angrenzen, ist die Wand von einem Tüpfelkanal durchsetzt, der innen und außen von einer ringförmigen Wulst umschlossen ist. Die so (bei interkalar liegenden Heterocysten an beiden Polen) entstehenden höcker- bzw. knotenartigen Verdickungen sind typisch für Heterocysten und dadurch ein sicheres Erkennungsmerkmal. Außerhalb der deutlichen Zellgrenzen sind mitunter im optischen Längsschnitt flügelartig erscheinende Strukturen zu beobachten.
Über die Funktion der Heterocysten bei der Fixierung molekularen Stickstoffs (N_2) gibt es heute keine Zweifel mehr; fraglich bleibt lediglich, ob die Nitrogenase-Aktivität auf diese Zellen beschränkt ist. Bei vielen Arten existiert eine bestimmte Lagebeziehung zwischen Dauerzellen und Heterocysten. Wiederholt ist ihr Auskeimen beobachtet worden.

Weitere Beobachtungen: Hormogonien entstehen auch einfach durch Zerfall der Fäden in einzelne Abschnitte. Hierbei lösen sich an der Trennstelle die benachbarten Zellen voneinander, runden sich ab, trennen sich und kriechen – wenn vorhanden – aus der Scheide (Abb. 9L).
Bei Formen, die als hochentwickelt angesehen werden, bilden sich Hormogonien nur aus bestimmten Thallusteilen (meist nur aus den jüngsten Enden der Fäden). Die Trennung wird dann oft durch eine Heterocyste vermittelt (Abb. 9I, M).

Fehlermöglichkeiten: In jungen, rasch wachsenden Populationen sucht man nach Dauerzellen oft noch vergeblich; Kulturen anlegen – nach einigen Wochen ist das Material reichlich „versport".
Zellteilungen werden dagegen in alternden Kulturen seltener; neu überimpfen! Manche Oscillatorien lassen Querwände nicht oder nur undeutlich erkennen; anderes Material verwenden! Bei nur wenigen Arten der empfohlenen Gattungen sind Heterocysten selten oder scheinbar fehlend. Mangel an Stickstoff enthaltenden Verbindungen fördert die Heterocysten-Differenzierung.

Weitere Objekte:

Zellteilungsvorgänge sind auch bei anderen Oscillatoriaceen *(Phormidium, Lyngbya)* und Nostocaceen (*Nostoc* und *Anabaena*, Abb. 9B) gut zu beobachten.

Dauerzellen sind bei den Oscillatoriales (Hormogonales) weit verbreitet. Weitere lohnende Objekte:
Gloeotrichia (an der Basis der Einzelfäden);
Nodularia (in Reihen angeordnet, kugelig);
Aphanizomenon (einzeln, sehr lang-zylindrisch);
Cylindrospermum (meist einzeln, neben den am Fadenende liegenden Heterocysten).

Heterocysten findet man regelmäßig z. B. bei Arten von:
Calothrix (meist basal-terminal);
Gloeotrichia (Abb. 7G, H; häufig basal bzw. an der Basis der Scheinverzweigungen, auch interkalar);
Rivularia (wie bei *Gloeotrichia*);
Tolypothrix (wie bei *Gloeotrichia*);
Nodularia (interkalar, schmal-scheibenförmig, Abb. 8D);
Aphanizomenon (interkalar, Abb. 7M);
Cylindrospermum (stets terminal, nur an einem Ende).

Hormogonien sind typisch für die Oscillatoriales und gut zu beobachten bei:
Stigonema (wenigzellig, aus den jüngsten Thallusenden);
Calothrix (in Reihen hintereinander);
Tolypothrix (aus den Fadenenden);
Nostoc (Bildung beliebig aus allen Fäden eines Lagers).

Beobachtungsziel: Gallerthüllen, Schleime, Scheiden; Bewegungsvorgänge

Objekte: *Gloeocapsa* bzw. *Gloeothece, Nostoc, Lyngbya, Oscillatoria.*

Materialbeschaffung: *Gloeocapsa* und *Gloeothece* findet man mit Sicherheit an feuchten Mauern und Felsen und in Warmhäusern, die Gallertklümpchen der *Nostoc*-Arten an Teichrändern, flottierend an der Oberfläche stehender Gewässer, an Wasserpflanzen oder an sumpfigen Stellen. *Lyngbya* und *Oscillatoria* bilden häutige Überzüge auf Schlamm und Steinen in stehenden und fließenden Gewässern, häufig treten die Arten auch im Plankton auf.

Kultur: Dient hier vorwiegend zur kontinuierlichen Versorgung mit Untersuchungsmaterial; für das Studium selbst ist sie entbehrlich.

Präparation: Die Darstellung der Gallerte, Schleime und Scheiden gelingt leicht und sicher durch das sogenannte Tuscheverfahren (Reg. 106). Zur Färbung der Gallerte, Schleime und Scheiden eignet sich Rutheniumrot (Reg. 97) und – besonders der Schleimhüllen – Muzikarmin (Reg. 82). In kalt gesättigter, wäßriger Methylenblaulösung (etwa 10%ig) färben sich die Scheiden vieler Cyanobacteria kräftig blau.

Beobachtungen: Die Protoplasten vieler Blaualgen sind von „Höfen“ aus Schleimen und Gallerten umgeben oder in Scheiden eingebettet. Die blasig-aufgetriebenen, ineinander geschachtelten und geschichteten Gallerthüllen von *Gloeocapsa* und *Gloeothece* sind ohne jede Präparation deutlich zu erkennen (Abb. 7 I). Die Schichtung entsteht durch aufeinanderfolgende Teilungsschritte, wobei jede Tochterzelle ihre eigene Hülle bildet. Tochterzellen einschließlich der neu gebildeten Gallerte liegen jeweils innerhalb der erhalten bleibenden Gallerthülle der Mutterzelle. Somit sind mehrere Zellgenerationen durch gemeinsame Gallertschichten zu Coenobien verbunden.

Die Scheiden der *Lyngbya*-Arten sind besonders an den Fadenenden gut sichtbar (Abb. 7E). Im Phasenkontrast treten sie in dunklem Grau scharf hervor (Abb. 9L). Die Fäden sind innerhalb der Scheiden frei beweglich, so daß häufig leere Scheidenabschnitte zu erkennen sind.

Um die Grenzen der Schleim- bzw. Gallertmassen lebender *Nostoc*-Arten besonders scharf hervortreten zu lassen, bringt man die Organismen in der beschriebenen Weise unter dem Deckglas in verdünnte Tusche (Gallertklümpchen dabei etwas quetschen!). Die Gallerthüllen heben sich dann als farblose, helle Höfe von den Protoplasten einerseits und dem dunklen Untergrund der Tuschesuspension andererseits ab, da die Tuschepartikel nicht in die Gallerte einzudringen vermögen.

Die Untersuchung von Blaualgen in Tuschesuspension kann zu interessanten Beobachtungen führen: So werden bei scheinbar scheidenlosen Oscillatorien mit dieser Technik an den Fadenenden Schleimkugeln sichtbar, über deren Bedeutung noch Unklarheit besteht (Abb. 9K). Die über den Fadenkörper hinweg wandernden Tuschepartikel lassen Schlüsse auf den Mechanismus der eigenartigen Kriechbewegung bei Oscillatorien zu.

Die interessanten Bewegungserscheinungen der Oscillatorien fallen schon bei ersten orientierenden Untersuchungen bei geringer Vergrößerung auf: Die Fäden verändern wie von unsichtbaren Kräften gezogen oder geschoben gleichmäßig gleitend ihre Lage. Benachbarte Fäden kriechen oft mit ungleicher Geschwindigkeit, bald vorwärts, bald rückwärts, stets aber bleiben sie dabei in sich starr und ohne schlangenartige Verbiegung. Zum genaueren Studium des Bewegungsvorgangs nun starkes Objektiv einschalten und die Fadenenden beobachten: Besonders an Formen mit verjüngten, etwas gekrümmten Fadenspitzen ist tiefere Einsicht in die Erscheinung möglich. Jetzt ist deutlich zu erkennen, daß sich die Fäden langsam um ihre Längsachse drehen, während sie vorwärts gleiten. Man erkennt das am Wandern der Tuschepartikel und an den kreisenden „Nutationen“ der Fadenspitzen: Bei festgehaltenem Feintrieb des Mikroskops scheinen die Fadenspitzen zunächst nur hin- und her zu pendeln, zu oszillieren (Name!). Nun durch Fokussieren versuchen, das äußerste Fadenende während des „Pendelns“ stets im Schärfenbereich zu behalten: Das ist nur durch Heben und Senken des Mikroskoptubus bzw. -tisches zu erreichen, ein Beweis, daß sich die Fadenspitzen tatsächlich kreisend bewegen – also einen Kegelmantel überstreichen – und nicht in einer Ebene pendeln.

In der gleichen Weise kann man auch die Drehrichtung des Fadens prüfen: Erfordert die vom linken Umkehrpunkt zurückschwingende Fadenspitze das Anheben der Schärfenebene, so dreht sich der Faden im Uhrzeigersinn, ist Absenken erforderlich, liegt Linksdrehung vor.

Die Beweglichkeit der Oscillatorien ist auch mit bloßem Auge am „Ausschwärmen“ der Fadenverbände aus der Sammelprobe zu beobachten (vgl. S. 38/39).

Fehlermöglichkeiten: Auf richtige Dichte der Tuschesuspension achten! Die Bilder werden oft klarer, wenn man garantiert, daß sich nur neben (und nicht über oder unter) den Objekten Tusche befindet. Das wird erreicht, indem das Material zunächst auf das Deckglas aufgebracht und in dieser Form dann erst auf den Tuschetropfen in der Mitte eines Objektträgers aufgelegt wird.

Weitere Objekte:

Schleim-, Gallert- und Scheidenbildungen finden sich mehr oder weniger ausgeprägt in allen Gruppen (vgl. z. B. Abb. 8B, F).
Zum Studium der Bewegungsvorgänge der Blaualgen eignen sich alle Hormogonien bildenden Formen.
Ein eigentümliches Bild bieten die sich starr durch das Wasser schraubenden regelmäßig spiralig gewundenen Fäden von *Spirulina* (Abb. 7F).

Beobachtungsziel: Bau des Protoplasten und Zelleinschlüsse; Chromatoplasma, Centroplasma, Volutin bzw. metachromatische Körper, Cyanophycin, Chromatin, Glykogen

Objekt: *Anabaena variabilis* Kützing.

Materialbeschaffung: Viele *Anabaena*-Arten sind typische Planktonformen. Man erbeutet sie oft in großen Massen in nährstoffreichen Seen und Teichen. In Rohkulturen aus Wasserproben verschiedener Herkunft treten sie mit großer Sicherheit auf.

Kultur: In Rohkulturen (Reg. 96) steht über längere Zeit ausreichend Untersuchungsmaterial zur Verfügung. Viele planktische Arten (besonders Wasserblüten und Vegetationsfärbungen verursachende Formen, vgl. Abb. 8E) sind nur mit größerem Aufwand über längere Zeit in Reinkulturen zu erhalten oder zur Vermehrung zu bringen.

Präparation: Zur Untersuchung lebenden Materials einfaches Frischpräparat (Reg. 41) als Totalpräparat herstellen. Phasenkontrastverfahren einsetzen! (Reg. 87). Die Bestandteile des Protoplasten lassen sich durch verschiedene Färbungen diagnostizieren: Zur Unterscheidung von Chromatoplasma und Centroplama dient eine Färbung mit einer Mischung aus Eosin und Methylenblau (Reg. 76) nach vorheriger Fixierung (etwa 1 min) mit 1%iger wäßriger Chromiumsäure (Reg. 24).
Die Darstellung der Volutinkörper gelingt an Chromium-Essigsäure-fixiertem Material (Reg. 23) am besten mit einer alkoholischen Methylenblaulösung (Reg. 75) bzw. an lebenden Blaualgen mit verdünntem Löfflerschem Methylenblau (Reg. 77). Cyanophycinkörner sind mit heißer oder kalter Karminessigsäure nachzuweisen (Reg. 64). Das Chromatin (das „Kernäquivalent") färbt sich mit Giemsa-Lösung rot (Reg. 45). Reservepolysaccharide („Glykogen") können durch Lugolsche Lösung (Reg. 62) sichtbar gemacht werden.

Beobachtungen: Protoplasten lebender, ungefärbter Fäden lassen nur wenige Strukturen erkennen (Abb. 9F). Der zentrale Teil der tonnenförmigen, dunkel blaugrünen Zellen ist meist etwas heller und enthält verschieden große granuläre Einschlüsse, besonders zahlreich in den großen Dauerzellen (mittlere Maße: 12 × 7 µm gegenüber den 5,5 × 4,5 µm großen normalen Fadenzellen. Die im Durchschnitt 6 × 8 µm großen Heterocysten zeigen – abgesehen von den Zellwanddifferenzierungen an den Polen – keinerlei innere Strukturen und erscheinen durchsichtig und homogen, meist gelbbraun). Im Phasenkontrast wird das Bild wesentlich deutlicher (Abb. 9G). Chromatoplasma und Centroplasma lassen sich auch im normalen Hellfeld schnell und eindrucksvoll nach Simultanfärbung mit Methylenblau/Eosin unterscheiden: Das unregelmäßig gegen die äußeren Bereiche abgegrenzte Centroplasma leuchtet blau, das Chromatoplasma je nach Färbedauer und Intensität des Auswaschens zart rosa bis kräftig rot. Im Centroplasma liegen Kugeln verschiedener Größe, die je nach Fokus einen mehr rötlichen oder mehr bläulichen Farbton annehmen.
Auch der Nachweis des Volutins in den Zellen gelingt zuverlässig nach vorausgegangener Chromium-Essigsäure-Fixierung durch die Färbung mit Methylenblau: Fast alle Zellen des

Anabaena-Fadens enthalten dann im Centroplasma zahlreiche kräftig dunkelblau gefärbte Körper (Abb. 9A), die sich scharf vom übrigen Protoplasten abheben. Selten enthält eine Zelle nur eine solche Volutinkugel, die dann eine beachtliche Größe erreicht (im Durchmesser bis über ⅓ des Zelldurchmessers!). Beim Fokussieren mit stärksten Objektiven (homogene Immersion) wechselt der Farbton gefärbter Volutingranula zwischen blaugrün und weinrot. Färbt man diese Polyphosphatkörper mit Löfflerschem Methylenblau, ohne vorher nach der Vorschrift zur Darstellung der „metachromatischen Körper" zu fixieren, beobachtet man bei schwächerer Vergrößerung dunkle, blaue bis blaurote Einschlüsse, die bei stärkster Auflösung kirschrot aussehen. Der Protoplast färbt sich bei diesem Verfahren hellblau, die äußeren Schichten (Zellwand usw.) rötlichblau. Es fällt auf, daß in Präparaten dieser Art weder in Dauerzellen noch in den Heterocysten Volutingranula nachweisbar sind.
Nach der Behandlung einer weiteren Blaualgenprobe mit Karminessigsäure die Verteilung der Cyanophycinkörner studieren: In gut gelungenen Präparaten (nicht zu stark färben!) liegen kleine, dunkelrote, kantige Partikel verstreut in den äußeren Bezirken des Protoplasten (dem Chromatoplasma); im optischen Schnitt liegen sie gehäuft am Außenrande jeder Zelle (Abb. 9C). Besonders zahlreich sind die Cyanophycinkörner – im Gegensatz zum Volutin – in den Dauerzellen.
Das Chromatin ist bei Blaualgen durch die Feulgen-Reaktion (Reg. 83) in der Regel nicht eindeutig nachweisbar. Mit Giemsa-Lösung gefärbte *Anabaena* lassen dagegen die Kernäquivalente als blaurote, lappige Bezirke im Zentrum der Zellen meist gut erkennen.
Mit Lugolscher Lösung behandelte *Anabaena*-Fäden ändern ihre Farbe und werden schnell homogen gelb bis gelbbraun. Häufig beobachtet man eine dunklere Färbung der peripheren Bereiche, mitunter auch eine Konzentration an bestimmten Partikeln. Iodlösungen färben das dort angereicherte Glykogen braun.

Fehlermöglichkeiten: Die Simultanfärbung zur Differenzierung in Chromatoplasma und Centroplasma ist in wäßrigen Einschlußmedien nicht haltbar; in Wasser treten bereits nach einer Stunde deutliche Farbverluste auf.
Wenn zu stark mit Karminessigsäure gefärbt wird, sind die Cyanophycinkörner mangelhaft kontrastiert, da sich die Zellen völlig rot färben. Vorteilhaft nur kurz erhitzen! In anderen Fällen erhält man bessere Ergebnisse, wenn die Fäden in kalte Farbstofflösung eingelegt werden.
Eine erfolgreiche Darstellung der Kernäquivalente erfordert, die Färbebedingungen gewissenhaft einzuhalten. Der Glykogennachweis ist wenig spezifisch.

Weitere Objekte:

Cytologische Untersuchungen sind an allen Blaualgenprotoplasten möglich. Empfehlenswert sind außer weiteren *Anabaena*-Arten breitfädige Oscillatoriaceen (besonders *Oscillatoria-, Phormidium- und Lyngbya*-Arten) und großzellige Spezies der Gattung *Nostoc*.

Eukaryota

2. Phycophyta (Algen)

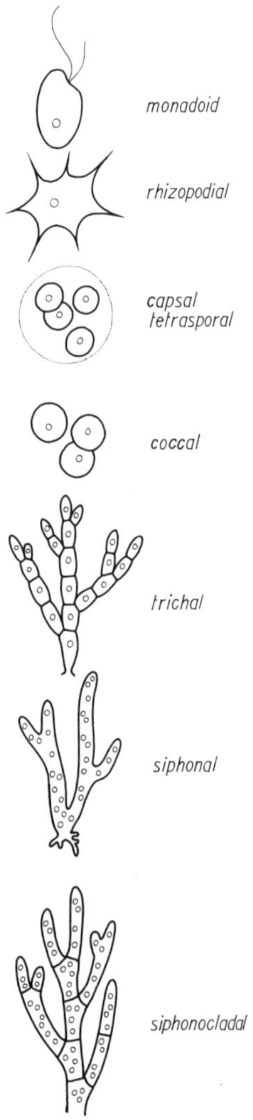

Die herkömmlich unter dieser Bezeichnung zusammengefaßten Organismengruppen stehen zum Teil isoliert. Der Begriff vereint sehr unterschiedliche Gruppen **einfach gebauter eukaryotischer Pflanzen** mit äußerst mannigfachen cytologischen, morphologischen, physiologischen und biochemischen Eigenheiten. In der Mehrzahl sind es **Wasserpflanzen,** die **zur Photosynthese befähigt** sind und die je nach Art und Anteil verschiedener Pigmente unterschiedlich und **vielfältig gefärbt** sind.

Sie sind ein- bis vielzellig. Unter den Vielzellern gibt es Formen, die echte Gewebe ausbilden und bis zu hoher, cormophytenähnlicher morphologischer Gliederung fortgeschritten sind. Innerhalb der (meist als Klassen geführten) großen Gruppen besteht eine mehr oder weniger vollständige Reihe verschiedener **morphologischer Organisationsstufen; monadoide** (mit Geißeln versehene Protoplasten, Flagellatentyp), **rhizopodiale** (zellwandlose amoeboide Protoplasten), **capsale** bzw. **tetrasporale** (im vegetativen Zustand geißellose Formen monadoiden Typs meist in Gallerte eingeschlossen), **coccale** (mit fester Wand umgebene unbewegliche Zellen), **trichale** (einfache oder verzweigte Fäden oder Zellflächen bildende Typen), **siphonale** (mit vielkernigen, nicht durch Zellwände unterteilten Protoplasten), **siphonocladale** (mit vielkernigen Protoplasten, die in großer Anzahl den Pflanzenkörper aufbauen) und **parenchymatisch-thallöse** Formen (die man jedoch als Modifikation faden- oder röhrenförmiger Organisationsstufen ansehen kann).

Gameten und **Sporen** (allgemein: **Gonite**) werden **in einzelligen Behältern (Gonitocysten) gebildet** und sind begeißelt oder unbegeißelt. Sind mehrere Gonitocysten zu mehrzelligen Strukturen zusammengefügt, ist jede ihrer Zellen fertil (Unterschied zu allen höheren Pflanzen; Spezifische Verhältnisse bei Charophyceae). Zur Terminologie der Fortpflanzungsstrukturen siehe die Bemerkungen auf S. 7/8.

Über die Auffassungen zur Stellung der einzelnen Algengruppen im System herrscht Uneinigkeit.

Zu den Algen gehören etwa 10% der bekannten lebenden Pflanzenarten. Sie sind ähnlich wie Bakterien überall in der Natur verbreitet. Die mikroskopisch kleinen Formen beeinflussen wie diese durch Zahl und Oberflächengröße in bedeutendem Maße die Umwelt (in einem Milliliter Wasser oft mehr als 100000 einzellige Algen!).

Ihre wirtschaftliche Bedeutung liegt vor allem in folgendem:

- Produktion organischer Substanz im Photosyntheseprozeß, die im Süßwasser in hohem Maße und im Meer nahezu ausschließlich durch Algen erfolgt (= aquatische Primärproduktion). Nur auf dieser Grundlage ist die Existenz der dort lebenden Tiere möglich, die besonders als Fisch der Ernährung des Menschen dienen (Nahrungsketten; Fruchtbarkeit fischereilich genutzter Gewässer).
- Bildung des für die tierische Atmung und die Stoffwechseltätigkeit aerober Bakterien unentbehrlichen Sauerstoffs und Entzug mineralischer Nährstoffe (dadurch bedeutender Einfluß auf den Stoffumsatz und die Selbstreinigung im Gewässer).
- Die spezifischen Lebensansprüche einiger Arten ermöglichen es, sie als Leitorganismen zu verwenden (Indikatoren bei der biologischen Wasseranalyse zur Bewertung der Wasserqualität).

- Massenentwicklung kann durch Netz- und Filterverstopfung, Wasserblüten, Vegetationsfärbungen und toxische Stoffwechselprodukte wirtschaftliche Schäden verursachen.
- Großalgen des Meeres dienen verschiedenen Industrien als Rohstoff: z. B. Dünge- und Futtermittel (Mineralstoffreichtum, Spurenelemente), Nahrungsmittel (z. B. Carrageen, Noriprodukte Ostasiens, Kombu), vielfältiger Einsatz der Alginate (z. B. in der Lebensmittel-, Textil-, Bau- und pharmazeutischen Industrie), Produktion von Agar-Agar (als Nährbodengrundlage für Mikroorganismenkulturen), Iodgewinnung (Iodgehalt der Algenasche oft über 1 %), Nutzung in der pharmazeutischen Industrie (z. B. Appetitzügler, Antikoagulantien).
- Massenkulturen von Mikroalgen als Rohstoff- und Proteinquelle und in bioregenerativen Systemen (Raumfahrt, Unterwasserstationen).

Durch die einzigartige biologische Mannigfaltigkeit innerhalb dieser Pflanzengruppe gibt es zahlreiche Vertreter, denen als Modellorganismen überragende wissenschaftliche Bedeutung für die Bearbeitung und Lösung allgemeinbiologischer Probleme zukommt.

2.1. Euglenophyceae

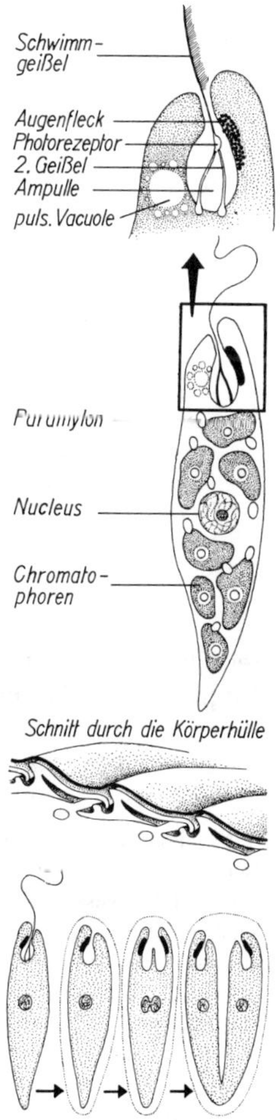

Begeißelte, meist frei schwimmende **Einzeller** (Flagellaten) mit Eigentümlichkeiten, die sie von den übrigen Algengruppen abgrenzen:
Der *Protoplast* bildet peripher eine zarte, leicht verformbare oder dickere und feste protoplasmatische Körperhülle (**Periplast,** Pellicula der zoologischen Terminologie), die hauptsächlich aus Proteinen besteht. Sie ist aus einem komplizierten, schraubig angeordneten Streifensystem aufgebaut. Periplast vom Plasmalemma umschlossen; bei einigen Arten sitzen als Abscheidung des Protoplasten außen auf dem Plasmalemma verschiedene Ausstülpungen, Höcker, Warzen u. ä. auf bzw. ist ein Gehäuse mit einer Öffnung ausgebildet, aus der die Geißel herausragt.
Das Vorderende der Zelle ist flaschenartig vertieft **(Ampulle).** An deren Grund entspringen zwei **Geißeln**, die von getrennten **Basalkörpern** ausgehen. Die Geißeln sind getrennt als Schwimm- und Schleppgeißel ausgebildet, oder eine der beiden endet noch innerhalb der Ampulle, so daß nur eine Geißel aus dem Hals der Ampulle austritt. Die beiden basalen Geißeläste sind an einer Stelle verschmolzen. Dort liegt der **Photoreceptor** (Paraflagellarkörper), der gemeinsam mit dem der Ampullenwand anliegenden, durch Carotenoide rot gefärbten **Stigma** („Augenfleck") die Reaktion auf Lichtreize ermöglicht. **Pulsierende Vacuolen** in unmittelbarer Nachbarschaft der Geißelgrube entleeren ihre Produkte über die Ampulle nach außen.
Zellkern mit Nucleoli, die bei der Mitose ebenso wie die Kernmembran erhalten bleiben **(„Endosomen").** Auch die Kernhülle bleibt während der Kernteilung erhalten und umschließt Mikrotubuli, die spindelartig angeordnet sind (intranucleäre Mitose). Die kontrahierten Chromosomen sind auch im Interphasekern nachzuweisen.
Pigmente entsprechen weitgehend denen der Chlorophyceen: **Cholorphyll a und b, β-Caroten** und **Xanthophylle** (bei *Euglena gracilis* im Dunkeln Verlust der Photosynthesepigmente: Zellen werden **apochlorisch**). Chromatophoren von Scheiben-, Stern-, Bandform oder fehlend **(Apoplastidie).**
Einige Arten durch **Hämatochrom** (zu besonderen Körperchen angereicherte Carotenoide) rot gefärbt. Chromatophoren mancher Arten mit **Pyrenoid.**
Ernährung der grünen Formen ist oft **photoauxotroph** (Fähigkeit zur Photosynthese bei gleichzeitiger Abhängigkeit von exogenen Vitaminquellen, besonderer Bedarf an Vitamin B_1 und B_{12}) bzw. **mixotroph** (neben der Photosynthese werden gelöste organische Substanzen aufgenommen). Die farblosen Formen ernähren sich **heterotroph** ohne Lichtbedarf (**osmotroph** von gelöster organischer Substanz, bzw. **phagotroph** von partikulärer organischer Substanz).

Charakteristisches *Assimilationsprodukt* ist das stärkeähnliche **Paramylon** (= Paramylum), ein β-1,3-Glucan. Paramylonkörner oft ösen- oder ringförmig. Daneben Öl als Reservesubstanz.
Mitochondrien häufig als netzförmiges Chondriom angelegt. Im Plasma Polyphosphatkörperchen **(Volutin).**
Vermehrung durch **Längsteilung** der Zelle, die Einschnürung beginnt am Geißelpol (nach vorheriger Duplizierung von Kern, Geißelapparat und Stigma). Geißellose Ruhestadien **(Palmellen)** von vielen Arten bekannt.
Vorkommen hauptsächlich im Süßwasser; viele Arten bevorzugen nährstoffreiche Kleingewässer mit hohem Anteil an organischen Substanzen (Abwassergräben, Jauchepfützen, Dorfteiche), andere gedeihen in reinem Wasser oder bevorzugen saures Milieu (Moore). Einzelne sitzen als Epibionten fest. Durch Massenentwicklung Hämotochrom enthaltender Formen färben sich solche Gewässer rot („Blutseen").

Übersicht über das System

Einzige Ordnung: Euglenales
  Familie: Eutreptiaceae
  Familie: Euglenaceae (13 Gattungen, u. a. *Euglena, Astasia, Trachelomonas, Lepocinclis, Phacus*)
  4 weitere Familien

Bestimmungshilfe für wichtige und häufige Gattungen chorophyllführender Euglenophyceae

(Formenübersicht auf Abb. 10)

1. Zellen mit nur einer aus dem Körper austretenden Geißel
   1.1. Zellen einzeln, frei beweglich
      1.1.1. Zellen ohne Gehäuse
         • Zellen ohne starre Köperform, sie unterliegen mehr oder weniger stark ständigen Verformungen . . . . . *Euglena*
         • Zellen starr
            •• Zellen drehrund . . . . . *Lepocinclis*
            •• Zellen blattartig abgeflacht . . . . . *Phacus*
      1.1.2. Zellen mit starrem, festem gelb bis braun gefärbtem Gehäuse . . . . . *Trachelomonas*
   1.2. Zellen während längerer Lebensabschnitte festsitzend, durch Haftscheibe oder Gallertstiele am Substrat fixiert, meist nicht einzeln . . . . . *Colacium*
2. Zellen mit zwei aus dem Körper austretenden Geißeln . . . . . *Eutreptia*

Beobachtungziel: Die Euglena-Zelle. Morphologie, Cytologie, Phototaxis, Metabolie. Bauprinzipien weiterer Vertreter der Euglenaceae

Objekte: *Euglena viridis* Ehrenberg; weitere Vertreter der Gattung *Euglena* und der Gattungen *Phacus* und *Trachelomonas*.

Materialbeschaffung: Für die Untersuchungen lebendes Material verwenden! *Euglena viridis* ist im allgemeinen leicht zu beschaffen, da sie in vielen organisch stark verunreinigten Gewässern auftritt und sich dort meist in Massen entwickelt (Abwassergräben, Ausläufe aus Stallungen, Mistpfützen, Gräben gejauchter Wiesen). Man schöpft etwas von dem schaumig-grünen Belag an der Wasseroberfläche oder schabt vorsichtig vom grünen Überzug des Schlammes am Rande solcher Biotope ab. Häufig findet man gleichzeitig mehrere *Euglena*-Arten in einer solchen Probe, auch wenn eine davon zahlenmäßig dominiert. Andere Arten und auch einige häufige Vertreter der Gattungen *Phacus* und *Trachelomonas* erbeutet man mit dem Planktonnetz (Reg. 91) aus nährstoff- und detritusreichen Gewässern (Dorfteiche, gedüngte Fischteiche, eutrophierte Kleingewässer wie Gräben, Teiche, Tümpel).
Einige Arten (z. B. *Euglena gracilis* Klebs) sind bequem in Kultur zu halten und stehen dann jederzeit zur Verfügung.

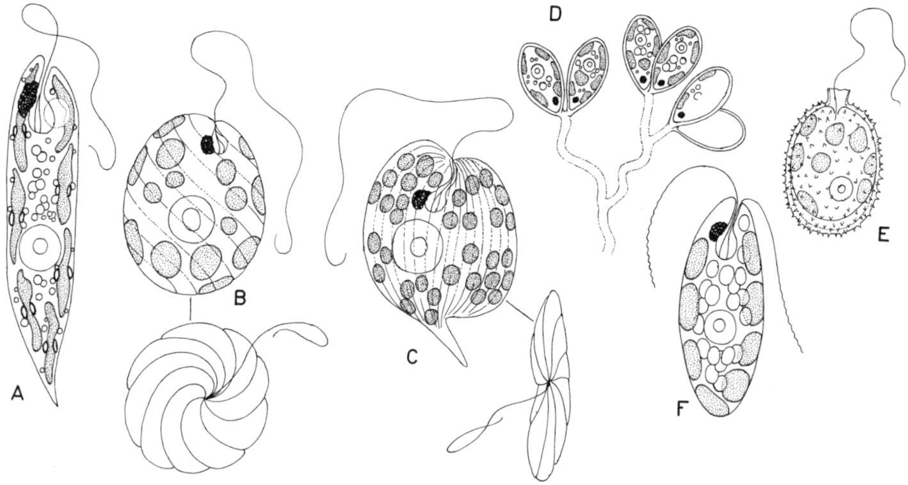

Abb. 10. Euglenophyceae. **A** *Euglena*, **B** *Lepocinclis*, **C** *Phacus*, **D** *Colacium*, **E** *Trachelomonas*, **F** *Eutreptia*.

Kultur: Die Zucht von *E. gracilis* gelingt mühelos in Erd-Wasser-Kulturen (Reg. 33) mit Leitungswasser oder Bristol-Nährlösung (Reg. 70), mit oder ohne Zusatz organischer Substanzen (0,5% Pepton, 0,5% Glucose, 0,2% Citronensäure; oder ein erbsengroßes Stück Hartkäse, etwas Maisabkochung zugeben). Auch reine Nährlösungsansätze (z. B. Bristol-Lösung, Reg. 70) führen zu befriedigendem Erfolg. Den Ansatz reichlich und möglichst mit Rohmaterial beimpfen, in dem die Alge zahlreich enthalten ist (eventuell phototaktische Anreicherung, siehe unter „Beobachtungen").

Steht kein Anzuchtraum mit künstlicher Beleuchtung zur Verfügung, gedeihen die Kulturen am besten an hellen Nordfenstern (kein direktes Sonnenlicht!). Bereits nach etwa 7–10 Tagen erkennt man an der kräftigen Grünfärbung die eingetretene Vermehrung der Euglenen. Nach 4–8 Wochen (spätestens jedoch, bevor 50% des Wassers verdunstet sind) wird die Kultur in frisches Medium „umgesetzt", d. h. einige Milliliter der alten Stammkultur werden zu einem neu eingerichteten Kulturgefäß mit frischer Nährlösung gegeben. In dieser Weise kann *Euglena gracilis* über Jahre hinweg gehalten werden.

Präparation: Es sind keine befriedigenden Präparationsmethoden bekannt, die bei metabolischen Euglenen die Form erhalten. Daher lebende, frei bewegliche Zellen beobachten! Hauptproblem: Die Beweglichkeit der Organismen muß so gebremst werden, daß sie der Beobachtung zugänglich sind. Das geschieht durch Vermischen einer etwa 3%igen wäßrigen Gelatinelösung (Reg. 43) oder von Quittenschleim (Reg. 93) mit einem Tropfen der Algensuspension. Geißel durch Zugabe von Iod-Kaliumiodid-Lösung darstellen (Reg. 62) oder im lebenden Zustand im Dunkelfeld und Phasenkontrast (Reg. 26, 87). Die Anzahl und Form der Chloroplasten wird deutlicher sichtbar, wenn über Chloroformdämpfen (Reg. 22) fixiert wird (Kontraktion).

Weitere Präparationen: Euglenen für Dauerpräparate und zur Darstellung cytologischer Einzelheiten – wenn die grüne Farbe erhalten werden soll – mit Kupferlactophenol (Reg. 71), die weniger stark metabolischen Formen auch mit Pfeifferschem Gemisch (Reg. 36), in Chromiumessigsäure (Reg. 23) oder dem Flemmingschen Gemisch (Reg. 36) fixieren.

Übersichtsfärbungen nach Anreichern in der Zentrifuge und anschließendem Ausstreichen auf dem Objektträger (Reg. 16) mit Hämatoxylin (Reg. 27) oder Hämalaun (Reg. 49).

Beobachtungen: Die Wasserprobe mit den Euglenen zunächst an einem hellen Fenster aufstellen (direktes Sonnenlicht vermeiden!) und Glasgefäß nach einer halben bis einer Stunde beobachten: Bis zu dieser Zeit hat sich der größte Teil der Organismen in einer dicken grünen Zone, besonders nahe der Oberfläche der Flüssigkeit, angesammelt, die an der dem Licht zugewandten Seite des Gefäßes entstanden ist (positive Phototaxis der Euglenen).

Zur mikroskopischen Untersuchung mit der Pipette einen Tropfen der auf diese Weise angereicherten Algensuspension entnehmen. In der Flüssigkeit jagen die Euglenen in der Regel turbulent durcheinander, indem sie das Medium schraubig zu durchbohren scheinen. Die hohe Geschwindigkeit der anmutig rotierenden Zellen läßt es nicht zu, Details im Aufbau der Zellen mit hinreichender Muße zu betrachten. Man schließt vorteilhaft einige fädige Algen, notfalls Wattefasern, mit ein. Die Hindernisse halten die Euglenen auf, zwingen sie zu langsamer Fortbewegung oder gar zu völliger Ruhe. Jetzt ist Zeit für cytologische Studien. Die Bewegungsweise der Euglenen ist dann gut zu sehen, wenn der Tropfen Algenprobe auf dem Objektträger mit einem erkaltenden, gerade noch flüssigen Tropfen der Gelatinelösung (bzw. dem Quittenschleim) vermischt wird (Viskositätserhöhung). Das Geschehen unter dem Deckglas läuft wie in „Zeitlupe“ ab.

Euglena viridis (Abb. 11A) ist im frei schwimmenden Zustand von länglich-spindelförmiger Gestalt, 50–60 μm lang und 15–20 μm breit; vorn ist die etwa körperlange Geißel inseriert, nach hinten läuft der Körper in einer kurzen Spitze aus. Die Zellen ändern ständig ihre Form: bald zieht sich der Protoplast bis fast zur Kugel zusammen, nimmt „Tanzkreiselform“ an oder krümmt sich raupenartig, bald streckt er sich zu einem länglichen, zigarrenähnlichen Gebilde. Diese Verwandlung der Zellen zu vielgestaltigen Formen wird „Metabolie“ genannt.

Einen großen Teil des Körpers nimmt der sternförmige, aus einzelnen bandartigen Lappen zusammengefügte Chromatophor ein. Er ist – ebenso wie der hinter ihm liegende Zellkern – durch die dichte Anhäufung kleiner Paramylonkörner oft schwer zu erkennen. Wenig Mühe macht dagegen die Identifizierung des Stigmas: Der längliche, rot gefärbte „Augenfleck“ bildet bereits bei mittlerer Vergrößerung einen deutlichen Kontrast zum Grün der Chromatophoren (Abb. 11A). Er liegt im vorderen Viertel des Körpers. In seiner Nähe ist oft ein nahezu kreisrunder heller Fleck zu beobachten: die kontraktile Vacuole. Die Geißel – im Hellfeld nicht immer ganz deutlich – entspringt am Vorderende der Zelle einer grubenartigen Vertiefung, dem äußeren Teil der sogenannten Ampulle. Klarere Bilder der Geißeln erhält man durch Zusatz verdünnter Iod-Kaliumiodid-Lösung zum Probetropfen. Neben den Geißeln treten nach derartigem Abtöten der Zellen auch Zellkern, Chromatophoren und Reservesubstanzen deutlicher hervor; die verschiedenen Zellstrukturen färben sich dabei abgestuft gelb bis braun.

Euglena gracilis (Abb. 11F), die in Kultur bequem zu halten ist, verändert ihre Form besonders stark. Der Organismus ist etwas kleiner als *E. viridis* und enthält zahlreiche scheibenförmige Chloroplasten. *E. acus* ist dagegen kaum metabolisch (Abb. 11E): der schmal-spindelförmige, vorn schnabelartig verlängerte Körper endet in einer lang ausgezogenen Spitze. Im Zellinnern lassen sich bei dieser Art besonders deutlich mehrere stabförmige Paramylonkörner beobachten. *E. oxyuris* (Abb. 11D) mit etwa 400 μm Länge eine der größten Vertreterinnen der Gattung, hat zwei besonders große, länglich-ringförmige Paramylonkörner, von denen eins vor und eins hinter dem Kern liegt. Der Zellkörper ist mehrfach tordiert und der Periplast stark spiralig gestreift (starkes Objektiv einschalten!).

In Planktonfängen aus nährstoffreichen (aber nicht künstlich verunreinigten) Gewässern findet man regelmäßig auch weitere Euglenales: Die blattartig-platten Zellen der *Phacus*-Arten sind von einem festen, starren Periplasten umgeben. Die häufigste Art in stehenden, nicht verunreinigten Gewässern ist *Phacus pleuronectes* (O. F. M.) Duj. (Abb. 11H) mit linsenförmigem Körper und schräg seitlich abstehendem Endstachel. Die Hülle des ovalen Körpers von *Ph. longicauda* (Abb. 11C) ist meridianartig gestreift und läuft nach hinten zu in einen oft körperlangen Stachel. Deutlich sind auch hier am Vorderende der Augenfleck, die zahlreichen wandständigen scheibenförmigen Chloroplasten und im Zentrum der Zelle ein großes lochscheibenförmiges Paramylonkorn zu sehen. Das gleiche trifft für den pfeilspitzenförmigen, stark schraubig gedrehten *Phacus*

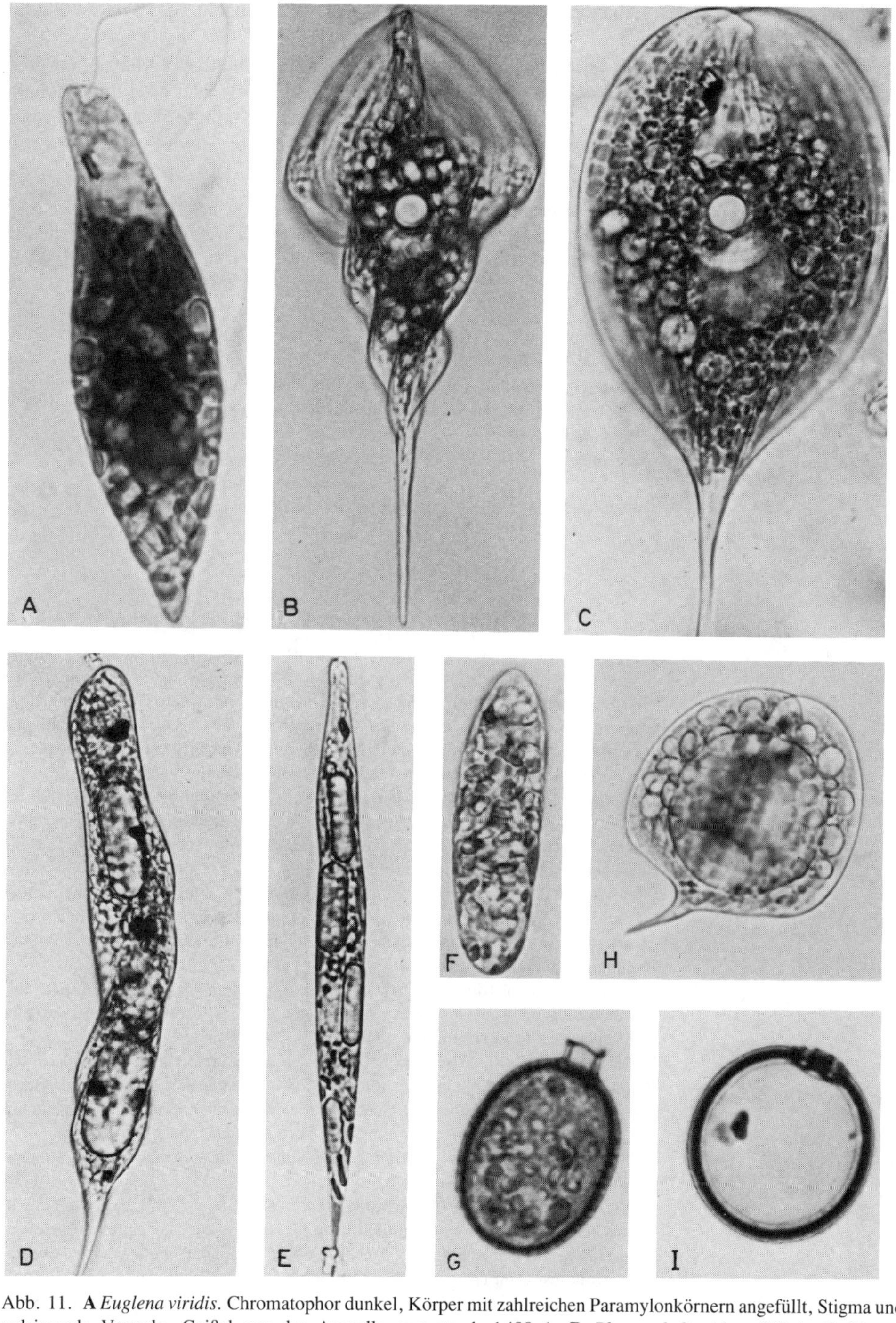

Abb. 11. **A** *Euglena viridis.* Chromatophor dunkel, Körper mit zahlreichen Paramylonkörnern angefüllt, Stigma und pulsierende Vacuole, Geißel aus der Ampulle austretend; 1400:1. **B** *Phacus helicoides;* 650:1. **C** *Phacus longicauda;* 750:1. **D** *Euglena oxyuris;* 220:1. **E** *E. acus;* 600:1. **F** *E. gracilis;* 1000:1. **G** *Trachelomonas hispida;* 1000:1. **H** *Phacus pleuronectes;* 1200:1. **I** *Trachelomonas volvocina;* 1800:1.

helicoides zu (Abb. 11B). Lebende Individuen dieser Form zu beobachten, kann zu einem ästhetischen Erlebnis werden.
Die Zellen der *Trachelomonas*-Arten scheiden eisen- bzw. manganhaltige Gehäuse ab, die vielfältig ausgestaltet sind (z. B. kugelig-glatt bei *T. volvocina,* Abb. 11 I, oder oval mit Stacheln besetzt wie bei *T. hispida,* Abb. 11G). Sie erscheinen äußerlich dadurch gelb bis braun und lassen – abgesehen vom Stigma – bei dieser orientierenden Untersuchung kaum etwas von der inneren Struktur der Zellen erkennen.

Weitere Beobachtungen: Wenn ein Präparat oder eine Probe mit lebenden Euglenen mehrere Tage in einer feuchten Kammer (Reg. 84) steht, büßt eine zunehmende Anzahl der Organismen ihre Beweglichkeit ein. Die Zellen runden sich ab und umgeben sich nach Geißelabwurf mit Gallerthüllen (reversibler Dauerzustand, Palmellen). Nach Übertragen in frisches Medium kann man mit etwas Glück die interessanten Teilungsprozesse verfolgen.

Weitere Objekte:

Häufig zu beobachtende Euglenaceen sind weiterhin:

E. spirogyra Ehrenberg (mit deutlichen Warzenreihen auf der Pellicula);
E. mutabilis Schmitz (bevorzugt saures Milieu, bewegt sich kriechend);
E. ehrenbergii Klebs (Zellen schlauchförmig, ohne Endspitze);
Trachelomonas oblonga Lemmermann (mit ovalem Gehäuse);
Tr. armata (Ehrbg.) Stein (am Hinterende mit einem Stachelkranz);
Lepocinclis texta (Duj.) Lemmermann (mit festem, ovalem Körperumriß).

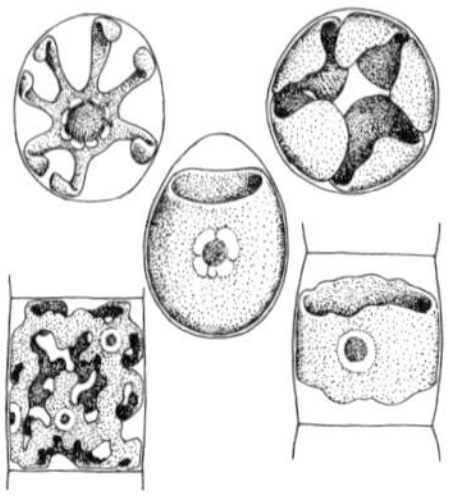

Chloroplastenformen

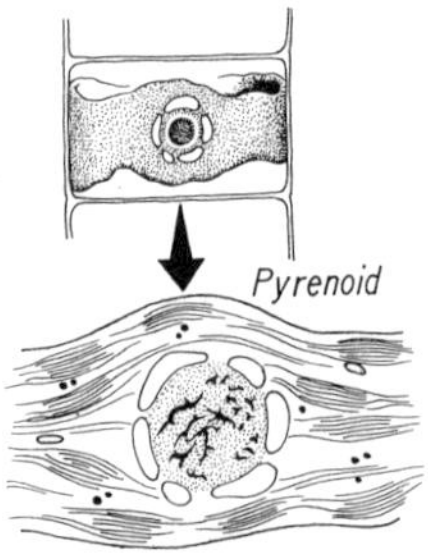

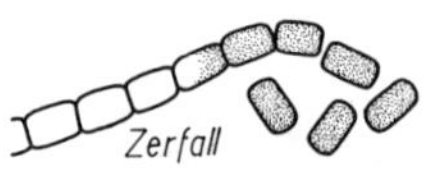

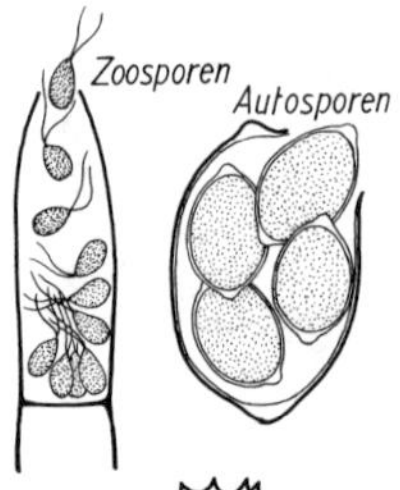

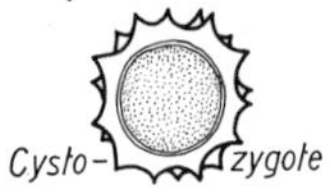

2.2.–2.5. Chlorophytina („Grünalgen“)

Überwiegend im Plankton und Benthos des Süßwassers lebende Gruppe rein grüner **Pflanzen vielfältiger morphologischer Organisationsstufen:** Mit monadoiden, tetrasporalen, coccalen, trichalen und siphonalen Formen sind die meisten Bautypen der rezenten Algenklassen vertreten. Mikroskopisch kleine Einzeller bis zu makroskopischen, büschelig verzweigten oder blattartigen Thalli.
Zellen **ein-** oder **vielkernig,** mit oder ohne Vacuole (pulsierende Vacuolen bei monadoiden und diesen nahestehenden Typen). **Chromatophoren** (= Chloroplasten) in unterschiedlicher Anzahl und **von verschiedener Gestalt** (becher-, stern-, ring-, netz-, scheibenförmig). Die *Pigmente* entsprechen qualitativ und im Verhältnis ihrer Mengen denen bei höheren Pflanzen: **Cholorphyll a und b, α- und β-Caroten** und verschiedene **Xanthophylle.** Darüber hinaus kommt bei einigen Formen **„Hämatochrom“** vor, ein Gemisch verschiedener Carotenoide, durch das der Zellinhalt tief rot gefärbt wird.
Als *Reservesubstanz* tritt – wie bei den höheren Pflanzen – vorwiegend **Stärke** auf, die entweder im Plastidenstroma oder an besonderen Strukturen innerhalb der Chloroplasten, den **Pyrenoiden,** abgelagert wird.
Die monadoiden Formen sind **meist zwei-,** seltener viergeißelig, Zoosporen in der Regel mit zwei oder vier, Gameten mit zwei **Geißeln,** die in den meisten Fällen gleich lang **(„isokont“)** sind. Durch Carotenoide rot gefärbte **Augenflecke** gibt es nicht nur bei beweglichen Zellen, sondern zum Teil auch bei geißellosen Typen.
Zellwand aus **Cellulose** und **Pectin** (außen). Außer Zoosporen und Gameten sind nur wenige monadoide Formen nackt.
Fortpflanzung: Vegetative Vermehrung bei Einzellern durch einfache Zellteilungen, bei trichalen Formen durch **Fragmentation** (Zerfall in Bruchstücke bzw. Einzelzellen). Häufig ungeschlechtliche Vermehrung durch **Zoosporen** oder durch unbegeißelte **Aplanosporen** (Aplanosporen von der Gestalt der Mutterzelle werden **Autosporen** genannt). Sexuelle Fortpflanzung durch Gametenkopulation (**Iso-, Aniso-** und **Oogamie;** Keimzellbildung stets in **einzelligen** Behältern **= Gametocysten,** männliche Gameten stets begeißelt). **Zygoten** stellen oft dickwandige, widerstandsfähige **Cystozygoten** dar.

Kernphasen- und Generationswechsel: Verbreitet tritt **heterophasischer** Generationswechsel auf (Haplo-Diplonten), bei dem die haploiden Gametophyten und die diploiden Sporophyten gleich gestaltet sind (**isomorpher** Generationswechsel, z. B. *Cladophora*). Seltener sind **reine Diplonten** (z. B. *Acetabularia*) und Formen mit **heteromorphem** Generationswechsel (z. B. in der Gattung *Monostroma*).

Übersicht über das System

(nur eine Auswahl bekannterer Ordnungen ist aufgeführt)

Klasse: Chlamydophyceae
- Ordnung: Chlamydomonadales
- Ordnung: Volvocales
- Ordnung: Tetrasporales
- Ordnung: Chlorococcales

Klasse: Chlorophyceae
- Ordnung: Dunaliellales
- Ordnung: Chlorellales
- Ordnung: Stichococcales
- Ordnung: Microsporales
- Ordnung: Chaetophorales

Klasse: Codiolophyceae
- Ordnung: Ulotrichales
- Ordnung: Monostromatales
- Ordnung: Codiolales
- Ordnung: Acrosiphonales

Klasse: Oedogoniophyceae
- Ordnung: Oedogoniales

Klasse: Bryopsidophyceae
- Ordnung: Cladophorales
- Ordnung: Siphonocladales
- Ordnung: Dasycladales
- Ordnung: Derbesiales
- Ordnung: Bryopsidales
- Ordnung: Caulerpales

Klasse: Zygnemaphyceae (Conjugatophyceae)
- Ordnung: Zygnemales
- Ordnung: Desmidiales

2.2. Chlamydophyceae und Chlorophyceae

2.2.1. Chlamydomonadales und Volvocales

Grünalgen von **monadoider** Organisationsstufe mit (durch Geißeln) aktiv beweglichen Zellen. **Einzeln** oder in **Kolonien**. (Die Gruppen demonstrieren lückenlos den Übergang vom Einzeller über coenobiale und koloniale Verbände zum echten Vielzeller). Ungeschlechtliche Vermehrung durch **Zoosporen** oder begeißelte, bewegliche **Tochterkolonien**. Sexuelle Vorgänge in Form von **Isogamie, Anisogamie** oder **Oogamie**.

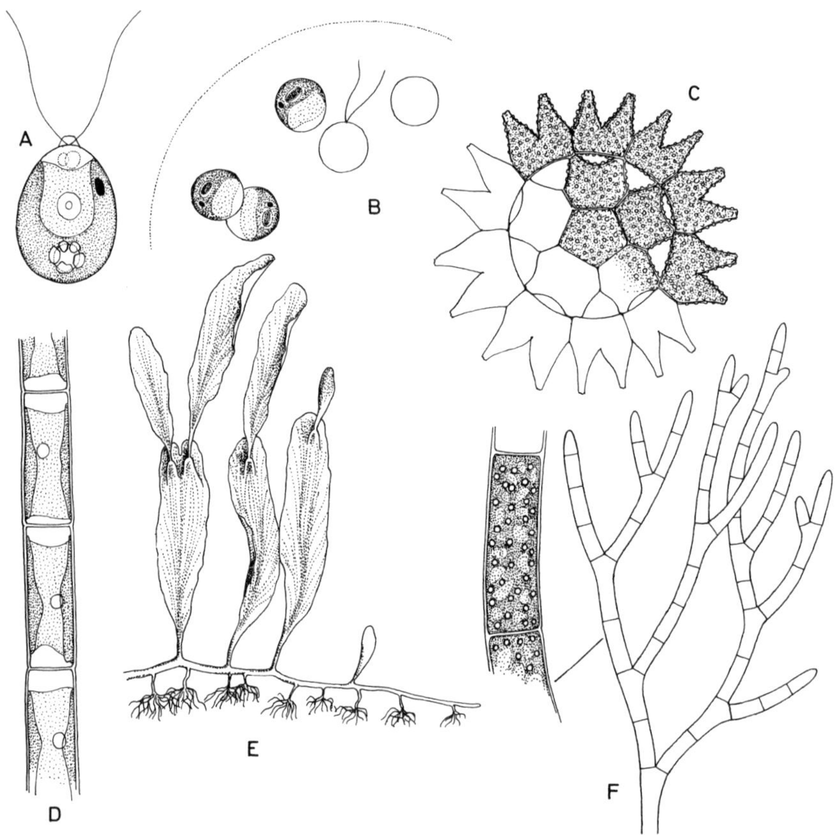

Abb. 12. Ordnungen der Chlorophytina in Formbeispielen. **A** Chlamydomonadales, **B** Tetrasporales, **C** Chlorococcales, **D** Ulotrichales, **E** Caulerpales, **F** Siphonocladales.

Bestimmungshilfe für einige verbreitete Gattungen (Abb. 13)

1. Zellen einzeln lebend
   1.1. Protoplast ohne feste Zellwand oder Gehäuse . . . . *Dunaliella*
   1.2. Protoplast von einer festen Zellwand umgeben
      1.2.1. viergeißelige Formen . . . . *Carteria*
      1.2.2. zweigeißelige Formen
         1.2.2.1. Zellen langgestreckt, spindelförmig . . . . *Chlorogonium*
         1.2.2.2. Zellen meist ei- bis tropfenförmig, aber auch kugelig, zylindrisch, zitronenförmig. . . . . *Chlamydomonas*
   1.3. Protoplast von einem festen Gehäuse umgeben . . . . *Phacotus*
   1.4. Protoplast mit einer Gallerthülle, in die hinein plasmatische Fortsätze ausstrahlen . . . . . *Haematococcus*

2. Kolonien bildend
   2.1. Kolonien flach-scheibenförmig . . . . *Gonium*
   2.2. Kolonien meist kugelig bis ellipsoid
      2.2.1. Kolonien meist 16zellig, Einzelzellen dichtgedrängt, haufenartig . . . . *Pandorina*
      2.2.2. Kolonien aus meist 16–32 locker gelagerten Zellen, mehr oder weniger oval . . . . *Volvox*

Beobachtungsziel: Zellorganisation und Teilungsvorgänge bei Chlamydomonadales

Objekt: *Chlamydomonas* spec.

Materialbeschaffung: Eine der sehr zahlreichen *Chlamydomonas*-Arten findet man ziemlich sicher in den meisten Süßgewässern und unter sehr verschiedenen ökologischen Bedingungen, auch auf feuchtem Boden bzw. auf Schlamm und Schlickablagerungen. An der Oberfläche stehender eutropher Gewässer (Dorfteiche, Regenpfützen, Zierbecken, Wiesentümpel) bilden die beweglichen Stadien der Alge grüne schaumige Beläge. Stark verunreinigte Gewässer sind häufig durch planktische *Chlamydomonas*-Arten grün gefärbt.

Kultur: Eine empfehlenswerte Methode der sicheren Materialbeschaffung ist der Ansatz von Rohkulturen (Flüssigkeitskulturen, Reg. 70). Dazu bringt man Wasser-, Erd- oder Schlammproben verschiedener Herkunft in geeignete Gefäße (Reagenzgläser o. ä.) und überschichtet mit nährstoffreichem Teichwasser oder einer der üblichen Nährlösungen (Reg. 70). Kulturgefäße am hellen Nordfenster aufstellen. Das Kulturmedium färbt sich nach etwa einer Woche grün; daran sind sehr oft auch *Chlamydomonas*-Arten beteiligt. Artreinkulturen und Reinkulturen (Reg. 95) sind durch das phototaktische Verhalten der Zellen verhältnismäßig leicht zu erhalten. Die Weiterführung der Kultur gelingt auch auf festen Nährböden (Reg. 70), Teilung erfolgt dann im geißellosen Zustande innerhalb von Gallerthüllen.

Präparation: Von den beweglichen Stadien Lebendpräparat (Reg. 41) in Wasser oder Nährlösung herstellen. Wenn die Organismen in der Kultur ihre Bewegungsfähigkeit einbüßen, Material einige Tage vor der Untersuchung in frische Nährlösung überführen und hell stellen. Bewegung der Zellen während des Beobachtens durch Quittenschleim (Reg. 93) oder Gelatine (Reg. 43) einschränken. Geißeln mit Iodlösung (Reg. 62) darstellen; Beobachtung im Phasenkontrast (Reg. 87).

Beobachtungen: Die meisten der lebhaft im Wassertropfen umherschwimmenden, nur etwa 15–20 µm langen *Chlamydomonas*-Zellen sind eiförmig bis abgerundet-zylindrisch (Abb. 14D). Der Körper ist von einer gut ausgebildeten Zellwand umgeben, die im Phasenkontrast dunkel hervortritt (Abb. 14F, G). Sie ist am distalen Pol in der Regel etwas aufgetrieben und manchmal verschleimt. Dann bildet eine Gallerthülle den äußeren Abschluß (Abb. 14G). Die hier der Beschreibung zugrunde liegende Art trägt am vorderen Pol eine auffallend große Papille (Abb. 14F, G), durch die hindurch die beiden gleich langen Geißeln aus der Zelle austreten (Iodimprägnation!).
Den größten Teil des Innenraumes der Zelle nimmt der große, kräftig grün gefärbte, topf- bzw. becherförmige Chromatophor ein (im Hellfeld beobachten; Phasenkontrast ist in diesem Falle kein geeignetes Verfahren; Abb. 14E). Zellen, die sich drehend bewegen, lassen die Form des Chloroplasten genauer erkennen: Am Hinterende der Zelle ist er dicker. Hier liegt als stark lichtbrechender Komplex das große Pyrenoid (Abb. 14D, E). Im optischen Querschnitt ziehen sich zwei Seitenlappen des Chromatophors bis zum Vorderende der Zelle und lassen nur den zentralen, grubenartigen Innenraum frei. Dicht vor dem Pyrenoid, im zentralen Teil des Organismus, deutet ein hellerer kreisrunder Bezirk die Lage des Zellkernes an. Am vorderen Zellpol, in der Nähe der Geißelbasis, bildet der rote Augenfleck einen auffälligen Kontrast gegen das Grün des Chlorophylls. Die in der Nähe gelegenen pulsierenden Vacuolen sind schwieriger zu sehen. Man muß scharf beobachten, will man ihre Kontraktionen verfolgen.
In gut ernährten Populationen findet man regelmäßig auch Fortpflanzungsstadien (Abb. 14F, G; Phasenkontrast einsetzen!). Einfache Längsteilung des Protoplasten führt auf ungeschlechtlichem Wege zu Tochterzellen, die, mit Zellwand und Geißeln ausgerüstet, die Mutterzelle als Zoosporen verlassen. Durch Drehung des Protoplasten wird häufig Schräg- (Abb. 14F) oder Querteilung vorgetäuscht. Erlaubt das Milieu kein freies Schwimmen (auf Agar, an feuchten Mauern), verbleiben die Tochterzellen geißellos in einer strukturlosen Gallerte (Palmellenbildung).

Weitere Beobachtungen: Bei der sexuellen Fortpflanzung (meist Isogamie) kopulieren die beiden Gameten nach Verankerung an den Geißelpolen. Belichtet man eine Wasserprobe (bzw. einen Kulturansatz), die *Chlamydomonas*-Zellen enthält, einseitig mit nicht zu starkem Licht, so sammeln sich die Organismen an der dem Licht zugewandten Gefäßwand an (positive Phototaxis).

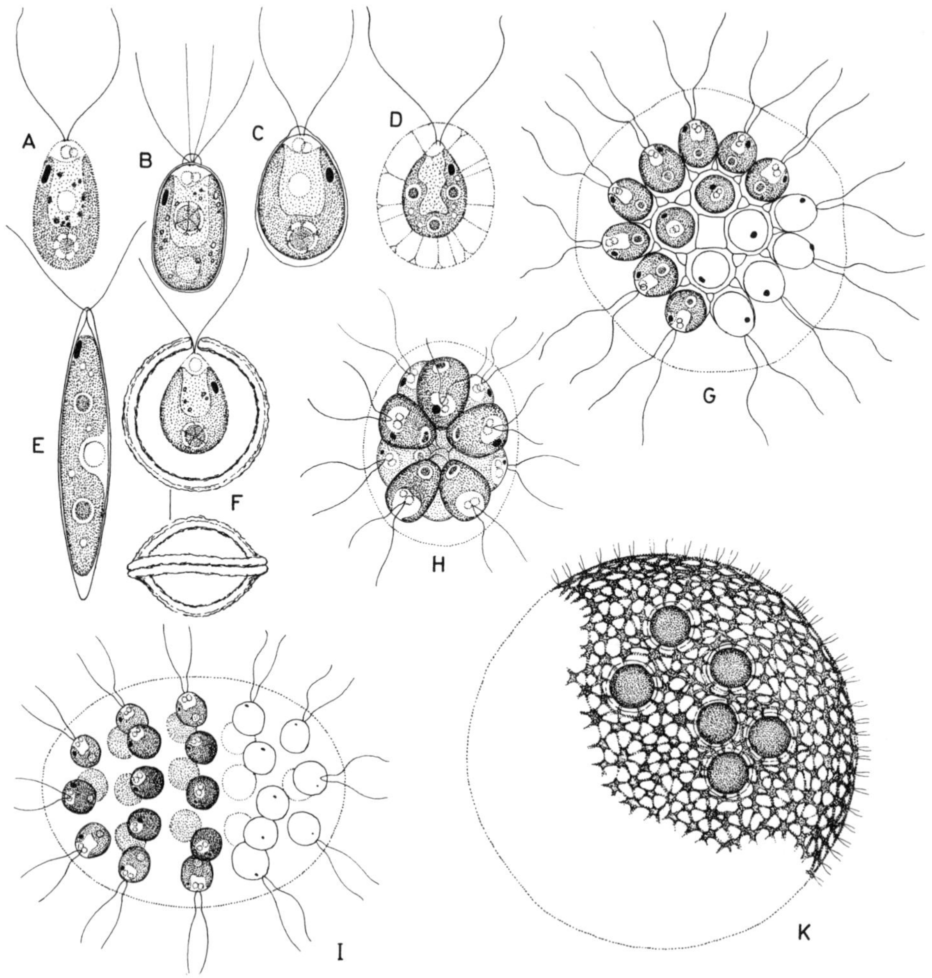

Abb. 13. Chlamydomonadales und Volvocales. **A** *Dunaliella* (jetzt: Chlorophyceae), **B** *Carteria,* **C** *Chlamydomonas,* **D** *Haematococcus,* **E** *Chlorogonium,* **F** *Phacotus,* **G** *Gonium,* **H** *Pandorina,* **I** *Eudorina,* **K** *Volvox.*

Abb. 14. **A–C** Kolonienbildende Formen der Volvocales. **A** *Gonium;* 560:1. **B** *Pandorina morum;* 150:1. **C** *Volvox aureus;* 80:1. **D–G** *Chlamydomonas.* **D** lebende Zellen im Hellfeld. Becherförmige Chloroplasten mit je einem Pyrenoid; verschleimende, gallertige Zellwände undeutlich; 500:1. **E** Einzelne Zelle stärker vergrößert mit Pyrenoid; 1500:1. **F, G** Phasenkontrast; verschleimende Zellwände, Gallerthüllen und Papille treten kontrastreich hervor; **F** Zellteilung; 1700:1. **H** *Gonium pectorale,* Kolonien in unterschiedlichen Entwicklungsstadien, rechts unten Bildung von Tochterkolonien; 470:1.

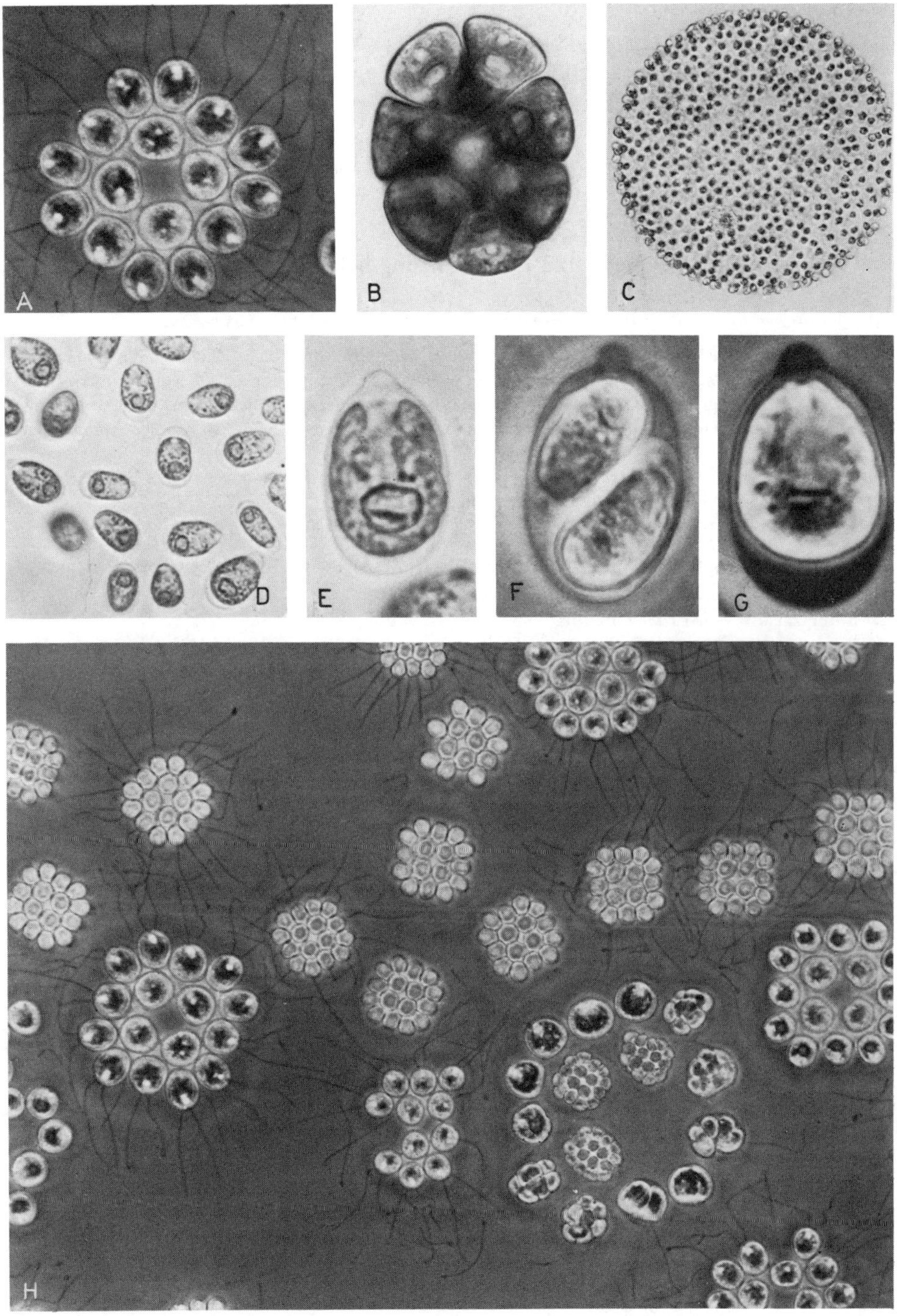
A
B
C
D
E
F
G
H

Weitere Objekte:

1. Die verschiedenen *Chlamydomonas*-Arten unterscheiden sich nur geringfügig (z. B. in der Zellform, der Anzahl und der Lage der Pyrenoide, der Lage des Augenfleckes, der Ausbildung des apikalen Poles) von der hier beschriebenen Form. Im Grundbauplan gleichen sie sich.
2. Ähnliche Verhältnisse beobachtet man bei der Gattung *Haematococcus:* Zellen von weiter Gallerthülle umgeben, in die hinein plasmatische Fortsätze reichen. Chloroplast mit lappigen Vorsprüngen, meist mehrere Pyrenoide. In austrocknenden Regenpfützen, Steinmulden und Becken häufig. Alternde Zellen und Dauerstadien sind durch Hämatochrom auffallend rot gefärbt und dann leicht aufzufinden.

Beobachtungsziel: Morphologie und Fortpflanzung bei Volvocales

Objekte: *Volvox aureus* Ehrenberg (*Pandorina morum* Bory, *Eudorina* spec., *Gonium* spec.).

Materialbeschaffung: Nach *Volvox* sucht man im Plankton nährstoffreicher Teiche, kleiner Wasserbecken und ähnlicher stehender Gewässer (Planktonnetz!). Man kann schon mit bloßem Auge sehen, ob Volvox vorhanden ist: Die bis nahezu Millimeter großen Kugeln sind im Probenglas leicht zu entdecken. In den Sommermonaten ist *Volvox* in derartigen Gewässern oft massenhaft vertreten, kann aber zur gleichen Zeit am gleichen Ort im folgenden Jahr völlig fehlen.
Gonium, Pandorina und *Eudorina* sind in Wasserproben mit artenreichem Plankton stets durch Einzelexemplare vertreten; sie neigen jedoch auch zur Massenentwicklung (vgl. Abb. 14H; regelmäßig z. B. in austrocknenden Ufertümpeln an Flüssen und in Zierbecken und -brunnen zusammen mit *Chlamydomonas* und *Euglena*-Arten).

Kultur: Es ist zu empfehlen, die Organismen als Rohkultur (Reg. 96) in Ursprungswasser zu halten. Reinkulturen (Reg. 95) gelingen gut mit *Pandorina* (z. B. in Bristol-Medium, Reg. 70, am besten unter Zusatz von Erdabkochung, Reg. 32, auch auf Agar!).
Volvox verlangt sorgfältige Behandlung (wiederholtes Überimpfen). Als Medium kann ebenfalls Bristol-Lösung (Reg. 70) mit Zusatz von Erdabkochung (Reg. 32) dienen. Es erfordert größeren Aufwand, das Material über längere Zeiträume zu erhalten, auch hinsichtlich der Zusammensetzung der Nährlösung.

Präparation: Zunächst versuchen – sofern geboten –, die phototaktischen Bewegungen der Organismen auszunutzen, um das Material anzureichern (Reg. 90). Dann mit einer Saugpipette einen Tropfen der Wasserprobe entnehmen, die die gesuchten Formen enthält, und zu Lebendpräparat in Herkunftswasser (Reg. 41) verarbeiten. Deckglas unbedingt durch Wachs- bzw. Plastilinafüßchen (Reg. 25) an allen 4 Ecken abstützen! Einsatz von Dunkelfeld- (Reg. 26) und Phasenkontrastmikroskopie (Reg. 87).

Weitere Präparationen: Obwohl das Beobachten lebender Algen in jedem Falle vorzuziehen ist, können von Volvocales auch Dauerpräparate angefertigt werden: Fixieren in Chromiumessigsäure (Reg. 23) oder Pfeifferschem Gemisch (Reg. 36), Färben mit Hämatoxylin (Reg. 50) oder Hämalaun (Reg. 49). Durch Behandeln mit Kupferlactophenol (Reg. 71) erhält man eine dauerhafte Grünfärbung. Einschluß nach vorsichtigem, gewissenhaftem Entwässern (Reg. 31) in Glycerolgelatine (Reg. 46).
Bei allen Manipulationen sind die Hinweise zum Umgang mit kleinsten Objekten zu beachten (Reg. 68).

Beobachtungen: Bei schwacher Vergrößerung (besonders im Dunkelfeld) bietet ein gelungenes, individuenreiches *Volvox*-Präparat ein eindrucksvolles Bild: Ansehnlich große Gallertkugeln, die

---

Abb. 15. *Volvox aureus.* **A** Kolonien mit Eizellen und zahlreichen Zygoten; 30:1. **B** links: junge vegetative Kolonie, rechts: Kolonie mit 10 glattwandigen Zygoten am distalen Pol; 70:1. **C** Aufsicht auf die Einzelzellen der Kolonie (Oberflächenansicht) mit Plasmabrücken, Augenfleck, Vacuolen; 800:1. **D** Randzone der Kolonie. Ei- bis birnenförmige Zellen mit je zwei Geißeln; 800:1. **E, F** Reife Zygoten von *V. globator* (E; Phasenkontrast) und *V. aureus* (F); E 400:1, F 370:1. **G–M** Entwicklung der vegetativen Tochterkolonien. **G, H** Differenzierung der vegetativen Keimzelle. **I** Vierzellstadium. **K** Aufsicht auf die Öffnung der noch nicht geschlossenen Hohlkugel. **L, M** Heranwachsende Tochterkugeln; G–K 520:1, L 300:1, M 150:1.

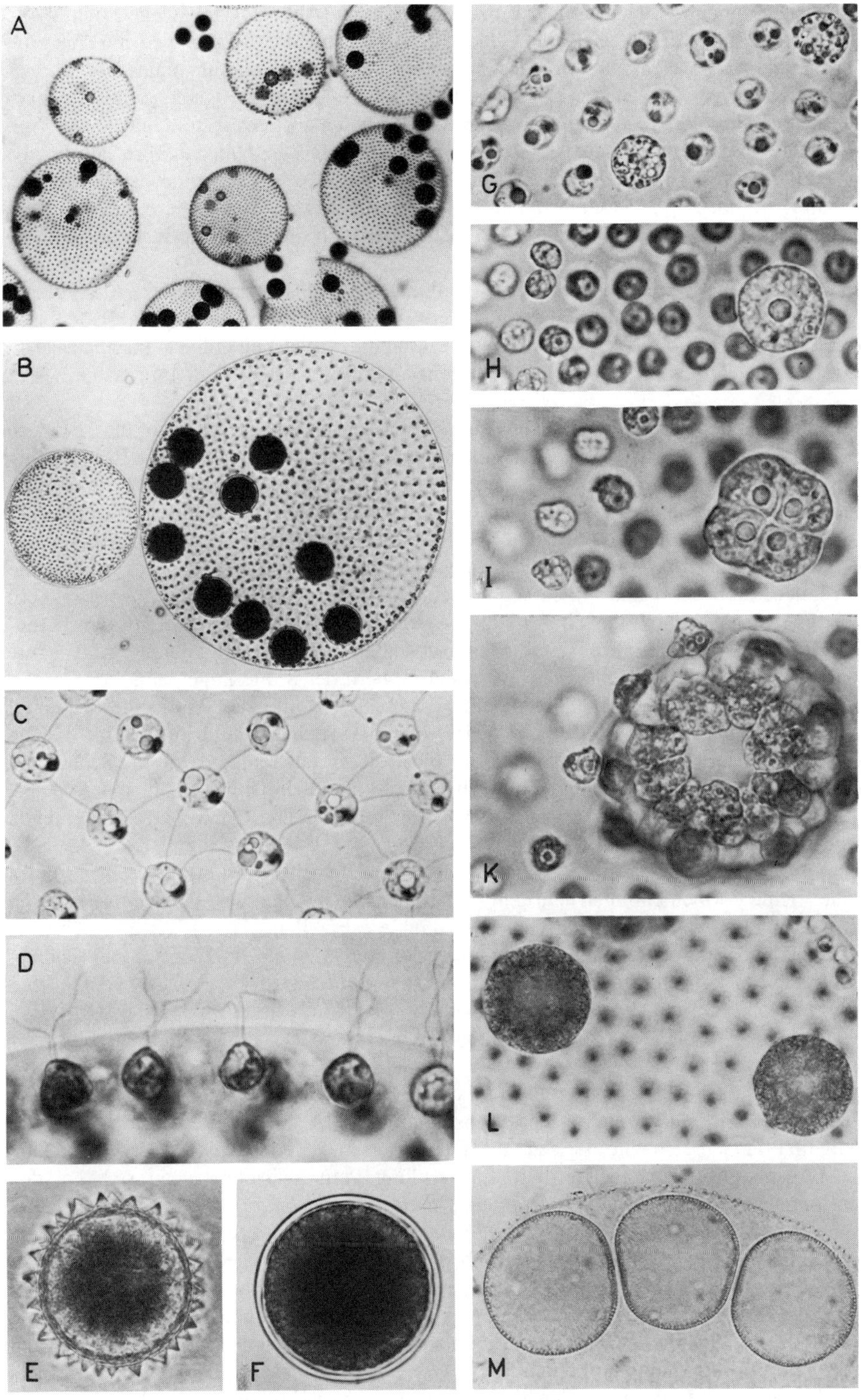
A
B
C
D
E
F
G
H
I
K
L
M

an ihrer Oberfläche hunderte kleiner grüner Einzelzellen tragen (Abb. 14C), bewegen sich in alle Richtungen rollend durch das Gesichtsfeld. Je nach Alter sind die Kugeln verschieden groß (Abb. 15A, B). Die Achsenrichtung wird dabei stets eingehalten (Polarisierung eines Vorder- und Hinterendes). Sorgfältiges Beobachten bei starker Vergrößerung läßt die Ursache dieser Bewegungsweise analysieren: *Volvox*-Kugeln bewegen sich gerichtet fort, weil die Geißelpaare, mit denen jede der Einzelzellen ausgerüstet ist, koordiniert schlagen. Die Geißeln durchbrechen die alle Zellen einbettende Gallerte nach außen; man erkennt sie am besten am Rande der Kugeln im optischen Schnitt (Abb. 15D). Möglichst Phasenkontrast einsetzen! Die Zellen sind in dieser Ansicht birnenförmig (das schmale Ende weist nach außen), in der Aufsicht dagegen rundlich (Abb. 15C).

Bei starker Vergrößerung werden Einzelheiten im Zellinneren sichtbar: der große rote Augenfleck, der becherförmige Chloroplast, Vacuolen und Reservesubstanzen und der Zellkern (Abb. 15C).

Jede Zelle ist mit jeder ihrer Nachbarzellen über zarte, nur etwa geißeldicke Plasmabrücken verbunden (bei *Volvox globator* sind diese Plasmabrücken kräftiger ausgebildet und daher besser sichtbar).

Mit sehr hoher Wahrscheinlichkeit findet man in dem Präparat auch *Volvox*-Pflanzen, die im Innern Tochterkugeln enthalten (Abb. 15M). An Individuen unterschiedlichen Alters soll die Entwicklung dieser der ungeschlechtlichen Fortpflanzung dienenden Gebilde verfolgt werden (Abb. 15G–M): Durchmustert man gewissenhaft die Zellen einer jüngeren Kugel in Oberflächenansicht, so entdeckt man neben den zahlreichen kleinen „normalen" Einzelzellen – besonders im hinteren Abschnitt – einzelne deutlich größere (Abb. 15G, H). Diese ungeschlechtlichen Fortpflanzungszellen beginnen sich nun zu teilen (Abb. 15 I) und bilden schließlich, indem sich die Zellen nach vorn (außen) zusammenneigen, eine einschichtige, einseitig offene Hohlkugel (Abb. 15K), in der die Vorderenden der Einzelzellen nach innen, ihre Hinterenden nach außen liegen. Es folgt nun der sogenannte Inversionsprozeß: Der hintere geschlossene, nach dem Innern der Mutterkugel weisende Pol der Hohlkugel wölbt sich gegen den Innenraum ein, wobei gleichzeitig die Ränder der vorderen Öffnung nach außen umschlagen. In dieser Weise wird die Tochterkugel „umgestülpt" – die Einzelzellen erhalten ihre „richtige" Lage, bei der die Geißeln nach außen weisen. Schließlich vergrößern sich die nunmehr geschlossenen jungen Tochterkugeln allmählich (Abb. 15L, M), bis sie nach Aufreißen der Mutterpflanze freigesetzt werden. Die Zellen der Mutterpflanze gehen anschließend zugrunde (Leichenbildung).

Neben dieser ungeschlechtlichen gibt es bei *Volvox* auch geschlechtliche Fortpflanzung in Form von Oogamie. Beide Formen kommen häufig in ein und derselben Kugel vor. *Volvox aureus* bildet hierzu – getrennt in verschiedenen Individuen – dunklere Eizellen (Abb. 15A) und gelbliche Spermatozoidverbände („Spermaplatten"). Die Eizellen liegen am hinteren Pol der Kugeln (Abb. 15B) und entwickeln sich nach der Befruchtung zu braunroten, dickwandigen Zygoten. Ihre zweischichtige Wand ist bei *V. aureus* außen völlig glatt und strukturlos (Abb. 15F), bei *V. globator* stachelig (Abb. 15E). Die Zygoten keimen nach dem Zerfall des elterlichen Zellverbandes.

Die Einzelzellen des Verbandes sind – wie zu sehen war – arbeitsteilig spezialisiert (polarisierte Fortbewegung, sexuelle und vegetative Fortpflanzungszellen). Als Folge dieser Spezialisierung tritt erstmalig im Pflanzenreich eine „Leiche" auf. Diese Merkmale geben Anlaß, *Volvox* als echten vielzelligen Organismus anzusprechen. Die Entwicklung vom Vielzeller bahnt sich bei den verwandten koloniebildenden Gattungen *Gonium, Pandorina* und *Eudorina* schrittweise an: Bei *Gonium* (Abb. 14A, H) sind (meist 16) *Chlamydomonas* ähnliche Zellen zu flachen, tafelförmigen Kolonien zusammengeschlossen. *Pandorina* (Abb. 14B) enthält 16 Zellen, dicht gedrängt in der Mitte kugeliger bis elliptischer Gallerthüllen. Die paarig begeißelten Einzelzellen (vgl. Abb. 14A, H) sind bei *Pandorina* oft etwas keilförmig, sie weisen mit der Spitze zum Zentrum der Kolonie (Abb. 14B). Jede von ihnen ist noch in der Lage, als Fortpflanzungseinheit zu fungieren, sowohl für sexuelle wie für asexuelle Vorgänge (vgl. *Gonium,* Abb. 14H). Die meist 32zelligen elliptischen Kolonien von *Eudorina* stellen ähnlich wie bei *Volvox* Hohlkugeln dar. Während noch jede Zelle in der Lage ist, durch Teilungen auf ungeschlechtlichem Wege Tochterkolonien zu erzeugen, tritt bei der geschlechtlichen Fortpflanzung bereits eine ähnliche Spezialisierung wie bei *Volvox* auf (Oogamie).

Weitere Objekte: *Volvox globator* (Linné) Ehrenberg. Besonderheiten gegenüber *V. aureus:* Einzelzellen zahlreicher, kleiner, in Oberflächenansicht sternförmig. Plasmaverbindungen kräftig. Männliche und weibliche Gameten in den gleichen Individuen (monözisch). Zygoten rotbraun mit warzig-stacheliger Außenhaut (Abb. 15E).

2.2.2. Chlorococcales und Chlorellales

Von einer festen Zellwand umgebene Grünalgen ohne aktive Eigenbewegung durch Geißeln. **Einzellig** oder in **coenobialen** bzw. **Aggregationsverbänden** vereinigt.
Fortpflanzung seltener auf geschlechtlichem Wege (Isogamie, sehr selten Oogamie), häufiger durch **Planosporen** und bei den meisten Arten durch **Aplanosporen**, die noch innerhalb der Mutterzelle die Gestalt des erwachsenen Organismus annehmen und dann **Autosporen** genannt werden.
Weltweit verbreitet, vor allem in den unterschiedlichsten Süßgewässern, aber auch auf feuchtem Boden, in Thermalquellen, auf Eisflächen und anderen extremen Standorten. Zusammen mit Diatomophyceen und Cyanobacteria bilden die Chlorococcales die Hauptmenge des Süßwasserphytoplanktons. Sie haben daher **bedeutenden Anteil am Stoffumsatz in** diesen **Gewässern** (vgl. biologische Selbstreinigung).
Viele Arten lassen sich bequem in großen Mengen kultivieren, so daß Vertreter dieser Pflanzengruppe **bevorzugte Objekte** verschiedener allgemeinbiologischer, besonders **physiologischer Untersuchungen** geworden sind. Durch **Massenzuchten in großen Reaktoren** wird versucht, neue Futter- und Proteinquellen zu erschließen.

Bestimmungshilfe für einige häufige Gattungen (Abb. 16)

1. Auf einem Substrat festgewachsene Formen . . . . *Characium*
2. frei lebend
 2.1. Zellen mit glatter Außenwand, ohne Stacheln, Warzen oder ähnliche Strukturen
  2.1.1. Zellen kugelig, einzeln oder in unbestimmter Anordnung unregelmäßige Haufen bildend, Chloroplast wannenförmig
   2.1.1.1. Vermehrung durch Schwärmer, die im Innern der Mutterzelle gebildet werden . *Chlorococcum*
   2.1.1.2. Vermehrung durch unbewegliche Autosporen, die sich innerhalb der Mutterzelle bilden . . . . . . *Chlorella*
  2.1.2. Zellen nicht kugelig; einzeln oder vorübergehend zu lockeren Verbänden vereinigt
   2.1.2.1. Zellen elliptisch, meist mit polaren Wandverdickungen . . . . *Oocystis*
   2.1.2.2. Zellen spindelförmig bis nadelförmig, gerade oder spiralig verdreht . . . . *Ankistrodesmus, Raphidium*
   2.1.2.3. Zellen halbmondförmig oder hörnchenartig . . . . *Kirchneriella, Selenastrum*
 2.2. Zellen mit deutlichen sehr langen Stacheln auf der Außenwand
  2.2.1. Zellen kugelig, Stacheln allseitig die Zelle umgebend . . . . *Golenkinia*
  2.2.2. Zellen elliptisch, Stacheln nur an den beiden Polen . . . . *Chodatella, Lagerheimia*
 2.3. Zellen zu Verbänden mit unterschiedlicher, wechselnder Gestalt vereinigt, durch scharf begrenzte Gallerte zusammengehalten
  2.3.1. Verbände kugelig, Einzelzellen durch radiale Gallertstränge zusammengehalten . . *Dictyosphaerium*
  2.3.2. Verbände unregelmäßig, ohne Gallertstränge. Zellen länglich-elliptisch, oft leicht gekrümmt . . . . . *Coccomyxa*
 2.4. Verbände meist von regelmäßiger, ganz bestimmter Gestalt, ohne sichtbare Gallerthülle
  2.4.1. Zellen bandförmig aneinanderschließend, oft vierzellig . . . . *Scenedesmus*
  2.4.2. Verbände aus regelmäßigen flachen Vierergruppen bestehend, die 4 Einzelzellen mehr oder weniger rechteckig zusammengefügt
   2.4.2.1. Zellwand mit Stacheln oder Warzen besetzt . . . . *Tetrastrum*
   2.4.2.2. Zellwand glatt . . . . *Crucigenia*
  2.4.3. Verbände aus radiär angeordneten spindelförmigen Zellen, die sich im Zentrum berühren . . . . *Actinastrum*
  2.4.4. Zellen (unbegeißelt!) zu festen Hohlkugeln zusammengefügt . . . . *Coelastrum*
  2.4.5. Scheibenförmig-flache, kreisförmig-radartige Zellverbände . . . . *Pediastrum*
  2.4.6. Zellen zu großen, mit bloßem Auge sichtbaren grobmaschigen Netzen zusammengefügt . . . . *Hydrodictyon*

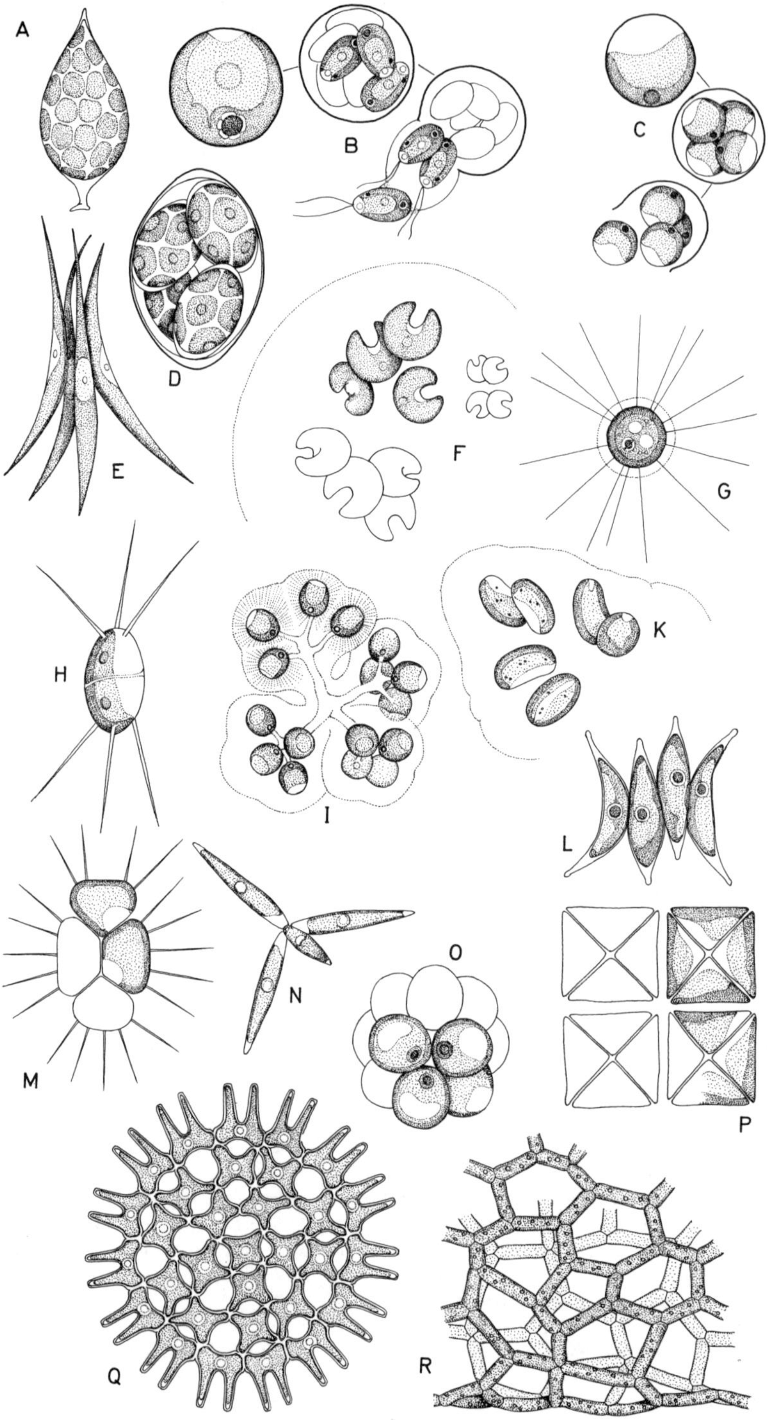

Abb. 16. Chlorococcales und Chlorellales. **A** *Characium*, **B** *Chlorococcum*, **C** *Chlorella*, **D** *Oocystis*, **E** *Ankistrodesmus*, **F** *Kirchneriella*, **G** *Golenkinia*, **H** *Chodatella*, **I** *Dictyosphaerium*, **K** *Coccomyxa*, **L** *Scenedesmus*, **M** *Tetrastrum*, **N** *Actinastrum*, **O** *Coelastrum*, **P** *Crucigenia*, **Q** *Pediastrum*, **R** *Hydrodictyon*.

Beobachtungsziel: Bau der Zellen und Zellverbände häufiger Chlorococcales/Chlorellales

Objekte: Beliebige Spezies von *Chlorella, Scenedesmus, Ankistrodesmus, Golenkinia, Coelastrum, Dictyosphaerium, Pediastrum, Hydrodictyon.*

Materialbeschaffung: Formen der Chlorococcales und Chlorellales gehören zu den häufigsten Algen der verschiedensten Wasseransammlungen. Die meisten der zur Bearbeitung empfohlenen Gattungen sind in jedem nährstoffreichen See, Teich oder Tümpel zu finden und mit dem Planktonnetz oder durch Einsammeln des grünen Belages von submersen Gegenständen zu gewinnen. Oft werden Wasserkörper (z. B. Vorbecken der Talsperren, Nachklärbecken, Dorfteiche, Zierbecken) durch Massenvermehrung dieser Algen so kräftig grün gefärbt, daß genügend Individuen auch in Schöpfproben enthalten sind. *Hydrodictyon* tritt dagegen weniger zuverlässig auf. Die makroskopisch erkennbaren Netze bilden mitunter einen so dichten Filz im Wasser, daß flache Tümpel völlig mit diesen Algenmassen ausgefüllt sein können; sie fehlen dann aber am gleichen Ort in anderen Jahren meist völlig. Es ist daher zu empfehlen, diese Alge in Kultur zu nehmen (siehe unten).
Eine sehr einfache, oft die sicherste und bequemste Methode, große Mengen häufiger Formen *(Chlorella, Scenedesmus, Ankistrodesmus)* zu erhalten, ist der Ansatz einer Spontankultur: Hierzu wird Teich- oder Flußwasser, Wasser aus einer Regentonne, aus einem Graben usw. zusammen mit untergetauchten Pflanzenteilen, Blättern, Steinen oder ähnlichen Materialien mit einer der Standard-Algennährlösungen übergossen und an einem hellen Ort (aber ohne direkte Sonne!) aufgestellt. Es genügt auch Nährlösung allein, notfalls „Blumendünger" in der vorgeschriebenen Verdünnung. Nach einigen Tagen bis Wochen färbt sich die Flüssigkeit zunehmend grün: Im Gefäß entwickeln sich coccale Grünalgen, manchmal dominiert eine Art, manchmal liegt eine Mischung verschiedener Gattungen vor. Im ersten Falle kann leicht eine Artreinkultur weitergeführt werden – im letzteren sind diese Mischpopulationen durch wiederholtes Übertragen kleiner Suspensionsmengen in frische Nährlösung beliebig lange zu erhalten (siehe unten), Artisolationen möglich (Reg. 95).

Kultur: *Chlorella, Scenedesmus, Kirchneriella* und *Ankistrodesmus* lassen sich leicht in jeder der angegebenen mineralischen Algennährlösungen bzw. auf den entsprechenden festen Medien kultivieren (Reg. 70). Nicht zuletzt aus dem Grunde werden gerade diese Gattungen besonders häufig als Modellorganismen für die verschiedensten biologischen Untersuchungen herangezogen. Auch Rohkulturen in Standortwasser, evtl. mit je etwa 0,3 g/l Nitrat und Phosphat angereichert, gelingen zuverlässig. Um Artreinkulturen zu erhalten, muß von einer angereicherten Mischpopulation isoliert werden (Reg. 95).
Kulturgefäße an einem hellen Fenster aufstellen (direktes Sonnenlicht vermeiden!). Übertragen auf frisches Nährmedium alle 4–6 Wochen. *Pediastrum* und *Hydrodictyon* müssen in kürzeren Intervallen überführt werden. Zusatz von Erdabkochung (Reg. 32) stimuliert das Wachstum stark.
Die anderen Formen sind im Ausgangsmaterial meist viel seltener, so daß sie schwieriger isoliert und gezielt weitergezüchtet werden können.
Durch rhythmischen Wechsel von Licht- und Dunkelphasen (z. B. 16 Std./8 Std.) kann man den Ablauf der Zellteilungen und das Freisetzen von Autosporen weitgehend synchronisieren, so daß sich dann eine große Anzahl der Organismen im gleichen Entwicklungsstadium befindet *(Chlorella, Scenedesmus).* Nach der Freisetzung der Autosporen muß hierbei jeweils eine entsprechende Menge Suspension entnommen und durch frische Nährlösung ersetzt werden, so daß die ursprüngliche Zelldichte erhalten bleibt.

Präparation: Plankton- bzw. Schöpfproben gegebenenfalls durch Zentrifugieren oder durch einfache Sedimentation anreichern (Reg. 14). Einen Tropfen dieser Proben oder aus den Kulturen auf dem Objektträger mit einem Deckglas bedecken und beobachten, solange die Organismen noch leben (Reg. 41, 105). Stacheln, Borsten und Rippen lassen sich – ebenso wie die wichtigsten inneren Zellstrukturen – im lebenden Zustand besonders gut im Phasenkontrast beobachten (Reg. 87). Zusatz von Iod-Kaliumiodid-Lösung (Reg. 62) verstärkt den Kontrast der Chloroplasten und Pyrenoide.
Eine weitere Färbung der Objekte ist entbehrlich. Auf Dauerpräparate kann man im Hinblick auf das leicht zu beschaffende Frischmaterial verzichten.

Geeignetes Material der *Hydrodictyon*-Netze vorteilhaft unter dem Präpariermikroskop auswählen (Reg. 103).

Beobachtungen: Zunächst muß man versuchen, in der Formenfülle der Mischpopulation des Rohmaterials die gesuchten Gattungen zu erkennen. Dazu vorteilhaft etwa 200fache Vergrößerung einschalten und versuchen, mit Hilfe der Abb. 16 und der Fotos die geeigneten Formen zu identifizieren. Dann wird bei stärkerer Vergrößerung genauer bestimmt.

Chlorella ist morphologisch am einfachsten gebaut: Beim Durchmustern der Proben mit schwächeren Objektiven sind die Algen als einzeln liegende winzige Kugeln gerade zu erkennen (Abb. 17A). Die Zellen einiger Arten sind etwas zum Ellipsoid verformt. Der Durchmesser variiert mit dem Alter der Zellen und liegt meist zwischen 5 und 10 µm. Zum Messen sind mittlere bis starke Trockensysteme erforderlich. Cytologische Einzelheiten sollten mit stärksten Immersionsobjektiven beobachtet werden (Abb. 17B): Im Innern der Zellen fällt der große schüsselförmige Chloroplast auf. Je nach Blickrichtung und Lage des mikroskopischen Schärfebereiches ergeben sich unterschiedliche Bilder von diesem Organell (Abb. 17A): Man verschiebt das Deckglas mit einer Nadel oder saugt vorsichtig von einer Seite des Deckglases etwas Kulturflüssigkeit ab. Dann kommen die Zellen ins Rollen und verraten die wahre Lage und Gestalt des Chromatophors. Bei der abgebildeten Art wird etwa ein Viertel bis ein Drittel des Zelldurchmessers vom Pyrenoid eingenommen. Es zeichnet sich kreisförmig und hell im Bereich des Chloroplasten ab. Ein weiterer heller Bezirk, kleiner und weniger deutlich als das Pyrenoid, markiert die Lage des Zellkernes. Die Oberfläche der Zellen ist glatt.

Scenedesmus bleibt nur in Kulturen mitunter einzellig; unter natürlichen Wachstumsbedingungen bildet die Alge bandartige Coenobien (Abb. 17C–G), die sich aus 4 (seltener 2, 8 oder 16) linear (Abb. 17C) oder alternierend (Abb. 17F) angeordneten Einzelzellen zusammensetzen.

Auch in der Zellform gibt es Unterschiede zu *Chlorella:* Meist sind die Zellen länglich-spindelförmig (Abb. 17C) oder zumindest schlank-elliptisch (Abb. 17D), mit abgerundeten, häufig aber zugespitzten Enden (Abb. 17C, F). Die Außenwand ist oft mit Hörnern, Warzen, Zähnchen, Stacheln, Rippen oder mit sehr langen Borsten (Abb. 17G) besetzt. Im Inneren der Zellen ist je ein wandständiger Chloroplast zu erkennen, dessen Ränder ausgebuchtet bzw. gelappt sein können. Das Pyrenoid jedes Chloroplasten ist auch im ungefärbten Zustand gut sichtbar (Abb. 17C). Häufig sammeln sich in den Zellen größere oder kleinere Öltropfen in Form dunkler Kügelchen an (Abb. 17C–G).

Ankistrodesmus bildet sehr schlanke, nadelartig spitz ausgezogene Zellen, die gerade (Abb. 18F) oder sichelartig gebogen sind, einzeln leben (und dann von manchen Autoren als *Raphidium* bezeichnet werden) oder auch in lockeren, coenobialen Verbänden vereinigt leben. Der Chromatophor ist bandförmig, mit seitlichen Ausbuchtungen. In alternden Zellen häufen sich Reserveprodukte an (Abb. 18F).

Bei *Kirchneriella* liegen gedrungen-bogenförmige Zellen isoliert in einer gemeinsamen unscharf begrenzten Gallerte (Abb. 18D). Der innere Bau der Einzelzelle entspricht weitgehend dem von *Ankistrodesmus*.

Dictyosphaerium und *Coelastrum* bilden lockere kugelige Coenobien. Die Einzelzellen werden bei *Dictyosphaerium* durch Gallerte zusammengehalten (Abb. 18B), bei *Coelastrum* sind sie direkt verbunden und liegen peripher, so daß ein hohlkugeliges Coenobium entsteht (Abb. 18A).

Golenkinia ist dem planktischen Leben durch lange Schwebefortsätze besonders angepaßt (Abb. 18C). Die kugeligen Zellen schweben einzeln und vereinzelt im Wasser und sind bei ihrer geringen Größe (Durchmesser 10–15 µm) leicht zu übersehen.

Abb. 17. **A–B** *Chlorella vulgaris.* **A** Übersicht (Größenverteilung in einer Population); 1000:1. **B** Einzelzelle. Chloroplast mit Pyrenoid, Zellkern; 3500:1. **C–G** *Scenedesmus.* **C, F** *Scenedesmus acuminatus.* **C** Pyrenoide und Chloroplasten; 2500:1. **F** 8zelliges Coenobium; 1500:1. **D, E** *Scenedesmus acutus;* Autosporenbildung. **D** Tochtercoenobien in allen 4 Einzelzellen; 3000:1. **E** erste Zerteilung des Protoplasten quer zur Längsachse; 2200:1. **G** *Scenedesmus quadricauda* var. *longispina;* 1600:1.

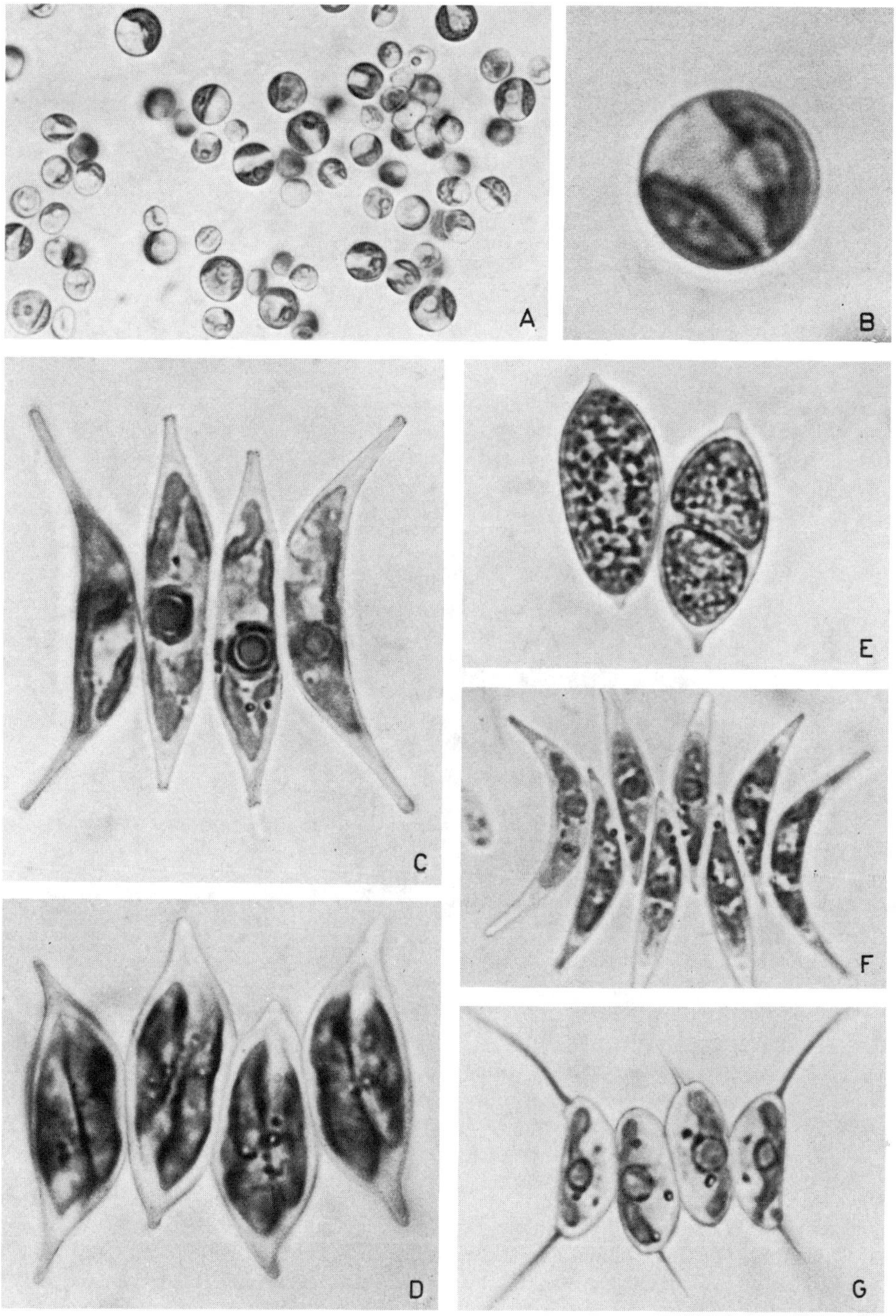
A
B
C
E
F
D
G

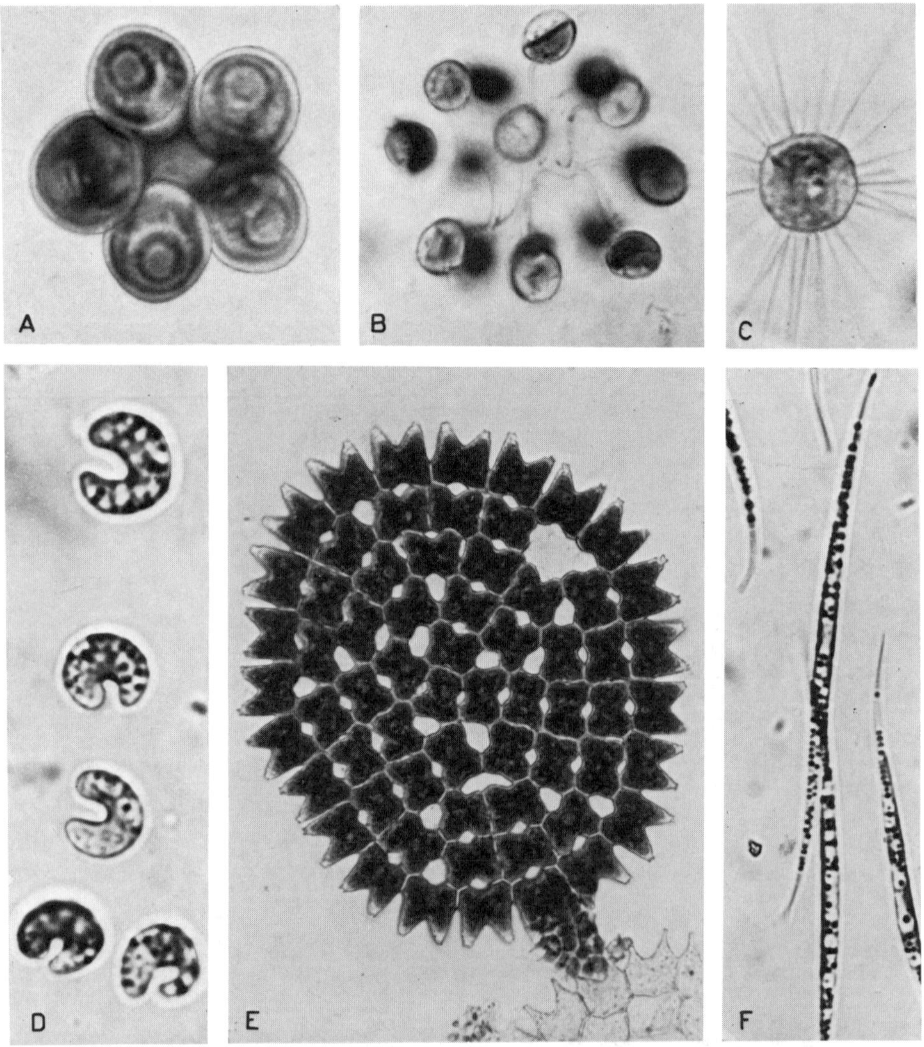

Abb. 18. **A** *Coelastrum microporum,* **B** *Dictyosphaerium pulchellum,* **C** *Golenkinia radiata;* A–C 1000:1. **D** *Kirchneriella obesa;* 1600:1. **E** *Pediastrum duplex;* 540:1. **F** Ankistrodesmus (Raphidium); 400:1.

Die eigenartig radförmigen Coenobien von *Pediastrum* fallen dagegen schon beim ersten Durchmustern der Wasserprobe bei mittlerer Vergrößerung auf (Abb. 18E): Ihr Durchmesser beträgt oft mehr als 100 µm. Die am Rande des Verbandes gelegenen Zellen sind meist anders gestaltet als die Mittelzellen. Die hier vorgestellte Art hat tief ausgebuchtete Randzellen und locker aneinandergefügte hantelförmige Mittelzellen, die ein geordnetes System von Lücken zwischen sich frei lassen. Alle Zellen liegen in einer Ebene, so daß ein flaches, scheibenförmiges Gebilde entsteht (durch leichtes Verschieben des Deckglases Seitenlage erzwingen!). Das Zellinnere wird fast völlig vom wandständigen Chloroplasten eingenommen, der ein deutliches Pyrenoid erkennen läßt. Wiederholt entdeckt man Coenobien oder einzelne Zellen, die abgestorben sind, so daß nur

noch die leeren, farblosen Hüllen übrigbleiben (Abb. 18E unten). Mit etwas Glück sind auch Fortpflanzungsstadien zu beobachten: *Pediastrum* pflanzt sich in besonderer Weise isogam oder durch Zoosporen fort (in der Abb. 18E: Formierung des Tochtercoenobiums).
Bei den bis zu mehreren Zentimetern großen Netzen von *Hydrodictyon* sind jeweils drei der schlauchartig-zylindrischen Zellen so an den Enden miteinander verbunden, daß ein grobmaschiges, lockeres Netz entsteht (Abb. 20E, F). Erwachsene Zellen enthalten einen durchbrochenen Chloroplasten mit zahlreichen Pyrenoiden und mehrere Zellkerne (Abb. 20A).

Fehlermöglichkeiten: In ihrem Aussehen ähneln viele der in diese Gruppe gehörenden Formen den coccalen Xanthophyceen (s. S. 97), mitunter treten völlig konvergente „Doppelformen" auf. Unterscheidungsmerkmale s. S. 98.

Beobachtungsziel: Fortpflanzung durch Autosporen. Differenzierung eines Tochternetzes bei Hydrodictyon

Objekte: *Chlorella* spec., *Scenedesmus* spec., *Hydrodictyon reticulatum* (L.) Lagerheim.

Materialbeschaffung: s. S. 64. Durch die Anlage von Kulturen (s. S. 64) wird größere Sicherheit und Zuverlässigkeit für die Materialbereitstellung erreicht. In Planktonfängen sind bestenfalls vereinzelt Fortpflanzungsstadien zu finden.

Kultur und Präparation: s. S. 64.

Beobachtungen: An kräftig wachsenden Kulturen von *Chlorella* ist gut zu beobachten, wie Autosporen gebildet und freigesetzt werden (Abb. 19A–E): Die Zellen, die sich zur Autosporenbildung anschicken, werden zunächst größer, bis ihr Durchmesser schließlich auf das Doppelte angewachsen ist (Abb. 19A). Danach teilt sich der Protoplast sukzessiv in allen drei Richtungen des

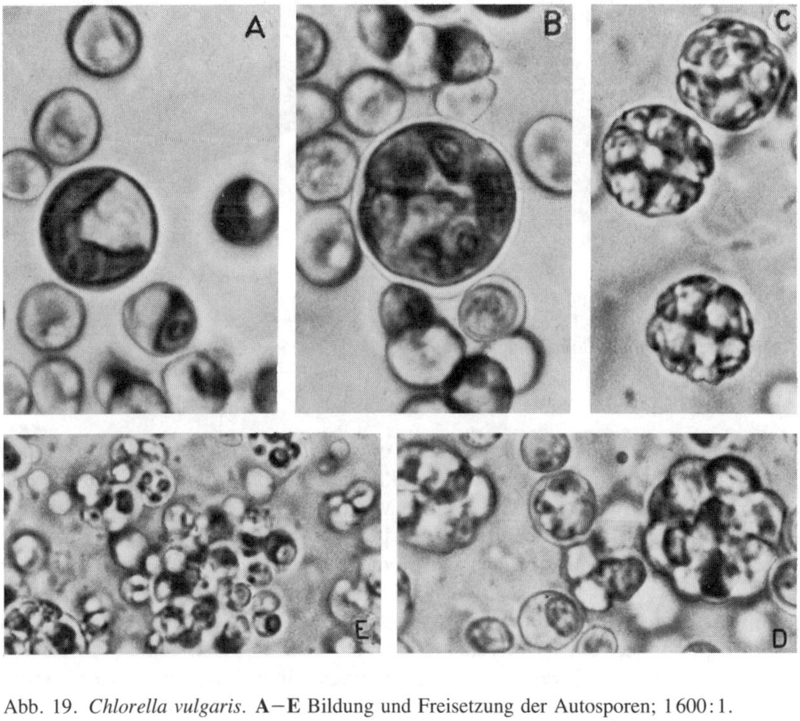

Abb. 19. *Chlorella vulgaris.* **A–E** Bildung und Freisetzung der Autosporen; 1600:1.

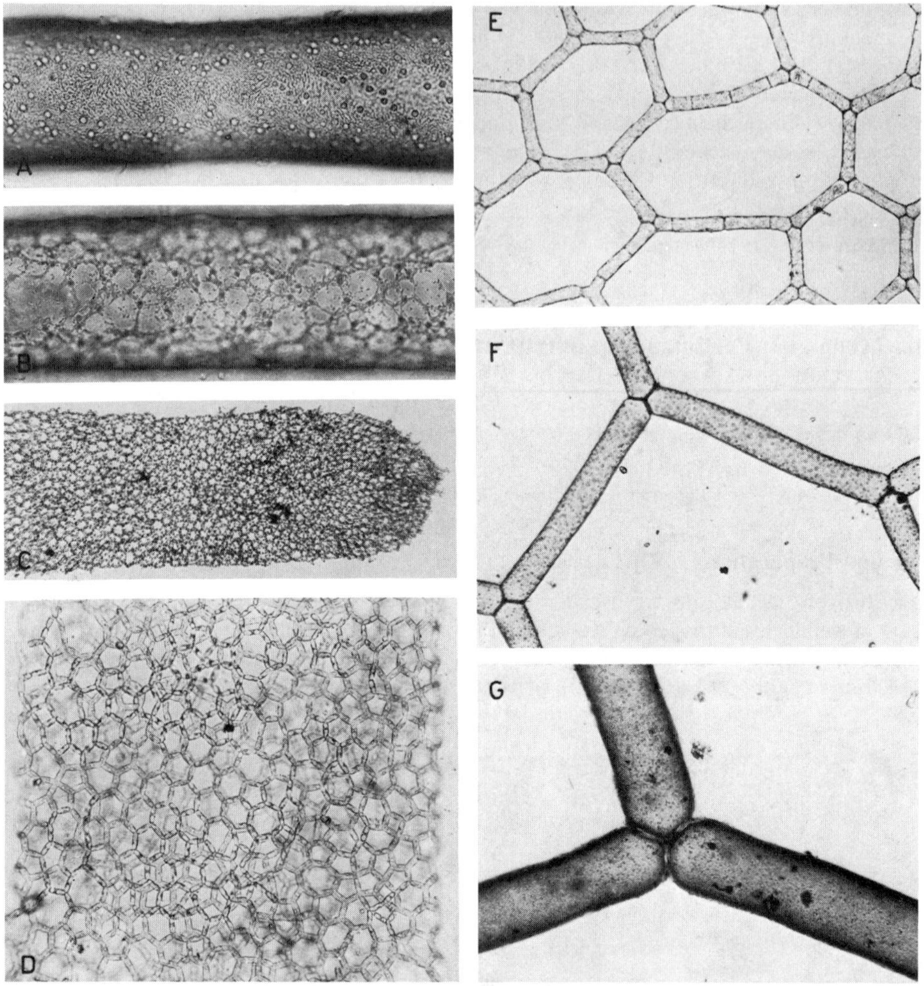

Abb. 20. *Hydrodictyon reticulatum.* Differenzierung des Netzes. **A** Teil der Zelle eines ausgewachsenen Netzes, Oberflächenansicht. **B** Protoplastenformierung zur Anlage eines Tochternetzes im Innern einer ausgewachsenen Zelle. **C** Junges Netz, das gerade die Mutterzelle verlassen hat. **D** Teil eines jungen Netzes. **D–G** Heranwachsendes Tochternetz. (F, G Ausschnitte von den „Verknüpfungsstellen"); A–D 100; 1, E–G 50:1.

Raumes. 2–4 Teilungsschritte zerklüften die Mutterzelle in 4 bis 16 Portionen (Abb. 19B). Noch innerhalb der Mutterzelle runden sich diese Tochterzellen ab, nehmen deren Gestalt an und umgeben sich mit einer neuen Zellwand (Abb. 19C). Die Mutterzellwand zerreißt schließlich, und die jungen Zellen, die Autosporen, werden frei (Abb. 19D, E). Der Vorgang läuft in streng kontrollierten Phasen ab und ist in physiologischer wie biochemischer Hinsicht intensiv untersucht worden.

Ganz ähnlich verläuft die Autosporenbildung bei *Scenedesmus* (Abb. 17D, E): Jede Zelle des Verbandes ist in der Lage, im Innern ein Tochtercoenobium zu bilden. Die erste Zellteilung ist eine Querteilung (Abb. 17E). Es entstehen Tochterzellen, die in Längsrichtung aneinander vorbeiwachsen und sich durch dieses Verschieben schließlich parallel zur Längsachse ausrichten (Abb. 17D).

Durch eine zweite Teilung (Längsteilung) entstehen vier Tochterzellen, die eng miteinander verbunden bleiben und parallel zur Längsachse des Muttercoenobiums orientiert sind (Abb. 17D). Nach Aufriß der Mutterzellwand tritt der Autosporenverband als fertiges geschlossenes Coenobium aus, das sich nur noch in der Größe vom Elternverband unterscheidet. Die Teilungen in den verschiedenen Zellen eines Coenobiums verlaufen meist nicht synchron (Abb. 17E).
Bei *Hydrodictyon* entsteht das Tochternetz auch innerhalb der Mutterzelle (Abb. 20E, F). Hier werden jedoch zunächst Zoosporen erzeugt, die sich nach Verlust der Bewegungsfähigkeit so in der Zelle anordnen, daß sich ihre Protoplasten netzartig formieren (Abb. 20B). Es entstehen allmählich wandumgrenzte, zylindrische Zellen, die innerhalb der Mutterzelle ein vollständiges neues Netz erkennen lassen (Abb. 20C: kurz nach dem Austritt aus der Mutterzelle, deren Form noch deutlich zu erkennen ist. Oft trifft man Tochternetze auch innerhalb der „Mutterzelle" an). Durch Strecken der Einzelzellen entsteht das neue, grobmaschige *Hydrodictyon*-Netz, dessen Zellen bis zu einem Zentimeter lang sein können (Abb. 20D–G).

2.2.3. Chaetophorales

Verzweigte Fadensysteme aus einkernigen Zellen. Oft differenziert in angeheftete basale Zellen, von denen aus sich aufrechte, verzweigte Fäden entwickeln. Fadenspitzen oft haarartig verlängert. Zur Charakterisierung einiger Gattungen siehe die Bestimmungshilfe auf S. 73 und Abb. 21.

Beobachtungsziel: Thallusbau von Chaetophora

Objekt: *Chaetophora* spec.

Materialbeschaffung: *Chaetophora* bildet auf Steinen und an untergetauchten Pflanzenteilen etwa 0,5–1 cm große Gallerthäufchen, die in kalkhaltigem Wasser stärkere Kalkeinlagerungen zeigen. Die meisten Arten lieben sauberes, kaltes Wasser (z. B. klare Kalkbäche).

Präparation: Frischpräparate (Reg. 41) mit Standortwasser anfertigen. Die gallertigen Klümpchen der Alge vorsichtig quetschen.

Beobachtungen: Die Fadenbüschel von *Chaetophora* (Abb. 23F) bestehen aus verzweigten Astsystemen, die sich aus verschieden geformten Zellen aufbauen: Die zentralen „Hauptäste" werden aus zylindrischen Zellen gebildet, die einen großen Chloroplasten beherbergen. Die Zellen der Endverzweigungen verjüngen sich und haben ein zur Photosynthese günstigeres Verhältnis Chloroplast/Zellvolumen. Die Endzellen sind bei vielen Arten zu einem langen, farblosen Haar verlängert. Das ganze System liegt in dem gelatinösen Material eingebettet, das der Alge die schon beschriebenen Eigenschaften verleiht, an denen man sie relativ sicher am Standort, auch ohne Mikroskop, erkennen kann.

Weitere Objekte:

Draparnaldia (Chaetophoraceae): An Steinen und Pflanzen angeheftet oft mehrere Zentimeter lang in fließenden, besonders in klaren, kalten Gewässern flottierend. Beträchtliche Unterschiede in Zellgröße und -gestalt zwischen Hauptachse und büscheligen Seitenzweigen.
Stigeoclonium (Chaetophoraceae): Von verschiendener Gestalt und Größe (wenige Millimeter bis Zentimeter), heterotrich, häufig in mesosaproben Gewässern (= mittlerer Nährstoffgehalt, leicht organisch belastet).

2.3. Codiolophyceae und Oedogoniophyceae

2.3.1. Ulotrichales, Monostromatales, Oedogoniales

Aus **unverzweigten (seltener verzweigten) Fäden** aufgebaute Grünalgen, deren höher organisierte Formen **blattartige Thalli** bilden. Zellen **einkernig.** Ungeschlechtliche Fortpflanzung durch Zoosporen, geschlechtliche

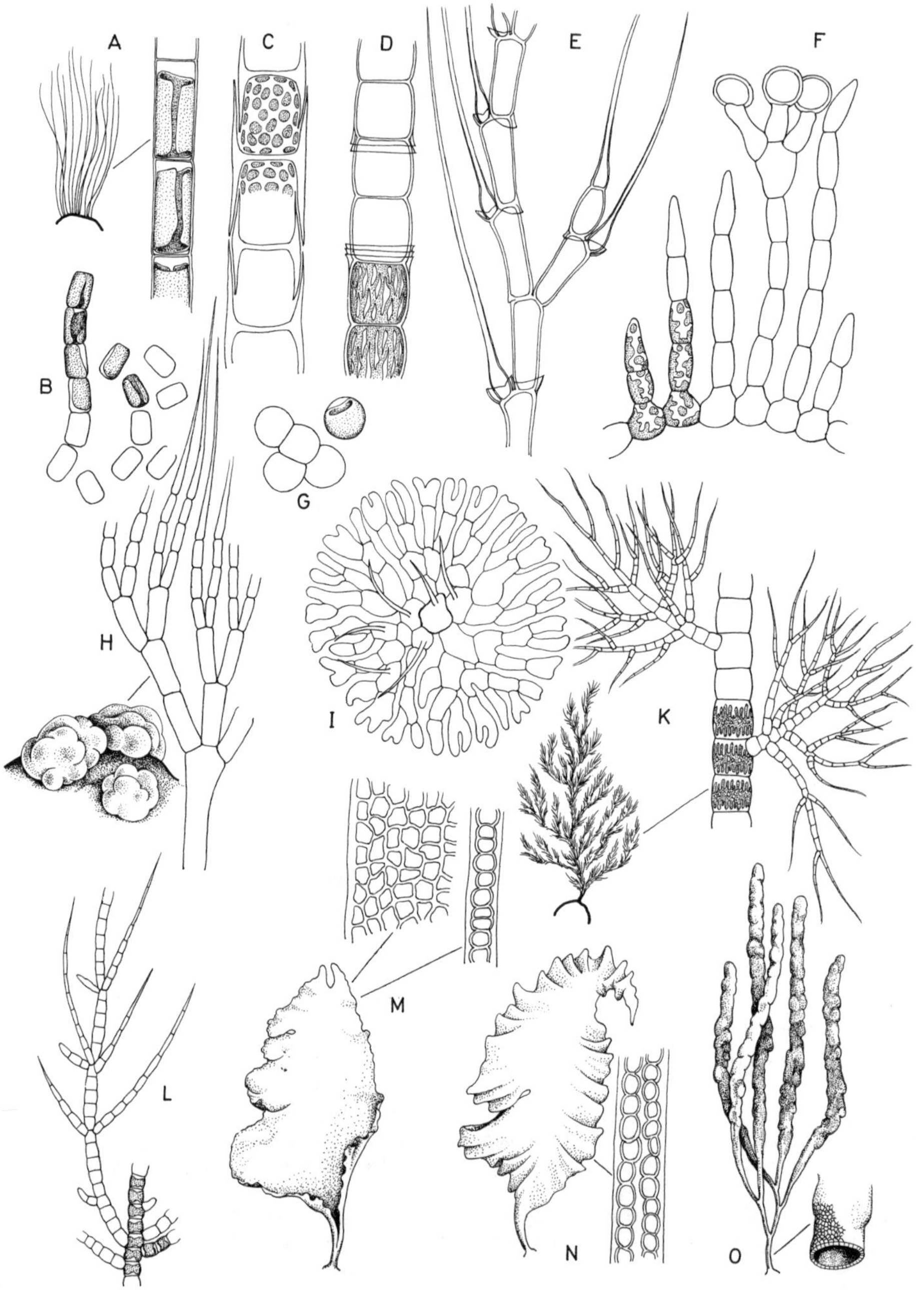

Abb. 21. Ulotrichales, Monostromatales, Oedogoniales, Chaetophorales, **A** *Ulothrix,* **B** *Stichococcus,* **C** *Microspora,* **D** *Oedogonium,* **E** *Bulbochaete,* **F** *Trentepohlia,* **G** *Pleurococcus,* **H** *Chaetophora,* **I** *Coleochaete,* **K** *Draparnaldia,* **L** *Stigeoclonium,* **M** *Monostroma,* **N** *Ulva,* **O** *Enteromorpha.*

durch **Isogamie, Anisogamie** oder **Oogamie,** Reduktionsteilung bei der Zygotenkeimung. Bei einigen Formen **isomorpher** oder **heteromorpher Generationswechsel.**

Bestimmungshilfe für einige wichtige Gattungen der Chaetophorales, Ulotrichales, Monostromatales und Oedogoniales (Abb. 21)

1. Thallus aus unverzweigten Fäden aufgebaut
   1.1. Zellen ohne einseitige Kappenbildungen (s. S. 75)
      1.1.1. Chromatophor gürtelförmig, nicht durchbrochen, mit Pyrenoid . . . . . *Ulothrix, Chlorhormidium*
      1.1.2. Chromatophor ohne Pyrenoid
         1.1.2.1. Fäden nur kurz, leicht zerfallend . . . . . *Stichococcus*
         1.1.2.2. Zellwand aus H-förmigen Stücken aufgebaut . . . . . *Microspora*
   1.2. Zellen (wenigstens einige) mit auffallenden Kappenbildungen der Zellwand (s. S. 75) . . . *Oedogonium*
2. Thallus aus verzweigten Fäden aufgebaut
   2.1. Aerophyten
      2.1.1. Wenigzellige Gruppen, chlorococcalesähnlich, Vermehrung durch bloße Zellteilungen, ohne Sporenbildungen . . . . . *Pleurococcus*
      2.1.2. Thallus aus kriechenden und aufrechten Zellreihen, zahlreiche oft gelb bis braun gefärbte Chromatophoren je Zelle . . . . . *Trentopohlia*
   2.2. Wasserbewohner
      2.2.1. Thallus mikroskopisch klein, flache Polster auf anderen Wasserpflanzen . . . . . *Coleochaete*
      2.2.2. Thallus meist makroskopisch groß
         2.2.2.1. Halbkugelige oder ähnlich geformte feste, knorpelartige Gallertpolster bildend . *Chaetophora*
         2.2.2.2. Thallus rasenartig oder büschelig, weich-schleimig
            - Thallus deutlich in einen Hauptfaden und seitliche, büschelförmige Kurztriebe gegliedert . . . . . . *Draparnaldia*
            - Thallus gleichmäßig verzweigt, keine Astbüschel bildend. Äste enden oft in einer langen, mehrzelligen Haarspitze . . . . . *Stigeoclonium*
      2.2.3. Zellen mit Kappenbildung (s. S. 75). Haare am Grund zwiebelartig verdickt . . . . . *Bulbochaete*
3. Thallus blattähnlich (wenn fadenförmig, dann immer röhrig)
   3.1. Blattartige Lappen einschichtig . . . . . *Monostroma*
   3.2. Blattartige Lappen zweischichtig oder röhrig
      3.2.1. Die beiden Zellschichten dicht miteinander verwachsen . . . . . *Ulva*
      3.2.2. Die beiden Zellschichten nicht miteinander verwachsen, Thallus röhrig . . . . . . *Enteromorpha*

Beobachtungsziel: Thallusbau von Ulothrix. Zellteilung und Oogamie bei Oedogonium

Objekte: *Ulothrix* spec., *Oedogonium* spec.

Materialbeschaffung: *Ulothrix*-Arten sind weit verbreitet: Im Meer bzw. Brackwasser überziehen die Algen besonders im Frühjahr untergetauchte Steine und Pfähle als dichter, flaumiger Rasen aus Fäden von mehreren Millimetern, mitunter auch Zentimetern Länge. Im Süßwasser wird sauberes, fließendes Wasser bevorzugt, auch in den kälteren Monaten: In Brunnentrögen, Wehrkaskaden, klaren Bachläufen, überrieselten Felsen und ähnlichen Standorten.
Oedogonium bildet oft dichte Algenfilze (auch als Watten an der Oberfläche treibend) in stehenden Süßgewässern (Teiche, Tümpel) und ähnelt makroskopisch fädigen Zygnematales.

Präparation: Lebende Algenfäden beobachten! Sie sind für diesen Zweck hervorragend geeignet, wenn man die Objekte vor Druck und Austrocknung schützt. Frischpräparat (Reg. 41) mit Standortwasser anfertigen.
Kernfärbungen mit Karminessigsäure (Reg. 64). Nachweis der Pyrenoide mit Iod-Kaliumiodid-Lösung (Reg. 62).

Beobachtungen: Die unverzweigten Fäden von *Ulothrix* sind bei mittlerer Vergrößerung eindeutig zu identifizieren (Abb. 22F):

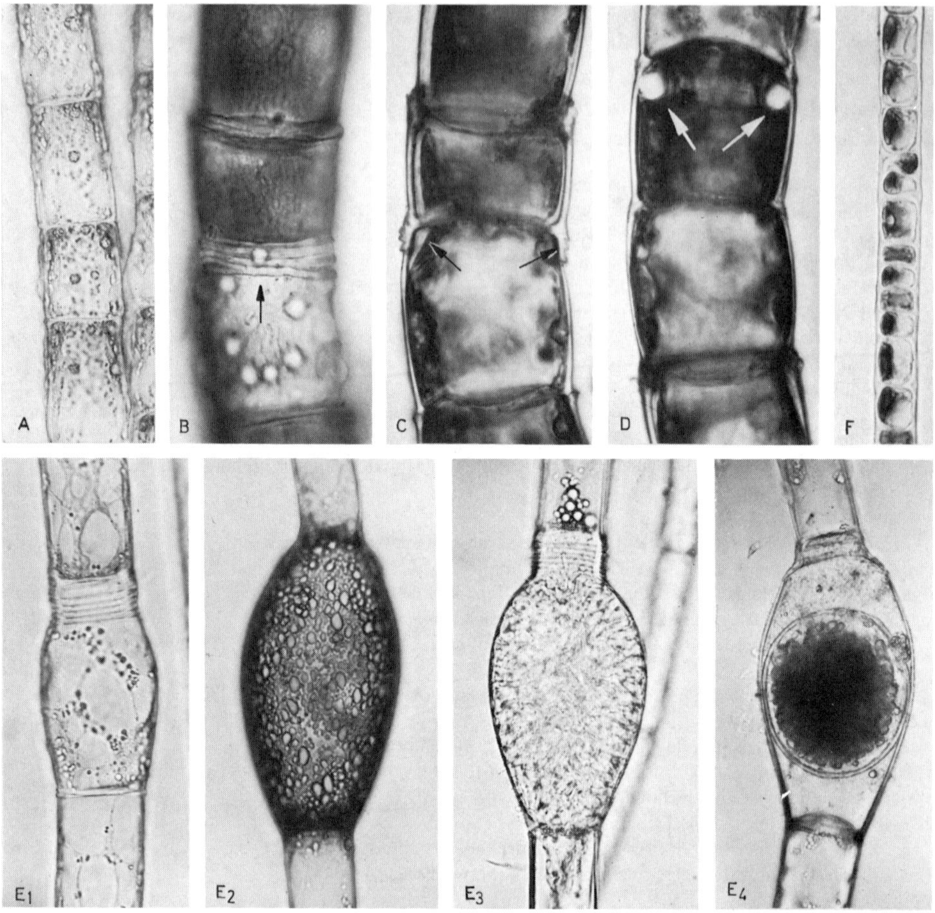

Abb. 22. **A–E** *Oedogonium* spec., **A** Übersicht über den Fadenbau. Netzartig zerteilter Chloroplast mit zahlreichen Pyrenoiden; 250:1. **B–D** Zellwand„kappen“ (Pfeile). **B** Oberflächenansicht, **C** das gleiche Fadenstück im optischen Längsschnitt, **D** subapikale Ringwulst; 500:1. $\mathbf{E}_{1-3}$ Oogonium-Entwicklung, Oogonium-Mutterzellen. $\mathbf{E}_4$ Hypnozygote; 430:1. **F** *Ulothrix* spec., Fadenstück; 1060:1.

Bei vielen Arten sind die Zellen in Seitenansicht nahezu quadratisch. Sie enthalten einen charakteristischen, gürtelförmigen Chloroplasten, der der Zellwand innen anliegt und sie zur Hälfte bis zu Dreiviertel bedeckt. In Iod-Kaliumiodid-Lösung treten die Pyrenoide deutlicher hervor. Der Zellkern liegt zentral. Jede der dicht aneinander schließenden Zellen ist teilungsfähig und kann somit zum Wachstum des Fadens beitragen. Solche Stellen, an denen Zellteilungen stattfinden bzw. stattfanden, erkennt man an den eingeschobenen (jungen) kürzeren Zellen (Abb. 22F, 5. und 6. Zelle von oben).

Einen hohen Entwicklungsstand der Grünalgen repräsentieren die Oedogonien. Ihr Thallus ist zwar unverzweigt, die Art der Zellteilungen und die hochentwickelten Fortpflanzungsprozesse berechtigten jedoch zu diesem Urteil. Die zylindrischen Zellen sind zu einem dicht geschlossenen einreihigen Faden aneinandergefügt (Abb. 22A, schwache bis mittlere Vergrößerung). Cytologische Einzelheiten sind mit starkem Objektiv zu erkennen: Jede Zelle enthält nur einen Kern, der relativ groß als heller Bezirk auch im lebenden Zustand zu sehen ist (nach Karminessigsäurebehandlung tritt er deutlicher hervor). Der Chloroplast ist netzartig zerteilt und bedeckt gardinenartig die Längswände der Zelle. Er trägt zahlreiche Pyrenoide (Abb. 22A, B). Legt man die Schärfenebene des Objektivs in die Mitte der Zellen (optischer Längsschnitt des Fadens), sieht man, daß ihr Zentrum von einer großen zentralen Vacuole eingenommen wird. Zellkern und Pyrenoide erheben sich buckelartig aus dem peripheren Plasmabelag in das Innere der Zelle.

Bei diesen cytologischen Beobachtungen fallen meist auch eigenartige Strukturen der Zellwand auf, die bei einigen Zellen des Fadens in der Nähe der Querwand zur Nachbarzelle liegen: Im optischen Schnitt durch die Mitte der Zelle ähneln sie einem Rohr mit Außengewinde (Abb. 22C), in Oberflächenansicht einem Bündel paralleler Streifen (Abb. 22B). Es handelt sich um die sogenannte „Kappenbildung", eine interessante Erscheinung, die durch den für die Oedogonien spezifischen Verlauf der Zellteilung verursacht wird und durch die die Gattung sicher und leicht identifiziert werden kann. Der Prozeß wird durch die Anlage eines subapikal gelegenen Celluloseringes eingeleitet (Abb. 22D). Erst jetzt teilt sich der Kern, und zwischen den Tochterkernen bildet sich eine sehr zarte neue Querwand, etwa in der Mitte der ursprünglichen Zelle. Im weiteren Entwicklungsverlauf zerreißt die Zellwand der Mutterzelle an der Stelle, an der die Ringwulst die Oberfläche berührt. Der nun hohlkehlartige Ring streckt sich zu einem zylindrischen neuen Zellwandstück. Da der Ring ursprünglich innerhalb der Mutterzellwand angelegt wurde, ist der neue Zellzylinder – einem Ausziehstab vergleichbar – um die doppelte Wandstärke schmaler als der alte. Das abgerissene Stück Mutterzellwand am initiierenden Pol bleibt als schmale Kappe übrig.

Da sich zur nächsten Zellteilung am gleichen Zellpol wieder eine Ringwulst bildet, häufen sich die Kappen im Fortgang der Teilungstätigkeit, und es entsteht das beobachtete Bild. (Es handelt sich dabei natürlich in Wirklichkeit nicht um schraubige Strukturen, sondern um übereinanderliegende ringförmige Rißkanten.)

Während der üppigen Entfaltung der Alge im Sommer findet man nicht selten auch Fäden, in denen einzelne Zellen dick bauchig, kugelig oder elliptisch aufgetrieben sind: die Oogonien bzw. Oogonien-Mutterzellen (Abb. 22E). Bevor sie sich entwickeln, teilen sich entsprechende Zellen zunächst mehrmals und bilden dabei Kappen aus (Abb. $22E_1$ oben mit 6 Kappen). Nach dem letzten Ringriß vergrößert sich die junge Tochterzelle und treibt die noch dehnungsfähige Zellwand auf (Abb. $22E_{1-3}$). Erst nach einer weiteren Querteilung dieser Oogonium-Mutterzelle bildet sich eine der Tochterzellen in ein Oogonium (Gynogametocyste) um. Voraussetzung für diese Weiterentwicklung zum Oogonium ist die Anwesenheit einer Androgametocyste. Diese Orte der Bildung männlicher Keimzellen entwickeln sich durch Umwandlung vegetativer Fadenzellen oder an den sogenannten „Zwergmännchen" – wenigzelligen, kleinen Pflänzchen, die sich aus chemotaktisch angelockten begeißelten Sporen (Androsporen) in der Nähe der Oogonien entwickeln. Die sexuellen Vorgänge sind äußerst mannigfaltig und zum Teil recht kompliziert oder selten zu beobachten – sie sollen hier nicht weiter behandelt werden. Die befruchtete Eizelle verwandelt sich innerhalb des Oogoniums in eine dickwandige Zygote (Abb. $22E_4$), die vor der Keimung längere Zeit in einem Ruhezustand verharrt (Hypnozygote).

Leichter zugänglich und nicht minder interessant ist die Beobachtung der Zoosporenbildung. Der Vorgang beginnt damit, daß sich der Zellinhalt in den dafür vorgesehenen Zellen (deren Lage beliebig zu sein scheint!) verdichtet und in eine einzige große Zoospore umzuwandeln beginnt. Form und Struktur dieses ungeschlechtlichen Fortpflanzungskörpers sind jedoch erst zu erkennen, wenn er sich aus der Mutterzelle befreit hat: Nach zunehmender Abrundung bricht die Wand unterhalb der Wandkappen durch einen Ringriß auf; die beiden Zell- bzw. Fadenteile bleiben aber in der Regel an einem schmalen Kantenstück verbunden, so daß sie winkelig auseinanderklappen. Der Inhalt, die Zoospore, drängt sich innerhalb weniger Minuten heraus, bleibt aber vorerst – von einer zarten, farblosen Hüllblase umschlossen – in der Nähe der Austrittsöffnung liegen. Nun ist eindrucksvoll zu beobachten, wie die Spore in kurzer Zeit endgültig fertiggestellt wird: Innerhalb der Blase werden die zahlreichen einseitig in einem Kranz angeordneten Geißeln sichtbar; sie beginnen erst zögernd, dann immer schneller zu schlagen, bis die Blase plötzlich zerspringt und die fertige Zoospore davonschwimmt. Sie ist jetzt eiförmig und intensiv grün gefärbt, abgesehen vom farblosen, chloroplastenfreien schmalen Pol, in dessen Nähe sich der Geißelkranz befindet. Die

Zoospore setzt sich nach kurzer Zeit mit dem geißeltragenden, farblosen Pol fest und wächst zu einem neuen Faden aus.

Weitere Beobachtungen: Zoosporen- und Gametenbildung sowie Gametenkopulation sind bei *Ulothrix* an einzelnen Fäden gut wachsender Algenrasen zu beobachten (besonders im Frühjahr und Sommer). Experimentell gelingt es, die Sporulation innerhalb 24 Std. auszulösen, wenn man Material aus fließendem kühlem Wasser in Schalen mit chlorfreiem Leitungs- oder Brunnenwasser oder in etwa 2%ige Rohrzuckerlösung einlegt (kühl halten! 12–15 °C nicht überschreiten!).
Ist geeignetes Material vorhanden, lohnt sich das weitere Studium der sexuellen Vorgänge bei Oedogonien (Androgametocysten und Nannandrien mit Spermatozoiden und Androsporen; Homothallie und Heterothallie; Befruchtungsvorgang und die – allerdings selten zu beobachtende – Keimung der lange Zeit ruhenden, mit einer dicken Hülle umgebenen Zygoten).

Weitere Objekte:

Bulbochaete (Oedogoniaceae): Thallus verzweigt, mit basal zwiebelartig verdickten farblosen Haaren. Sexuelle Vorgänge prinzipiell ähnlich *Oedogonium,* häufig gut zu beobachten (Oogonien und Nannandrien).

2.4. Bryopsidophyceae

Makroskopisch-morphologisch vielgestaltige Thalli aus vielkernigen Systemen (Siphonoblasten) aufgebaut. Die Zellwand umschließt somit einen großen vielkernigen Protoplasten, der oft zahlreiche kleine scheibenförmige Chloroplasten enthält (coenocytische Organisation). Siphonoblasten oft dezimetergroß und morphologisch stark gegliedert bzw. differenziert (Siphonoblasten mit Assimilatoren und Rhizoiden). Fortpflanzung fast ausschließlich geschlechtlich (meist Anisogamie) mit Meiose während der Gametenbildung (nicht immer nachgewiesen!); diese Pflanzen daher Diplonten, sonst Haplo-Diplonten. Charakteristische zusätzliche Chloroplastenpigmente: Siphonoxanthen und Siphonein.
Vorwiegend Küstenbewohner wärmerer Meere.

Wichtige Gattungen:

Cladophora: Verzweigte Fäden aus zahlreichen mehrkernigen Teilabschnitten aufgebaut. Im Süß- und Salzwasser kosmopolitisch verbreitet
Bryopsis: Thallus gefiedert; mit Generationswechsel
Derbesia: große blattartige Thalli entspringen kriechenden, schlauchförmigen „Stolonen" (Ausläufern), die durch Rhizoide am Substrat befestigt sind
Codium: schwammige verzweigte Thalli aus einem Geflecht coenocytischer Schläuche aufgebaut
Acetabularia: Thallus schirmchenartig, durch Kalkeinlagerung weiß
Dasycladus: Thallus zylindrisch-keulenförmig, Achsenfaden glasbürstenartig dicht mit Seitenästchen besetzt, dadurch schwammig.

2.4.1. Cladophorales

Thallus **aus vielkernigen Abschnitten** aufgebaut, die durch Zellwände voneinander getrennt sind (vielkernige Siphonoblasten-Segmente, früher polyenergide „Zellen" genannt).
Mit großen, netzförmig durchbrochenen Chloroplasten. Ungeschlechtliche Fortpflanzung durch **Zoosporen** oder **Aplanosporen**, geschlechtliche durch **Iso-** oder **Anisogamie** (selten durch primitive Oogamie). Sporen- und gametenbildende Abschnitte von den vegetativen kaum verschieden. **Generationswechsel** in der Regel vorhanden.

Beobachtungsziel: Zell- und Thallusaufbau, Wachstum und Fortpflanzung bei Cladophora

Objekt: *Cladophora* spec.

Materialbeschaffung: Arten der Gattung *Chladophora* gehören zu den häufigsten makroskopischen Grünalgen des Süßwassers und der Meeresküsten (die Anzahl der marinen Arten übersteigt die des Süßwassers). Auf Steinen oder

anderem festem Substrat angewachsen, flottieren die großen verzweigten Fadenbüschel oft mehrere Dezimeter lang in Flüssen, Bächen oder im Wellenschlag des Meerwassers, aber auch in Teichen, Seen und anderen Gewässern erscheinen sie oft massenhaft.
Gattungscharakteristika sind bereits ohne Mikroskop festzustellen: Der verzweigte Thallus (Ausbreiten in einer Schale mit Wasser, eventuell in der wassergefüllten hohlen Hand) fühlt sich rauh und z. T. borstig-spröde an und ist so gegenüber den schleimig-schlüpfrigen Zygnemales und den zarten glatten, teilweise gallertigen Chaetophorales und Oedogoniales gut zu unterscheiden. Die Verzweigung kann mitunter spärlich sein.
An der Ostseeküste sind besonders *Cl. sericea* und *Cl. rupestris,* in Bächen und Flüssen *Cl. glomerata* häufig und weit verbreitet.

Kultur: Frischmaterial ist das ganze Jahr über verfügbar; Kultivierung über längere Zeit lohnt nicht. Das eingesammelte Material hält sich in flachen, mit Standortwasser gefüllten Schalen einige Tage, wenn nicht zu viele Algenbüschel eingebracht werden.
Zoosporenbildung wird innerhalb eines Tages eingeleitet, wenn das Algenmaterial nur feucht, nicht submers, gehalten wird: In einer Petrischale oder einem ähnlichen als feuchte Kammer geeigneten Gefäß Algen in flacher Schicht nur so weit befeuchten, daß oben liegende Fäden gerade nicht ins Wasser eintauchen.

Präparation: Thallusaufbau unter dem Präpariermikroskop (Reg. 103) beobachten. Kleine Endabschnitte der Thallusbüschel zu einem Frischpräparat (Reg. 41) verarbeiten (Totalpräparat, Reg. 105) und lebend beobachten. Pyrenoide durch Einlegen kleiner Zweigabschnitte in Iod-Kaliumiodid-Lösung (Reg. 62), Zellkerne mit Karminessigsäure kontrastieren (Reg. 64), evtl. vorher mit Alkohol-Essigsäure fixieren (Reg. 36). Für Dauerpräparate in Glycerolgelatine (Reg. 46) einbetten. Das Aufziehen auf Papier (Reg. 52) zur Habitus- und Artdiagnose ist besonders zu empfehlen.

Beobachtungen: Die erste Übersicht unter dem Präpariermikroskop dient gleichzeitig dazu, die Zugehörigkeit des eingesammelten Materials zur Gattung *Cladophora* zu bestätigen (Abb. 23 A, C): Der Thallus ist büschelig verzweigt und aus einzelnen großen, langgestreckten Gliedern zusammengefügt. Die Verzweigung schreitet spitzenwärts fort; die Endglieder am Scheitel sind kegelartig zugespitzt. Allerdings verzweigen sich auch später noch ältere, basalwärts gelegene Thallusabschnitte. Auch Zellteilungen finden in allen Bereichen des Thallus statt, so daß nicht von Scheitelzellen gesprochen werden kann.
Bei mittlerer Vergrößerung im Hellfeld sind die verschiedenen Stadien der Zweigbildung gut zu beobachten (Abb. 23 B): Von den ersten knospenartigen Vorwölbungen bzw. Ausstülpungen der Zelle (stets seitlich unmittelbar unter der spitzenwärts gelegenen Querwand) bis zur Abgrenzung von der „Mutterzelle" durch eine Querwand.
Zellteilungen sind meist in allen Thallusabschnitten und während der gesamten Vegetationsperiode gut zu erkennen. Zuerst bemerkt man einen helleren peripheren Ring, die spätere leistenartige Scheidewandanlage. Mit fortschreitendem Vordringen der zarten jungen Scheidewand zur Mitte wird der Protoplast schließlich zerteilt, und allmählich erhält sie ihre endgültige Mächtigkeit und Struktur. In ausgewachsenen Thallusabschnitten ist die Zellwand auffallend gegliedert: Eine innere, helldurchsichtig-glänzende, jede Zelle umschließende Schicht ist von einer dunklen überzogen, die den gesamten Thallus außen umgibt, also auch über die Querwände der Einzelglieder hinwegläuft (Abb. 23 B).
Bei starker Vergrößerung lassen jüngere Abschnitte den Bau der Fadenglieder erkennen: Die Zellwand wird innen vom netzartig durchbrochenen Chloroplasten völlig bedeckt. Er enthält zahlreiche Pyrenoide, die als kleine Körnchen auch *in vivo* gut sichtbar sind und nach Iodbehandlung zusammen mit den benachbarten Stärkekörnern klar hervortreten. Auch die zahlreichen Zellkerne jedes Fadengliedes sind ohne färberische Hilfsmittel zu sehen: Sie haben einen etwa viermal so großen Durchmesser wie die Pyrenoide. Im optischen Schnitt durch die Mitte der Zelle sind sie besonders deutlich, da sie sich als rundliche Buckel aus dem plastischen Wandbelag ins Innere der Vacuole hineinwölben (Abb. 23 B). In Karminessigsäurepräparaten treten die Kerne (mit je einem Nucleolus) noch schärfer hervor.

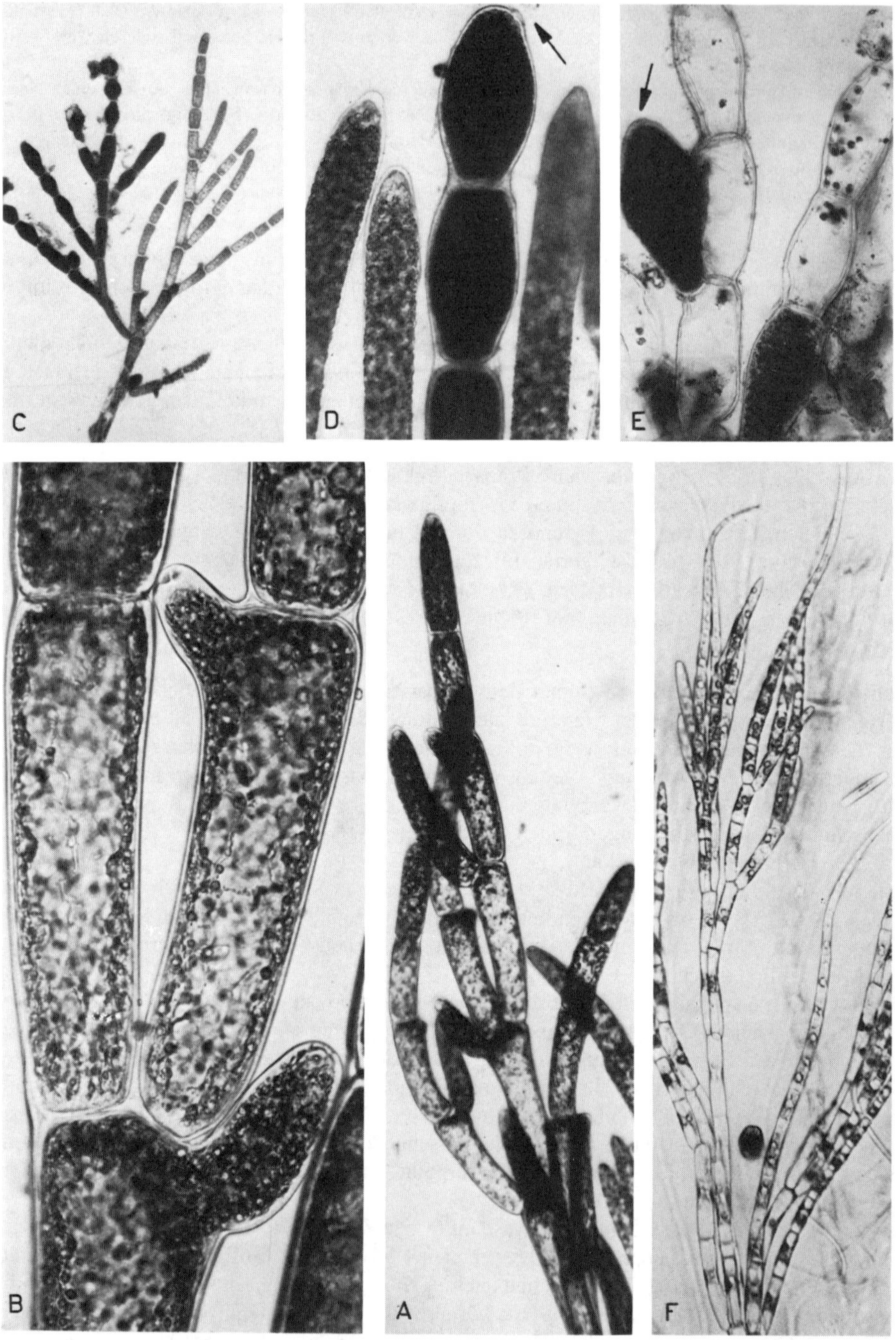
C
D
E
B
A
F

Zur ungeschlechtlichen Vermehrung entstehen Zoosporen – zuerst in den Endzellen der Zweigspitzen, dann basal fortschreitend. Die beginnende Differenzierung bestimmter Thallusglieder zu Sporocysten erkennt man daran, daß sich der Zellinhalt auffallend verdichtet und dunkel- bis schwarzgrün verfärbt. Die Zellen werden bei der hier beschriebenen Art tonnenförmig oder abgerundet-spindelförmig (Abb. 23C bis E). Mit fortschreitender Reifung zerfällt der Inhalt in zahlreiche kleine begeißelte „Schwärmer", die den Behälter schließlich durch ein Loch verlassen (Abb. 23E), das sich spitzenwärts seitlich an jeder Sporocyste geöffnet hat (Abb. 23D, Pfeil).

Weitere Objekte:

Ähnliche Verhältnisse sind bei allen *Cladophora*-Arten anzutreffen.

2.4.2. Dasycladales

Thallus aus einer einzelligen Hauptachse, die mit Rhizoiden am Substrat befestigt ist, und lateralen, oft verzweigten Seitenfäden aufgebaut. Im vegetativen Zustand ist der Thallus einkernig (Zellkern an der Basis der Achse im Rhizoid). Große zentrale Vacuole; Thallus mit Kalk inkrustiert.

Beobachtungsziel: Bau und Entwicklungszyklus von Acetabularia

Objekt: *Acetabularia acetabulum* (L.) Silva (= *A. mediterranea* Lamouroux)

Materialbeschaffung: In der Litoralzone der Mittelmeerküsten weit verbreitete Alge. In stillen Buchten auf Felsen, Steinen, Muschelschalen u. a. festen Substraten in dichten Gruppen wachsend. Die etwa 5 cm hohen Thalli ähneln in ihrem Aussehen dünnstieligen Hutpilzen. Durch Inkrustierung der Zellwände mit Calciumcarbonat erscheinen sie fast völlig weiß (Kalkalgen). Es ist zu empfehlen, für Kurszwecke Material aus Laborkulturen zu verwenden, da der Lebenszyklus, der in der Natur 3 Jahre beansprucht, unter geeigneten Kulturbedingungen auf wenige Monate verkürzt werden kann. Vorteilhaft für die Untersuchungen ist weiterhin, daß unter diesen Bedingungen kaum Kalkinkrusten gebildet werden (die Organismen sind dann als „Grünalgen" zu erkennen). Lebendes Material kann von manchen Instituten und meeresbiologischen Stationen bezogen werden.

Präparation und Kultur: Frisch- oder Alkoholmaterial, wenn möglich Pflanzen aus Kulturen verwenden. Die Kultur der Alge gelingt in Standortwasser oder künstlichem Seewasser unter Zusatz von Erdabkochung bzw. Spurenelementen und Vitaminen (Reg. 32, Reg. 70). Standardbedingungen: 21 °C, Licht 12 h/Tag, 2500 Lux. Wegen ihrer Größe werden die Entwicklungsstadien der Alge in einer flachen, wassergefüllten Schale unter dem Präpariermikroskop (Reg. 103) untersucht. Zum Studium der aus den Hutkammern adulter Pflanzen herauspräparierten Gametocysten sind Frischpräparate mit Deckglasabschluß (Reg. 41) herzustellen. Das Herauspräparieren gelingt am einfachsten in einem Tropfen Kulturflüssigkeit auf einem Objektträger mit Hilfe von Präpariernadeln.

Weitere Präparationen: Der große Primärkern, der sich vor der Hutbildung im Rhizoid befindet, kann durch vorsichtiges Ausdrücken aus dem isolierten Rhizoidteil sichtbar gemacht werden. Phasenkontrast (Reg. 87)!

Beobachtungen: Die Zygote wächst zu einer dünnen, schlauchförmigen Zelle heran, die an einem Ende ein gelapptes Rhizoid, am anderen Ende vergängliche Haarwirtel ausbildet (Abb. 24E). Bei

---

Abb. 23. *Cladophora* spec. **A** Übersicht über den Fadenbau an einem Zweigende (vgl. auch Teilbild C); 125:1. **B** Teilstück des Vegetationskörpers. Junge Stadien der Thallusverzweigung. Netzartiger Chloroplast mit zahlreichen Pyrenoiden; 500:1. **C–E** Vegetative Fortpflanzung. **C** Übersicht über ein Zweigende, dessen Zellen in der linken Hälfte nahezu vollständig zu Sporocysten umgestaltet sind; 40:1. **D** Zwei Zoosporocysten an der Spitze eines Seitenzweiges; subapikale Austrittsöffnung für die Zoosporen bereits angelegt (Pfeil). **E** In Entleerung begriffene Sporocysten (rechts; nur wenige Zoosporen noch im Inneren der Behälter). Links: Reife Zoosporocyste kurz vor dem Öffnen der Austrittspapille; D, E 250:1. **F** *Chaetophora* spec. Ausschnitt aus dem Endabschnitt eines Fadenbüschels; 400:1.

Acetabularia acetabulum
Entwicklungszyklus

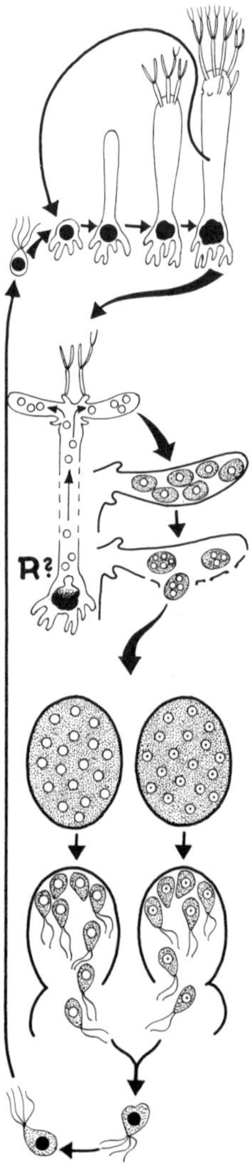

stärkerer Vergrößerung sind in dem plasmatischen Wandbelag zahlreiche kleine, scheibenförmige Chloroplasten zu erkennen. Der Raum um die Zellachse wird von einer großen zentralen Vacuole eingenommen. Der Zellkern liegt in einem Rhizoidlappen. Wenn die Zelle eine Länge von 4 bis 6 cm erreicht hat, entwickelt sich an ihrem Vorderende ein gekammerter Hut (Abb. 24F). Jetzt hat die Alge das Aussehen eines Hutpilzes oder umgeklappten Regenschirms (Abb. 24A). Mit dem Erreichen des maximalen Hutdurchmessers von etwa einem Zentimeter (Abb. 24B) hat sich der im Rhizoid inzwischen zur vielfachen Größe herangewachsene sogenannte Primärkern (wahrscheinlich unter Meiose) in sehr viele Sekundärkerne geteilt, die nun mit dem Plasmastrom über den Stiel in die Hutkammern transportiert werden. Dort bildet sich um jeden Zellkern eine Cyste mit dicker, geschichteter Wand (Abb. 24C). Durch fortgesetzte Kernteilungen werden diese Gametocysten vielkernig (Abb. 24D) und nach Zerfall des Thallus frei. Nach einer Reifungs- und Ruheperiode (Überwinterung in der Natur bzw. mehrmonatige Dunkelphase im Labor) öffnen sich die Gametocysten an einer präformierten Stelle durch Abheben eines Deckels und entlassen zahlreiche zweigeißelige Isogameten.

In der Natur bildet sich der Hut erst im 3. Jahr. Die während der ersten Jahre gewachsenen Thallusabschnitte mit den sterilen Haaren verfallen wieder, und es überwintert jeweils nur das Rhizoid.

Acetabularien sind bekannte und begehrte Objekte für entwicklungsbiologische Untersuchungen (experimentelle Morphogenese).

Weitere Beobachtungen: In isolierten diploiden Primärkernen große gewundene Nucleoli.

Weitere Objekte: Entsprechende Entwicklungsstadien auch bei anderen bekannten Arten, z. B. *A. wettsteinii* Schussnig (Hutkammern nicht verwachsen, strahlig angeordnet).

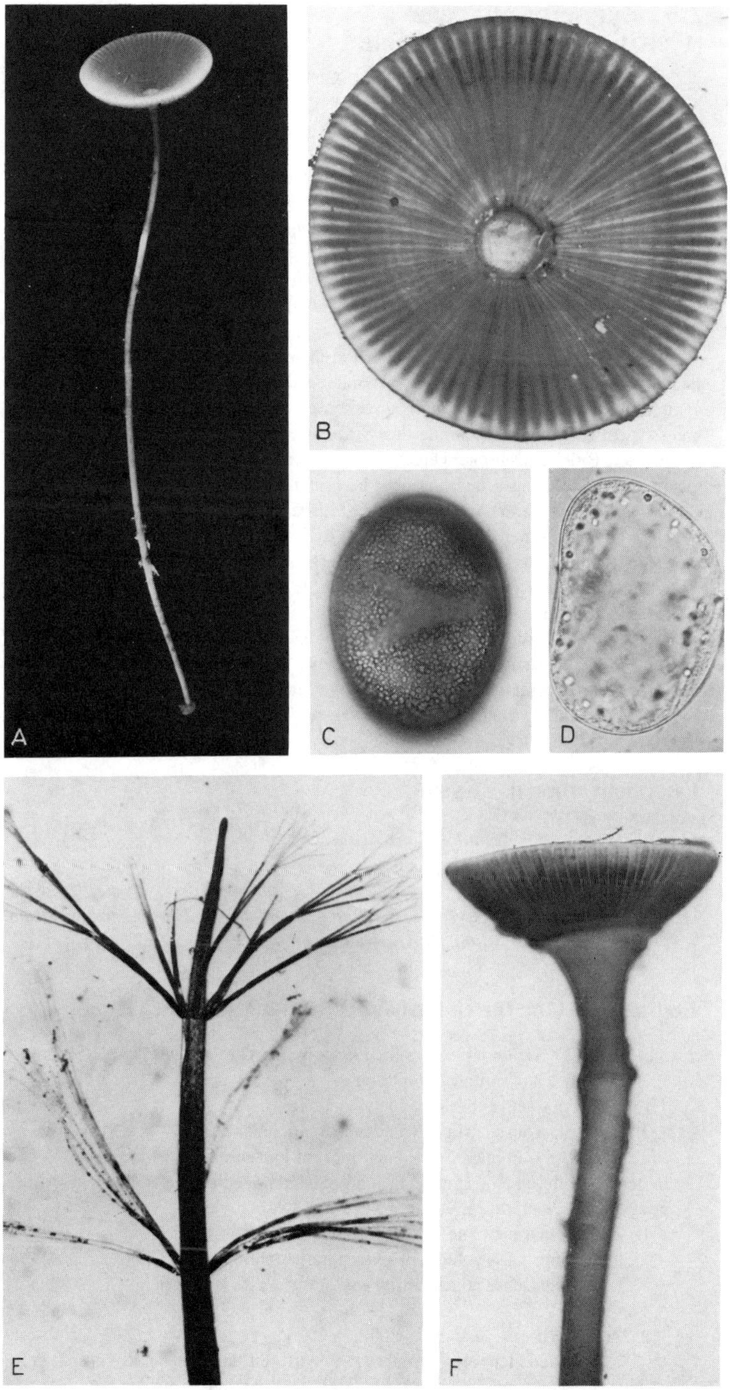

Abb. 24. *Acetabularia acetabulum*. **A** Habitus einer erwachsenen Pflanze mit Hut und Rhizoid. **B** Hut einer erwachsenen Pflanze in Aufsicht. **C, D** Reifung vielkerniger Gametocysten. **E** Habitus vor der Hutbildung mit Wirteln vergänglicher, dichotomer Haare. **F** Sich entwickelnder, noch junger Hut. A 2 : 1; B 6 : 1; C, D 700 : 1; E 10 : 1, F 15 : 1.

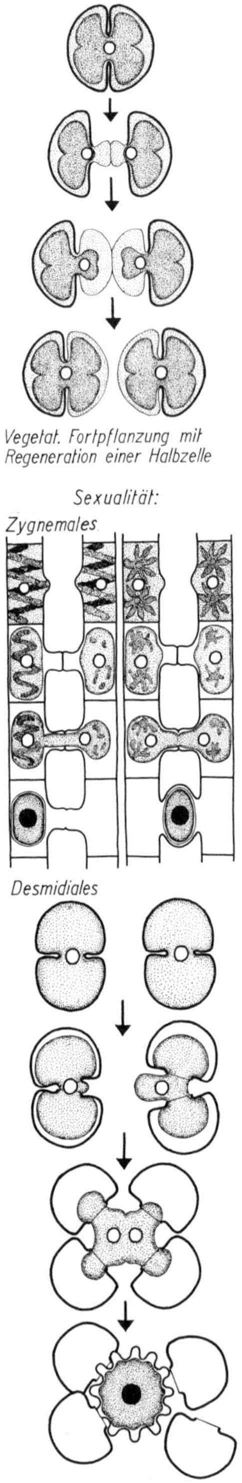

2.5. Zygnemaphyceae (Conjugatophyceae, Jochalgen)

Mit Merkmalen der Chlorophytina ausgestattete **Gruppe einzelliger** (Mesotaeniales, Desmidiales, mit großer Formenvielfalt: „Zieralgen") **oder fadenförmiger** (Zygnemales) **Süßwasserbewohner.** Primitive Fadenbildungen sind **stets unverzweigt,** einreihig und zerfallen leicht in die zylindrischen, funktionell gleichwertigen und selbständigen Einzelzellen.

Chloroplasten mit **Pyrenoiden. Chloroplastenform** sehr **vielgestaltig:** z. B. spiral- *(Spirogyra),* stern-, *(Zygnema),* platten- *(Mougeotia)* und bandförmige, auch gabelig verzweigte Formen und viele andersartige kommen vor. Spezielle Vacuolen mit spezifischen Einschlüssen: Gerbstoffe (Zygnemales), Gips (einige Desmidiales).

Zellwand schleimig, geschichtet, glatt (bei Zygnemales) oder aber (bei Desmidiales) mit verschiedenartigen Skulpturen, über Poren ausgeschiedenen **Gallerthüllen** und manchmal mit Eiseneinlagerungen. Wände der Desmidiales aus zwei gleichen, symmetrischen Hälften aufgebaut (Halbzellen bei den meisten Gattungen durch einen unterschiedlich tiefen Einschnitt, den **Sinus,** getrennt und über eine als **Isthmus** bezeichnete Brücke zusammengehalten). Vertreter dieser Gruppe sind zur **Fortbewegung** durch Schleimausscheidung über besondere Wandporen befähigt.

Zur *Fortpflanzung* werden **nie begeißelte Stadien** ausgebildet („Acontae"). Intensive vegetative Vermehrung durch **einfache Zellteilungen:** Bei den Zygnemales kann sich jede Zelle quer teilen; die Desmidiales ergänzen formgetreu die beim Teilungsprozeß abgegliederte Halbzelle. Bei der geschlechtlichen Vermehrung gibt es eine charakteristische Besonderheit: Der gesamte Protoplast entsprechender Zellen (Gametocysten) wandelt sich zu gleichgestalteten, unbegeißelten Gameten um (je Zelle ein Gamet). Nach einer als „Konjugation" (Zygogamie) bezeichneten **Kopulation der Gametocysten** verschmelzen je zwei dieser Keimzellen zu einer diploiden Zygote (dickwandige Dauerzygote). Meiose bei der Zygotenkeimung.

Übersicht über das System

Mesotaeniaceae *(Mesotaenium, Spirotaenia)*
Zygnemataceae *(Spirogyra, Zygnema, Mougeotia)*
Gonatozygaceae
Desmidiaceae (29 Gattungen, z. B. *Penium, Closterium, Pleurotaenium, Euastrum, Micrasterias, Cosmarium, Staurastrum).*

Bestimmungshilfe für einige häufige Gattungen (Abb. 25)

1. Stets einzellig, zylinder- bis spindelförmig, in der Mitte nicht eingeschnürt, Zellwand ohne Poren und Skulpturen (= Mesotaeniales)
   1.1. Chloroplast ein axiales, nicht gewundenes Band . . . . . . *Mesotaenium*
   1.2 Chloroplast ein spiralig gewundenes Band, meist parietal . . *Spirotaenia*
2. Meist einzellig (mitunter Coenobien in Form lockerer Bänder). Aufbau aus zwei in der Regel durch eine Einschnürung getrennten identischen Halbzellen. Außergewöhnliche Vielfalt der äußeren Form (= Desmidiales)
   2.1. Zellen ohne mediane Einschnürung
      2.1.1. Längsachse gerade, im Querschnitt drehrund . . . . *Penium*
      2.1.2. Längsachse bogenförmig gekrümmt, Zellenden verjüngt . . . . *Closterium*
   2.2. Zellen mit medianer Einschnürung
      2.2.1. Zellen mehr als viermal so lang wie breit, kurz neben der Einschnürung etwas angeschwollen; mitunter zu Coenobien verbunden . . . . . . *Pleurotaenium*
      2.2.2. Zellen kürzer
         2.2.2.1. Zellen nicht flach zusammengedrückt

- in Polansicht drehrund . . . . *Penium*
- in Polansicht sternförmig (oft dreistrahlig oder mehrkantig) . . . . . *Staurastrum*

2.2.2.2. Zellen flach zusammengedrückt

- Apex der Halbzellen mit flachem oder tiefem Einschnitt
  - •• apikale und laterale Einschnitte flach . . . . *Euastrum*
  - •• tiefe apikale und laterale Einschnitte führen zur Aufteilung der Halbzellen in einzelne Lappen . . . . *Micrasterias*
- Apex der Halbzellen ohne Einschnitt
  - •• Apex der Halbzellen mit schmalen oder armartigen Fortsätzen *Staurastrum*
  - •• Apex der Halbzellen ohne diese Fortsätze, ohne auffallende Dornen . . . . *Cosmarium*

3. Einfache, unverzweigte Fäden aus zylindrischen Zellen (= Zygnemales)
   3.1. Chloroplasten sternförmig, axial . . . . *Zygnema*
   3.2. Chloroplast plattenförmig, axial . . . . *Mougeotia*
   3.3. Chloroplasten als spiralförmige Bänder, lateral . . . . *Spirogyra*

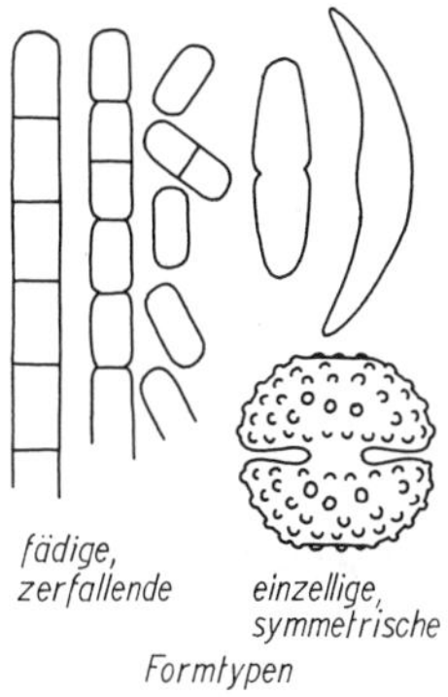

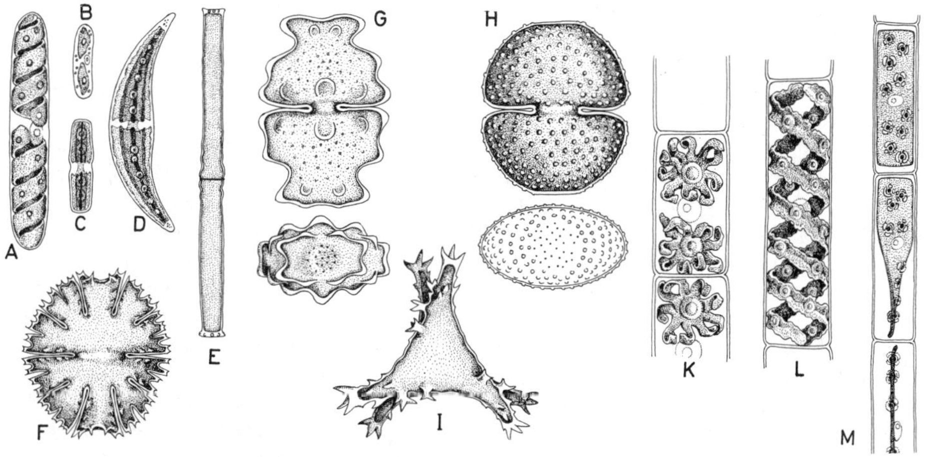

Abb. 25. Zygnemaphyceae. **A** *Spirotaenia*, **B** *Mesotaenium*, **C** *Penium*, **D** *Closterium*, **E** *Pleurotaenium*, **F** *Micrasterias*, **G** *Euastrum*, **H** *Cosmarium*, **I** *Staurastrum*, **K** *Zygnema*, **L** *Spirogyra*, **M** *Mougeotia*.

Beobachtungsziel: Thallusbau und Konjugationsablauf bei Zygnemales

Objekt: *Spirogyra* spec.

Materialbeschaffung: Vertreter der Gattung *Spirogyra* gehören zu den verbreitetsten Fadenalgen des Süßwassers. Sie sind überall in nährstoffreichen kleinen Gewässern (Tümpel und Teiche, Gräben, Kanäle, Buchten von Fließgewässern, Bäche und Schlenken) aber auch in der Uferzone größerer Seen zwischen höheren Wasserpflanzen häufig. Die dichten, leuchtend grünen bis schaumig schmutzig-gelb-grünen Watten, die die Oberfläche solcher Gewässer im Frühjahr und Sommer nicht selten fast völlig bedecken, bestehen meist aus einem dichten Filz dieser Algen. Fassen sich diese Zotten bei der Entnahme schleimig-schlüpfrig an, so ist es sehr wahrscheinlich das gesuchte Material. Sicherheit darüber kann man sich bereits an Ort und Stelle verschaffen: Mit einer starken Lupe (20fach) oder einem Taschenmikroskop ist das charakteristische Spiralband der Chloroplasten zu erkennen.
Ist die Algenprobe äußerlich glatt und glänzend, liegt in der Regel nur „steriles“, vegetatives Material vor; Konjugation und Zygotenbildung werden makroskopisch an der Kräuselung der Fäden und stärkeren Auflockerung (Zwischenlagerung von Luftblasen) deutlich.
Vegetatives Material steht fast das ganze Jahr über frisch zur Verfügung. Zygoten bilden sich besonders im Frühjahr und Herbst.

Kultur: In Standortwasser, dem man in größeren Abständen etwas Nährlösung (Reg. 70) zusetzt (verdunsteten Anteil durch destilliertes oder Regenwasser ersetzen), sind Zygnemales in Becken oder Aquarien (bei Ausschluß direkter Sonneneinstrahlung) über lange Zeit (unter Umständen Jahre) als Rohkultur zu halten. Auf diese Weise ist die vegetationsarme Winterperiode gut zu überbrücken, und man kann auf Reinkulturen verzichten. Konjugation und Zygotenbildung erreicht man (nicht immer sicher!) durch Überführen einer kleinen Algenprobe in flache Schalen oder Kulturröhrchen mit mangelhafter Nährstoff-Versorgung (z. B. Bristol-Lösung ohne N und P, *p*H-Wert den Standortverhältnissen anpassen; bei Mißerfolgen besonders diesen Faktor variieren!), eventuell unter Zusatz von 3 % Rohrzucker.

Präparation: Wenn möglich, Frischmaterial verwenden: Totalpräparat in Standortwasser (Reg. 105). Man kann in 3%iger Formaldehyd-Lösung (Reg. 40) konservieren bzw. nach Überführen in Alkohol/Glycerol/Wasser-Mischung (Reg. 7) in 10%igem Glycerol aufbewahren. Für cytologische Untersuchungen in Chromiumsäure (Reg. 24), Chromiumsäure/Essigsäure-Gemischen (Reg. 23), in Pfeifferschem oder Flemmingschem Gemisch (Reg. 36) fixieren.
Zur Übersichtsfärbung eignet sich Hämalaun (Reg. 49); Kernfärbungen vorteilhaft mit Eisenhämatoxylin (Reg. 27) oder Karminessigsäure (Reg. 64).

Beobachtungen: Unter dem Mikroskop sieht man zahlreiche unverzweigte, zarte grüne Fäden, aufgebaut aus Zellen, die in großer Zahl Ende an Ende in einer Reihe hintereinander angeordnet sind. Die Zellen sind zylindrisch; bei den meisten Arten mehrfach länger als breit. Auffallend ist es, daß die fädigen Jochalgen – im Gegensatz zu den meisten anderen fädigen grünen Algen – nahezu frei von jeglichem epiphytischem Bewuchs sind.
Spirogyra ist an ihren schraubenartig gewundenen, wandständigen Chloroplasten sicher zu erkennen (Abb. 26F–H). Die Ränder dieses Spiralbandes sind lappig oder unregelmäßig gezackt, nicht glatt (Abb. 26H), die Spirale selbst stellt kein flaches Band, sondern eher eine Rinne dar, wie der optische Querschnitt (obere und untere „Wendepunkte“ an der Zellwand) zeigt (Abb. 26F, G). Die stärker lichtbrechenden Partikel auf dem Chloroplasten sind die zahlreichen Pyrenoide, Orte der Stärkeablagerung (Stärkenachweis!). Das Innere der Zellen wird von einer großen zentralen Vacuole eingenommen, um die sich die Chloroplastenbänder schraubig herumwinden. Bei vielen Arten sind mehrere solcher Spiralbänder vorhanden; sie sind stets in das periphere Protoplasma eingebettet. Der Zellkern ist oft hinter einer Chloroplastenwindung „versteckt“: Er liegt in einer zentralen Plasmaanhäufung, die durch zahlreiche Fäden mit dem wandständigen Plasma verbunden ist. In anderen Fällen erkennt man seine Gestalt jedoch deutlich: Bei vielen Arten ist er in dieser Ansicht spindelförmig, senkrecht zur Längsachse der Zelle orientiert; sieht man ihn um 90° gedreht (quetschen!), hat er Scheibenform. Bei stärkster Vergrößerung sieht man im Innern der Zelle zahlreiche kleine Gipskriställchen in lebhafter, zitternder Bewegung (Brownsche Molekularbewegung).
Die Zellbreite verschiedener *Spirogyra*-Fäden kann unterschiedlich sein und ist nicht immer sicheres Kennzeichen einer bestimmten Art. Jede Zelle des Fadens kann sich teilen. Das ist an der unterschiedlichen Länge der Fadenglieder unschwer abzulesen. Die Zellen teilen sich quer, wobei in üblicher Weise auch die Zellorganellen verteilt werden.
Zur sexuellen Fortpflanzung (Abb. 26I, K) verbinden sich benachbarte Algenfäden über Kopulationskanäle. Diese, jeweils in Einzahl von jeder Zelle zum Partner vorgetriebenen papillenartigen Ausstülpungen bilden – nach Auflösung der sich berührenden Querwände – schlauchförmige Verbindungen zwischen zwei Zellen. Zur gleichen Zeit verändert sich der Inhalt dieser Zellen: Die Protoplasten runden sich ab, und die Chromatophoren ballen sich zusammen – die entstehenden Gebilde stellen Gameten dar. Einer von ihnen, der als männlich bezeichnet werden kann, wandert durch den Kopulationskanal amoebenartig zum Partnergameten und verschmilzt mit ihm. Der Vorgang (= Zygogamie) wird allgemein als Konjugation bezeichnet; er ist jedoch nicht mit dem ebenso benannten Geschlechtsvorgang bei Protozoen (z. B. Paramaecium) identisch. Sowohl die Protoplastenanteile wie die Kerne bleiben oft noch lange Zeit deutlich unterscheidbar. In der Regel verhalten sich alle Zellen eines Fadens gleichsinnig, d. h. am Ende des Vorganges liegen alle

Zygoten in dem einen („weiblichen") Faden, der andere bleibt gewöhnlich leer (Abb. 26 I oben, Abb. 26 K Mitte). Das trifft auch zu, wenn ein Faden nach mehreren Seiten Partnerkontakt erhält (Abb. 26 K): Der mittlere Faden erweist sich hier nach beiden Seiten hin als „Spender". Bei „Doppelkontakten" erhält diejenige Zelle den Wandergameten, bei der die Berührung zuerst erfolgte, die andere geht dann leer aus (Abb. 26 K). „Überzählige" Zellen (Abb. 26 I), die wegen der unterschiedlichen Zellzahl in den beiden Fäden keinen Partner bekommen, bleiben unverändert und wachsen unter geeigneten Umständen zu neuen Fäden heran.
Aus der dickschaligen, widerstandsfähigen, ovalen, häufig gelb bis braun verfärbten Zygote keimt – nach Reduktionsteilung – ein neuer *Spirogyra*-Faden aus.

Weitere Objekte:

Meist sind verschiedene *Spirogyra*-Arten zusammen in einer Probe zu finden: Die unterschiedliche Zellgröße und -form, Anordnung und Zahl der Chloroplasten und besonders die Art des Konjugationsverlaufes und bestimmte Merkmale der Zygoten sind Unterscheidungsmerkmale, die entsprechend variieren.
Zygnema spec.: Tritt oft zusammen mit *Spirogyra* auf, ist aber weniger häufig. Unverzweigte, schleimige Fäden, Zellen kürzer als bei *Spirogyra,* Chloroplasten sternförmig, zu je zwei in einer Zelle. Konjugation ähnlich wie bei *Spirogyra,* Zygotenbildung bei manchen Arten im Kopulationskanal.
Mougeotia spec.: Zellform entsprechend *Spirogyra,* Chloroplast eine flache, gerade, axiale Platte, Zygoten entstehen im breiten, aber kurzen Kopulationskanal, wobei Teile der kopulierenden Zellen einbezogen werden.

Beobachtungsziel: Desmidiales (Zellbau, vegetative und sexuelle Fortpflanzung, Formenvielfalt)

Objekte: *Cosmarium botrytis* Meneghin., Vertreter der Gattungen *Closterium, Pleurotaenium, Euastrum, Staurastrum, Micrasterias.*

Materialbeschaffung: Die meisten Desmidiaceen leben benthisch und bilden grüne, gallertig-schleimige Überzüge auf submersen Wasserpflanzen am Rande der Gewässer oder auch freischwimmend an der Wasseroberfläche. Sie bevorzugen Gewässer mit einer hohen Wasserstoffionenkonzentration (*p*H 4 bis *p*H 6). In den sauren Moortümpeln und -schlenken sucht man daher nach Desmidiaceen nie vergebens. Am sichersten erbeutet man sie in üppiger Formenvielfalt durch Auspressen des Wassers aus feuchten Torfmoosrasen (gegebenenfalls in der Zentrifuge anreichern).
Cosmarien und Closterien haben ein breites ökologisches Spektrum: Sie sind auch im Plankton eutrophierter Gewässer zu finden. *Cosmarium*-Arten gehören zu den häufigsten Zieralgen und kommen in den gallertigen Überzügen an überrieselten Felsen, besonders in warmer Südlage, mitunter artrein vor.
Konjugation und Zygotenbildung sind im Frühjahr, unter günstigen Bedingungen aber auch die ganze Vegetationsperiode hindurch zu beobachten. In 3%iger Formaldehyd-Lösung (Reg. 40) konservieren, eventuell überführen in das Aufbewahrungsgemisch Alkohol-Glycerol-Wasser 1:1:1 (nach Auswaschen in 20%igem Alkohol, Reg. 7).

Kultur: Rohkulturen (Reg. 96) in Standortwasser halten sich in flachen Schalen für einige Tage meist gut, wenn man die Kulturgefäße hell (aber nicht in der direkten Sonne!) und kühl aufstellt. Einige Arten lassen sich erfolgreich über längere Zeit kultivieren. *Cosmarium* zum Beispiel vermehrt sich bereits auf Bristol- oder Knop-Medium (Reg. 70) gut. Die meisten Arten erfordern jedoch sorgfältige Spezialbehandlung (Desmidiaceenmedium nach Pringsheim, Reg. 70, Erd-Wasser-Kulturen mit Torfzusatz, Reg. 33, Nährlösung nach Waris, Reg. 70).
Eine Methode, um zuverlässig Zygotenbildung zu erzielen, kann nicht genannt werden. Zuweilen hat man Erfolg, wenn die Algen in 5%ige Rohrzuckerlösung überführt oder nach kühler Aufbewahrung in höher temperierte Räume gebracht werden.

Präparation: Frischpräparate in Standortwasser als Totalpräparate (Reg. 105) herstellen. Zum Studium der Wandstrukturen eventuell aufhellen (5% KOH in 70%igem Ethanol). Gallertbildungen (Höfe, Fahnen) mit Hilfe von Tuschesuspensionen (Reg. 106) oder Phasenkontrast (Reg. 87) darstellen.

Weitere Präparationen: Für Dauerpräparate in 3%iger Formaldehyd-Lösung (Reg. 40) oder Pfeiffers Gemisch (Reg. 36), 1%iger Osmiumsäure für 10–20 Minuten (Reg. 85) oder Chromiumsäure (Reg. 24) fixieren und färben

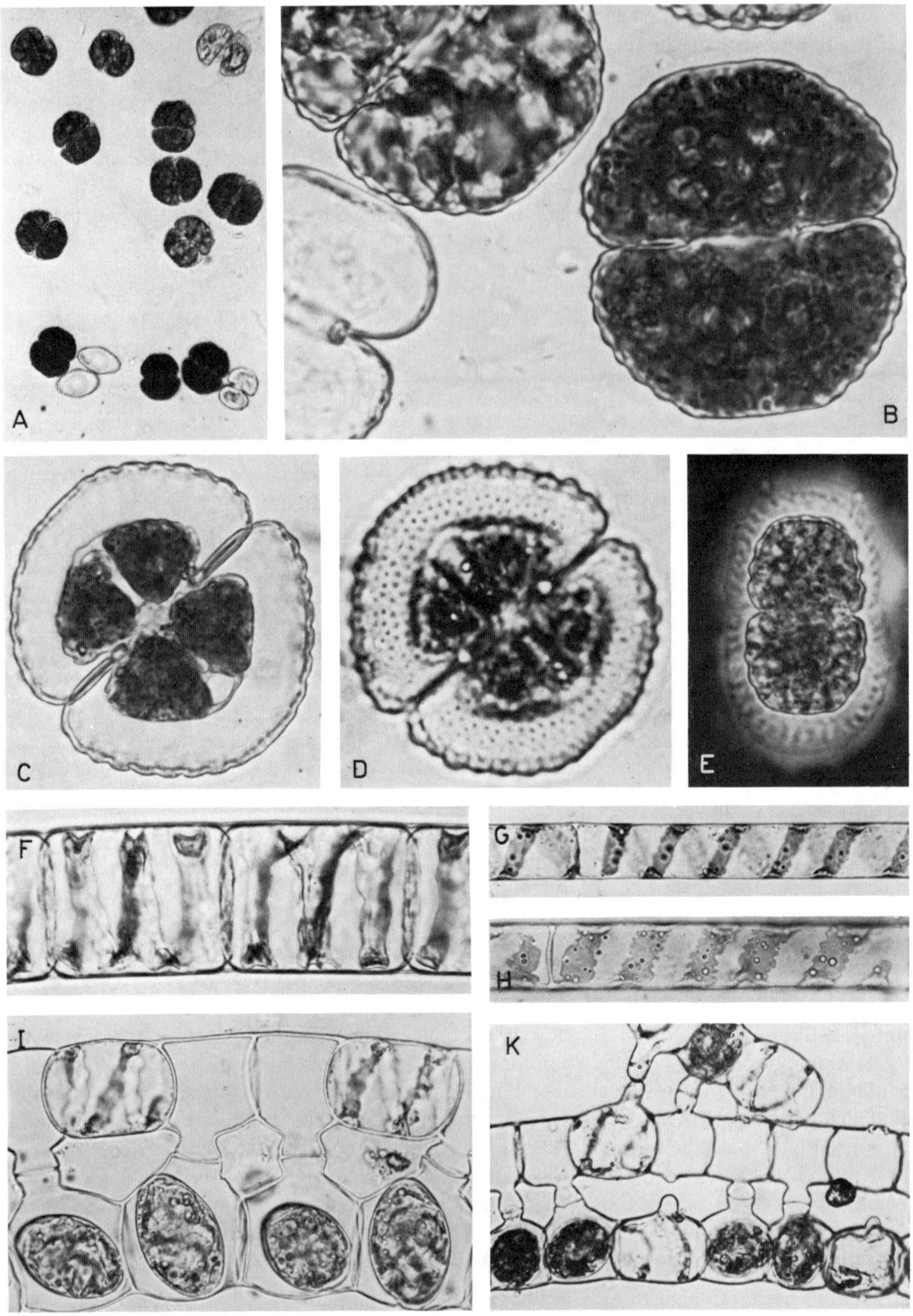
A
B
C
D
E
F
G
H
I
K

(Kernfärbung mit Eisenhämatoxylin nach Heidenhain, Reg. 27, eventuell Fixierung unter Erhaltung naturnaher Färbung mit Formaldehyd-Kupferlactophenol, Reg. 71; zur Übersicht mit Hämalaun, Reg. 49, färben). Einschluß in Glycerolgelatine (Reg. 46) oder Harze (Reg. 51).

Beobachtungen: Die Zelle von *Cosmarium botrytis* (Abb. 26B) besteht – wie die aller Desmidiaceen – aus zwei symmetrischen Hälften: In der Frontalansicht, der stabilsten und daher am häufigsten zu beobachtenden Lage (Abb. 26A), hat sie die Form einer Doppelsemmel. Durch vorsichtiges Verschieben des Deckglases mit einer Präpariernadel vom Rande aus nun versuchen, die Zellen zu kippen: In Seitenansicht ebenso wie vom Scheitel her gesehen (Apikalansicht) sind die Organismen nicht drehrund, sondern flach, von der Scheitelansicht oval. Die Orientierung über die Gestalt in diesen drei Blickrichtungen ist für die taxonomische Zuordnung der Arten wichtig. Die Zellen sind 40–70 µm lang und etwa 25–35 µm breit, die seitlichen Einschnitte beiderseits der Mitte dringen jeweils bis zu ⅓ der Zellbreite vor, so daß der Isthmus noch ⅓ der Zellbreite einnimmt.

Die Chloroplasten füllen in jungen, teilungsbereiten Zellen den Innenraum bis zum Rande aus, in jeder Hälfte sind 2 Pyrenoide zu erkennen. Zum Studium der Wandstrukturen muß deshalb aufgehelltes Material verwendet werden. Nicht selten findet man einzelne Exemplare, deren Chloroplasten Abbauerscheinungen aufweisen, heller und durchsichtiger werden, sich vom Rande zurückziehen (Abb. 26B–D) und schließlich verschwinden. An solchen leeren Hüllen abgestorbener Cosmarien sind sehr gut die Poren und Warzen zu erkennen, die über die gesamte Oberfläche verstreut sind (Abb. 26D). Aus den Poren tritt *in vivo* Gallerte aus. Diese Schleimhüllen sind strukturiert und werden durch Einlegen der Zellen in eine Tuschesuspension bzw. im Phasenkontrast sichtbar (Abb. 26E).

Enthält eine Probe zahlreiche Individuen, wird man mit hoher Wahrscheinlichkeit auch die vegetative Fortpflanzung beobachten können. Hierbei weichen nach der Kernteilung die beiden Halbzellen auseinander und regenerieren vom Isthmus aus die jeweils fehlende Zellhälfte. Das geschieht, indem sich ein blasenartiges Gebilde allmählich vorwölbt, das bei gleichzeitiger Formbildung bald die Gestalt und Größe der „Mutter"-Halbzelle annimmt. Die beiden Tochterzellen bleiben oft so lange miteinander verbunden, bis die Formbildung abgeschlossen ist (Abb. 27D, bei einer *Staurastrum*-Art). Dadurch findet man zu Zeiten hoher Teilungsaktivität häufig unsymmetrische Zellen mit einer großen und einer kleinen Halbzelle (Abb. 27E, bei einer *Euastrum*-Art).

Bei der geschlechtlichen Fortpflanzung legen sich zwei *Cosmarium*-Zellen mit ihren „Bauchseiten" aneinander, umgeben sich mit einer gemeinsamen Gallerte und brechen am Isthmus auseinander, so daß der zum Gamet umgewandelte Zellinhalt austreten kann (Abb. 27A unten). Die nach der Vereinigung entstehende Zygote ist zunächst von einer zarten Haut umschlossen, ihr Inhalt ist durch lockere Plasmaansammlung hell und durchsichtig (Abb. 27A). Während sie nun reift, sammelt sich im Innern eine Menge dichten Reservematerials an, so daß die kugeligen Gebilde dunkel und undurchsichtig werden. Zunächst ist die Zygote noch glattschalig (Abb. 27B); am Ende der Entwicklung bilden sich an der Oberfläche artspezifische Stacheln aus (Abb. 27C). Nach der Vereinigung bleiben die vier entleerten Halbzellen noch lange an der Zygotenkugel haften (Abb. 27A–C).

Abb. 26 *Cosmarium botrytis.* **A** Übersicht bei geringer Vergrößerung, links unten zwei leere Halbzellen in Apikalansicht; 140:1. **B** Verschieden alte Zellen bei starker Vergrößerung; 960:1. **C** Zelle mit zurückgezogenem Chloroplasten, Schärfenebene in der Zellmitte. **D** Die gleiche Zelle wie C: Aufsicht auf die obere Wandfläche (Schärfenebene in der Oberfläche) mit Zellwandstrukturen (Warzen). **E** Strukturierte Schleimhülle (Tuschepräparat); C, D 890:1, E 700:1. **F–K** *Spirogyra.* **F** Form mit breiten, kurzen Zellen. Rinnenform der Chloroplasten besonders an den oberen Zellwänden deutlich; 740:1. **G** Spiralige Chloroplasten – Schärfenebene in der Zellmitte. **H** Der gleiche Faden in Oberflächenansicht (gelappte Ränder des Bandes; G, H 470:1). **I** Zygoten nach Abschluß der Konjugation; 490:1. **K** Konjugationsverlauf: mittlerer (männlicher) Faden hat zu zwei weiblichen Fäden Kontakt; 300:1.

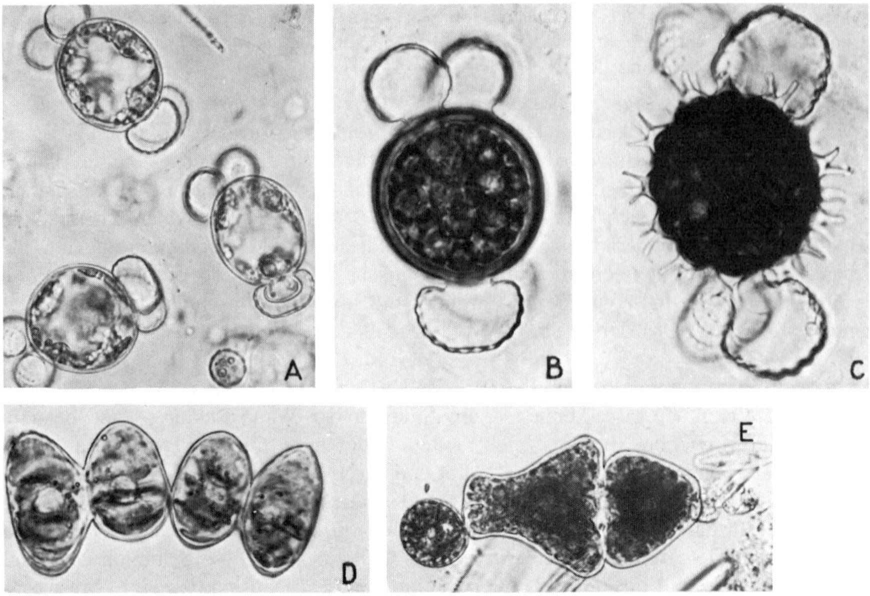

Abb. 27. **A–C** *Cosmarium:* Konjugationsvorgang und Zygotenbildung. **A** Fortgeschrittenes Stadium der Gametenverschmelzung; an der Halbzelle rechts ist der Austritt des Protoplasten zu erkennen; 200:1. **B** Noch nicht voll entwickelte Zygote mit glatter Wand. **C** Reife Zygote mit viel Reservestoffen und Wandskulpturen; entleerte Halbzellen haften noch an; B, C 360:1. **D** *Staurastrum* in Teilung. Die beiden „Tochterhalbzellen" (mittlere) fast völlig regeneriert; 350:1. **E** *Euastrum ansatum.* Regeneration einer Halbzelle nach der Teilung; 500:1.

„Zieralgen" treten uns in vielfältiger Formenschönheit entgegen, die durch die große Variabilität der einzelnen Arten noch erhöht wird: Filigrane *Micrasterias*-Sterne (Abb. 28E), elegant gelappte *Euastrum*-Arten (Abb. 28A, B, F), die halbmondförmigen *Closterium*-Arten (Abb. 28G–I), die zierlichen Stäbchen von *Pleurotaenium* (Abb. 28K) oder die bizarr geformten Zellen von *Staurastrum* (Abb. 28C, D) sind nur einige wenige Beispiele dafür.

Weitere Objekte:

Aus der Fülle der verschiedenen Möglichkeiten, die sich auch aus den örtlichen Bedingungen ergeben, sind folgende weit verbreitete Formen besonders gut zu beobachten:

Closterium-Arten (Abb. 28G–I) sind ebenso häufig in verschiedenen Biotopen wie *Cosmarium*. Zygotenbildung gut zu beobachten. Kleine Gipskristalle in auffallend zitternder Bewegung in speziellen Vacuolen nahe den Zellenden. Pyrenoide deutlich (Abb. 28G).

Micrasterias (Abb. 28E): Eindrucksvolle Bilder von der Formregeneration im Zellteilungsprozeß.

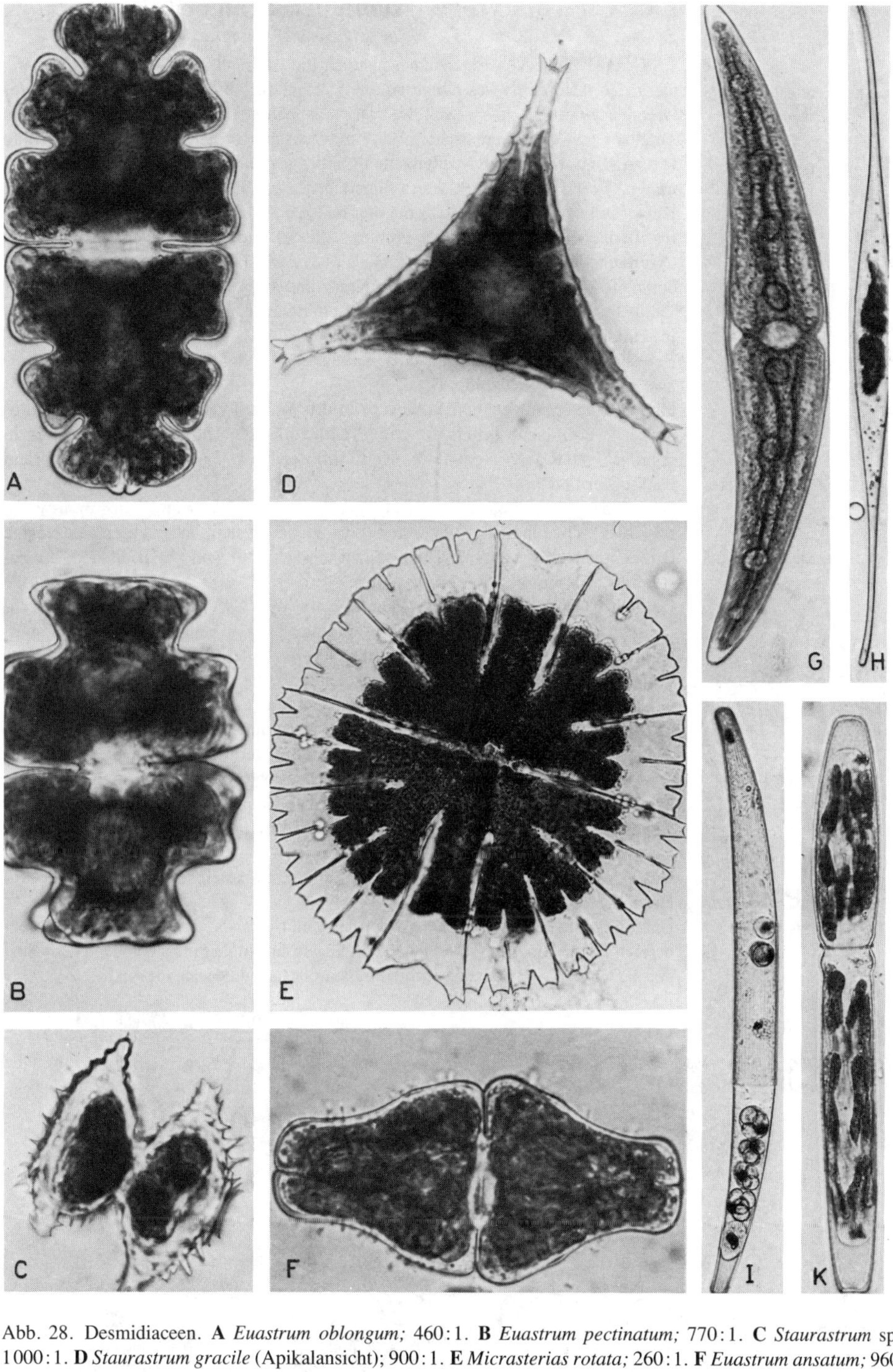

Abb. 28. Desmidiaceen. **A** *Euastrum oblongum;* 460 : 1. **B** *Euastrum pectinatum;* 770 : 1. **C** *Staurastrum* spec.; 1000 : 1. **D** *Staurastrum gracile* (Apikalansicht); 900 : 1. **E** *Micrasterias rotata;* 260 : 1. **F** *Euastrum ansatum;* 960 : 1. **G** *Closterium moniliferum;* 370 : 1. **H** *Closterium rostratum;* 240 : 1. **I** *Closterium striolatum;* 230 : 1. **K** *Pleurotaenium* spec.; 300 : 1.

2.6. Charophyceae (Armleuchteralgen)

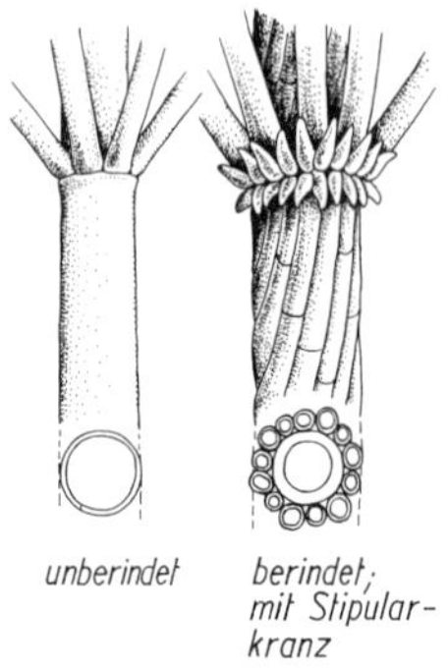

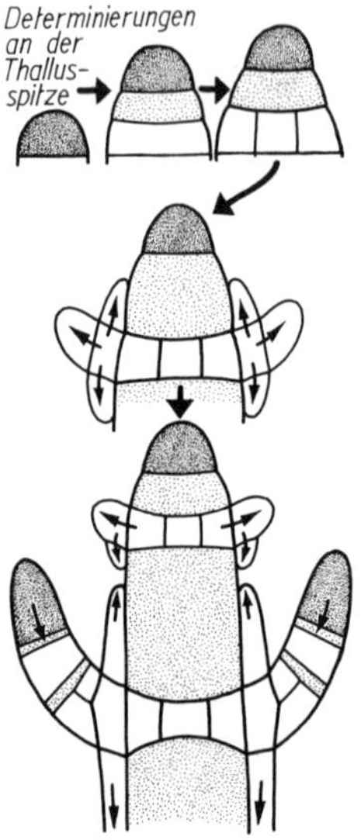

Durch eine Reihe von Eigenheiten nehmen die Charophyceen eine Sonderstellung unter den Algen ein (was einige Autoren veranlaßte, ihre Zugehörigkeit zu dieser Organismengruppe zu bezweifeln): Der bis mehrere Dezimeter große aufrechte Thallus ist in charakteristischer Weise abwechselnd in langgestreckte **vielkernige Internodien-** und **kurze Knotenzellen (Nodi)** gegliedert, die **wirtelige Kurztriebe** tragen. Der Habitus der Pflanze erinnert daher an einen Schachtelhalm. Von den Knotenzellen werden außerdem bei den meisten Arten Zellen abgegliedert, die die Internodialzellen und auch den größten Teil der Kurztriebe rindenartig umhüllen **(Rindenzellen).** Bei der Gattung *Chara* gibt es zusätzlich unterhalb der „Blattquirle" borstenförmige Zellen, die zu einem Kranz angeordnet sind **(Stipularkranz).** Der Thallus wächst an der Spitze durch eine **Scheitelzelle.** Die Anlage von Nodial- und Internodialzelle ist frühzeitig determiniert.

Befestigung im (schlammigen oder sandigen) Substrat durch fadenförmige, verzweigte, farblose **Rhizoide.**

Photosynthesepigmente und **Reserveprodukt (Stärke)** wie bei den übrigen Chlorophyceen. Zahlreiche **scheibenförmige Chloroplasten (ohne Pyrenoide)** sind in regelmäßigen Reihen angeordnet. Die **Cellulosezellwand** ist geschichtet und oft mit Kalk inkrustiert.

Fortpflanzung geschlechtlich durch **Oogamie** (Sporenbildung und Generationswechsel fehlen): Die rundlichen **Oogonien** (Gynogametocysten) beherbergen eine einzige Eizelle und sind von grünen Thallusfäden schraubig umwunden (Hüllfäden, **Sporostegium,** mit terminalem **„Krönchen"**).

Das ganze Gebilde wird auch als **Gynothecium** (oder Gynogametothecium) bezeichnet. Die kugelförmigen, im reifen Zustand orange gefärbten **Androgametocystenstände** (**Androthecien,** Androgametothecien) enthalten sogenannte **spermatogene Fäden,** deren kettenförmig aneinandergereihte Zellen (Androgametocysten) jeweils nur ein gewundenes Spermatozoid entlassen und daher auch als Spermogonien bezeichnet werden. Diese Androgametocystengruppen sind über sekundäre und primäre **„Köpfchenzellen"** mit den **Griffzellen (Manubrien)** verbunden, die ihrerseits jeweils mit einer der acht äußeren, flachen **Wandzellen** (den **„Schildern"**) in unmittelbarem Kontakt stehen. Beide Typen von Gametenbehältern sind mit bloßem Auge sichtbar. Zygoten mit Dauerorgancharakter. Meiose bei der Zygotenkeimung.

Ungeschlechtliche Fortpflanzung durch farblose, stärkereiche, kugelige **Brutknöllchen.**

Charophyceen besiedeln stehende oder langsam fließende Gewässer und im Küstenbereich flache Brackwasserregionen. Im Gegensatz zu den meisten anderen Großalgen bevorzugen sie weichen, schlammigen oder sandigen Untergrund.

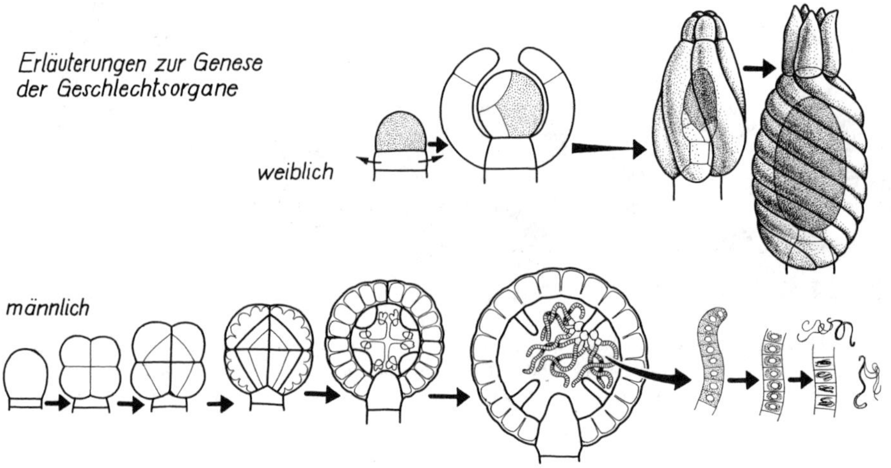

Die wichtigsten Gattungen

1. Internodien unberindet, Krönchen zehnzellig . . . . *Nitella*
2. Internodien meist berindet, mit Stipularkranz, Krönchen fünfzellig . . *Chara*

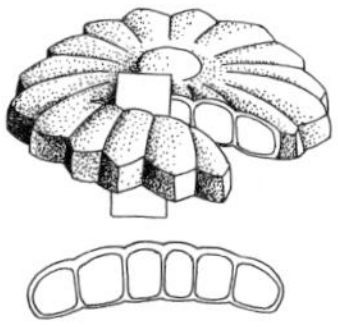

Beobachtungsziel: Morphologie und Cytologie der vegetativen und generativen Organe bei Charophyceen

Objekt: *Chara vulgaris* Vail. (= *Chara foetida* A. Braun).

Materialbeschaffung: Characeen besiedeln den weichen Boden vieler großer Seen, aber auch kleiner Teiche, Tümpel, stiller Gräben, künstlicher Gruben und gestauter und langsam fließender Bachabschnitte. Voraussetzung ist keine zu große organische Verunreinigung dieser Gewässer. Aber auch im küstennahen Brackwasserbereich bilden die Bestände oft ausgedehnte „unterseeische Wiesen", z. B. in den Bodden und Lagunen der Ostseeküste.
Chara vulgaris ist weltweit verbreitet und meist die häufigste der vorkommenden Arten. Die Characeen sind durch ihre großen, stachelig-spröden, häufig mit Kalk inkrustierten Thalli von schachtelhalmähnlichem Habitus ohne Mühe und sicher zu erkennen. Oogonien und Androgametocystenstände findet man bei den meisten Arten im Sommer und Herbst; andere tragen bereits entwickelte Gametocysten bzw. Gonitothecien, bevor ihr Vegetationskörper voll herangewachsen ist.

Kultur: Obwohl es in der Regel nicht schwierig ist, lebendes Material frisch zu beschaffen, ist die Anlage von Kulturen sehr zu empfehlen. Als Gefäße benutzt man am besten Aquarien. Die Kulturen werden vorteilhaft mit Bodensubstrat und Wasser vom Standort angelegt (vgl. die Literatur zur Einrichtung von Aquarien; in vielen Fällen wird es auch genügen, sandbedeckte Gartenerde und Leitungs- oder Regenwasser zu verwenden). Rhizoide tragende *Chara*-Pflanzen im Boden verankern. In dieser Weise kann man Characeen jahrelang halten. Sie entfalten sich üppig und „fruktifizieren", wenn man gelegentlich das verdunstete Wasser ersetzt und für genügend Sauberkeit im Zuchtgefäß sorgt.

Präparation: Habitusstudien möglichst an lebendem Material mit Lupe oder Präpariermikroskop (Reg. 103) vornehmen. Oogonien und Androgametocystenstände werden mit Nadeln, Lanzettnadeln oder mit einer Rasierklinge vom Thallus abgetrennt (Lupe oder Präpariermikroskop erleichtern die Arbeit) und, in Wasser eingeschlossen, als Frischpräparat untersucht. Spermatogene Fäden und Spermatozoiden befreit man aus ihrer Umhüllung durch leichten Druck auf das Deckglas. Hüllen und grobe Thallusteile müssen – vor der Beobachtung mit dem Immersionsobjektiv – entfernt werden. Bei vielen Arten ist Entfernen der Kalkinkrusten geboten (Reg. 30). Dünne Querschnitte durch das Internodium.
Morphologische Untersuchungen können mit Erfolg auch an herbarisiertem Material durchgeführt werden (die gesäuberten Pflanzen wie andere Großalgen auf Papier aufziehen und trocknen, Reg. 52). Getrocknetes Material vor dem Mikroskopieren in Wasser aufweichen, wenn nötig entkalken (Reg. 30). Konservierung ist auch in Formaldehyd-Lösung (Reg. 40) oder Alkohol/Glycerol (Reg. 7) möglich.

Weitere Präparationen: Thallusspitze mit dem Mikrotom (Reg. 80) längs schneiden (Scheitelzelle, Entwicklung der Androgametocystenstände und Oogonien). Zum Studium amitotischer Kernteilungen in den Internodialzellen (am besten bei *Nitella*): Aus zerschnittenen Internodialzellen das Plasma ausdrücken, durch Vermischen mit einem Tropfen Methylgrün/Essigsäure (Reg. 78) färben oder ungefärbt im Phasenkontrast (Reg. 87) beobachten.
Alle Pflanzenteile lassen sich als Total- oder Schnittpräparate in Glycerolgelatine einbetten (Reg. 46).

Beobachtungen: Die starke Gliederung des Thallus (Abb. 29A) wird unter dem Präpariermikroskop deutlich: Langgestreckte Internodien verbinden die Knoten (Nodi) miteinander, d. h. die Abschnitte, an denen die Seitenverzweigungen (Kurztriebe) quirlig entspringen. Verzweigungen der Langtriebe gehen von den Winkeln aus, die zwischen Hauptachse und Kurztrieben liegen.

Unterhalb der Zweigquirle entspringen an den Knoten kurze stachelig zugespitzte Zellen, die in einer Doppelreihe die Achse kranzartig umgeben (Stipularkranz). Die Kurztriebe tragen ziemlich lange, auch mit bloßem Auge erkennbare „Blättchen", in deren Achseln die Androgametocystenstände und die Gynogametocysten (Oogonien) angelegt werden. Einige der etwas um die Längsachse zur Schräglage verdrehten Berindungszellen im Bereich der Internodien sind mit kurzen stachelartigen Zellen besetzt. Der Querschnitt durch ein Internodium verhilft dazu, die anatomischen Verhältnisse im Internodialbereich zu verstehen (Hellfeld bei schwacher bis mittlerer Vergrößerung): Um die große zentrale Internodialzelle herum liegt ein Ring kleiner, rundlicher Zellen (Berindungszellen), deren Druchmesser nur etwa ⅓ bis ¼ des Druchmessers der Internodialzelle beträgt. Die Zahl dieser Berindungszellen ist doppelt so groß wie die Anzahl der Kurztriebe im darüber stehenden Quirl (sog. Diplostichie). Ihr Durchmesser ist abwechselnd größer (Zwischenreihen) und enger (Mittelreihen. Über diesen bilden sich Furchen aus, und sie tragen die verschieden entwickelten „Stacheln"; vgl. die Oberflächenansicht der Achse).
Auch wenn keine Mikrotomschnitte verfügbar sind, kann man die Entwicklung der Rindenröhrchen aus embryonalen Knotenzellen, überhaupt den interessanten Differenzierungsprozeß der Thallusglieder an Thallusspitzen verfolgen, die mit Hilfe von Nadeln freipräpariert wurden. Die inhaltsreiche, nach außen gewölbte Zelle am Scheitel gliedert in zwei Teilungsschritten (Querwände) Zellen ab, die sich nachfolgend unterschiedlich weiterentwickeln: Die eine streckt sich erheblich und wird zur Internodialzelle, die andere teilt sich mehrmals weiter, meist längs, wie es für die Anlage des Nodus charakteristisch ist. Einige Zellen dieser Knoten wachsen zu Rindenzellen aus und zu den Kurztrieben, die sich später ebenfalls gliedern. Die Berindung hält dabei stets mit der Streckung der Internodien Schritt, so daß die Internodialzelle zu keinem Zeitpunkt der Entwicklung unberindet ist.
An einem Seitenzweig oder „Blättchen" nun bei stärkerer Vergrößerung das Zellinnere beobachten (für die Untersuchungen bietet jedoch *Nitella* die besseren Voraussetzungen; siehe „Weitere Beobachtungen"). Die sehr zahlreichen, kleinen, rundlichen, scheibenförmigen, oft abgerundet-vieleckigen Chloroplasten liegen der Wandfläche von innen dicht an und sind hier, aber auch in den Rindenröhrchen und besonders gut in den unberindeten Spitzenzellen der Seitenzweige zu sehen. Sie sind meist in regelmäßigen Reihen angeordnet und lassen an manchen Stellen einen von der Plasmaströmung nicht erfaßten Interferenzstreifen frei.
Ein eindrucksvolles Bild bietet der bewegte mächtige Plasmastrom: Unaufhaltsam gleiten hastig die zähflüssigen Schwaden vorüber, strömen einzelne oder flockig-verklumpte Inhaltskörper mit hoher Geschwindigkeit durch das Blickfeld. Chloroplasten werden bei diesem Rotationsstrom selten bewegt: fast alle liegen fest, wie angeheftet, an der Innenseite der Zellwand – ein Hinweis, daß der äußere Plasmamantel unbewegt bleibt.
Bereits makroskopisch, mit Sicherheit aber unter dem Präpariermikroskop, fallen an den Kurztrieben die grünen oder aber auch leuchtend orangeroten Sexualorgane auf (Abb. 29B). Bei stärkerer Vergrößerung die Morphologie dieser Gebilde untersuchen (Abb. 29C): Die meist elliptischen, schwach eiförmigen Oogonien enthalten eine große, dunkle, reservestoffreiche Eizelle, die von fünf grünen schützenden Hüllschläuchen (Sporostegium) schraubig umwunden wird. Die Spitzen dieser Zellen gruppieren sich – durch je eine Querwand abgetrennt – zum sogenannten Krönchen und vermitteln bei Reife den Zugang zur Eizelle. Nach der Befruchtung bilden sie eine Schutzhülle um die reifende Zygote. Derartige Gynogametocysten, die sekundär von einer zelligen Hülle umschlossen werden, bezeichnet man auch als Gynothecium (eigentlich Gynogametothecium).
Die kugeligen Androgametocystenstände (Androthecien) fallen durch ihre kräftige Orangefärbung bereits mit bloßem Auge auf. Unter dem Mikroskop erscheint ihre Oberfläche strukturiert: Acht schirmartig gefelderte Schildzellen umhüllen die an kurzen Stielen (den „Griffen" oder Manubrien) befestigten, pinselartig in den inneren Hohlraum hineinragenden spermatogenen Fäden (Androgametocystengruppen). Sie sind als zusammengeknäueltes Fadengewirr durch die Wand hindurch zu sehen. Um diese Fäden bei stärkster Vergrößerung untersuchen zu können, werden einige von ihnen durch leichten Nadeldruck auf das Deckglas befreit; nach dem Aufplatzen der Behälter die gröberen Partikel aus dem Präparat entfernen! Abgelöste Schildzellen gesondert untersuchen: Carotenoid-

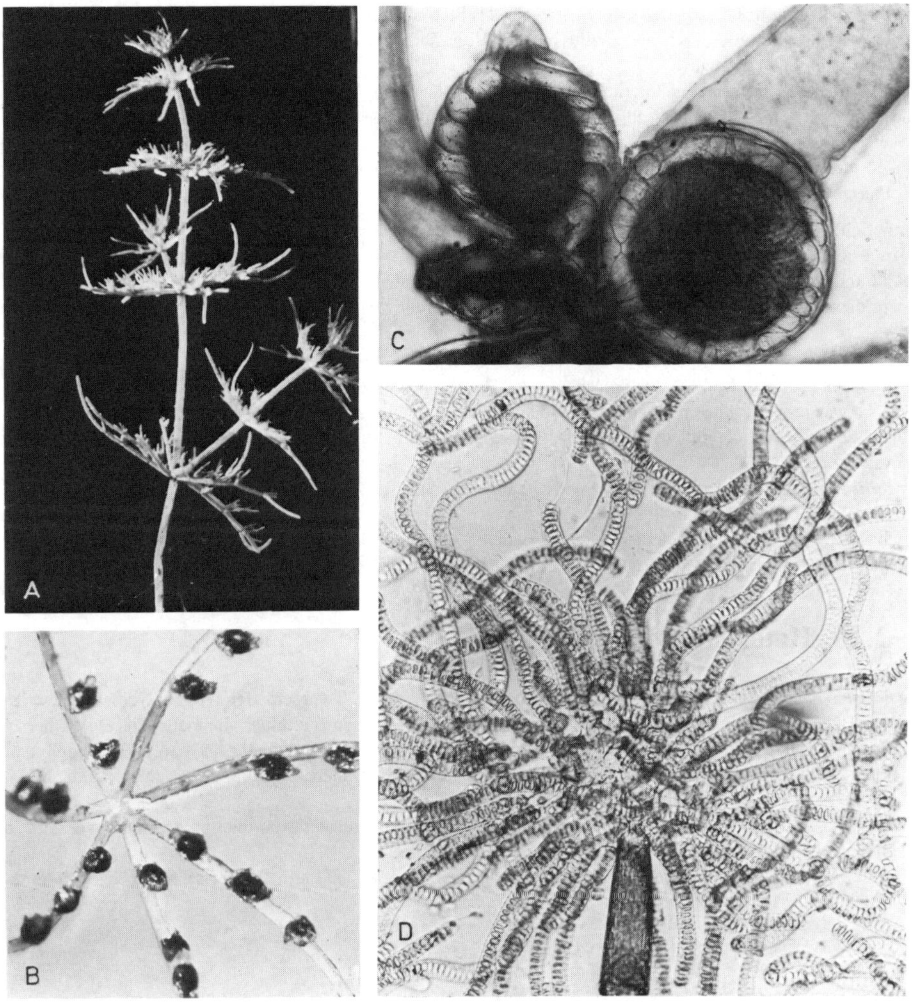

Abb. 29. **A** *Chara vulgaris*, Habitus; 1 : 1. **B** *Chara fragilis*. Quirl von Kurztrieben mit zahlreichen Oogonien (Gynogametocysten); 3 : 1. **C–D** *Chara vulgaris*. **C** links oben Oogonium mit Eizelle, Hüllschläuchen und Krönchen, darunter junges Entwicklungsstadium eines weiblichen Gametenbehälters. Rechts Androgametocystenstand mit Schildzellen und durchscheinenden spermatogenen Fäden; 80 : 1. **D** Aufgeplatzter Androgametocystenstand. Manubrium und fadenförmige Androgametocystengruppen (spermatogene Fäden). Im Inneren der Fadenzellen (Androgametocysten) Frühstadien der Spermatozoidentwicklung; 180 : 1.

körper als Ursache der Orangefärbung; unvollständige Kammerung durch Wandvorsprünge von außen her). Die Fäden bestehen aus flach-dosenartigen (im optischen Schnitt schmal-rechteckigen) Zellen (Abb. 29D), in denen sich je ein Spermatozoid entwickelt. Je nach dem Entwicklungszustand können alle Stadien bis zu reifen männlichen Gameten beobachtet werden. (Die Spermatozoiden sind sehr groß und die zwei langen Geißeln daher deutlich zu sehen.)
Die Differenzierung der Keimzellbehälter läßt sich in beiden Geschlechtern auch am Totalpräparat nach entsprechendem Freilegen gut verfolgen (siehe Abbildung S. 90).

Weitere Beobachtungen: Günstigere Bedingungen für das Studium der Thallus- und Gametocystendifferenzierung bieten gute Mikrotomschnitte durch die Thallusspitzen. Hier sind auch Mitosen zu finden, wenn zum geeigneten Zeitpunkt (ermitteln!) fixiert wurde.
In den langgestreckt-röhrenförmigen Internodialzellen (besonders günstig bei *Nitella* zu beobachten) liegen zahlreiche längliche Zellkerne, die sich amitotisch teilen bzw. auf diesem Wege entstanden sind: Man erkennt sie an den verschiedenartigen seitlichen Einschnürungen, die bis zur Durchtrennung vertieft werden. Im Inneren der Kerne liegen meist mehrere Nucleoli. Einzelheiten untersucht man besser am ausgedrückten und gefärbten Plasmatropfen bzw. im Phasenkontrast.

Fehlermöglichkeiten: Jugendliche Schildzellen der Androgametocystenstände (Androthecien) enthalten Chloroplasten, sehen also grün aus. Erst bei Reife reichern sich die Carotenoide an. Im Querschnitt erscheinen die rippenartig vom Schildrand zur Mitte verlaufenden Wandvorsprünge der Schildzellen wie antikline Zellwände. Die Kammern täuschen in dieser Ansicht geschlossene Zellen vor (siehe Abbildung S. 91).

Weitere Objekte:

Nitella syncarpa (Thuill.) Kützing, *N. mucronata* A. Braun oder *N. flexilis* (Linné) Agardh: Weit verbreitet in stehenden Gewässern (in vielen Gegenden jedoch nicht so leicht zugänglich wie *Ch. vulgaris*). Durch die Rindenlosigkeit besonders geeignete Objekte für alle empfohlenen Studien. Unübertroffen für das Studium der Protoplasmaströmung.
Chara fragilis Desvaux: Verbreitet und häufig wie *Ch. vulgaris*. Stachellos und kaum „Blättchen“. Schwach verkalkt. Gut geeignet für alle empfohlenen Studien.
Andere Characeen (im Küstenbereich der Ostsee besonders *Ch. baltica* (Fries) Wahls.) sind ebenso empfehlenswert. Über artspezifische Besonderheiten in der Spezialliteratur informieren!

2.7.–2.10. Heterokontophytina

Die begeißelten Zellen dieser Algen (Ausnahme: Diatomeen) sind mit 2 **verschiedenartigen Geißeln** versehen (heterokonte Begeißelung): einer mit Flimmern (Mastigonemen) besetzten und einer flimmerlosen. Durch hohen Anteil an Xanthophyllen **gelb bis braun** oder braungrün gefärbte Algen mit Chlorophyll a und c, ohne Chlorophyll b. Typisches Reservepolysaccharid ist das **Chrysolaminarin** (Leucosin). Daneben tritt als Reservematerial auch Fett auf.
Charakteristische Besonderheiten in der Ultrastruktur der Zellen, z. B. in der Anordnung der Thylakoide und in anderen Baueigentümlichkeiten der Plastiden.
Vom Einzeller bis zum hochentwickelten Gewebethallus (Phaeophyceae) sind **alle Organisationsstufen vertreten.**

2.7 Chrysophyceae

Charakteristik der artenreichsten Gruppe, der Chrysomonadinen: Vorwiegend begeißelte, oft Coenobien bildende **Einzeller mit goldgelben bis** goldbraunen, blaßgrünen oder rein **braunen Chromatophoren.** Ursache der Färbung: Verschiedene Carotenoide, besonders das **Fucoxanthen,** überdecken die Chlorophylle (Chlorophyll a und c, kein b). Einige Formen sind auch farblos. Reserveprodukt ist das **Chrysolaminarin** (= Leucosin, ein Polysaccharid); als Reservesubstanz tritt außerdem Öl auf. Autotrophe, mixotrophe und heterotrophe Ernährung kommt vor. Freilebend oder festsitzend.
Viele Arten bilden **extraplasmatische Hüllen,** in die **Kieselschuppen** eingelagert sind, bzw. **cellulosehaltige Gehäuse.** Vermehrung durch **Längsteilung des Plasmakörpers,** mit oder ohne gleichzeitige Teilung der Hüllen. Sexualvorgänge wurden bisher selten beobachtet. Ungünstige Bedingungen werden durch **Hypnocysten-Bildung** überdauert.
Artenreiche Gruppen mit Vertretern sowohl im Süßwasser wie auch im Meer.

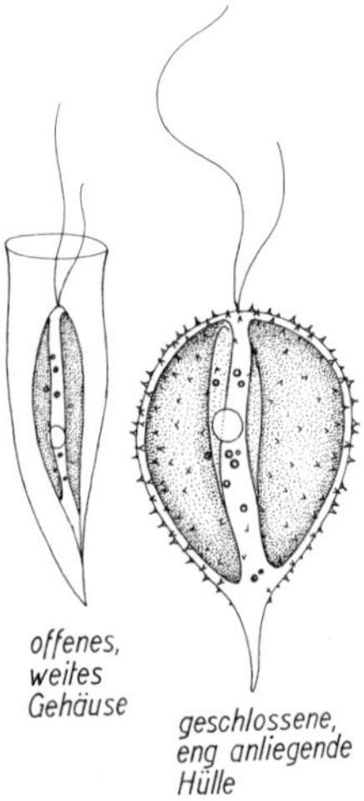

Übersicht über das System

(von den 5 Ordnungen wurde nur die artenreichste berücksichtigt)

Ordnung: Chrysomonadales
  Unterordnung: Chrysomonadineae
    Familie: Ochromonadaceae *(Ochromonas, Chromulina, Uroglena, Anthophysa)*
    Familie: Dinobryonaceae *(Dinobryon, Epipyxis)*
    Familie: Synuraceae *(Synura, Chrysosphaerella, Mallomonas)*
    3 weitere Familien
  Unterordnung: Coccolithineae
  Unterordnung: Silicoflagellineae
  Unterordnung: Craspedomonadineae
4 weitere Ordnungen

Bestimmungshilfe für einige häufige Süßwassergattungen der Chrysomonadineae
(Formenübersicht auf Abb. 30)

1. Nackte Protoplasten ohne Hüllen und Gehäuse
   1.1. Einzeln lebend, zum Teil formveränderlich, oft Pseudopodienbildung
      1.1.1. Mit 2 ungleich langen Geißeln . . . . *Ochromonas*
      1.1.2. Nur mit einer sichtbaren Geißel . . . . *Chromulina*
   1.2. Koloniebildende Formen
      1.2.1. Kugelige Kolonien auf eiseninkrustierten Stielen aus farblosen, begeißelten Zellen . . . *Anthophysa*
      1.2.2. Kugelige bis elliptische, frei beweglich Kolonien aus gelbbraunen, eiförmigen, begeißelten Zellen, in gemeinsamer Gallerte eingeschlossen . . . . *Uroglena*
2. Protoplasten in offenen, weiten Gehäusen
   2.1. Freischwimmende Kolonien bildend . . . . *Dinobryon*
   2.2. Einzeln lebend, auf Fadenalgen festsitzend . . . . *Epipyxis*
3. Protoplasten von eng anliegenden Hüllen umschlossen, die durch Einlagerung von Kieselplättchen schuppenpanzerartig sind
   3.1. Kugelige Kolonien aus radiär angeordneten ellipsoid-eiförmigen Zellen . . . . *Synura*
   3.2. Kugelige Kolonien in gemeinsamer Gallerte eingehüllt. Jede Zelle apikal mit langen Kieselstäbchen . . . . *Chrysosphaerella*
   3.3. Einzeln lebend, Kieselschuppen dachziegelartig den länglich-eiförmigen Körper bedeckend; Kieselschuppen teilweise mit langen, abstehenden Borsten . . . . *Mallomonas*

Beobachtungsziel: Bau von Chrysomonadineae an Formbeispielen; Ochromonas, Dinobryon, Synura

Objekte: *Ochromonas* spec., *Dinobryon* (*D. divergens* Imhof, *D. sertularia* Ehrenberg, *D. stipitatum* Stein) und *Synura uvella* Ehrenberg.

Materialbeschaffung: Die Chrysomonaden sind weit verbreitet. Man erbeutet sie mit dem Netz (Reg. 91) im Plankton von Teichen, Tümpeln und Gräben. Oft sind sie in so großer Menge vorhanden, daß Vegetationsfärbungen des Wassers auftreten (*Synura* besonders im Frühjahr an der Oberfläche kleinerer stehender Gewässer).
Ochromonas vermehrt sich meist stark in alternden Algenmischkulturen. *Dinobryon* tritt regelmäßig im Plankton pflanzenreicher, nicht verschmutzter, stehender Kleingewässer auf.

Präparation: Beobachtung im lebenden Zustand (Frischpräparat, Reg 41) und nach Fixierung mit Iod-Kaliumiodid-Lösung (zur Geißeldarstellung, Reg. 62). *Ochromonas* und *Dinobryon* beobachtet man vorteilhaft im Phasenkontrast (Reg. 87), denn nur so werden die Geißeln *in vivo* deutlich dargestellt. Chrysomonaden sind sehr empfindlich und gehen schon nach kurzer Zeit zugrunde. Die Kultur gelingt mit Ausnahme der einzelligen, zellwandlosen Formen in den meisten Fällen nicht. Zur Fixierung für cytologische Untersuchungen bewährt sich Osmiumsäure (Reg. 85).

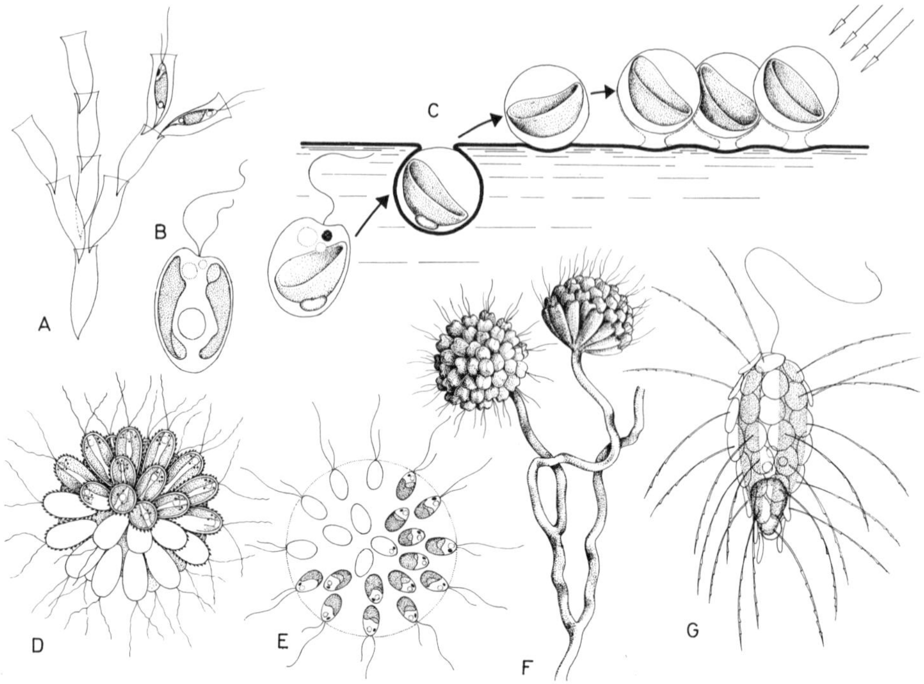

Abb. 30. Chrysomonadineae. **A** *Dinobryon,* **B** *Ochromonas,* **C** *Chromulina,* submerses Flagellatenstadium und Zysten im Neuston, **D** *Synura,* **E** *Uroglena,* **F** *Anthophysa,* **G** *Mallomonas.*

Beobachtungen: Die häufigsten Formen der Chrysomonadinen, die hier beobachtet werden sollen, sind morphologisch so auffallend charakterisiert, daß sie in den meisten Fällen leicht zu identifizieren sind: *Synura* (Abb. 31A, B) bildet dichte, kompakte gelbbraune Zellkugeln verschiedener Größe (Durchmesser 100–400 µm), je nachdem, wie viele der birnenförmigen Einzelzellen (Abb. 31C) sich am Aufbau der Kolonie beteiligen. Die Zellen sind mit ihrem zugespitzten „Stiel" nach dem Mittelpunkt der Kugel orientiert. Der abgerundete apikale Pol weist nach außen und trägt zwei mehr als körperlange Geißeln, mit deren Hilfe sich die Kolonie „rollend" durch das Wasser bewegt. (Die Geißeln treten nach Zugabe eines Tropfens verdünnter Iod-Kaliumiodid-Lösung deutlicher hervor.) Bei starker Vergrößerung (Abb. 31B, C) sind auch die beiden seitenständigen, der Wand anliegenden großen muldenförmigen Chromatophoren zu erkennen. Besonders nach Iodfixierung zieht sich der Protoplast etwas von der Hülle zurück, die ihn normalerweise eng umschließt, so daß die an deren Oberfläche igelstachelartig abstehenden Borsten zu erkennen sind.

Dinobryon bildet ebenfalls Kolonien (Abb. 31D, E), jedoch in ganz anderer Weise: Hier sitzen zarte, spindelförmige, mit zwei Chromatophoren und zwei ungleich langen Geißeln ausgerüstete Zellen in farblosen, becher- oder tütenartigen Gehäusen (Abb. 31E). Die „Becher" (Abb. 31D) sind je nach Spezies unterschiedlich geformt, basal meist trichterartig zu einer Spitze verschmälert und äußerlich glatt oder wellig. Nach der Teilung der Protoplasten setzt sich die Tochterzelle am Rand des Bechers der Mutterzelle in der Nähe der Mündung an seiner Innenseite fest und bildet durch kreisende Bewegung unter Abscheiden der cellulosehaltigen Bechersubstanz ein neues tütenförmiges Gehäuse. In dieser Weise entstehen zierliche, verästelte „Bäumchen" aus einzelnen *Dinobryon*-Zellen. Da im Leben die Protoplasten nur sehr zart, die Geißeln meist gar nicht sichtbar sind, wirkt die drehend-ziehende Bewegung dieser Büschelkolonien zunächst rätselhaft. Die

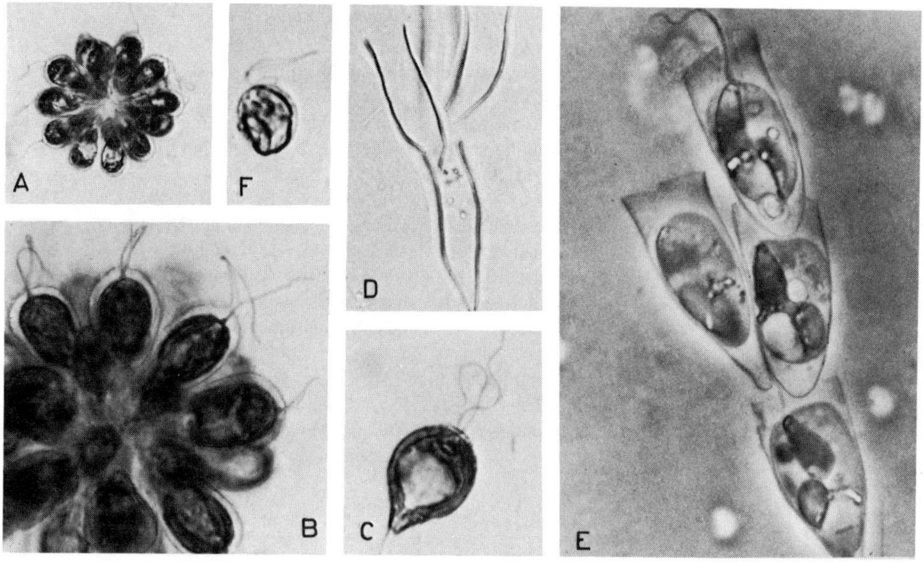

Abb. 31. **A–C** *Synura uvella;* A 80:1, B 180:1. **C** Birnenförmige Einzelzelle mit den 2 Geißeln; 230:1. **D, E** *Dinobryon.* **D** Leere „Becher" einer bäumchenförmigen Kolonie; 750:1. **E** Vierzelliger lebender Verband im Phasenkontrast; 1100:1. **F** *Ochromonas,* durch Iodlösung fixierte Zelle; 1500:1.

Ursache dieser Bewegung wird im Phasenkontrastbild offenbar (Abb. 31E): die über den „Tütenrand" hinausragenden synchron schlagenden Geißeln.
Ochromonas-Arten leben einzeln und freischwimmend. Abbildung 31F zeigt eine dieser kleinen Zellen (Länge 6 µm) nach Iodbehandlung. Hierbei werden die beiden ungleich langen Geißeln sichtbar. Im lebenden Zustand sind diese Organismen durch gelbbraune Chromatophoren gefärbt. Besondere Hüllen oder ähnliche Bildungen fehlen. Die Organismen bewegen sich sehr rasch im Wassertropfen. Am besten beobachtet man daher Individuen, die eine Zeitlang an Detritusflocken oder Algenfäden ruhen.

Weitere Beobachtungen: Die Protoplasten der *Dinobryon*-Zellen werden kontrastreicher, wenn man mit 4%iger ethanolischer Gentianaviolettlösung färbt. Kolonien vorher durch Zentrifugieren stufenweise in 70%igen Alkohol überführen.

Weitere Objekte:

Weitere leicht zu beschaffende Chrysophyceen, deren Beobachtung lohnt:

Chromulina rosanoffii (Woron.) Bütschli: Die geißellosen Stadien dieser Alge schwimmen in ungeheuren Mengen auf der Wasseroberfläche von Teichen, Sümpfen, Aquarien und Zierbecken und bilden dort eine graue, bei bestimmtem Lichteinfall jedoch goldglänzende „Staubschicht" (Neustonorganismen).
Uroglena volvox Ehrenberg: Eiförmige, nackte Einzelzellen in einer gemeinsamen Gallerte zu kugeligen, braunen Kolonien vereinigt. In sauberen stehenden Gewässern oft Massenentwicklung.
Mallomonas: In vielen Arten im Plankton der Seen und Teiche.
Hydrurus foetidus (Vill.) Trev.: Moosartige, mehrere Zentimeter große braune Gallertlager in kalten, sauberen Gebirgsbächen. Unbegeißelte Zellen einzeln in der Gallerte eingeschlossen.

2.8. Xanthophyceae

Gruppe grün gefärbter Algen, in der die verschiedenen morphologischen Organisationsstufen von monadoiden, rhizopodialen, capsalen, coccalen und trichalen bis zu siphonalen Formen vertreten sind.

Charakteristika und Unterschiede zu den Chlorophyceen:

- Die beweglichen Stadien (monadoide Zellen, Zoosporen) besitzen **zwei ungleich lange Geißeln,** die etwas seitlich an der Zelle inserieren (die Gruppe gehört daher zu den „Heterokontae").
- Die Chromatophoren, die sich bei Zusatz von Salzsäure blaugrün verfärben, enthalten **Chlorophyll a und c** (kein b), β-Caroten und mehrere **spezifische Xanthophylle** (jedoch kein Fucoxanthen).
- Bei mehreren Gattungen besteht die Zellwand der vegetativen Zellen aus 2 Teilen, so daß **bei den trichalen Formen** die **Wände aus H-förmigen Gliedern** zusammengefügt sind. Beim Zerfall der Fäden entstehen dadurch an den Bruchstellen charakteristische, im optischen Schnitt gabelförmige Enden. Die Zellwand zeigt Pectinreaktion und manchmal Kieselsäureeinlagerungen.
- Reservesubstanz: vor allem **Öl** und **Chrysolaminarin** (ein Polysaccharid), jedoch **nie Stärke.**
- **Vermehrung ungeschlechtlich** (Ausnahme: *Vaucheria* mit Oogamie).

Vorkommen an allen Algenstandorten, bevorzugt im Süßwasser, aber auch auf feuchter Erde, als submerse Epiphyten, in Mooren. Weit verbreitet, aber bei den einzelligen Gattungen meist keine Massenentwicklung.

Übersicht über das System

(Formenübersicht auf Abb. 32)

Klasse: Xanthophyceae
  Ordnung: Heterochloridales
  Ordnung: Rhizochloridales

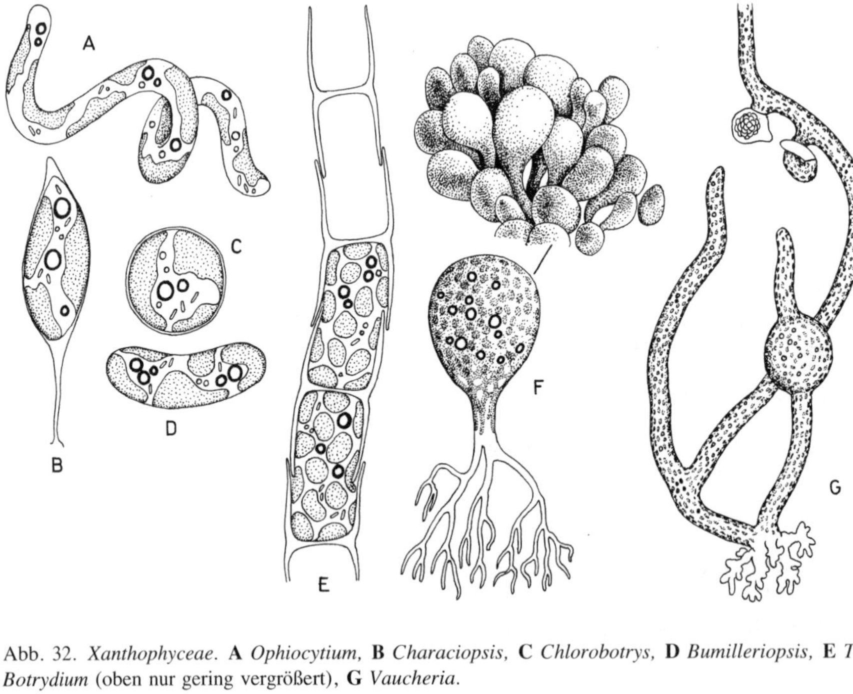

Abb. 32. *Xanthophyceae.* **A** *Ophiocytium,* **B** *Characiopsis,* **C** *Chlorobotrys,* **D** *Bumilleriopsis,* **E** *Tribonema,* **F** *Botrydium* (oben nur gering vergrößert), **G** *Vaucheria.*

Ordnung: Heterogloeales
Ordnung: Mischococcales *(Ophiocytium, Chlorobotrys, Characiopsis, Bumilleriopsis)*
Ordnung: Heterotrichales *(Tribonema, Bumilleria)*
Ordnung: Botrydiales *(Botrydium, Vaucheria)*

Beobachtungsziel: Vaucheria (vegetativer Bau, Fortpflanzung)

Objekt: *Vaucheria sessilis* De Candolle.

Materialbeschaffung: Vaucherien bilden in vielen Gewässern ausgedehnte Bestände; ihre Beschaffung bereitet daher fast nie Schwierigkeiten: Am erfolgreichsten sucht man in rasch fließenden Bächen und Gräben. Auf geeignetem Substrat bildet die Alge am Boden dichte filzige Überzüge, die an ihrer auffallend tief-dunkelgrünen Farbe und den kurz-rasenartigen, samtigen Polstern schon nach der ersten Identifizierung auch makroskopisch stets sicher anzusprechen sind. Sie machen den Eindruck eines kurz geschorenen Felles: die Alge bildet also meist keine flottierenden Zotten. Bei der Entnahme erhält man stets ein relativ großes Stück des Polsters, da das eng verflochtene Fadengewirr gut zusammenhält.
Weitere Standorte, die sich als bequeme Beschaffungsmöglichkeiten anbieten, sind die sandigen und schlammigen Ufer von Teichen und Seen und die Uferzone der Boddengewässer und ausgesüßten Strandtümpel, wo die Alge oft in viele Quadratdezimeter großen Beständen den feuchten beweglichen Sand und Schlick befestigen hilft.
Mit Sicherheit findet man Vaucherien auch als filzigen, grünen Überzug auf den ständig feucht gehaltenen Blumentöpfen in Pflanzenvitrinen und Gewächshäusern.
V. sessilis ist eine der häufigsten Arten. Vaucherien können in jedem Falle nur dann sicher bestimmt werden, wenn sexuelle Fortpflanzungsorgane vorhanden sind.

Kultur: Zur Materialbereitstellung wird man (vor allem durch die zuletzt genannte Möglichkeit) auf eine Kultivierung in der Regel verzichten können. Häufig erhält man allerdings nur „vegetatives“ Material ohne Fortpflanzungseinrichtungen. Will man Rohmaterial über längere Zeit erhalten, um die Wachstums- und Entwicklungsprozesse zu verfolgen, ist die Zucht leicht möglich: Dazu wird das Fadengeflecht in Wasser ausgewaschen und auf feuchter sterilisierter oder auch nur aufgekochter Blumenerde in flachen Schalen (z. B. Petrischalen) ausgelegt, die mit einem Glasdeckel verschlossen werden. (Algen nicht zu warm an einem hellen Nordfenster aufstellen, feucht halten!) Über spezielle Kulturbedingungen zur Erzeugung bestimmter Entwicklungsstadien siehe unter „Präparation“.

Präparation: Nach Möglichkeit an lebendem Material studieren (Frischpräparat, Totalpräparat, Reg. 41, 105). Behutsam mit den Algen umgehen, da die zarten Fäden leicht zerdrückt werden. Zoosporenbildung provoziert man am besten durch Verdunkeln einer gut wachsenden Probe für 1–2 Tage. Auch Aufstellen von Proben aus fließenden Gewässern in flachen Schalen über Nacht und flaches Überschichten mit Wasser führt häufig zum Ziel. Gametocysten entwickeln sich bei Zusatz von etwa 3% Rohrzucker nach einigen Tagen.
Es lohnt die Herstellung von Dauerpräparaten: Von dem gewünschten Material bzw. den interessierenden Fortpflanzungsstadien fixiert man kleine Proben über Nacht in Pfeifferschem Gemisch (Reg. 36), wäscht gründlich in Wasser aus und überführt in eine Mischung Glycerol/Wasser 1:10. In dieser Mischung läßt man staubfrei eindunsten (Blockschälchen, Exsikkator), so daß das Material am Ende in reinem Glycerol liegt. Von hier aus ist Einschluß in Glycerol oder Glycerolgelatine (Reg. 46) möglich.
Das Sichten des Materials und der Flüssigkeitswechsel geschehen vorteilhaft unter dem Präpariermikroskop (Reg. 103). Kernfärbungen mit den üblichen Methoden (Reg. 65) gelingen nur mit Mühe.

Beobachtungen: Zunächst werden dem Polster mit der Pinzette vorsichtig einige kleine Fadenfilze entnommen, die unter dem Präpariermikroskop weiterbeobachtet werden sollen: In einem Wassertropfen wird der Filz mit Nadeln vorsichtig gelockert und bei zunehmender Vergrößerung untersucht. Der Algenkörper besteht aus grünen, wenig und unregelmäßig verzweigten Schläuchen von bedeutender Dicke (meist 80–100 µm). An manchen Stellen sind seitliche knospenartige

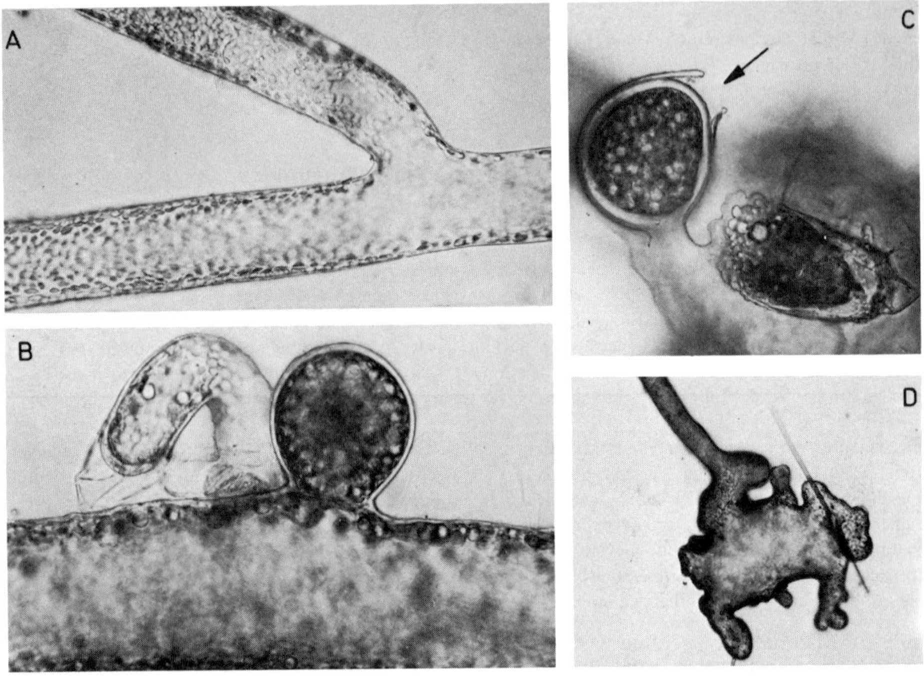

Abb. 33. *Vaucheria sessilis.* **A** Teil des siphonalen Vegetationskörpers mit Verzweigung. Protoplasmatischer Wandbelag mit kleinen scheibenförmigen Plastiden. **B** Unreifes Oogonium und Androgametocyste als seitliche Anhangsgebilde des schlauchförmigen Algenfadens. **C** Reifes, aufgeplatztes Oogonium mit Empfängnisöffnung (Pfeil). Rechts die Androgametocyste. **D** Rhizoidbildung. A 200:1, B–C 400:1, D 50:1.

Ausstülpungen zu erkennen: es sind Fortpflanzungseinrichtungen. Nicht selten beobachtet man kurze Fäden mit blasenartigen Anschwellungen, die den Vergleich mit einem „Ball im engen Gummischlauch" nahelegen – Entwicklungsstadien gekeimter Zoosporen. An erfolgreich vorkultiviertem Material (siehe „Präparation") sind Fäden mit keulig angeschwollenen Endabschnitten zu erkennen, in denen sich mit großer Wahrscheinlichkeit Zoosporen entwickeln.

Mit Nadel und Pinzette oder auch mit einer spitzen Schere nun die interessierenden Thallusstücke vorsichtig abtrennen und als Frischpräparat bei mittlerer Vergrößerung im Hellfeld genauer studieren. Der Bau des Vegetationskörpers der Vaucherien ist typisch siphonal (Abb. 33A). Nach Querwänden sucht man am vegetativen Thallus vergebens. Das fällt besonders an den Verzweigungsstellen auf: Seitenzweige sind lediglich „Ausstülpungen" des Hauptfadens (Abb. 33A). Nur die Thallusteile, die der Fortpflanzung dienen, sind durch eine Querwand abgetrennt (Abb. 33B, 34B, C).

Der Protoplast liegt als dünner Schlauch der Zellwand an und umschließt eine große zentrale Vacuole (Abb. 33A rechts, Abb. 33B). Das wird deutlich, wenn man die Schärfenebene des Objektivs durch Fokussieren von oben nach unten schrittweise durch den Algenschlauch wandern läßt: In der plasmatischen Schicht befinden sich viele relativ kleine, scheibenförmige, meist länglich-elliptische Chromatophoren und als Reservematerial stark lichtbrechende kugelige Fetttröpfchen (Abb. 33A, links). Hier sind auch – nach entsprechender Färbung – die zahlreichen Kerne nachzuweisen.

Obgleich für Xanthophyceen untypisch, werden zur geschlechtlichen Fortpflanzung an den Schläuchen Androgametocysten und Gynogametocysten (Oogonien) angelegt: *Vaucheria* vermehrt sich sexuell durch Oogamie.

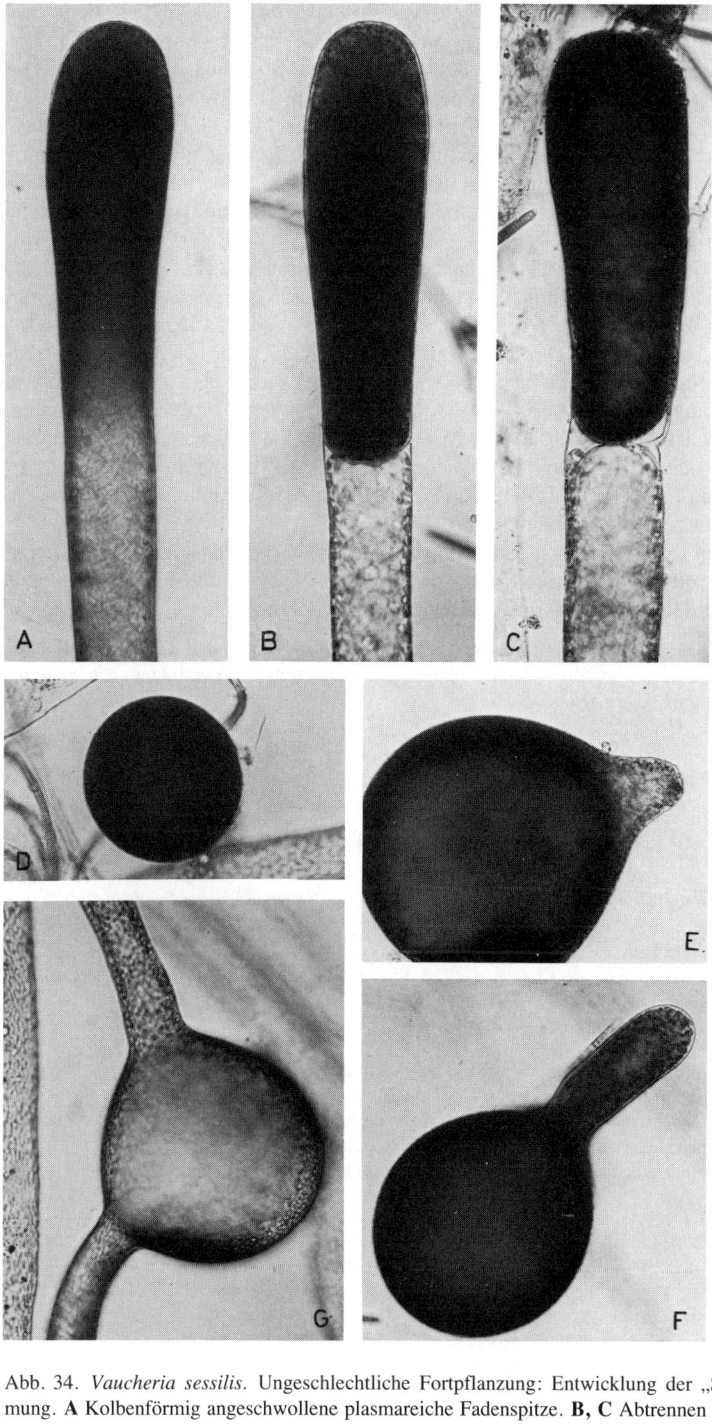

Abb. 34. *Vaucheria sessilis.* Ungeschlechtliche Fortpflanzung: Entwicklung der „Synzoospore“ und deren Keimung. **A** Kolbenförmig angeschwollene plasmareiche Fadenspitze. **B, C** Abtrennen des Endabschnittes durch eine Querwand und zunehmende Abrundung. **D** Soeben freigesetzte, **E, F** keimende „Synzoospore“. **G** Ältere gekeimte Spore. A–D 170:1, E 300:1, F–G 250:1.

Oogonien und Androgametocysten findet man als seitliche Ausstülpungen des Thallus; bei dieser Art stehen sie stets gemeinsam an der gleichen Pflanze dicht beeinander (Abb. 33B, C). Die Oogonien sitzen dem Faden direkt auf, ohne daß ein besonderer Stiel ausgebildet wird. Die Trennwand zum Faden ist bei reifen Behältern deutlich zu erkennen. Unreife Oogonien sind fast kugelig (Abb. 33B, rechts) und haben eine glatte, meist deutlich geschichtete Umhüllung. Diese platzt bei Reife schnabelartig auf (Abb. 33C, links) und gibt so die Empfängnisöffnung frei.
Die schlauch- oder röhrenförmigen Androgametocysten entstehen terminal an kurzen Seitenzweigen und sind haken- bis hornartig gekrümmt (Abb. 33B, C). Bei Reife entlassen sie zahlreiche heterokont begeißelte Spermatozoide.
Zur ungeschlechtlichen Vermehrung der Alge werden begeißelte Sporen ausgebildet. Die Entwicklungsstadien dieser vielgeißeligen, vielkernigen „Synzoosporen" sind in geeignetem Algenmaterial (siehe „Präparation") gut zu verfolgen (Abb. 34A–G): Vom kolbenförmigen Anschwellen plasmareicher, tief dunkelgrün gefärbter Terminalbereiche eines Fadens (Abb. 34A), dem Abtrennen des Behälters (Coenosporocyste) durch eine Querwand (Abb. 34B, C), bis zum Ausschlüpfen der großen, etwa 100 µm langen Spore (Abb. 34D). Am lebenden Material das weitere Verhalten der Sporen beobachten: Meist schon nach 30–60 Minuten werden sie unbeweglich und keimen bald darauf mit schlauchartigen Ausstülpungen zu neuen *Vaucheria*-Pflanzen aus (Abb. 34E, F, G). Gewinnen sie Kontakt mit einem festen Substrat, bilden sich an einem der Keimpole chlorophyllarme Ausstülpungen, die Rhizoide (Abb. 33D).
Gewöhnlich sind die frühen Keimstadien wegen der kurzen Dauer des Sporenstadiums leichter zu beobachten als die Sporen selbst. Sind genug Sporen vorhanden, sollte man mit Iod-Kaliumiodid-Lösung fixieren. Dann werden die jeweils paarweise zusammenstehenden Geißeln sichtbar.

Weitere Beobachtungen: Nachweis der Vielkernigkeit des Thallus (Kerne sehr klein!) und der Zoosporen durch Kernfärbungen. Mit etwas Glück kann man den Ausstoß von Spermatozoiden sehen und verfolgen, wie sie in die Empfängnisöffnung des Oogoniums eindringen.

Weitere Objekte:

Zu ähnlichen Beobachtungen bieten nahezu alle *Vaucheria*-Arten Gelegenheit. Unterschiede beziehen sich vor allem auf die Lage und Form der Gonitocysten (Oogonien und Androgametocysten), sowie die Ausbildung der ungeschlechtlichen Fortpflanzungseinheiten.

Häufige Arten sind weiterhin:

V. geminata De Candolle: Androgametocysten zwischen zwei Oogonien am Ende stielartiger Seitenzweige;
V. aversa Hassall: blasenförmige Oogonien mit schnabelartig vorgezogener Befruchtungsöffnung; besonders in stehendem Wasser und auf feuchter Erde;
V. dichotoma Agardh: Androgametocysten und Oogonien eiförmig, auf getrennten Fäden. Bevorzugt in und an Gewässern mit erhöhtem Salzgehalt.

Andere Xanthophyceae:

Sehr empfehlenswert ist das Studium der auf feuchtem Sand oder Schlick wachsenden siphonalen Xanthophycee *Botrydium,* deren Vegetationskörper grüne Bläschen von 1–2 mm Durchmesser darstellen.
Die unverzweigten Fäden der *Tribonema*-Arten sind vor allem im Frühjahr häufig in stehenden und fließenden Gewässern, besonders in Brunnen, Quelltümpeln und ähnlichen Biotopen zu finden.
Die Fülle der einzelligen Xanthophyceenarten wird dagegen in der Regel nur durch Zufallsfunde und selten in großen Mengen zu erhalten sein.

2.9. Diatomophyceae (= Bacillariophyceae, Kieselalgen)

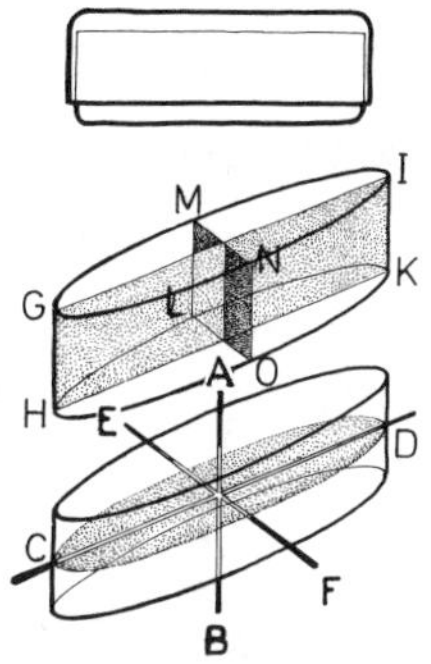

Ausschließlich **einzellige**, häufig jedoch in Coenobien vereinigte, meist **gelb bis braun**, seltener braungrün gefärbte hochentwickelte Organismen von charakteristischem Zellbau.

Zellwand: In die äußerste Plasmaschicht werden bedeutende Mengen von Siliziumdioxid eingelagert (bis zu 50% des Trockengewichtes!), so daß sich ein **strukturierter** und **perforierter Kieselpanzer** ausbildet. Dieses Kieselskelett **(Frustel, Theca)** stellt die Grundstruktur der Zellwand dar, die außerdem Polysaccharide, Proteine und Lipide enthält und – gemäß ihrer Entstehung – außen von Plasmaanteilen umschlossen wird. Sie besteht in der Regel aus zwei frei gegeneinander verschiebbaren Teilen, die schachtelartig ineinandergreifen: Die kleinere **Hypotheca** wird von der gleich hohen aber im Umfang weiteren **Epitheca** überdeckt. Deckel- und Bodenfläche heißen Schalen oder **Valvae** (**Epi-** und **Hypovalva**), die Mantelflächen heißen Gürtelbänder oder **Pleurae** (**Epi-** und **Hypopleura**).

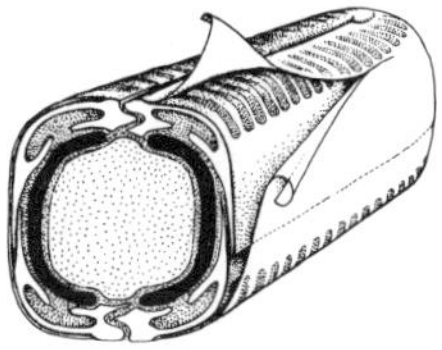

Zur Beschreibung der Strukturen beim Bestimmen der Arten und zur Orientierung an der Zelle dienen weitere charakteristische **Hauptachsen** und **Hauptebenen: Apikalachse** (CD) und **Apikalebene** (GHIK), **Transapikalachse** (EF) und **Transapikalebene** (LMNO) und die **Valvarebene** (CEDF).

Durch viele weitere Strukturbesonderheiten (Zwischenbänder oder Copulae, Septen, „Innenschalen"), durch die äußere Form, deren verschiedene Symmetrieverhältnisse und vor allem durch die mannigfaltig strukturierten Valvae wird die **große Formenvielfalt** der Diatomeen bestimmt. Die **Valvarstrukturen** werden im Elektronenmikroskop als Rippen oder Rippennetze, Warzen, Kammern mit porendurchsetzten Wänden sichtbar. Im Lichtmikroskop sind sie als Punkte, Areolen, Streifen oder Netzwerk zu erkennen. Viele Arten sind mit einem länglichen, in Richtung der Apikalachse verlaufenden Spalt, der **Raphe**, versehen (im Querschnitt <-förmiger, schlitzartiger Wanddurchbruch: *Navicula*-Typ, oder als Kanalraphe ausgebildet: durchgehende Röhre mit Schlitz nach außen und regelmäßigen seitlichen Porenöffnungen zum Zellinneren).

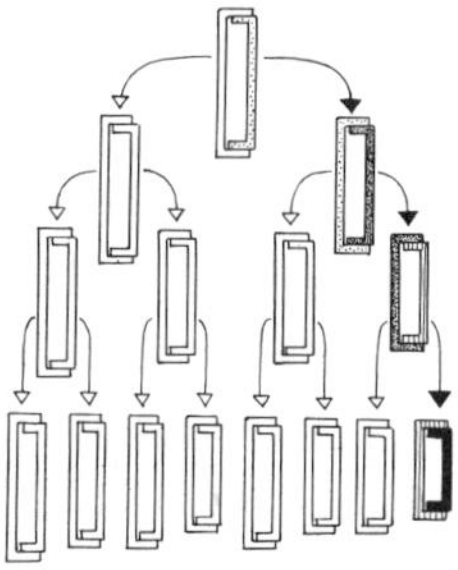

ungeschlechtliche Vermehrung

Die Raphe steht in enger Beziehung zur **Bewegungsfähigkeit** vieler Diatomeen: Das gleitende Kriechen wird wahrscheinlich durch Ausscheidung einer „lokomotorischen Substanz" ermöglicht.

Die verschieden geformten, oft flach-lappigen *Chromatophoren* enthalten neben **Chlorophyll a und c β-Caroten** und viel **Fucoxanthen**, durch das die bräunliche Farbe bestimmt wird.

Centrales: Fortpflanzung durch Meiogameten

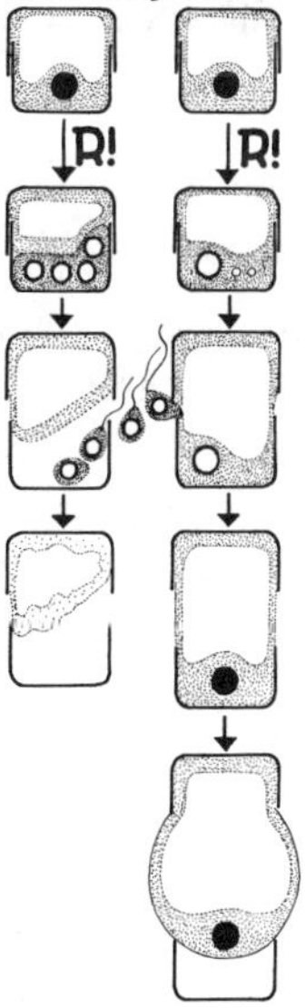

Als *Reservematerial* wird besonders **fettes Öl** tropfenförmig im Plasma oder Zellsaft abgelagert (daneben auch Polyphosphatkörper und **Chrysolaminarin, keine Stärke**).

Vermehrung durch mitotische **Zellteilung**: Auseinanderweichen der beiden Zellhälften und jeweils **Ersatz der Hypotheca**.

Folge: Da eine Tochterzelle stets kleiner als die Mutterzelle ist, kommt es zur zunehmenden Verkleinerung eines Teiles der Population. Nach Erreichen eines unteren Grenzwertes **Auxosporenbildung** (besser: Auxocygotenbildung = Heranwachsen der nach der Befruchtung gebildeten, von einer dehnbaren Wand umgebenen Zygoten – unter beträchtlicher Volumenvergrößerung – zur ursprünglichen Größe der jeweiligen Art). Geschlechtliche Fortpflanzung durch **Oogamie** (Centrales) **oder** durch **Isogameten**: Nach Paarung reifer Mutterzellen wechselseitige Kopulation der 2 nach der Meiose verbleibenden unbegeißelten Keimzellen (Pennales). **Reduktionsteilung** stets **bei der Gametenbildung** (diese sind somit Meiogameten); Diatomeen existieren im vegetativen Leben daher als **reine Diplonten (gametischer Kernphasenwechsel)**.

Kieselalgen besiedeln weltweit nahezu alle belichteten aquatischen bzw. dauerfeuchten Biotope mit einer Fülle speziell angepaßter Formen. Sie stellen im Plankton und Aufwuchs des Süßwassers und vor allem der Meere einen **bedeutenden Teil der Primärproduzenten**.

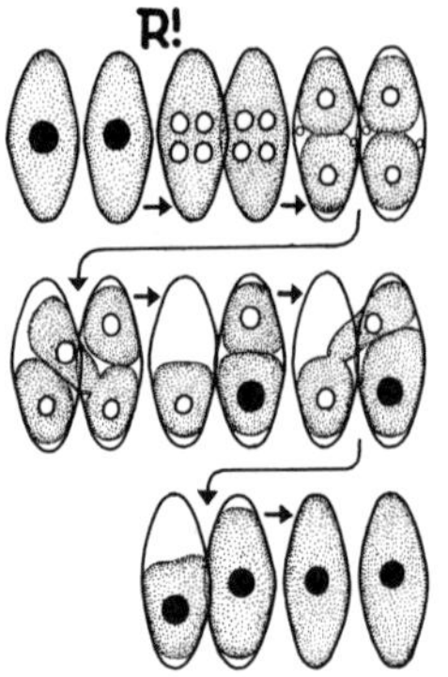

Pennales: Gametenbildung und Kopulation

Übersicht über das System

Klasse: Bacillariophyceae
  Ordnung: Centrales *(Thalassiosira, Cyclotella, Melosira, Stephanodiscus, Coscinodiscus, Rhizosolenia, Chaetoceros)*
  Ordnung: Pennales
  Unterordnung: Araphidineae (ohne Raphe, nur strukturlose Linie ohne Durchbruch-*Pseudoraphe*)
    Familie: Fragilariaceae *(Tabellaria, Licmophora, Meridion, Diatoma, Fragilaria, Ceratoneis, Synedra, Asterionella)*
  Unterordnung: Raphidioidineae (nur kurze Raphenäste an den Zellenden)
    Familie: Eunotiaceae *(Eunotia)*
  Unterordnung: Monoraphidineae (nur eine Schale mit echter Raphe, andere mit Pseudoraphe)
    Familie: Achnanthaceae *(Rhoicosphenia, Achnanthes, Cocconeis)*
  Unterordnung: Biraphidineae (beide Schalen mit echter Raphe)
    Familie: Naviculaceae *(Amphiprora, Gomphonema, Amphora, Cymbella, Gyrosigma, Pleurosigma, Diploneis, Pinnularia, Caloneis, Frustulia, Amphipleura, Neidium, Stauroneis, Anomoeoneis, Navicula)*
    Familie: Epithemiaceae *(Rhopalodia, Denticula, Epithemia)*
    Familie: Nitzschiaceae *(Hantzschia, Bacillaria, Nitzschia, Campylodiscus, Cymatopleura, Surirella)*

Bestimmungshilfe für die wichtigsten und häufigsten Süßwassergattungen
(Formenübersicht in Abb. 35)

1. Form der Zellen zylindrisch, dosenförmig, einzeln oder in Ketten. Valvae zentrisch, bei den hier vorgestellten Formen kreisförmig. Strukturen radial zum Mittelpunkt oder konzentrisch orientiert, zum Teil regellos. Raphe oder strukturlose Mittellinie (Pseudoraphe) fehlt.
   1.1. Zylindrische Zellen stets mehr oder weniger lange Ketten bildend, bei oberflächlicher Betrachtung einer braunen Fadenalge ähnelnd. Wandstrukturen besonders auf der Mantelfläche . . . . *Melosira*
   1.2. Zellen mehr scheibenförmig, Wandstrukturen besonders auf der Valvarfläche
      1.2.1. Zellen durch Gallerte locker verbunden, schwach verkieselt, Struktur sehr zart, neben sehr kleinen ein größerer Randstachel . . . . *Thalassiosira*
      1.2.2. Zellen meist einzeln (auch in Lagern), Wände stärker verkieselt, Struktur meist deutlich, ohne isolierten Randstachel
         1.2.2.1. Schalen mit radial gestreifter Randzone und deutlich anders strukturiertem Mittelfeld . . *Cyclotella*
         1.2.2.2. Schalen mit durchgehenden radialen Punktreihen, am Rande gebündelt, zur Mitte einzeln, dann aufgelockert . . . . *Stephanodiscus*
2. Valvae länglich, Grundform der Zellen schiffchen- oder stabförmig, Raphe oder Pseudoraphe vorhanden, Wandstruktur zu dieser Linie fiederartig

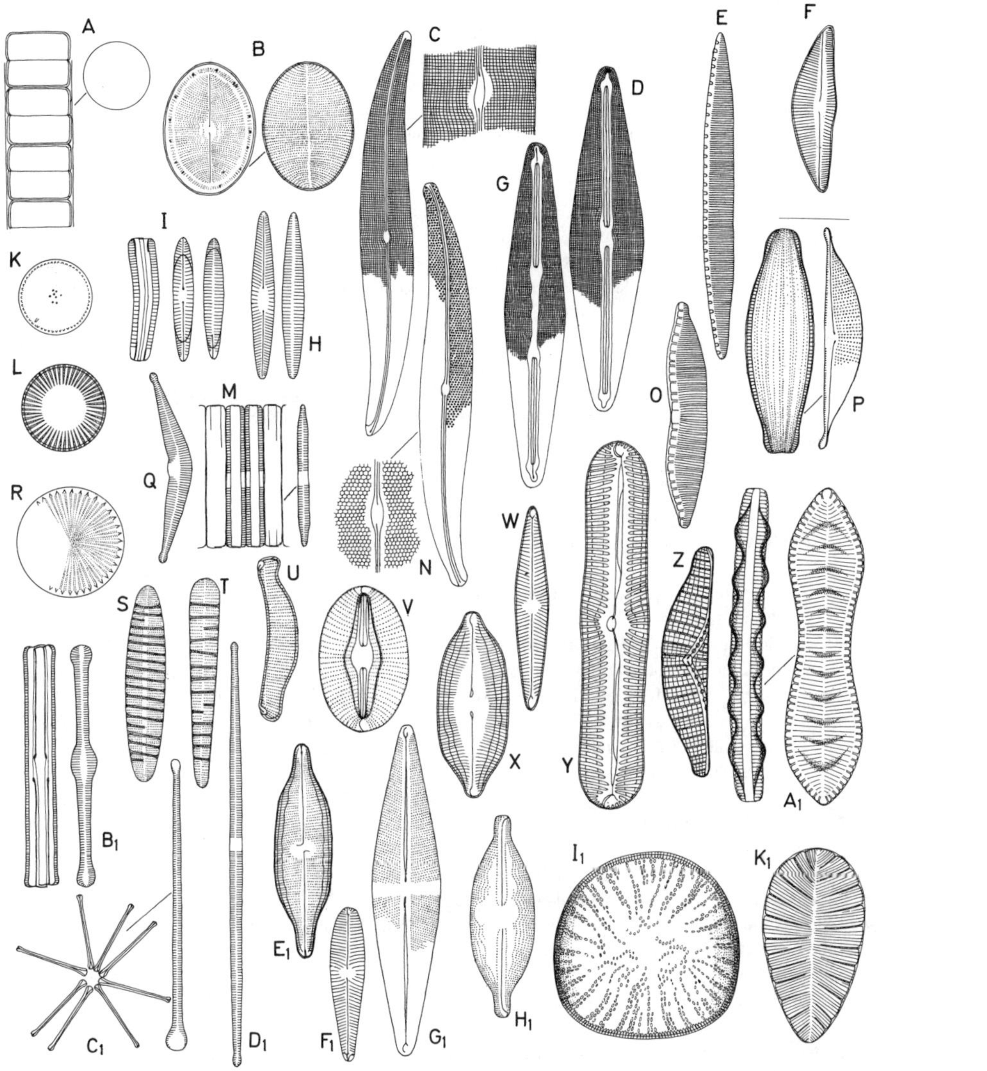

Abb. 35. Diatomophyceae. **A** *Melosira*, **B** *Cocconeis*, **C** *Gyrosigma*, **D** *Frustulia*, **E** *Nitzschia*, **F** *Cymbella*, **G** *Amphipleura*, **H** *Achnanthes*, **I** *Rhoicosphenia*, **K** *Thalassiosira*, **L** *Cyclotella*, **M** *Fragilaria*, **N** *Pleurosigma*, **O** *Hantzschia*, **P** *Amphora*, **Q** *Ceratoneis*, **R** *Stephanodiscus*, **S** *Diatoma*, **T** *Meridion*, **U** *Eunotia*, **V** *Diploneis*, **W** *Navicula*, **X** *Caloneis*, **Y** *Pinnularia*, **Z** *Epithemia*, $\mathbf{A_1}$ *Cymatopleura* $\mathbf{B_1}$ *Tabellaria*, $\mathbf{C_1}$ *Asterionella*, $\mathbf{D_1}$ *Synedra*, $\mathbf{E_1}$ *Neidium*, $\mathbf{F_1}$ *Gomphonema*, $\mathbf{G_1}$ *Stauroneis*, $\mathbf{H_1}$ *Anomoeoneis*, $\mathbf{I_1}$ *Campylodiscus*, $\mathbf{K_1}$ *Surirella*.

2.1. Zellen ohne Raphe, höchstens mit Pseudoraphe in Richtung der Apikalachse
- 2.1.1. Zellen mit starken, den Valvae parallelen Septen (Gürtelbandansicht!), Bänder bildend . *Tabellaria*
- 2.1.2. Zellen mit kräftigen transapikalen Rippen (Valvaransicht!), außerdem transapikal gestreift, Bänder bildend
  - 2.1.2.1. Zellen zur Transapikalebene symmetrisch . . . . *Diatoma*
  - 2.1.2.2. Zellen in beiden Hauptebenen keilförmig, fächerartige oder kreisförmige Bänder bildend . . . . . *Meridion*

2.1.3. Zellen mit transapikalen Punktstreifen, weder Septen noch Rippen
2.1.3.1. Zellen flache, sternförmige Coenobien bildend . . . . *Asterionella*
2.1.3.2. Zellen mit gerader Apikalachse, einzeln frei oder angeheftet lebend oder büschelig-quastenförmige Coenobien bildend . . . . *Synedra*
2.1.3.3. Zellen mit gerader Apikalachse, lange geschlossene Bänder bildend . . . . *Fragilaria*
2.1.3.4. Zellen mit bogig gekrümmter Apikalachse und einseitiger strukturloser Area . . . . *Ceratoneis*
2.2. Zellen mit kurzem Raphestück an den Polen, Pseudoraphe vorhanden. Apikalachse gebogen, mit gewelltem Dorsalrand . . . . *Eunotia*
2.3. Vollentwickelte Raphe nur an einer Schale, die andere nur mit Pseudoraphe
2.3.1. Valvarebene vorwiegend linear bis lanzettlich
2.3.1.1. Zellen in Valvaransicht keulenförmig, in Gürtelbandansicht geknickt . . . . . *Rhoicosphenia*
2.3.1.2. Zellen zur Transapikalebene in der Regel symmetrisch, Apikalachse geknickt (Gürtelbandansicht!), Bänder bildend oder einzeln, gestielt . . . . *Achnanthes*
2.3.2. Valvarebene vorwiegend elliptisch, einzeln lebend, ungestielt . . . . *Cocconeis*
2.4. Vollentwickelte Raphe an beiden Schalen
2.4.1. Raphe vom „Naviculatyp" (schlitzförmig, ohne Kielpunkte). Valvae im allgemeinen schiffchenförmig
2.4.1.1. Zellen symmetrisch in Valvaransicht, nie keulen- oder halbmondförmig

- Zellen S-förmig gebogen, Schalenstruktur stellt Netz sich kreuzender Linien dar
  - ●● sich rechtwinkelig kreuzendes doppeltes Liniensystem . . . . *Gyrosigma*
  - ●● Liniensystem dreifach . . . . *Pleurosigma*
- Zellen nicht S-förmig gebogen
  - ●● Raphe von zwei hornartigen Wülsten umschlossen, außerdem zwei apikal verlaufende Furchen . . *Diploneis*
  - ●● Zentralporen der Raphe auffällig nach entgegengesetzten Seiten abgebogen, mit apikal verlaufenden Randfurchen . . . . *Neidium*
  - ●● Raphe zwischen zwei Kieselrippen, Raphenäste kurz, Zentralporen der Raphe ± weit voneinander entfernt, sehr zarte Struktur . . . . *Amphipleura, Frustulia*
  - ●● Transapikale Streifen glatt, rippenartig kräftig, mit oder ohne kreuzende Längslinien . *Pinnularia*
  - ●● Transapikale Streifen zart punktiert, von Längslinien gekreuzt . . . . *Caloneis*
  - ●● Transapikale Streifen punktiert, ohne kreuzende Längslinien. Zentrales strukturloses Gebiet bis an den Schalenrand verbreitert . . . . *Stauroneis*
  - ●● Transapikale Streifen durch hyaline Längslinien in kurze Striche zerlegt . . . . . *Anomoeoneis*
  - ●● Transapikalstreifen meist zart punktiert, Punkte oft kaum erkennbar. Ohne die Besonderheiten der anderen Gruppen . . . . *Navicula*

2.4.1.2. Zellen mindestens zu einer Hauptebene asymmetrisch

- Zellen keulenförmig, oft transapikal eingeschnürt . . . . *Gomphonema*
- Zellen halbmondförmig-dorsiventral, Raphe dem ventralen Schalenrand genähert . . . . *Cymbella*
- Zellen sichelförmig, mit kopfigen Enden . . . . *Amphora*

2.4.2. Raphe als Kanalraphe ausgebildet
2.4.2.1. Zellen dorsiventral, bohnenförmig, die beiden Raphenäste im Zentrum winkelig gebrochen . . . . *Epithemia*
2.4.2.2. Raphe auf einen Kiel gehoben, Kielpunkte oder Flügelkanäle deutlich

- gekielte Kanalraphe in der Valvarfläche liegend, wenn am Rande, dann jede Schale nur mit einer gekielten Kante
  - ●● Apikalachse bogig geknickt, dorsiventral . . . . *Hantzschia*
  - ●● symmetrisch gebaut, meist linear-stabförmig, oft S-förmig gebogen . . . . *Nitzschia*
- Kiel mit Kanalraphe rings um die Schale verlaufend
  - ●● Zellen sattelförmig gekrümmt, Schalenansicht annähernd kreisförmig . . . . *Campylodiscus*
  - ●● Schalen senkrecht zur Valvarebene mehrfach gewellt . . . . *Cymatopleura*
  - ●● Schalen von linealischem, elliptischem oder ovalem Umriß . . . . *Surirella*

Beobachtungsziel: Bau einer Diatomeen-Theka am Beispiel der Naviculaceae; Vielfalt der Schalenformen anderer Gruppen

Objekte: *Pinnularia viridis* (Nitzsch) Ehrenbg. oder andere Vertreter der Naviculaceae (günstig sind große *Pinnularia-*, *Navicula-* oder *Cymbella-*Arten).
Arten verschiedener anderer Gattungen.

Materialbeschaffung: Die empfohlenen Vertreter der Naviculaceen kommen – meist in großen Mengen – überall im belichteten Süßwasser vor. Fast alle lichtdurchdrungenen Gewässer beherbergen eine Fülle verschiedener Arten, die durch geeignete Entnahme der Untersuchung zugänglich werden: Besonders im Frühjahr besiedeln Kieselalgen in dichtem Belag als rehbraune Überzüge alle möglichen Substrate wie Holz, Steine, Pflanzen und Schlamm in Bächen, Flüssen, an Ufern von Seen, Tümpeln und Gräben. Man kann sie dort vorsichtig abkratzen, abpipettieren oder abheben und gewinnt sie so oft ziemlich rein. Andere Formen leben im freien Wasser (Herausfiltern mit dem Planktonnetz, Reg. 91, oder Zentrifugieren von Schöpfproben, Reg. 14), in feuchten Moospolstern (Ausdrücken), an überrieselten Felswänden, feuchten Mauern, Gewächshauswänden, Baumrinde. Es gibt kaum ein wasserführendes Biotop, in dem die Suche nach Kieselalgen vergeblich wäre!
Naviculaceen sind in Bewuchsproben regelmäßig vertreten und an ihren schiffchenförmigen Schalen (eventuell anhand der Abbildungen) ziemlich sicher zu erkennen.

Kultur: Rohkulturen sind bei Material, das viele Fremdkörper wie Schlamm und Detritus enthält, unentbehrlich, um die Algen anzureichern: Eine Probe wird hierzu auf die Oberfläche einer agar-, gelatine- oder membranfilterbeschichteten flachen Schale (Petrischale, Teller) aufgebracht. Die Diatomeen sammeln sich an der Oberfläche dieser Medien an. Das Material kann auch in kleine Gazebeutel eingebracht werden: Legt man sie in flache, wassergefüllte Schalen, wandern die Kieselalgen bald in das schlammfreie Wasser über. Besonders bequem ist das Auflegen eines feuchten Leinentuches auf die in einem Teller ausgebreitete Probe: Schon nach wenigen Stunden kriechen die Diatomeen durch das Tuch und bilden braune Flecke, die leicht weiter zu behandeln sind. In Standortwasser bleiben die meisten Diatomeen für einige Tage bis Wochen am Leben.

Präparation: Da zunächst nur die Herstellung von Schalenpräparaten beabsichtigt ist (die auch für die eindeutige Identifizierung der Arten hinreichend sind), erfordern die eingesammelten Proben keinerlei spezielle Fixierung. Auch nach dem Tode der Zellen bleibt das Kieselskelett völlig intakt. Muß das Material für längere Zeit luftdicht verschlossen gehalten werden (lange Transportzeiten) oder bei stark detritus- bzw. schlammreichen Proben, ist Konservierung durch Formaldehydzusatz (Reg. 40) vorteilhaft, um Fäulnis zu vermeiden. Die Beschädigung der Theken ist auch dadurch nicht zu befürchten.
Anreicherung und Reinigung: Um für die folgenden Manipulationen genügend Material verfügbar zu haben, ist zunächst meist Anreicherung der Diatomeen und deren Befreiung von störenden Beimengungen nötig. Hierzu die diatomeenhaltige Probe durch Aufwirbeln und kurzes Absetzenlassen zuerst von groben Schmutzteilchen befreien. Durch Wiederholung des Vorganges (Abzentrifugieren oder Sedimentation, Verwerfen der wertlosen Sedimente und Resuspension des diatomeenhaltigen Überstandes) erhält man bei zunehmenden Zentrifugations- bzw. Sedimentationszeiten schließlich nahezu reine Diatomeensedimente (mikroskopische Kontrollen erforderlich!).
Entfernen der organischen Bestandteile: Die Wandstrukturen der Kieselskelette sind meist nur dann gut sichtbar, wenn der Zellinhalt beseitigt ist. Von den zahlreichen beschriebenen Methoden hat sich die folgende vielfach bewährt: Das vom Überstand befreite Diatomeensediment mit mindestens zehnfachem Volumen konzentrierter Schwefelsäure (Vorsicht!) übergießen und mit Glasstab gut umrühren. Nach Beendigung des Aufbrausens fügt man wenig gesättigte Kaliumpermanganatlösung hinzu (Vorsicht!) und rührt um (oder mischt durch wiederholtes Umgießen). Die Suspension wird heiß und färbt sich schwarzviolett. Nach Zugabe einiger Tropfen konzentrierter Oxalsäurelösung wird die Mischung wieder farblos und der Überstand klar. Die zugesetzten Chemikalien werden mit Wasser ausgewaschen (Zentrifugieren → Dekantieren → in Wasser resuspendieren → Zentrifugieren usw.), bis im Überstand keine Säure mehr nachzuweisen ist (*p*H-Papier!).
Aufbewahren der Schalensuspension in 3%iger Formaldehyd-Lösung (bei Zusatz einiger Tropfen Glycerol je Probe, um Austrocknen zu verhindern) oder Weiterverarbeitung zum Dauerpräparat.
Herstellen von Dauerpräparaten: Ein Tropfen des in destilliertem Wasser suspendierten Materials (eventuell vorhandenes Formaldehyd und Glycerol vorher auswaschen!), gegebenenfalls bis zur leichten Trübe verdünnt, auf einem sauberen, fettfreien, dünnen Deckglas gleichmäßig verteilen. Nach dem Verdunsten des Wassers (über Nacht, Trockenschrank, Heizung) kurz über der Gasflamme stark erhitzen, um letzte Feuchtigkeitsspuren zu beseitigen. Auftropfen des Einschluß-

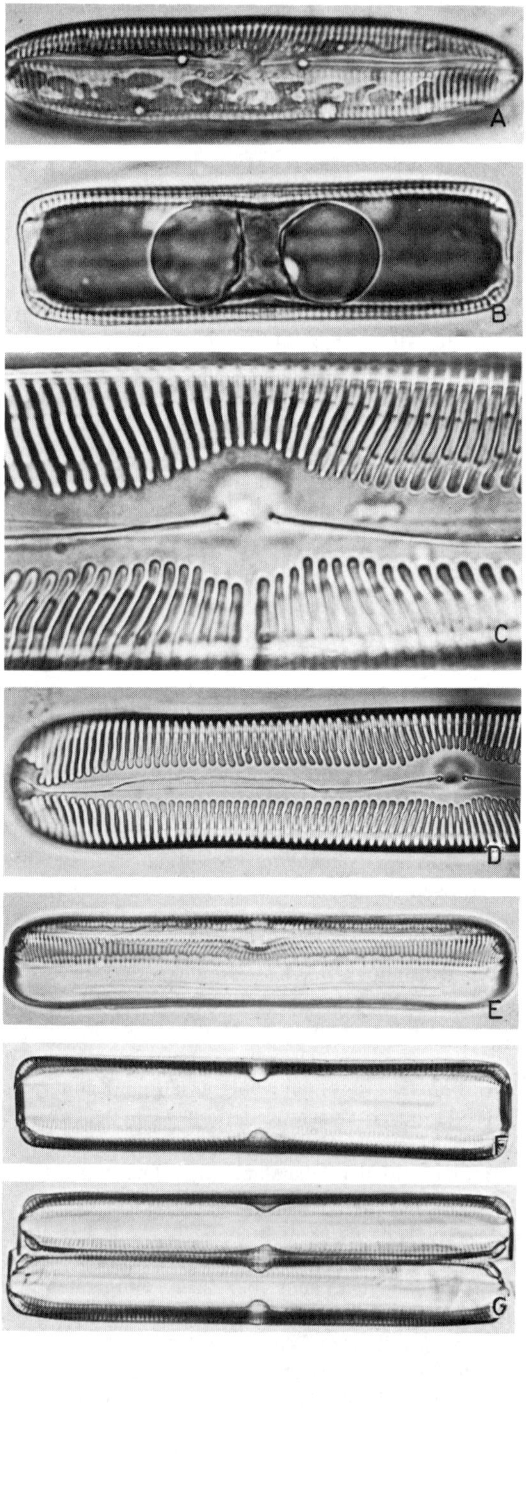

Abb. 36. *Pinnularia viridis.* **A, B** Lebende Zellen. Valvar- (A) und Gürtelbandansicht (B). **C–G** Schalenpräparate. **C** Das Gebiet der Zentralarea bei höherer Auflösung, Längsband beachten. **D** Valvaransicht mit Transapikalrippen, Raphe, Zentralknoten, Endknoten, Axial- und Zentralarea. **E** Kantenlage: Valvar- und Gürtelbandansicht gleichzeitig möglich. **F** Gürtelbandansicht. Übereinandergreifende Schalenhälften (Epitheca und Hypotheca) und kegelförmige Zentralknoten sichtbar. **G** Zwei Tochterschalen nach der Zellteilung. Fehlende Thecenhälften bereits ergänzt. A–B und E–G 700:1; C 2100:1; D 1000:1.

mittels, Eindicken bei gelinder Wärme bis zu fest-klebriger Konsistenz (Prüfen durch Eintauchen einer Präpariernadel) und Auflegen auf vorgewärmten Objektträger. Als Einschlußmittel sind nur solche Medien zu verwenden, deren Brechzahl möglichst weit über der der Kieselschalen (n 1,43) liegt. (In Neutralbalsam oder Caedax, n 1,52–1,55, werden nur die gröberen Strukturen aufgelöst. Besser geeignet ist Styrax, n 1,56–1,63; jedoch genügen nur Medien mit Brechungsindizes von n 1,7–2,2 höchsten Anforderungen; solche Materialien sind jedoch schwer erhältlich oder nur unter großem Aufwand selbst herzustellen.) Nun bei stärkerer Wärme noch einmal so lange erhitzen, bis das Einbettungsmittel allseitig den Deckglasrand erreicht hat, bei leichtem Nadeldruck aber auch nicht über den Rand hinausquillt (die vor dem Eindicken aufgebrachte Menge des Mediums danach bemessen!).

Der Einschluß ist mit gutem Auflösungseffekt auch in Medien möglich, deren Brechungsvermögen niedriger als das der Kieselsäure liegt, z. B. in Luft: Das Deckglas mit den in dünner Schicht angetrockneten Diatomeenschalen wird mit Neutralbalsam oder einem ähnlichen Harz auf einen deckglasgroßen Papierrahmen geklebt (Schicht nach unten!), der vorher ausgeschnitten (Rahmenbreite 2–3 mm) und in gleicher Weise in der Mitte eines Objektträgers aufgeklebt wurde.

Für Beobachtungen von begrenzter Dauer (nicht für Dauerpräparate) eignen sich auch verschiedene flüssige Medien, z. B. Monobromnaphthalen (n 1,66).

Beobachtungen: Es ist vorteilhaft, die grundsätzlichen Baueigentümlichkeiten der Bacillariophyceentheka an Schalenpräparaten großer Naviculaceen zu studieren. Als Beispiel soll hier die im Süßwasser überall verbreitete und häufige *Pinnularia viridis* dienen, deren große, bis über 150 µm lange, linear-elliptische Zellen in den meisten Mischproben enthalten sind (Abb. 36A). Prinzipiell ähnliche Strukturverhältnisse lassen sich auch an den meisten anderen Naviculaceen beobachten, deren Vertreter nur selten in den Bewuchsproben fehlen.

In jedem Pinnularienpräparat befinden sich Schalen von langgestreckt-elliptischem Umriß (Abb. 36A) und andere von schmal-rechteckiger Form (Abb. 36B, F): Zwei Ansichten des gleichen Organismus. Man kann sich davon anhand eines Präparates, das in einem flüssigen Medium eingebettet ist, leicht überzeugen, indem man den Deckglasrand vorsichtig mit einer Präpariernadel antippt. Dabei drehen sich die schleppkahnförmigen Kieselgerüste um ihre Längsachse (Abb. 36E) und kehren nach kurzer Zeit in stabile Lage (Schalenansicht, Abb. 36A, D; bzw. Gürtelbandansicht, Abb. 36B, F) zurück.

Auf der Schalenseite ist die für jede Art charakteristische Zeichnung zu sehen (starke bis stärkste Objektive einsetzen!). Bei *Pinnularia* bestehen diese Strukturen aus breiten, kräftigen Streifen, die von beiden Längsrändern (also vom Schalenmantel) her mehr oder weniger senkrecht zur Mittellinie verlaufen (Abb. 36C, D). Es handelt sich dabei um ein System von alternierenden Rinnen und Rippen, die in Wahrheit kompliziert gebaute Kammern darstellen (Elektronenmikroskop!). Die Strukturbilder sind auf optisch unterschiedlich dichte Wandteile zurückzuführen, je nachdem, ob der Kieselpanzer durchbrochen, kammerartig ausgehölt oder massiv ist. Die dichteren Teile absorbieren mehr Licht, erscheinen dem Beobachter daher bei „hoher Einstellung“ (obere Lage der Schärfenebene) dunkel, die weniger dichten leuchten hell. Bei „tiefer Einstellung“ (Schärfenebene in der tiefer liegenden inneren Wandfläche) ist es umgekehrt. Durch partiellen inneren Verschluß der Kammern entsteht auch der optische Eindruck des Längsbandes, das in guten Präparaten deutlich sichtbar die transapikalen Streifen kreuzt (Abb. 36C).

In der mittleren Längsachse der Schale liegt ein gewundenes Liniensystem, ein Spalt von kompliziertem Bau, der die Zellwand in Längsrichtung schlitzförmig durchbricht: die Raphe (Abb. 36C, D). Die Linie ist nur in der Mitte, dem sogenannten Zentralknoten, unterbrochen. Hier enden die beiden Raphen-Äste an der Oberfläche scharf punktförmig und münden in der Tiefe röhrenartig über die Zentralknotenkanäle im Zentralknoten. An den Polen enden die Raphen-Äste sichelförmig in den beiden Endknoten.

Beiderseits der Raphe zieht sich bis um die Polspalten herum ein strukturloses Längsfeld, die Axialarea, die sich in der Nähe des Zentralknotens zur Zentralarea erweitert.

Die Sicht auf das schmal-rechteckige Gürtelband ergänzt das Studium des Kieselskelettbaues (Abb. 36B, F): An den Längsseiten reichen noch kurze Stücke der Streifenstruktur auf die

Mantelseite hinüber, und die Zentralknoten sind deutlich als kegelförmig nach innen vorspringende Wandverdickungen zu identifizieren (fokussieren!). An den Schmalseiten erkennt man bei ausreichendem Auflösungsvermögen des Objektivs die beiden übereinandergreifenden Mantelstücke vom „Deckel“ und „Boden“ der „Schachtel“, deren Abschlußkanten als zarte Linien auch über die Mantelfläche zu verfolgen sind.
Eine eindrucksvolle Bestätigung der Beobachtungen über den räumlichen Bau der Theka liefert das Bild eines *Pinnularia*-Skeletts in Kantenlage (Abb. 36E).
Die für *Pinnularia* beschriebenen Form- und Strukturcharakteristika sind bei den zahlreichen anderen Gattungen der Bacillariophyceen in einer für den Mikroskopiker verlockenden, fast unüberschaubaren Mannigfaltigkeit variiert: Verlagerung der Mittellinie aus der Symmetrieachse nach der Seite (Abb. 35F), bogenförmige (Abb. 35Q, U) oder S-förmige Krümmung (Abb. 35C, N), keulenförmige (Abb. 35F_1), halbmondförmige, stabförmige (Abb. 35C_1, D_1), eiförmige (Abb. 35K_1), kreisförmige (Abb. 35K, L) Valvarflächen, Strukturen zu Punkten (Abb. 35G_1, H_1), Poren, Areolen, Tüpfeln (Abb. 35I_1), Kammern usw. aufgelöst, um nur einige dieser Möglichkeiten anzudeuten.

Beobachtungsziel: Bau des Protoplasten, Fortpflanzung und Bewegung der Diatomeen

Objekte: *Pinnularia viridis* (Nitzsch) Ehrenbg. oder eine andere große Naviculacee; *Melosira varians* C. A. Ag. oder eine andere Form der Centrales.

Materialbeschaffung: Pinnularien und verwandte Gattungen sind regelmäßig im Bewuchs stehender und fließender Gewässer aller Art zu finden (vgl. S. 107).
Melosira ist eine der häufigsten planktischen Diatomeen nährstoffreicher Seen, Teiche und Tümpel. Ihre langen Fadenketten kommen auch in Flüssen und Gräben oft massenhaft vor (Planktonnetz!). In Stillwasserbuchten, an rauhen Uferbebauungen (Betonmauern u. ä.) oft in dichten braunen Zotten anhaftend und flottierend.

Präparation und Kultur: Untersuchung an lebendem Material, das zu allen Jahreszeiten zu beschaffen ist. In begrenztem Maß sind auch Kulturen möglich: Die benthischen Vertreter sind in Rohkulturen mit Standortwasser, Nährlösung bzw. Nähragar (Reg. 70), besonders bei Zusatz von Erdabkochung (Reg. 32), über einige Monate am Leben zu erhalten. Kühl (10–15 °C) und bei diffusem Licht aufbewahren. Kleine *Navicula*- und *Nitzschia*-Arten vermehren sich in diesen Ansätzen oft üppig. Reinkulturen der großen Formen über längere Zeit gelingen ohne erheblichen Aufwand meist nicht. Die Kultivierung der planktischen Formen ist nicht immer leicht und für die vorliegenden Zwecke auch nicht erforderlich.

Weitere Präparationen: Übersichtsfärbungen mit Vesuvin (Reg. 109), Hämalaun (Reg. 49), nach Fixieren mit Chromiumessigsäure (Reg. 23) oder Pfeifferschem Gemisch (Reg. 36). Zur Darstellung von Kern und Chromosomen mit der Karminessigsäuremethode (Reg. 64), nicht mit Chromiumsäure-, sondern mit Alkohol-Essigsäure-Mischung (Reg. 36) fixieren. (Zunächst 30–60 min kalt färben, dann 10–15 min in der Farbe kochen.)
Flüssigkeitswechsel (Fixierung, Färbung, Auswaschen usw.) vorteilhaft mit Hilfe einer Zentrifuge!

Beobachtungen: An einer Mischprobe lebender Diatomeen fällt die Beweglichkeit vieler Formen auf: Langsam gleitend, Hindernisse umgehend oder beiseite schiebend, oft aber auch ruckartig-ungelenk, nach Art eines Raupenschleppers bald seitlich drehend, fast torkelnd kriechen die schiffchenförmigen Zellen durch das mikroskopische Gesichtsfeld. Über den Mechanismus dieses im Pflanzenreich einzigartigen Bewegungstyps herrscht immer noch keine Klarheit; der Zusammenhang mit dem Auftreten einer Raphe ist jedoch unbestritten: raphelose Arten sind nicht zu aktiver Fortbewegung fähig. Die biologisch-ökologische Bedeutung ist evident: Benthisch lebende Formen können sich auch bei fortgesetzter Detritussedimentation an der belichteten Substratoberfläche halten, eine Eigenart, die zur Reinigung und Anreicherung von Kieselalgen in Entnahmeproben ausgenutzt werden kann (s. S. 107).
An still liegenden Exemplaren von *Pinnularia viridis* nun bei starker Vergrößerung die Strukturen des Zellinneren betrachten. Zuerst fallen die beiden braun gefärbten plattenförmigen Chromatopho-

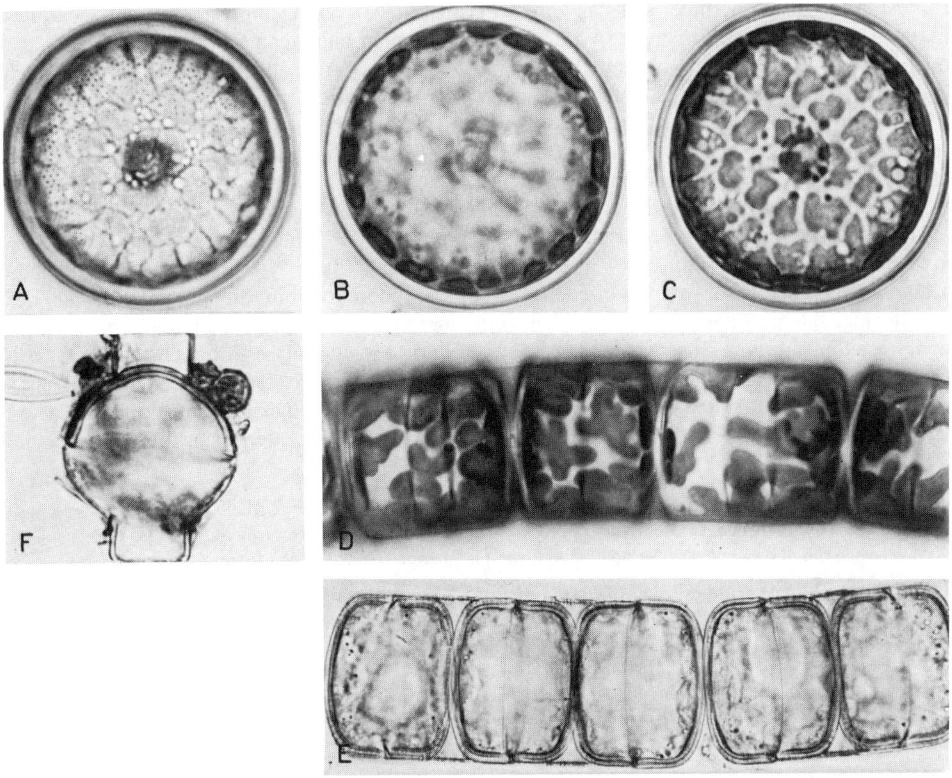

Abb. 37. Zellbau der Centrales. **A–C** *Actinocyclus* in Schalenansicht: oberflächige **(A)**, mittlere **(B)** und tiefe Einstellung der Schärfenebene des Mikroskopes **(C)**. Verschiedene Ansichten der Chromatophoren und des zentral gelegenen Zellkernes; A–C 270:1. **D–F** *Melosira varians*. Zellketten in Gürtelbandansicht, lebend **(D)** und nach weitgehendem Abbau der organischen Zellbestandteile **(E)**. **F** Auxospore. D, E 880:1, F 440:1.

ren auf. Sie liegen den Längswänden der Gürtelbandseiten dicht an (Abb. 36 B), so daß die Algen in Gürtelbandansicht mehr oder weniger homogen braun aussehen. Zur Valvarfläche hin sind die Farbstoffträger leicht umgebogen, ihr Rand ist tief, wie die Teile eines Puzzlespieles, gelappt (Abb. 36A, Schärfenebene ganz nach oben verlegen). Die stark lichtbrechenden Kugeln im Zellinnern sind die als Reservematerial dienenden Öltröpfchen. Verlegt man bei der Schalenansicht die Schärfenebene in die Zellmitte, wird der ziemlich große Zellkern sichtbar. Er liegt meist in der zentralen Plasmabrücke, die in der Nähe der Zentralknoten segelartig zwischen den Plasmawandbelägen der Gürtelband- und Schalenseiten ausgespannt ist.

Günstige Studienobjekte für die Strukturen des Diatomeenprotoplasten sind Formen der zentrischen Kieselalgen (Abb. 37A–D), da hier die meist zarten Schalenstrukturen wenig stören. Beim Durchmustern der Zellen in Schalenansicht von oben nach unten (Abb. 37A–C) sind auch räumliche Vorstellungen zu gewinnen. Die Schalenfläche (Abb. 37A) ist dicht von zahlreichen scheibenförmigen gelappten Chromatophoren bedeckt. Bei Einstellung auf den mittleren Bereich sieht man die senkrecht orientierten, der Mantelfläche anliegenden Farbstoffträger im optischen Querschnitt und erkennt ihre Plättchenform. Auch die untere Schalenfläche ist von diesen Scheiben überzogen, so daß bei drehender Bewegung dieser einzellig lebenden Organismen das Licht mit hoher Effizienz ausgenutzt werden kann. (Bei der kettenbildenden *Melosira* liegen die hier tief fingerförmig gelappten Plastiden in sinnvoller Weise nur der Mantelfläche an, Abb. 37D.)

In der Mitte der Zelle befindet sich, an zarten Plasmabrücken aufgehängt, der bei den Centrales auffallend große Zellkern, umgeben von zahlreichen kleinen kugeligen Öltröpfchen.
An Diatomeenmaterial, das zahlreiche Individuen der gleichen Art enthält, wird man häufig auch den Vorgang der Zellteilung beobachten können. Bei Pinnularien ist eine beendete Teilung am leichtesten an den „Doppelschiffchen" zu erkennen, die in der Regel auf der Mantelfläche liegen, also die Gürtelbandansicht bieten (Abb. 36G). Deutlich sind die beiden sich noch berührenden Hälften der alten Mutterzellwand und, in der Mitte gelegen, die bereits voll entwickelten Hälften der Tochterthecen zu erkennen. Die Bildung der neuen Kieselwände geschah also im Innern des von den alten Wänden umschlossenen Raumes: die neuen Zellhälften bilden den „Schachtelboden" zu den dann als „Deckel" fungierenden elterlichen Schalenhälften. Nur die untere der beiden Tochterzellen gelangt zur ursprünglichen Größe, die obere ist um die doppelte Dicke des Deckelmantels kleiner. Dieser zunehmenden Verkleinerung eines Teiles der Zellen wirkt die nach einem sexuellen Vorgang einsetzende Auxosporenbildung entgegen: Das Volumen vergrößert sich nach Auftrennen der Wandhälften beachtlich. Auxosporen sind bei der fadenbildenden zentrischen *Melosira* nicht allzu selten zu beobachten: Man erkennt kugelige Anschwellungen, deren Kugelmantelhälften je nach Alter bereits wieder mehr oder weniger stark verkieselt sind (Abb. 37F).

Weitere Beobachtungen: Durch Chromosomenfärbungen ist der Vorgang der Zellteilung auch karylogisch zu verfolgen. Die beschriebenen cytologischen Befunde werden nach guten Übersichtsfärbungen klarer sichtbar, allerdings gehen durch die unnatürliche und einheitliche Färbung andere wichtige Eindrücke verloren.

Fehlermöglichkeiten: Die lange Fäden bildenden *Melosira*-Arten werden im vitalen Zustand bei zu flüchtigem Hinsehen nicht als Kieselalge erkannt und daher leicht übersehen (Verwechslung mit anderen fadenbildenden Algen.)

Beobachtungsziel: Vegetationstypen; planktische, epiphytische, Coenobien bildende Formen

Objekte: Am Substrat befestigte *Cocconeis-, Achnanthes-, Gomphonema-* und *Synedra*-Arten; planktische *Asterionella formosa* Hasall, *Melosira-* und *Chaetoceros*-Arten; Coenobien von *Tabellaria, Meridion circulare* Agardh (auch *Fragilaria* und *Diatoma*).

Materialbeschaffung: Zum Studium der angeheftet lebenden Kieselalgen am besten fädige Algen von verschiedenen Biotopen einsammeln. Besonders zu empfehlen sind *Cladophora-* und *Vaucheria*-Arten im Süßwasser, an den Küsten außerdem die fädigen Rotalgen vom *Ceramium-* und *Polysiphonia*-Typ (s. S. 129) bzw. *Ectocarpus-* und *Pylaiella*-Arten (s. S. 116).
Sehr günstig ist die Exposition künstlicher Substrate (Kunststoffolien, Piacrylplatten, Objektträger) im aquatischen Biotop für 3–4 Wochen. Die Aufwuchsplatten werden dann auch von Kieselalgen dicht besiedelt und können nach vorsichtiger Reinigung von Detritus direkt mikroskopiert werden.
Coenobien bildende Formen sind in fast jeder Diatomeenprobe zahlreich vertreten. Besonders reich sind die braunen Überzüge am Boden mäßig schnell fließender Bäche und Quellen im Frühjahr *(Meridion, Diatoma)*. Planktonformen erhält man durch Filtrieren (Planktonnetz, Reg. 91) oder Zentrifugieren von Seenwasser: *Asterionella* kommt in vielen Seen zu Massenentwicklungen und ist das ganze Jahr über anzutreffen; *Chaetoceros* im Meerwasser (auch an der Ostseeküste). Ist längeres Aufbewahren beabsichtigt, in Formaldehydlösung (Reg. 40) konservieren.

Präparation: Lebende, ungefärbte Algen im Totalpräparat (Reg. 105) mikroskopieren. Zur Beobachtung der epiphytischen Formen kleine Stücke der als Aufwuchssubstrat dienenden Großalgen zu einem Frischpräparat verarbeiten (Reg. 41). Möglichst dünne Fäden verwenden! Im Phasenkontrast treten die Gallertstiele klar hervor (Reg. 87). Meist können die Arten, oft auch die Gattungen solcher sessilen bzw. coenobialen Formen in dieser Weise nicht identifiziert werden. In Parallelproben daher Schalenpräparate herstellen (s. S. 107/108).

Beobachtungen: Nicht alle Diatomeen leben einzeln und frei: Filamentöse Großalgen sind manchmal von einem derart dichten Besatz epiphytischer Kieselalgen überzogen (Abb. 38A–C), daß die Trägerpflanze kaum zu identifizieren ist und auch makroskopisch-habituell abnorm erscheint (besonders bei Meeresalgen). Manche dieser Kieselalgenzellen sind – einzeln oder

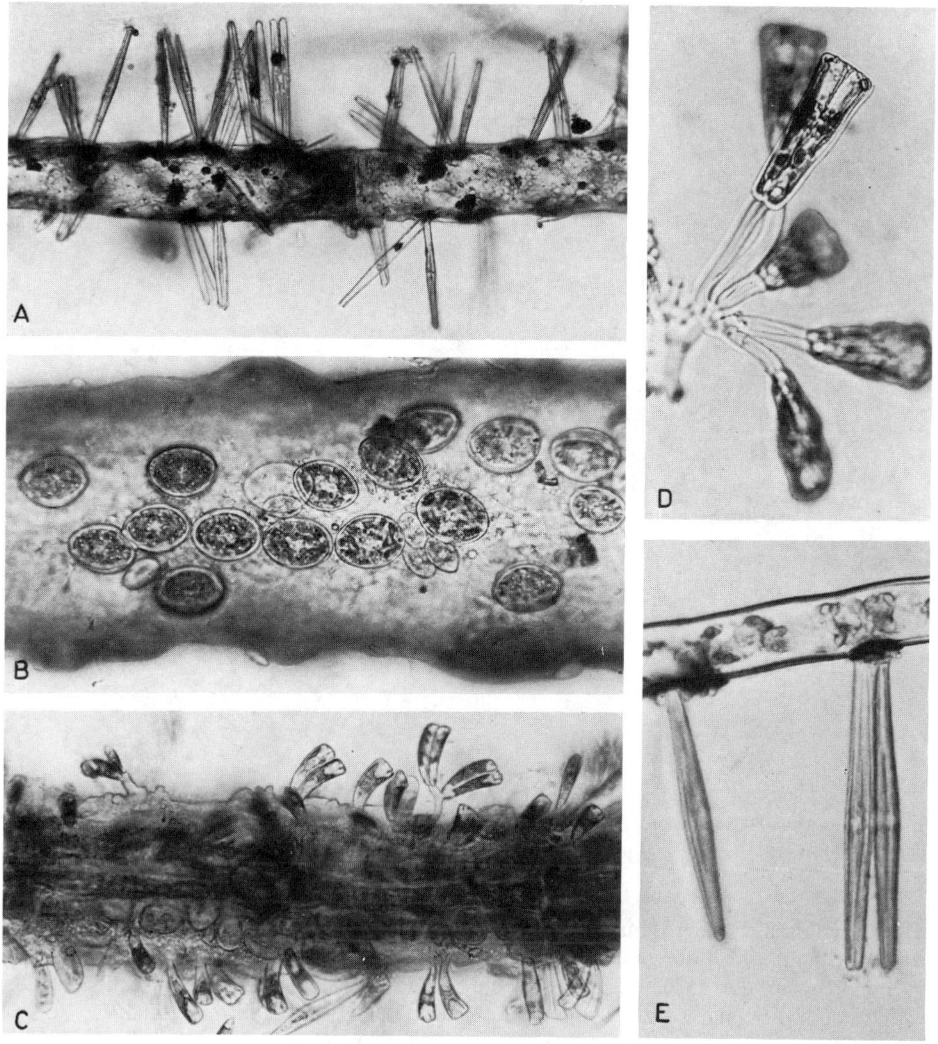

Abb. 38. Epiphytische Diatomeen an ihren Trägerpflanzen. **A, E** *Synedra;* A 240 : 1, E 570 : 1. **B** *Cocconeis;* 450 : 1. **C** *Achnanthes;* 270 : 1. **D** *Gomphonema;* 520 : 1.

büchelförmig – durch ein einfaches basales Gallertpolster am Substrat angeheftet (Abb. 38 A, E), andere schmiegen sich der Unterlage mit der gesamten Valvarfläche dicht an und überziehen schuppenartig die submersen Wasserpflanzen („Algenläuse", Abb. 38 B). Häufig erstarrt die ausgeschiedene Gallerte zu längeren, farblosen, auch verzweigten Stielen, so daß die Zellen den Zweigenden zierlicher bäumchenartiger Gebilde aufsitzen (Abb. 38 C, D).
Viele Arten bilden formenreiche, lockere, durch Gallerte oder gegenseitige Verzahnung zusammengehaltene coenobiale Verbände. In dieser Weise entstehen durch unvollständiges Trennen nach der Zellteilung Ketten (Abb. 37 D, E) oder geschlossene Bänder *(Fragilaria),* wenn die Individuen an den Schalenseiten in ihrer ganzen Fläche miteinander verkittet sind. Die schönen fächer- bis kreisförmigen Coenobien von *Meridion circulare* (Abb. 39 D) entstehen als Folge der Asymmetrie der Einzelzellen. Liegen diese Gallertverbindungen nur an den Zellenden, kommen zickzackför-

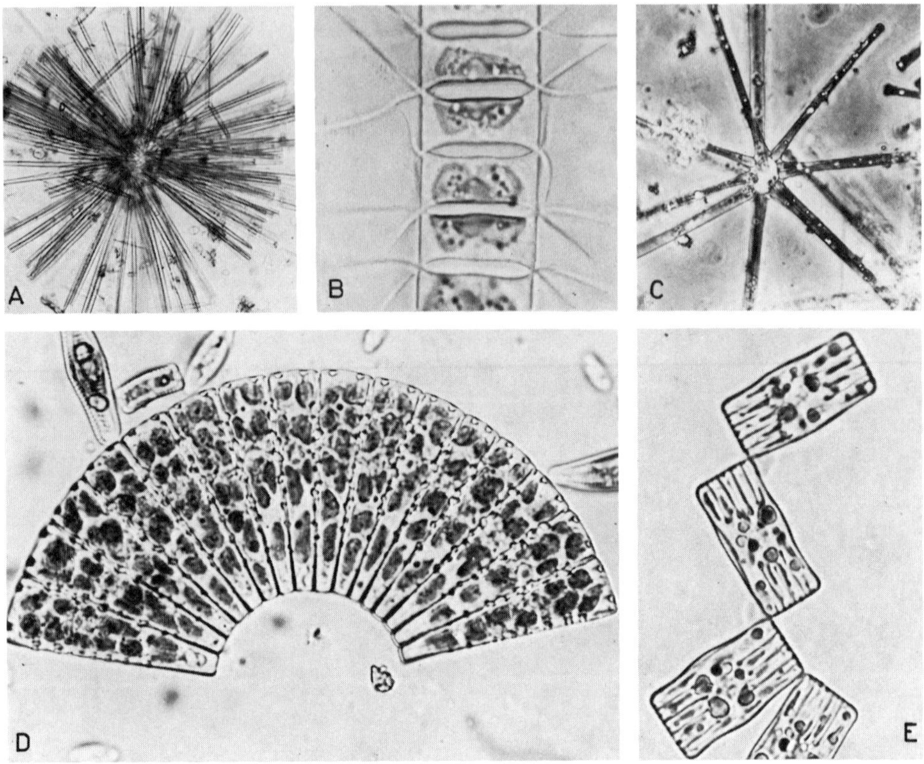

Abb. 39. Coenobienbildende Diatomeen in ihren vitalen Verbänden. **A** *Diatoma elongatum* var. *actinastroides;* 300:1. **B** *Chaetoceros;* 800:1. **C** *Asterionella formosa* (Phasenkontrast); 770:1. **D** *Meridion circulare;* 600:1. **E** *Tabellaria;* 1000:1.

mige Ketten (Abb. 39E) oder sternförmige Gebilde (Abb. 39A, C) zustande, je nachdem, ob die Zellen gleichsinnig immer am gleichen Pol oder alternierend aneinander gekuppelt sind.
In vielen Fällen wird durch Coenobienbildung die Sinkgeschwindigkeit verringert (Erhöhung des Formwiderstandes) – eine Anpassung an die pelagische Lebensweise vieler Kieselalgen. Besonders wirksam scheint dieses Prinzip bei den sternförmigen Coenobien verwirklicht zu sein (Abb. 39A, C): Bei *Asterionella formosa* erhöht sich die Anzahl der „Strahlen" je Coenobium (und damit der Formwiderstand) im wärmeren Sommerwasser mit geringerer Viskosität.
Bei der marinen Gattung *Chaetoceros* treten zusätzlich zur Kettenbildung extrem lange, den Zelldurchmesser um ein Vielfaches übertreffende Schwebeborsten auf (Abb. 39B, nur kurze Stücke der Borsten abgebildet), von den bekannten Einrichtungen wohl die vollkommenste Anpassung an das Schweben im freien Wasser.

Weitere Objekte zum Studium der Diatomeen:

Fast alle beschriebenen Objekte sind durch andere ersetzbar, so daß entsprechend den örtlichen und zeitlichen Bedingungen variiert werden kann. Der interessierte Beobachter wird nach eigenen Erfahrungen aus der Fülle der Möglichkeiten sehr schnell selbst eine günstige Auswahl treffen können. Voraussetzung ist eine gewisse Formenkenntnis, die man sich erarbeiten sollte.

2.10. Fucophyceae (= Phaeophyceae, Braunalgen)

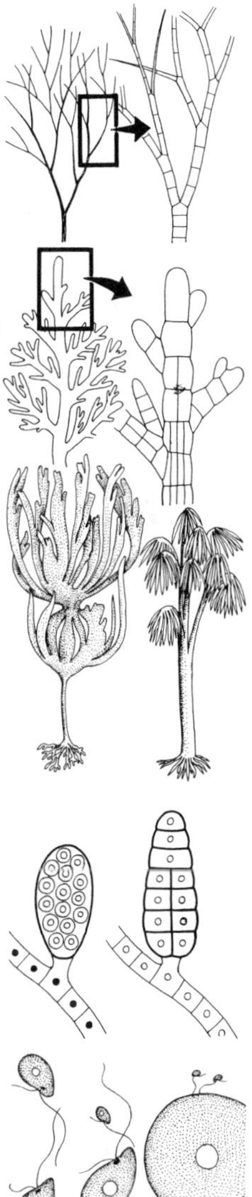

Fast ausschließlich **Meeresbewohner; festsitzend** und **von brauner Farbe**. Große Mannigfaltigkeit im *Thallusbau:* Ausgehend von kleinen, verzweigten einfachen Fäden alle Übergänge bis zu großen, derben, **morphologisch reich gegliederten Thalli** (Phylloide, Cauloide und Rhizoide als anatomisch primitive „Blätter", „Stengel" und „Wurzeln") und **histologisch hoch entwickelt** (erstmalig echte Gewebe: Durch die Tätigkeit eines einzigen Vegetationsscheitels gebildete Abkömmlinge bleiben alle vom Zeitpunkt ihrer Entstehung an miteinander verbunden). Einzellige und unverzweigte Formen fehlen. Zellen **einkernig**.
Die braun gefärbten *Chromatophoren* enthalten **Chlorophyll a**, wenig Chlorophyll c **(kein b!)** und eine Anzahl verschiedener Carotenoide, besonders **β-Caroten** und das Xanthophyll **Fucoxanthen**, das die Ursache der Braunfärbung ist. Als Speicherkohlenhydrat keine Stärke, sondern das Polysaccharid **Chrysolaminarin**. Daneben Mannit und Öl. Weiteres Stoffwechselprodukt: **Fucosan** („Phaeophyceen-Tannin") in besonderen Vakuolen, den Physoden, gespeichert.
Die *Zellwand* besteht aus einer inneren Celluloseschicht und aufgelagerten „Schleimstoffen", besonders **Alginsäure** (poly-Mannuronsäure und -Guluronsäure) und dem verschleimenden Kohlenhydrat **Fucoidin**.
Bei den hoch entwickelten Formen werden echte Gewebe ausgebildet, mit bemerkenswerten Differenzierungen in Rinden- und Assimilationszellen, Speicherzellen, stoffleitende Systeme und stützende Elemente. Das Wachstum geht von einer **Scheitelzelle** aus oder geschieht durch terminale oder intercalare Zellteilungen.
Fortpflanzung: Vegetativ durch Abtrennung von Thallusteilen mit nachfolgender Regeneration oder durch **Zoosporen** oder (selten) durch unbewegliche Aplanosporen (bei *Dictyota* stets zu 4 in der Sporocyste: Tetrasporen). Die Sporen entstehen als Meiosporen nach Reduktionsteilung in einzeln stehenden **(unilokulären) Sporocysten** an der diploiden Pflanze. Sexuelle Fortpflanzung: Gametenbildung in Gametocysten, die in eng **verwachsenen Gametocysten-Gruppen** zusammenstehen (**Gonitothomus**; früher unkorrekt „plurilokuläres Gametangium" genannt), wobei in der Regel je Zelle ein Gamet entsteht (Ausnahme: *Fucus*). Übergang von **Isogamie** *(Ectocarpus)* über **Anisogamie** *(Cutleria)* zur **Oogamie** *(Dictyota, Fucus)*. Die beweglichen Stadien sind **heterokont begeißelt**, die Geißeln seitlich inseriert. (In manchen Fällen, z. B. bei einigen *Ectocarpus* Arten, können sich auch an der diploiden Pflanze, dem Sporophyten, Gonitocysten-Gruppen bilden, die je Sporocyste eine diploide Mitozoospore erzeugen. Sie sichern die Verbreitung des Sporophyten. Auch in der Haplophase können in Gonitocysten oder Gonitothomen gebildete Keimzellen zur Entstehung zusätzlicher Gametophyten bzw. auch haploider Sporophyten beitragen. Da es in diesen Fällen nicht möglich ist, vom Bau der Keimzellbehälter auf ihren Charakter zu schließen, ist für die Phaephyceen hierfür der neutrale Ausdruck „Zoidangium" vorgeschlagen worden; Zoide = begeißelte Fortpflanzungszelle; Da jedoch bei allen Protobionten im Gegensatz zu den Cormobionten keine sekundäre zellige Hülle, also keine Angialwand ausgebildet ist, sollte besser der Ausdruck Gonitocyste bzw. – für die congenital verwachsenen monogonitischen Gonitocysten – Gonitothomus verwendet werden.
Für die meisten Braunalgengattungen ist **heterophasischer Generationswechsel** charakteristisch: Übergang von morphologisch gleicher Ausgestaltung der beiden Generationen (**isomorpher** Generationswechsel, z. B. *Ectocarpus, Dictyota*) zum **heteromorphen** Generationswechsel durch Reduktion des Gametophyten *(Laminaria)* bis zum völligen Verlust des Generationswechsels *(Fucus)*.

Übersicht über das System

Isogeneratae (mit isomorphem Generationswechsel).
Verbreitete, bekannte Gattungen: *Ectocarpus, Pylaiella, Sphacelaria, Dictyota, Padina.*

Heterogeneratae (mit heteromorphem Generationswechsel).
Verbreitete, bekannte Gattungen: *Elachista, Desmarestia, Scytosiphon, Dictyosiphon, Chorda, Laminaria, Macrocystis, Nereocystis, Lessonia.*

Cyclosporae (ohne Generationswechsel).
Verbreitete, bekannte Gattungen: *Fucus, Halidrys, Ascophyllum, Sargassum, Cystoseira.*

Beobachtungsziel: Isomorpher (bis schwach heteromorpher), heterophasischer Generationswechsel mit Isogamie bei Phaeophyceen. Aufbau eines einfachen Thallus aus verzweigten, einreihigen Zellfäden

Objekt: *Ectocarpus siliculosus* (Dillw.) Lyngbye.

Materialbeschaffung: Vertreter der Gattung *Ectocarpus* sind weltweit an den Meeresküsten verbreitet; *E. siliculosus* ist eine der häufigsten Großalgen der Ostseeküste: Der Vegetationskörper ist aus haardünnen, schlaffen gelbbraunen bis braunen Fäden aufgebaut, etwa 10–20 cm hoch. Mit bloßem Auge erscheint er als braunes, flutendes Wattebüschel. Die Alge ist im Bewuchs auf Steinen, Holz oder Pflanzen ebenso sicher überall und zu jeder Zeit zu finden wie losgerissen im Spülsaum oder Strandanwurf. Gonitocysten tragende Pflanzen erhält man von Ende April bis September.

Präparation: Wer Gelegenheit hat, lebendes Material zu untersuchen, sollte diese Möglichkeit unbedingt nützen; Versand ist schwierig. Die Haltung in Seewasseraquarien ist ohne größeren Aufwand nur begrenzte Zeit möglich. Hier wird daher auf die Untersuchung fixierten (notfalls auch herbarisierten, Reg. 52) Materials orientiert, auch um unabhängig vom Beschaffungstermin zu sein. Wenn in Formaldehyd fixiert wird (3 % in Meerwasser, Reg. 40), kann darin auch aufbewahrt werden. Schonender ist es jedoch, stufenweise in Süßwasser zu überführen (Meerwasser-Süßwasser-Gemische 3:1, 1:1, 1:3 jeweils 1–2 Std.) und in Alkohol/Wasser/Glycerol-Gemisch 1:1:1 aufzubewahren. Nach Fixierung in Iodlösung (Lugolsche Lösung in Meerwasser bis zur Gelbfärbung geben, 24 Std. fixieren) und Überführen in Süßwasser ist auch Aufbewahrung in 70%igem Ethanol möglich. (Hochprozentiger Alkohol fällt in Seewasser Salze aus. Als Verdünnungsmittel für Fixierlösungen stets Meerwasser, original oder eventuell künstliches, Reg. 73, verwenden.) Herbarisiertes Material in Wasser aufquellen und ablösen. Die äußere Form ist dann auch im mikroskopischen Bereich meist befriedigend erhalten. Das Vorhandensein der gewünschten Entwicklungsstadien, der Grad der Sporulation usw. sind mit bloßem Auge nicht erkennbar. Es ist daher vorteilhaft, das Material unter dem Präpariermikroskop (Reg. 103) zu sichten und auszuwählen. Dann von kleinen Thallusstückchen Totalpräparat herstellen (Reg. 105).

Weitere Präparationen: Für cytologische Untersuchungen in Chromium-Essigsäure (Reg. 23) oder besser in Alkohol-Essigsäure-Gemischen fixieren (Reg. 36). Geeignetes Mischungsverhältnis erproben! Bei zu starken Schrumpfungen Essigsäureanteil erhöhen. Übersichtsfärbungen mit Vesuvin (Reg. 109); Kern- und Chromosomenuntersuchungen nach Feulgenscher Reaktion (Reg. 83), Karminessigsäure- (Reg. 64) oder Hämatoxylinfärbung (Reg. 27, 50). Anschließend kann in Glycerolgelatine (Reg. 46) oder Harze (Reg. 51) eingeschlossen werden.

Beobachtungen: Bereits die Vorpräparation unter dem Stereomikroskop vermittelt einen Eindruck von den Charakteristika des Aufbaus der vegetativen Pflanze: Die braunen Büschel bestehen aus verzweigten Fäden, die ihrerseits aus einfachen Zellreihen aufgebaut sind (Abb. 40 A). Ein kleines Zweigstück wird nun in einen Tropfen Wasser übertragen und die Thallusäste werden mit zwei Präpariernadeln sorgfältig auf einem Objektträger ausgebreitet. Bei etwa 200facher Vergrößerung im Hellfeld sind Einzelheiten besser zu erkennen: Die Zellen sind meist etwas länger als breit (oft sogar bedeutend, mitunter aber auch kürzer) und enthalten einen großen, bei *E. siliculosus* bandförmigen, schraubig-wandständig angeordneten, gelbbraunen Chromatophor. Ähnlich wie bei *Spirogyra* (s. S. 84) ist auch hier der Zellkern an Plasmafäden in der Mitte der Zelle aufgehängt. Die Verzweigungen der Zellreihen gehen als Ausstülpungen vom vorderen (oberen) Ende der entsprechenden „Mutter“zellen aus. Die vegetativen Äste enden manchmal in einer Reihe langgestreckter, inhaltsarmer Zellen, die als mehrzellige Haare angesehen werden können. Die letzte (vorderste) Zelle jeder Zellreihe ist kegelförmig zugespitzt; das Wachstum erfolgt jedoch

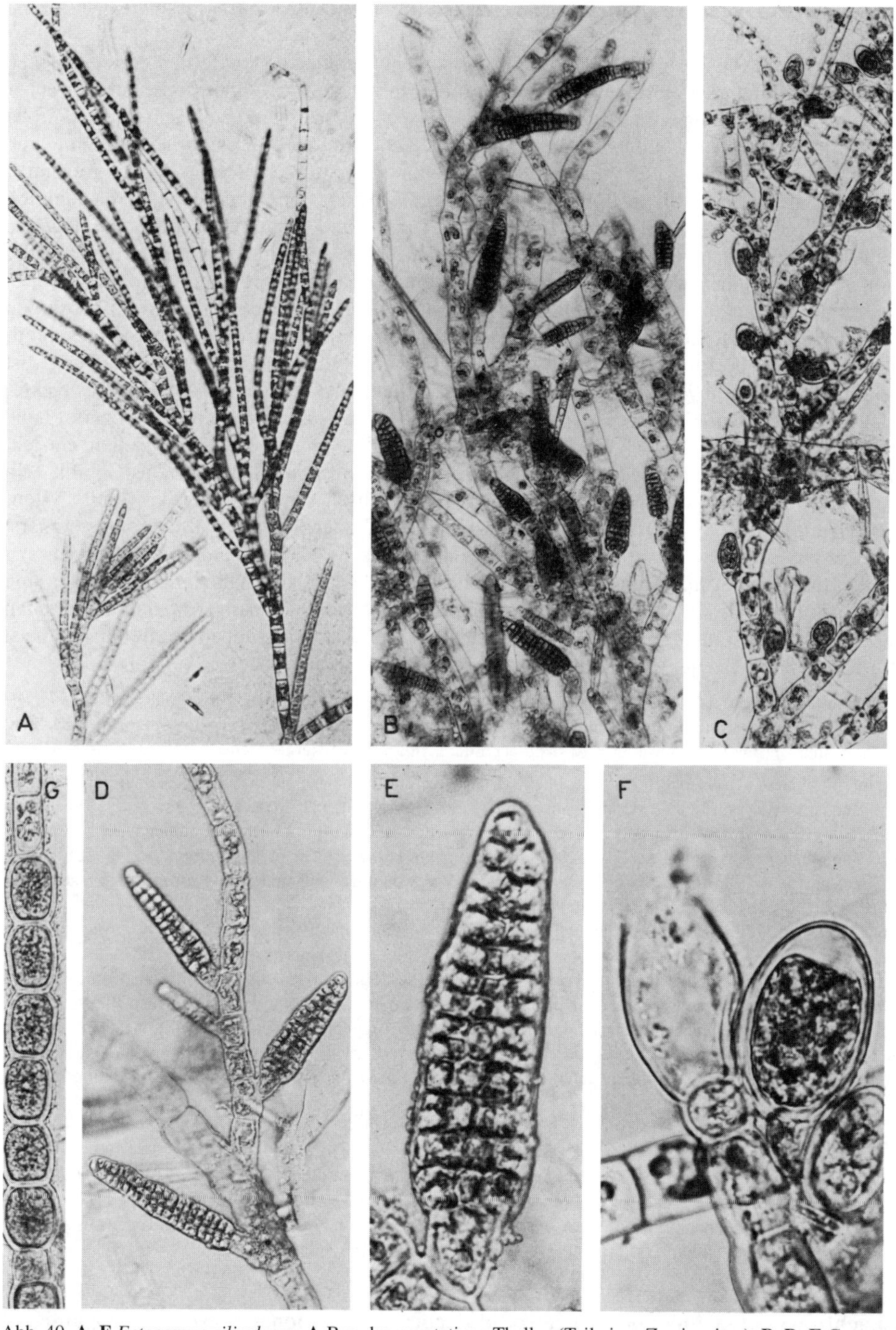

Abb. 40. **A–F** *Ectocarpus siliculosus*. **A** Bau des vegetativen Thallus (Teil einer Zweigspitze). **B, D, E** Gametophyt mit zahlreichen kegelförmigen Gametocysten-Gruppen (Gonitothomus). C, F Sporophyt mit eiförmigen Sporocysten. In (F) links entleert. **G** Interkalare Sporocysten von *Pylaiella*. A 100: 1; B–C 160: 1; D, G 200: 1, E 640: 1; F 660: 1.

nicht hier, sondern durch basal-interkalare Teilungen (dort Häufung kurzer, plasmareicher Zellen als Hinweis auf diese Vorgänge).
An verschiedenen Pflanzen sind dunklere seitliche Anhangsgebilde an den Zellfäden zu entdecken (Abb. 40B, C): Es handelt sich um Einrichtungen zur Fortpflanzung des Organismus. Bei schwacher bis mittlerer Vergrößerung wird deutlich, daß es sich dabei um Strukturen unterschiedlicher Größe und Form handelt, die im einfachsten Fall auf verschiedenen, äußerlich ähnlichen Exemplaren (schwache Heteromorphie) der gleichen Art vorkommen. (Aus der Gestalt der im folgenden beschriebenen Behältnisse für die Fortpflanzungszellen kann nicht ohne weiteres auf deren Funktion als Sporocyste oder Gametocyste geschlossen werden. Die Darstellung bezieht sich auf eine *mögliche* Variante. Zur Problematik vgl. S. 115.) Die kleineren, eiförmigen Anhangsgebilde sind gleichmäßig von einem dichten Plasmaballen erfüllt. Es sind die einfächerigen (unilokulären) Sporocysten, in denen Kernteilungen (auch die Meiose) und daran anschließend die Differenzierung von Zoosporen stattfinden (Abb. 40F). Sind die Zoosporen ausgeschwärmt, bleibt die leere Hülle der Sporocyste auf ihrer kurzen Stielzelle zurück (Abb. 40F, links). Die Pflanze, die diese Art Sporocysten trägt, ist demzufolge der Sporophyt. Auf anderen Thalli, den Gametophyten, sind größere, langgestreckte, spindel- bis kegelförmige Gebilde zu finden, deren Inneres im reifen Zustand durch zarte, helle Wände gekammert ist, so daß eine Vielzahl kleiner, gleichmäßig kubischer Zellen entsteht (Abb. 40D, E). Jede dieser Zellen enthält bei Reife einen einzigen Gameten. Das Gebilde (ein sogenannter Gonitothomus, eine Gruppe congenital verwachsener monogonitischer Gonitocysten, in diesem Falle Gametocysten) öffnet sich mit nur einem terminalen Porus, so daß die Gameten zuerst von Zelle zu Zelle die Wandöffnungen passieren müssen, ehe sie durch die gemeinsame Austrittsöffnung des Gonitothomus endgültig nach außen gelangen. Die austretenden Gameten sind alle von gleicher Gestalt (Isogameten), jedoch von unterschiedlichem Kopulationsverhalten (physiologische Anisogamie). Die Entwicklung dieser Gonitocysten-Gruppen ist im Präparat meist gut zu beobachten. Die jüngsten befinden sich an den Thallusspitzen.

Weitere Beobachtungen: Zoosporen und Isogameten an lebendem Material studieren (Phasenkontrast, Reg. 87). Die Entwicklung der Gonitocysten ist meist an den entsprechenden Pflanzen in geschlossener Folge gut zu beobachten. Nach Kern- und Chromosomenfärbungen ist dann auch die Cytologie des Kernphasenwechsels zu verfolgen.

Fehlermöglichkeiten: Konserviertes Material zeigt nach längerem Aufbewahren häufig Zersetzungserscheinungen und ist dann zu verwerfen. Sind an einem Pflanzenstück keine Gonitocysten zu entdecken, lohnt weiteres Suchen an der gleichen Alge nicht! Werden andere *Ectocarpus*-Arten mikroskopiert, sucht man mitunter nach bestimmten Entwicklungsstadien vergeblich (z. B. sind Meiosporocysten bei manchen Arten, zumindest an bestimmten Standorten, unbekannt). Form und Größe der Behältnisse, Verzweigungstypus und andere Einzelheiten ändern sich von Art zu Art; eventuell Bestimmungsliteratur heranziehen.
Kompliziert können die Verhältnisse dadurch werden, daß der Sporophyt manchmal neben den beschriebenen Meiosporocysten auch Gonitothomen ausbildet, in denen diploide Zoosporen entstehen. Die Mitozoosporen („neutrale" Sporen) sichern das kontinuierliche Vorkommen des Sporophyten unabhängig vom Gametophyten. „Unilokuläre" Meiosporocysten charakterisiern hinreichend die Sporophytennatur der untersuchten Pflanze.
In den nach den beschriebenen Gesichtspunkten eingesammelten Algenproben sind oft Thalli einer habituell sehr ähnlichen Algengattung enthalten: *Pylaiella* (häufig und weit verbreitet: *P. litoralis*). Bei dieser Alge sind die Gonitocysten nicht terminal, sondern interkalar im Faden, meist in Ketten angeordnet und tonnenförmig (Abb. 40G).

Weitere Objekte:

Nahe verwandte Arten: *E. confervoides* (Roth) Le Jol., *E. penicillatus* Agardh und *E. hiemalis* Crouan. Unterschiede hauptsächlich in Form und Größe der Gonitothomen. Sehr große Meiosporocysten, die leicht zu präparieren sind, besitzt die zu den Heterogeneratae gehörende *Eudesme virescens* (Carm.) J. Agardh. Von kleinen Teilen des gallertig-fleischigen, stielrunden, schlüpfrigen Thallus Quetschpräparat (Reg. 92) herstellen.

Beobachtungsziel: Isomorpher, heterophasischer Generationswechsel mit Oogamie, Heterothallie. Flächiger Thallus mit Dichotomie

Objekt: *Dictyota dichotoma* (Huds.) Lamouroux.

Materialbeschaffung: Die Gattung ist weit verbreitet in den großen Ozeanen, die Art eine häufige Alge in der Nordsee und im Adriatischen Meer. Wenn nicht an Ort und Stelle eingesammelt werden kann, ist man auf Zusendung von Material durch entsprechende Biologische Meeresstationen angewiesen. Auch Herbarmaterial ist nach geeigneter Vorbehandlung (s. S. 116) zu verwenden. Der Thallus ist 10–20 cm hoch, braun und aufrecht, wenige Millimeter breit, bandförmig-flach, ohne Mittelrippe und regelmäßig dichotom verzweigt. Gametocysten in den Sommermonaten.

Präparation: Etwa 1 cm lange Thallusspitzen abschneiden und nach Übersichtsfärbung (Reg. 107) Frisch- (Reg. 41) oder Dauerpräparat (Reg. 46, 51) als Totalpräparat anfertigen (Aufsicht auf die Breitseite der Thallusspitze). Nach Selektion von männlichen, weiblichen und sporentragenden Pflanzen (unter dem Präpariermikroskop, Reg. 103) Hand- oder Mikrotomquerschnitte (Reg. 80) durch die drei verschiedenen Thalli nach Art von Blattquerschnitten anfertigen.
Männliche und weibliche Thalli tragen Gruppen von Androgametocysten (= Spermatocysten) und Gynogametocysten (= Oogonien), die in Aufsicht unregelmäßig begrenzte schuppenartige Flecken bilden. Die Spermatocystengruppen, die aus sehr kleinen Zellen (Spermatocysten) aufgebaut werden, sind im Gegensatz zu den Oogonien nochmals zu Gruppen höherer Ordnung zusammengefaßt (Spermatocysten-Sori). Die Sporocysten (= Tetrasporocysten, Meiosporocysten) sind demgegenüber kugelige Gebilde, meist nur zu wenigen zusammenstehend über die Thallusoberfläche zerstreut.

Weitere Präparationen: Für cytologische Untersuchungen sind Mikrotomschnitte anzufertigen (Reg. 80). Färbung mit Eisenhämatoxylin nach Heidenhain (Reg. 27). Einschluß zu Dauerpräparaten in Glycerolgelatine (Reg. 46) oder Harze (Reg. 51).

Beobachtungen: Der flache, bandförmige Thallus ist auffallend gabelig (dichotom) verzweigt. Die cytologische Ursache dafür ist bei mittlerer Vergrößerung an den Thallusspitzen zu beobachten. Das Wachstum geht hier jeweils von einer großen Scheitelzelle aus (Abb. 41 E). Sie hat linsenförmige Gestalt und gliedert nach hinten (basalwärts) regelmäßig flache, nach innen konvex gekrümmte Zellen ab, deren Durchmesser so groß ist wie die Basis der Scheitelzelle. Später unterteilen sich diese schalenförmigen Zellen durch Zellwände, die senkrecht zur Vorderkante liegen. Aber auch die Scheitelzelle selbst teilt sich gelegentlich durch Einziehen einer antiklinen Zellwand (Abb. 41 D). Hierdurch entstehen zwei neue, selbständige, aber in gleicher Geschwindigkeit weiterwachsende Scheitelzellen: der Ausgangspunkt für die gabeligen Verzweigungen (Abb. 41 E).
Im Querschnitt ist der Thallus dreischichtig (Abb. 41 A–C): Große innere, im Querschnitt rechteckige Speicherzellen werden außen von je einer Lage kleinerer, photosynthetisch aktiver Zellen bedeckt. Auf beiden Seiten sitzen die Fortpflanzungseinrichtungen dem Thallus außen auf: Gruppen von Oogonien oder Spermatocysten, jeweils auf gesonderten Pflanzen (Heterothallie), die sich im Habitus nicht voneinander unterscheiden.
Die Oogoniengruppen (Abb. 41 A) enthalten in jedem der birnenförmigen Oogonien nur eine große Oosphäre (Ei, Gynogamet), die zur Befruchtung aus dem Behälter in das freie Wasser austritt (in der Mitte des Sorus in Abb. 41 A entleerte Oogonien). Die Spermatocystensori (Abb. 41 B) stellen Gruppen verwachsener, langgestreckter Kammern dar, die ihrerseits aus einer Vielzahl sehr kleiner Zellen aufgebaut sind, Androgametocysten (= Spermatocysten), von denen jede bei Reife einen der kleinen, mit einer langen Geißel ausgerüsteten Androgameten (Spermatozoid) enthält. Die männlichen und weiblichen Pflanzen repräsentieren die haploide geschlechtliche Generation. Nach der Befruchtung keimt die Zygote zu einer diploiden, Sporen produzierenden Pflanze aus, die äußerlich der Geschlechtsgeneration gleicht (Isomorphie). Die unbeweglichen Sporen entstehen nach Reduktionsteilung zu je vier in einem Behälter und werden daher Tetrasporen genannt. Die Tetrasporocysten sind kugelige Gebilde (Abb. 41 C), die untereinander frei in lockeren Gruppen beisammen stehen. Der diploide Tetrasporophyt verkörpert die ungeschlechtliche Generation eines antithetischen Generationswechsels: Aus den vier Sporen entstehen stets wieder zwei männliche und zwei weibliche haploide *Dictyota*-Pflanzen.

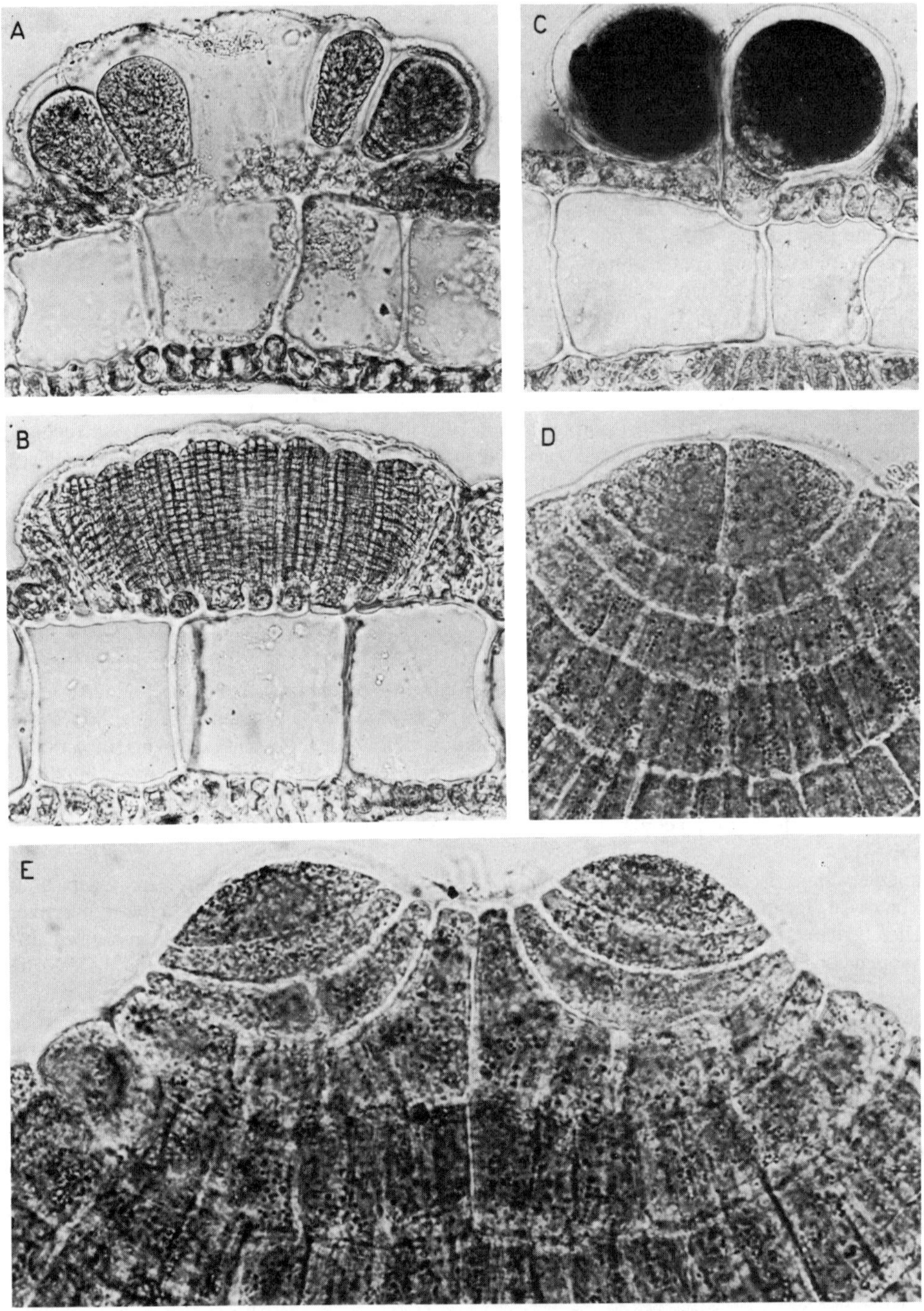

Abb. 41. *Dictyota dichotoma*. **A–C** Querschnitte durch den fertilen Thallus eines weiblichen (A) und männlichen (B) Gametophyten und den Sporophyten (C); 230: 1. **A** Oogoniengruppe (mittlere Eikammern entleert). **B** Androgametocysten-Gruppen (= Spermatocysten-Sorus). **C** Tetrasporocysten. **D, E** Thallusspitzen mit Scheitelzellen (Aufsicht auf die Fläche des bandförmigen Thallus); 500: 1. **D** Antikline Teilung der Scheitelzelle – Grundlage der Dichotomie. **E** Die getrennten Zellhälften wachsen mit gleicher Geschwindigkeit eigenständig weiter.

Beobachtungsziel: Phaeophyceen ohne Generationswechsel (gametischer Kernphasenwechsel, reine Diplonten). Oogamie; Befruchtungsvorgang

Objekt: *Fucus vesiculosus* Linné, Blasentang.

Materialbeschaffung: Die dunkelbraunen, meist etwa 20–50 cm großen lederriemenartig festen, bandförmigen, gabelig verzweigten Thalli sind mit einer Haftscheibe am Substrat befestigt, z. B. an Steinen, Muscheln und Holz, und wachsen verbreitet an den Küsten der nordeuropäischen Meere. An der Ostseeküste werden sie regelmäßig und häufig bei Seewind an den Strand gespült. Die Pflanzen sind ausdauernd und tragen vom Frühjahr bis zum Herbst an umgestalteten Zweigspitzen die Fortpflanzungsorgane. Häufig sind auch im Winter fertile Thalli zu finden.

Präparation: *Fucus* kann auch unfixiert noch nach einigen Tagen mikroskopiert werden; es hat daher Sinn, ihn lebend zu verschicken. Aufbewahrung in Seewasserbecken (Reg. 73). Fixierung, wenn nötig, mit Formaldehyd (3% in Meerwasser, Reg. 40), gegebenenfalls danach zum Aufbewahren in 70%iges Ethanol (s. S. 116) überführen.
Von lebendem oder fixiertem Material dünne Querschnitte durch die fertilen Thallusspitzen herstellen (Abb. 42) und Frisch- (Reg. 41) bzw. Glycerolgelatinepräparat (Reg. 46) anfertigen. Gegebenenfalls etwas quetschen (Reg. 92), um das Gewebe aufzulockern (bes. zur Untersuchung der Androgametocysten).
Bei reifen, lebenden Pflanzen wird der Austritt der Geschlechtsorgane provoziert, wenn man abgetrennte Thallusspitzen in feuchten Kammern aufbewahrt (Reg. 84): Naturfeuchte Thalli ohne Zusatz von Wasser in verschlossener Büchse, Weithalsflasche, Petrischale oder Plastbeutel über Nacht aufbewahren. Es tritt ein orangeroter oder schmutziggrüner Schleim aus.
Befruchtungsvorgang in Seewasser (Reg. 73) über einer feuchten Kammer (Reg. 84) beobachten.

Weitere Präparationen: Mikrotomschnitte (Reg. 80) zeigen mehr Details als Handschnitte. Fixierung in 1%iger Chromiumsäure (Seewasser). Färbung mit Hämatoxylin nach Heidenhain (Reg. 27). Einschluß in Harze (Reg. 51). Zur Präparation von Eiern Flüssigkeitswechsel durch vorsichtiges Zentrifugieren oder Übertragen des Materials in Kapillaren, bei denen durch einen einseitigen feinporigen Verschluß der Verlust der kleinen Objekte verhindert wird (Reg. 68).

Beobachtungen: Zunächst an unversehrten Pflanzen über die äußere Gestalt informieren: der kräftige, bandartig abgeflachte Thallus ist wiederholt gabelig verzweigt, 0,5–2 cm breit und mit einer deutlichen Mittelrippe versehen. Die Ränder sind glatt. Im oberen Teil liegen (nicht immer) blasenförmige, gasgefüllte Auftreibungen paarig zu beiden Seiten der Mittelrippe, die als Schwimmblasen dienen und den Algenkörper im Wasser aufrecht halten. Basal ist der Thallus stielähnlich abgerundet und mit einer Haftscheibe am Substrat befestigt.
Einige Thallusspitzen sind zu länglichen, manchmal etwas zugespitzten, einfachen oder gabelig verzweigten, meist etwas blasig aufgetriebenen Receptakeln umgestaltet (Abb. 42). Auf ihrer Oberfläche sind punktförmige warzenartige Erhebungen zu sehen. Sie kennzeichnen die engen Öffnungen der Konceptakeln, kugeligen Höhlungen im Gewebe, in denen sich die Gameten entwickeln. Schneidet man ein Receptaculum quer, werden stets auch Konceptakeln durchschnitten, wenn man Glück hat median, so daß die Öffnung der grubenartigen Einsenkung sichtbar wird (Abb. 43A, D). Im weiblichen Geschlecht ragt ein Büschel vielzelliger unverzweigter Haare aus dem Konceptakel heraus.
Fucus vesiculosus ist diözisch. Männliche und weibliche Gameten sind daher auf verschiedenen Pflanzen zu finden, und man trifft in jedem Konceptakel nur Gameten eines Typs an (Abb. 43A, D). Oogonien führende Konceptakeln fallen meist zuerst auf: Zwischen sterilen Haarbildungen (den Paraphysen) liegen die großen, ovalen, durch dichtes Plasma dunkel erscheinenden Oogonien (Abb. 43D, E). Bei Reife enthalten sie jeweils 8 Eizellen, die nach der Meiose entstanden. So lange die Eier von der Oogonienwand umschlossen sind, erkennt man meist nur 5 bis 6 (Abb. 43E), da sie nicht alle in einer Ebene liegen.
An Mikrotomschnitten wird nach Hämatoxylinfärbung der Zellkern gut sichtbar (Abb. 43F), das Cytoplasma erscheint stark granuliert.

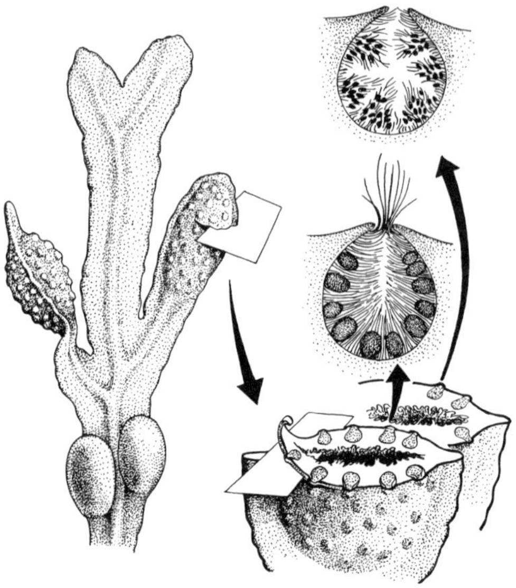

Abb. 42. Präparationsanleitung zu Abb. 43.

Die Androgametocysten sind länglich-ovale, sehr viel kleinere Gebilde als die Gynogametocysten (= Oogonien). Sie erscheinen hell und wenig kontrastreich und sitzen dicht gedrängt an der Konceptakelwandung auf stark verzweigten kurzen Zellfäden (Abb. 43A, B). Ihr Inhalt ist körnig durch die Spermatozoiden, die nach der Reduktionsteilung entstanden (Abb. 43B). Der Vergleich mit einem hämytoxylingefärbten Mikrotomschnitt zeigt, daß fast der ganze Körper der Spermatozoiden aus Kernsubstanz besteht (Abb. 43C). Bei Reife werden sowohl Eier als auch Spermatozoiden zunächst von ihrer Hülle umschlossen entlassen. Diese verschleimt, platzt schließlich und gibt die Geschlechtszellen zur Befruchtung frei. Das ist an lebendem Material leicht zu beobachten: Wenn die entsprechend vorbehandelten Receptakel die gefärbten Geschlechtsorgane freigegeben haben (s. „Pärparation"), vermischt man etwas von dem orangeroten Spermatozoidenschleim und den graugrünen Oogoniummassen (kleiner Spatel, Skalpell) in einem Tropfen Seewasser und deckt vorsichtig mit einem auf „Füßchen" liegenden Deckglas (Wachsecken, Deckglassplitter o. ä.) ab. Unter dem Mikroskop beobachtet man nun bei starker Vergrößerung sowohl unversehrte Oogonien und Androgametocysten als auch bereits freigesetzte große runde Eizellen und die lebhaft im Wasser umherschwärmenden Spermatozoiden. Nach kurzer Zeit ändert sich das Bild: Die Spermatozoiden schwimmen auf die zartwandigen Eizellen zu und umschwärmen sie in dichten Scharen. Der Schwärmhof beträgt etwa den doppelten Eidurchmesser. Nach 10 bis 30 min wird das Ei von den anhaftenden Spermatozoiden wieder verlassen. Es ist der Zeitpunkt, zu dem die Befruchtung erfolgte. Das Eindringen des einen befruchteten Spermatozoids ist nur nach Fixierung und Färbung zu verfolgen (s. unten). *Fucus*-Eier sind ein bevorzugtes Objekt für zellphysiologische und biophysikalische Untersuchungen geworden.

Weitere Beobachtungen: Das Eindringen der Spermatozoiden in die Eizellen ist an Mikrotomschnitten zu beobachten: Hierzu nach verschiedenen Zeiten (2 min bis 2 Tage) größere Mengen befruchtungsfähiger Ei/Spermatozoid-Gemische fixieren, färben und einschließen (s. „Weitere Präparationen"). Man kann dann in vielen Eizellen zwei Kerne entdecken und das Vordringen des kleineren bis zum großen Eikern beobachten. Nach 1–2 Tagen erfolgt die erste Teilung des Zygotenkerns. Die Polarität der *Fucus*-Keimlinge wird durch Licht beeinflußt.

An Thallusquerschnitten läßt sich ein Eindruck in die innere Organisation der hochentwickelten Braunalgen gewinnen: Außen liegen dicht gedrängt parenchymartige Zellen, von denen besonders die äußersten zahlreiche braun gefärbte Chromatophoren enthalten. Der gesamte innere Teil wird von einem dichten interzellularenfreien Fadengeflecht ausgefüllt.

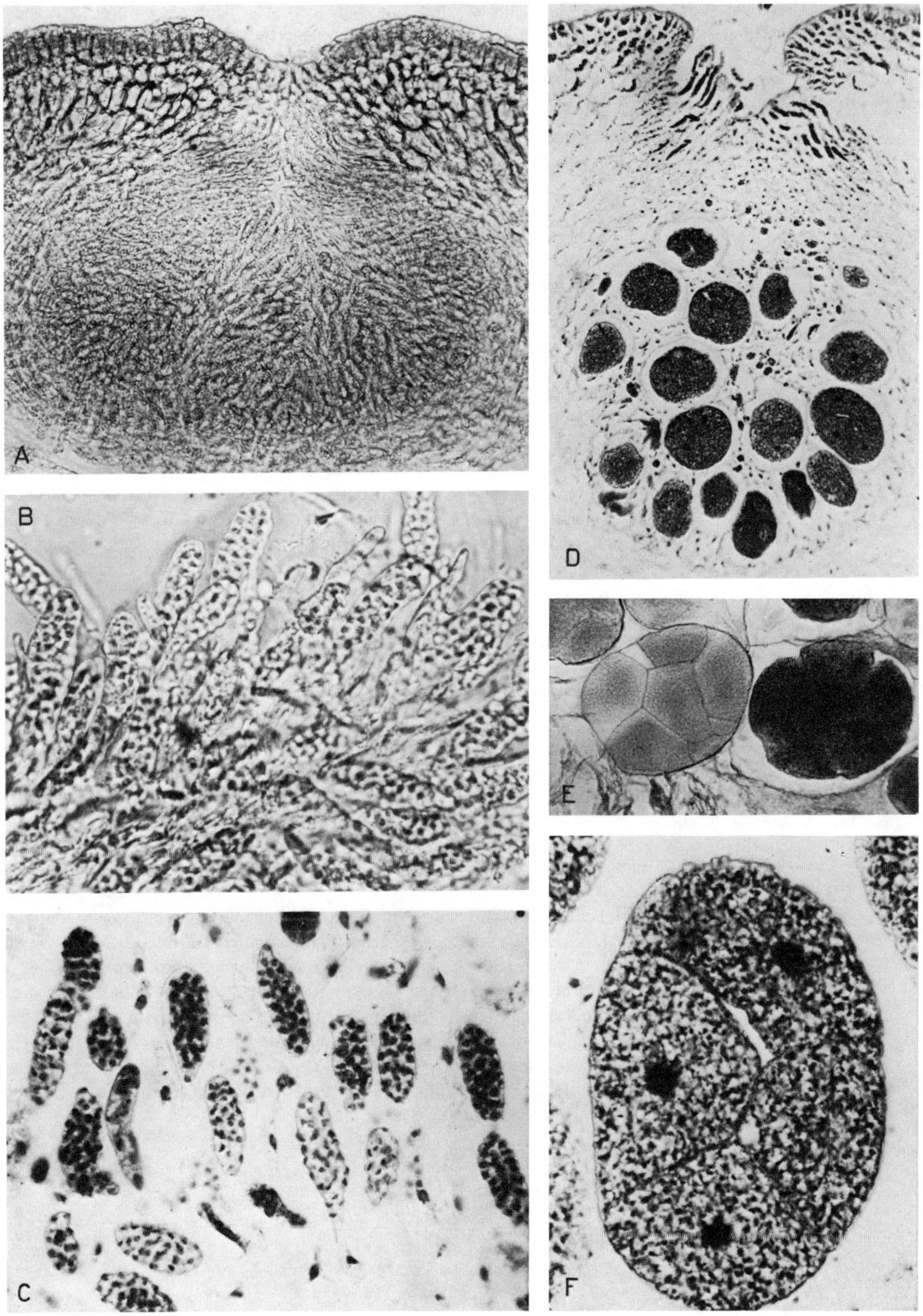

Abb. 43. *Fucus*. **A, D** Receptakelquerschnitte mit männlichem (A) und weiblichem Konceptakel. **B** Androgametocysten-Büschel. **C** Androgametocysten nach Hämatoxylinfärbung: Spermatozoide als dunkle Punkte sichtbar. **E** Oogonien unterschiedlichen Reifegrades. Aufteilung in die 8 Eizellen. **F** Oogonium mit 5 sichtbaren Eizellen (Hämatoxylinfärbung), C, D, F Mikrotomschnitte. A 110:1; B, C 400:1; D 90:1; E 180:1; F 460:1.

Fehlermöglichkeiten: Der Befruchtungsvorgang sollte möglichst mit Standortwasser beobachtet werden, da sonst Schäden nicht auszuschließen sind. Oft überwiegen Konceptakeln eines Geschlechtes erheblich, so daß man Mühe hat, den Partner zu finden. Es gibt auch *Fucus*-Arten mit zwittrigen Konceptakeln!

Weitere Objekte:

Nahezu identische Verhältnisse finden sich bei dem ebenfalls häufigen und weit verbreiteten *Fucus serratus* L.: Wie *F. vesiculosus,* jedoch Thallusrand gesägt, ohne Schwimmblasen; diözisch, ausdauernd.

2.1.1. Dinophyceae

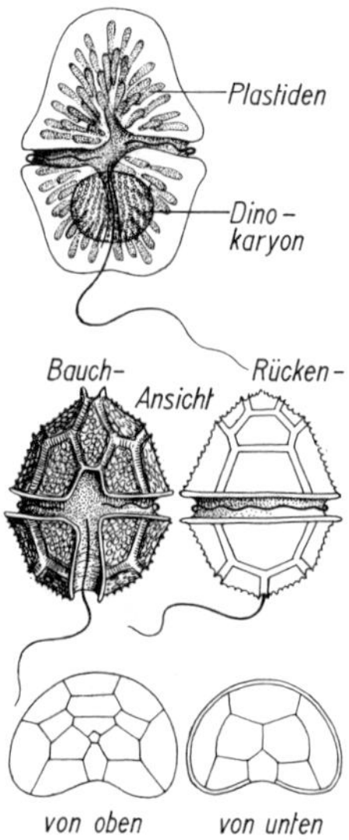

Charakeristik der artenreichen Gruppe der Dinophycidae: Die Mehrzahl der Formen sind **einzeln und frei lebende** begeißelte Meeresorganismen. Zellen meist von festem **Panzer aus** einzelnen perforierten **Celluloseplatten** oder geschlossener, lederartiger **Cellulosehaut** umgeben, seltener nackt.

Der Cellulosepanzer ist oft mit langen Schwebefortsätzen versehen und stets mit **Quer- und Längsfurche,** in denen sich je eine Flimmergeißel bewegt, deren Flimmern dünner sind als die Mastigonemen der Heterokontophytina: eine **Quergeißel** (mit einer Reihe Haaren besetzt) für die Rotation, eine **Längsgeißel** (mit zwei Haarreihen besetzt) für den Vortrieb. Beide entspringen am Berührungspunkt zwischen Quer- und Längsfurche. Die Quergeißel reicht fast bis zur Insertionsstelle um den Körper herum. Die Längsgeißel ist länger als die Längsfurche und ragt deshalb über den Körper hinaus ins freie Wasser.

In der Regel **gelbbraune Chromatophoren** verschiedener Gestalt, bei denen das **Chlorophyll** (Chlorophyll a und wenig c, kein b) **von** verschiedenen, zum Teil gruppenspezifischen **Carotenoiden überdeckt** ist (besonders β-Caroten und das Xanthophyll Peridinin). Apoplastidie kommt vor. Reservesubstanzen: Stärke und Öl.

Die Zellen enthalten einen auffallend großen, charakteristisch gebauten Kern (**„Dinokaryon“**): seine kontrahierten Chromosomen sind auch im Interphasekern zu sehen. Während der Mitose lösen sich die Kernmembranen nicht auf.

Weitere charakteristische Organellen: Die Pusulen der marinen Formen (sackartige Einstülpungen, die über einen Kanal mit der Umgebung in Verbindung stehen) und die Trichocysten.

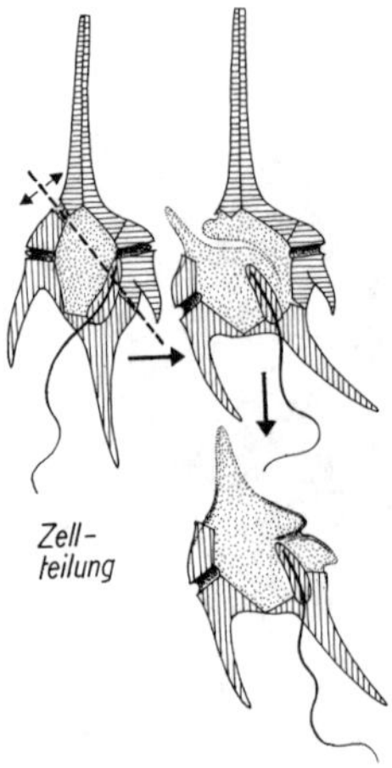

Ungeschlechtliche Vermehrung durch Zweiteilung (auch bei gepanzerten Formen) meist schräg zur Längsachse und Regeneration des fehlenden Anteils (teilweise wird der Panzer vor der Teilung abgeworfen). Geschlechtliche Fortpflanzung offenbar sehr selten. Ruhezustände (Hypnocysten) mit widerstandsfähiger Wandung (Bedeutung für die Paläontologie!). Dinophyceen machen einen wesentlichen Anteil des Meeresphytoplanktons aus; es sind **wichtige Glieder der ozeanischen Primärproduktion.** Massenentwicklungen können zu Vegetationsfärbungen und durch Bildung toxischer Stoffe auch zu Vergiftungen bei Mensch und Fisch führen. Einige Formen verursachen **Meeresleuchten.**

Übersicht über das System

Klasse: Dinophyceae
Unterklasse: Dinophycidae
  Ordnung: Peridiniales (Dinoflagellaten)
  Unterordnung: Gymnodiniineae *(Gymnodinium, Noctiluca)*
  Unterordnung: Dinophysidineae *(Dinophysis, Amphisolenia)*
  Unterordnung: Peridiniineae *(Glenodinium, Peridinium, Gonyaulax, Ceratium)*
  4 weitere Ordnungen:
2 weitere Unterklassen

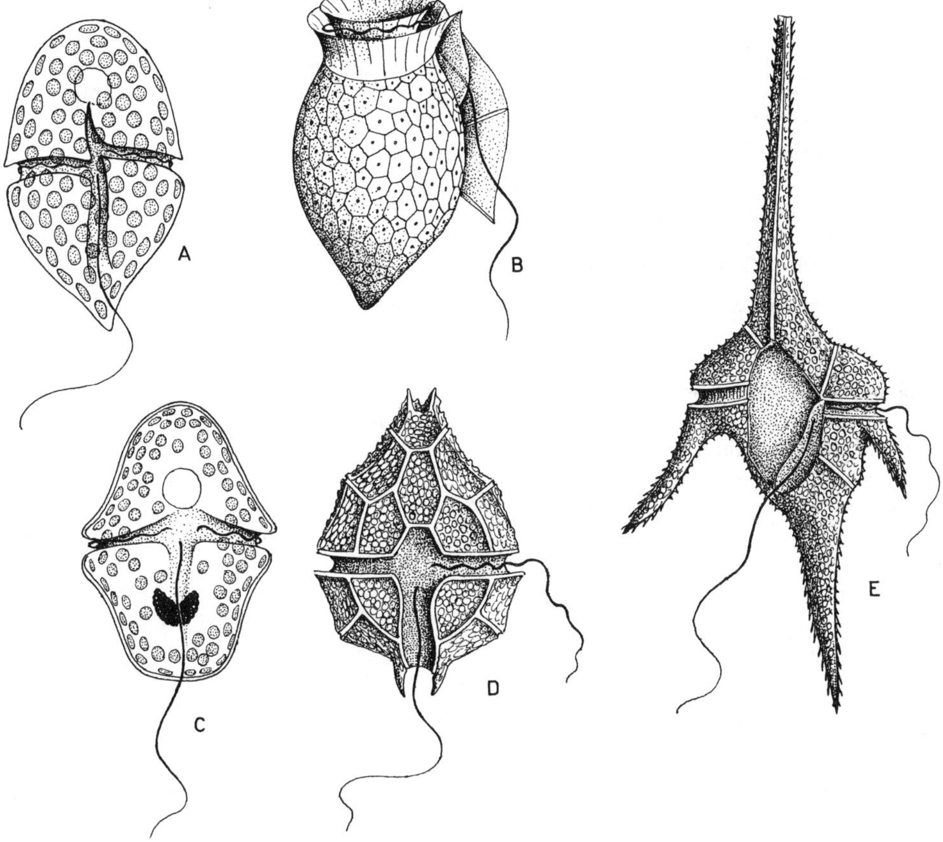

Abb. 44. Peridiniales. **A** *Gymnodinium*, **B** *Dinophysis*, **C** *Glenodinium*, **D** *Peridinium*, **E** *Ceratium*.

Bestimmungshilfe für einige häufige Süßwassergattungen der Peridiniales

(Formenübersicht in Abb. 44)

1. Nackte bzw. nur vom Periplast begrenzte Formen . . . . *Gymnodinium*
2. Gepanzerte Formen (Körperhülle aus zahlreichen porendurchsetzten Platten zusammengesetzt)
   - 2.1. Zellen mit glatter, fester, derbhäutiger Hülle . . . . *Glenodinium*
   - 2.2. Hülle der Zellen ist ein aus vielen polygonalen perforierten Platten zusammengesetzter Panzer
     - 2.2.1. Zellpanzer ohne hornartige Fortsätze . . . . *Peridinium*
     - 2.2.2. Zellpanzer mit hornartigen Fortsätzen . . . . *Ceratium*

Beobachtungsziel: Bauprinzipien bei Peridiniales; Gymnodinium, Peridinium, Ceratium

Objekte: Vertreter der Gattungen *Gymnodinium* [*G. fuscum* (Ehr.) Stein], *Peridinium* [*P. cinctum* (Müller) Ehrenbg. oder *P. tabulatum* (Ehrenbg.) Clap. et Lachm.] und *Ceratium* [*C. hirundinella* O. F. M., *C. tripos* (O. F. M.) Nitzsch, *C. cornutum* Stein].

Materialbeschaffung: Süßwasserperidiniales erbeutet man (meist zusammen mit anderen Algen) mit dem Planktonnetz in Seen, Teichen und kleineren Wasseransammlungen, wie unverschmutzen pflanzen- und sauerstoffreichen

Tümpeln, Gräben, Sümpfen. Auch Auspressen submerser Wasserpflanzenbestände, z. B. Torfmoos, führt zum Ziel. Zuweilen kommen einzelne Formen auch zur Massenvermehrung, so daß kleinere stehende Wasserkörper durch ihre Anwesenheit gelbbraun getrübt erscheinen.
Ceratien sind auch konstant im marinen bzw. Brackwasserplankton (Ostsee) vertreten.
Die meisten Formen sind sehr empfindlich und halten sich auch unter günstigen Bedingungen (z. B. in flachen Schalen in Ursprungswasser und diffusem Licht) nur kurze Zeit am Leben.

Präparation: Es ist anzustreben, das eingesammelte Material möglichst frisch und möglichst bald nach dem Einsammeln zu untersuchen. Die gepanzerten Formen bleiben auch nach der Fixierung in 3–4%iger Formaldehydlösung (Reg. 40), Pfeifferschem oder Flemmingschem Gemisch (Reg. 36) morphologisch bzw. cytologisch gut erhalten, so daß die Flüssigkeiten auch zur Konservierung geeignet sind. Die größte Formbeständigkeit besitzen die Ceratien.

Weitere Präparationen: Kernfärbungen gelingen am einfachsten mit Karminessigsäure (Reg. 64), aber auch andere Methoden sind geeignet (Reg. 65). Die gepanzerten Formen behalten auch nach Einschluß in Glycerol, Glycerolgelatine (Reg. 46) oder Harze (Reg. 51) ihre charakteristische Gestalt.

Beobachtungen: Die gelbbraunen, gewandt durch das mikroskopische Gesichtsfeld schwimmenden Zellen der Peridiniales sind in Wasserproben, die diese Organismen enthalten, nicht zu übersehen. Das sorgfältige Studium ihres Körperbaues ist jedoch besser an fixiertem (bzw. abgestorbenem) Material möglich. Bei allen genannten Formen ist das für die Gruppe charakteristische Furchensystem gut zu beobachten (Abb. 45 A–H): Die meist mehr oder weniger äquatorial verlaufende Querfurche teilt den Körper in eine obere (Epivalva) und eine untere Hälfte (Hypovalva). Bei *Gymnodinium* (Abb. 45 D) ist der im Umriß ovale Körper völlig nackt und an der Oberfläche glatt. Das Hinterende ist bei *G. fuscum* leicht zugespitzt und rübenförmig, das Vorderende abgerundet helmartig. Bei mittlerer bis starker Vergrößerung sind die gelbbraunen Chromatophoren in ihrer oft radialen Anordnung als Scheiben oder Stäbchen zu erkennen. Ein heller Fleck in der Mitte der vorderen Körperhälfte markiert die Lage des Zellkerns.
Peridinium (Abb. 45 E, F) unterscheidet sich von *Gymnodinium* durch den Besitz von Celluloseplatten, die den Zellkörper bedecken. Die Anordnung und Zahl dieser besonders bezeichneten Tafeln charakerisiert die verschiedenen Arten. Jede dieser Platten läßt oft in sich wiederum ein zartes Muster feinster Areolierung erkennen. Die einzelnen Platten sind durch verschieden breite Interkalarstreifen voneinander getrennt. Die Abbildung 45 F gibt eine Ansicht der Ventralseite wieder, der Seite, an der die Geißeln an der Kreuzung von Längs- und Querfurche entspringen. In dieser Ansicht ist der Körper nahezu kugelig; die Scheitelansicht würde die Organismen ventral abgeplattet-nierenförmig zeigen (siehe Randleiste). Die Querfurche bildet eine relativ breite Hohlkehle, deren Ränder leistenartig scharf hervortreten (Abb. 45 E).
Ähnliche Verhältnisse trifft man auch bei Ceratien an, die durch mehrere lange hornartige Fortsätze eine interessante Gestalt haben (Abb. 45 A–C, G, H).
Hier trennt die Querfurche zwei ungleiche Körperteile voneinander: Der vordere (apikale) trägt stets nur ein einziges Horn, der hintere dagegen zwei (wie bei dem marinen *C. tripos,* Abb. 45 A, B) oder drei (z. B. bei dem im Süßwasser häufigen *C. hirundinella,* Abb. 45 C, dort einer der Fortsätze verdeckt). Die Länge und Form dieser Körperanhänge steht in Verbindung mit dem Schwebevermögen dieser planktisch lebenden Organismen. Der Blick auf die Ventralseite (Abb. 45 B) zeigt ein großes „leeres" Feld, das sogenannte „rhombische" Feld, wo keine Celluloseplatten ausgebildet sind und in dem die Längsfurche verläuft. Die gleiche Zelle läßt in Dorsalansicht (Abb. 45 A) besonders die Querfurche gut beobachten. Ähnliche Bilder liefert das im Süßwasser häufige *C. cornutum* (Abb. 45 G, H).

Weitere Beobachtungen: Spezialisierte Anpassungen an die planktische Lebensweise zeigen die marinen *Dinophysis*-Arten (Abb. 44 B), bei denen sich die Ränder der Quer- und Längsfurche zu kragen- bzw. flügelartigen Gebilden erweitern. Auch ihr Cellulosepanzer ist durch Poren areoliert.

Weitere Objekte:

Die beschriebenen prinzipiellen Baueigentümlichkeiten sind bei anderen Formen ebenfalls gegeben. Es eignen sich daher nahezu alle Arten für entsprechende Beobachtungen.

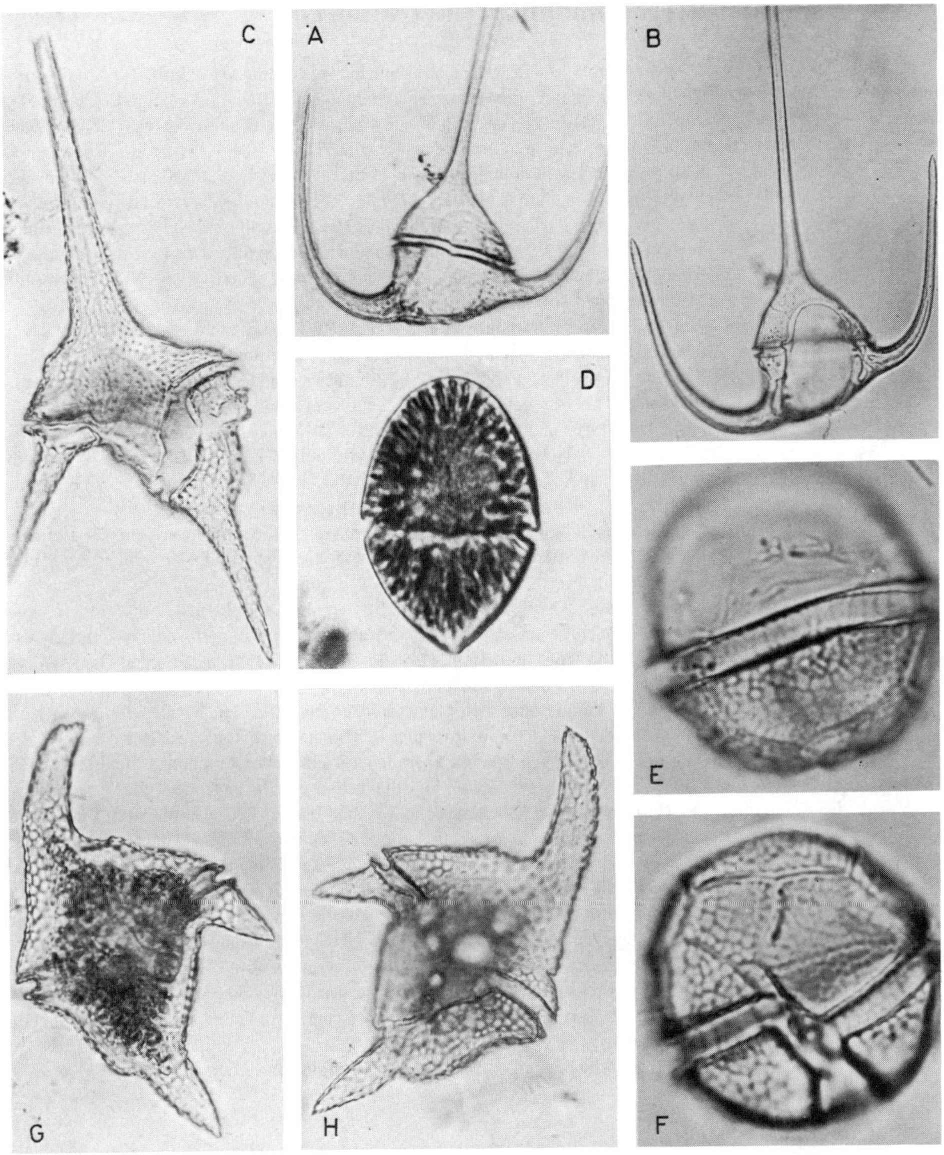

Abb. 45. **A, B** *Ceratium tripos.* **A** Dorsalansicht, **B** Ventralansicht mit dem „rhombischen Feld"; 220 : 1. **C** *Ceratium hirundinella;* 450 : 1. **D** *Gymnodinium fuscum;* 620 : 1. **E, F** *Peridinium cinctum,* **E** Dorsalansicht, **F** Ventralansicht; 960 : 1. **G, H** *Ceratium cornutum,* **G** Dorsalseite, **H** Ventralseite; 500 : 1.

2.12. Rhodophyceae (Rotalgen)

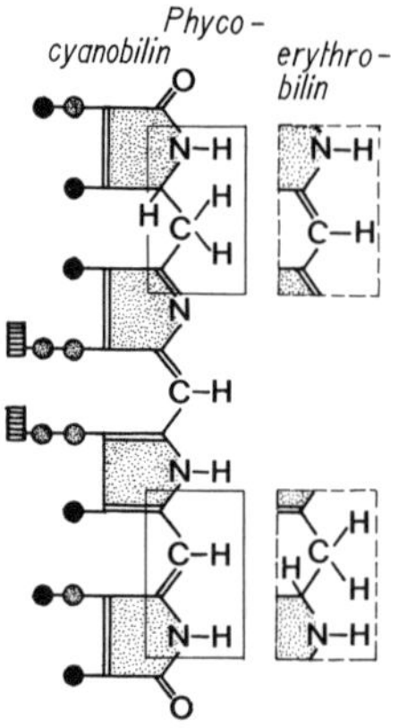

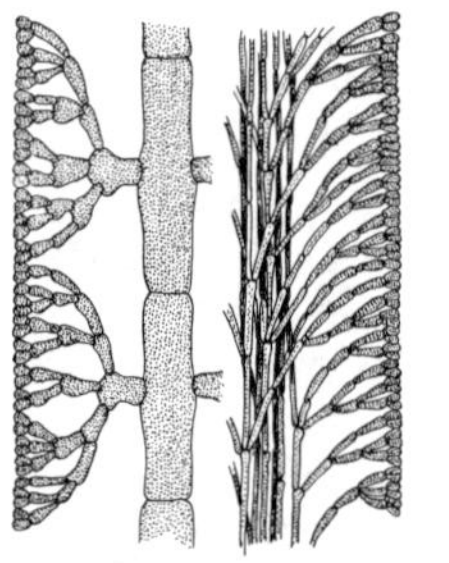

Zentralfaden-Typ "Springbrunnen"-Typ

Überwiegend wärmere Meere bewohnende, fast immer **rot gefärbte, festsitzende** Thalluspflanzen mit oft hoch organisiertem innerem Bau. Nur wenige Einzeller. Der Aufbau der Thalli läßt sich stets auf ein variiertes System verzweigter Zellfäden zurückführen, das in morphlogischer Hinsicht zu faden- bis band-, lappen- und blattförmigen Typen organisiert ist (histologisch handelt es sich jedoch höchstens um Plektenchyme, nie um echte Parenchyme). *Zwei Grundbautypen* sind zu unterscheiden: Der **uniaxiale Typ** (Zentralfadentyp; Hauptachsenfaden mit Scheitelwachstum, subapikale wirtelige Verzweigungen) und der **multiaxiale Typ** (Springbrunnentyp; Bündel paralleler Zellfäden mit Spitzenwachstum, durch wiederholte dichotome Verzweigungen springbrunnenartig auffächernd).

Zellen fast stets **einkernig,** mit großer zentraler Vacuole und zahlreichen einfachen rundlichen, auch gelappten Chromatophoren (= **Rhodoplasten).** Die Färbung wird durch wasserlösliche **Phycobiline** bestimmt; besonders durch das rote **Phycoerythrin** und – nicht regelmäßig – blaue **Phycocyanine.** Die Phycobiline überdecken das **Chlorophyll a** und die **Carotenoide** (β-Caroten, Luteen, Neoxanthen bzw. Zeaxanthen). Als Reserveprodukt wird vor allem **Florideenstärke** gebildet, ein stärke- bzw. glykogenähnliches Polysaccharid, das sich mit Iod rötlich bis violettrot, nie blau färbt. Pyrenoide sind dabei ohne Bedeutung, sie fehlen meist.

Zellwand aus Cellulose (Matrix) und aus gelierenden, warmwasserlöslichen pectinartigen Schleimstoffen aufgebaut (liefern die wichtigen Handelsprodukte Agar und Carrageen); häufig Kalkinkrusten.

Fortpflanzung: Sowohl Gameten wie Sporen **stets unbegeißelt.**

Oogamie: Weibliche Gametocyste (= **Carpogon)** mit fingerförmigem Empfängnisorgan **(Trichogyne)** und Androgametocyste mit je einem männlichen Gameten (= **Spermatium)** auf dem Gametophyten.

Die Zygote keimt, ohne den Gametophyten zu verlassen, bei den Florideen zum Sporen produzierenden **Gonimocarp (Carposporophyten)** aus. Bei der Entwicklung der Gonimocarpe spielen – in den verschiedenen Ordnungen unterschiedlich ausgeprägt – die sogenannten **Auxilliarzellen** eine bedeutende Rolle.

Der Carposporophyt besteht aus „sporogenen Fäden" **(„Gonimoblasten");** in ihren verdickten Endzellen, den Carposporocysten, entwickelt sich je eine Carpospore, die nach der Reife aus der Carposporocyste entlassen wird. Bei manchen Formen wird der Carposporophyt von besonderen Hüllfäden des Gametopyhten umwachsen und bildet dann mit diesen zusammen ein **Cystokarp.** Die **Carposporen** keimen zu einer selbständigen, meist dem Gametophyten gleichenden Pflanze aus, die unter Reduktionsteilung ebenfalls Sporen erzeugt (= **Tetrasporophyt mit Tetrasporen).** Aus den Tetrasporen entwickelt sich ein neuer Gametophyt. Oft gibt es weitere Sporenformen zur selbständigen Propagation der verschiedenen Generationen **(Monosporen, Parasporen).**

Zahlreiche Abweichungen von diesem Fortpflanzungsschema.

Übersicht über das System

Klasse: Rhodophyceae

Unterklasse: Bangiophycidae

Einfache Zellfäden oder blattartig mit intercalarem Wachstum. Bei geschlechtlicher Fortpflanzung ohne Gonimocarp

Einzige Ordnung: Bangiales *(Porphyridium, Porphyra, Bangia)*

Unterklasse: Florideophycidae (Florideen)

Mit Scheitelzellenwachstum; mit Gonimocarp

- Ordnung: Nemalionales *(Batrachospermum, Lemanea, Nemalion)*
- Ordnung: Gelidiales *(Gelidium)*
- Ordnung: Cryptonemiales *(Hildenbrandia, Lithothamnion, Corallina)*
- Ordnung: Gigartinales *(Gracilaria, Furcellaria, Phyllophora, Chondrus)*
- Ordnung: Rhodymeniales *(Rhodymenia)*
- Ordnung: Ceramiales *(Ceramium, Delesseria, Rhodomela, Polysiphonia)*

Beobachtungsziel: Thallusbau (uniaxialer Typ) und Lebenszyklus von marinen Rotalgen (Ceramiales)

Objekte: *Ceramium diaphanum* Harvey et Agardh, *Polysiphonia nigrescens* (Smith) Grev.

Materialbeschaffung: Beide Arten sind an den europäischen und nordamerikanischen Küsten weit verbreitet und häufig. An der Ostseeküste gehören *Ceramium*- und *Polysiphonia*-Arten zu den gewöhnlich massenhaft angespülten Algen. Am Standort wachsen sie auf geeignetem Substrat (Steine, Felsen, Muscheln, größere Algen, Buhnen) in dichten, etwa 10–20 cm hohen Büscheln rasenartig.
Es ist ratsam, stets eine größere Zahl der blaß- bis schwarzroten fadenartigen, reich verzweigten Thallusbüschel einzusammeln, um mit Hilfe geeigneter Bestimmungsliteratur die empfohlenen Arten zu identifizieren und um so die Wahrscheinlichkeit zu erhöhen, Pflanzen von unterschiedlichem Fortpflanzungstyp (also verschiedene Generationen) zu erhalten.
Breitet man beim Einsammeln in einer wassergefüllten Vertiefung (am Strand im einfachen Fall in der schüsselförmig geschlossenen Hand) Stücke der in Frage kommenden Algenbüschel aus, sind bald auch mit bloßem Auge Diagnosen möglich, die eine zielstrebige Materialbeschaffung erlauben:
Das zierlich gebaute *C. diaphanum* erkennt man an den gabelig verzweigten, oft zangenförmig gegeneinander gebogenen Thallusspitzen, die für alle Ceramien charakteristisch sind, und den streng in farblose und rot gefärbte Abschnitte gegliederten Zweigen, so daß mit bloßem Auge der Eindruck winziger Perlenketten entsteht. Die einjährige Alge „fruktifiziert" im Sommer.
Der Vegetationskörper von *P. nigrescens* ist purpurrot bis dunkel braunrot (losgerissen nach kurzer Zeit fast schwarz, Name!) Er trägt keine gabelig verzweigten Thallusspitzen und ist homogen gefärbt, so daß mit bloßem Auge keine Gliederketten zu erkennen sind. Die Zweige sind seidig-schlaff und flutend. Cystocarpien und Tetrasporocysten von Mai bis September. Pflanzen, die Cystocarpien und Parasporen tragen, erkennt man an winzigen dunklen Pünktchen, die über den ganzen Thallus verstreut mit bloßem Auge gerade noch wahrgenommen werden.

Präparation: Wenn möglich, lebendes Material untersuchen. In den meisten Fällen wird Fixierung und Anlage eines Vorrates nötig sein (vgl. auch S. 116). Für morphologische Präparate ist 3%ige Formaldehydlösung gut geeignet (Reg. 40), in der die Objekte auch längere Zeit aufbewahrt werden können. Nach ersten Orientierungen mit Hilfe des Präpariermikroskops (Reg. 103) von ausgewählten Thallusstücken Totalpräparate anfertigen (Reg. 105). Eventuell Deckglasstützen (Reg. 25) anbringen.

Weitere Präparationen: Übersichtsfärbung mit Azokarmin B (2 Std., Reg. 17) nach Chromiumsäurefixierung (1%ig, 1 Std., Reg. 24) bzw. Chromiumessigsäurefixierung (Reg. 23). Für cytologische Untersuchungen mit dem Flemmingschen Gemisch (Reg. 36) oder, besonders für Chromosomenuntersuchungen, mit einem Alkohol/Formaldehyd/Essigsäure-Gemisch fixieren (Reg. 6). Färbung mit Eisenhämatoxylin (Reg. 27, 50). Einschluß in Glycerolgelatine (Reg. 46) oder Harze (Reg. 51). Querschnitte durch den Thallus von *Polysiphonia*.

Beobachtungen: Unter dem Präpariermikroskop sind die beim Einsammeln beobachteten Merkmale des Thallusaufbaus eindeutig (Abb. 46A, B). Man entnimmt kleine Stücke der Endzweige von Pflanzen ohne erkennbare „Sonderbildungen" (Sporenhäufchen u. ä.) zum Studium des Vegetationskörpers im Totalpräparat mit mittlerer Vergrößerung: Die auffallend gegliederten Fadenzweige von *Ceramium* (Abb. 46B, G) setzen sich aus großen farblosen, zylinderförmigen Zellen zusammen, die in einer Reihe hintereinander liegen. Im Bereich der Querwände sind diese stark entwickelten sogenannten Interstitialzellen von kleinen, zahlreiche Rhodoplasten enthaltenden Zellen gürtelförmig umrindet. So entstehen die knotenartig verdickten roten Gebilde, die ohne mikroskopische Beobachtung den Eindruck der „Perlenketten" hervorriefen. Der Thallusaufbau entspricht dem Zentralfadentyp. Die beschriebene Gliederung ist bei *C. diaphanum* besonders streng, da nur die „Knoten" berindet sind (bei anderen Arten überziehen diese kleinen, photosynthetisch tätigen Zellen die Interstitialzellen mehr oder weniger vollständig, Abb. 46H, I).
Der Zuwachs geschieht am Thallusscheitel (Abb. 46C). In bestimmten Abständen teilt sich die Spitzenzelle auch antiklin, so daß zwei neue, selbständig weiter wachsende Scheitelzellen entstehen (Abb. 46D). Es ist die Ursache dafür, daß die Zweigspitzen in den charakteristischen zangenförmigen Gabelästen enden. An verschieden alten Thallusspitzen ist diese Entwicklung zu beobachten (Abb. 46C–G). Die Interstitialzellen strecken sich ziemlich spät, so daß die gürtelförmige Gliederung in den vorderen Abschnitten noch nicht deutlich ist.

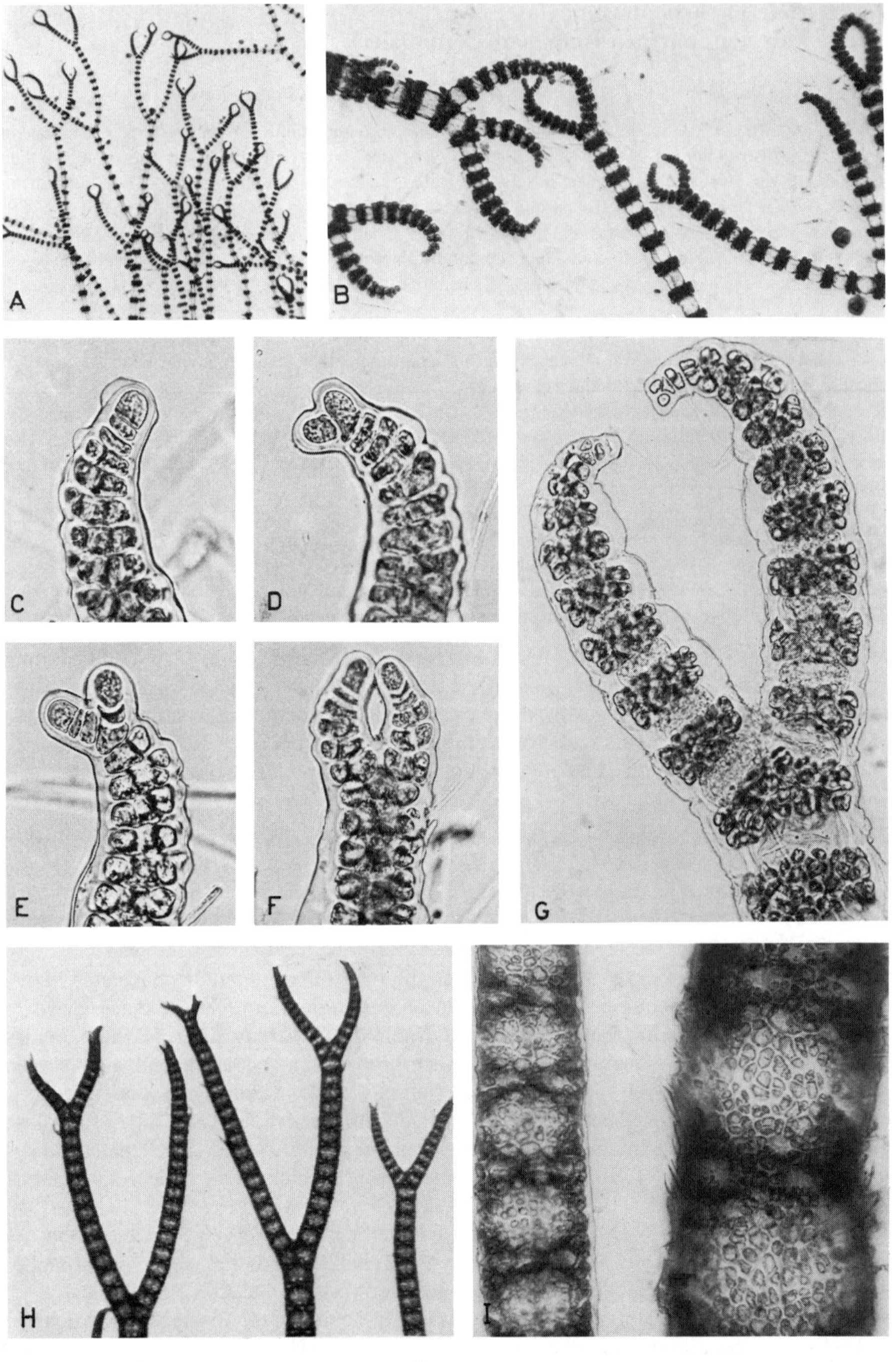

Abb. 46. **A–G** *Ceramium diaphanum*. **A, B** Übersichten über Endverzweigungen der Thallusspitzen mit den charakteristischen zangenförmigen Gabelästen; A 5:1, B 35:1. **C–G** Entwicklung der Gabeläste an der wachsenden Thallusspitze; 250:1. **H, I** *Ceramium rubrum*. Interstitialzellen von Rindenzellen bedeckt (vollständige Berindung); H 35:1, I 180:1.

Auch der fadenförmige, reich verzweigte Vegetationskörper von *Polysiphonia* (Abb. 47 A) ist nach dem Zentralfadentyp gebaut. Der ebenfalls einreihige zentrale Gliederfaden ist hier jedoch von einer artspezifisch variierenden Anzahl gleich langer, jeweils auch in gleicher Höhe angefügter roter sogenannter Perizentralzellen umschlossen (der Zentralfaden ist dadurch im unbehandelten Totalpräparat nicht sichtbar). Äußerlich scheint die Alge in Bündel gleich langer Röhren gegliedert zu sein, was treffend in ihrem Namen zum Ausdruck kommt. An den Thallusspitzen und seitlich sitzen zahlreiche farblose Haare.

Am Beispiel von *Polysiphonia* sind nun Fortpflanzung und Generationswechsel zu studieren. Ist im Sommer ausreichend Material eingesammelt worden, finden sich meist auch Pflanzen aller Fortpflanzungsformen darunter. Zunächst die interessierenden Thalli unter dem Präpariermikroskop identifizieren (eventuell nach Studium des Textes mit Hilfe der Abbildungen). Kleine Teile dann jeweils als Totalpräparat bei stärkerer Vergrößerung mikroskopisch weiter untersuchen.

Am leichtesten sind Pflanzen zu finden, bei denen im Inneren der oberen Thalluszweige große dunkle Kugeln, meist in Reihen hintereinander, eingelagert sind (Abb. 47B). Zumindest die größten dieser „Kugeln" lassen bei stärkerer Vergrößerung deutlich erkennen, daß sie in einzelne Anteile aufgeteilt sind (Abb. 47D, E): Durch Spalten getrennt liegen jeweils 4 Sporen (Tetrasporen) in einer solchen kugelförmigen Tetrasporocyste beisammen. Meist sind nur 3 Sporen zu erkennen, da die vierte auf der Unterseite liegt und verdeckt wird. Die reifen Sporocysten sind mindestens ebenso dick wie die Thallusäste, so daß an diesen Stellen die etwas gewundenen Zweige leicht aufgetrieben, höckerig erscheinen (Abb. 47C). Die Sporocysten liegen in den peripheren Röhrenzellen eingebettet (Abb. 47D) und entstehen durch Teilung einer solchen Perizentralzelle. Durch Meiose bilden sich dann die 4 flach-pyramidalen, etwas eckigen Tetrasporen, die bei Reife aus der Sporocyste befreit werden (Abb. 47F) und zu haploiden Geschlechtspflanzen (Gametophyten) auskeimen.

Männliche und weibliche Geschlechtsorgane sind auf verschiedenen Pflanzen zu suchen. Die unbegeißelten, kugeligen männlichen Keimzellen (Spermatien) werden einzeln in Androgametocysten erzeugt. Diese Gametocysten sind zu dichten weidenkätzchenähnlichen Trauben in länglich-walzenförmigen, nur in der Jugend mehr kegelartigen Androgametocystenständen vereinigt, die über eine Basalzelle mit den Thallusästen verbunden sind (Abb. 48E, F).

Junge weibliche Pflanzen sind schwieriger zu erkennen: Das Carpogon ist bereits in der frühesten Anlage von Zellen umschlossen, die nach der Befruchtung die Zygote und die sich aus ihr entwickelnden Teile umhüllen. Die so eingeschlossenen Carpogonien sitzen auf einem kurzen Seitenast des Thallus, leicht kopfig zum Tragast geneigt; am Scheitel trägt dieses Gebilde ein mehrzelliges Haar (Abb. 48C). Zwischen „Scheitel" und „Nase" ragt ein farbloser, hyaliner Faden hervor: die Trichogyne (Abb. 48C, D).

Die Entwicklung der weiblichen Anlagen in den Thallusspitzen ist an der Ausbildung der Trichogyne bis zum Anheften des männlichen Gameten zu verfolgen (Abb. 48A–D).

Bei der Reife werden die Spermatien frei, gelangen passiv zum Carpogon und kleben an der Trichogyne fest (Abb. 48C, D). Der Kern wandert durch die Trichogyne zum Eikern. Nach der Befruchtung wächst die Zygote unter Einbeziehung einer „Hilfszelle" (Auxiliarzelle), die mit dem Carpogon in Verbindung tritt, den diploiden Zygotenkern aufnimmt und mit weiteren Zellen fusioniert, schließlich zu wenigzelligen Gonimoblasten heran (Bildung des Gonimocarps), in dessen Endzellen (Carposporocysten) je eine Carpospore entsteht. Gleichzeitig wachsen auch die Hüllen der weiblichen Anlage weiter und bilden das Pericarp. Pericarp und Gonimocarp bilden am Ende eines kurzen Seitenastes, mit ihrer Öffnung nach der Thallusspitze weisend, die breit eiförmigen bis pfeifenkopfähnlichen Cystocarpien (Abb. 49 A, B). Die kleinzellige Hülle öffnet sich bei Reife (oder leichtem Druck auf das Deckglas) körbchenartig (Abb. 49C) und entläßt die nackten, birnen- bis keulenförmigen Carposporen. Sie sind im „optischen Querschnitt" durch Fokussieren auch ohne Aufhellung gut zu beobachten (Abb. 49D). Die keimenden Carposporen wachsen zu Tetrasporen erzeugenden Tetrasporophyten heran, die habituell den Gametophyten gleichen.

Zum Studium der Parasporen zieht man besser wieder *Ceramium* heran: Die unregelmäßig geformten Mitosporen bilden pustelartige Gruppen im Bereich der Rindengürtel (Abb. 50C). Von

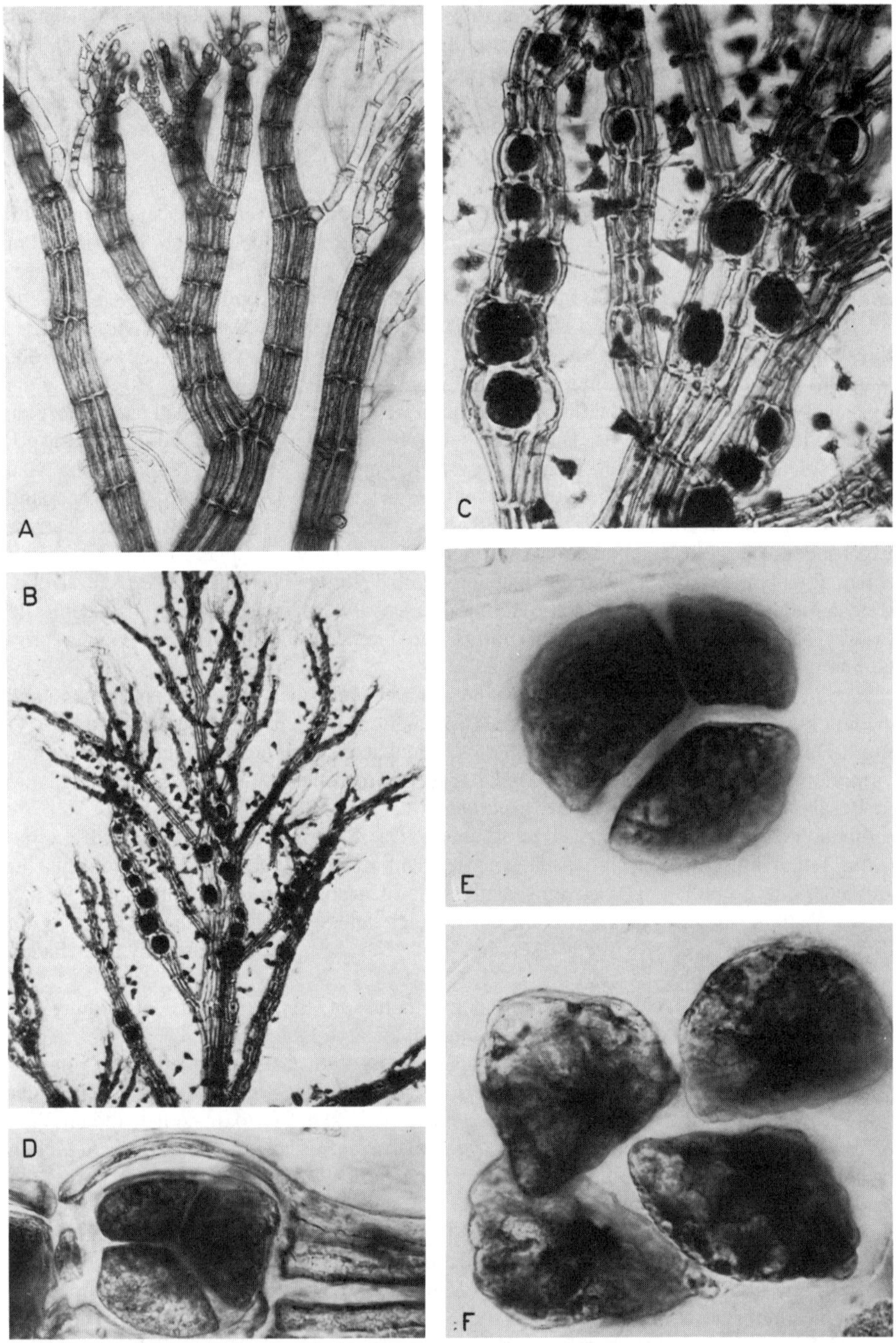

Abb. 47. *Polysiphonia nigrescens.* **A** Teil eines Zweigendes; Perizentralzellen bilden Bündel gleich hoher „Rindenröhrchen"; 140:1. **B** Tetrasporophyt (Übersicht, Teil einer Zweigspitze); 35:1. **C** Thallusstück mit zahlreichen Tatrasporocysten verschiedener Entwicklungsstadien; 140:1. **D** Tetrasporocyste mit reifen Tetrasporen; **E** unmittelbar nach ihrer Befreiung aus der Sporocyste; **F** Zerfall in die vier Einzelsporen. D 350:1; E, F 650:1.

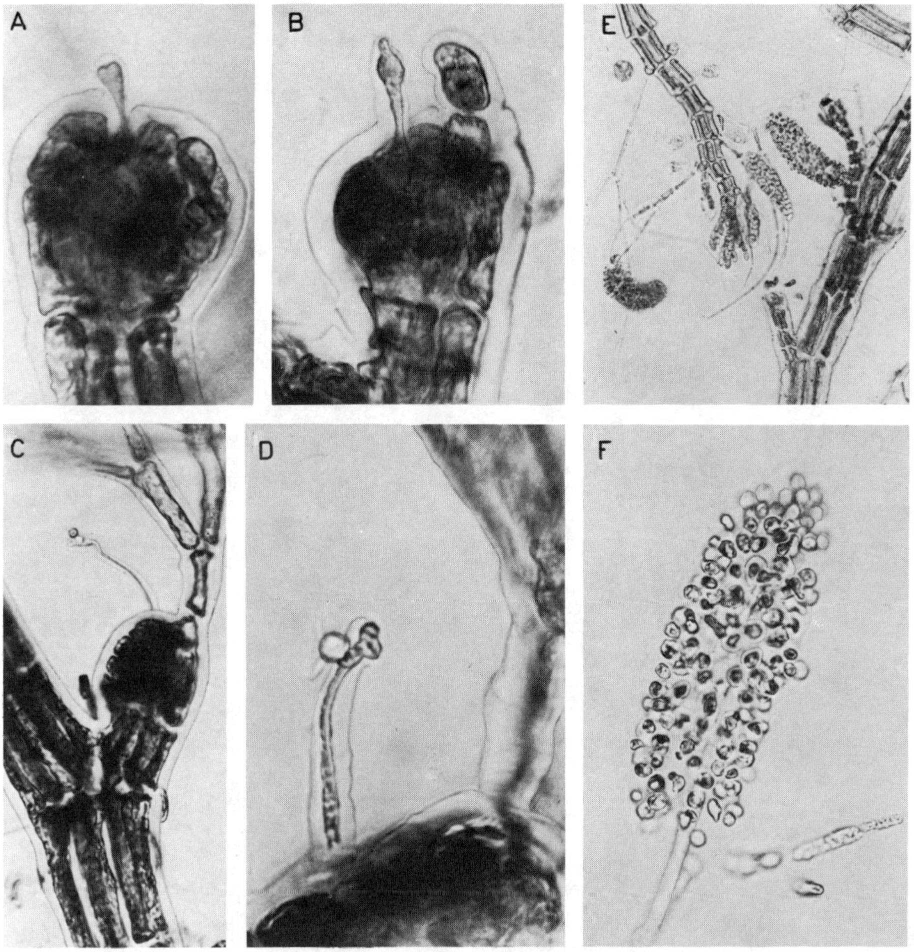

Abb. 48. *Polysiphonia nigrescens.* **A–D** weiblicher, **E–F** männlicher Gametophyt. **A–C** Entwicklung der Trichogyne als äußerlich sichtbares Zeichen der Entwicklung des weiblichen Geschlechtsapparates. Die kopfigen Seitenäste enthalten die Carpogonien. **D** Herausragende Trichogyne mit anhaftendem Spermatium. A–B 270:1, C 130:1, D 500:1. **E** Teil eines männlichen Gametophyten mit Androgametocystenständen; 130:1. **F** Einzelner Androgametocystenstand mit zahlreichen, je ein Spermatium enthaltenden Androgametocysten; 480:1.

den bei dieser Gattung sehr ähnlich aussehenden Carposporenhäufchen der Cystocarpien unterscheiden sie sich durch das Fehlen jeglicher Hüllästchen (vgl. Abb. 50A, B).

Weitere Beobachtungen: Querschnitte durch die Zweige von *Polysiphonia* vertiefen die Einsicht in den Bau des Thallus: Zentralzelle von Perizentralzellen umgeben, in älteren Teilen zusätzlich Rindenzellen.
Cytologische Studien an Rotalgen sind interessant aber schwierig. Anhand der Abbildungen in weiterführender Literatur kann man nach Aufhellung in Kalilauge bei einiger Mühe die wichtigsten Verhältnisse im jungen Cystocarp erkennen.

Fehlermöglichkeiten: Die morphologische Ausgestaltung der Entwicklungsabschnitte weicht bei unterschiedlichen Arten voneinander ab. So werden bei Formen, die keine geschlossenen Cystocarpien ausbilden, die nur von lockeren Hüllfäden umgebenen Carposporengruppen leicht mit völlig frei liegenden Parasporenhäufchen verwechselt (z. B. bei Ceramien; gegebenenfalls Spezialliteratur einsehen!).

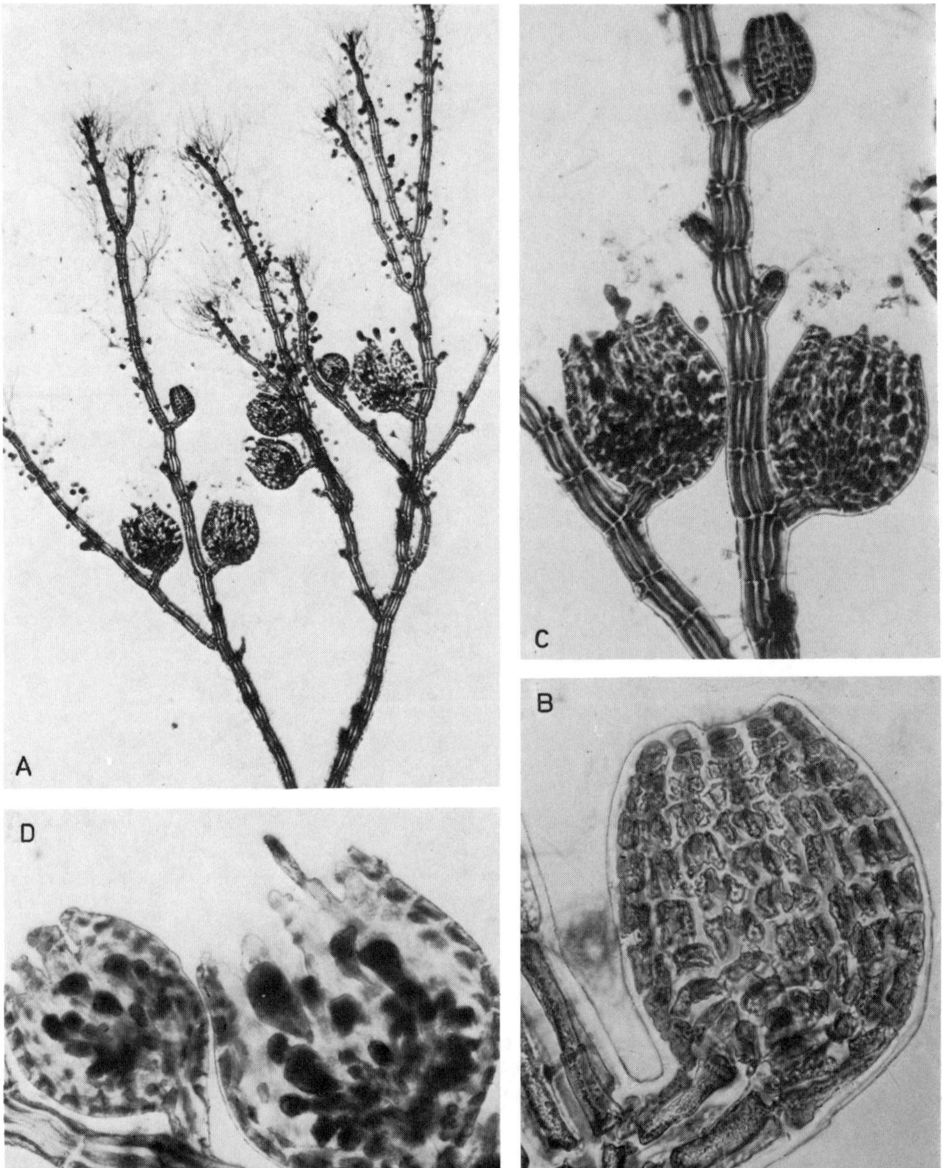

Abb. 49. *Polysiphonia nigrescens,* Cystocarpien. **A** Teil einer Cystocarpien tragenden Pflanze, Übersicht; 40:1. **B** Geschlossenes Cystocarp, Oberflächenansicht; 650:1. **C** Geöffnete Cystocarpien mit austretenden Carposporen; 140:1. **D** Einstellung der Schärfenebene auf die Mitte: Gonimoblasten und austretende reife Carposporen; 300:1.

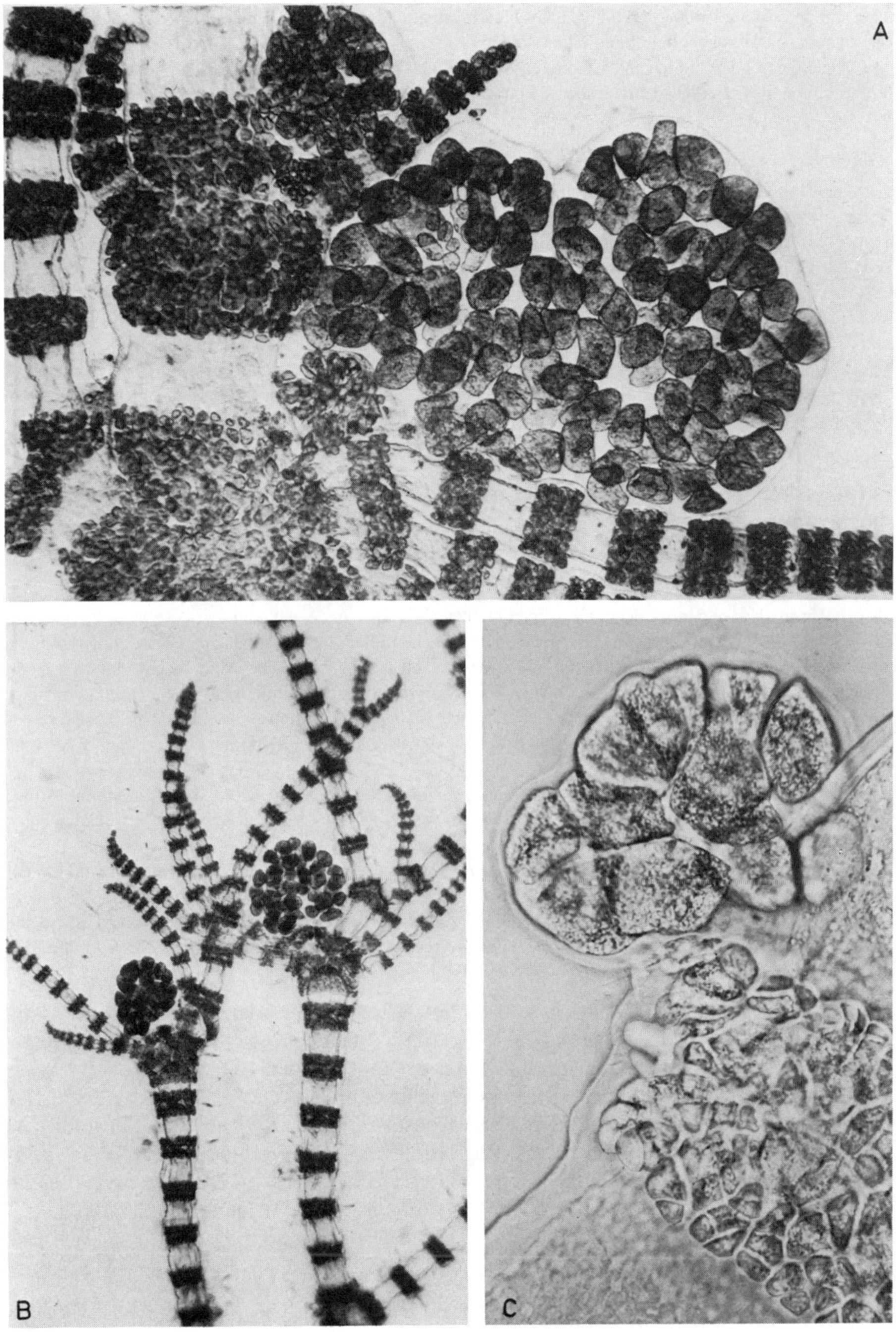

Abb. 50. *Ceramium diaphanum*. **A, B** Carposporenhäufchen mit Hüllästen; A 150:1, B 40:1. **C** Parasporengruppe in der Nähe des berindeten Knotens; 320:1.

Leicht unterliegt man dem Irrtum, am jungen Cystocarp anhaftende große Fadenbakterien oder Haare für die Trichogyne zu halten; auf angeheftete Spermatien achten!
Oft sind die Algenfäden so zahlreich mit Epiphyten besetzt (bes. Diatomeen), daß sie der Ungeübte mitunter als besondere Strukturen des Thallus deutet (über epiphytische Diatomeen informieren; auf abweichende Färbung achten!).

Weitere Objekte:

Geeignete Objekte mit vergleichbaren Strukturen sind viele *Ceramium-*, *Polysiphonia-* und *Rhodomela*-Arten. An der Ostsee häufige Formen:
Ceramium rubrum (Huds.) Agardh: Berindung in allen Thallusteilen vollständig, daher durchgehend rot. Gonimoblasten nur von 3–4 Hüllästen umgeben. Tetrasporocysten in den Rindengürteln eingesenkt. Fruktifikation Mai bis September.
Ceramium arborescens J. Ag.: Berindung nur in den unteren Thallusteilen vollständig, oben nur teilweise die Interstitialzellen bedeckend. Zellen leicht tonnenförmig; sonst wie *C. rubrum*.
Polysiphonia violacea (Roth) Grev.: Nur 4 Perizentralzellen, sonst entsprechend *P. nigrescens*.
Rhodomela subfusca (Woodw.) Agardh: Zentralfaden und Perizentralzellen von dichter kleinzelliger Rinde umgeben. Cystocarpien und Tetrasporocysten an den jungen Zweigen, besonders im Frühjahr.

Beobachtungsziel: Thallusaufbau und Entwicklungszyklus bei der Süßwasserrotalge Batrachospermum

Objekt: *Batrachospermum moniliforme* Roth.

Materialbeschaffung: Vor allem in Fließquellen und Quellbächen (auch an der Mündung von Rohrzuleitungen und im Abfluß gefaßter Quellbecken), auch in stark strömenden, flachen Fließgewässern (Bäche, Flüsse, unterhalb von Wehren und Wasserfällen), sucht man nach *Batrachospermum* nicht vergebens. Die Alge gedeiht nur in reinem, sauerstoffreichem Wasser und ist gegenüber organischen Verunreinigungen empfindlich. Die extrem schleimig-schlüpfrige, graugrün bis schmutzig schwarzgrüne, oft auch blaugrüne bis dunkelolivgrüne Alge besiedelt das Substrat (Steine, Holz, auch Beton und Steinzeug) meist in Form polsterartiger Gallertklümpchen, aber auch mehrere Zentimeter großer Gallertstränge.
Bereits makroskopisch, eventuell mit Hilfe einer Lupe, sind die unregelmäßig verzweigten Thalli durch ihren Aufbau aus kettenartig aneinandergereihten kugeligen Abschnitten sicher zu identifizieren (Name „Froschlaichalge", treffender „Krötenlaichalge").
Pflanzen einjährig; Sammelzeit Mai bis September; Carpogone und Androgametocysten in der zweiten Hälfte der Vegetationsperiode.
Bei der Entnahme ist Sorgfalt geboten: Beim Abtrennen werden oft große Teile von der Strömung mitgerissen. Am gleichen Standort findet man im Frühjahr auch die halbkugeligen, linsengroßen Polster der „*Chantransia*"-Vorkeime. Häufig auch im Seston der Fließgewässer.

Präparation: Beobachtung unversehrten Frischmaterials unter dem Präpariermikroskop (Reg. 103). Totalpräparat als Quetschpräparat (Reg. 92) in Standortwasser oder Konservierungsflüssigkeit zur Hellfeld- und Dunkelfeldmikroskopie (Reg. 26). Das Quetschen ist mitunter mühevoll, da die schleimigen Thallusstücke immer wieder zum Deckglasrand hin ausgleiten. Nur kleine Thallusteile verwenden! Zum Fixieren und Konservieren für morphologisch-anatomische Zwecke reicht 3%ige Formaldehydlösung aus (Reg. 40), eventuell in Verbindung mit Kupferlactophenol (Reg. 71). Für Dauerpräparate nach schonendem Überführen in Glycerol in Glycerolgelatine (Reg. 46) einbetten (eventuell vorher Übersichtsfärbung mit Hämalaun (Reg. 49)).

Weitere Präparationen: Für cytologische Studien Fixierung mit Chromiumessigsäure (Reg. 23) bzw. Flemmingschem Gemisch (Reg. 36) und nach Eisenhämatoxylinfärbung (Reg. 27) Einschluß in Harze (Reg. 51).

Beobachtungen: An *Batrachospermum* ist es auch im Binnenlande möglich, die Charakteristika lebender Rhodophyceen kennenzulernen. Der Thallus ist nach dem Zentralfadentyp gebaut. Unter dem Präpariermikroskop bzw. mit dem Lupenobjektiv werden Einzelheiten der beim Einsammeln beobachteten „Kugelketten"-Struktur deutlich (Abb. 51 A): An einem durchgehenden Achsenfaden entspringen in bestimmten Abständen Wirtel gleichlanger verzweigter Fadenbüschel, so daß der Eindruck aneinandergereihter Wollquasten entsteht. An jüngeren Thallusspitzen ist die Trennung

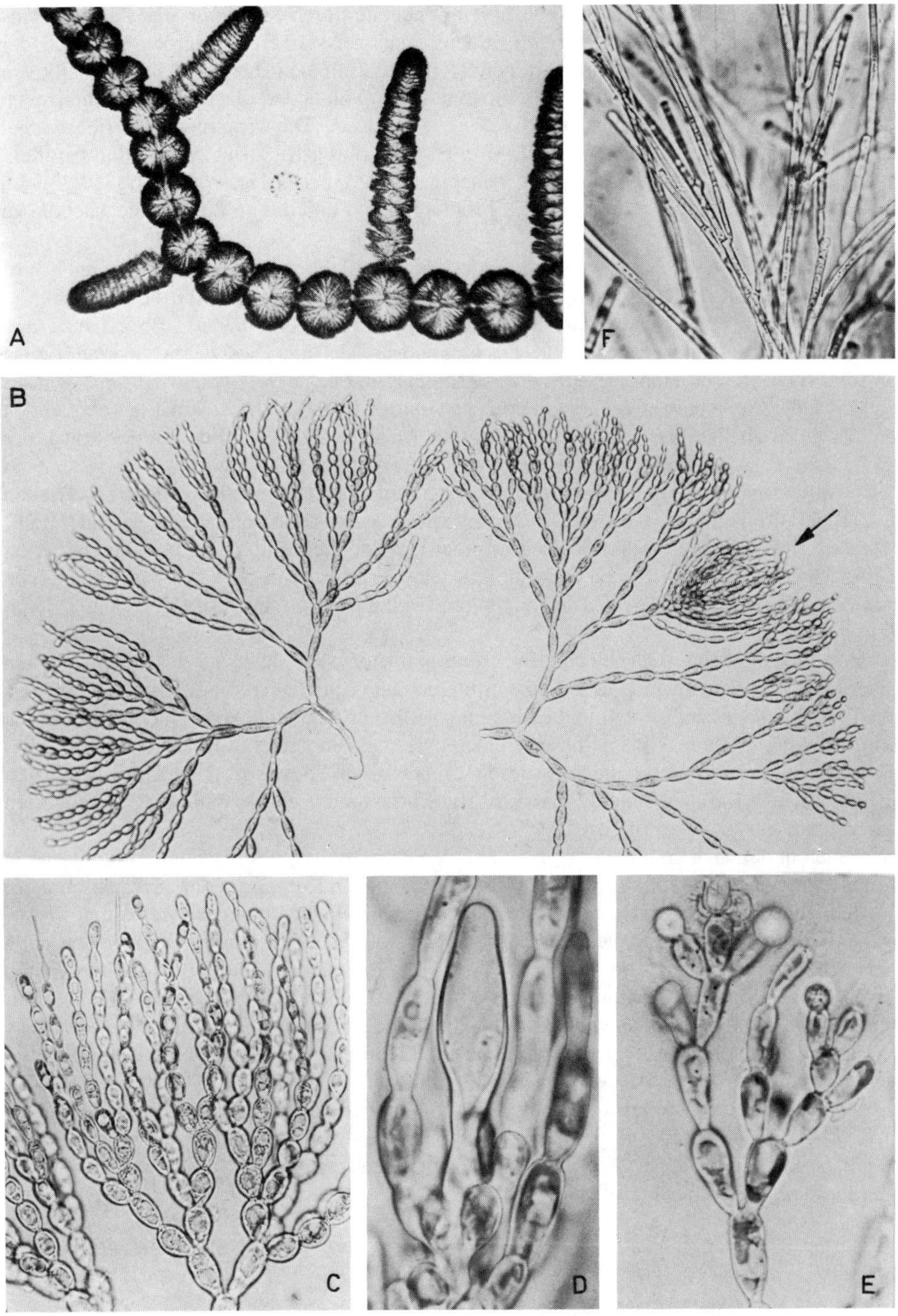

Abb. 51. *Batrachospermum moniliforme*. **A** Übersicht über den Thallusbau: kleines Zweigstück mit jungen Seitenästen; 12:1. **B** Die Kurztriebe eines Wirtels in einer Ebene ausgebreitet. Der Pfeil deutet auf die Lage einer weiblichen Gametocyste; 100:1. **C** Ausschnitt aus dem peripheren Bereich eines „sterilen" Wirtelastes; 300:1. **D** Carpogon mit keulenförmiger Trichogyne, von Hüllfäden umgeben; 600:1. **E** Androgametocysten (teilweise entleert) am Ende der Zweigwirtel; 550:1. **F** Zellfäden des *Chantransia*-Stadiums; 110:1.

der Wirtel noch undeutlich; in den ältesten Teilen liegen sie durch Streckung des Zentralfadens voneinander isoliert. An Quetschpräparaten erkennt man bei stärkerer Vergrößerung, daß der gegliederte, aus langen großen Zellen zusammengefügte Zentralfaden „berindet" ist, das heißt von langgestreckten, zylindrischen Zellen umschlossen wird. Von jeder dieser Zentralfadenzellen entspringen die verzweigten Fadenbüschel, die „Perlen" der Kette. Die wirteligen Kurztriebbüschel bestehen aus Ketten eiförmiger Zellen. Die Endzellen jedes dieser Kurztriebzweige sind papillenartig oder laufen in ein langes, basal meist bauchig aufgetriebenes Haar aus (Abb. 51 C). Im Zellinneren sind der Zellkern, bläulichgrüne Chromatophoren und die große zentrale Vacuole zu erkennen.

Im Übersichtspräparat (Abb. 51 A) weisen dunkle Knoten auf Fortpflanzungseinrichtungen hin, besonders eindrucksvoll im Dunkelfeld. Das Dunkelfeld demonstriert nicht nur die Konstruktion des Thallus sehr klar, sondern auch die Schönheit seines filigranen Musters. Breitet man nun einzelne Wirtel durch leichten Druck auf das Deckglas so aus, daß alle Zweige etwa in einer Ebene liegen (Abb. 51 B), findet man diese Stellen als dicht und kurz verzweigte Büschel wieder (Abb. 51 B, Pfeil). Sie heben sich um so deutlicher von den locker und gleichmäßig verzweigten „sterilen" Zweigen ab, je älter sie sind. Die jüngsten Anlagen dieser Gebilde (an der Spitze der Zweige) beherbergen die weibliche Gametocyste, das Carpogon.

Nun stark vergrößern und eventuell nochmals quetschen, um die dicht liegenden Fäden zu verteilen und das Carpogon freizulegen (Abb. 51 D). An der Spitze des Fadens, der das Zellenknäuel trägt, erhebt sich als großes, keulen- oder flaschenförmiges Gebilde die farblose Trichogyne über einer basalen Anschwellung, die den Eikern enthält. Die gesamte Anlage wird von zahlreichen Thalluszweigen umhüllt, die die Spitze der Trichogyne weit überragen. Das Carpogon liegt dadurch im Innern der Thalluswirtel.

Ganz anders im männlichen Geschlecht: Die Androgametocysten sitzen an der Peripherie den Endgliedern der Verzweigungen ganz außen unmittelbar auf (Abb. 51 E). Sie sind noch kleiner als die Endzellen, von kugeliger Gestalt und enthalten jeweils nur eine runde unbegeißelte männliche Keimzelle (Spermatium). Je 2 bis 3 dieser Gametocysten sitzen gemeinsam auf einer Endzelle. Häufig beobachtet man die nach Entleerung des Spermatiums am Faden verbliebenen aufgeplatzten leeren Hüllen dieser Keimzellbehälter (Abb. 51 E). Carpogonien und männliche Gametocysten befinden sich auf der gleichen Pflanze.

Die Spermatien heften sich an die Trichogyne an. Danach erfolgt die Befruchtung, die hier nicht weiter untersucht wird. Nach der Verschmelzung des weiblichen Kernes mit dem Spermatiumkern im untersten Teil des Carpogons sprossen an dieser Stelle in dichter Folge Zellketten hervor (sporogene Fäden), deren Endzellen zu Carposporen werden. Die älteren Stadien der oben beschriebenen dunklen Knoten in den wirteligen Kugelbüscheln stellen solche Carposporen tragende Fäden dar. Ihre Entwicklung läßt sich mühelos von der Spitze bis zu älteren Thallusabschnitten entsprechend der zunehmenden Kompaktheit und Größe verfolgen.

Die auskeimenden Carposporen wachsen zu einer diploiden Pflanze heran, deren Habitus völlig verschieden von dem bisher beschriebenen ist (Abb. 51 F): Büschel aus verzweigten Fäden einreihiger, langgestreckter Zellen von stahlblauem Schimmer stellen das *Chantransia*-Vorkeimstadium dar. Die Seitenästchen sind eigenartig straff angedrückt von streng aufrechtem Wuchs. Aus einzelnen haploiden Zellen dieser Vorkeime (also nach vorausgegangener Meiose) wachsen (ohne Sporenbildung) neue Geschlechtszellen erzeugende, wirtelig verzweigte *Batrachospermum*-Pflanzen heran.

Fehlermöglichkeiten: Bei ungenügender Erfahrung, besonders, wenn im Untersuchungsmaterial die entsprechenden Stadien noch fehlen, kommt es mitunter zu Fehldeutungen: Haare werden als Trochogyne angesehen und die jüngsten Fadenzellen als Androgametocysten. Fehler werden vermieden, wenn auf die Lage des Carpogons im Innern der Wirtel und auf die Form der Trichogyne geachtet wird, die nie fadenförmig-spitz, sondern stets kolbig-keulenartig ist. Androgametocysten sind kugelrund und besonders dann eindeutig anzusprechen, wenn auch entleerte Behälter zu sehen sind. Nicht alle *Batrachospermum*-Arten bilden *Chantransia*-Stadien aus.

Weitere Objekte:

Batrachospermum vagum (Roth) Agardh. Wirtel ohne große Zwischenräume, zusammenfließend. Monözisch, Trichogyne umgekehrt kegelförmig. Sehr verbreitet, an ähnlichen Standorten wie *B. moniliforme;* außerdem jedoch auch in sauberem stehendem Wasser und unter Schwachlichtbedingungen.

3. Mycota (Fungi, Pilze)

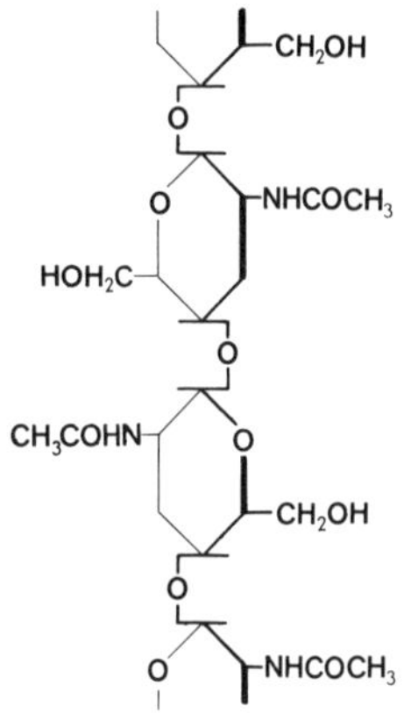

Chitin

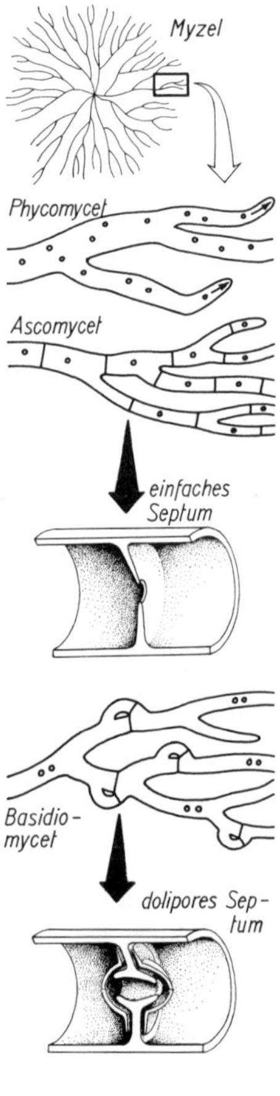

Heterogene Gruppe **eukaryotischer Organismen** unterschiedlicher phylogenetischer Herkunft und Verwandtschaft. Gemeinsame Merkmale: **heterotrophe Lebensweise** (saprophytisch, parasitisch, symbiontisch); **Plastiden fehlen**, damit auch Stärke als Reservesubstanz; äußerste Vielfalt im vegetativen und generativen Fortpflanzungsgeschehen. Gameten und Sporen entstehen niemals in Behältern, deren Wandung aus Zellen zusammengesetzt ist (Unterschied zu Moosen und Gefäßpflanzen).

Bedeutung: Wichtiges Kettenglied im Stoffkreislauf der Natur (Abbau organischer Substanz); als Mycorrhizabildner Existenzgrundlage für zahlreiche Pflanzenarten, besonders der Waldbäume; in Symbiose mit Algen Bildung der Flechten; wildwachsende und kultivierte Speisepilze; Produktion von Stoffwechselprodukten durch Gärungs- und Fermentationsprozesse in zum Teil großindustriellem Maßstab: **Alkohol, Antibiotica** (Penicilline, Cephalosporine, Griseofulvin), **Vitamine** und **Wuchsstoffe** (Thiamin, Riboflavin, Gibberellin); in der Nahrungs- und Genußmittelindustrie: Backwaren, Molkereiprodukte, Bier- und Weinherstellung); sehr **viele phytopathogene Arten** (z. B. Rost- und Brandpilze, Mehltau; Erreger von Welkekrankheiten, Schorf, Frucht- und Blattfäule); Erreger von zum Teil lebensgefährlichen **Mycosen** bei Mensch und Tier; Schädlinge an Lebensmitteln, Textilien, Holz usw. (z. B. Schimmelpilze, Hausschwamm).

Cytologie: **Protoplast** wie bei anderen eukaryotischen Pflanzenzellen **kompartimentiert** (endoplasmatisches Reticulum, Mitochondrien, Ribosomen, Flüssigkeitsvacuolen, jedoch keine Plastiden!).

Nucleus von einer Doppelmembran umgeben, die während der Mitose und wahrscheinlich auch während der Meiose erhalten bleibt (Unterschied zu höheren Pflanzen und Tieren!).

Zellwandgerüst meist aus einer Mischung von **Chitin** (Grundbaustein Acetylglucosamin – kommt bei Pflanzen sonst nicht vor!) und **Hemicellulosen** (Glucan, Mannan). Cellulose kommt selten vor (Oomycota), Makromoleküle der Gerüstsubstanzen zu Mikrofibrillen gebündelt und vorwiegend parallel zur Hyphenlängsachse angeordnet. Die Zellwand fehlt manchen Entwicklungsstadien niederer Pilze.

Reservestoffe: **Glykogen** (im Unterschied zu Stärke bei Iodreaktion braunviolette Färbung; Reservekohlenhydrat der Tiere!): **Polyphosphat** (Volutin); **Lipide** (meist als Öltröpfchen, besonders in Sporen).

Speicherorgane für Reservestoffe fehlen.

Weitere Produkte des Sekundärstoffwechsels: **Toxine** (Peptide wie Phalloidine, Amanitine; Aflatoxine), **Alkaloide** (Ergotoxine, Muscarine); **Farbstoffe** (meist stickstofffreie zyklische Verbindungen und Carotene, vorwiegend in Sporenwandungen, Sklerotien, Rhizomorphen und Fruchtkörpern); niemals Assimilationsfarbstoffe (Chlorophylle), Phycobiline oder Anthocyane!

Morphologie: Bei der überwiegenden Zahl der Pilzarten ist der Thallus ein aus **Hyphen** (Pilzfäden) entstandenes **Mycel** (Pilzgeflecht). Ökologische Bedingungen, Kernphasenwechsel, Generationswechsel, Wirtswechsel bei parasitären Arten und symbiontische Lebensweise bedingen mitunter große Formenunterschiede einzelner Entwicklungsstadien.

Hyphen primitiver Formen sind allgemein dick, unseptiert, unverzweigt bis wenig verzweigt, vielkernig. Zunehmende Differenzierung führte über unregelmäßig septierte Hyphen zu dünnen, stark verzweigten, in regelmäßige zweikernige Abschnitte gegliederte Pilzfäden der höchstentwickelten Formen (Basidiomycetes).

Die Septen (Querwände) bilden sich irisblendenartig in das Lumen der Hyphen hinein. Ein zentraler Porus ermöglicht bei den Ascomyceten den Kontakt benachbarter Protoplasten und das Wandern von Kernen durch mehrere Hyphenabschnitte hindurch (bei den doliporen Hyphen der Basidiomycetes durch die Schnallenbildung gewährleistet). Die Hyphenglieder sind daher den Zellen höherer Pflanzen nicht gleichzusetzen. Bei den meisten Basidiomycetes verschließen vom endoplasmatischen Reticulum gebildete Kappen (Parenthosome) die Poren (Doliporus, -pori). Regelmäßige, mit synchronen Kernteilungen verbundene Septenbildung charakterisiert höherentwickeltes Mycel (z. B. Schnallenmycel der Basidiomycetes).

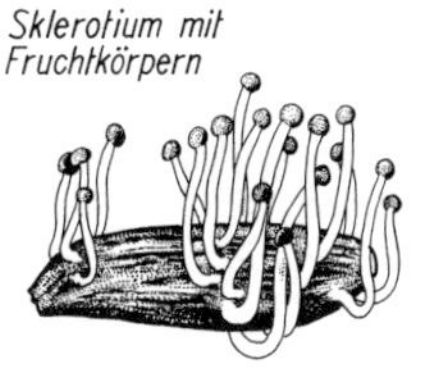

Hyphen wachsen nur an der Spitze. Deshalb können sie sich innig miteinander verflechten (Unterschied zu fädigen Cyanobacteria und Algen!). Sie können über Anastomosen kommunizieren und sich zu spezifischen Verbänden zusammenlagern.

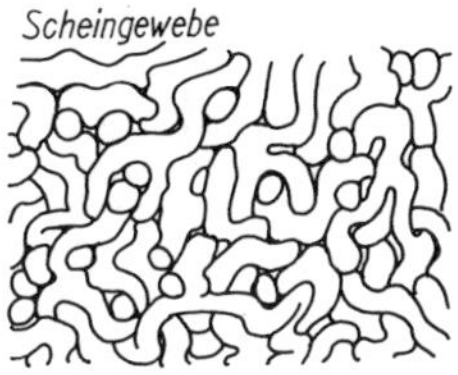

Synnemata: Wenige Hyphen lagern sich parallel aneinander und verflechten sich zu dünnen Hyphenbündeln.

Rhizomorphen: Apikal wachsende derbe **Mycelstränge**, z. T. mit ausgeprägter Differenzierung in dichte, dunkelfarbige, unregelmäßig verflochtene Rindenschicht und lockeres weißes Mark aus parallel verlaufenden Hyphen, das vorwiegend der Nährstoffleitung dient.

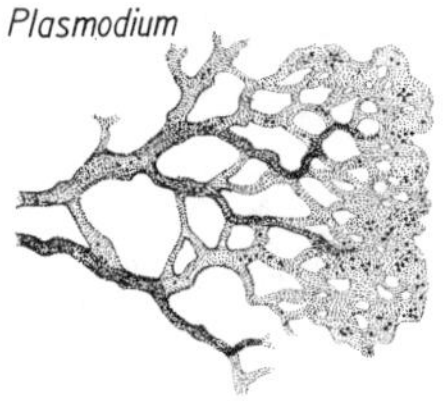

Sklerotien: **Dauerformen** des Mycels. Knollige oder krustige Gebilde mit harter, pseudoparenchymatischer Rinde und weicherem, prosenchymatischem Mark, die oft Fruktifikationen tragen.

Fruchtkörper: Höchste Entwicklungsstufen des Mycels. Hyphen unterschiedlicher Funktion (generative Hyphen, Gefäß-, Skelett-, Bindehyphen) bilden durch postgenitale Verwachsung den echten Geweben der Cormophyten täuschend ähnliche **Flecht-** oder **Scheingewebe** (Pseudoparenchyme). Echte Gewebe im Sinne höherer Pflanzen fehlen.

Neben dem für Pilze typischen Hyphenmycel treten bei primitiven oder abgeleiteten Gruppen noch andere Vegetationskörper auf:

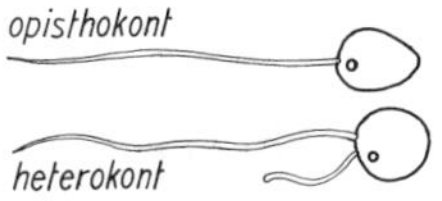

Nackte Protoplasten: **Myxamöben** und **Plasmodien** der Myxomycetes, vegetative Stadien intrazellulär parasitierender Chytridiomycetes und Myxomycetes, Schwärmstadien der Chytridiomycetes und Oomycota.

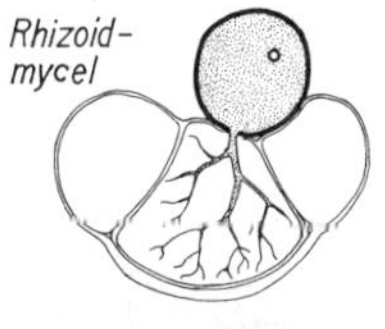

Rhizoidmycel: Blasenförmige **kernhaltige Zellen** gehen an ihrer Basis in **kernlose Rhizoide** über, mit denen sie am Substrat (Pollenkörner, Algenfäden, Hyphen) festsitzen (*Rhizophidium, Rhizidiomyces, Blastocladiella*).

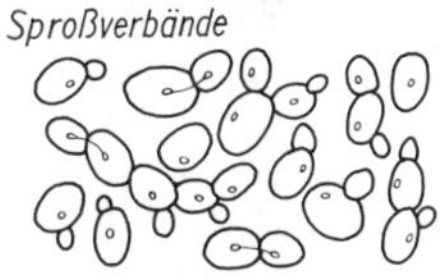

Sproßverbände: Typische Vegetationsform der Hefen (Saccharomycetales). Zellen einzeln oder in wenigzelligen Sproßverbänden. An der **Mutterzelle** knospen Bläschen, in die nach vorhergehender Mitose je ein Tochterkern einwandert. Während des Heranwachsens sprossen die **Tochterzellen** bereits wieder aus. Wenn die Größe der Mutterzelle erreicht ist, lösen sich die Tochterzellen ab. Unter bestimmten Kulturbedingungen oder bei gewissen Entwicklungsphasen tritt auch bei Mucorales, Ascomycetes (z. B. *Endomyces, Taphrina*) und Ustilaginales Sprossungswachstum auf.

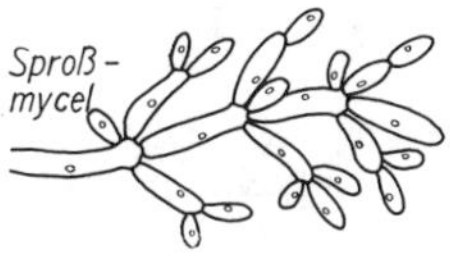

Sproßmycel (Pseudomycel): Tochterzellen lösen sich erst spät oder gar nicht von der Mutterzelle ab. Durch Streckung einzelner Mutterzellen werden die Sproßverbände **mycelähnlich**. Der Übergang von der Sprossung in Einzelzellen zu Sproßmycel ist gleitend und von den Kulturbedingungen, dem Alter der Kultur u. a. abhängig, z. B. *Candida albicans, Endomyces.*

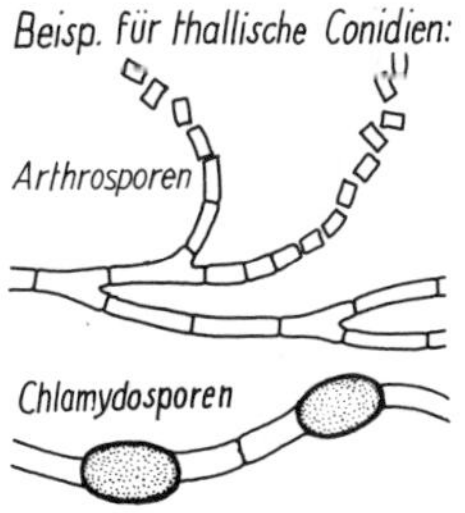

Fortpflanzung und Vermehrung: Pilze vermehren sich ungeschlechtlich durch **Zellteilung** (Myxamöben und Myxoflagellaten der Myxomycetes), durch **Zerfall** der Hyphen in Bruchstücke (Oidien) oder durch **verschiedene Sporen** unterschiedlicher Genese (asexuell gebildete **Mitosporen** oder im Zusammenhang mit sexuellen Vorgängen entstehende **Meiosporen**).

Der Formenreichtum in der Sporenbildung ist ein auffallendes Merkmal der Pilze!

Sporen: Entstehen endogen in besonderen Behältern (Sporocysten) oder exogen an spezifischen Sporenträgern (Sporophoren). Endogen entstandene Sporen niederer

Pilze (Myxomycetes, Chytridiomycetes, Oomycota) sind meist durch Geißeln beweglich. Sie stehen als **Planosporen** (Zoosporen) den **Aplanosporen** (alle unbeweglichen Sporen) gegenüber. Der Bau der Geißeln entspricht dem Bau dieses Organells aller übrigen Eukaryoten. Es sind Peitschen- und Flimmergeißeln zu unterscheiden. Die **Begeißelung** (Typ, Zahl, Anordnung) der Planosporen ist für die Systematik wichtig.
Asexuell und nicht in Behältern gebildete Sporen – die **Conidien** – spielen besonders bei Ascomycetes und Deuteromycetes bei der Vermehrung eine dominierende Rolle, wobei entsprechend der Conidiogenese zu unterscheiden sind:

Blastische Conidien: Die Conidien differenzieren sich aus einer sich vergrößernden Initialzelle (oder einem Teil derselben), die durch ein Septum von der Traghyphe abgetrennt wird. Die Conidien entstehen einzeln, oder in Ketten bzw. in Büscheln am Apex der Initialzelle (z. B. Blastosporen, Phialosporen, Annellosporen, botryose Sporen).

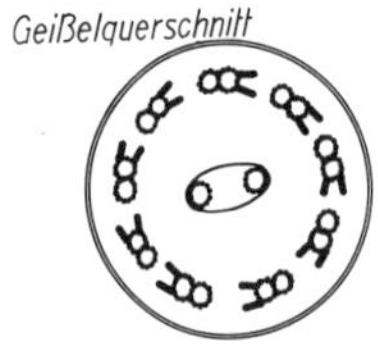

Thallische Conidien: Die Conidien differenzieren sich aus Hyphenabschnitten, die in eine oder mehrere Conidien umgewandelt werden (z. B. Chlamydosporen, Arthrosporen, Oidien). Die Conidiogenese kann innerhalb einer Gattung unterschiedlich sein. Genaue Analyse oft nur mit Hilfe des Rasterelektronenmikroskops möglich.

Sporophoren können zu charakteristischen „Fruchtlagern" vereinigt sein (Bezeichnungen nicht immer gleichsinnig angewandt):

Sporodochium: Sporenträger saprophytärer Pilze, palisadenartig auf oberflächigem Hyphenpolster angeordnet.

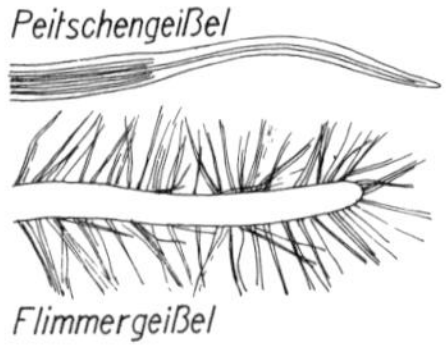

Acervulus: Sporenträger parasitischer Pilze, palisadenartig auf dichtem Hyphengeflecht angeordnet, das von Wirtsgewebe bedeckt ist (Cuticula, Epidermis). Bei Sporenreife platzt das Wirtsgewebe auf.

Coremium: Sporenträger auf der Substratoberfläche zu dichtem, aufrechtstehendem Bündel verklebt.

Sexualität: **Sexualität** auch bei Pilzen immer mit Fortpflanzung, aber nicht unbedingt mit Vermehrung gekoppelt. Die **außerordentliche Mannigfaltigkeit** bei der Entwicklung und dem Zueinanderfinden der haploiden Gametenkerne sowie bei ihrem Verschmelzen zum diploiden Zygotenkern **stellt ein weiteres auffallendes Merkmal der Pilze dar**!
Wie allgemein die pflanzlichen Eukaryoten, so unterliegen auch die Pilze dem Prinzip, im Verlauf der Evolution die haploide Phase zu reduzieren. Die Entwicklung führte vom haplontischen Zyklus (z. B. Chytridiomycetes, Zygomycetes, Ascomycetes) über Zwischenformen zum haplodikaryotischen Zyklus (Basidiomycetes).

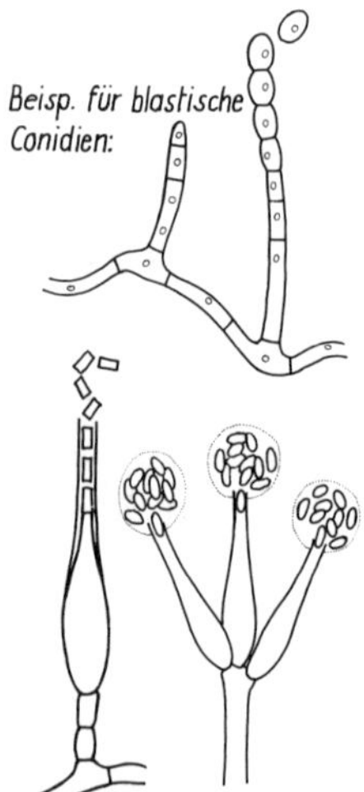

Darüber hinaus wirken bei Pilzen noch besondere *Entwicklungstendenzen:*

- **Vereinfachung der Sexualvorgänge** bis zum Wegfall der Sexualorgane.
- **Ersatz der Sexualorgane** durch vegetative Hyphen oder spezialisierte sporenartige Gebilde (Mikroconidien, Spermatien).
- Räumliche und zeitliche **Trennung von Plasmogamie und Karyogamie.**

Der generative Zyklus besteht im Prinzip aus drei Phasen (Plasmogamie, Karyogamie, Meiose), die bei den verschiedenen taxonomischen Einheiten durch Nebenzyklen räumlich und zeitlich getrennt sein können: s. Schema auf S. 143.

Sexualorgane: In besonderen Thallusabschnitten (Gametocysten bzw. Gamocysten) entstehen Plano- bzw. Aplanogameten als individualisierte Zellen, oder im undifferenzierten Protoplasma liegen nur Gametenkerne vor.

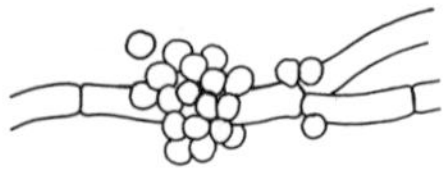

Nach der unterschiedlichen Gestalt der Gameten ergeben sich unterschiedliche Formen der Plasmogamie:

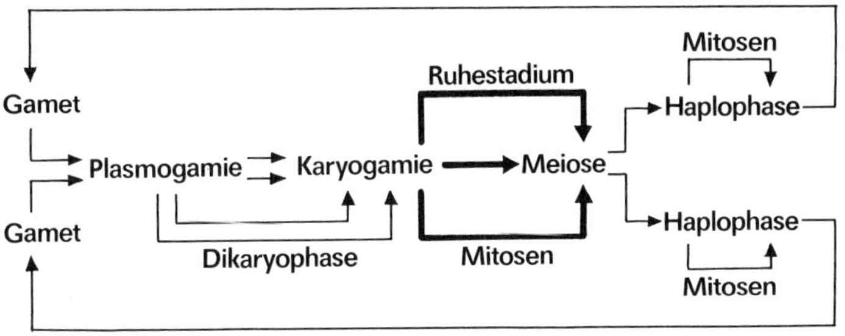

- zoidische wandlose Zellen – Gamocysten → **Hologamie**
  (Verschmelzung sexualisierter Myxamoeben oder Myxoflagellaten; alle Myxomycetes, manche Acrasiomycetes und Chytridiomycetes)
- Isogametocysten – Isogameten → **Isogamie**
  (Planogameten; morphologisch gleichartig, daher nicht als männlich/weiblich, sondern +/− gekennzeichnet; Plasmodiophoromycetes, einige Chytridiomycetes)
- Anisogametocysten – Anisogameten → **Anisogamie**
  (Plano- und Aplanogameten; morphologisch verschieden, männliche Gameten kleiner und beweglicher als weibliche; z. B. Chytridiales, Blastocladiales)
- Gynogametocyste (= monogonitisches Oogonium) —
  (Eizelle unbegeißelt; Monoblepharidales) → **Oogamie**
  Androgametocyste – Spermatozoiden —
- Gynogametocyste (= polygonitisches Oogonium) —
  Androgametocyste → **Oocystogamie**
  mit Befruchtungsschlauch – männliche Kerne —
  (Oomycota)
- \+ Gamocyste – + Kerne — → **Isocystogamie**
  − Gamocyste – − Kerne —
  (der gesamte Inhalt der kopulierenden Gamocysten vermischt sich, aus beiden Gamocysten bildet sich die Zygote; Zygomycetes)
- Gynogamocyste – weibliche Kerne —
  (= Ascogon mit Trichogyne) → **Anisocystogamie**
  Androgamocyste – männliche Kerne —

  (Cystogamie von darauffolgender Karyogamie durch Ausbildung der ascogenen Hyphen getrennt; Ascomycetes)
- \+ Hyphe bzw. Sproßzelle – + Kerne — → **Somatogamie**
  − Hyphe bzw. Sproßzelle – − Kerne —

  (Weder Gameten, noch Gamocysten; bei Hefen verschmelzen Sproßzellen; bei Basidiomycetes morphologisch kaum veränderte Hyphenabschnitte, wobei die Somatogamie von der darauffolgenden Karyogamie durch Ausbildung des dikaryotischen Schnallenmycels getrennt ist)

Befruchtungsmöglichkeiten: **Diöcie** (Heterothallie): Zur Zygotenbildung müssen + und − bzw. männliche und weibliche Thalli aufeinandertreffen. Mycel aus Einsporkultur ist entweder Kerndonator oder Kernakzeptor.
Monöcie (Homothallie): Mycel einer Einsporkultur kann den gesamten Entwicklungszyklus durchlaufen, da der Thallus konträre Gameten ausbildet.

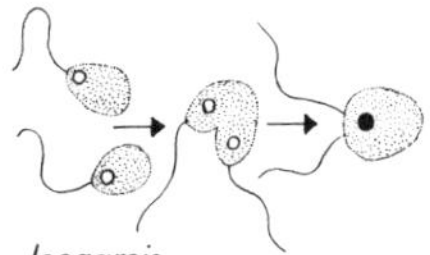
Isogamie

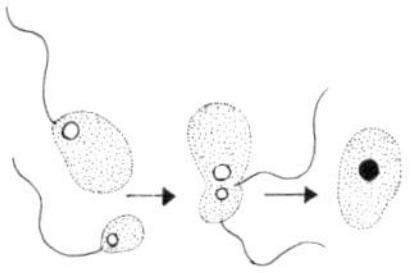
Anisogamie

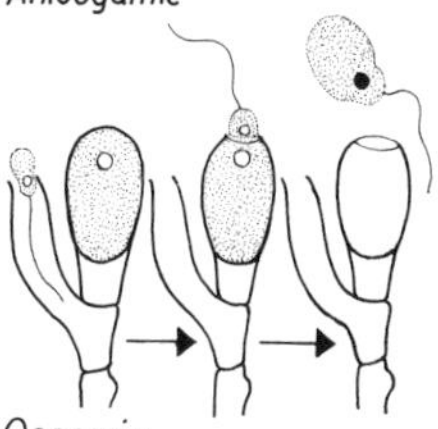
Oogamie

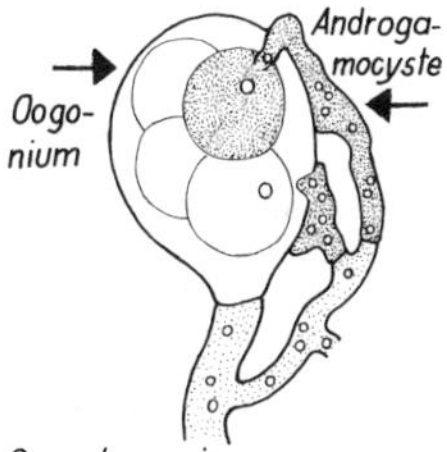

Oocystogamie

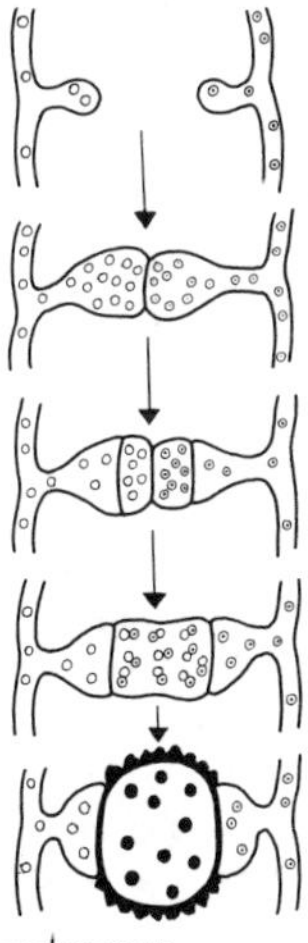
Isocystogamie

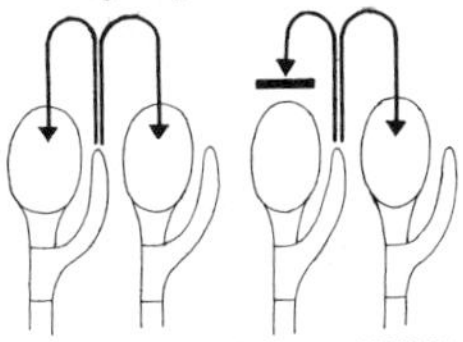
Kompatibilität *Inkompatibilität*

Durch **Inkompatibilität** (Unverträglichkeit) konträrer Kerne können monöcische Pilze heterothallisch sein. Inkompatibilität tritt in verschiedenen Formen auf und wirkt als Mechanismus **gegen Selbstbefruchtung**.

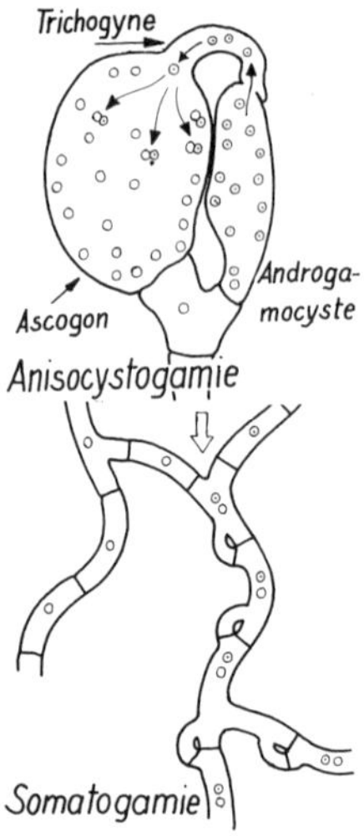

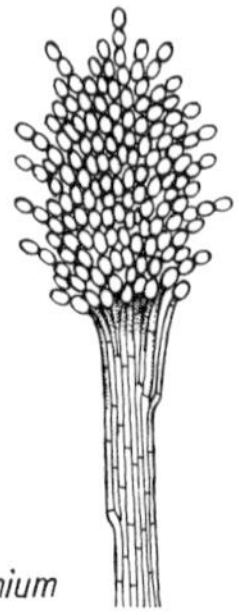
Koremium

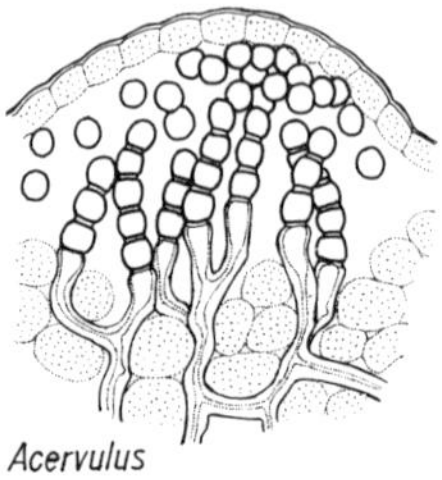
Acervulus

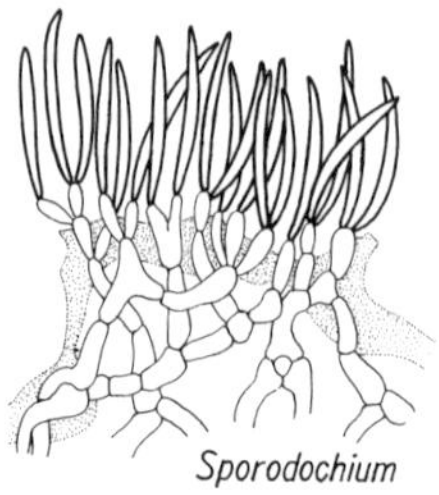
Sporodochium

Übersicht über das System

nach Strasburger, Lehrbuch der Botanik, 32. Auflage, Jena 1983 (vereinfachte Übersicht; nur wichtige Ordnungen mit bekannten bzw. typischen Gattungen):

Organisationstyp: Schleimpilze	
Abteilung: Acrasiomycota	
Klasse: Acrasiomycetes	*Dictyostelium*
Abteilung: Myxomycota	
Klasse: Myxomycetes	
Ordnung: Trichiales	*Trichia*
Ordnung: Physarales	*Physarum, Didymium, Leocarpus, Fuligo, Badhamia*
Ordnung: Stemonitales	*Stemonitis*
Abteilung: Plasmodiophoromycota	
Klasse: Plasmodiophoromycetes	*Plasmodiophora*
Organisationstyp: Pilze	
Abteilung: Oomycota	
Ordnung: Saprolegniales	*Saprolegnia, Achlya*
Ordnung: Leptomitales	*Leptomitus*
Ordnung: Peronosporales	*Peronospora, Albugo, Pythium, Phytophthora*
Abteilung: Eumycota	
Klasse: Chytridiomycetes	
Ordnung: Chytridiales	*Olpidium, Synchytrium, Polyphagus, Rhizophydium, Phlyctochytrium*
Klasse: Zygomycetes	
Ordnung: Mucorales	*Mucor, Rhizopus, Pilobolus, Absidia, Thamnidium, Chaetocladium, Phycomyces, Sporodinia, Blakesleanus*
Klasse: Ascomycetes	
Unterklasse: Endomycetidae	
Ordnung: Endomycetales	*Endomyces, Geotrichum, Candida, Saccharomyces*
Unterklasse: Taphrinomycetidae	*Taphrina*
Unterklasse: Ascomycetidae (Prototunicatae)	
Ordnung: Eurotiales	*Eurotium* (Nebenfruchtformgattung *Aspergillus*), *Talaromyces* (Nebenfruchtformgattung *Penicillium*)

(Eutunicatae)
Unitunicatae – Operculatae
ascohymeniale Fruchtkörperentwicklung

Ordnung: Erysiphales	*Erysiphe, Uncinula* (Nebenfruchtformgattung *Oidium*), *Sphaerotheca, Phyllactinia, Podosphaera*
Ordnung: Pezizales	*Ascobolus, Ascodesmis, Pyronema, Humaria, Lasiobolus, Morchella, Helvella, Peziza*

Unitunicatae – Inoperculatae
ascohymeniale Fruchtkörperentwicklung

Ordnung: Helotiales	*Sclerotinia* (Nebenfruchtformgattungen *Monilia, Botrytis*)
Ordnung: Phacidiales	*Rhytisma*
Ordnung: Sphaeriales	*Neurospora, Sordaria, Podospora, Nectria, Gibberella*
Ordnung: Clavicipitales	*Claviceps, Epichloe*

Bitunicatae
Ascostroma mit ascolocularer Fruchtkörperentwicklung

Ordnung: Pseudosphaeriales	*Venturia* (Nebenfruchtformgattung *Fusicladium*)

Klasse: Basidiomycetes
Unterklasse: Heterobasidiomycetidae

(Heterobasidiomycetidae mit Phragmobasidien)

Ordnung: Ustilaginales	*Ustilago*
Ordnung: Tilletiales	*Tilletia, Urocystis, Entyloma*
Ordnung: Uredinales	*Uromyces, Puccinia, Cronartium*
Ordnung: Auriculariales	*Auricularia, Hirneola* (Nebenfruchtformgattung *Rhizoctonia*)

(Heterobasidiomycetidae mit Holobasidien)

Ordnung: Exobasidiales	*Exobasidium*

Unterklasse: Homobasidiomycetidae

(gymnocarpe, hymeniale Fruchtkörper)

Ordnung: Poriales	*Poria, Coriolus, Schizophyllum, Trametes*
Ordnung: Cantharellales	*Cantharella*
Ordnung: Polyporales	*Polyporus, Piptoporus, Lentinus, Pleurotus*

(typische Blätterpilze und Röhrlinge)

Ordnung: Agaricales	*Agaricus, Amanita, Coprinus*
Ordnung: Russulales	*Russula, Lactarius*
Ordnung: Boletales	*Boletus, Suillus*

(typische Bauchpilze: Gasteromycetes)

Ordnung: Lycoperdales	*Lycoperdon, Bovista*
Ordnung: Geastrales	*Geastrum*
Ordnung: Phallales	*Phallus*

Fungi imperfecti (Deuteromycetes)

1. Sphaeropsidales	*Septoria, Phoma*
2. Melanconiales	*Cylindrosporium, Colletotrichum, Gloeosporium*
3. Moniliales	*Monilia, Alternaria, Botrytis, Verticillium, Fusarium, Harposporium*
4. Imperfekte Hefen	*Candida, Torulopsis*
5. Mycelia sterilia	Mycorrhizabildner

3.1. Acrasiomycota (Zelluläre Schleimpilze)

Unterschiede zu echten Schleimpilzen: **Keine Myxoflagellaten.** Myxamöben wandern auf **Aggregationszentren** zu und vereinigen sich, ohne miteinander zu verschmelzen, zu **Pseudoplasmodien** (Aggregationsplasmodien).

Einzelamöben kriechen aneinander empor und bauen ein Sorocarp auf. Sexualvorgänge unklar. **Kein Capillitium.** Keine Phagocytose; Nahrungsaufnahme osmotisch. Nur in Ammenkultur (zusammen mit Bakterien) züchtbar. Sorocarpien wesentlich kleiner als Sporocarpien der Myxomycota.

3.2. Myxomycota (Schleimpilze)

Vorwiegend bei hoher Luftfeuchtigkeit auf faulenden, bakterienreichen Pflanzenteilen.
Thalli in der **vegetativen Phase** vielkernige, nackte, oft auffallend gefärbte, große **Plasmodien** unterschiedlicher Genese, die mit Beginn der reproduktiven Phase positiv phototaktisch trockene Biotope aufsuchen und zur Fruktifikation (Sporenbildung) übergehen.

3.2.1. Myxomycetes (echte Schleimpilze)

Für die Entwicklung ist der in Abb. 52 dargestellte Entwicklungszyklus charakteristisch: Aus haploiden **Dauersporen** (A) schlüpfen je nach Umweltbedingungen entweder haploide **Myxamöben** (B) oder haploide, heterokonte **Myxoflagellaten** (C), die nach Vermehrung (Teilungen) die Geißeln verlieren und sich als Myxamöben weiter durch Teilungen vermehren. Myxoflagellaten wie auch Myxamöben **kopulieren** paarweise zu **Amöbenzygoten** (D), die zu vielkernigen, negativ phototaktisch reagierenden **Fusionsplasmodien** (E) verschmelzen. In den diploiden Plasmodien auffallende Plasmaströmung mit periodischem Richtungswechsel, synchrone Mitosen, Phagocytose. Unter Eintrocknung wandeln sich die nunmehr positiv phototaktisch reagierenden Plasmodien auf Substratoberflächen in oft zierliche **Fruktifikationsorgane** (Sporocarpien F) um, in denen nach Meiose in freier Zellteilung (G) einkernige Dauersporen entstehen (H). Bei manchen Gattungen entsteht vorher aus Periplasma ein feinfaseriges **Capillitiumgerüst** als Hilfseinrichtung für das Freisetzen der Sporen. Wandsubstanzen: Cellulose, keratinähnliche Eiweißstoffe. **Kein Chitin!** Kultur in künstlichen Medien ist möglich.

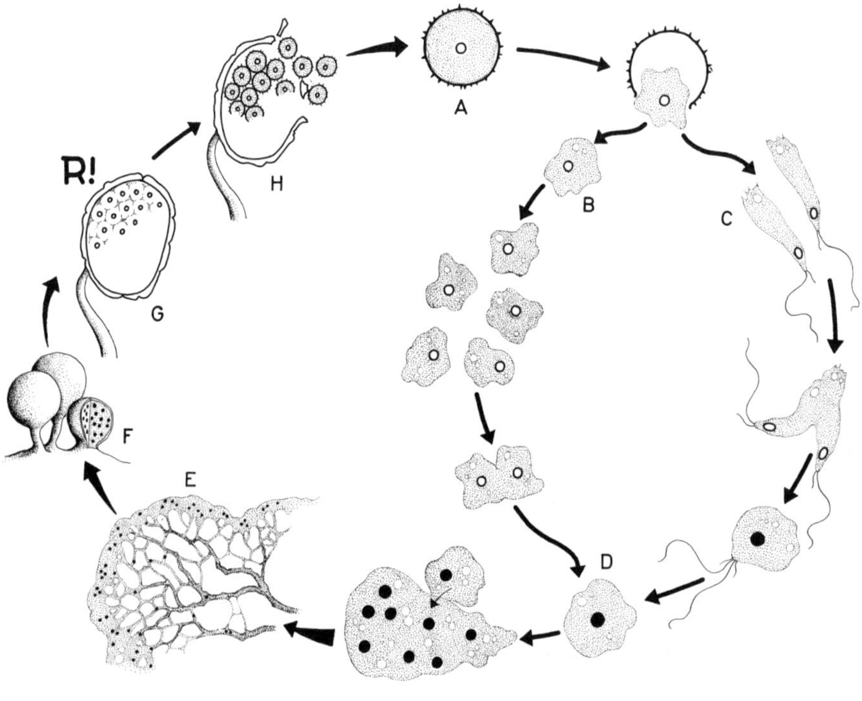

Abb. 52. Entwicklungszyklus eines Schleimpilzes (s. Text).

Beobachtungziel: Myxomycetes (Myxamöben, Myxoflagellaten, Fusionsplasmodium; Sporocarpien, Capillitiumgerüst)

Objekte: *Didymium squamulosum* Alb. et Schw. oder *D. nigripes* Link, *Stemonitis fusca* Roth oder andere *Stemonitis*-Arten.

Materialbeschaffung: a) *Didymium* spec.: Im Herbst die ausgereiften, dürren Sprosse von *Vicia faba* (einschließlich der Hülsen) sammeln und lufttrocken aufbewahren. Von diesem Material können während des ganzen Jahres Myxomyceten gewonnen werden: Stengel und Hülsen zerkleinern, in Leitungswasser etwa zwei Stunden wässern, dann in feuchte Kammer (Reg. 84) auf Fließpapier übertragen. Das Behältnis bei Raumtemperatur und diffusem Licht stehenlassen. Nach einigen Tagen sind grauweiß bis bräunlich gefärbte Fusionsplasmodien zu beobachten, die sich bald in 0,5 bis 1,5 mm hohe Sporocarpien umwandeln. Mit Fusionsplasmodium bedeckte Pflanzenteile entnehmen und in eine Petrischale auf Wasseragar (Reg. 72) legen. Die Wasseragarschicht darf nicht zu dick gegossen sein, damit das Plasmodium von der Unterseite der Petrischale aus auch mit dem Mikroskop beobachtete werden kann. Die Petrischale abdecken und in umgekehrter Lage bei Raumtemperatur und vor Licht geschützt in feuchter Kammer stehenlassen. Um das Plasmodium vor dem Austrocknen zu schützen, auf die Innenseite des Petrischalendeckels angefeuchtete Rundfilter oder Fließpapier legen. Wenn notwendig, auf die Agaroberfläche etwas Wasser auftropfen. Im Verlauf weniger Stunden kriecht das Plasmodium von den Pflanzenteilen auf die Agaroberfläche und breitet sich dort in typischer Weise aus. Das Fusionsplasmodium kann durch „Fütterung" mit lebenden Bakterien oder Hefen (z. B. *Escherichia coli, Micrococcus* spec., *Saccharomyces cerevisiae*) längere Zeit am Leben erhalten werden. Meist sind die Kulturen jedoch kontaminiert, so daß die vorhandenen Bakterien und Pilze zur Ernährung des Plasmodiums ausreichen.
Wenn die Oberfläche des Kulturmediums vom Plasmodium überzogen ist, mit Impföse oder Präpariernadel ein kleines Stück der Agarschicht (etwa 5 × 5 mm) herauslösen und mit der nichtbewachsenen Seite auf frisches Kulturmedium übertragen. Die Ausgangskultur weiterhin stehenlassen, da meist nach einigen Tagen im Verlauf weniger Stunden die Sporocarpien entstehen. Dabei spielt das Licht als auslösender Faktor eine wichtige Rolle.
Das Plasmodium kann auch auf Maismehl-Malzextrakt-Agar (Reg. 72) ohne zusätzliche Fütterung längere Zeit kultiviert werden.
Anzucht aus Sporen: Nach Ausbildung und Reife der Sporocarpien die Oberfläche der genannten Kulturmedien mit Sporen beimpfen. Die Petrischalen in feuchter Kammer bei diffusem Licht und 15 bis 20 °C stehenlassen. Nach etwa 6 Tagen schlüpfen aus den gequollenen Sporen je nach dem Feuchtigkeitsgrad der Agaroberfläche Myxoflagellaten oder Myxamöben.
b) *Stemonitis* spec.: Alte Baumstümpfe, abgefallene tote Äste, verrottetes Laub und Gras auf feuchtem, schattigem Waldboden nach den typischen Sporocarpien (Abb. 54 A) absuchen. Sporocarpienbündel in eine Petrischale legen und trocken aufbewahren.

Präparation: a) *Didymium* spec.: Besondere Präparation nicht erforderlich; Beobachtung durch den Deckel der Petrischale bzw. durch den Boden der Schale und das Kulturmedium hindurch möglich. b) *Stemonitis:* Mehrere Sporocarpien am Stiel mit der Pinzette aufnehmen und durch leichte Schläge mit einer Präpariernadel o. ä. gegen die Pinzette die Sporen aus dem Capillitiumgerüst herausklopfen. Die Sporocarpien dabei leicht anblasen. Die herausfallende Sporenmasse ist als zartes, bräunliches Wölkchen zu erkennen. Die teilweise von Sporen befreiten Sporocarpien auf einem Objektträger in Abelsche Flüssigkeit (Reg. 2) oder in Glycerolwasser (Reg. 47) einbetten. Zum Vertreiben eingeschlossener Luftblasen kann vorher ein Tropfen Alkohol zugegeben werden. Dauerpräparate in Glycerolgelatine (Reg. 46) sind zu empfehlen.

Beobachtungen: a) Myxoflagellaten, Myxamöben, Fusionsplasmodium und Sporocarpien von *Didymium* spec. (Abb. 53). Petrischalen, in denen auf der Oberfläche des Kulturmediums Sporen keimen, auf einen Deckel umsetzen, der nicht mit angefeuchtetem Fließpapier ausgelegt ist. Die Schale mit dem Boden nach oben auf den Objekttisch legen und mit schwachem Objektiv beobachten. An den gequollenen Sporen ist kurz vor dem Schlüpfen zu erkennen, daß bereits Myxoflagellaten bzw. Myxamöben entwickelt sind (Abb. 53E, F). Die Sporen ähneln in diesem Stadium Sporenmutterzellen höherer Pflanzen im Tetradenstadium (z. B. Abb. 97A).
Bei den gegebenen Versuchsbedingungen sind Myxoflagellaten wie auch Myxamöben meist gleichzeitig im Bildfeld zu beobachten. Die Geißeln der Schwärmer sind dabei nur vage zu erkennen. Ebenso wie die recht beweglichen Myxamöben sind auch die spindelförmigen Myxoflagellaten zu starker Formveränderung fähig. Die haploiden Amöben bzw. Flagellaten kopulieren

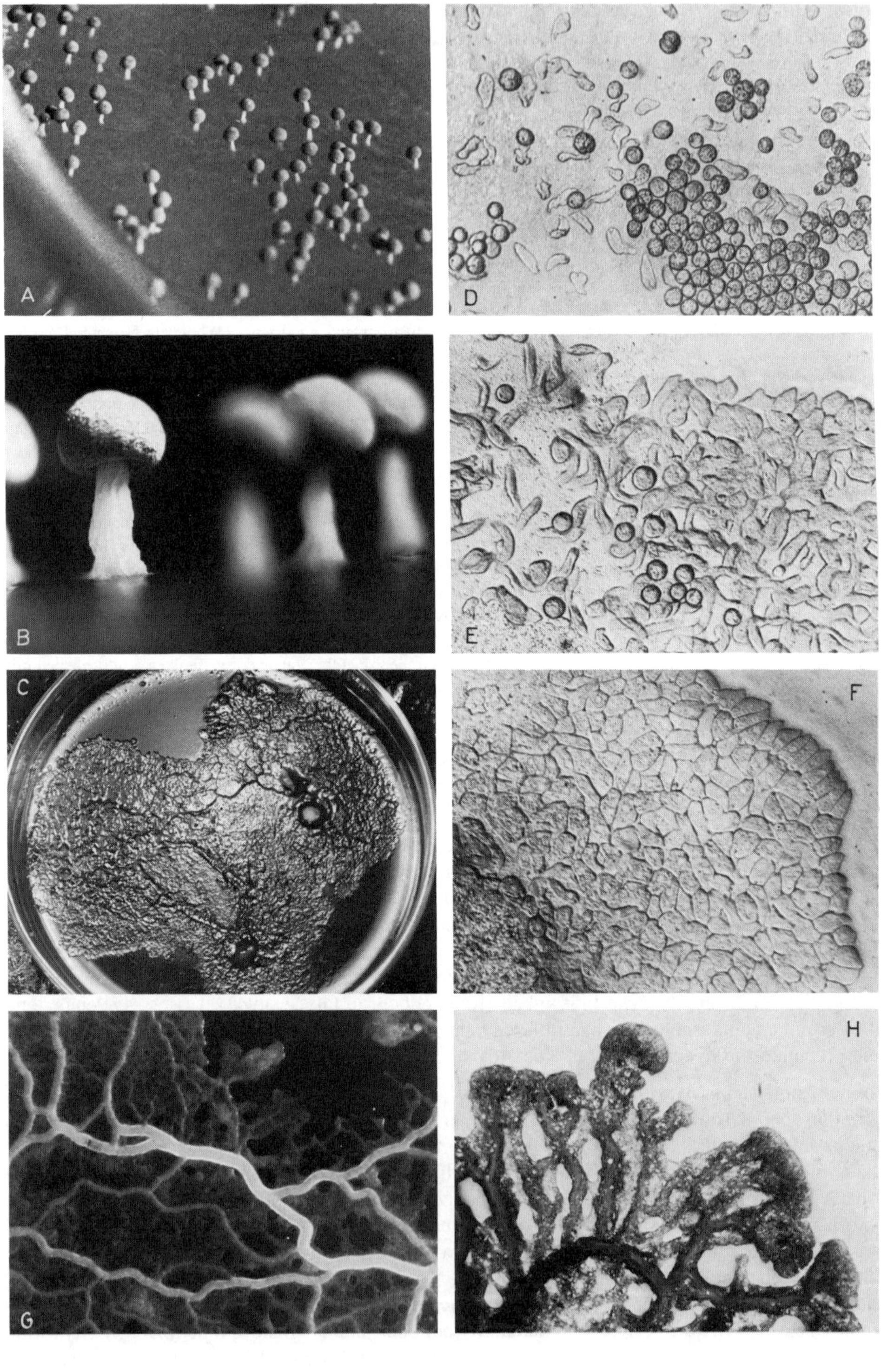
A
B
C
D
E
F
G
H

nach mehr oder weniger langem Umherkriechen zu diploiden Amöbozygoten, aus denen durch Wachstum und Fusion die vielkernigen diploiden Fusionsplasmodien entstehen (Abb. 53C, G, H). Diese Phasen können bei der einfachen mikroskopischen Beobachtung nicht genau unterschieden werden. Zu beobachten ist, daß die Myxamöben in zunehmender Zahl eng aneinandergeschmiegt umeinanderkriechen. Im Zentrum einer solchen Amöbenansammlung verschwinden dann allmählich die Zellgrenzen, und es entsteht ein typisches Fusionsplasmodium mit der charakteristischen Plasmaströmung (Abb. 53F, H). Den Rand des entstehenden Plasmodiums bildet ein breiter Saum dicht aneinandergeschmiegter Amöben, die ständig in Bewegung sind (Abb. 53F).

Das Fusionsplasmodium ist schon mit bloßem Auge gut zu sehen. Es empfiehlt sich, während des Beobachtens den Petrischalendeckel nur kurz oder besser gar nicht abzuheben, um das Plasmodium in seiner Entwicklung nicht zu stören. Darum von der Unterseite der Petrischale aus durch die dünne Agarschicht hindurch beobachten. Je nach Entwicklungszustand und Wachstumsbedingungen ist das Fusionsplasmodium eine mehr oder weniger netzartig ausgebreitete Schleimmasse, die langsam über die Oberfläche des Kulturmediums hinwegkriecht und diese dabei regelrecht „abweidet". Die frontale Zone ist meist kompakter und engmaschiger als die übrige Masse des Plasmodiums, welche oft nur noch aus einzelnen dicken Plasmasträngen besteht.

Zum genauen Studium auf eine Stelle einstellen, an der sich ein dicker Strang in schwächere Plasmastränge verzweigt, oder wo dicke Stränge durch dünne Anastomosen miteinander verbunden sind. Die sich nun darbietende Plasmaströmung ist beeindruckend! Es gibt kaum ein anderes Objekt, das die Strömungsvorgänge des lebenden Protoplasmas so eindrucksvoll zeigt, wie die Fusionsplasmodien der Myxomyceten: Wie in vorgebildeten Kanälen strömt Plasma mit relativ hoher Geschwindigkeit dahin, begrenzt von gelierten, unbeweglichen Plasmateilen und von Kulturmedium. (In der Aufsicht von der Oberseite der Petrischale her ist an ruhenden Granula über den Plasmaströmen zu erkennen, daß das Plasma zum Luftraum hin durch einen dünnen, unbeweglichen Plasmafilm geschützt ist und also gleichsam durch selbstgebildete Röhren dahinfließt.) Die Strömungsrichtung und -geschwindigkeit ist an mitgeführten Granula (Nahrungspartikel, Reservestoffe usw.) gut zu verfolgen. Besonders imposant ist das rhythmische Wechseln der Strömungsrichtung. Dazu den Plasmastrom an einer Verzweigungsstelle längere Zeit beobachten: Nach jeweils etwa einer Minute verlangsamt sich die Strömung soweit, bis das Plasma zum Stillstand kommt. Aber gleich setzt die Strömung – diesmal in entgegengesetzter Richtung – mit zunehmender Geschwindigkeit wieder ein, um nach etwa einer Minute wieder die Richtung zu wechseln. Dieser Rhythmus dauert an, solange sich das Plasmodium in der mobilen Phase befindet. Bemerkenswert ist dabei, daß die Strömungsrichtung in den Plasmasträngen nichts mit der allgemeinen Fortbewegungsrichtung des Plasmodiums zu tun hat. Das kann an den Frontpartien des Plasmodiums gut beobachtet werden. In Abb. 53H kommt die Bewegung des Plasmas in der Unschärfe des Plasmastromes zum Ausdruck.

Wenn die Entwicklung der Sporocarpien einsetzt, entstehen in der Schleimmasse des Plasmodiums zahlreiche knötchenförmige Ansammlungen von Plasma, die rein weiß erscheinen. In wenigen Stunden differenzieren sich die Plasmaklümpchen zu den in Abb. 53A, B dargestellten Sporocarpien: Auf dem längsfaltigen weißen, 0,5 bis 1 mm hohen *(Didymium squamulosum)* bzw. dunkelgrünbraun bis orange gefärbten, 1 bis 1,5 mm hohen Stiel *(D. nigripes)* sitzt das halbkugelige, genabelte Sporocarp. Dessen äußere Hülle (Peridie) kann bei *Didymium squamulosum* durch lockere Calciumcarbonat-Kristallablagerungen grau bis weiß erscheinen (Abb. 53B). Im Jugendstadium ist die Peridie dunkelbraun bis schwarz gefärbt.

Abb. 53. *Didymium squamulosum.* **A** Sporocarpien auf Agaroberfläche in Petrischale; 2:1. **B** Reife Sporocarpien mit Kristallablagerung auf der Peridie; 25:1. **C** Fusionsplasmodium makroskopisch in Aufsicht (Schräglicht); 1:1,2. **D** Keimende Sporen. Rechts unten tetradenähnliche Entwicklungsstadien. **E** Myxoflagellaten und Myxamöben. **F** Rand eines jungen Fusionsplasmodiums. Myxamöben dicht aneinandergeschmiegt; D–F 300:1. **G** Ausschnitt aus dem mittleren Teil eines Fusionsplasmodiums mit auffallenden Plasmasträngen. **H** Frontale Zone eines Fusionsplasmodiums. Unschärfe im Hauptstrang bringt Plasmaströmung zum Ausdruck; G, H 25:1.

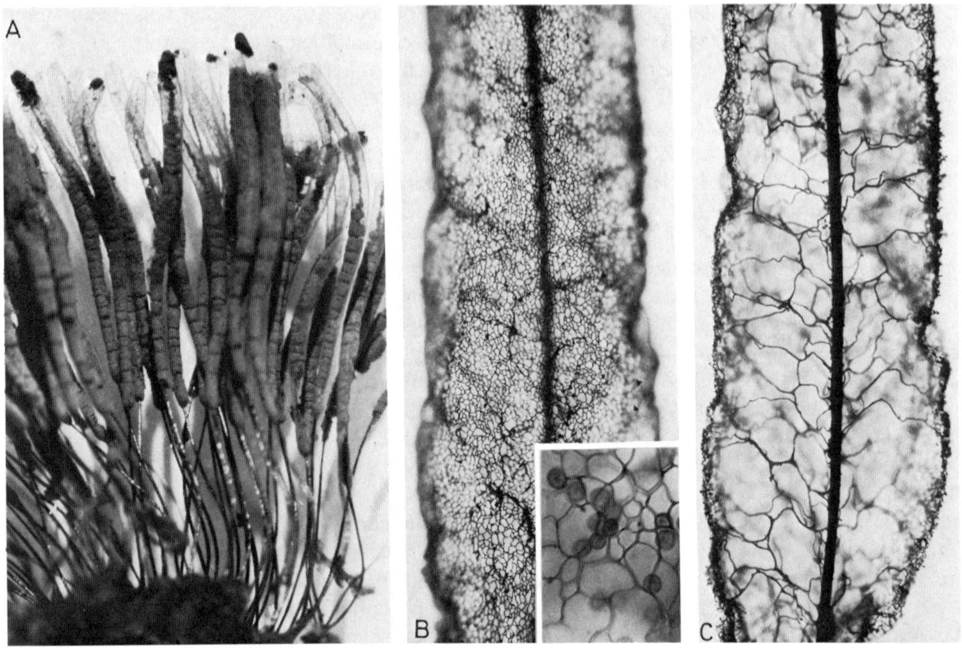

Abb. 54. *Stemonitis fusca.* **A** Gesamtansicht von Sporocarpien; 10:1. **B** Äußeres Capillitiumnetz eines entleerten Sporocarps in Aufsicht; 100:1. Bildausschnitt in B: Teil des Capillitiumnetzes vergrößert, einzelne Sporen zwischen den Netzmaschen. **C** Wie B, aber optische Ebene auf die Columella eingestellt. Von der Columella zweigen stärkere Capillitiumfasern ab, an denen das äußere Capillitiumnetz aufgehängt ist.

b) *Stemonitis fusca* (Abb. 54): Die 6 bis 12 mm hohen Sporocarpien gehören mit zu den größten und auffallendsten Sporocarpien, die bei einheimischen Myxomyceten vorkommen. Das Capillitiumgerüst ist hier sehr gut zu sehen: An einem dünnen, lackschwarz glänzenden Stiel sitzt das zylindrische, langgestreckte Sporocarp, das in der Reife purpurbraun bis zimtfarben ist. Die Sporocarpien bilden auf dem Substrat (meist alte Baumstümpfe) dichte Rasen, die fast handtellergroße Flächen bedecken können.

Bei schwacher Vergrößerung ein von Sporen befreites Sporocarp betrachten. Dabei die optische Ebene von oben nach unten durch das Objekt wandern lassen.

Wenn die Sporen aus dem Sporocarp entfernt sind, bleibt ein zartes netzartiges Capillitiumgerüst stehen, das auch mit bloßem Auge gut zu erkennen ist (Abb. 54A, B). Bei Fokussierung wird deutlich, daß das in der Aufsicht dichtmaschige Netz lediglich einen Beutel darstellt, der mit dickeren Fasern an der zentralen Columella aufgehängt ist (Abb. 54C). Die Columella ist die Fortsetzung des Stieles und sie reicht bis an das obere Ende des Sporocarps. Der Bildausschnitt in Abb. 54B zeigt bei stärkerer Vergrößerung ein Stück des Capillitiumnetzes, in dessen Maschen noch ein paar Sporen hängen.

Im Unterschied zu *Didymium* spec. und zahlreichen anderen Myxomycetenarten fehlen hier kristalline Kalkablagerungen.

Weitere Objekte:

Im Prinzip sind alle Myxomyceten zur mikroskopischen Beobachtung geeignet. Wichtig ist nur, daß sowohl die zarten Sporocarpien wie auch in besonderem Maße die empfindlichen Plasmodien äußerst schonend eingesammelt werden. Die meisten Funde sind im Sommer und Frühherbst bei feuchtwarmem Wetter zu erwarten.

Es lohnt immer, selbst während des Winters, verschiedenes pflanzliches Material in feuchter Kammer zur Gewinnung von Myxomyceten auszulegen. Welche Arten dabei zur Entwicklung kommen, bleibt allerdings dem Zufall überlassen.
Für die Beobachtung und evtl. Kultur in vitro eignen sich besonders Vertreter der Gattungen *Didymium, Fuligo, Physarum, Physarella, Reticularia.*

3.3. Plasmodiophoromycota (parasitäre Schleimpilze)

Obligate, intrazelluläre **Parasiten** auf Algen, Pilzen, Cormophyten. Haploide Dauersporen entlassen **heterokonte Zoosporen,** die in Wurzelhaare geeigneter Wirtspflanzen eindringen und zu haploiden Paraplasmodien heranwachsen. **Paraplasmodien** entstehen im Unterschied zu Plasmodien der Myxomycetes durch Plasmavermehrung und Mitosen aus einer einzigen Zoospore. Die Zerklüftung der Plasmodien leitet Entwicklung von **Sommersporocysten** ein, deren haploide Zoosporen direkt wie auch nach Kopulation als Planozygoten neue Wirtszellen befallen. Zygoten wachsen zu diploiden Paraplasmodien heran. Am Ende der Wachstumsphase synchrone Meiosen und Zerklüftung des Plasmas in einkernige, haploide **Dauersporen.**
Antithetischer Generationswechsel! Schädlinge an Kulturpflanzen: *Plasmodiophora brassicae* (Kohlhernie), *Spongospora subterranea* (Kartoffelräude).

3.4. Oomycota

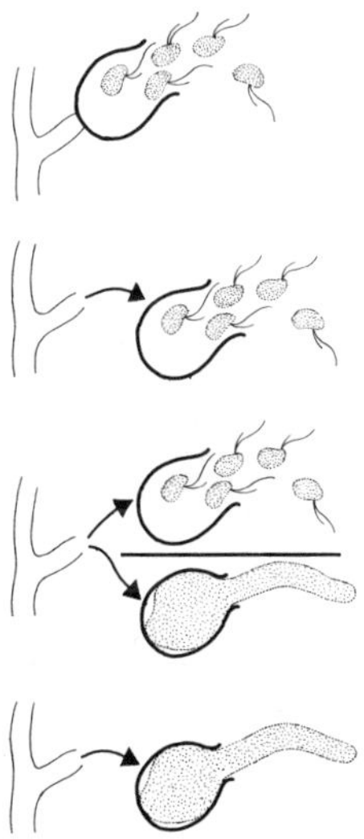

Relativ einheitliche Ordnung saprophytischer und parasitischer Pilze **mit siphonalem Mycel** (unseptiert, vielkernig, weitlumig, verzweigt), das bei wenigen intrazellulär parasitierenden Arten bis auf amorphen nackten Thallus reduziert ist. Zellwand aus Glucanen und Cellulose; **kein Chitin! Heterokonte Zoosporen.**
Die verschiedenen Formen, in denen die vegetative Vermehrung abläuft, demonstrieren den **Übergang von aquatischer zu terrestrischer Lebensweise** (Zoosporocysten → Conidien).

Pythium:	Sporocysten verbleiben am Thallus → Zoosporen schlüpfen
Plasmopara:	Sporocysten fallen ab → Zoosporen schlüpfen
Phytophthora:	Sporocysten fallen ab hohe Luftfeuchtigkeit → Zoosporen schlüpfen niedere Luftfeuchtigkeit → Keimschlauch (Sporocyste wurde zur Conidie)
Peronospora:	Sporocyste fällt ab → Keimschlauch

Mit der Entwicklung der Zoosporocysten zu Conidien geht die Differenzierung kaum spezialisierter, sporocystentragender Hyphen zu typischen, artspezifischen Sporocystophoren einher. Parallel dazu verlief die Evolution von nicht spezialisierten Saprophyten bis zu obligaten, rassenspezifischen Parasiten.

Sexuelle Fortpflanzung: **Oocystogamie** (Abb. 56). Von einer vielkernigen **Androgametocyste,** die der **Oocyste** (= Gynogametocyste mit mehreren Eizellen) anliegt, wachsen **Befruchtungsschläuche** bis zu den Eizellen bzw. Eikernen und leiten die männlichen Gametenkerne bis an die weiblichen Kerne (G, H) **(Wegfall freier Gameten ist ebenfalls als Anpassung an terrestrische Lebensweise zu werten!).** Nach Karyogamie (I) Bildung ein- oder vielkerniger **Cystozygoten** (K), die nach Ruhepause unter Meiose mit Zoosporen, häufiger mit Keimschlauch, keimen (L).
Schädlinge der Kulturpflanzen: *Phytophthora infestans* Krautfäule der Kartoffel, *Plasmopara viticola* Mehltau des Weins, *Peronospora tabacinum* Tabakblauschimmel.

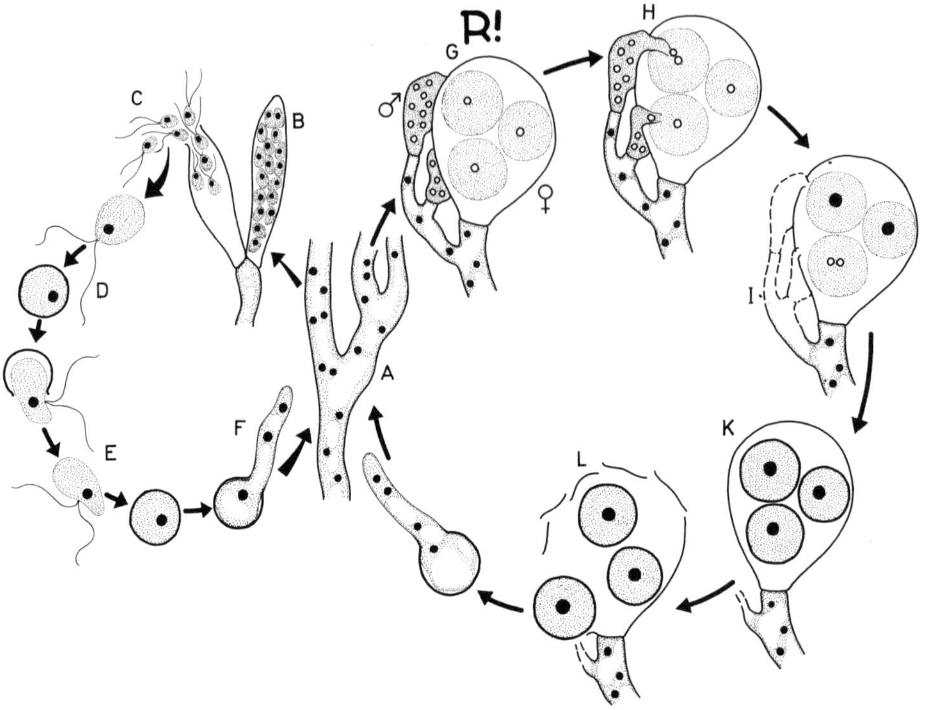

Abb. 55. Entwicklungszyklus von *Saprolegnia* (s. Text).

3.4.1. Saprolegniales

Beobachtungsziel: Siphonales Mycel, Entwicklung der Zoosporocysten und Zoosporen bei Saprolegniales

Objekt: *Saprolegnia* spec.

Materialbeschaffung: Von toten Fliegen mit Präparierschere die Beine abschneiden, dann die Tierkörper in einem Glasgefäß auf die Oberfläche von Tümpelwasser legen und die Kultur bei Zimmertemperatur stehenlassen. Nach wenigen Tagen sind die Tiere von zartem weißem Mycel bedeckt, dessen Hyphen von der Substratoberfläche weg ins Wasser hineinwachsen (Abb. 56C).
Entsprechend behandelte tote Larven des Mehlkäfers („Mehlwürmer", *Tenebrio molitor*), auch tote Daphnien, liefern reichlich Pilzmaterial.

Präparation: Mycel gegen dunklen Untergrund betrachten. Sporocystentragende Hyphen sind an den weißlichen Spitzen zu erkennen. Mit der Pinzette Mycelflocken abzupfen und auf einen Objektträger in Wasser übertragen. Vorsichtig Deckglas auflegen.
Vorteilhaft bei schiefer Beleuchtung beobachten (Reg. 99).

Beobachtungen (Abb. 56A–C): Das aus den Tierkörpern herauswachsende Mycel besteht aus spärlich verzweigten, querwandlosen, coenocytischen Hyphen (bis 200 µm dick) und weist damit die typischen Merkmale siphonaler Wuchsform auf. Die Hyphen innerhalb des Tierkörpers sind dünner und stärker verzweigt. Das Cytoplasma ist stark vacuolisiert und liegt vorwiegend als dünner Belag der cellulosehaltigen (!) Hyphenwand an. Lediglich die Sporocysten und Gametocysten werden durch Querwände abgetrennt (Abb. 55, 56). Die Saprolegniaceae eignen sich

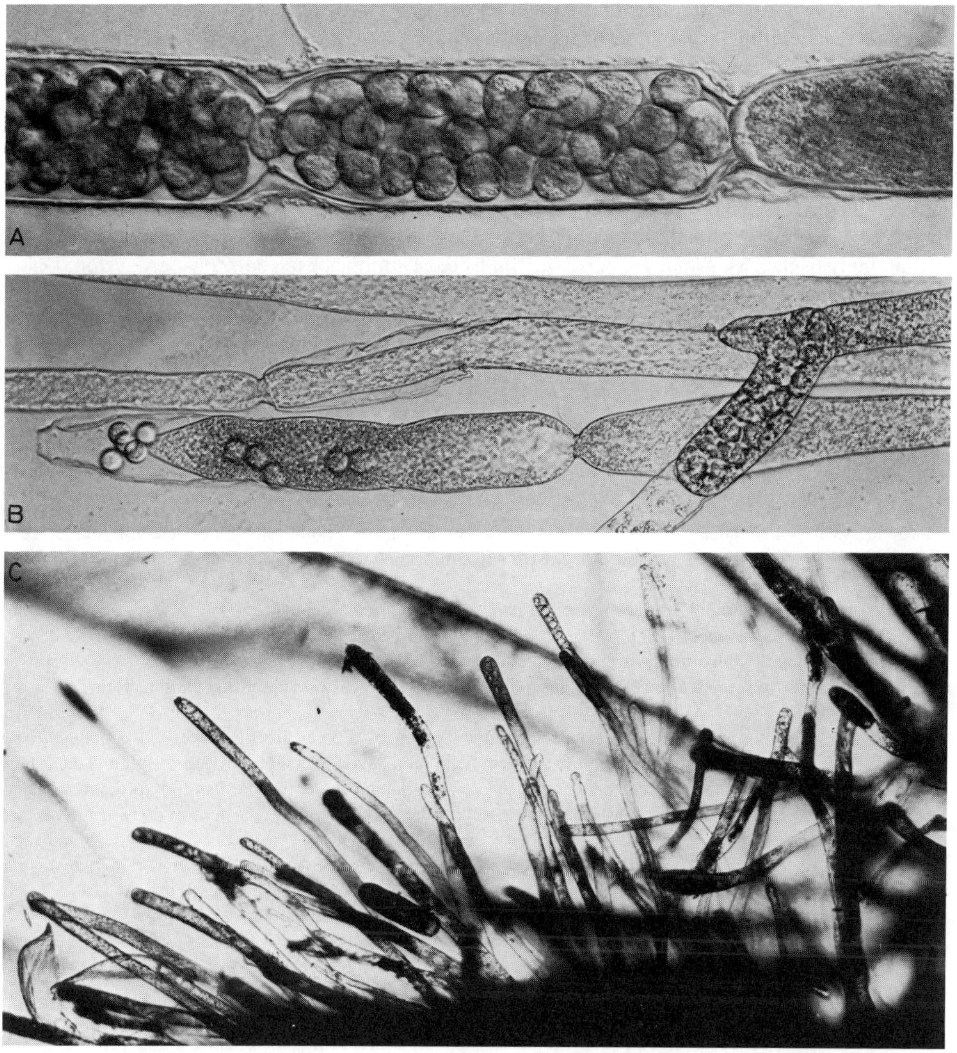

Abb. 56. *Saprolegnia* spec. **A** Zoosporocyste. Zoosporen bereits beweglich, kurz vor dem Schlüpfen; 550:1. **B** Zoosporocyste mit schlüpfenden Zoosporen; rechts junge Sporocyste mit bereits zerklüftetem Protoplasma; 250:1. In A und B Reste der durchwachsenen Zoosporocysten beachten! **C** Mycelrasen, der aus dem Abdomen einer Stubenfliege auswächst. Einige Hyphenenden bereits zu Zoosporocysten entwickelt; 45:1. A–C Lebendpräparate.

besonders gut, um die Entwicklung von Zoosporocysten, das Ausschwärmen von Zoosporen und die Vorgänge bei Oocystogamie zu studieren. Die Sporocysten und Gametocysten sind so groß, daß schon bei mittlerer Vergrößerung (300:1 bis 650:1) gut beobachtet werden kann.
Die Sporocystenbildung setzt damit ein, daß Hyphenenden schwach keulig anschwellen und sich reichlich mit Protoplasma füllen, das zahlreiche Kerne mit sich führt. Durch die Querwand werden diese terminalen Hyphenabschnitte (Sporocysten) von der Traghyphe geschieden; die Hyphe schnürt sich dabei sanduhrförmig ein (Abb. 56A, B).
In abgeteilten Zoosporocysten gliedert sich das Protoplasma in einkernige Portionen auf, die sich abrunden und zu zweigeißeligen Zoosporen differenzieren (Abb. 55C). Kurz vor dem Schlüpfen

werden die Zoosporen beweglich und wogen in der Zoosporocyste unruhig durcheinander. Im Schräglicht erscheint die Sporenoberfläche fein granuliert. Die Zoosporocysten öffnen sich an der Spitze mit einem Porus, worauf die heterokonten Zoosporen rasch ausschlüpfen und sich ausschwärmend sofort im umgebenden Wasser verteilen. (Typisch für *Saprolegnia*! Bei der verwandten Gattung *Achlya* sammeln sich die Zoosporen erst vor der Sporocystenmündung.) Unter günstigen Umständen kann man verfolgen, wie sich die Zoosporen nach einer Weile festsetzen und mit einer Wand umgeben (Encystierung, Abb. 55D). Aus den Cysten schlüpfen die Protoplasten nunmehr als nierenförmige sekundäre Zoosporen aus (Diplanie; Abb. 55E). Erst aus diesen Sekundärsporen entsteht wieder Mycel (Abb. 55F).
Ein charakteristisches Merkmal von *Saprolegnia* ist das Durchwachsen der Zoosporocysten: Dabei wächst die Traghyphe durch das Septum hindurch in den entleerten Behälter hinein und gliedert eine neue Sporocyste ab (Abb. 56B). Dieser Vorgang der Proliferation kann sich mehrmals wiederholen.

Weitere Objekte:

Alle Arten der Saprolegniales sind aquatische Pilze auf Tier- und Pflanzenresten. Sie sind fast alle für das Studium oomycetaler Pilze geeignet, da sie zu jeder Jahreszeit leicht kultiviert werden können.
Ein einfacher Bestimmungsschlüssel soll zur Orientierung über die Gattungen dienen:

1. Zoosporocysten selten oder fehlend, Sporen keimen bereits in der Sporocyste; Oocysten mit sehr dicken, getüpfelten Wänden; Androgamocysten entstehen direkt darunter und wachsen an der Stelle empor . . *Aplanes*
2. Nicht wie vorige
    2.1. Zoosporen verlassen die Zoosporocyste normalerweise durch einen einfachen Porus
        2.1.1. Zoosporen sammeln sich vor dem Porus der Zoosporocyste in einem kugelförmigen Ballen oder als unregelmäßige Gruppe und schwärmen dann erst aus
            2.1.1.1. Zoosporocysten gewöhnlich dicker als vegetative Hyphen; Zoosporen dicht in einer Reihe . . . . *Achlya*
            2.1.1.2. Zoosporocysten nicht dicker als vegetative Hyphen; Zoosporen in einer Reihe . . *Aphanomyces*
        2.1.2. Ein Teil der Zoosporen schwimmt nach dem Schlüpfen davon oder stößt ruckweise fort und encystiert sich getrennt von den zurückbleibenden; manche Zoosporen bleiben vor dem Porus. Zoosporocysten runden sich an der Spitze ab, manchmal wachsen Hyphen durch die leere Sporocyste wie bei *Saprolegnia* . . . . . *Protoachlya*
            2.1.2.1. Zoosporocyste nicht dicker als vegetative Hyphen; Zoosporen in einer Reihe . . . . *Leptolegnia*
            2.1.2.2. Zoosporocyste gewöhnlich dicker als die Hyphen; Zoosporen nicht in einer Reihe . . . .
                – Neue Zoosporocysten bilden sich innerhalb der leeren Zoosporocysten . . . . *Saprolegnia*
                – Neue Zoosporocysten bilden sich meist durch cymose Verzweigung
                – – Androgamocysten an jeder Oocyste, androgen . . . . *Pythiopsis*
                – – Androgamocysten fehlen oder weniger als die Hälfte der Oocysten, diklin . . . . . . *Isoachlya*
    2.2. Zoosporen verlassen die Zoosporocyste nicht durch einen Porus (s. a. *Achlya dubia*)
        2.2.1. Zoosporen encystieren sich innerhalb der Zoosporocyste, dann dringen sie einzeln durch die Zoosporocystenwand und schwimmen davon. Zoosporocysten fallen nach der Reife von der Hyphe ab . *Dictyuchus*
        2.2.2. Zoosporen werden durch Aufbrechen der Zoosporocystenwand frei . . . . *Thraustotheca*

3.4.2. Peronosporales

Beobachtungsziel: Haustorien, Sporocystenträger mit Sporocysten, Oocyste mit Androgamocyste und Oospore bei obligat parasitischen Peronosporales

Objekte: *Albugo candida* (Pers.) Ktze. (Weißrost); *Peronospora parasitica* (Pers.) Tulasne (Falscher Mehltau); beide meist als Mischinfektion auf *Capsella bursa-pastoris* (l.) Med. (Gemeines Hirtentäschel).

Materialbeschaffung: Die genannten Objekte eignen sich besonders gut für das Studium parasitärer Peronosporales, weil sie fast immer in reicher Ausbeute gefunden und mit einfachen Mitteln befriedigend präpariert werden können. Dichte, blühende Bestände der Ruderalpflanze *Capsella bursa-pastoris* nach Pflanzen absuchen, die Befall durch parasitische Peronosporales erkennen lassen: Auftreibungen und Verkümmerung der Stengel; hypertrophierte Sproßabschnitte meist mit weißem, leicht abwischbarem Belag (reife Sporocysten, Name!); Vergrünung und Verdickung der Blüten.

Präparation: Befallene Stücke von Sproßachsen in Alkohol-Essigsäure (Reg. 36) oder im Gemisch nach Karpetschenko (Reg. 36) fixieren. Nach entsprechendem Auswaschen in 50- bis 70%igem Ethanol aufbewahren oder gleich weiterverarbeiten: Querschnitte von fixierten Stengelstücken mit Hämalaun nach Mayer (Reg. 49) färben und in Gemisch von Chloralhydrat-Glycerol-Wasser (Reg. 20, 21) einbetten. Es lohnt auch, die ausgewaschenen Handschnitte aus Wasser kurz in Chloralhydratlösung zu übertragen, dann mit essigsaurer Amidoschwarz-10B-Lösung zu färben (Reg. 13) und in Chloralhydratlösung einzubetten, die mit etwas milchsaurer Amidoschwarz-10B-Lösung gemischt wurde (Farbton hellblau).

Beobachtungen (Abb. 57, 58): Bei 50- bis 100facher Vergrößerung Querschnitte nach Stellen absuchen, wo sich die Epidermis uhrglasförmig vom Rindenparenchym abhebt. Das Entstehen der subepidermalen Hohlräume ist darauf zurückzuführen, daß an diesen Stellen das Mycel von *Albugo candida* zur Fruktifikation übergegangen ist. In den äußeren Rindenzellschichten treten gehäuft Hyphen auf, die bis zur Epidermis wachsen und an den Enden zu keuligen palisadenförmig geordneten Sporocystenträgern werden (Acervulus; Abb. 57A). An der Basis haben die Traghyphen stark verdickte Wände (Abb. 57E) wie auch die darunter in den Interzellularen wachsenden Hyphen, die quergeschnitten wegen ihrer Wandverdickung Sklerenchymfasern ähneln (Abb. 57F). In den tieferen Schichten des Rindenparenchyms haben die Hyphen dünnere Wände. An den Traghyphen entstehen die Sporocysten in Ketten, wobei die oberste die jeweils älteste ist (Unterschied zu *Peronospora,* bei der die Enden der verzweigten Sporocystenträger nur je eine Spore produzieren). Bei der Sporocystenbildung wandern jeweils 5 bis 7 Kerne, von dichtem Plasma eingehüllt, in den Scheitel der Traghyphe, die dann irisblendenartig eine Wand einzieht und die Sporocyste bis auf ein dünnes Verbindungsstück abschnürt (Abb. 57C, D). Dieser Zellwandrest – der Disjunktor – verschleimt später, und die Sporocysten lösen sich voneinander, wobei die zuerst abgeschnürten nicht keimfähig sind. Sie wirken als sogenannte Pufferzellen beim Abdrücken der Epidermis, die schließlich aufreißt, wenn der Druck genügend stark geworden ist. Die Pufferzellen bleiben oft an der Unterseite der Epidermis haften (Abb. 57A). Da die Sporocysten je nach Umweltbedingungen Zoosporen entlassen oder einen Keimschlauch treiben, sind sie entweder als Zoosporocysten oder als Conidien zu bezeichnen. Die somatischen Hyphen (Durchmesser etwa 10 μm) wachsen in den Interzellularen des Rindenparenchyms und entziehen den Wirtszellen mit Hilfe kleiner, bläschenförmiger Haustorien die Nährstoffe (Abb. 57B).

Die Haustorien sind mit den Mutterhyphen durch dünne Röhrchen verbunden, deren Durchmesser (etwa 0,75 μm) nur bei starker Vergrößerung erkannt werden kann.

Da *Albugo candida* und *Peronospora parasitica* stets eng miteinander vergesellschaftet sind, kann man fast immer im gleichen Querschnitt auch das vegetative Mycel von *Peronospora parasitica* vergleichend untersuchen.

In aufgeplatzten Sporenlagern an der Stengeloberfläche fallen meist neben den bereits beschriebenen Sporocystenträgern von *Albugo candida* bedeutend längere, geweihartig verzweigte Sporocy-

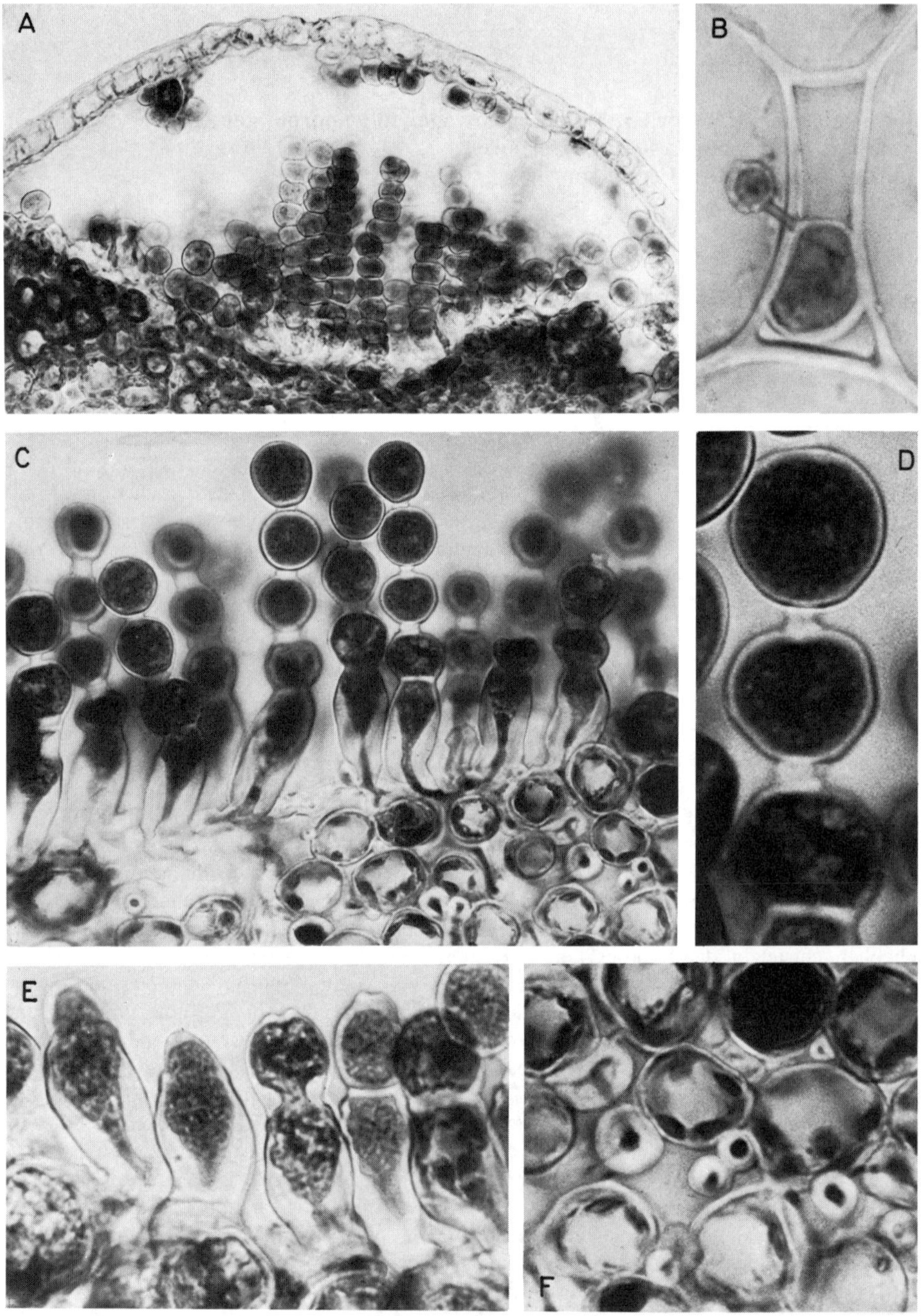

Abb. 57. *Albugo candida* auf *Capsella bursa-pastoris*. **A** Sproßquerschnitt von *Capsella* mit Acervulus. Emporgehobene Epidermis auf der Innenseite mit Pufferzellen. Sporocysten noch nicht ausgereift; 90:1. **B** Interzellulare des Rindenparenchyms mit quergeschnittener Hyphe, von der knopfförmiges Haustorium in eine Parenchymzelle hineingewachsen ist; 1800:1. **C** Sporocystenträger mit reifen Sporocysten; 600:1. **D** Ausschnitt aus C. Sporocysten mittels differenziertem Zellwandrest (Disjunktor) noch miteinander verbunden; 1500:1. **E** Junger Sporocystenträger, an der Basis mit sklerenchymartig verdickter Wand. Verschiedene Stadien der Sporocystenabschnürung; 900:1. **F** Ausschnitt aus Rindenparenchym mit quergeschnittenen interzellulär verlaufenden Hyphen; Wände sklerenchymartig verdickt; 1500:1.

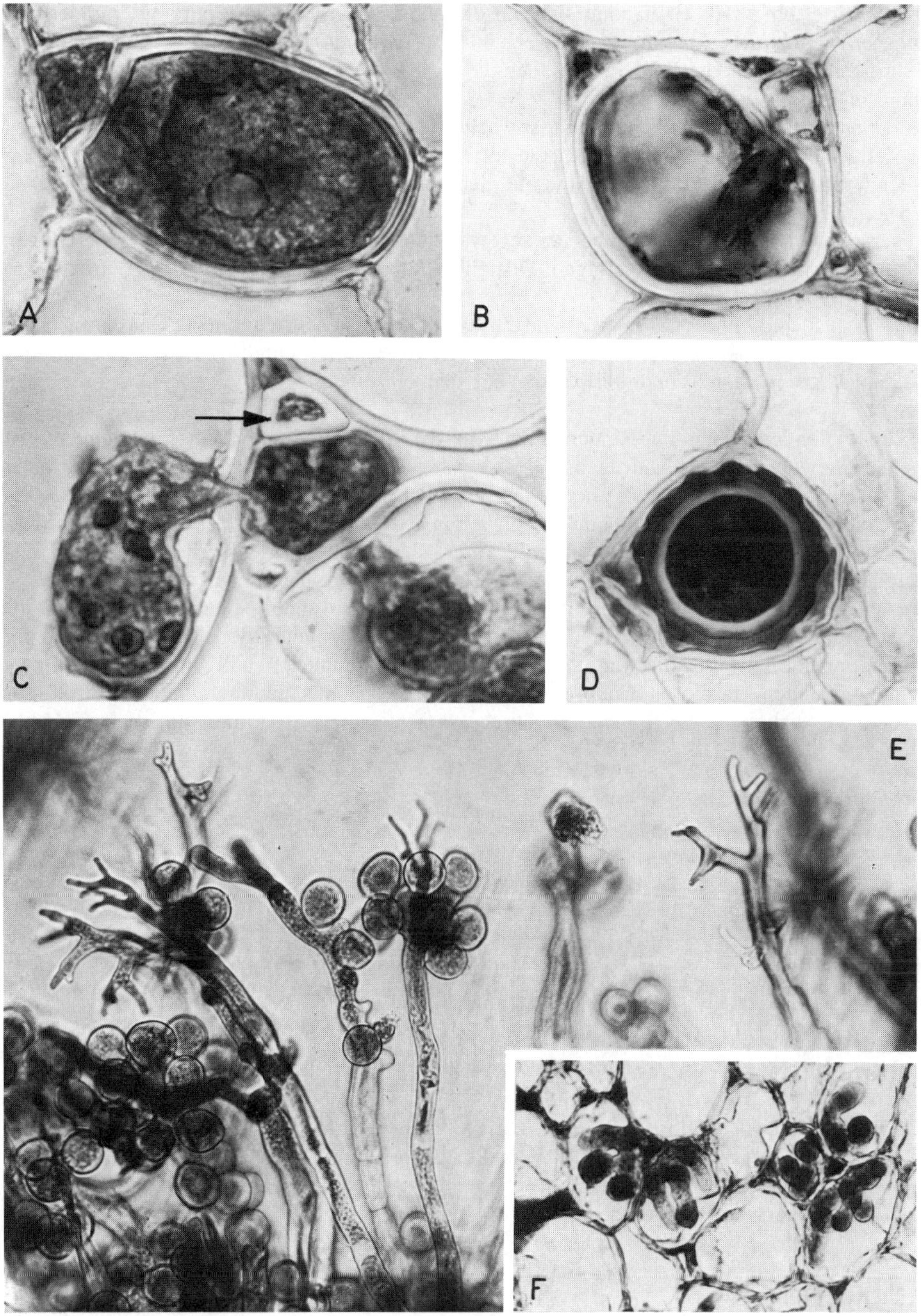

Abb. 58. *Peronospora parasitica* auf *Capsella bursa-pastoris*. **A** Gynogametocyste (= polygonitisches Oogonium) mit anliegender Androgamocyste. Protoplasma in der Gynogametocyste in Periplasma und Ooplasma differenziert; 750:1. **B** Wie A, von der Androgamocyste ragt Befruchtungsschlauch in das Oogonium hinein; 750:1. **C** Von interzellular verlaufender Hyphe wachsen mehrkernige Haustorien in Rindenparenchymzellen hinein. Bei → eine Hyphe von *Albugo candida;* 1400:1. **D** Oospore im Rindenparenchym der Sproßachse von *Capsella;* 180:1.

stenträger auf (Abb. 58E). Es handelt sich um die höher differenzierten Sporocystenträger von *Peronospora parasitica,* die an den Zweigenden (Sterigmen) jeweils nur eine Sporocyste hervorbringen. Während der Präparation fallen die Sporocysten, die denen von *Albugo* täuschend ähneln, meist ab.

Im Rindenparenchym treiben die interzellular wachsenden dicken Hyphen durch kleine Öffnungen in der Zellwand klumpig keulenförmige Haustorien in die Wirtszellen, die diese mitunter völlig ausfüllen (Abb. 58C). Die Haustorien sind mit dichtem Plasma angefüllt und enthalten zahlreiche Zellkerne.

Die generative Entwicklung läßt sich bei der angewandten Präparationstechnik nur in groben Zügen bis zur Ausbildung der Oospore verfolgen. Diffizile Studien (Verteilung der Kerne, Befruchtung) erfordern Mikrotomtechnik.

Bei *Albugo* spec. und *Peronospora* spec. sind die morphologischen Strukturen der Gamocysten und Zygoten im wesentlichen ähnlich, wenngleich die Kernverhältnisse und die Differenzierung des Oocystenplasmas in Gono- und Periplasma bei den einzelnen Arten voneinander abweichen können.

Die Gamocysten entstehen im Rindenparenchym der Wirtspflanze als Anschwellungen von Hyphenenden, wobei sich die Androgamocysten den Gynogamocysten anlegen (Abb. 58A). In der Trennwand zwischen beiden Gamocysten bildet sich durch enzymatische Lyse ein Porus, durch den von der Androgamocyste ein Befruchtungsschlauch in die Gynogamocyste führt (Abb. 58B). Das Cytoplasma der Eizelle differenziert sich in lockeres, stark vacuolisiertes Periplasma und in eine dichtere, zentral gelegene Oosphäre (Gonoplasma), die sich noch weiter zu einem scharf begrenzten Bereich, dem Coenozentrum, verdichtet. Nach Einwandern eines männlichen Kerns durch den Befruchtungsschlauch in die Oosphäre und nach vollzogener Befruchtung teilt sich der Zygotenkern mehrmals. Gleichzeitig umgibt sich die Oosphäre unter Beteiligung des Periplasmas mit einem hyalinen, farblosen Endospor und einem derberen, bräunlich gefärbten Exospor (Epispor), das sich bei *Albugo candida* durch warzenförmige Strukturen auszeichnet (Abb. 58D).

Weitere Objekte:

Albugo candida befällt, allerdings weniger häufig, neben *Capsella bursa-pastoris* auch andere Brassicaceae. Auf Brassicaceae treten auch andere *Albugo*-Arten auf.

Phytophthora infestans (Montagne) de Bary (Peronosporaceae); Kartoffelfäule, Krautfäule. Kann bei feuchtwarmem Wetter in Massen Kartoffelkraut befallen und zum Absterben bringen. Abgestorbenes Kartoffelkraut in feuchte Kammer einlegen: Sporangienbildung. Zitronenförmige Sporangien keimen mit Zoosporen oder mit Keimschlauch.

3.5. Eumycota

Zellwand niemals aus Cellulose, sondern vorwiegend aus **Chitin**, oft mit **Glucanen.** Zoosporen und Gameten fehlen fast allen Eumycota. Wenn Planosporen vorhanden (Chytridiomycetes), dann diese nur mit einer opisthokonten Geißel (Schubgeißel). **Dikaryotisches Entwicklungsstadium** gewinnt immer mehr an Bedeutung.

3.5.1. Chytridiomycetes

Vorwiegend **aquatische Parasiten** und **Saprophyten** an Protozoen, Algen, Cormophyten. Formenreiche Ordnung mit stark voneinander abweichenden Vegetationskörpern: nackte, später mit Zellwand umgebene intrazelluläre Protoplasten *(Synchytrium, Olpidium);* mono- und polyzentrisches Rhizoidmycel *(Rhizophydium, Nowakowskiella);* primitives Mycel *(Nowakowskiella).* Die **Entwicklungzyklen** der einzelnen Gattungen sind **unterschiedlich,** keiner ist für die gesamte Ordnung typisch.

Gemeinsame Merkmale: **opisthokonte Planosporen; Thallus coenocytisch** (Hyphen ohne Querwände), Zellwände **chitinös;** Zygoten werden zu ausdauernden **Sporen** oder entwickeln Dauersporocysten; bei Mycelformen Sexualorgane durch Querwände abgetrennt; bei vielen Arten Sexualzyklus ungenügend bekannt.
Schädlinge an Kulturpflanzen: *Synchytrium endobioticum* Kartoffelkrebs, *Olpidium brassicae* Umfallkrankheit der Brassicaceae, *Physoderma zeae-mayidis* Braunfleckenkrankheit des Mais, *Urophlyctis alfalfae* Wurzelkrebs der Luzerne.

Beobachtungsziel: Inoperculate Chytridiales (Vegetationskörper, Sporocysten, Parasitismus)

Objekte: a) *Phlyctochytrium* spec. und *Olpidium* spec. auf *Pinus*-Pollen; b) *Phlyctochytrium* spec. auf *Spirogyra* spec.

Materialbeschaffung: a) Chytridiales auf *Pinus*-Pollen: Ende Mai bis Anfang Juni die stäubenden zäpfchenähnlichen Blüten von Kiefern einsammeln und bis zur Verwendung trocken und kühl aufbewahren. Zur Anzucht der Chytridiales eine flache Schale mit Tümpelwasser füllen oder Bodenproben (Spatelspitze genügt) in einer Petrischale mit Wasser überschichten und auf die Wasseroberfläche *Pinus*-Pollen aufstäuben. Nach drei bis fünf Tagen die Pollen mikroskopisch auf Pilzbefall untersuchen. Wenn während der Bestäubungszeit die Masse der *Pinus*-Pollen auf Tümpeln und Pfützen als schwefelgelbe Schicht zu erkennen ist, können die Pollen auch direkt zusammen mit dem Wasser eingesammelt und sofort untersucht werden. Es werden vorwiegend Vertreter der Gattungen *Olipidium, Phlyctochytrium* und *Rhizophydium* gefunden.

b) Chytridiales auf Grünalgen: Aquatische parasitäre Chytridiales sind fast immer in Rohkulturen bzw. in frisch gesammeltem Material von Zygnematales *(Spirogyra, Mougeotia),* Oedogoniales *(Oedogonium)* und Cladophorales *(Cladophora)* zu finden. (Aber auch in den Hyphen von Saprolegniales *(Saprolegnia, Achlya)* treten diese primitiven Pilze auf.)

Beschaffung und Kultur der genannten Algen s. S. 83. Beschaffung und Kultur von *Saprolegnia* s. S. 152
Wenn an frisch eingesammelten Algen noch keine Chytridiales zu erkennen sind (Mikroskop!), so empfiehlt es sich, verwesende Pflanzenteile vom gleichen Standort in die Algenrasen zu legen (Ködermethode). Meist können dann schon nach wenigen Tagen verschiedene Chytridiales beobachtet werden.

Präparation: Aquatische Chytridiales lassen sich gut im Frischpräparat (Reg. 41) beobachten. Spezielle Präparationen, wie z. B. Kernfärbungen, sind jedoch schwierig, da einmal die Organismen sehr empfindlich sind und zum anderen die infizierten Zellen – sofern nicht Reinkulturen mit Masseninfektion vorliegen – nach den notwendigen Manipulationen kaum noch aufzufinden sind.
Da im mikroskopischen Präparat zwangsläufig immer die Wirtszellen mit vorhanden sind und eine erhebliche Schichtdicke des Präparats bedingen, ist die Beobachtung mit homogener Immersion nicht angebracht. Zu empfehlen sind Objektive für Wasserimmersion oder Trockensysteme mit hoher numerischer Apertur.

a) Chytridiales auf *Pinus*-Pollen. Wenn an einzelnen Pollenkörnern Pilzbefall zu beobachten ist (Mikroskop!), dann von den auf der Wasseroberfläche schwimmenden Pollenkörnern mit der Impföse einen Teil aufnehmen und auf Objektträger in Lactophenol-Anilinblau (Reg. 72) bzw. in Abelsche Flüssigkeit (Reg. 2) übertragen und mit Deckglas abdecken. Zweckmäßigerweise auf dem Objektträger einen Tropfen Lactophenol-Anilinblau mit einem Tropfen Lactophenol vermischen, so daß das Medium nur zart hellblau gefärbt ist. Zum Austreiben eingebetteter Luftblasen und zur Beschleunigung der Färbung kann das Präparat über der Flamme etwas erwärmt werden. Aus den Luftsäcken der Pollenkörner wird die Luft allmählich verdrängt. Die Rhizoide innerhalb der Pollenkörner färben sich nur sehr langsam an. Die Präparate daher in waagerechter Lage staubfrei aufbewahren und ab und zu durchmustern.

b) Chytridiales auf *Spirogyra* spec. Algenrasen makroskopisch nach Stellen absuchen, die im Farbton von der Masse der Algen etwas nach gelbgrün-bräunlich abweichen. Von diesen Stellen *Spirogyra*-Fäden entnehmen, auf Objektträger in Wasser übertragen und mit Deckglas abdecken. Die Algenfäden möglichst parallel ausrichten, um das Absuchen nach infizierten Zellen zu erleichtern.

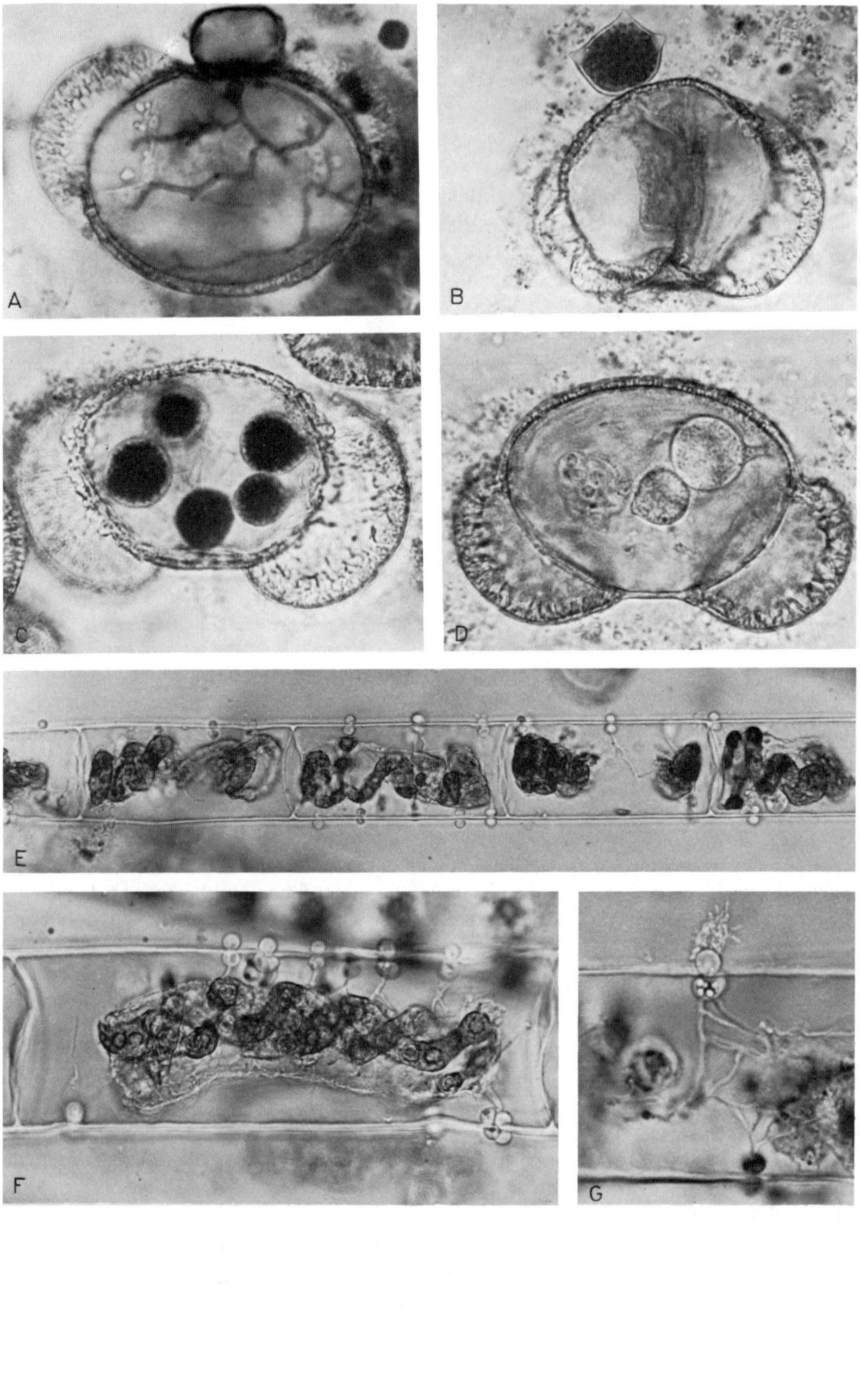
A
B
C
D
E
F
G

Beobachtungen (Abb. 59): Die aquatisch lebenden parasitären Chytridiales stellen eine recht mannigfaltige Gruppe äußerst zarter Pilze dar, die in keiner Entwicklungsphase mikroskopische Dimensionen überschreiten. Die einwandfreie Bestimmung der Gattungen und Arten gelingt meist nur durch Beobachtung aller Phasen des Entwicklungszyklus. Das wiederum ist nur an Hand von Reinkulturen und notwendiger Präparation möglich. Beides geht über den Rahmen des vorliegenden Praktikums hinaus.
Die hier empfohlenen Beobachtungsziele sollen daher auch nur einen Eindruck vom Charakter dieser Pilzgruppe vermitteln und zu weiteren Beobachtungen anregen.

a) Chytridiales auf *Pinus*-Pollen (Abb. 59 A–D): Auf *Pinus*-Pollen sind oft Arten der einander sehr ähnlichen Gattungen *Rhizophydium* und *Phlyctochytrium* zu finden. Abb. 59 B zeigt Vertreter der Gattung *Phlyctochytrium.* Der Thallus besteht aus der epibiotischen Sporocyste und dem endobiotischen Rhizoidsystem. Die aus der ursprünglichen infizierten Zoospore hervorgegangene Sporocyste hat keinen präformierten Deckel (inoperculate Sporocyste). Bei *Phlyctochytrium* gehen die Rhizoide von einer blasenartigen Erweiterung (Apophyse) aus, die unter der Sporocyste direkt der Innenwand des Pollenkorns anliegt (Abb. 59 A). Die Apophyse ist ein wesentliches Unterscheidungsmerkmal gegenüber der Gattung *Rhizophydium.* Da neben dem reproduktiven System (Sporocysten) noch ein bleibendes vegetatives System (Rhizoide) besteht, bezeichnet man den Thallus als eucarp. Während Abb. 59 A eine bereits entleerte Sporocyste zeigt, ist die in Abb. 59 B dargestellte Sporocyste noch dicht mit Zoosporen angefüllt, die bei der Reife aus den drei kegelförmigen Entleerungspapillen entweichen (multipore Sporocyste).
Im Unterschied zu den eucarpen Formen ist die Gattung *Olpidium* holocarp, d. h., der Thallus entwickelt sich im ganzen zum reproduktiven System (Sporocyste bzw. Dauerspore). Abb. 59 C zeigt Vertreter dieses Typs. Bei einzelnen Sporocysten sind andeutungsweise die Entleerungsschläuche zu erkennen, durch die später die Zoosporen entweichen. Bei manchen Arten (z. B. *Olpidium longicollum*) wachsen die Entleerungsschläuche nicht nur bis zur Oberfläche des Pollenkorns, sondern ein beträchtliches Stück darüber hinaus. Bei den in Abb. 59 C dargestellten Sporocysten ist die Differenzierung der Zoosporen bereits zu erkennen.

b) *Phlyctochytrium* spec. auf *Spirogyra* spec. (Abb. 59 E–G): Präparat bei schwacher Vergrößerung durchmustern. Die von *Phlyctochytrium* spec. befallenen *Spirogyra*-Zellen sind an dem kontrahierten Protoplasten zu erkennen, der auch den bzw. die bandförmigen Chloroplasten zusammenzieht. Mit fortschreitender Entwicklung des Parasiten kollabiert der Protoplast immer mehr, und die bandförmige Struktur der Chloroplasten ist dann kaum noch zu erkennen (Abb. 59 E). Zur weiteren Beobachtung starkes Trockenobjektiv verwenden. Die Pilze fallen durch ihr reproduktives System auf: zarte, farblose kugelige Gebilde, die paarig auftreten. Besonders gut sind sie dann zu beobachten, wenn die optische Ebene auf den Längsschnitt der Algenzelle eingestellt wird und die Gebilde von der Seite gesehen werden können. Bei den beiden Bläschen handelt es sich jeweils um die epibiotische Sporocyste und die darunterliegende endobiotische Apophyse, von der das zarte rhizoidale System ausgeht. Die Apophyse ist als sekundäre blasenförmige Erweiterung der Rhizoidenachse zu betrachten. Die verzweigten Rhizoide durchsetzen den Protoplasten und sind dort ohne besondere Präparation nur schwer zu erkennen. Im Raum zwischen der Wand der *Spirogyra*-Zelle und dem kollabierten Protoplasten hingegen sind sie gut zu sehen. Abb. 59 G zeigt eine Sporocyste, aus der die Zoosporen ausgeschlüpft sind und noch vor deren leerer Hülle verharren.

Abb. 59. Inoperculate Chytridiales. **A** *Phlyctochytrium* spec. auf *Pinus*-Pollen. Sporocyste entleert, im Inneren des Pollenkorns das zarte Rhizoidsystem. **B** *Phlyctochytrium* spec.; Sporocyste mit Zoosporen angefüllt, die an den drei kegelförmigen Entleerungspapillen entweichen werden. **C** *Olpidium* spec. in *Pinus*-Pollen. Sporocysten mit Zoosporen angefüllt. **D** *Olpidium* spec. in *Pinus*-Pollen. An der rechten Sporocyste Entleerungsschlauch andeutungsweise zu erkennen. A–D 600:1. **E** Mit *Phlyctochytrium* spec. infizierter *Spirogyra*-Faden, Frischpräparat; 400:1. **F** *Phlyctochytrium* spec. auf *Spirogyra* spec.; Protoplast und bandförmiger Chloroplast stark kontrahiert (kein Präparationsartefakt!), endobiotische Apophyse und Rhizoide zu erkennen; 600:1. **G** Leere Sporocyste mit davorliegenden frisch geschlüpften Zoosporen; 700:1.

Weitere Objekte:

Von den zahlreichen aquatischen Chytridiales, die parasitisch und/oder saprophytisch auf unterschiedlichen lebenden oder abgestorbenen pflanzlichen oder tierischen Substraten sowohl im Süßwasser (viel seltener marin) als auch in feuchter Erde wachsen, werden bei direktem Absuchen von Rohkulturen oder mit Hilfe der Ködermethode auf Pollen und Süßwasserlagen meist Vertreter der Gattungen *Olpidium, Rhizophydium, Phlyctochytrium, Chytridium* gefunden.

3.5.2. Zygomycetes (Jochpilze)

Im wesentlichen durch die Ordnung der Mucorales geprägt. **Überwiegend terrestrische Saprophyten** mit nicht oder nur im Alter unregelmäßig septiertem, reich entwickeltem, raschwüchsigem Mycel. Septen ohne Porus. Gerüstsubstanz **Chitosan.** Im Gegensatz zu Oomycota keine Cellulose!

Vegetative Vermehrung durch Cystosporen und Conidien (also **nur noch Aplanosporen;** auch bei den folgenden Pilzgruppen treten begeißelte Sporen nicht mehr auf). Ähnlich wie bie Oomycota zeigen Entwicklungsreihen die **Umwandlung von Sporocysten zu Conidien** im Evolutionsprozeß. Die Entwicklung von der typischen vielsporigen Sporocyste *(Mucor, Rhizopus)* zur Conidie ging verschiedene Wege:

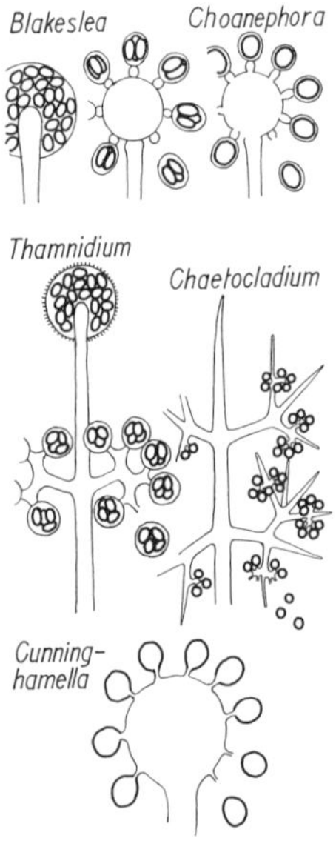

- Bildung der Cystosporen verzögert und reduziert und in knospenartige Auswüchse der Muttersporocysten verlagert (*Blakeslea:* Sporocysten dreisporig, *Choanephora:* Sporocysten einsporig).
- Sporocystophoren mit terminaler Sporocyste und wenigsporigen Sporocysten an quirlständigen, dichotom verzweigten Seitenästen *(Thamnidium).*
- Sporocystophoren mit steril endenden Haupt- und Nebenästen, Seitenzweige mit einsporigen Sporocysten; Sporenwand mit Sporocystenwand verschmolzen *(Chaetocladium).*
- In der Muttersporocyste keine Cystosporenbildung mehr, dafür knospen bläschenförmige Auswüchse hervor, ähnlich wie bei *Choanephora,* in die durch Sterigmen 3 bis 8 Kerne einwandern. Die Bläschen fallen ab, ohne daß vorher endogen Cystosporen entstehen *(Cunninghamella).*

Bei bestimmten Ernährungsbedingungen können Entwicklungsstufen wegfallen oder zwischengeschaltet werden.

Sexuelle Fortpflanzung: **Isocystogamie.** Anstelle freier Gameten verschmelzen **vielkernige,** meist morphologisch nicht oder nur wenig unterscheidbare **Coenogamocysten** (daher +/− Mycel und nicht männlich/weiblich!) zur **Coenozygote,** die durch Verdickung der Zellwand zur **Coenozygospore** wird, in der Karyogamie stattfindet (Unterschied zu Oomycota). Die Coenozygote kann von sterilen Hüllfäden umgeben sein. In der Gattung *Endogone* werden mehrere eng beieinanderliegende Coenozygoten von dichtem Hyphengeflecht eingehüllt (von manchen Autoren als phylogenetischer Ausgangspunkt für Evolution der Ascomycetes betrachtet).

Nach einer Ruhepause keimt die Coenozygospore mit Keimschlauch, der in einer Keimsporocyste endet, die einkernige Sporen enthält (wichtig für geschlechtliche Polarität der daraus entstehenden Mycelien!). Die Meiose findet zu Beginn oder am Ende der Coenozygotenruhe statt.

Der Entwicklungszyklus von *Rhizopus stolonifer* steht als Beispiel für die Entwicklung eines Zygomyceten (Abb. 60).

Beobachtungsziel: Siphonales Mycel mit Stolonen und Rhizoiden; Entwicklung der Sporocyste; Sporocyste mit Schleudermechanismus

Objekte: *Rhizopus stolonifer* (Ehrenb. ex Fr.) Lind = *Rh. nigricans* Ehrenb. (Gemeiner Brotschimmel); *Pilobolus crystallinus* Tode ex Fr. oder *P. kleinii* van Tieghem (Pillenwerfer).

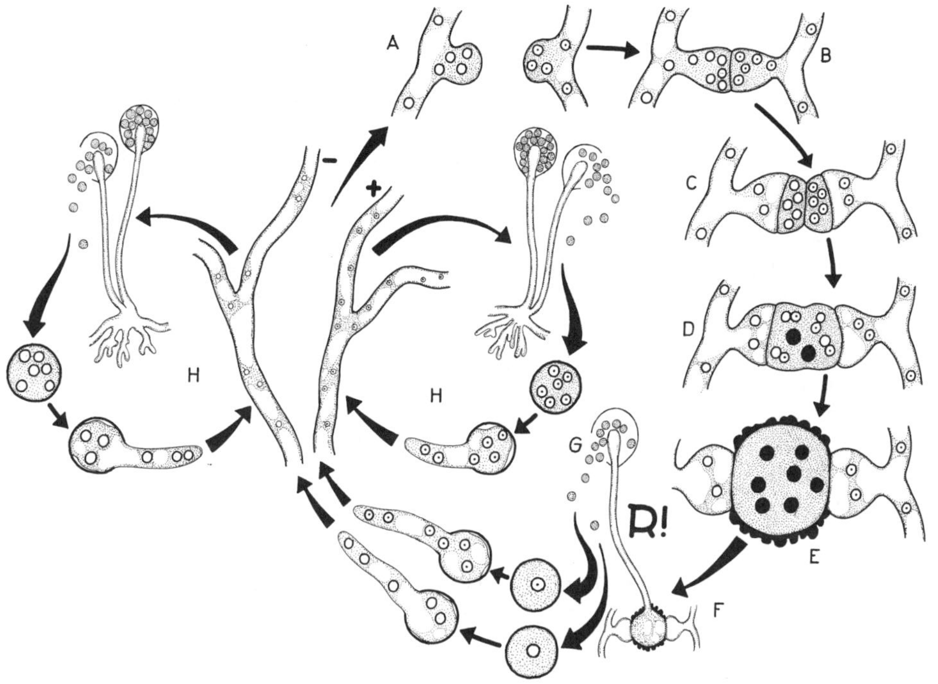

Abb. 60. Entwicklungszyklus von *Rhizopus stolonifer* als Beispiel für die Entwicklung eines Zygomyceten. **A, B** Kopulationsäste mit Progamocysten. **C** Jeder Suspensor (Traghyphe) hat eine vielkernige Gamocyste abgeteilt. **D** Plasmogamie und beginnende Karyogamie. **E** Dickwandige, vielkernige, diploide Coenozygote. **F** Unter Meiose keimt die Coenozygote zu einer Keimsporocyste aus. **G** Die sehr zahlreichen einkernigen Meiosporen keimen zu geschlechtlich differenzierten Mycelien aus. **H** Am vegetativen Mycel wachsen viele Sporocystenträger. Die mehrkernigen Sporen dienen der Propagation des Pilzes im Nebenzyklus.

Materialbeschaffung: *Rhizopus stolonifer* gedeiht vorzugsweise auf kohlenhydratreichen Medien. Legt man Brotstücke oder Früchte in eine feuchte Kammer (Reg. 84), so wächst in wenigen Tagen bei Raumtemperatur weißlicher Schimmelpilzrasen an, der meist aus *Rh. stolonifer* besteht. Mit der Lupe werden feine Ausläufer sichtbar, die in Abständen mit Rhizoiden an der Unterlage (Glaswand!) festhaften und Büschel von 2 bis 5 Sporocystophoren tragen.

Pilobolus. Wächst auf Herbivorendung (vorwiegend auf Pferdedung) oft in dichten gelb bis dottergelb gefärbten Rasen, die sich mitunter im Rhythmus weniger Tage mehrmals erneuern (Reg. 69, 70). Im Unterschied zu den meisten Zygomycetes nur bei Anwesenheit bestimmter Wuchsstoffe (Koprogen) kultivierbar.

Präparation: a) *Rhizopus stolonifer.* Von Sporen oder einer Mycelflocke Objektträgerkultur (Reg. 84) auf Sabouraudkulturmedium (Reg. 70) anlegen. Notfalls den Pilz vorher durch mehrmaliges Übertragen auf jeweils frisches steriles Medium isolieren (Reg. 15, 55, 70). b) Büschel mit Rhizoiden und verschieden alten Sporocysten von Sabouraudmedium auf Objektträger in Abelsche Flüssigkeit (Reg. 2) übertragen und vorsichtig Deckglas auflegen. Diffizile Einzelheiten (z. B. Portionierung des Cytoplasmas, Entstehen der Columella) sind mitunter erst nach längerem Einwirken der Abelschen Flüssigkeit zu erkennen. c) Reife Sporocysten in Alkohol-Essigsäure (Reg. 36) oder noch besser in Osmium-Chromiumsäure-Gemisch (Reg. 36, 85) fixieren. Nach dem Auswaschen in Wasser beobachten. d) *Pilobolus*-Sporocystenträger im ganzen (Trophocyste, Sporocystophor mit Sporocyste) unter der Lupe mit Hilfe von Präpariernadeln aus dem Substrat herauspräparieren, auf Objektträger in Abelsche Flüssigkeit übertragen und vorsichtig Deckglas auflegen.

Beobachtungen (Abb. 61, 62): Siphonales Mycel. Bei Objektträgerkultur mit 300- bis 650facher Vergrößerung auf den Rand des wachsenden Mycels einstellen (Abb. 62 A). Der siphonale Bau der Hyphen (schlauchförmig, kaum Querwände, etwa 10 µm im Durchmesser) ist für die Mehrzahl der Zygomycetes charakteristisch. Im Unterschied zu den siphonal gebauten Algen (S. 48, 79, 99) werden, besonders an älteren Hyphen, einzelne Querwände eingezogen, die im Gegensatz zu den Septen der Ascomycetes und Basidiomycetes nicht perforiert sind. Aufgrund des Fehlens von Querwänden sind die Hyphen coenocytisch (vielkernig).

An lebenden Hyphen beeindruckt die ungewöhnlich kräftige Protoplasmaströmung, die zu Massentransport innerhalb des Mycels führt. Oft strömt bei einzelnen Hyphen der gesamte Inhalt wie durch einen Schlauch in eine Richtung. Einzelne mitgeschwemmte Partikel lassen sich auf ihrem Weg über weite Strecken hinweg verfolgen. Das Luftmycel besteht bei *Rhizopus* aus Stolonen (Ausläufern), die in „Nodi" (Knoten) und „Internodien" gegliedert sind. An den Knoten wachsen Büschel von Rhizoiden aus (Appressorien), mit denen das Mycel an der Unterlage haftet (Abb. 62 B). Außerdem entspringen an den Nodi mehrere – meist 2 bis 5 – Sporocystophoren, die auf 2 bis 3 mm langen, auffallend starren Stielen kugelförmige Sporocysten von 150 bis 350 µm Durchmesser tragen. Die anfangs weißen Sporocysten färben sich mit zunehmender Reife dunkelbraun bis mattschwarz. (Bei *Absidia,* die ähnliche Stolonen bildet, entspringen die Sporocystophoren an den Internodien.)

Entwicklung der Sporocysten: Am Nodus wachsen in entgegengesetzter Richtung zu den Rhizoiden die Traghyphen aus. Jede dieser Hyphen schwillt am Ende kugelförmig an (Abb. 61 A). In die Anschwellung fließt reichlich Protoplasma ein, das zahlreiche Kerne mit sich führt. Das Plasma reichert sich an der Peripherie der jungen Sporocyste an. Bald entsteht im heranwachsenden Sporenbehälter eine zarte, über der Mündung der Traghyphe halbkugelig emporgewölbte Wand, die den zentralen, stark vacuolisierten Protoplasmabezirk als Columella von der peripheren, sporogenen Zone trennt (Abb. 61 B). Dort unterteilt sich das Protoplasma in wenigkernige Portionen, deren jede sich mit einer Wand umgibt und zu einer Spore ausreift (Abb. 61 D, E). Zur Reife zerfließt die Sporocystenwand und gibt die mehrkernigen, ungleichgroßen Sporen frei (Abb. 61 C), deren Außenwand bei Trockenheit längsgefältelt ist. An der entleerten Sporocyste bleibt ein Rest ihrer Wand als schmaler Kragen erhalten (Abb. 61 G). Bei *Rhizopus* ist die Sporocyste durch eine trichterförmige Erweiterung (Apophyse) mit der Traghyphe verbunden (Abb. 61 F). Columella und Apophyse stellen wichtige Bestimmungsmerkmale der Mucorales dar.

Sporocyste mit Schleudermechanismus bei *Pilobolus* spec. (Abb. 62 C): Der Sporocystenträger ist am unteren Stielende blasenförmig erweitert. Die Erweiterung (Trophocyste) ist durch eine Querwand vom Mycel abgetrennt und oft im Substrat verborgen. Am oberen Ende geht der Sporocystenträger in die subsporocystiale Blase über, auf der die knopfförmige Sporocyste sitzt. Die Subsporocystialblase steht unter erheblichem Turgor (etwa 0,55 MPa). Zur Zeit der Reife platzt die Blase, und der herausschießende Zellinhalt treibt die Sporocyste bis über einen Meter weit weg (osmotische Plasmoptyse). Der reife Sporocystenträger ist mit kleinen, zuckerhaltigen Exkrettröpfchen besetzt. Da die subsporocystialen Blasen in den Protoplasmazonen am Übergang zur Traghyphe und unterhalb der Sporocyste Lipochrome enthalten, sind die *Pilobolus*-Rasen mitunter leuchtend gelb bis orange gefärbt.

Die Sporocystenträger reagieren positiv phototrop und schießen die Sporocysten in Richtung des intensivsten Lichteinfalls. Deckel und Wandung der Kulturgefäße auf anhaftende Sporocysten untersuchen!

Weitere Objekte:

Auf Herbivorendung und faulenden Pflanzenresten sind fast immer verschiedene Formen der Zygomycetes zu finden. Besonders reichhaltig sind die Mucorales vertreten. Beispiele:

Mucor mucedo L. ex Fres. (Köpfchenschimmel): Einer der häufigsten Schimmelpilze. Sehr leicht in der feuchten Kammer (Reg. 84) auf Brot heranzuziehen; diöcisch.

Absidia glauca Hagem.: In Wald- und Gartenboden; leicht kultivierbar; diöcisch.

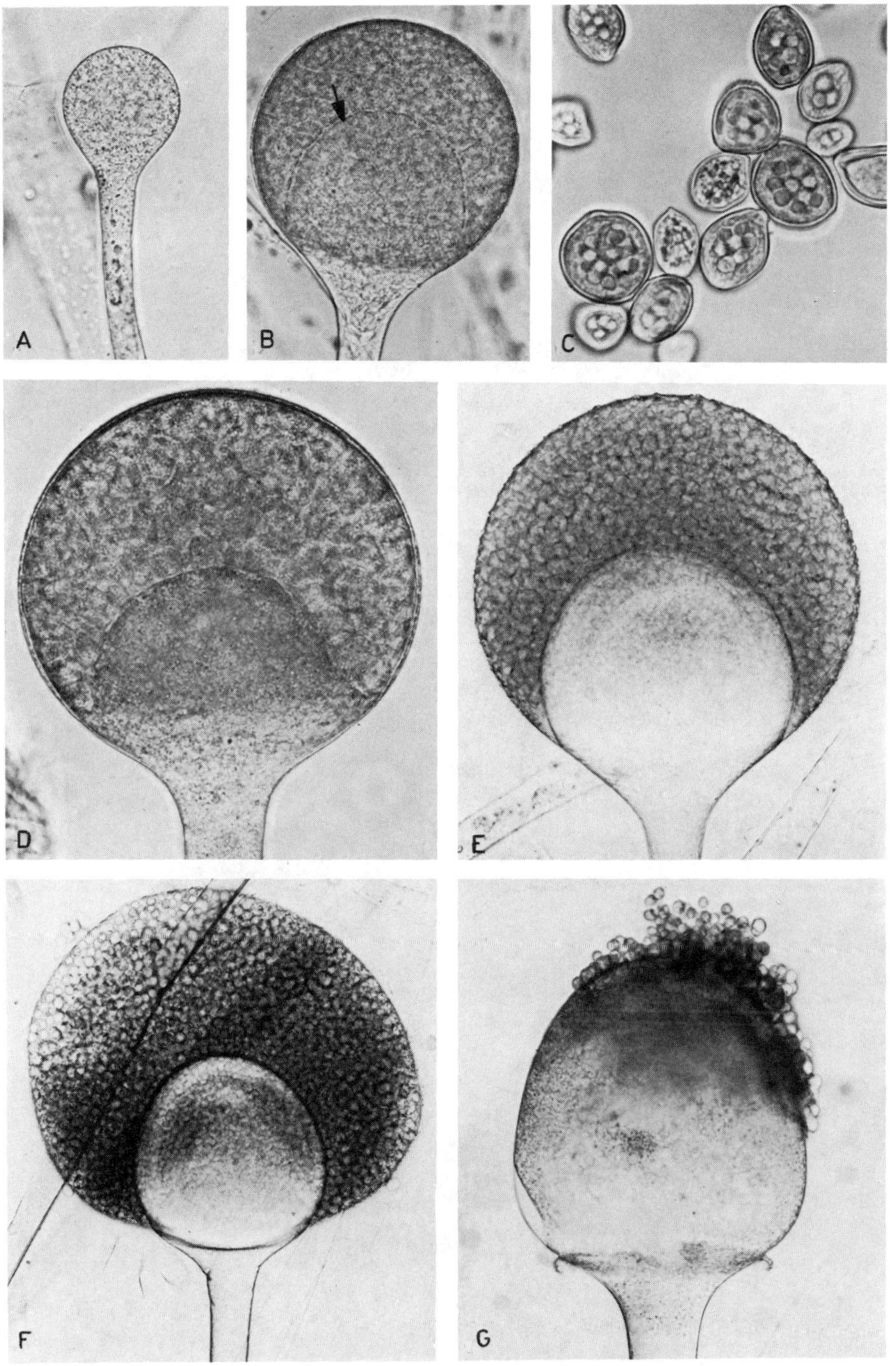

Abb. 61. *Rhizopus stolonifer*. **A** Junge Sporocyste; 450:1. **B** Erste Andeutung der Columella (→), beginnende Zerklüftung des Protoplasmas; 400:1. **C** Reife, mehrkernige Sporen; 1000:1. **D** Columella angelegt, Protoplasma in Portionen aufgeteilt; 450:1. **E** Columella deutlich abgesetzt. Sporen ausgebildet; 300:1. **F** Reife Sporocyste; 250:1. **G** Entleerte Sporocyste. Columella mit restlichen Sporen und kragenförmigem Rest der Sporocystenhülle; 325:1. Objekte ungefärbt in Abelscher Flüssigkeit.

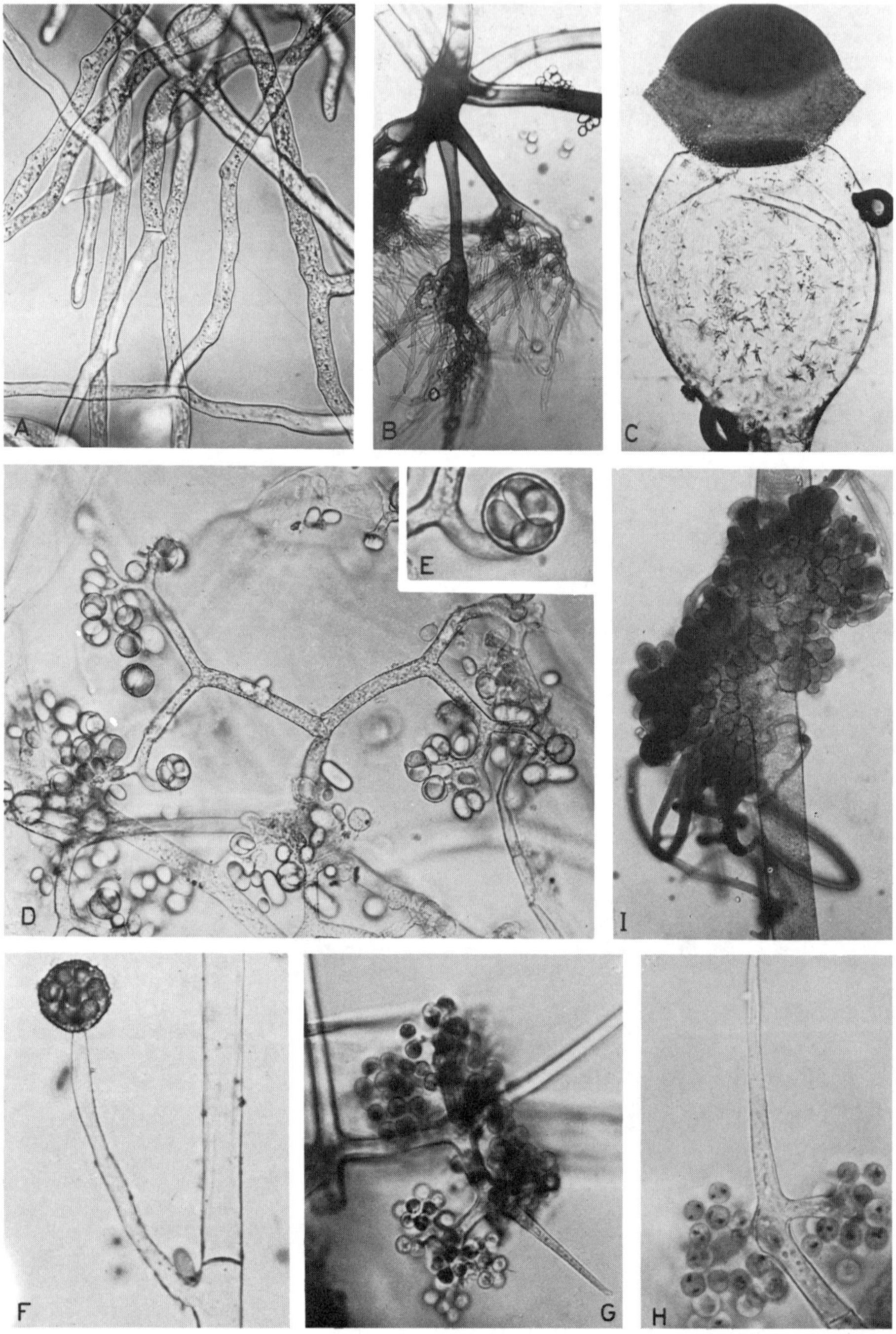
A
B
C
D
E
I
F
G
H

Pilaira spec. van Tieghem: Ähnlich *Mucor*. Sporocystenträger und Sporocysten recht groß (15 bis 20 mm; Durchmesser 100 µm); koprophil; diöcisch.

Sporodinia grandis Link (einzige Art): Monöcisch (bei Mucorales selten!); Sporocysten- und Zygotenträger dichotom verzweigt, mehrere Zentimeter lang; Enden der Verzweigungen spindelförmig angeschwollen; Sporocystenwand sehr zart, daher Sporen immer sichtbar. Im Herbst auf faulenden Fruchtkörpern von Basidiomycetes; selten.

Beobachtungsziel: Reduktion der Sporocysten zu Conidien. Parasitismus bei Mucorales

Objekte: *Thamnidium elegans* Link; *Chaetocladium brefeldii* van Tieghem et LeMonnier

Materialbeschaffung: *Thamnidium elegans* wächst als anfangs weißer, später hellgrauer bis schwach schmutziggelber Rasen mit anderen Mucorales auf Herbivorendungkulturen (vorwiegend auf Pferdemist; Reg. 69, 70). *Chaetocladium brefeldii* ist fast immer in Pferdemistkulturen zu finden, wo er fakultativ parasitisch auf Mucoraceen wächst (aber z. B. nicht auf *Phycomyces, Sporodinia, Pilobolus*).

Präparation: *Thamnidium elegans*. Mycelflocken auf Objektträger in Abelsche Flüssigkeit (Reg. 2) übertragen und vorsichtig mit Deckglas abdecken. Darauf achten, daß Sporocystenträger mit unversehrter Terminalsporocyste mit eingebettet werden.
Chaetocladium brefeldii. Mycelflocken außer in Abelsche Flüssigkeit auch auf Objektträger in Karminessigsäure übertragen und Kernfärbung (Reg. 64) durchführen. Weitere Mycelflocken mit Alkohol-Essigsäure fixieren (Reg. 36), auf Objektträger in Milchsäure-Amidoschwarz-10B-Lösung (Reg. 13) übertragen und Deckglas auflegen. Vor dem Auflegen der Deckgläser die Mycelflocken vorsichtig mit Präpariernadeln auflockern.

Beobachtungen (Abb. 62D–F): Die relativ großen Sporocystenträger von *Thamnidium elegans* enden an der Spitze in einer Terminal- (End-, Haupt-) Sporocyste, die weitgehend einer Mucoraceensporocyste gleicht (vgl. *Rhizopus stolonifer*, S. 165). An der Hauptachse entspringen in Abständen in fast wirteliger Anordnung dichotom verzweigte Seitenäste, die wesentlich kleinere Sporocysten – die Lateralsporocysten – tragen (Abb. 62D). Die kleinen, jedoch zahlreichen Lateralsporocysten enthalten in der Regel vier Sporen, die den Sporen der Terminalsporocyste gleichen und die mit ihrer Wand nicht mit der Wand der Lateralsporocyste verwachsen sind (Abb. 62E). Außerdem sind noch wenigsporige reduzierte Sporocysten zu finden (Abb. 62F). Die Sporocysten sind ringsum mit feinen Borsten besetzt.
Vergleicht man das in Abelsche Flüssigkeit eingebettete Mycel von *Chaetocladium brefeldii* mit dem von *Thamnidium*, fallen folgende Unterschiede auf: Die Sporocysten sind weiter reduziert. Terminalsporen fehlen, die Äste der Sporocystenträger enden in sterilen Hyphenspitzen (Abb. 62G, H). Die Lateralsporocysten zeigen keine deutliche Binnenstruktur, die auf mehrere selbständige Sporen schließen ließe. Gefärbte Präparate geben weitere Auskunft: Die Lateralsporocysten von *Chaetocladium* – ebenfalls an wirtelig angeordneten Seitenzweigen – enthalten nur noch *eine* mehrkernige Spore, deren Wand mit der der Sporocystenwand verwachsen ist – die Lateralsporocyste ist zur Conidie geworden (Abb. 62H).
Als fakultativer Parasit schmarotzt *Chaetocladium brefeldii* auf Mucoraceen (hier auf *Rhizopus stolonifer*). Kommen die relativ dünnen Hyphen von *Chaetocladium* in Kontakt mit den Wirtshyphen, so reagieren diese mit Hypertrophie. Es entsteht eine stark gegliederte, unübersichtliche Galle, in der die beiden Hyphenarten eng aneinanderliegen, sich umschlingen und teilweise in offene Kommunikation treten („Schröpfkopfzellen" von *Chaetocladium*, Abb. 62I).

Abb. 62. **A, B** *Rhizopus stolonifer*. **A** Mycel in Objektträgerkultur; 450:1. **B** Basis eines Sporocystenträgerbüschels mit abzweigenden Stolonen und Rhizoiden; 150:1. **C** *Pilobolus*. Sporocystenträger mit reifer Sporocyste, außen mit Exkrettröpfchen; 60:1. **D, E, F** *Thamnidium elegans*. **D** Dichotom verzweigter Sporocystenträger mit Lateralsporocysten; 450:1. **E** Einzelne Lateralsporocyste mit vier Sporen; 900:1. **F** Reduzierte Lateralsporocyste; 500:1. **G, H, I** *Chaetocladium brefeldii*. **G, H** Sporocystenträger mit mehrkernigen Sporen und sterilem Hyphenende; bei **H** Kernfärbung mit Karminessigsäure; 500:1 und 850:1. **I** „Schröpfkopfzelle" auf *Rhizopus stolonifer*. Färbung mit Amidoschwarz 10 B; 850:1.

Weitere Objekte:

Syncephalis spec. van Tieghem et Le Monnier
Koprophil (parasitisch auf anderen Mucorales?); Sporocysten zu mehrsporigen Teilsporocysten umgewandelt. Zerfall der Teilsporocysten in einsporige Glieder; Sporocystenwand und Sporenwand noch unterscheidbar.

Piptocephalis freseniana De Barry
Obligater Parasit auf Mucorales; Sporocysten zu Basalzellen umgewandelt, die bis zu 30 Teilsporocysten (Merosporocysten) mit je 1 bis 8 Sporen tragen, die in Ketten angeordnet sind und sich einzeln ablösen. Sporocysten- und Sporenwand miteinander verschmolzen. Sporocysten sind zu Conidien geworden.
In Lehrbüchern wird die Entwicklung von Sporocysten zu Conidien an den Gattungen *Blakeslea, Choanephora* und *Cunninghamella* demonstriert. Leider gehören die beiden ersten Gattungen nicht zur einheimischen Flora, und *Cunninghamella* wird nur selten gefunden.

Beobachtungsziel: Isocystogamie bei Mucorales; Reservestoffblasen an Substrathyphen

Objekt: *Phycomyces blakesleeanus* Burgeff

Materialbeschaffung: Da die meisten Mucoraceen physiologisch diöcisch sind, ist in Primärkulturen auf natürlichem Substrat nur selten (d. h., wenn zufällig +- und −-Mycel aufeinandertreffen) Isocystogamie zu beobachten. Es muß daher zweckmäßigerweise auf Stammsammlungen mikrobiologischer Institute zurückgegriffen werden, in denen mitunter die physiologisch diöcische Art *Phycomyces blakesleeanus* für physiologische Untersuchungen oder als Demonstrationsobjekt in der plus- und minus-Form gehalten wird.
Um Isocystogamie beobachten zu können, werden die konträren Mycelien in einer Petrischale an gegenüberliegenden Stellen im Abstand von etwa 5 cm punktförmig auf das Kulturmedium geimpft (Mycelflocken oder Cystosporen). Die Petrischale abdecken und bei 22 bis 24 °C (notfalls genügt Raumtemperatur) bebrüten. Der Pilz wächst auf den üblichen Kulturmedien für Pilze, Maismehl-Malzextrakt-Agar ist zu bevorzugen (Reg. 70). Reduzierung des Nährstoffgehaltes im Kulturmedium kann auf die Zygotenbildung fördernd wirken.

Präparation: a) Wenn die Hyphen der konträren Mycelien etwa in der Mitte zwischen den beiden Impfstellen aufeinandertreffen, entsteht entlang dieser Zone ein deutlich vom übrigen Mycel unterscheidbarer, schmaler Streifen von Luftmycel, in dem die Gamocystenbildung erfolgt. Auf diesen Streifen einen Tropfen Leitungswasser geben und vorsichtig ein Deckglas oder entlang dem Mycelstreifen zwei bis drei Deckgläser nebeneinander auflegen. Eventuell eingeschlossene Luftblasen sind am nächsten Tag verschwunden. Während der Beobachtungspausen die Petrischale immer abdecken. Auf den Deckgläsern abgesetztes Kondenswasser vorsichtig mit kleinem Tupfer oder Fließpapierstückchen abwischen.

b) Unter Beobachtung durch eine Präparierlupe oder ein Stereomikroskop mit Hilfe einer Rasierklinge einen möglichst flachen, prismenförmigen Keil aus dem Kulturmedium mitsamt generativen Mycelstreifen herausschneiden (gelingt mit längshalbierter Rasierklinge am besten) und auf einen Objektträger in Abelsche Flüssigkeit (Reg. 2) oder in Lactophenol-Anilinblau/ Lactophenol (Reg. 72) übertragen. Mit Präpariernadeln die verschiedenen Entwicklungsstadien der Gamocystenbildung aus dem Agarkeil herauspräparieren. Bei direktem Herauspräparieren der Isogamocysten aus der Substratoberfläche zerreißen oft die kopulierenden Isogamocysten.
Vor dem Auflegen des Deckglases einige Deckglassplitter neben die Isogamocysten legen, um sie vor Quetschung zu schützen.

Beobachtungen (Abb. 63): Den gewachsenen Pilzrasen makroskopisch betrachten. Sowohl aus dem plus- wie auch aus dem minus-Mycel wachsen neben unscheinbaren, etwa 1 mm hohen Sporocystenträgern und zartem, weiß erscheinendem Luftmycel auffallend große Traghyphen empor, die in bläulichgrüner bis blauschwarzer Färbung schillern und an der Spitze große kugelförmige Sporocysten tragen. Diese Sporocystenträger können unter günstigen Bedingungen 20 bis 30 cm lang werden.
Entlang der Grenzlinie, an der die beiden Mycelrasen aufeinandergetroffen sind, ist das Luftmycel in einem 2 bis 4 mm breiten Streifen auffallend dichter gewachsen. In dem weißen Mycelfilz sind

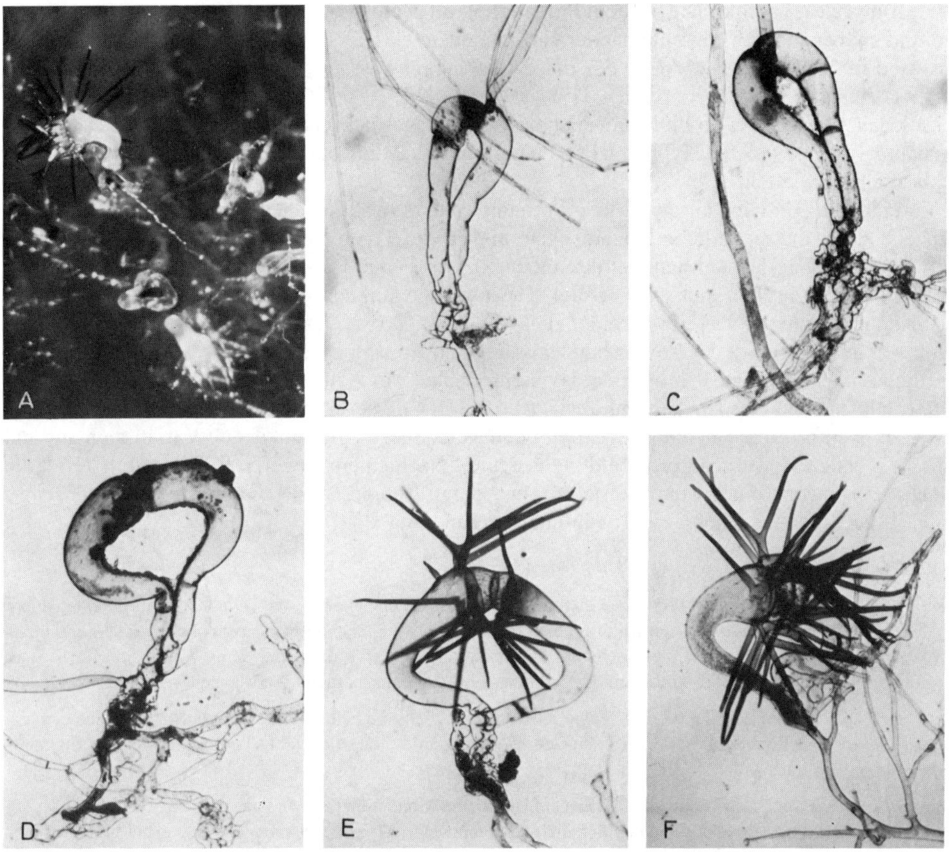

Abb. 63. *Phycomyces blakesleeanus.* **A** Aufsicht auf verschiedene Entwicklungsstadien von Gamocysten; 20.1. **B, C** Verschiedene Entwicklungsstadien von Progamocysten. In **C** an der Basis der Kopulationsäste die eng verflochtenen Hyphen. **D** Gamocysten zur typischen Zangenform entwickelt. **E, F** Zwischen den Traghyphen (Suspensoren) Gamocysten zur Coenozygote verschmolzen, die zunehmend von dornenartigen Hyphenfortsätzen umhüllt wird. B–F 70:1.

schon mit bloßem Auge einzelne schwarze Pünktchen zu erkennen. Bei Betrachtung durch eine Lupe bietet sich dann ein Bild, wie es Abb. 63A zeigt. Zwischen dem Gespinst aus sehr zarten Hyphen sind alle Stadien der Isocystogamie zu erkennen. Dabei fallen neben den farblosen jungen Kopulationsästen besonders die schwarz gefärbten Coenozygoten und die ebenso gefärbten starren Hyphenfortsätze an den Suspensoren auf, die die Coenozygote lose umhüllen. Bei geringer Vergrößerung (schwächstes Objektiv genügt) nunmehr die präparierten Entwicklungsstadien betrachten.

Bei *Phycomyces blakesleeanus* beginnt die Entwicklung der Isogamocysten damit, daß sich zwei konträre Hyphen zopfartig umschlingen (Abb. 63B, C) und mit ihren keulig verdickten Enden über die Oberfläche des Kulturmediums emporwachsen. Die Hyphen stoßen mit den Enden frontal gegeneinander und bilden dabei eine charakteristische zangenförmige Figur (Abb. 63D). Im weiteren Verlauf verdicken sich die Kopulationsäste im oberen Teil immer mehr (Progamocysten), während sie im mittleren Bereich immer weiter auseinanderweichen, so daß die Zangenform noch deutlicher hervortritt. Währenddessen strömt in die Endabschnitte reichlich Plasma ein, das zahlreiche Kerne mit sich führt. Diese sind, entsprechend dem haplontischen Entwicklungszyklus

der Zygomycetes, haploid. Die bei dem Präparieren mit herausgerissenen Hyphen der Kopulationsäste sind unübersichtlich eng miteinander verflochten und lassen sich optisch meist nicht mehr dem plus- und minus-Mycel zuordnen. Für diese Beobachtung ist ein nach a) angefertigtes Präparat besser geeignet.
Bei solchen Aufsichtspräparaten kann auch das submers gewachsene Mycel betrachtet werden. An den baumartig verzweigten Hyphen fallen dichtgefüllte Verdickungen auf, die als Reservestoffblasen bezeichnet werden.
Im Fortgang der Entwicklung wird jede Progamocyste durch Einziehen eines Septums nahe dem Hyphenende in die eigentliche Isogamocyste und in die Traghyphe (Suspensor) gegliedert. Die Zellwände am abgeflachten Scheitel der aneinanderstoßenden Isogamocysten lösen sich auf, und ihre Inhalte vermischen sich. Es erfolgt Plasmogamie mit einsetzender Karyogamie. Die so entstandene Coenozygote reift zu einer dickwandigen, schwarzgefärbten Coenozygospore aus. Schon vor dem Auflösen der Trennwand zwischen den Isogamocysten wachsen aus den Suspensoren dichotom verzweigte, dornartige Hyphenfortsätze aus, die vorwiegend der Coenozygote zugewandt sind und diese locker umhüllen (Abb. 63E, F). Diese Tendenz, die Coenozygote durch sterile Hyphenfortsätze einzuhüllen, tritt bei den Mucorales in verschiedenen Variationen auf und wird als Vorstufe der Fruchtkörperbildung gedeutet. Nach einem längeren Ruhestadium keimt die Coenozygospore zu einer Keimsporocyste aus, deren Sporen wieder haploid sind. Die Meiose findet in der Coenozygospore oder während der Keimung statt.

Weitere Objekte:

Absidia glauca Hagen: In mikrobiologischen Instituten häufig als Untersuchungs- und Demonstrationsobjekt genutzt. Physiologisch diöcisch. Auf günstigen Kulturmedien (z. B. feuchtem Brot) nimmt das Mycel graugrüne Färbung an (Artname!). Zygoten dunkelbraun bis schwarz, von zahlreichen, erst grünlich, dann braun gefärbten, stark gekrümmten Hüllfäden umhüllt, so daß ein Gebilde entsteht, das einem Fruchtkörper ähnelt.

Mucor spec., *Rhizopus* spec.: Zahlreiche, leicht kultivierbare Arten, die häufig als „Schimmel" an den unterschiedlichsten Substraten auftreten. Physiologisch diöcisch. Isocystogamie kann gelegentlich beobachtet werden. Coenozygosporen ohne Hüllfäden.

Sporodinia grandis Link.: Vorwiegend im Herbst auf Hutpilzen. Monöcisch (bei Mucoraceen selten!). Sporangienträger und Traghyphen der Gametocysten deutlich dichotom verzweigt. Mycelrasen anfangs weiß, später grau bis braun gefärbt.

3.5.3. Ascomycetes (Schlauchpilze)

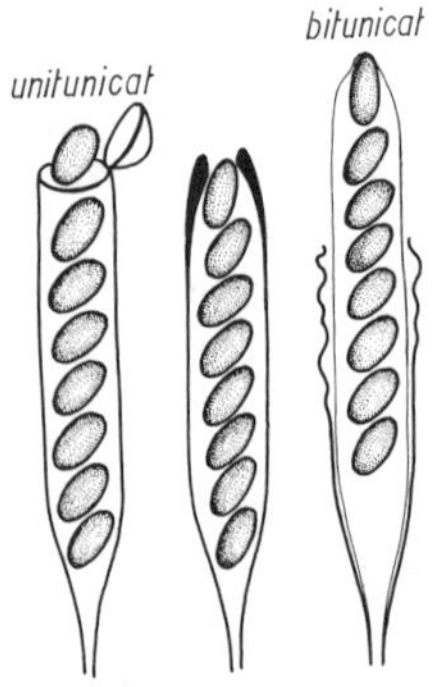

Vorwiegend terrestrische Saprophyten, aber auch Spezialisierungen (z. B. Flechtenpilze oder bis zu rassenspezifisch obligaten Parasiten wie z. B. Erysiphales), viele koprophile Formen; artenreich; fast zwei Drittel aller bekannten Pilzarten gehören in diese Klasse!
Der **Thallus** besteht aus reich entwickeltem Mycel mit verzweigten, **regelmäßig septierten Hyphen oder aus Sproß- bzw. Pseudomycel** (Endomycetidae).
Septen mit einfachem Porus, Hyphenglieder ein- bis mehrkernig; **haploid.** Gerüstsubstanzen der Zellwände sind **Chitin** und **Glucane.**
Keine freibeweglichen Entwicklungsstadien.
Vegetative Vermehrung erreicht bei Ascomycetes größte Mannigfaltigkeit. Neben Formen der Thallusfragmentation hauptsächlich Ausbildung exogener Sporen verschiedener Art. Diese exogenen Sporen (Conidien) dienen als Nebenfruchtformen während einer Vegetationsperiode oft über mehrere Entwicklungszyklen hinweg der Massenvermehrung des gleichen Entwicklungsstadiums. Sporenträger (Conidiophoren) mitunter in fruchtkörperartigen Lagern konzentriert.

Sexuelle Fortpflanzung: **Anisocystogamie.** Im typischen Fall treten aus der männlichen Gamocyste **(Androgamocyste)** Gametenkerne über ein Empfängnisorgan **(Trichogyne)** in die weibliche Gamocyste (**Gynogamocyste,** hier Ascogon genannt) über. Nach Kernpaarung und konjugierten Mitosen wachsen **ascogene Hyphen** aus, in die Kernpaare einwandern. Die sich stark verzweigenden ascogenen Hyphen werden durch Querwände in Abschnitte unterteilt, die je zwei geschlechtlich differenzierte Kerne enthalten (Dikaryon). An den Hyphenenden entstehen auf charakteristische Weise (z. B. nach **Hakenbildung**) meist Büschel von **Ascusanlagen** (Ascusmutterzellen), die je ein Dikaryon enthalten. Nach **Karyogamie** wächst jede Ascusanlage zu einer keulen- bis schlauchförmigen, diploiden Zelle, dem **Ascus,** aus, in dem unter **prä- oder postreduktiver Meiose** meist unmittelbar anschließend in drei Teilungsschritten in **freier Zellbildung** acht haploide Meiosporen **(Ascosporen)** entstehen. Der Ascus stellt somit eine Meiosporocyste dar. Ascosporen sind vielgestaltig: ein- bis mehrzellig; farblos durchsichtig bis schwarz opak; glatt oder mit ornamentartigen Verdickungen (Stacheln, Warzen, Leisten) bzw. Vertiefungen (Rillen, Dellen) in der Sporenwand; einfach oder mit zum Teil auffallenden gallertigen Anhängseln.

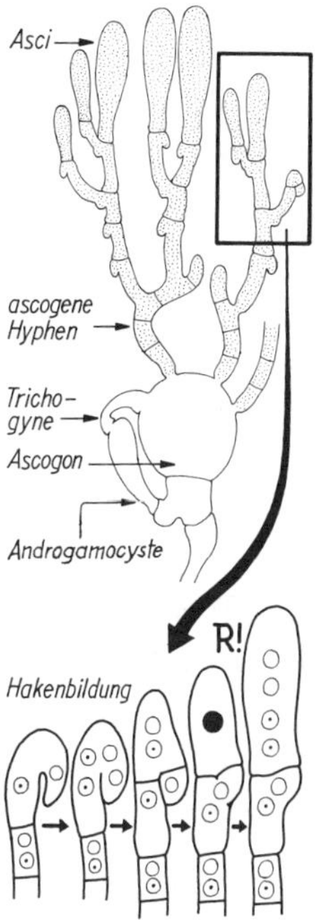

Die Gamocysten entwickeln sich meist innerhalb einer Hülle dicht verflochtener haploider Hyphen. Diese wachsen später zusammen mit den ascogenen Hyphen zu einem Fruchtkörper aus. Bei höher entwickelten Formen sind die reifen Asci mit dazwischen gelagerten sterilen Hyphen (Paraphysen) in einer Schicht (Hymenium, „Fruchtschicht") palisadenartig angeordnet.

Das haploide Ascocarp (Fruchtkörper) mit den Gamocysten stellt den Gamophyten dar, die ascogenen Hyphen mit Ascusanlagen und Asci entsprechen dem Sporophyten, der im Ascocarp „parasitiert" (vgl. Bryophyta!).

Als Beispiel ist in Abb. 64 der Entwicklungszyklus eines Vertreters der Sphaeriales dargestellt *(Neurospora),* dessen männliche Sexualorgane erloschen sind.

Die Fruchtkörper werden sowohl nach der Entwicklung als auch nach der Form charakterisiert.

Die Entwicklung verläuft nach zwei Grundtypen:

- **ascohymeniale Entwicklung** (unitunicate Ascomycetes)
  Fruchtkörperbildung wird durch die Befruchtung induziert. Zuerst enstehen die ascogenen Paarkernhyphen, dann wächst die schützende Hülle darumherum.
- **ascoloculäre Entwicklung** (bitunicate Ascomycetes)
  Die ascogenen Paarkernhyphen wachsen in entstehende Höhlungen (Loculi) der vorgebildeten Fruchtkörper hinein.

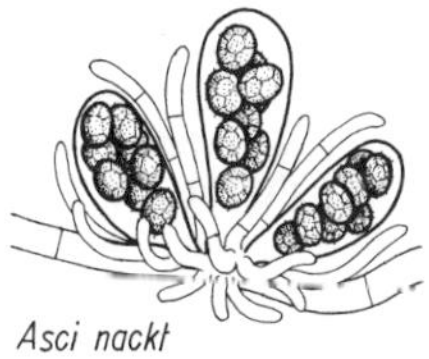
Asci nackt

Nach der Gestalt lassen sich fünf Grundformen unterscheiden (von denen weitere Fruchtkörpertypen abgeleitet werden können):

- **Fruchtkörper fehlen.** Asci nackt, höchstens von lockerem Hyphengeflecht (Protothecium) eingehüllt (Saccharomycetaceae, Taphrinamycetidae, *Ascodesmis*).
- **Cleistothecium.** Asci in geschlossenen Ascocarpien. Reifende Asci sprengen die Ascocarpwand (Eurotiales, Erysiphales).
- **Perithecium.** Flaschenförmiges Ascocarp mit engem Kanal (Ostiolum) im Flaschenhals. Halsteil oft positiv phototrop. Asci am Boden des Fruchtkörpers hymeniumartig angeordnet. Häufig dünne, sterile, haploide Hyphen (Paraphysen, Apikalparaphysen, Pseudoparaphysen) zwischen den Asci (Sphaeriales, Clavicipitales).
- **Apothecium.** Ascocarp offen, scheiben- bis schüsselförmig, aber auch faltig, wabenartig, keulenförmig. Asci auf der Oberfläche zusammen mit Paraphysen palisadenartig in gleichmäßiger, dichter Schicht (Hymenium) angeordnet (Pezizales).
- **Ascostroma** (**Pseudothecium,** Pseudoapothecium). Hyphen bilden unabhängig vom Sexualvorgang polsterartige Lager (Stroma) mit Höhlungen (Loculi), in denen die Asci entstehen (Bitunicatae).

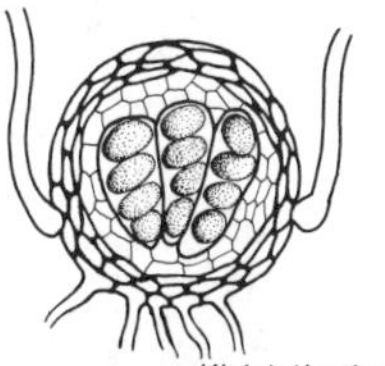
Kleistothecium

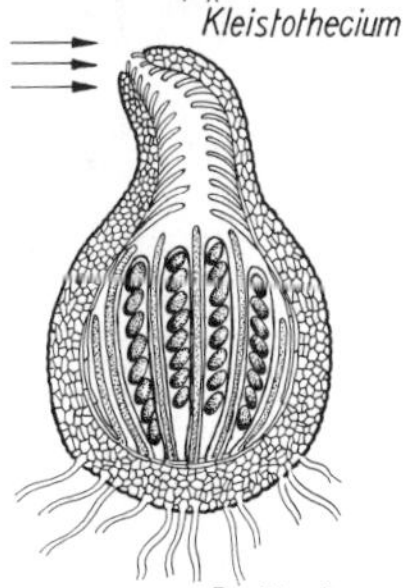
Perithecium

Evolutionstendenzen der Sexualität bei Ascomycetes:

- Trennung von Plasmogamie und Karyogamie durch Zwischenschalten ascogener Hyphen.

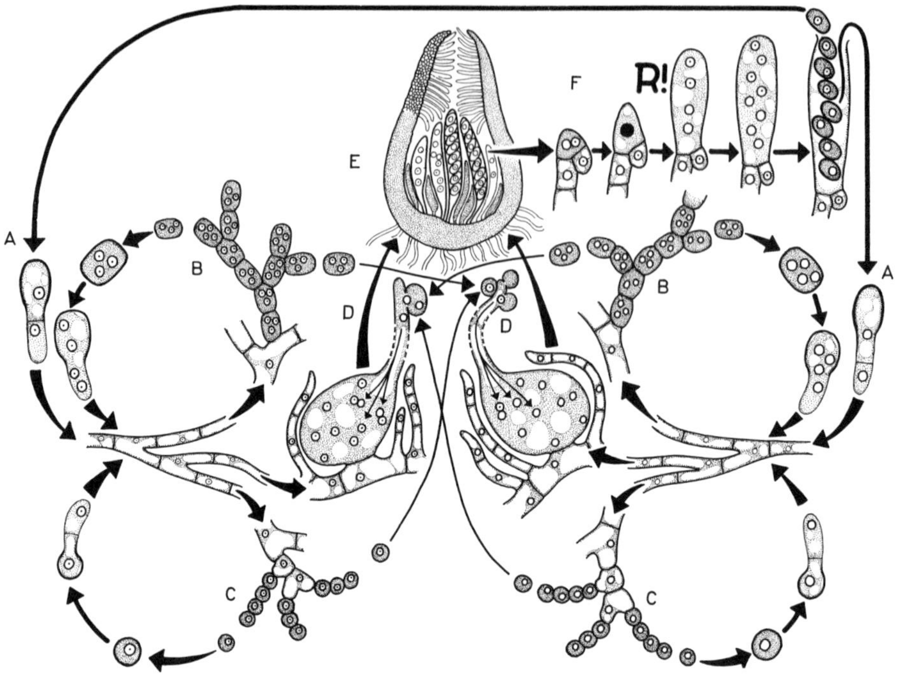

Abb. 64. *Neurospora* spec. Entwicklungszyklus, schematisiert. **A** Ascosporen wachsen zu konträren, regelmäßig septierten Mycelien mit einkernigen Zellen aus. An Lufthyphen entstehen in Massen Makroconidien in Form meist mehrkerniger Blastosporen der Formgattung *Monilia* (**B**) und in geringerem Umfang einkernige Mikroconidien (**C**). Aus beiden Sporenarten entsteht vegetatives Mycel. **D** Protoperithecium: Von Hüllhyphen umwachsenes Ascogon mit Trichogyne. Spermatisierung durch konträre Kerne (aus Hyphen, Makro- oder Mikroconidien). **E** Nach der Spermatisierung entwickelt sich mit den ascogenen Hyphen das Perithecium, an dessen Boden die Asci in hymenialer Schicht entstehen (**F**).

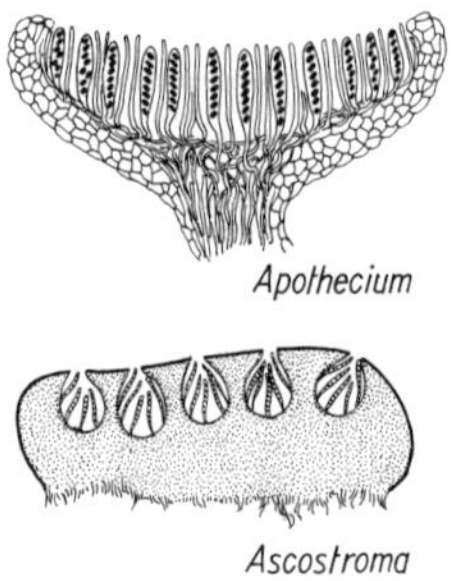

- Rückbildung der Sexualorgane (erst der männlichen, dann der weiblichen) und des Sexualvorganges bis zur Somatogamie (Kopulation von Ascosporen oder vegetativen Hyphen).
- Ersatz der aufgrund der Androgamocystenreduktion fehlenden männlichen Gametenkerne durch Übertragung von Spermatien, Mikroconidien oder Conidien (Androconidien).
- Plasmogamie und Karyogamie finden nur zwischen Gamocysten bzw. Kernen des gleichen Geschlechts statt (Automixis). Das konträre Geschlecht fehlt.
- Plasmogamie und Karyogamie fehlen. Entwicklung normaler Ascocarpien aus somatischen Zellen (Apomixis).

Deuteromycetes (Fungi imperfecti): künstliche systematische Kategorie von Pilzen, deren Hauptfruchtform (sexuelle Fruktifikation) erloschen ist, sehr selten auftritt oder noch nicht gefunden wurde. Im Bau des Mycels und der Conidien gleicht die Mehrzahl der Deuteromycetes den Ascomycetes. Wo Hauptfruchtformen entdeckt wurden, waren sie nur selten den Basidiomycetes zuzuordnen. Wird der Zusammenhang zu einer bereits bekannten Hauptfruchtform gefunden, bleibt der Name des Deuteromycetenstadiums für die Nebenfruchtform erhalten.
Beispiel: *Aspergillus* (Imperfektenstadium) – *Eurotium* (Hauptfruchtform); *Penicillium* (Imperfektenstadium) – *Talaromyces* (Hauptfruchtform).
Die Deuteromycetes werden nach Anordnung der Conidiophoren eingeteilt.

3.5.3.1. Endomycetales

Primitive (oder rückgebildete?) Ascomycetes von einfachem Bau. Wachstum meist durch **Sprossung;** nur wenige Formen bilden Mycel. Bei *Schizosaccharomyces* vermehren sich die Zellen durch Querteilung. **Fruchtkörper fehlen.** Bei der sexuellen Fortpflanzung verschmelzen zwei Sproßzellen **(Somatogamie)** oder einfach gebaute Gamocysten (Cystogamie). Die Zygote entwickelt sich direkt zum Ascus; **ascogene Hyphen fehlen.**
Bedeutung: Wichtige industriell genutzte Mikroorganismen (z. B. Hefen für Eiweißgewinnung und alkoholische Gärungen; Backhefe).

Beobachtungsziel: Vegetative Vermehrung (Sprossung) und generative Vermehrung (Meiose; Entstehung und Keimung der Ascosporen) im haplo-diplontischen Entwicklungszyklus bei Saccharomycetaceae

Objekt: *Saccharomyces cerevisiae* Hans. (Bier- oder Backhefe).

Materialbeschaffung: Handelsübliche Bäckerhefe beschaffen.

Präparation: Ein haselnußgroßes Stück Bäckerhefe in ein Gefäß (z. B. Erlenmeyerkolben, Steilbrustflasche) geben, das etwa 100 ml Leitungswasser und einige Glasperlen enthält. Dann schütteln, bis sich die Hefe zu einer homogenen milchigen Suspension verteilt hat. Die Hefe kann auch unter Zugabe einiger Tropfen Wasser zu breiiger Konsistenz verrieben und dann unter Rühren in die größere Wassermenge übergeführt werden. Auf Sabouraud- oder Bierwürzeagar (Reg. 19, 70) fraktionierten Ausstrich anlegen (Reg. 55); wenn notwendig, mehrere Passagen durchführen. Beimpftes Kulturmedium bei Raumtemperatur oder im Brutschrank bei 24 bis 28 °C stehenlassen.

a) Sprossung. Nach zwei bis drei Tagen von gut wachsender Einzelkolonie Material mit Impföse entnehmen, auf einem Deckglas, das mit einem Film von Eiweißglycerol überzogen ist, in einem Tropfen Wasser ausstreichen und Kernfärbung nach Boroviczeny (Reg. 66) durchführen. Für vergleichende Beobachtungen lebende Hefezellen in Wasser unter Deckglas einbetten.

b) Ascosporenentwicklung, Meiose. Von zwei bis drei Tage alter Kultur reichlich Material entnehmen (mehrere Impfösen voll), auf Wasseragar (Wasser mit 2% Agarzusatz, Reg. 8, 70) in Petrischalen übertragen und zugedeckt bei Raumtemperatur stehenlassen. Die Hefen nicht ausstreichen, sondern in dickem Klecks auftragen. Nach zwei bis drei Tagen Material entnehmen, wie unter a) angegeben Kernfärbung durchführen und Dauerpräparat (Reg. 1, 51) anfertigen. Für vergleichende Beobachtungen lebende Hefezellen in Wasser unter Deckglas einbetten.
Hefen gehen vorzugsweise auf nährstoffarmen Medien zur Ascusbildung über. Die Zellen können anstatt auf Wasseragar auch auf kleine Blöcke aus Gips oder Zement übertragen werden, die man in Petrischalen legt (etwas Wasser zugeben, damit die Oberfläche der Blöcke feucht bleibt).
Anstelle von Wasser wird als Sporulationsmedium auch 1%ige Kaliumacetatlösung verwendet.

c) Keimung der Ascosporen. Von Material, das reichlich Asci ausgebildet hat (mikroskopische Kontrolle!), auf geeignetem Kulturmedium (Sabouraud-, Bierwürze-, Herbivoren-Dungextrakt-Agar; Reg. 70) Objektträgerkulturen anlegen und bei Raumtemperatur stehenlassen (Reg. 84).

Weitere Präparationsmöglichkeit: Bei auskeimendem Material Kerne färben (Reg. 65; mikroskopische Kontrolle!).

Beobachtungen (Abb. 65, 66): a) Vegetative Zellen; Sprossung: Makroskopisch sind auf Nähragar gewachsene Hefekolonien von Bakterienkolonien oft nicht zu unterscheiden. Die Kolonien sind rund, gewölbt, glattrandig, von weicher Konsistenz; weiß bis cremefarbig, mit charakteristischem Geruch (Hefeteig).
Die vegetativen Zellen sollen zunächst an Präparaten mit lebendem Material untersucht werden (starke Vergrößerung – homogene Immersion).
Die Zellen sind bei 8 bis 12 µm Länge und 8 bis 10 µm Breite ellipsoid bis eiförmig und erscheinen farblos. Im Zellinneren sind neben einer großen oder zwei bis drei kleineren Vacuolen kleine

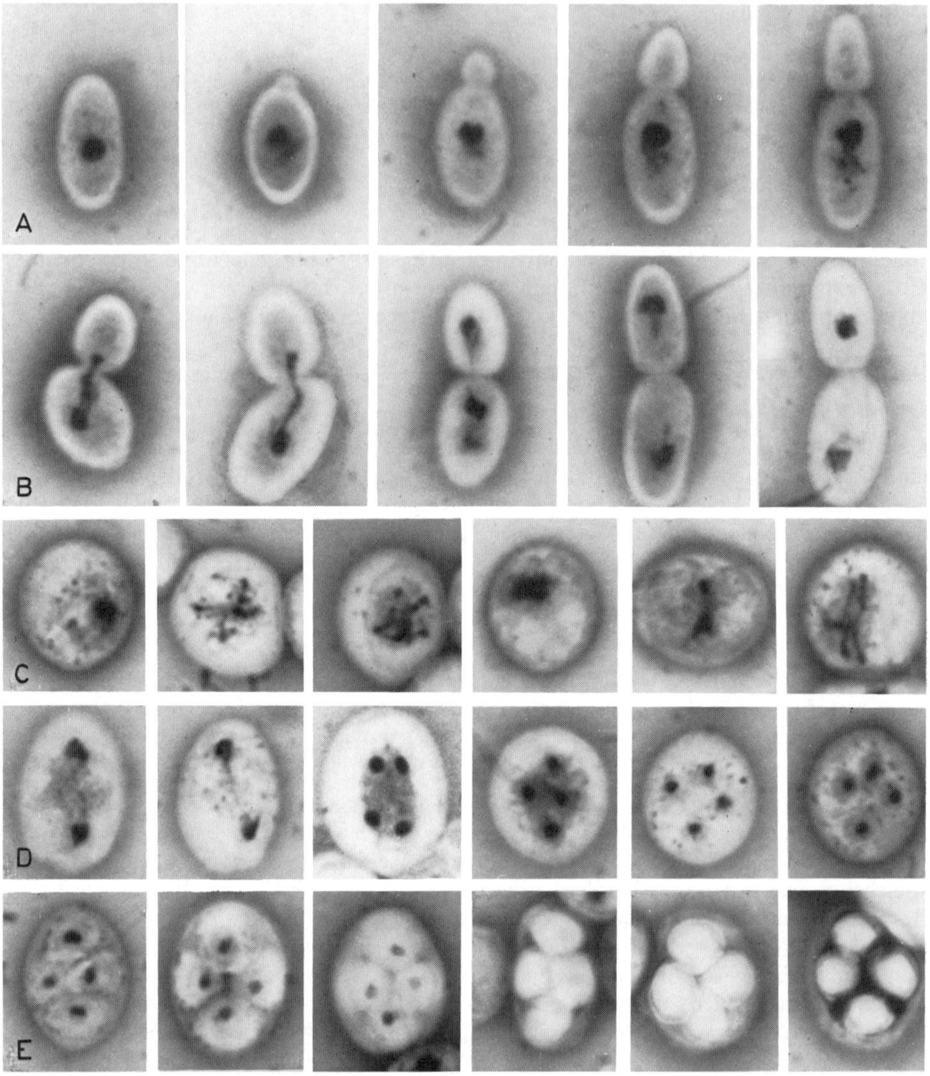

Abb. 65. *Saccharomyces cerevisiae*. Reihe A und B Sprossung. Reihe **A** Knospenbildung und Auflockerung des Zellkerns. Reihe **B** Kernteilung. Kernsubstanz wandert durch den Isthmus in die schon relativ große Tochterzelle. Reihe C bis E Meiose und Ascosporenbildung. Reihe **C** Auflockerung des Kernmaterials, Herausbildung chromosomaler Strukturen. Reihe **D** 1. und 2. Kernteilung. Protoplasmaportionen um haploide Kerne. Reihe **E** Bildung der Ascosporenhüllen. Bei reifen Ascosporen gelingt Kernfärbung nur schwer. Kernfärbung nach Boroviczeny; 2500:1.

tröpfchenförmige Einschlüsse im Cytoplasma zu beobachten. Der Zellkern ist bei lebenden Zellen im Hellfeld nicht zu erkennen. Er ist zwar relativ groß, aber nicht sichtbar, weil die Brechzahldifferenz zwischen Kern und umgebendem Cytoplasma zu klein ist.

Saccharomyces cerevisiae gehört zu den Sproßhefen, die sich im Unterschied zu den Spalthefen (in der einheimischen Flora nicht vertreten) nicht durch Querteilung, sondern durch Zellsprossung vermehren. In jungen Kulturen ist fast an allen Zellen das Herauswachsen von Sproßzellen zu

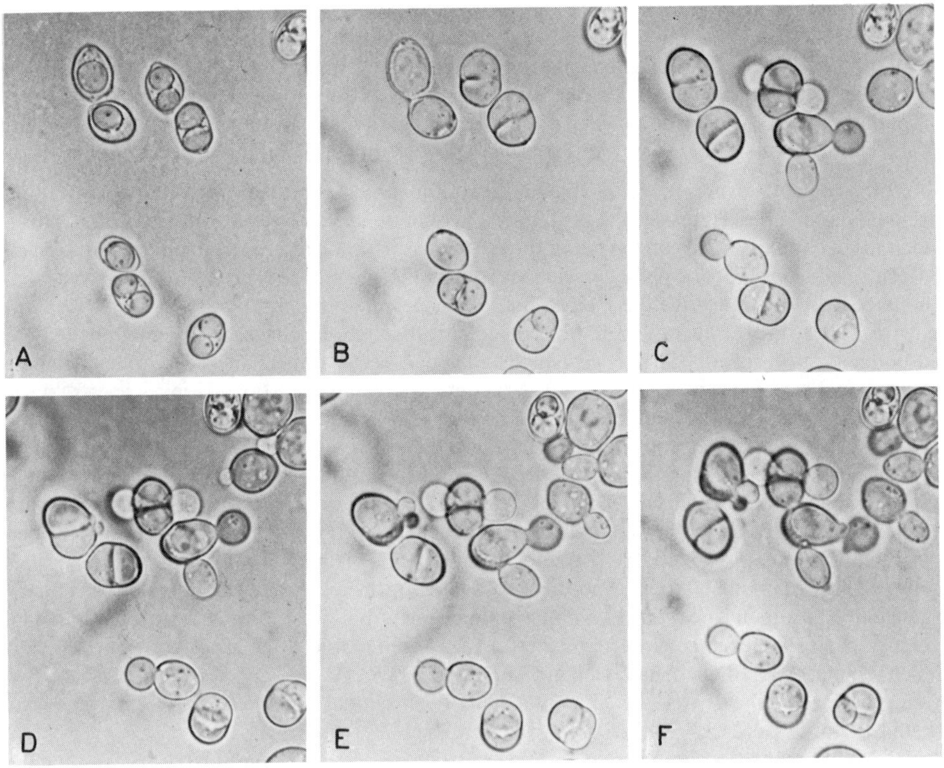

Abb. 66. *Saccharomyces cerevisiae*. Keimung der Ascosporen. Zwischen dem ersten Stadium bei A und dem letzten bei F liegt ein Zeitraum von 7 Stunden . Einzelheiten vgl. Text; 1000:1.

beobachten (Abb. 65A, B). An einem Pol der Mutterzelle oder in dessen Nähe stülpt sich die Zellwand knospen- oder bläschenförmig aus. Die Knospe wächst heran und wird durch Einschnürung der Zellwand von der Mutterzelle getrennt. Während des Heranwachsens kann die Tochterzelle bereits selbst Knospen bilden. Meist hängen mehrere Zellgenerationen eine Zeitlang im Sproßverband zusammen. Die Kernfärbung gibt Aufschluß über das Verhalten des Zellkerns: Während sich die Knospe vergrößert, lockert sich der anfangs kompakte Zellkern auf. Bei gelungener Färbung werden chromosomenähnliche Strukturen sichtbar (Abb. 65A). Erst wenn die Knospe beträchtliche Größe erreicht hat, beginnt sich die Kernsubstanz fadenförmig zu strecken. Sie dringt mit einem der verdickten Enden des Strangs in die Knospe ein. Bald reißt der Faden durch, und die Kernmassen nehmen in den beiden Zellen exzentrische, einander abgewandte Lage ein. Nach der Sprossung verdichtet sich die Kernsubstanz wieder (Abb. 65B).

b) *Meiose, Entwicklung der Ascosporen* (Abb. 65C–E): Gefärbte Präparate, die Entwicklungsstadien der Ascusbildung enthalten, bei starker Vergrößerung (Objektiv HI 100/1,25) betrachten.
Mit Beginn der Meiose lockert sich die Kernsubstanz auf, chromosomenähnliche Strukturen werden sichtbar (Abb. 65C). Die Kernsubstanz weicht auseinander, wobei Teilungsbilder zu sehen sind, die an Anaphase und Telophase erinnern (Abb. 65D). Die erste Kernteilung ist damit vollzogen. Die neugebildeten Kerne teilen sich in einer anschließenden zweiten Kernteilung gleich wieder.
Nach abgeschlossener Meiose liegen vier haploide Meiosporenkerne (Gonenkerne) vor, die diploide Hefezelle ist zum Ascus geworden, in dem nunmehr die Ascosporen entstehen.

Um die Meiosporenkerne verdichtet sich das Cytoplasma. Die Kern-Plasma-Bezirke runden sich ab, umhüllen sich mit einer Sporenwand und werden dadurch zu Ascosporen (Abb. 65E). Im Normalfall entstehen vier Ascosporen; die Entstehung von weniger als vier Ascosporen ist nicht selten. Überzählige Kerne verbleiben dann im Periplasma; mehrkernige Ascosporen treten nicht auf. Mit der Verdickung der Sporenwand nimmt die Färbbarkeit der Kerne immer mehr ab (bei der empfohlenen Methode färben sich die Kerne in den Ascosporen nicht an).

c) *Keimung der Ascosporen:* Bei Objektträgerkultur mit versportem Material ein Bildfeld auswählen, das mehrere Hefeasci enthält. Diesen Ausschnitt dann bei hoher Auflösung über 6 bis 8 Stunden in regelmäßigen Abständen beobachten, um an ein und denselben Zellen das Auskeimen verfolgen zu können. Präparat nicht verschieben, denn ohne gut arbeitenden Kreuztisch (Koordinaten notieren!) ist es schwierig, die gleiche Stelle wieder aufzufinden.
Man wird Bilder finden, die etwa der Abb. 66 entsprechen. Zu Beginn der Keimung quellen die Ascosporen so stark auf, daß sie das gesamte Lumen des Ascus einnehmen. Die Größenzunahme fällt vor allem bei den einsporigen Asci auf. Von nun ab verläuft die Keimung je nach Anzahl der Sporen im Ascus unterschiedlich: Bei mehrsporigen Asci finden die Plasmogamie und auch die Karyogamie häufig zwischen den keimenden Ascosporen untereinander, und zwar bereits innerhalb des Ascus statt. Darauf deutet die Unschärfe der Zellwände zwischen den Ascosporen innerhalb eines Ascus hin (Abb. 66B). Die Keimung kann nur an gefärbten Präparaten genau analysiert werden. Daher ist bei ungefärbten Zellen auch nicht eindeutig zu sagen, ob die knospenden Tochterzellen bereits diploid, oder ob sie noch haploid sind. Haploide Sproßzellen sind an ihrer kugeligen Form zu erkennen (evtl. Abb. 66C, E, junge Sproßzelle aus einsporigem Ascus unten), während die ellipsoiden Knospen gewöhnlich diploid sind (Abb. 66E, F rechts oben). Diese Zellen setzen bereits wieder Tochterzellen an. Die ersten Sproßzellen treten am Ascus vorzugsweise dort aus, wo die Ascosporen aneinanderstoßen (Abb. 66C–F).
Bei einsporigen Asci teilt sich die Spore zunächst noch einmal innerhalb des Ascus, bevor sie auskeimt (Abb. 66B, C).
Wenn Plasmo- und Karyogamie bereits im Ascus erfolgen, stellen die vereinigten Ascosporen die Zygote dar, aus der durch Sprossung die Masse der diploiden Hefezellen hervorgeht. (Bei *Saccharomyces cerevisiae* kommt es kaum zur Massenentwicklung haploider Sproßzellen.)

Weitere Objekte:

Von Früchten, aus Wein, Most und Obstsäften und von Fangplatten können zahlreiche Hefe-Arten isoliert werden:

Saccharomyces cerevisiae var. *ellipsoides* (Reess) Dekker, Weinhefe: Morphologie und Entwicklung wie bei Bäckerhefe.

Hansenula anomala (Hansen) Sydow.: Als Kontamination bei Gärungsvorgängen; Ascosporen auffallend geformt (hutförmig, saturnförmig).

Schizosaccharomyces spec. Lindner, Spalthefen: Können von Weinbeeren und Rosinen aus südlichen Ländern isoliert werden. Vermehrung durch Querteilung.

Pichia spec. Hansen: Beeinträchtigen die technisch genutzten Gärungsvorgänge (Gärungsschädlinge). Sporulieren leicht; teilweise Mycelhefen.

Beobachtungsziel: Ökologisch spezialisierte, asporogene imperfecte Wildhefe

Objekt: *Candida reukaufii* (Nektarhefe, Kreuzhefe).

Materialbeschaffung: Die Hefen entdeckt man regelmäßig im Nektar der Weißen Taubnessel *(Lamium album)*.

Präparation: Blühende Sprosse der Weißen Taubnessel am Abend eines warmen, sonnigen Tages sammeln und in feuchter Kammer aufbewahren. Am nächsten Tag Blüten abzupfen und aus den Kronenröhrchen den Nektar in einen Tropfen Wasser auf einem Objektträger ausdrücken. Deckglas auflegen.

Weitere Präparationen: Kernfärbung nach Boroviczeny (Reg. 66).

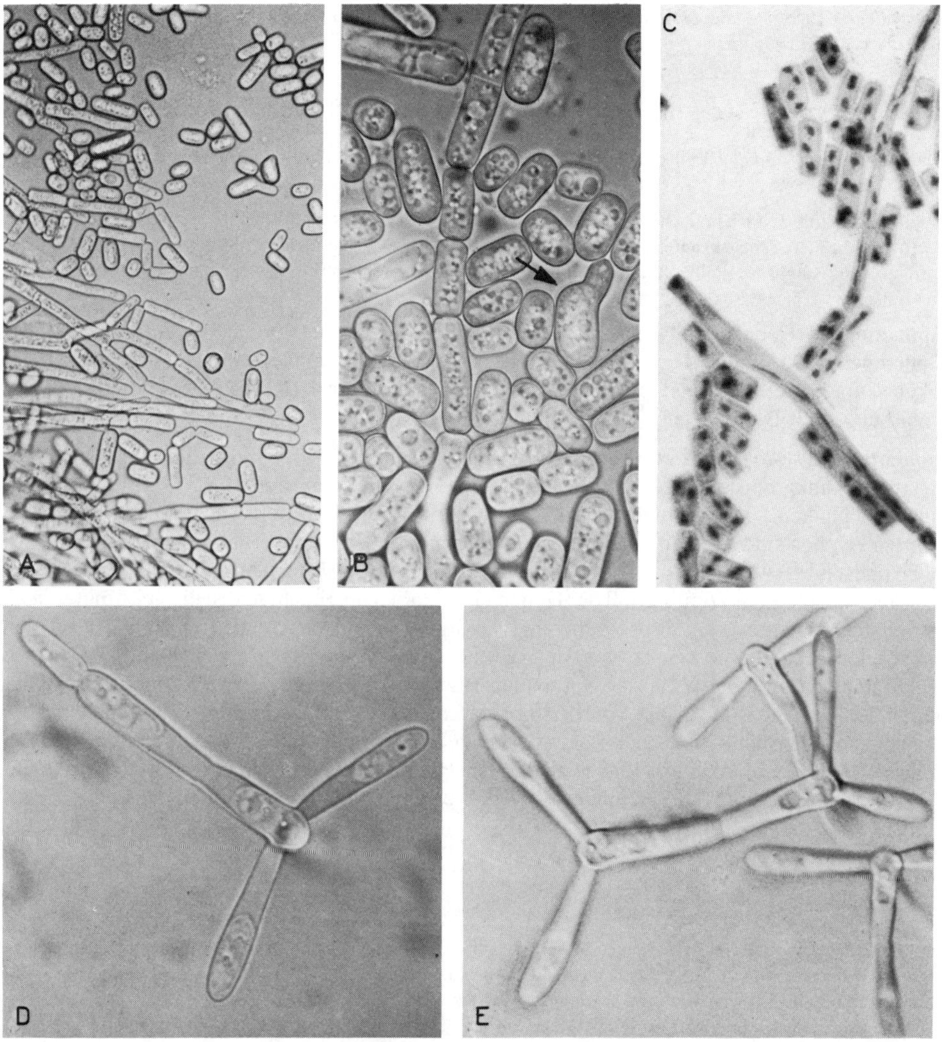

Abb. 67. **A, B, C** *Geotrichum candidum.* **A** Randzone einer Objektträgerkultur; 350:1. **B** Arthrosporenbildung. Eine Arthrospore (→) keimt aus; 850:1. **C** Hyphen mit mehrkernigen Arthrosporen. Kernfärbung nach Boroviczeny; 800:1. **D, E** *Candida reukaufii.* Asporogene Wildhefe aus Nektar der Blüten von *Lamium album.* Lebendpräparat; 1200:1 und 1000:1.

Beobachtungen (Abb. 67D, E): Bei schwächerer Vergrößerung Präparat nach Hefezellen absuchen, dann mit starkem Trockenobjektiv oder mit Immersionsobjektiv untersuchen. Die Zellen sind im Sproßverband in charakteristischer Weise kreuzförmig angeordnet, der dadurch an den Umriß einer Libelle oder eines Flugzeuges erinnert. Die Tochterzellen knospen an den größeren Mutterzellen seitlich aus, so daß diese Form entsteht. In den schwach keulenförmig angeschwollenen Enden enthalten die Zellen große Flüssigkeitsvacuolen.

Weitere Objekte:

Die Hefen werden von Nektar sammelnden Hummeln verschleppt (Überwinterung in Hummelköniginnen!) und sind daher auch in anderen Blüten zu finden, die von Hummeln besucht werden, z. B.:

Linaria vulgaris (Scrophulariaceae), Gemeines Leinkraut; *Salvia* spec. (Lamiaceae), Salbei; *Delphinium* spec. (Ranunculaceae), Rittersporn.

Beobachtungsziel: Mycel und Arthrosporenbildung bei Saccharomycetaceae

Objekt: *Geotrichum candidum* Link ex. Pers.; Syn.: *Oospora lactis* (Fres.) Sall.; Hauptfruchtform: *Endomyces lactis* (Milchschimmel).

Materialbeschaffung: Milch in flacher Schale mehrere Tage unbedeckt bei Raumtemperatur stehenlassen. Nach dem Säuern und Koagulieren entsteht auf der verkäsenden Oberfläche samtig weißer Belag von *Geotrichum candidum*. Der Pilz tritt auch als Kahmhaut (Pelliculum) auf der Flüssigkeit bei vergärenden Pflanzenteilen auf (Silage, Sauerkraut, saure Gurken).

Präparation: a) Von bewachsenem Substrat Objektträgerkultur (Reg. 84) anlegen und bei Raumtemperatur in feuchter Kammer stehenlassen. b) Mit Impföse Pilzmaterial entnehmen, auf ein Deckglas übertragen, das mit einem Film aus Einweißglycerol (Reg. 29) präpariert ist, und Kernfärbung nach Boroviczeny (Reg. 66) durchführen.

Beobachtungen (Abb. 67A–C): Bei 200- bis 400facher Vergrößerung auf den Rand der Objektträgerkultur einstellen (Abb. 67A). Der Pilz, dessen Hauptfruchtform unter natürlichen Kulturbedingungen kaum gefunden wird, hat gut entwickeltes, schnell wachsendes Mycel. Die septierten Hyphen sind reich an Protoplasma mit darin eingeschlossenen Flüssigkeitsvacuolen. An den Hyphenenden werden in basipetaler Folge in kürzeren Abständen als im übrigen Mycel Querwände angelegt, die zum Zerfall der Hyphen in ziemlich regelmäßige Bruchstücke führen. Die abgetrennten Teilstücke (Arthrosporen) sind anfangs zylindrisch, runden sich später an den Schmalseiten ab und wachsen an den Enden seitlich zu neuen Hyphen aus (Abb. 67B). Nach Kernfärbung, die mit Entwässerung verbunden ist, tritt die ursprüngliche Zylinderform wieder deutlich hervor (Abb. 67C). Die Arthrosporen sind mehrkernig. Häufig liegen Kernpaare nebeneinander, die offensichtlich aus einer gerade beendeten Kernteilung hervorgegangen sind. In den Hyphen sind die Kerne mitunter fädig gestreckt. Die Hyphen zerfallen sehr leicht, so daß der Ablauf der Arthrosporenbildung nur an ungestört wachsenden Objektträgerkulturen verfolgt werden kann.

3.5.3.2. Eurotiales

Pilze mit üppig entwickeltem Mycel, die sich durch mitotisch entstandene Sporen **(Conidien)** stark vermehren („Pinsel-, Gießkannen-Schimmel"). Bei der sexuellen Fortpflanzung entstehen die Gamocysten (**Androgamocyste** und **Gynogamocyste** = Ascogon; mitunter weitgehend reduziert) frei. Erst die ascogenen Hyphen werden sekundär von einem geschlossenen Fruchtkörper **(Cleistothecium)** umgeben. An den Enden der ascogenen Hyphen entstehen die meist kugelförmigen oder oval- bis eiförmigen Asci, die den Hohlraum des Fruchtkörpers in regelloser Anordnung ausfüllen. Bei zahlreichen Arten fehlt die Hauptfruchtform (dann den Deuteromycetes zugeordnet).
Bedeutung: Produktion von Penicillin und Griseofulvin (*Penicillium*-Arten); Saprophyten und Schädlinge auf Nahrungsmitteln (z. B. *Penicillium, Aspergillus:* Bildung von Aflatoxinen!).

Beobachtungsziel: Mycel, Hauptfruchtform und Nebenfruchtformen, Entwicklung von Conidienträgern (Phialiden und Phialosporen) bei Eurotiaceae

Objekte: *Penicillium* spec. (Pinselschimmel); *Aspergillus* spec. (Gießkannenschimmel); *Verticillium* spec.; *Fusarium* spec. (Da die Mehrzahl der Deuteromycetes den Ascomycetes zuzuordnen ist, seien unter diesem Beobachtungsziel einige weitverbreitete Formgattungen zum Studium der Nebenfruchtform empfohlen.)

Materialbeschaffung: a) Brot, Früchte (z. B. Falläpfel, Weinbeeren, Pflaumen), Fruchtschalen (z. B. Zitronen- oder Bananenschalen), auch Blätter (z. B. Getreide, Kartoffel) in feuchte Kammer (Reg. 84) legen und bei Raumtemperatur und diffusem Licht stehenlassen. Nach dem Abklingen der Zygomycetenflora erscheinen Asco- und Deuteromycetes.

Die genannten Gattungen (aufgrund ihrer äußerst schwierigen Taxonomie auch als Formgattungen bezeichnet) können jedoch auf allen möglichen anderen feucht gehaltenen organischen Substraten gefunden werden (z. B. auf Molkereiproduktion, Backwaren; Silagen; auf Papier, Stroh, Holz usw.).
b) Fangplatte (Reg. 55) mit Sabouraud- oder Bierwürzeagar dort aufstellen, wo mit reichlicher Pilzkontamination gerechnet werden kann (Freiland, stark begangene Räume) etwa 30 min offenlassen, dann schließen und bei Raumtemperatur und diffusem Licht stehenlassen.
c) Alternde Kulturen auf Herbivorendung.
d) Isolierung aus Bodenproben (Reg. 55, 58, 60).

Präparation: Die angesetzten Kulturen längere Zeit stehenlassen und öfter auf Pilzbewuchs absuchen. Lupe zu Hilfe nehmen. a) *Penicillium* spec.: Mycel meist weiß; sporulierende Pilzrasen aufgrund der – je nach Entwicklungszustand unterschiedlichen – Conidienfärbung von schmutziggelb über graugrün bis blaugrau, meist blaugrün, gefärbt. Am Kolonierand sind mit der Lupe die pinselförmigen Conidienträger zu erkennen.
Phialosporen entnehmen und auf Sabouraudagar (Reg. 70) Objektträgerkultur anlegen (Reg. 84). Plastilinumgrenzung mit Lüftungslöchern versehen, da bei fehlender Lüftung die Entwicklung der Conidienträger stagniert. Objektträgerkultur bei Raumtemperatur und diffusem Licht in feuchter Kammer stehenlassen.
Deckglas auf einer Seite dünn mit Eiweißglycerol (Reg. 29) überziehen und damit auf sporulierende Kolonie drücken (Abklatschpräparat, Reg. 3), dann vorsichtig abnehmen und Kernfärbung nach Boroviczeny (Reg. 66) durchführen. Vom Kolonierand junges Mycel entnehmen und in der gleichen Weise Kerne nach Boroviczeny färben.
b) *Aspergillus* spec.: Mycel meist weiß; Färbung sporulierender Kolonien wie bei *Penicillium,* meist aber mehr bräunlich bis schwarzbraun. Mit Lupe sind die an den Conidienträgern nach allen Seiten abzweigenden Conidienketten zu erkennen. Mit Impföse Phialosporen auf Sabouraudagar übertragen und wie bei *Penicillium* Objektträgerkultur anlegen.
c) *Verticillium* spec.: Vorzugsweise auf pflanzlichen Substraten. Mycel mitunter wie die Conidien rostrot bis bräunlich gefärbt. Sporulierendes Mycel auf Objektträger in Abelsche Flüssigkeit überführen, der etwas verdünnte wäßrige Fuchsinlösung zugesetzt ist. Deckglas auflegen. Sporulierendes Mycel auf Deckglas übertragen und Kernfärbung durchführen (Reg. 66).
d) *Fusarium* spec.: Saprophytisch auf Pflanzenresten, auch häufig als Parasit auf Getreide („Schneeschimmel") und Kartoffel. Mycel weiß, bei reichlicher Conidienbildung rosa gefärbt. Sporen auf Deckglas übertragen und Kernfärbung durchführen. Abklatschpräparat (Reg. 3) von alten Herbivoren-Dung-Kulturen liefern meist auch *Fusarium*-Conidien.

Beobachtungen (Abb. 68–71): *Penicillium* spec. Bei Objektträgerkulturen wachsen die Hyphen bald über das beimpfte Agarstückchen hinaus und im Flüssigkeitsfilm an der Unterseite des Deckglases entlang. Diese Hyphen eignen sich am besten zum Beobachten (möglichst homogene Immersion verwenden!). Im Unterschied zu den Mucorales (Abb. 63 A) sind die Hyphen regelmäßig septiert (Abb. 68 A). Der für Ascomycetes typische, einfache Zentralporus der Septen ist unter diesen Bedingungen jedoch nicht zu erkennen. Das Protoplasma ist stark vacuolisiert; im Gegensatz zu den siphonalen Hyphen von *Rhizopus stolonifer* strömt es in den septierten Hyphen jedoch nicht merklich oder nur sehr langsam. Benachbarte Hyphen regen sich gegenseitig (offensichtlich durch stoffliche Beeinflussung) zu Verzweigungen an. An beliebigen Stellen – oft spiegelbildlich einander zugekehrt (Abb. 68 E) – wird die Hyphenwand plastisch, und durch Spitzenwachstum wachsen Seitenhyphen aus. Stoßen sie aneinander, so verwachsen sie zu korrespondierenden Anastomosen (Abb. 68 F). Der Gedanke an Beziehungen zu Prozessen bei phylogenetisch tiefer stehenden Organismen drängt sich auf (Isocystogamie der Zygomycetes).
Im Hellfeld sind Zellkerne erst nach Färbung zu sehen (Abb. 68 G). In den vegetativen Hyphen sind die Kerne sehr klein. Bei den meisten Arten von *Penicillium* und *Aspergillus,* den wohl am weitest verbreiteten Ascomyceten, sind die Hyphenabschnitte mehrkernig. Besonders Hyphenenden und sich entwickelnde Sporenträger enthalten zahlreiche Kerne und oftmals nahe beieinanderliegende Kernpaare, die offensichtlich nach unmittelbar vorausgegangener Kernteilung noch nebeneinander liegen. Das Studium der Kernteilungen in vegetativen Hyphen bereitet aufgrund der geringen

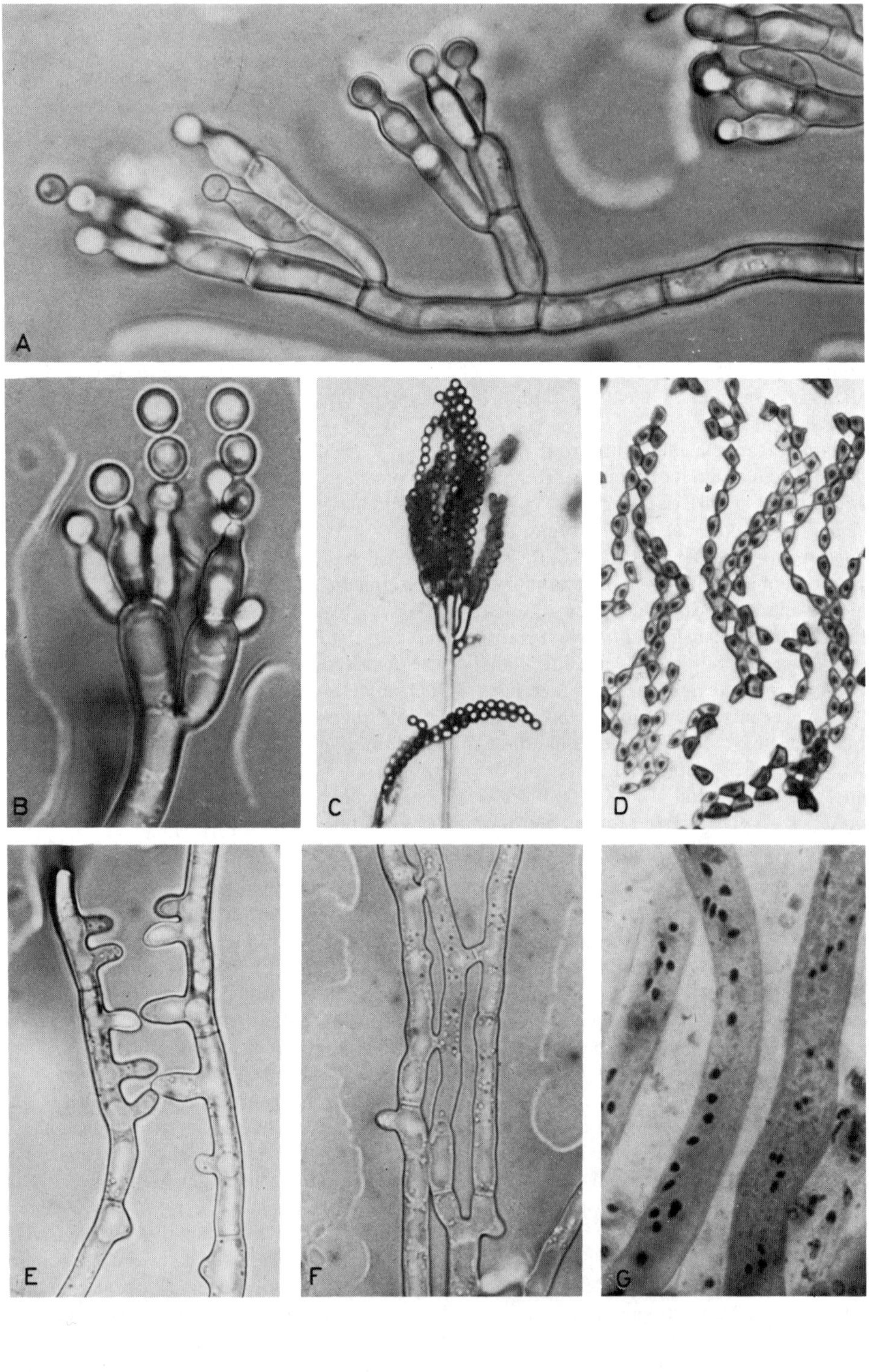
A
B
C
D
E
F
G

Dimension und der schlechten Färbbarkeit der Kerne erhebliche Schwierigkeiten. Wahrscheinlich verläuft in vegetativen Hyphen die Mitose oft atypisch, d. h. ohne Ausbildung eines Chromosomen- und Kernspindelapparates.

In Objektträgerkulturen entstehen bereits wenige Tage nach dem Beimpfen mit Phialosporen die ersten Conidienträger (Abb. 68A, B, Kultur 3 Tage alt). Die Sporenträger wachsen als Seitenhyphen aus und werden durch eine Querwand von der Traghyphe abgetrennt. Am oberen Ende verzweigen sie sich mehrmals gabelig. Der Verzweigungsmodus ist bei den einzelnen Formkreisen der Gattung *Penicillium* verschieden und hat taxonomischen Wert. Im Idealfall verzweigt sich die Traghyphe gabelig (Metulae 1. und 2. Ordnung, auf denen die sporogenen Phialiden sitzen). Bei der in Abb. 68 dargestellten *Penicillium*-Art entspringen die Phialiden bereits den Metulae 1. Ordnung. Die Sporen entstehen sukzessiv im Halsteil der flaschenförmigen Phialiden und werden im unreifen Zustand ausgestoßen. Sie reifen außerhalb der Phialidenmündung, wo sie in Sporenketten haftenbleiben. Die Conidienträger in Abb. 68 C sind in einer Objektträgerkultur gewachsen, die 9 Tage zuvor mit Phialosporen angelegt worden war. Die Phialosporen von *Penicillium* und *Aspergillus* sind primär meist einkernig (Abb. 68 D), können sekundär aber mehrkernig werden.

Aspergillus spec.: Im Unterschied zu *Penicillium* verzweigen sich die sporentragenden Hyphen nicht, sondern erweitern sich am Ende zu einer Blase (Vesiculum), aus der die Phialiden allseitig entweder direkt (Abb. 69G, H) oder auf Metulae sitzend hervorwachsen. Die Phialosporen entstehen mesendogen wie bei *Penicillium.*

An Objektträgerkulturen läßt sich das Auskeimen der Phialosporen gut verfolgen (Abb. 69A–E). Wenige Stunden nach dem Aufimpfen auf geeigneten Nähragar quellen die Sporen durch Wasseraufnahme fast bis zum doppelten Durchmesser auf. Dann nehmen sie Birnenform an, und die Ausstülpungen wachsen zu Keimhyphen aus. Im gleichen Präparat kann bei benachbarten Sporen das Auskeimen um Stunden differieren. Mit dem Einziehen der ersten Querwand an der Basis der Keimhyphe (Abb. 69E) gilt der Keimungsvorgang als abgeschlossen. Aus einer Spore können mehrere Keimhyphen auswachsen.

Im Gegensatz zur Anastomosenbildung (Abb. 68E, F) ist bei keimenden Conidien unter geeigneten Versuchsbedingungen zu beobachten, daß die Keimhyphen im Diffusionsgefälle von Stoffausscheidungen voneinander wegwachsen (Abb. 69F).

Unter günstigen, im einzelnen oft nicht durchschaubaren Umständen tritt in *Aspergillus*-Rasen auf natürlichen Substraten die Hauptfruchtform auf (das vorliegende Material wuchs auf oxytetracyclinhaltigem Futtermittelkonzentrat). Es muß beachtet werden, daß die Hauptfruchtformen der Formgattung *Aspergillus* andere Namen tragen! In Abb. 70G, H sind die Fruchtkörper von *Eurotium* spec. dargestellt, während die zugehörige Nebenfruchtform der *Aspergillus glaucus* (L.)-Gruppe zugeordnet werden muß.

Die sexuelle Fortpflanzung erfährt bei der Formgattung *Aspergillus* zunehmende Reduktionen, die vom Unterdrücken der Androgamocyste bis zum völligen Verlust der Geschlechtsorgane führt. Am vorliegenden Material sollen nur die reifen Ascocarpien betrachtet werden. Mit dem Präpariermikroskop die Rasen nach kleinen, schwefelgelben Bläschen absuchen. Die kugelförmigen Fruchtkörper messen etwa 90 μm im Durchmesser und sind leuchtend schwefelgelb gefärbt. Sie sind von einer derben, einschichtigen Zellage, der Peridie, umhüllt und haben keine Öffnung; es handelt sich also um Cleistothecien. Im Unterschied zu den erysiphalen Cleistothecien (s. S. 186) wächst der Fruchtkörper um die bereits vorhandenen Sexualorgane oder entsprechende Ersatzhyphen und gleichzeitig mit den entstehenden ascogenen Hyphen. Die Ascocarpien, die teilweise in dichten

Abb. 68. *Penicillium.* **A** Sporenträger mit beginnender Phialosporenbildung; 1200:1. **B** Sporenträger mit Metulae 1. Ordnung, Phialiden und Phialosporen; 1600:1. **C** Sporenträger mit langen Phialosporenketten; 500:1. **D** Abklatschpräparat von Phialosporenketten. Kernfärbung; 1100:1. **E** Hyphen aus Randzone einer Objektträgerkultur. Beginnende Anastomosenbildung; 1000:1. **F** Zusammenwachsende Anastomosen; 1000:1. **G** Vielkernige Hyphen aus der Randzone einer Kolonie. Kernfärbung nach Boroviczeny; 1200:1. A–C, E, F in Objektträgerkultur wachsend.

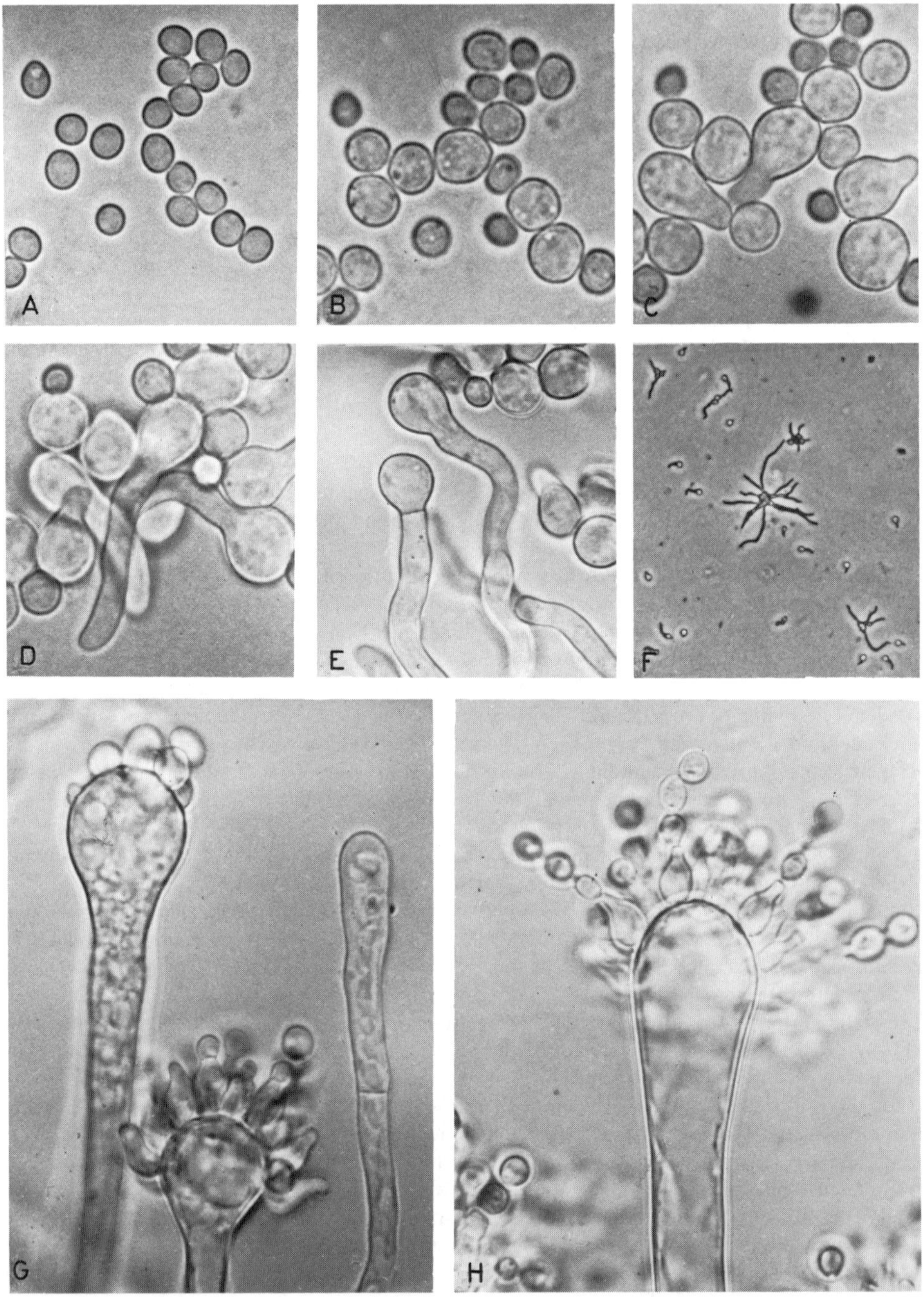

Abb. 69. *Aspergillus*. **A–E** Keimende Phialosporen in Objektträgerkultur; 1700:1. **E** Bei unterer Phialospore erstes Septum eingezogen. Keimungsvorgang damit abgeschlossen. **F** Auf Membranfilter gekeimte Phialosporen. Keimhyphen wachsen voneinander weg! Transparente Membran im Phasenkontrast; 125:1. **G, H** Entwicklung von Sporenträgern, Phialiden und Phialosporen in Objektträgerkultur; 1300:1.

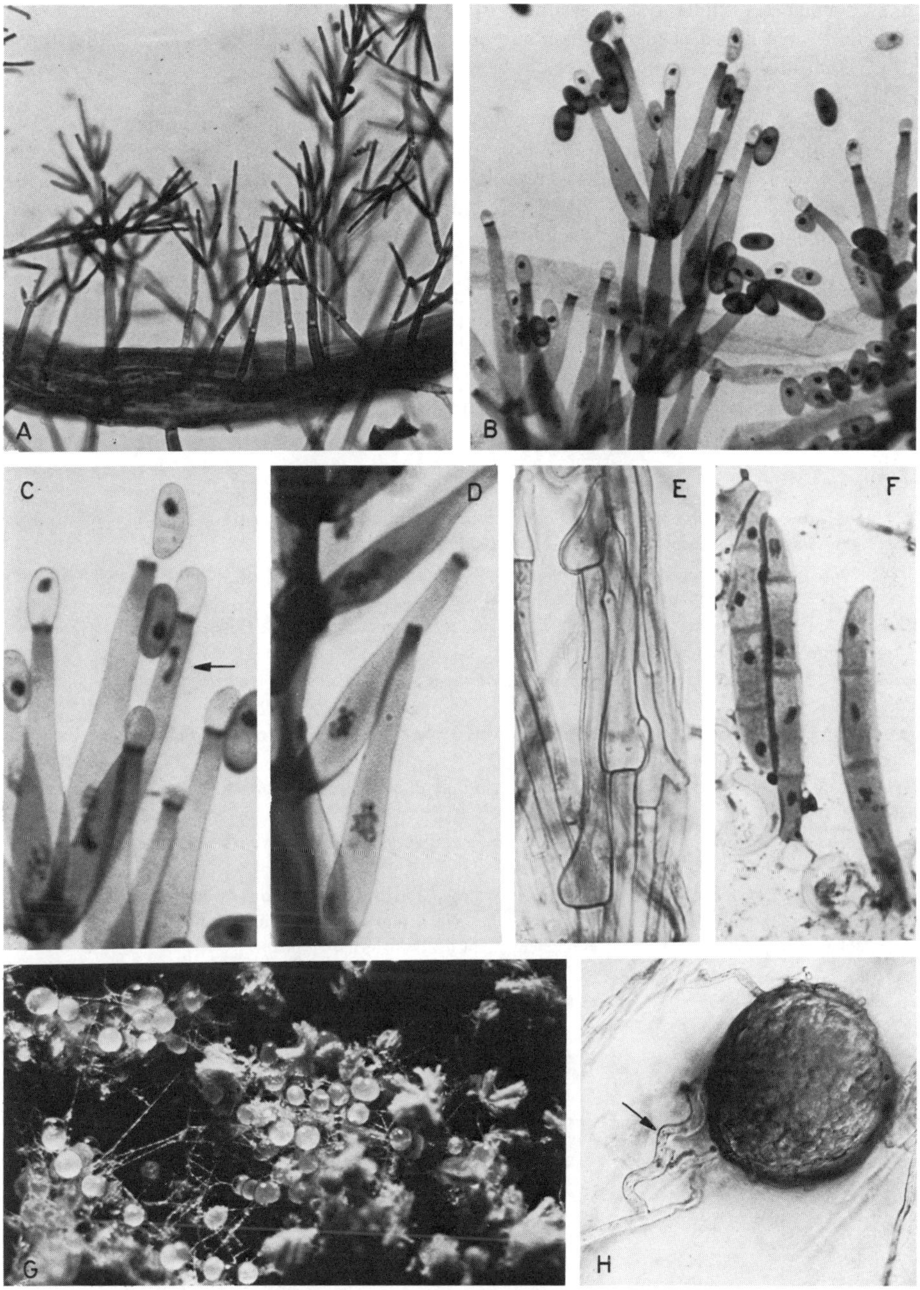

Abb. 70. **A–E** *Verticillium*. **A** Hyphenstrang mit Sporenträgern. Fuchsinfärbung; 300:1. **B** Sporenträger mit Phialiden und Phialosporen; 1000:1. **C** Phialiden mit verschiedenen Entwicklungsstadien von Phialosporen. Bei ← Kernteilung in der Phialide; 2000:1. **D** Phialiden; Phialosporen abgefallen. Im Bauchteil der Phialiden die aufgelockerten Zellkerne; 2000:1. **E** Keulenhyphen; 1000:1. **F** *Fusarium*. Mehrzellige Phialosporen; 1000:1. G, H *Aspergillus*. **G** Mycel mit Sporenträgern und kugelförmigen Cleistothecien. Durch den Deckel der Petrischale hindurch fotografiert; 65:1. **H** Mit Asci dicht angefülltes Cleistothecium am schraubig gewundenen Ascogon (→); 550:1. B–D, F Kernfärbung nach Boroviczeny.

Nestern zwischen den Conidienträgern wachsen, sind regellos mit keulen- bis birnenförmigen Asci angefüllt, die je acht linsenförmige Ascosporen enthalten. Die Cleistothecien sitzen an Seitenhyphen, die noch die für *Eurotium* typische spiralige Form des Ascogons erkennen lassen (Abb. 70H).

Verticillium spec.: An mehr oder weniger dicken Hyphensträngen (Synnemata, Abb. 70A) wachsen wirtelig verzweigte Sporenträger aus, die besonders schön die Entstehungsweise der Phialosporen zeigen. Oft sind im mikroskopischen Bild Sporen zu sehen, die gerade durch die Phialidenmündung schlüpfen (Abb. 70B, C). In gefärbten Präparaten sind die Kerne der Sporen klein und kompakt, während sie im Bauchteil der Phialiden stark aufgelockert sind. Einzelne Phialosporen sind zweikernig. Im Unterschied zu *Penicillium* und *Aspergillus* sammeln sich die Phialosporen in Klümpchen, die von Schleim umhüllt sind, vor der Phialidenmündung an.

Die Synnemata sind zum Teil aus Keulenhyphen aufgebaut, einem Hyphentyp, der bei Ascomyceten häufig vorkommt (Abb. 70E).

Fusarium spec.: Am gleichen Material können einzellige Mikro- und mehrzellige Makroconidien entstehen. Die Makroconidien sind sichelförmig und ein Beispiel für mehrzellige Sporen. Die einzelnen Zellen der Sporen sind einkernig (Abb. 70F).

Weitere Objekte:

Für das Studium der Nebenfruchtformen und deren unterschiedliche Conidientypen eignen sich besonders die Deuteromycetes. Als Beispiele seien einige weitverbreitete Formgattungen empfohlen:

Alternaria spec. (Abb. 71E): Conidien relativ groß, keulenförmig, mehrzellig; Septen quer und längs, mauerförmig, einzeln oder in Ketten; Saprophyten und Parasiten (Dörrfleckenkrankheit der Kartoffel und Tomate).

Botrytis spec. (Abb. 71A): Sporenträger mit oft auffallend gefärbten Blastosporen; Pflanzenschädlinge (Zwiebelfäule, Grauschimmel auf zahlreichen Wirtspflanzen).

Cercospora spec.: Langgestreckte, mehrzellige Sporen; vorwiegend parasitisch (zahlreiche Blattfleckenkrankheiten: Sellerie, Tabak, Rote Rüben).

Cladosporium spec. (Abb. 71B): Dunkelgefärbte, ein- bis zweizellige Blastosporen; Saprophyten und Parasiten (Pfirsichschorf, Samtfleckenkrankheit der Tomate).

Colletotrichum spec. (Abb. 71F): Farblose, ein- bis mehrzellige Phialosporen; Pflanzenschädlinge (Fußkrankheiten bei Solanaceae).

Helminthosporium spec. (Abb. 71C): Dunkelgefärbte, mehrzellige, ovale Conidien; Pflanzenschädlinge (Streifenkrankheit der Gerste, Fußkrankheit der Gerste).

Monilia spec. (Abb. 71D): Kugel- bis zitronenförmige Arthrosporen in Ketten, die meist verzweigt sind; häufig auf Kernobst (*Monilia*-Fruchtfäule, Polsterschimmel); typisches Wachstum des Mycels in konzentrischen Ringen auf der Fruchtoberfläche; die Sporen entstehen auf einfachen, nicht differenzierten Hyphen.

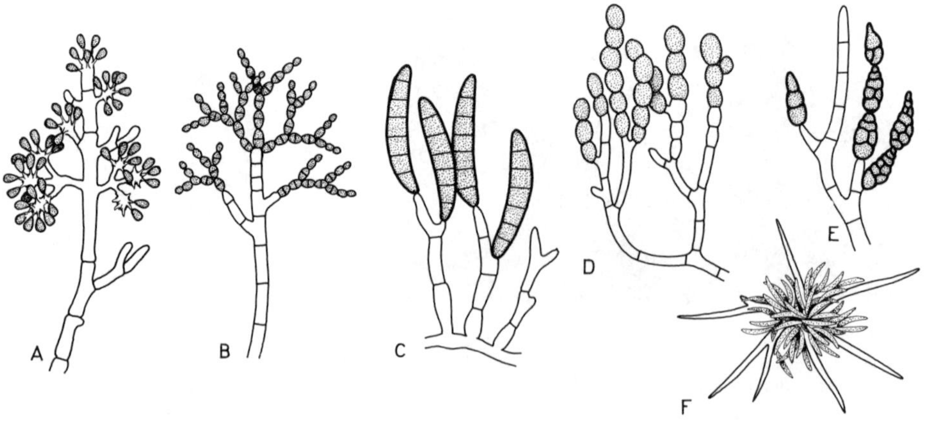

Abb. 71. Nebenfruchtformen verbreiteter Deuteromycetes. **A** *Botrytis*. **B** *Cladosporium*. **C** *Helminthosporium*. **D** *Monilia*. **E** *Alternaria*. **F** *Colletotrichum*.

3.5.3.3. Erysiphales (Mehltaupilz)

Parasitisch auf vielen Pflanzenarten. Bei befallenen Pflanzen sind die Oberflächen der Blätter mit zartem, weißem Mycel überzogen, daß unter geeigneten Bedingungen in Massen weiße Blastoconidien erzeugt (Name!). Im Mycel sind die für die Ordnung typischen Cleistothecien als kleine, dunkle Kügelchen eingebettet. In die Epidermiszellen des Wirtes eindringende Haustorien dienen der Nährstoffversorgung des Pilzes.

Beobachtungziel: Cleistothecium als Hauptfruchtform, Conidien (Blastosporen) als Nebenfruchtform, Appressorien und Haustorien bei Erysiphales

Objekt: *Erysiphe graminis* DC. (Getreidemehltau, Echter Mehltau).

Materialbeschaffung: Im Laufe der Vegetationsperiode von Weizen und Gerste mit Mehltau befallene Blätter einsammeln und in Fixiergemisch nach Karpetschenko (Reg. 35, 36) fixieren. Bis zum Präparieren in 50- bis 70%igem Ethanol aufbewahren.

Um die leicht abbrechenden Anhängsel der Cleistothecien zu erhalten, wird zum Fixieren auch 3%ige Formaldehydlösung empfohlen (Reg. 35, 40).

Getreidemehltau (obligat parasitisch!) ist weit verbreitet und hauptsächlich während feuchtwarmer Witterungsperioden in dichten Getreidebeständen zu finden. An befallenen Pflanzen entstehen vorwiegend auf den unteren Blättern weiße, spinnengewebeartige Mycelrasen, die im Laufe des Sommers durch Ausbildung der Nebenfruchtform zu dichten, mehligen Polstern werden, die leicht abwischbar sind (typisch für Echten Mehltau im Unterschied zum „Falschen" Mehltau der Peronosporales). Bei starkem Befall vergilben die Blätter und sterben ab. Im Hochsommer erscheinen in den Mycelpolstern die Cleistothecien in Form kleiner, weißer Pünktchen, die sich in der Zeit von Juli bis Oktober mit zunehmender Reife von gelblich über bräunlich bis schwarz verfärben (Lupe!).

Neben den Getreidearten werden auch Futtergräser (z. B. Wiesenrispe, Knaulgras, Goldhafer, Weidelgräser, Lieschgras) befallen.

Präparation: a) *Frühe Enwicklungsstadien* der geschlechtlichen Fortpflanzung; junge Cleistothecien; Nebenfruchtform: In der Zeit von Mai bis Juli fixierte Blattstückchen von etwa 3 × 3 mm Größe aus 50- bis 70%igem Ethanol in Lactophenol-Anilinblau einlegen (Reg. 72), bis die Blattspreite transparent und das Mycel überfärbt ist. Dann die Blattstückchen auf einen Objektträger in Lactophenol (Reg. 72) übertragen und mit Deckglas abdecken. Zum Differenzieren der Färbung mehrmals frisches Lactophenol unter dem Deckglas hindurchsaugen.

b) *Reife Cleistothecien; Asci:* Mycelrasen, die dicht mit Cleistothecien besetzt sind, von der Blattspreite abschaben und auf einen Objektträger in Lactophenol-Anilinblau übertragen. Mit einer Rasierklinge den Mycelrasen kreuz und quer zerstoßen, um möglichst viele Cleistothecien zu zerteilen. Dann Deckglas auflegen und wie unter a) angegeben Lactophenol zugeben. Die Cleistothecien können auch durch Druck auf das Deckglas (mit Stirnfläche eines kleinen Gummistopfens!) zum Aufplatzen gebracht werden. Bei sanfterem Druck platzen die Fruchtkörper nur auf, aber die Asci bleiben noch im Inneren und lassen die natürlich Lage erkennen; bei stärkerem Druck werden die Asci, teilweise noch an den ascogenen Hyphen hängend, herausgepreßt.

c) *Appressorien, Haustorien:* Von befallenen Blattstücken die obere Epidermis in Flächenschnitten abtragen und wie unter a) angegeben in Lactophenol-Anilinblau/Lactophenol einbetten.

Beobachtungen (Abb. 72, 73): Auf den in der Zeit von Mai bis Juli gesammelten Blattstücken bildet das Mycel einen relativ lockeren Rasen aus stark verzweigten, regelmäßig septierten Hyphen. Die plasmareichen Pilzfäden färben sich gut an und heben sich von der Blattepidermis deutlich ab. An einzelnen Stellen, die durch intensivere Färbung hervortreten, haben sie sich zu knotenförmigen Strukturen verdichtet. Bei starker Vergrößerung (homogene Immersion) lassen sich diese Knötchen als frühe Entwicklungsstadien der geschlechtlichen Fortpflanzung (Initialhyphen der Fruchtkörper) erkennen (Abb. 72A–C). Die einfache Präparationstechnik erlaubt es jedoch nicht, die einzelnen Elemente exakt zu deuten. Dafür ist sorgfältige mikrotomtechnische Bearbeitung notwendig.

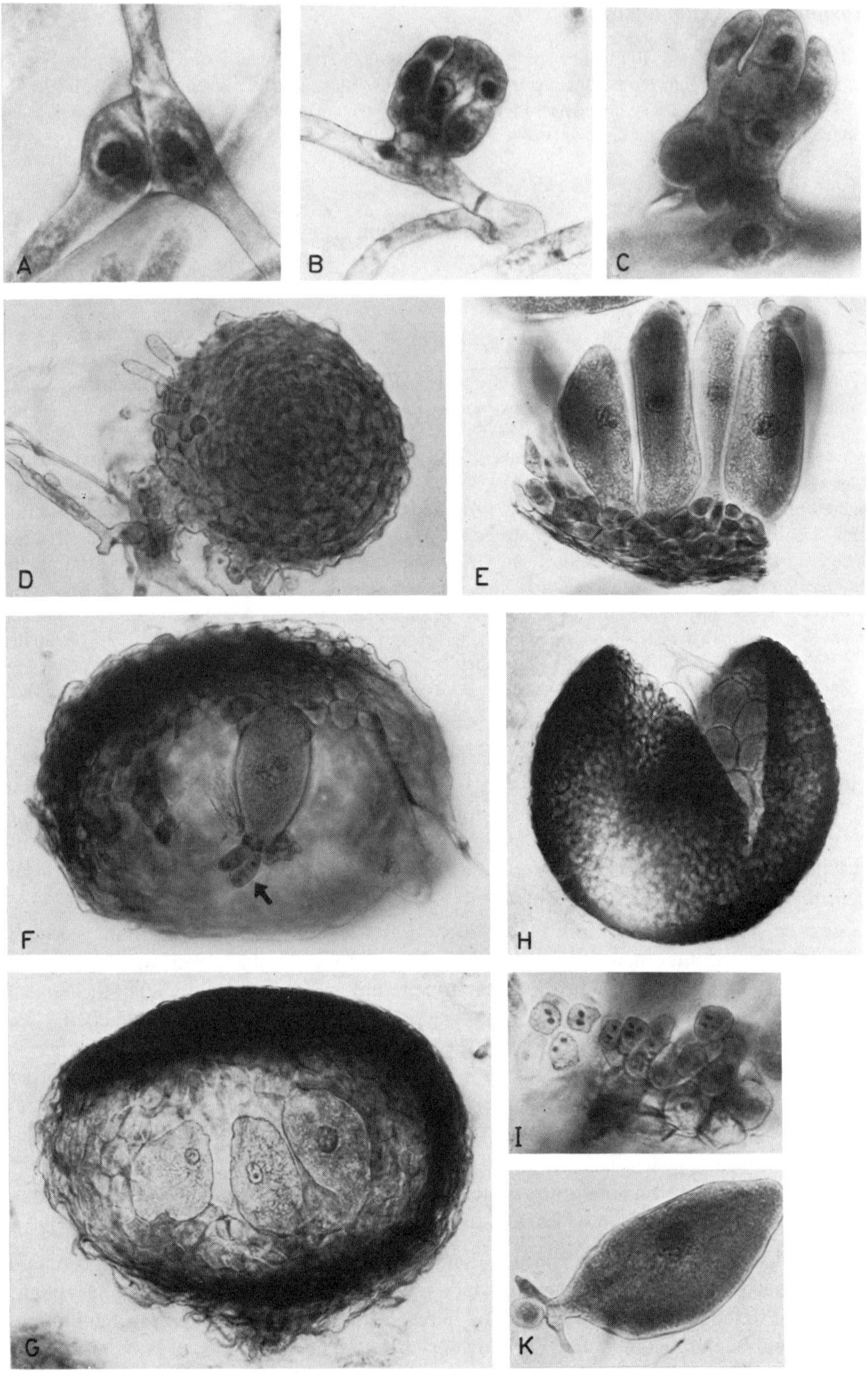
A
B
C
D
E
F
H
G
I
K

Die Fruchtkörperentwicklung wird dadurch eingeleitet, daß sich zwei Hyphenäste (Initialhyphen), die nicht in Ascogon und Androgamocyste unterschieden werden können, über die Blattepidermis erheben und sich gegenseitig umschlingen. (Hier erfolgt wahrscheinlich die Plasmogamie, während die Karyogamie im jungen, etwa 15 µm großen Ascus erfolgt.) Die Hyphen verzweigen sich dabei und bilden ein stark färbbares, mehrkerniges Hyphenknäuel (Abb. 72C). Gleichzeitig wird dieses schwer überschaubare Hyphengeflecht von Hüllhyphen umsponnen, so daß bald das Frühstadium eines Cleistotheciums in Form einer vollen Mycelkugel vorliegt (Abb. 72D). Im Unterschied zu Perithecien besitzen Cleistothecien keine vorgebildete Öffnung, aus der die Ascosporen entweichen können. Die Hüllhyphen differenzieren sich im weiteren Verlauf in die äußere Peridie, die sich anfangs braun, später schwarz färbt und in farbloses, hyalines Grundgeflecht.
Für die Untersuchung dieser älteren Entwicklungsstufen die Präparate mit zerteilten Cleistothecien zur Hand nehmen und mit hoch auflösendem Objektiv die Einzelheiten erkunden. Im Inneren des Hyphenknäuels gehen Hyphen zugrunde und es entsteht ein Hohlraum, in den von den ascogenen Hyphen aus die Asci hineinwachsen (Abb. 72G, I). Dabei werden von oben herabhängende Palisadenhyphen resorbiert. Die Asci – 15 bis 24 in einem Cleistothecium – sind keulenförmig, dabei etwas abgeplattet und erinnern in der Form entfernt an Apfelsinenscheiben. An der Basis tragen sie einen typischen hakenförmigen Fortsatz (Abb. 72E, K), der schon im frühesten Entwicklungsstadium vorhanden ist. Aus dem Cleistothecium herausgepreßte, unreife Asci, die noch mit den ascogenen Hyphen verbunden sind, lassen ascohymeniale, büschelige oder fächerförmige Anordnung erkennen (Abb. 72E). Die Asci überwintern im Cleistothecium und bleiben bis zum Frühjahr einkernig. Dann erst entstehen durch freie Zellteilung acht Ascosporen in jedem Ascus. Oft reifen die Ascosporen jedoch gar nicht aus. Durch die wachsenden Asci wird die Peridie rings an ihrem Äquator gesprengt und die Kalotte emporgehoben. Die Ascosporen werden durch Zerfall der Asci frei, bei diesen operculaten Asci wohl auch durch aktives Herausschleudern. Die Cleistothecien der Erysiphales tragen besonders geformte Anhängsel (Appendices), die bei *Erysiphe graminis* dickwandigen Hyphen gleichen und mit dem Mycelrasen verflochten sind.

Anmerkung: Von manchen Autoren werden die Fruchtkörper der Erysiphales aufgrund der ascohymenialen Entstehung der Asci nicht als Cleistothecien, sondern als erysiphale Perithecien bezeichnet.

An Präparaten mit transparenten Blattstückchen läßt sich auch die Entwicklung der Nebenfruchtform verfolgen.
Die Mycelrasen tragen im Früh- und Hochsommer einen dichten Wald von Conidienträgern (Abb. 73A). Die blastischen Conidien werden von manchen Autoren als Meristemarthrosporen, von anderen als Aleuriosporen spezifiziert. Die Nebenfruchtformen der Erysiphales, bei manchen Arten die einzige oder die weit überwiegende Form der Vermehrung, wurden in der Formgattung *Oidium* der Deuteromycetes zusammengefaßt. Die Bezeichnung ist irreführend, da die Conidien nicht durch Fragmentierung einer Hyphe entstehen wie z. B. bei *Geotrichum candidum* (Abb. 67).
Von den Hyphen, die die Blattoberfläche überziehen, wachsen Seitenhyphen empor, die durch eine Querwand von der Traghyphe abgetrennt sind. Am Grunde differenzieren sich die Seitenhyphen zu einer bauchig aufgetriebenen Fußzelle, die ihrerseits die Sporenmutterzelle trägt. Die Sporenmutterzellen schnüren sukzessive Tochterzellen ab, deren Protoplasten im Jugenstadium über einen Porus miteinander verbunden sind, so daß die Zellen lange Zeit kettenförmig aneinander haftenbleiben. Mit zunehmender Reife – akropetal fortschreitend – runden sich die Conidien ab und lösen sich schließlich voneinander.

Abb. 72. *Erysiphe graminis.* **A–C** Initialhyphen zur Fruchtkörperentwicklung; 1350:1. **D** Junges erysiphales Cleistothecium im Stadium der vollen Mycelkugel; 500:1. **E** Fächerförmig angeordnete einkernige Asci aus zerschnittenem Cleistothecium; 350:1. **F, G** Angeschnittene Cleistothecien. Bei **F** an der Basis des Ascus Reste ascogener Hyphen (←); 400:1. **H** Gequetschtes Cleistothecium. Peridie geplatzt, im Inneren die dicht gelagerten Asci; 200:1. **I** Hymeniale Schicht dikaryotischer ascogener Hyphen aus zerschnittenem Cleistothecium; 550:1. **K** Einzelner, noch einkerniger diploider Ascus mit dem typischen hakenförmigen Fortsatz an der Basis; 550:1. Färbung mit Lactophenol-Anilinblau.

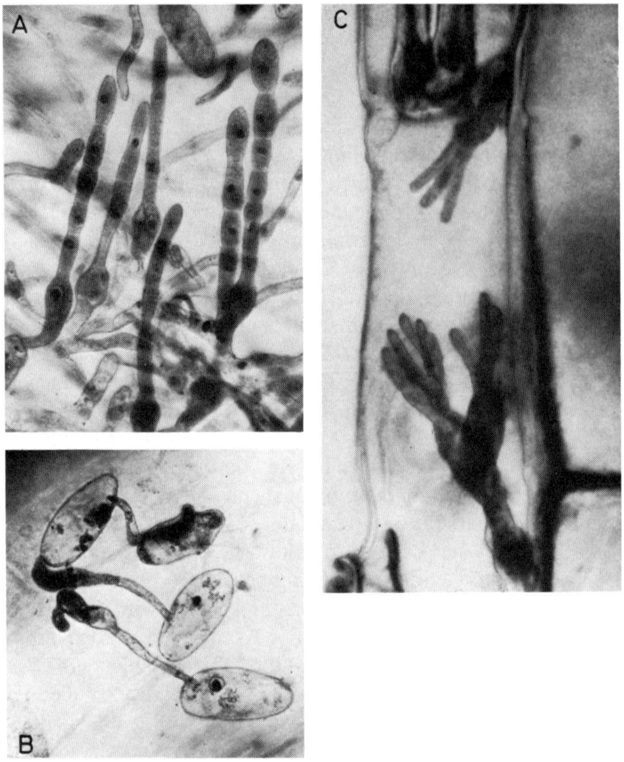

Abb. 73. *Erysiphe graminis*. **A** Sporenträger mit Blastosporen. Über den blasig erweiterten Fußzellen die Sporenmutterzellen; 400:1. **B** Keimende Blastosporen. Die Keimhyphen haben an den Enden Appressorien ausgebildet; 450:1. **C** Fingerförmige Haustorien in einer Epidermiszelle der Wirtspflanze; 750:1. Färbung mit Lactophenol-Anilinblau.

Die reifen Conidien sind oval bis eiförmig und einkernig. Gelangen sie auf eine geeignete Wirtspflanze, so keimen sie mit einem oder zwei dünnen Keimschläuchen aus. Die Keimhyphen verbreitern sich am Ende zu einer unregelmäßig geformten Haftscheibe, dem Appressorium, das auf der Cuticula der Wirtsepidermis haftet. Bei einigem Suchen findet man auf den fixierten Blattstückchen fast immer derartige Stadien (Abb. 73B). Aus dem Appressorium dringen feine Hyphen (Penetrationshyphen) durch die verquellende Epidermis der Wirtszellwand hindurch und wachsen innerhalb der Epidermiszelle zu einem in der Längsrichtung der Zelle gestreckten Haustorium aus (Abb. 73C). Die Haustorien sind bei *Erysiphe graminis* typisch fingerförmig gelappt. Diese Hyphenmetamorphosen werden von einer von Pilz und Wirtsprotoplast gemeinsam produzierten, zellwandartigen Schicht umhüllt, durch die der Stoffaustausch erfolgt. Diese Schicht ist am besten an Querschnitten zu sehen. Als Ektoparasit befällt *Erysiphe graminis* mit seinen Haustorien lediglich die Epidermiszellen der Wirtspflanze.

Weitere Objekte:

Erysiphe communis (Wallr.) Link: Ähnlich *E. graminis*. Auf Vertretern zahlreicher Pflanzenfamilien.

Microsphaera alphitoides Gr. et Maubl., Eichenmehltau: Anhängsel der Fruchtkörper an der Spitze mehrfach dichotom verzweigt. Mehrere Asci im Cleistothecium. Auf Eichen.

Phyllactinia corylea (Pers.) Karst.: Auf Haselnuß, Hainbuche, Eiche, Esche, Buche, Erle. Große Fruchtkörper mit steifen, lanzenartigen Anhängseln, die an der Basis bauchig erweitert sind und sich damit hygroskopisch bewegen. Mehrere Asci im Fruchtkörper.

Podosphaera leucotricha (Ell. et Ev.) Salm., Apfelmehltau: Auf Gartenapfel, an jungen Trieben. Nur ein großer Ascus im Fruchtkörper. Anhängsel ähnlich *Microsphaera*.

Sphaerotheca humuli (D. C.) Schröt., Hopfenmehltau: Auf Hopfen, Asteraceae, Rosaceae, Scrophulariaceae, Cucurbitaceae.

Sphaerotheca mors-uvae (Schw.) B. et C., Stachelbeermehltau: Auf Stachelbeere. Nur ein Ascus im Fruchtkörper. Fruchtkörper relativ klein. Appendices einfach, hyphenartig.

Die echten Mehltaupilze sind leicht zu beschaffende Objekte, die lohnende Studien ermöglichen. Die Asci enthalten große Zellkerne und werden als Standardobjekte für die Demonstration der freien Zellteilung (Ascosporenbildung) genannt. Bei intensiveren Studien sollte man darauf nicht verzichten.

3.5.3.4. Pezizales

Der Thallus besteht aus unauffälligem Mycel. Die Vermehrung durch ungeschlechtlich entstandene Sporen ist nur bei wenigen Arten von Bedeutung. Bei der sexuellen Fortpflanzung entstehen mit der Anlage der Sexualorgane (**Ascogon mit einzelliger Trichogyne, Androgamocyste**) die Fruchtkörper. Für die Ordnung typisch ist das schüssel- oder tellerförmige **Apothecium,** dessen konkave Fläche vom Hymenium bedeckt ist, in dem die keulenförmigen oder zylindrischen Asci zusammen mit Paraphysen palisadenartig angeordnet sind.
Bedeutung: Meist Saprophyten (z. B. *Ascobolus*); einige wertvolle Speisepilze (z. B. *Tuber, Morchella, Peziza*).

Beobachtungziel: Aufbau des Apotheciums und Entwicklung der Asci und der Ascosporen bei Ascobolaceae

Objekte: *Ascobolus stercorarius* (Bull.) Schroet. (= *A. furfuraceus* Pers. ex Fr.); *Lasiobolus equinus* (Müll.) Karst.

Materialbeschaffung: Ascobolaceen sind vorwiegend koprophile Pilze, die zu jeder Jahreszeit in wenigen Tagen reichlich und in verschiedenen Arten auf Herbivoren-Dung-Kulturen heranwachsen (Reg. 69, 70). Die beiden genannten Objekte treten mit am häufigsten auf und sind leicht zu erkennen. *Ascobolus stercorarius:* Apothecium sehr kurz gestielt, außen kleiig oder glatt, 0,5 bis 1 mm hoch und 1 bis 6 mm im Durchmesser; hellgelb bis grünlichgelb gefärbt; im Jugendstadium kugelig geschlossen, dann schüsselförmig aufplatzend (= hemiangiocarp; deutlich sichtbar beim Öffnen der Kulturgefäße!).
Lasiobolus equinus: Fruchtkörper kleiner, goldgelb bis braunrot gefärbt, außen und besonders am Rand mit starren Haaren besetzt; ebenfalls hemiangiocarp.

Präparation: Fruchtkörper zwischen Holundermark klemmen (Reg. 54) und Querschnitte anfertigen (nach Art von Blattquerschnitten). Die Fruchtkörper lassen sich aufgrund ihrer wachsartig-fleischigen Konsistenz recht gut schneiden. Die Querschnitte in einem mit Wasser gefüllten Blockschälchen sammeln oder direkt in Chloralhydrat (Reg. 20) oder Lactophenol-Anilinblau (Reg. 72) übertragen.
Das Färben der Zellkerne ist schwierig und liefert nur mäßig befriedigende Bilder. Für intensive Studien wäre mikrotomtechnische Bearbeitung (Reg. 80) und Färbung, vorzugsweise mit Hämatoxylin nach Heidenhain (Reg. 27), notwendig. Mit den nachfolgend empfohlenen Methoden sind für orientierende Untersuchungen jedoch befriedigende Ergebnisse zu erzielen.

a) Querschnitte direkt vom Messer oder aus Wasser auf einen Objektträger in einen Tropfen Lactophenol-Anilinblau übertragen. Deckglas auflegen und vorsichtig quetschen (nicht mit Pinzette oder Präpariernadel, sondern mit der Stirnfläche eines kleinen Gummistopfens). Für die Beobachtung der Entwicklungsstadien der Asci genügt es, sehr kleine Fruchtkörper im Ganzen oder halbiert zu quetschen.

b) Querschnitte in Chloralhydrat (Reg. 20) einlegen, nach kurzer Einwirkung (etwa 30 min) mit Amidoschwarz 10B färben und in Milchsäure einbetten (Reg. 13, 81).

Beobachtungen (Abb. 76, 77): Die kleinen Fruchtkörper der Ascobolaceen lassen schon bei Lupenvergrößerung sehr schön die typische Schüsselform erkennen (Abb. 76A–C). Die flache konkave Höhlung der sehr kurz gestielten Schüssel wird vom Hymenium ausgekleidet. Da bei *Ascobolus*-Arten die reifen Ascosporen braun bis blauschwarz oder violett gefärbt sind, kann auch

das Abschleudern der Sporen gut beobachtet werden. Die reifen Asci schieben sich mit der Spitze etwas über die Oberfläche des Hymeniums hinaus und erscheinen bei der Aufsicht auf das Hymenium als dunkle Punkte (Abb. 76B).
Bei reifen Apothecien ist das gesamte Hymenium dunkel gefärbt. Durch geringe Erschütterung oder Änderung der Luftfeuchtigkeit (Öffnen der Kulturgefäße!) werden alle reifen Ascosporen auf einmal ejakuliert. Sie sind dann als feines Wölkchen auch mit bloßem Auge deutlich zu erkennen. Die Hymeniumfläche sieht danach wieder hellgelb aus. Mit dem Ausreifen weiterer Asci wiederholt sich der Vorgang mehrmals.
Am medianen Querschnitt läßt sich – am besten mit schwacher Vergrößerung (20- bis 100fach) – auch der innere Aufbau der Fruchtkörper studieren (Abb. 76D). Der Umriß des Querschnitts bestätigt die Beobachtungen zur Form des intakten Fruchtkörpers. Das Hymenium ist 150 bis 180 µm dick und besteht aus den keulenförmigen Asci (etwa 20 × 200 µm) und den fädigen, sterilen Paraphysen (etwa 3 × 200 µm). Das Hymenium wird vom Hymenophor getragen, das als dünne Schicht unter dem Hymenium liegt und an seiner dichteren Struktur kenntlich ist. Es wird auch Excipulum genannt. Hier entstehen die Asci an den Haken der dikaryotischen ascogenen Hyphen. Das Hymenophor ist ein Teil des Hypotheciums (Fruchtboden). Die Masse des Apotheciums wird von der Medullarschicht gebildet, die unter dem Hypothecium liegt und aus der nach außen Rindenhyphen und nach innen Paraphysen entspringen. Das Ascogon, von dem die Fruchtkörperentwicklung ausgeht, liegt irgendwo im Stiele des Apotheciums und ist schwer zu finden. Androgamocysten fehlen. (Die Sexualität ist bei den Pezizales sehr mannigfaltig und klingt innerhalb der Ascobolaceae unter Reduzierung des männlichen Geschlechts bis zur Apomixis ab. Einzelheiten müssen der Spezialliteratur entnommen werden.)
Die Entwicklung nunmehr an gefärbten Quetschpräparaten verfolgen. Zunächst bei mittlerer Vergrößerung Präparate nach günstig liegenden Details absuchen, dann mit starkem Objektiv beobachten. In Quetschpräparaten sind die Enden der ascogenen Hyphen als haken- oder ypsilonfömige Strukturen besser zu sehen als in Handschnitten, in denen sie dichter im Mycel verflochten sind. Dennoch fällt es auch hier schwer, die Verhältnisse in den dikaryotischen ascogenen Hyphen, insbesondere bei der Hakenbildung, genauer zu erkennen.
Weit klarere Bilder bieten die Asci selbst und auch die fädigen, septierten Paraphysen (Abb. 76F, G; 77A–G). Die Elemente liegen dabei allerdings nicht mehr in der ursprünglichen, palisadenförmigen Anordnung. Unter den Asci findet man leicht alle Entwicklungsstufen vom einkernigen bis zum achtkernigen Zustand. Auf dem Wege der freien Zellbildung werden die Ascosporen dann als Protoplasmaportionen mit je einem zugehörigen haploiden Zellkern aus dem Cytoplasma herausgeschnitten. Das übrigbleibende Periplasma lagert auf die heranwachsenden Ascosporen das Epispor auf (Abb. 76F). Schließlich sind auch Asci mit reifen Sporen zu sehen. Unter ihnen findet sich hin und wieder ein Exemplar, das die verschiedenen Möglichkeiten der Anordnung verschiedener Ascosporen bei Postreduktion (Pilzgenetik! Abb. 77F, G) erkennen läßt.
Entleerte Asci sinken wieder auf das Niveau des Hymeniums zurück. Bei starker Vergrößerung findet man an ihren offenen Enden die unscheinbaren, zurückgebogenen Deckelchen operculater Asci (s. Randleiste S. 171).
Die reifen Ascosporen sind oval, etwa 10 × 20 µm groß und von einer Gallertschicht umgeben, die besonders innerhalb des Ascus hervortritt (Abb. 77D). Das Epispor ist violett gefärbt und von 6 bis 8 unregelmäßigen Längsfurchen zerklüftet, die durch Anastomosen untereinander verbunden sind (Abb. 76E).

Weitere Objekte:

Zum Studium der Apothecien sind alle Ascobolaceae geeignet. Die Gattungen haben leicht zu erkennende Merkmale und sind daher gut zu bestimmen.

Bestimmungshilfe

1. Fruchtkörper ausgeprägt, mit Excipulum
   1.1. Ascosporen immer farblos

1.1.1. Asci achtsporig
1.1.1.1. Fruchtkörper behaart . . . . *Lasiobolus*
1.1.1.2. Fruchtkörper kahl . . . . *Ascophanus*
1.1.2. Asci vielsporig
1.1.2.1. Nur ein Ascus im Fruchtkörper . . . . *Telebolus*
1.1.2.2. Mehrere Asci im Fruchtkörper . . . . *Rhyparobius*
1.2. Ascosporen violett oder braun
1.2.1. Ascosporen kugelförmig . . . . *Boudiera*
1.2.2. Ascosporen deutlich länglich
1.2.2.1. Ascosporen im Ascus zu einem Ballen verklebt . . . . *Saccobolus*
1.2.2.2. Ascosporen unter sich frei . . . . *Ascobolus*
2. Fruchtkörper kaum entwickelt, ohne Excipulum
Asci sitzen mit Paraphysen frei auf losem Hyphenknäuel. Ascosporen braun . . . . *Ascodesmis*

Die Ascosporen der Ascobolaceen keimen nur nach Passage durch den Darm von Herbivoren oder nach spezieller Hitzebehandlung.

Weitere Objekte:

Morchella esculenta Pers. ex L. (Speisemorchel): Liefert von April bis Ende Mai gutes Material für das Studium des Ascohymeniums. Möglichst frisch verarbeiten. Alkoholmaterial läßt sich sehr schlecht schneiden. Auch andere Arten der Gattung sind geeignet.

Pezizia aurantia Pers. ex Müller (Orangeroter Becherling): Die bis 10 cm großen Becher sind von Mai bis Oktober häufig auf feuchten grasig-moosigen Waldwegen zu finden; Präparation wie bei *Morchella.* Auch andere Arten der Gattung sind geeignet.

Pyronema omphalodes Bull. *(= P. confluens):* Auf Schlackenablagerungen aus Industrieanlagen und auf Brandstellen. Die fleischroten bis orangefarbenen kleinen Fruchtkörper fließen zu weichen Lagern zusammen. Gilt als Musterobjekt zur Demonstration der kompletten Entwicklung der Sexualorgane und Asci bei Ascomyceten (Ascogon, Androgamocyste, Befruchtung, ascogene Hyphen, Hakenbildung). Das weiche Material läßt sich schlecht präparieren. Mikrotomtechnik erforderlich.

3.5.3.5. Sphaeriales

Die ungeschlechtliche Vermehrung durch Conidien ist nur noch bei wenigen Formen stark ausgeprägt. Bei der geschlechtlichen Fortpflanzung entstehen in oder auf mehr der weniger reichlich entwickeltem Mycel nach Anlage der Sexualorgane charakteristische, meist flaschen- oder krugförmige Fruchtkörper **(Perithecien),** deren Hals oben offen ist. Die meist keulenförmigen oder zylindrischen **Asci** sind zusammen mit Paraphysen im Bauchteil des Peritheciums **in hymenialer Schicht** angeordnet.
Bedeutung: Viele **Saprophyten** (z. B. *Neurospora, Sordaria*), aber auch **Pflanzenschädlinge** (z. B. *Nectria galligena* Bres., Obstbaumkrebs) und **Nutzpflanzen** (z. B. *Gibberella* spec., Wuchsstoff Gibberellin).

Beobachtungsziel: Aufbau des Peritheciums; Ejakulation der Ascosporen bei Sordariaceae

Objekt: *Sordaria fimicola* (Rob.) Ces. et De Not. oder irgendeine andere Sordariacee mit Perithecien, die im lebenden Zustand durchsichtig sind.

Materialbeschaffung: Die kleinen, 0,3 bis 2 mm hohen Perithecien erscheinen fast immer in Kulturen auf Herbivoren-Dung (Reg. 69, 70), wo sie den Höhepunkt ihrer Entwicklung meist zwischen dem 6. und 10. Tag erreichen. Sordariaceen herrschen dann in der koprophilen Flora vor und schleudern in großen Mengen braunschwarze Ascosporen aus, die auf Herbivoren-Dungextrakt-Agar auskeimen. Die birnenförmigen Perithecien sitzen auf dem Substrat oder sind etwas in das Hyphenstroma eingesenkt. Sie sind am Halsteil oder durchweg kohlenschwarz gefärbt (Abb. 75 A). Zur Beobachtung eignen sich nur die Arten, bei denen der Bauchteil des Peritheciums grau durchscheinend bleibt.
Sordaria fimicola ist homothallisch (monöcisch-compatibel), durchläuft also in Einsporkultur den vollständigen Entwicklungszyklus.

Präparation: a) Perithecien mit Hilfe einer Präpariernadel vorsichtig vom Substrat abheben (Lupe, Präpariermikroskop!), auf einem Objektträger in einen Tropfen Wasser einlegen und vorsichtig das

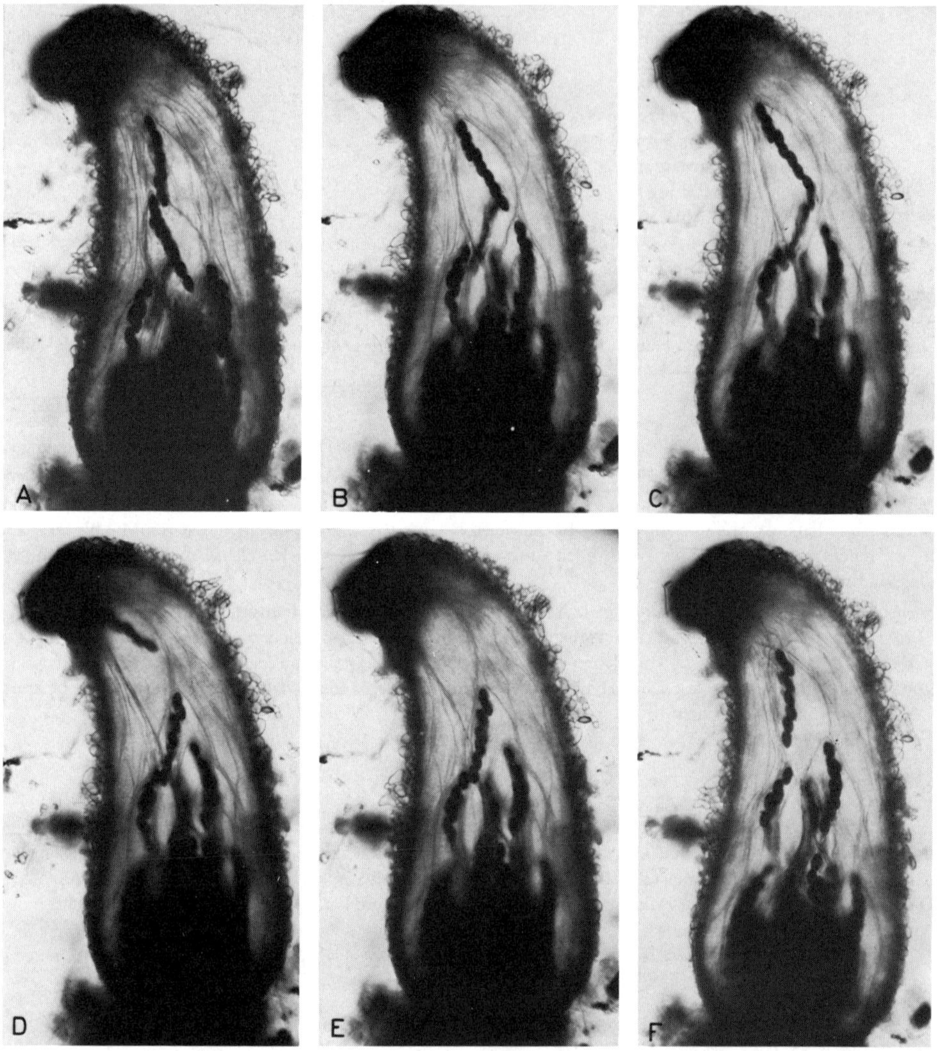

Abb. 74. *Sordaria fimicola.* Ejakulation der Ascosporen. Lebendpräparat. **A–C** Streckung eines reifen Ascus im Perithecium. **D** Ascus hat Ostiolum erreicht. **E** Ascosporen sind ausgespritzt worden, der leere Ascus zieht sich zurück. **F** Ein neuer Ascus streckt sich dem Ostiolum entgegen. Zwischen den Stadien A und F liegt ein Zeitraum von etwa 20 Minuten; 50:1.

Deckglas auflegen. Die Perithecien dürfen nicht beschädigt (gequetscht) werden! Notfalls Deckglassplitter oder Kunststoffasern als Stützen mit einbetten oder Plastilinfüßchen an den Deckglasecken anbringen (Reg. 25).

b) Perithecien auf dem Objektträger in Untersuchungsflüssigkeit (Karminessigsäure, Abelsche Flüssigkeit, Lactophenolanilinblau) einlegen. Deckglas auflegen und vorsichtig quetschen, bis die Asci rosettenförmig neben dem leeren Perithecium liegen (mikroskopische Kontrolle!).

Beobachtungen (Abb. 74, 75): Vergrößerung so wählen, daß ein gut durchsichtiges, lebendes Perithecium insgesamt überblickt werden kann (Abb. 74).

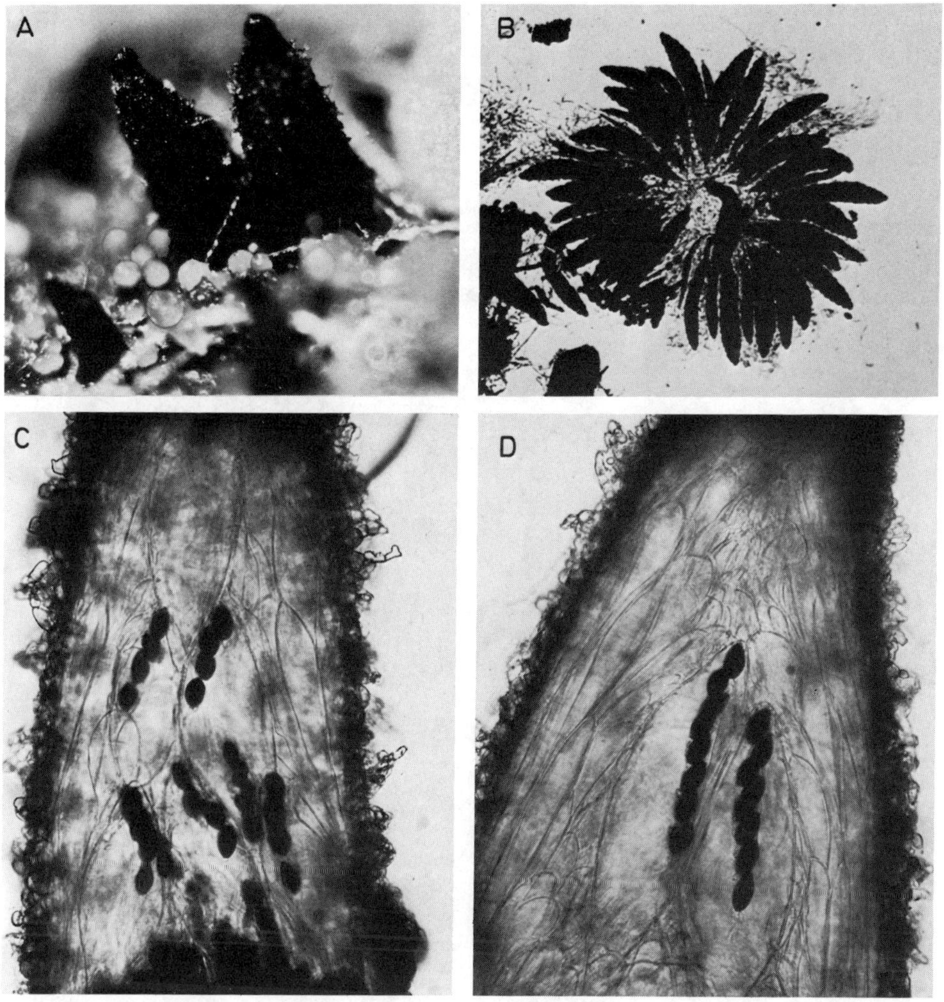

Abb. 75. Perithecien von Sordariaceen. **A** Auf Kaninchenkot gewachsene Perithecien; 20:1. **B** Gequetschtes Perithecium. Asci rosettenförmig ausgebreitet; 50:1. **C, D** Lebende Perithecien, die in der Durchsicht die Paraphysen erkennen lassen; 100:1.

Der mehr oder weniger deutlich abgesetzte Halsteil reagiert positiv phototrop und ist mit der Mündung (Ostiolum) nach der Einfallsrichtung des Lichts hin gekrümmt, die während des Wachstums vorherrschte.

Die wenigschichtige Peritheciumwand ermöglicht den Blick in das Innere des lebenden Fruchtkörpers. Im Bauchteil stehen die Asci palisadenartig dicht gedrängt und bilden zusammen mit haploiden Paraphysen das Hymenium. Die mit den schwarzgefärbten Ascosporen angefüllten Asci bilden eine dunkle Masse, in der Einzelheiten nur schwer zu identifizieren sind. Die zahlreichen Paraphysen ragen mit ihrer keulig erweiterten Spitze bis in den Halsbereich des Peritheciums hinein (Abb. 75C, D). Der Halskanal ist mit ähnlich geformten haploiden Periphysen ausgekleidet.

Das Ejakulieren der reifen Ascosporen aus dem Perithecium ist ein äußerst interessanter Vorgang, den es lohnt zu beobachten:

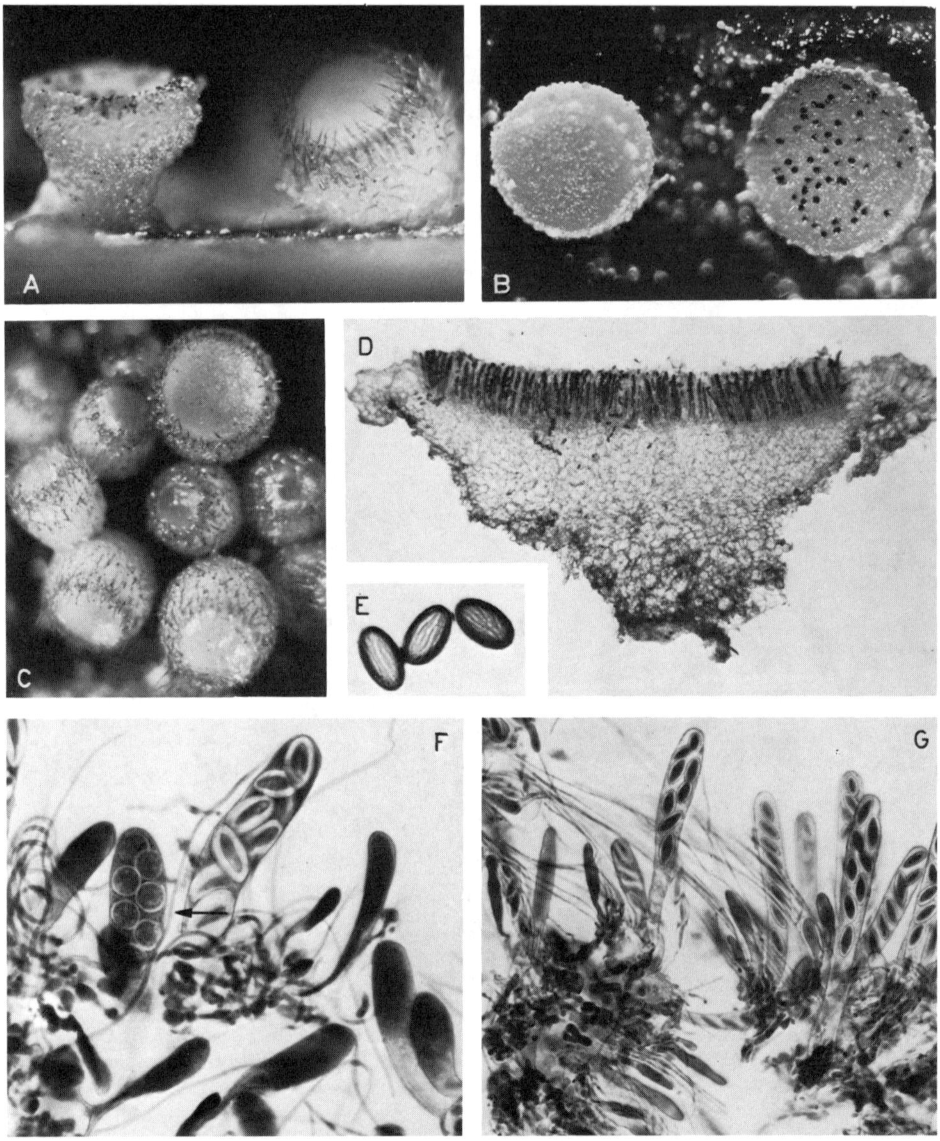

Abb. 76. Ascobolaceae. **A** Apothecien von *Lasiobolus equinus* in Seitenansicht, am Rand einer Petrischale gewachsen. **B** Apothecien von *Ascobolus stercorarius* in Aufsicht. Am rechten Apothecium ragen reife Asci über das Hymenium hinaus (dunkle Punkte). **C** Bei *Lasiobolus equinus* treten die Apothecien oft in dichten Gruppen auf; 20:1. D–G *Ascobolus stercorarius*. **D** Querschnitt durch ein Apothecium. Hymenium mit zahlreichen reifen Asci; 70:1. **E** Reife Ascosporen mit zerklüftetem Epispor; 700:1. **F, G** Quetschpräparat von Apothecien. Aus dem Gewirr der ascogenen Hyphen entspringen Asci verschiedener Entwicklungsstadien. Zwischen den Asci lange, dünne Paraphysen; 450:1. **F** Neben den stark gefärbten, noch einkernigen diploiden Asci ein Ascus, in dem die Ascosporen durch freie Zellbildung eben entstanden und noch vom Periplasma umgeben sind (←); 450:1. **G** Ascogene Hyphen erscheinen als haken- oder ypsilonförmige Gebilde; 200:1. Färbung mit Laktophenol-Anilinblau.

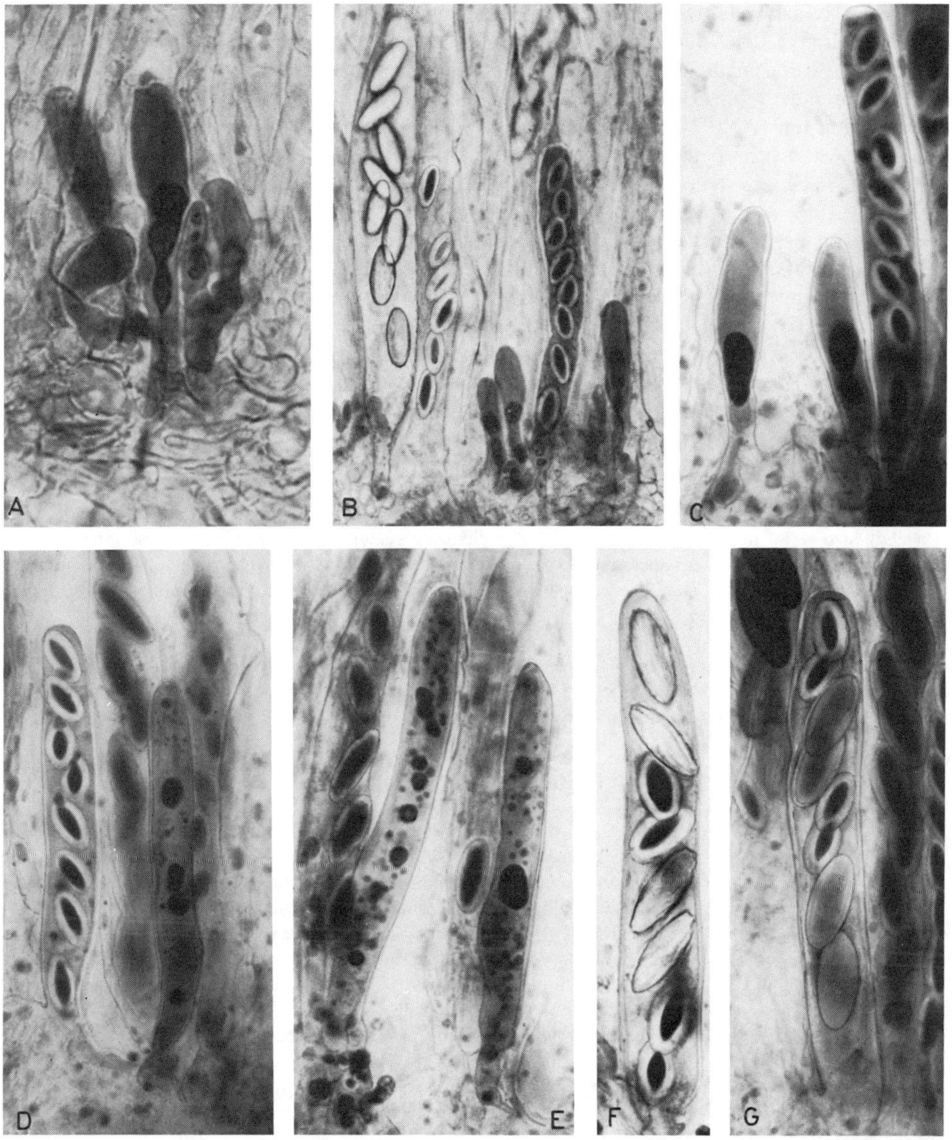

Abb. 77. *Ascobolus stercorarius*. Entwicklungsstadien der Asci. **A–C** Ascogene Hyphen mit Ascusanlagen. Neben differenzierten Asci Ascusanlagen in der Phase der Karyogamie. A 800:1, B 350:1, C 600:1. **D** Vierkerniger Ascus; 450:1. **E** Links achtkerniger, rechts einkernig diploider Ascus; 450:1. **F, G** Unterschiedliche Verteilung verschiedener Ascosporen bei Postreduktion; 600:1. Färbung mit Amidoschwarz 10 B

Die reifen Asci schwellen zunächst keulen- oder spindelförmig an und schieben sich aus dem Hymenium heraus (Abb. 74 A, B). Dabei liegen die Ascosporen in einer Reihe im erweiterten Teil des Ascus, der offensichtlich osmotisch hoch aktiv ist. Der verjüngte untere Abschnitt des Ascus streckt sich, und der Ascus zwängt sich durch die dicht liegenden Paraphysen und Periphysen dem Ostiolum entgegen (Abb. 74C, D). Nach etwa 15 min hat die Ascusspitze die Mündung des Peritheciums erreicht. Überraschend schnell werden die Ascosporen nun alle auf einmal ausgespritzt (Abb. 74E). Sie schießen so schnell aus dem Ostiolum heraus, daß man sie dabei nicht mit dem Auge verfolgen kann. Sie bleiben wenige Millimeter vor der Mündung im Wasser liegen. Während sich der entleerte Ascus ziemlich schnell wieder bis in das Hymenium zurückzieht, streckt sich bereits ein neuer Ascus der Perithecienmündung entgegen (Abb. 74F). Dieser Vorgang kann unter günstigen Umständen bis zur Entleerung aller reifen Asci des Peritheciums beobachtet werden.
Für das Studium der Ascus- und Ascosporenentwicklung und für genetische Untersuchungen kann man die Perithecien in kernfärbende Lösungen einlegen und leicht quetschen. Dabei platzen die Fruchtkörper am Bauchteil auf, und das Hymenium rutscht heraus. Die Asci breiten sich dann meist rosettenförmig aus (Abb. 75B). In dieser Weise gelingt es, in kurzer Zeit sehr viele Asci zu untersuchen.

Weitere Objekte:

Sordariaceae sind vorwiegend koprophil; schnell, leicht und in großer Menge züchtbar und – sofern die Perithecien durchsichtig sind – für die beschriebenen Lebendbeobachtungen geeignet. Die Gattungen unterscheiden sich im wesentlichen durch die Anzahl der Sporen im Ascus und durch deren Aussehen (ein- bis mehrzellig; mit und ohne gallertige, schwanzartige Anhängsel). Die taxonomische Orientierung wird durch die Existenz zahlreicher Synonyma erschwert.
Neurospora spec. Shear et Dodge, Bäckerei- oder Brotschimmel: der weitverbreitete Pilz gehört zu den wenigen nicht koprophilen Sordariaceen und wächst bevorzugt auf kohlenhydrathaltigen Substraten bei feuchtwarmen Bedingungen in dichten weißen Rasen, die bei reichlicher Conidienbildung rosa gefärbt sind. Mehrere Arten sind wichtige Studienobjekte für pilzgenetische und biochemische Untersuchungen.

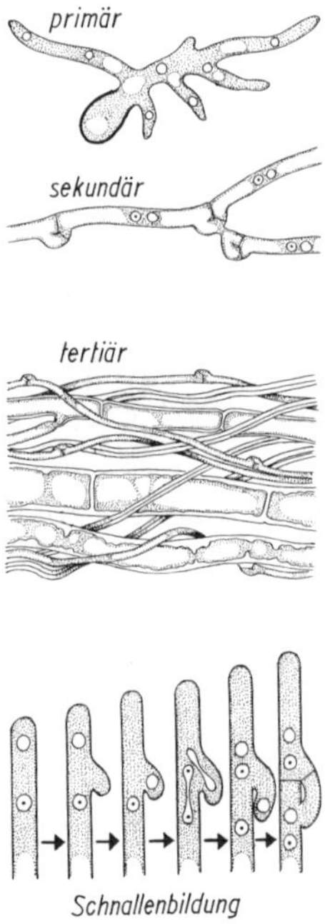

3.5.4. Basidiomycetes (Ständerpilze)

Wie die Ascomycetes durch den Ascus, so sind die Basidiomycetes durch die charakteristische Meiosporocyste – die **Basidie** („Ständer") – gekennzeichnet, an der nach Reduktionsteilung haploide **Basidiosporen** entstehen (meist vier). Basidien entweder mehrzellig (Phragmobasidien: z. B. Ustilaginales, Uredinales) oder einzellig-keulenförmig (Holobasidien: z. B. Agaricales, Boletales). Die Basidien sind den Asci homolog. In Vorbereitung der sexuellen Prozesse verschmelzen undifferenzierte Hyphenzellen **(Somatogamie)** zum Zweikernstadium, das sich zu dikaryotischem Mycel **(Dikaryon)** weiterentwickelt.
Der Thallus besteht meist aus gut entwickeltem Mycel, das in der Regel im Entwicklunszyklus drei Stadien durchläuft:

Primärmycel: Keimmycel der haploiden Basidiosporen; Hyphen relativ dünn. Anfangs vielkernig unseptiert, geht es bald in regelmäßig septiertes Mycel über. Hyphenglieder meist einkernig, haploid. Zahlreiche Anastomosen (Netzmycel). Keine Differenzierung in Haupt- und Nebenhyphen.

Sekundärmycel: ausdauerndes, **trophisches Stadium** des Vegetationskörpers. Hyphen regelmäßig septiert, **Abschnitte zweikernig** (Dikaryon). Verteilung der Kernpaare auf neue Hyphenabschnitte bei etwa 50% der Holobasidiomycetes durch **Schnallenbildung** (s. S. 203). Niemals Hakenbildung wie bei Ascomycetes.

Tertiärmycel: das typische **Mycel der Fruchtkörper** (Basidiocarpien), nicht selten pseudoparenchymatisch. Spezialisierung: generative, trophische, Skelett- und Bindehyphen. Stroma und Hüllen der Fruchtkörper sind aus dikaryotischen Hyphen aufgebaut (Gegensatz zu Ascomycetes!).
Septen meist mit tonnenförmigem **Doliporus**, der beidseitig mit einem aus dem endoplasmatischen Reticulum gebildeten Parenthosom bedeckt ist. Gerüstsubstanz der Zellwände ist **Chitin.** Keine freibeweglichen Entwicklungsstadien.

Vegetative Vermehrung durch Sporen lediglich bei Heteromycetidae mit Phragmobasidien von Bedeutung (Uredosporen und Aecidiosporen der Uredinales, Brandsporen der Ustilaginales).
Basidiomycetes mit über 30000 bekannten Arten nach Ascomycetes bedeutendste Pilzklasse.

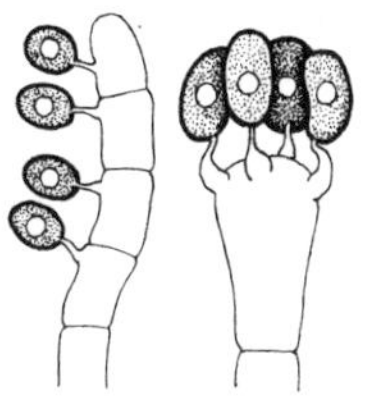

3.5.4.1. Heterobasidiomycetidae mit Phragmobasidien

Basidien meist **quer oder längs geteilt,** bei wenigen Formen einzellig (z. B. Exobasidiales). Meist obligat parasitisch auf Pflanzen (gefährliche Schädlinge an Kulturpflanzen!). Nur wenige Formen mit Fruchtkörpern (Auriculariales).
Bei *Uredinales* (Rostpilze; Name nach den rostfarbenen Uredosporen) die kompliziertesten Entwicklungszyklen, die bei Pilzen vorkommen. Als Beispiel der Entwicklungszyklus von *Puccinia graminis* (Abb. 78A–H):

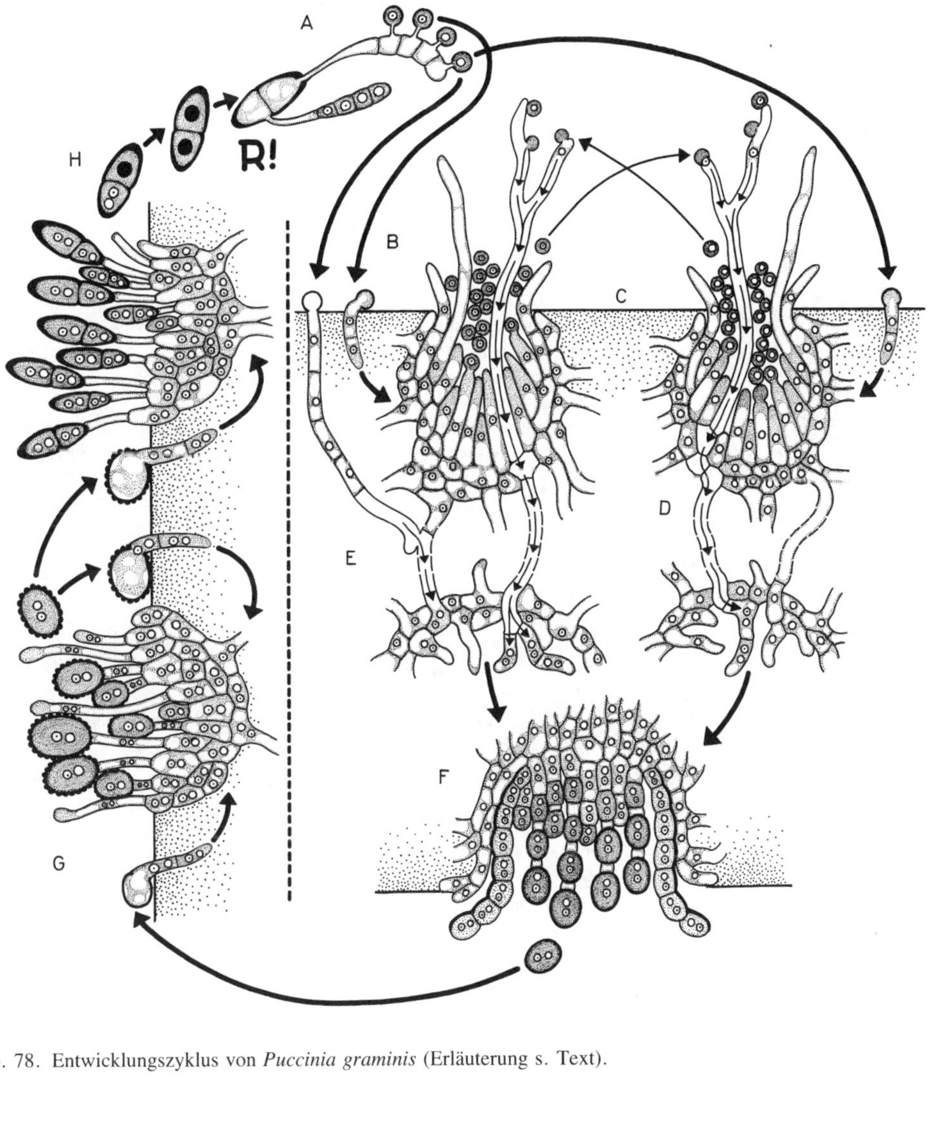

Abb. 78. Entwicklungszyklus von *Puccinia graminis* (Erläuterung s. Text).

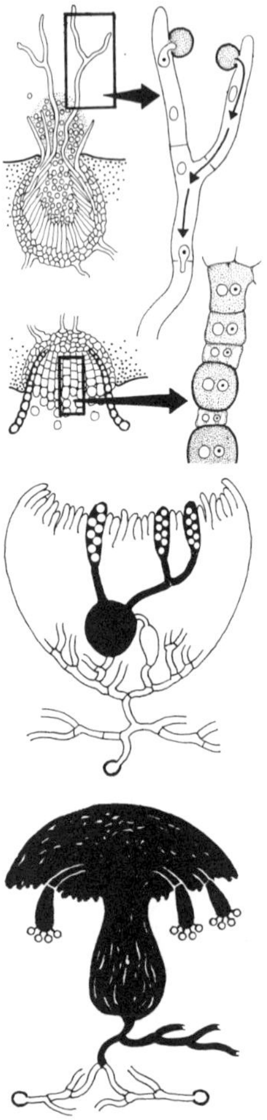

Zweizellige, diploide **Teleutosporen** (Probasidien) keimen unter Meiose zu Promycel aus, das durch Einziehen von Querwänden zur **Phragmobasidie** wird, die vier haploide **Basidiosporen** hervorbringt (78 A). Die Basidosporen gelangen auf den **Zwischenwirt** *(Berberis vulgaris)* und wachsen dort auf den Blättern zu haploidem interzellulärem Mycel aus (78 B). Aus dem monokaryotischen haploiden Mycel entstehen auf der Blattoberseite subepidermal **Spermogonien,** aus denen einkernige **Spermatien** hervorquellen und Empfängnishyphen herauswachsen (78 C); an der Blattunterseite entstehen aus dem Mycel Aecidienanlagen (78 E).

Dikaryotisierung erfolgt bei Kontakt konträrer Hyphen im Blattgewebe (78 E) oder durch Spermatisierung der Empfängnishyphen durch konträre Spermatien (Übertragung durch Insekten!), deren Kerne in den Hyphen unter Perforation der Septen bis zu den inzwischen entstandenen Aecidienanlagen an der Blattunterseite wandern. Dort erfolgt dann Dikaryotisierung der **Aecidienprimordien** (78 E). Im reifen **Aecidium** werden nach dem Aufplatzen der Pseudoperidie alternierend sterile Disjunktorzellen und dikaryotische **Aecidiosporen** abgeschnürt (78 F). Aecidiosporen gelangen (Wind!) auf den **Hauptwirt** (Poaceae) und wachsen zu dikaryotischem Mycel aus, das Uredosporenlager bildet. Hier entstehen in Massen zweikernige **Uredosporen,** die in mehreren Generationen immer neue, aber gleichartige Wirtspflanzen infizieren. Mit ausklingender Vegetationsperiode entstehen anstelle der Uredosporen büschelweise die ausdauernden **Teleutosporen.** Nach erfolgter Winterruhe keimt jede Teleutospore unter Meiose zur **Basidie** aus, an der nach Einziehung von Querwänden (Phragmobasidie!) die **Basidiosporen** entstehen (78 H, A).

Zwischen den Gattungen und Arten der Uredinales vielfältige Unterschiede: mit und ohne Wirtswechsel (heteröcisch, autöcisch), Ausfall von Sporenformen und -generationen, mit oder ohne Überwinterung usw.

Ustilaginales (Brandpilze: Name nach den schwärzlich-dunklen Sporen). Saprophytisch-parasitäre Pilze **mit wesentlich einfacherem Entwicklungszyklus:** Die sterigmenlosen Phragmobasidien können ständig neue Basidiophoren abschnüren, die zu saprophytischem infektionsunfähigem bzw. -schwachem **Sproßmycel** auskeimen. **Somatogamie** führt zu infektiösem Paarkernmycel (selten mit Schnallen). Auf der durchwucherten Wirtspflanze können vor der Ausbildung der überwinternden Teleutosporen (Brandsporen, Probasidien) dikaryotische Conidien entstehen, die der Massenvermehrung während der Vegetationsperiode dienen. Die **Probasidien** keimen wie bei den Uredinales häufig zu schlauchförmigen vielzelligen **Phragmobasidien** aus.

Beobachtungsziel: Spermogonien, Aecidien, Uredosporen- und Teleutosporenlager und Phragmobasidien bei Uredinales

Objekte: a) *Puccinia graminis* (Pers.) Wint. (Schwarzrost des Getreides) auf *Triticum aestivum* L. (Saatweizen);
b) *Uromyces pisi* (Pers.) Wint. (Erbsenrost) auf *Euphorbia cyparissias* L. (Zypressen-Wolfsmilch) und *Euphorbia esula* L. (Esels-Wolfsmilch);
c) *Puccinia malvacearum* Mont. (Malvenrost) auf *Althaea* spec. L. und verwandten Malvengewächsen.

Materialbeschaffung: a) Im Juni/Juli treten an befallenen Weizenpflanzen (auch auf Futtergräsern) auf beiden Seiten der Blattspreiten und besonders an Blattscheiden die langgestreckten, meist streifenfömig angeordneten rostroten Uredosporenlager von *Puccinia* auf, die gegen Ende der Vegetationsperiode zu schwarzgefärbten Teleutosporenlagern werden. Befallene Blätter frisch weiterverarbeiten oder im Fixiergemisch nach Karpetschenko (Reg. 36) oder Rawlins II (Reg. 36) fixieren und nach dem Auswaschen in 50- bis 70%igem Ethanol bis zur Bearbeitung aufbewahren.

b) Von *Uromyces pisi* befallene *Euphorbia*-Pflanzen sind an gelblichgrüner Färbung und unnormalem Wuchs zu erkennen (unverzweigt; kurze dicke Blätter; meist ohne Blüten). An der Unterseite der Blätter bilden die Spermogonien und die Aecidienlager orangefarbene Pusteln. Die kranken Pflanzen fallen durch unangenehm-süßlichen Geruch auf, der auf den Pilzbefall zurückzuführen ist. Befallene Blätter frisch oder nach Fixierung wie unter a) angegeben, weiterverarbeiten.

c) Im Frühsommer von frischen Blättern von *Althaea* spec. (oder von anderen Malvengewächsen), die an der Unterseite die braunen Pustel (Teleutosporenlager) des Malvenrostes zeigen, Blattstückchen geeigneter Größe (etwa 1 bis 2 cm^2) vorzugsweise in Leitungswasser infiltrieren (Reg. 56) und sofort untersuchen oder wie unter a) angegeben fixieren und aufbewahren.

Präparation: Befallene frische Blätter oder fixiertes Material zwischen Holundermark klemmen und Querschnitte anfertigen (Reg. 54). Die Handschnitte in einem Gemisch von Chloralhydrat-Glycerol-Wasser und Hämalaun nach Mayer färben, dann in Chloralhydrat-Glycerol-Wasser einbetten (Reg. 20, 21). Für die Beobachtung von Einzelheiten kann es günstig sein, das Präparat leicht zu quetschen.
Wenn möglich, von frischem Blattmaterial ausgehen.
Zur Darstellung der Basidien und Basidiosporen des Malvenrostes von der Unterseite infizierter Blattstückchen von *Althaea* spec. durch Flächenschnitte Teleutosporenlager abtragen und auf einen Objektträger in Abelsche Flüssigkeit (Reg. 2) überführen und mit Deckglas abdecken. Nach einiger Zeit am Rande des Deckglases etwas Lactophenol-Anilinblau (Reg. 72) auftropfen und unter dem Deckglas hindurchsaugen. Durch vorsichtigen Druck auf das Deckglas (Gummistopfen!) weichen die dichtliegenden Teleutosporen auseinander und sind so besser zu beobachten. Blattquerschnitte sind ebenfalls lohnend, aber schwieriger zu präparieren.

Beobachtungen (Abb. 79): Es ist schwierig, den vollständigen Entwicklungszyklus eines Rostpilzes (heteröcischer Zyklus 0, I/II, III/IV, s. u.), wie ihn Abb. 78 von *Puccinia graminis* zeigt, an ein und demselben Objekt zu studieren. Für die Untersuchung der Spermogonien und Aecidien empfiehlt sich *Uromyces pisi,* für Uredo- und Teleutosporenlager *Pruccinia graminis.* Für das Studium der aus den Teleutosporen auskeimenden Basidien und der Bildung der Basidiosporen ist *Puccinia malvacearum* geeignet.
Gelangen haploide Basidiosporen (Entwicklungsstadium IV) von *Uromyces pisi* im zeitigen Frühjahr auf *Euphorbia*-Blätter, so wachsen sie zu Mycel aus, das sich interzellular im Wirtsgewebe ausbreitet. Unter der Epidermis verdichtet sich das Mycel zu Spermogonien. Schon im April/Mai sind die Blattunterseiten befallener *Euphorbia*-Pflanzen mit Spermogonien von *Uromyces pisi* besetzt (Entwicklungsstadium 0). Man sieht die orangefarbenen Pusteln mit bloßem Auge. Im Unterschied zu reifen Aecidienlagern sind reife Spermogonien von einem Nektartropfen bedeckt (frische Blätter; Lupe oder Präpariermikroskop!).
Am Blattquerschnitt ist bei schwacher bis mittlerer Vergrößerung der Aufbau der Spermogonien zu erkennen. Diese Gebilde ähneln in der Form den Perithecien (Abb. 79A). Die innere Wandschicht besteht aus palisadenförmig angeordneten Traghyphen (Abb. 79D), die so viel Spermatien abschnüren, daß diese den Hohlraum des Spermogoniums prall füllen und zu einer Öffnung (Ostiolum) herausquellen. Die verschiedenen Stadien des Abschnürens der Spermatien von ihren Traghyphen sind am besten an gequetschten Präparaten zu beobachten (Abb. 79B). Die Spermatien haben einen relativ großen Zellkern, der sich gut anfärbt (Abb. 79C). Aus dem Ostiolum wachsen auch borstenförmige Periphysen heraus, die im Halsteil des Spermogoniums entspringen. (Sie sind von dem Nektartropfen bedeckt, wie mit der Lupe an frischen, ungeschnittenen Blättern zu sehen war. In ihm sammeln sich die Spermatien an.)
Mit etwas Glück entdeckt man auch Empfängnishyphen, die im Unterschied zu den starren Periphysen dünn, zart und gewunden sind. Stellt man mit starkem Objektiv auf die Basis eines Spermogoniums und weiter innen gelegenes Blattgewebe ein, sieht man das interzellular wachsende Infektionsmycel, aus dem sich die Spermogonien differenzieren (Abb. 79E). Auch die Aecidienlager können an Blattquerschnitten von *Euphorbia*-Blättern studiert werden (mittlere Vergrößerung, Abb. 79F). An ihrer zum Blattinneren gelegenen Basis fällt dicht gepacktes Mycel auf: Es sind die Aecidiosporen-Mutterzellen, die fortlaufend dikaryotische orangefarbene Aecidiosporen abgliedern (Entwicklungsstadium I). Diese sind in Ketten angeordnet und füllen das Lumen des Lagers aus. Die jungen Aecidiosporen alternieren mit zerfallenden Zwischenzellen (Disjunktorzellen). Die äußersten Aecidiosporen sind zu einer Pseudoperidie verklebt, die das ganze Lager als Schutzschicht umgibt. Die Pseudoperidie ist zuerst rundum geschlossen und von der Wirtsepidermis bedeckt. Später platzt sie zusammen mit der Epidermis auf. Im reifen Zustand biegt sich die Lippe der Pseudoperidie nach außen, so daß das längsgeschnittene Aecidienlager in der typischen Glocken- oder Becherform erscheint.

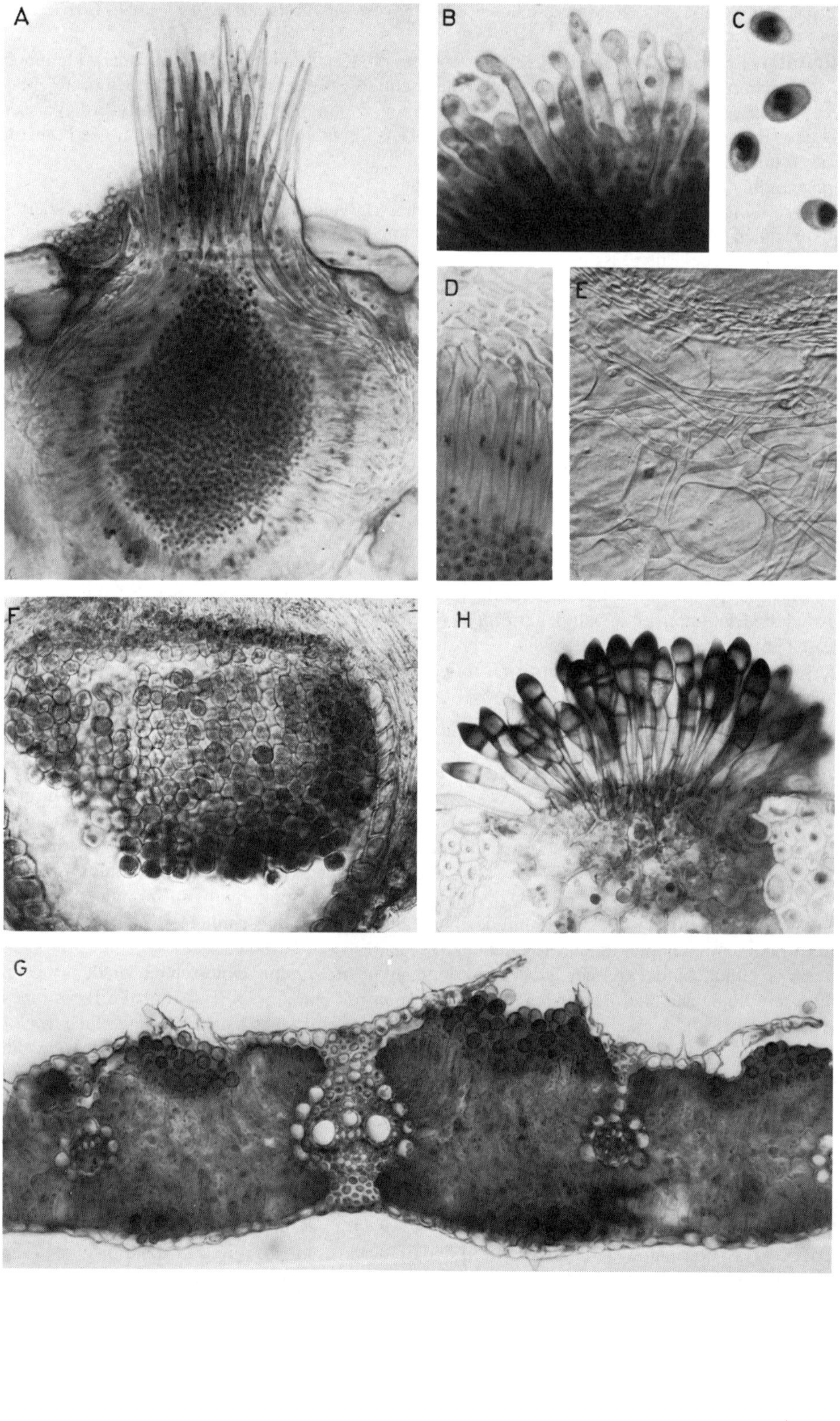
A
B
C
D
E
F
H
G

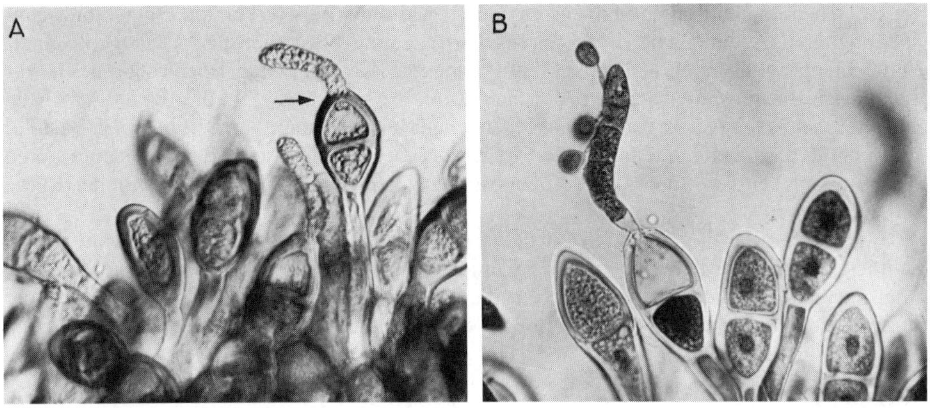

Abb. 80. **A, B:** *Puccinia malvacearum.* **A** Teleutosporen; bei → apikale Zelle mit ausgekeimter Basidie. **B** Teleutospore mit vierzelliger Phragmobasidie. An der oberen Phragmobasidienzelle Sterigma mit Basidiospore. A: 250:1 B: 590:1.

Mit dem Kernphasenwechsel (haploid zu dikaryotisch) erfolgt gleichzeitig eine physiologische Umstimmung des Pilzes, die mit Wirtswechsel verbunden ist. Die anschließende Entwicklung der Uredo- und Teleutosporengeneration (Entwicklungsstadium II, III) erfolgt bei *Uromyces pisi* auf *Pisum-* und *Lathyrus*-Arten.

Auch bei *Puccinia graminis* erfolgt nach Dikaryotisierung Wirtswechsel (heteröcischer Zyklus).

Die auf *Berberis vulgaris* ertstandenen Aecidiosporen gelangen auf Getreidepflanzen, wo sie sich zu interzellularem, dikaryotischem, schnallenlosem Mycel entwickeln.

Querschnitte durch Blätter oder Blattscheiden von *Triticum aestivum* zeigen den Aufbau der Uredosporenlager (Uredien; Entwicklungsstadium II). Sie entwickeln sich zunächst unter der Epidermis der Wirtspflanze. Die Masse der entstehenden Sporen bringt die Epidermis schließlich zum Platzen (Abb. 79G). Bei mittlerer Vergrößerung ist zu sehen, daß die ovalen Sporen auf dünnen Stielen sitzen. Daß sie zwei Kerne enthalten, ist in ungefärbten Präparaten nicht festzustellen. Das Anfärben ist schwierig und erfordert größeren Aufwand. In Blattquerschnitten von später geerntetem Material sind zuweilen zwischen den Uredosporen andere Sporenformen zu finden, die ebenfalls gestielt sind. Sie sind schlanker, dickwandig und deutlich zweizellig. Es sind Teleutosporen. Im Spätsommer treten sie jedoch in besonderen Lagern auf, den Telien oder Teleutosporenlagern (Entwicklungsstadium III), die nur diesen Sporentyp hervorbringen (Abb. 79H).

In diesen Dauerformen, die der Überwinterung dienen, erfolgt bei der Reife im Herbst Karyogamie. Die Teleutospore wird zur diploiden Zygote (Probasidie). Nach dem Überwintern keimt jede Teleutosporenzelle unter Meiose zur Phragmobasidie (Promycel) aus, an der vier haploide Basidiosporen (Entwicklungsstadium IV) entstehen (Abb. 78A).

Abb. 79. **A–F** *Uromyces pisi* auf *Euphorbia cyparissias.* **A** Reifes Spermogonium; 450:1. **B** Quetschpräparat von sporogenen Traghyphen eines Spermogoniums mit verschiedenen Stadien der Spermatienabschnürung; 1300:1. **C** Reife Spermatien; 1500:1. **D** Ausschnitt aus Spermogonium mit palisadenartig angeordneten, sporogenen Traghyphen und abgeschnürten Spermatien; 1000:1. **E** Interzelluläres Mycel an der Basis eines Spermogoniums; 800:1. **F** Aecidium, Pseudoperidie noch nicht becherförmig aufgeplatzt. Die unreifen Aecidiosporen sind noch dicht gepackt; 200:1. **G, H** *Puccinia graminis* auf *Triticum aestivum.* **G** Blattquerschnitt von *Triticum aestivum* mit Uredosporenlager; 100:1. **H** Querschnitt durch Blattscheide von *Triticum aestivum* mit Teleutosporenlager; 250:1. A–D Färbung mit Hämalaun nach Mayer in Chloralhydrat.

Am Beispiel des homothallischen Malvenrostes, der aufgrund seines verkürzten Enwicklungsganges (Spermogonien, Aecidien und Uredosporen fehlen) in einer Vegetationsperiode den vollständigen Entwicklungszyklus mehrmals durchläuft, kann die Keimung der Teleutosporen bis zur Ausbildung der Basidiosporen leicht beobachtet werden (Abb. 80A, D). In Abb. 80A hat die apikale Zelle einer Teleutospore nach vorausgegangener Meiose gekeimt, und die haploide Basidie, die noch nicht durch Querwände fraktioniert ist, ist hervorgetreten. Die Stiele der Teleutosporen stellen Paarkernmycel dar, während die Teleutosporenzellen nach dem Verschmelzen der Kerne Zygoten entsprechen.
Abb. 80B zeigt eine Basidie, die durch Einziehen von drei Querwänden (nur zwei davon sind im Bild deutlich sichtbar) zur Phragmobasidie geworden ist. An der oberen Zelle ist das Sterigma mit der daransitzenden Basidiospore zu sehen. Für die Bildung der Basidie ist der gesamte Inhalt der Teleutosporenzelle aufgebraucht worden. Bei der Teleutospore rechts im Bild ist in beiden Zellen der diploide Zygotenkern zu erkennen.

Weitere Objekte:

Die Rostpilze sind äußerst arten- und formenreich. Der Entwicklungszyklus (0, I/II, III, IV, z. B. *P. graminis;* Schrägstrich bedeutet Wirtswechsel) kann bei verschiedenen Arten variieren, einzelne Entwicklungsstadien können fehlen (z. B. 0, I/II oder 0, I, III).
Es muß auf die Spezialliteratur verwiesen werden.

Beobachtungsziel: Phragmobasidien bei Auriculariales

Objekt: *Hirneola auricula-judae* (Bull. ex St.-Am.) Berk. (Judasohr).

Materialbeschaffung: Die entfernt ohrmuschelähnlichen Fruchtkörper sind ganzjährig, aber besonders ab Spätsommer, in milden Wintern bis März, vorwiegend an alten Holunderstämmen und -stümpfen zu finden.

Präparation: Von frischen Fruchtkörpern möglichst dünne Querschnitte anfertigen (Holundermark verwenden, Reg. 54) und in Abelsche Flüssigkeit (Reg. 2) einbetten. Bei der gallertigen Konsistenz der Fruchtkörper ist die Herstellung dünner Schnitte problematisch und erfordert etwas Geduld.

Beobachtungen (Abb. 81 A bis C): Das Objekt soll als Beispiel für die Vielfalt der Basidienformen stehen. Die mehr oder weniger stark gefalteten, aus dikaryotischem Schnallenmycel aufgebauten Fruchtkörper (Abb. 81 A) sind auf der dem Substrat abgewendeten Seite mit Hymenium überzogen,

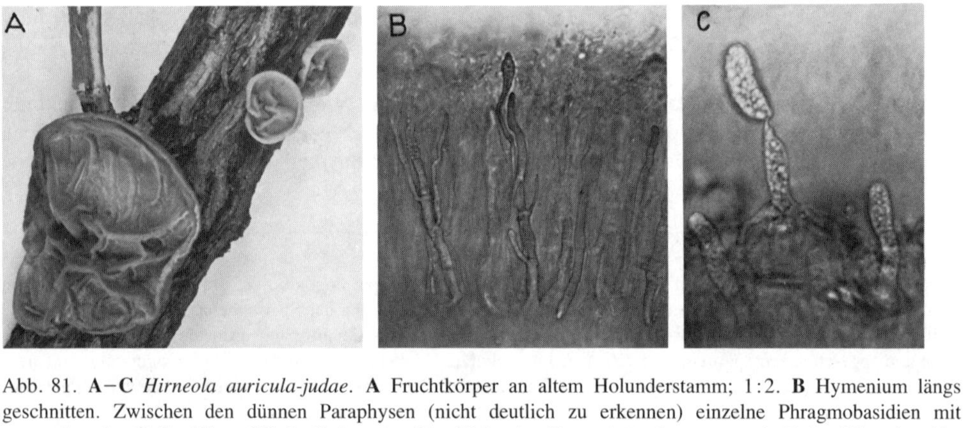

Abb. 81. **A–C** *Hirneola auricula-judae*. **A** Fruchtkörper an altem Holunderstamm; 1:2. **B** Hymenium längs geschnitten. Zwischen den dünnen Paraphysen (nicht deutlich zu erkennen) einzelne Phragmobasidien mit auswachsenden Epibasidien; 600:1. **C** Aus der Oberfläche des Hymeniums herausragende Epibasidie mit reifer Basidiospore; 1100:1.

das sehr dicht gepackt ist. Es besteht aus dünnen, langgestreckten Paraphysen mit dazwischen eingelagerten Basidien. Die jungen Basidien sind noch dikaryotisch und von gedrungenerem Wuchs. Erst nach Karyogamie und daran anschließender Meiose strecken sie sich. Nach der ersten Meioseteilung wird die Basidie durch Einziehen einer Querwand zweizellig, und nach dem zweiten meiotischen Teilungsschritt entstehen durch Einziehen von zwei weiteren Querwänden die vierzelligen, langgestreckten Phragmobasidien. Aus jeder dieser Zellen (= Hypobasidien) wächst ein dünner Fortsatz (= Epibasidie) aus, der bis an die Oberfläche des Hymeniums reicht (Abb. 81 B, C). Jeder dieser Fortsätze endet in einem Sterigma, auf dem dann die bohnen- bzw. nierenförmige Basidiospore entsteht (Abb. 81 C). Im weiteren Verlauf werden die abgeschleuderten reifen Basidiosporen mehrzellig und keimen zu sogenannten „Häkchenconidien" aus, die zu neuem Mycel auswachsen.

3.5.4.2. Homobasiodiomycetidae

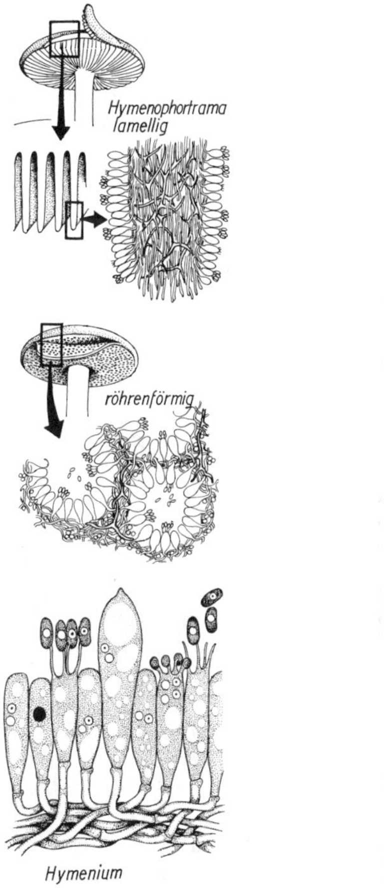

Hauptsächlich Saprophyten; darunter **Mycorrhizabildner, Speise-** und **Giftpilze,** wenige Flechtenpilze; Holzzerstörer bei Exobasidiales und Poriales.

Einfacher Entwicklungszyklus, keine differenzierten Sexualorgane. Beliebige Zellen des haploiden Primärmycels fusionieren **(Somatogamie)** und werden Ausgangspunkt für den eigentlichen Vegetationskörper – das **ausdauernde Paarkernmycel** (Sekundärmycel, meist Schnallenmycel). Nach längerem, meist umfangreichem Wachstum des dikaryotischen Mycels lösen – im Unterschied zu den Ascomycetes (s. S. 170) unabhängig vom Sexualvorgang – noch weitgehend unbekannte Faktoren die Entwicklung der **Basidiocarpien** (Fruchtkörper) aus, die auf speziellen, stark oberflächenvergrößernden Strukturen (Hymenophor: Leisten, Warzen, Stacheln, Röhren, Lamellen) das Hymenium tragen, in dem die Basidien zusammen mit Hilfseinrichtungen **(Pseudoparaphysen:** sterile Zellen mit degeneriertem Kernpaar, kleiner als Basidien; **Cystiden:** sterile, auffallend geformte Zellen, größer als Basidien; Stütz-, Speicher- und Exkretionsfunktion) palisadenartig dicht gelagert sind. Hier werden die Endzellen des Paarkernmycels zu keulenförmigen, zweikernigen Basidienanlagen, die unter Karyogamie zur diploiden **Holobasidie** werden. Nach anschließender Meiose liegen vier haploide Kerne vor (postmeiotische Mitose fehlt – Unterschied zu den achtsporigen Asci!), die durch dünne **Sterigmen** in mittlerweile hervorgewachsene scheitelständige Sporensäckchen (Basidiosporeninitialen) einwandern, wodurch die Basidiosporeninitialen zu haploiden **Basidiosporen** werden. Die Wände der endogenen Sporen verschmelzen mit den Wänden der Sporensäckchen. Basidiosporen daher scheinbar exogen!

Nach Lage der Basidien werden zwei Grundformen der Fruchtkörper unterschieden:

Gasterale Fruchtkörper. Eine Hüllschicht **(Peridie)** umschließt die innere sporenbildende Hyphenmasse **(Gleba),** an der zerstreut oder in Hymenien angeordnet die Basidien entstehen (z. B. *Bovista, Lycoperdon, Scleroderma).*

Hymeniale Fruchtkörper. Basidien entstehen in Hymenien an der äußeren Oberfläche des Fruchtkörpers. Das **Hymenium** kann den gesamten Fruchtkörper bedecken oder nur auf Stacheln, Leisten, Lamellen oder in Röhren vorkommen.

Beobachtungsziel: Schnallenbildung, Dikaryon und dimitisches Hyphensystem aus generativen Hyphen und Skeletthyphen bei Polyporales

Objekt: *Piptoporus betulinus* (Bull. ex Fr.) Karst., Birkenporling.

Materialbeschaffung: Die Fruchtkörper des Birkenporlings wachsen als weißfleischige, weiß bis rötlich-bräunlich gefärbte Konsolen an Birken, oft zu mehreren übereinander (Abb. 82 A). Aus den Fruchtkörpern läßt sich das Mycel leicht isolieren:

Junge, kräftige Konsole von *Piptoporus betulinus* auseinanderbrechen. Von der sterilen Bruchfläche mit steriler Pinzette Mycelstückchen entnehmen und unter aseptischen Bedingungen (Reg. 15) auf das Kulturmedium überfüh-

ren. Als Kulturmedien sind Bierwürzeagar, Sabouraudagar und Agar mit Extrakt von Herbivoren-Dung geeignet (Reg. 55, 70).
Kulturgefäße bei Zimmertemperatur und diffuser Beleuchtung stehenlassen.
Von dem aufgeimpften Mycelstück wachsen generative, schnallenbildende Hyphen radial aus und überziehen den Nährboden in wenigen Tagen mit weißem Mycelrasen, der bei andauerndem Wachstum zu einem dichten, weiß bis schwach rosa gefärbten Mycelpolster wird. In älterem Mycel treten neben generativen Hyphen auch sklerenchymartige, schnallenlose Skeletthyphen auf. Das Mycel kann bei wiederholtem Übertragen auf frisches Nährmedium jahrelang in Kultur gehalten werden. Die einzelnen Kulturen, besonders auf dicker Schicht Schrägagar (Reg. 70), sind monatelang lebensfähig und zeigen Ansätze zur Fruchtkörperbildung (Abb. 82B). Die Kulturen bleiben selbst unter ungünstigen Arbeitsbedingungen meist frei von bakteriellen Verunreinigungen.
Die Anzucht des Mycels kann auch submers in flüssigen Kulturmedien (Reg. 55, 70) erfolgen.

Präparation: a) Beobachtung der Schnallenbildung an lebendem Mycel in Objektträgerkulturen (Reg. 84).
b) Mycelflocken vom Kulturmedium abnehmen, in Alkohol-Essigsäure fixieren (Reg. 36) und über Alkoholreihe (70/50/25%iges Ethanol, Reg. 11) in Wasser überführen. Mit Hämalaun nach Mayer färben, in Wasser abspülen und in Chloralhydrat einbetten (dabei kollabieren die Hyphen nicht so stark). Die Manipulationen am besten in Blockschälchen ausführen. Flüssigkeiten mit Hilfe von Pipetten wechseln oder Mycelflocken mit Präpariernadel aus einer Flüssigkeit in die andere übertragen, dazwischen Flüssigkeit auf Fließpapier absaugen.
c) Mycelflocken aus älteren Kulturen auf Objektträger in Abelsche Flüssigkeit bringen (Reg. 2), die mit wäßriger Fuchsinlösung vorher zartrosa getönt wurde. In dieser Mischung färben sich die generativen Hyphen rot an, während die Skeletthyphen nahezu ungefärbt bleiben. Deckglas auflegen. – Mycelflocken aus Fruchtkörpern, die im Freiland gewachsen sind, eignen sich für die Präparation und die Untersuchungen nicht.

Beobachtungen (Abb. 82): Bei Objektträgerkulturen läßt sich der interessante Vorgang der Schnallenbildung an den lebenden Hyphen im Hellfeld schon am 2. Tag nach dem Ansetzen gut verfolgen (Immersionsobjektiv, Vergrößerung etwa 1000:1). Auf die Spitzenregion von Hyphen einstellen, die aus dem Nähragar heraus im Flüssigkeitsfilm an der Deckglasunterseite entlang wachsen.
In den Hyphen ist lebhafte Protoplasmaströmung zu beobachten. Das Plasma ist teilweise in feine Stränge aufgelöst, in denen zahlreiche Mitochondrien entlangtreiben. Große Flüssigkeitsvacuolen füllen oft bis auf den Plasmawandbelag das Lumen der Hyphen aus. An Hyphenspitzen und an Stellen, wo Verzweigungen oder Schnallen entstehen, leuchtet die Hyphenwand aufgrund stärkerer Lichtbrechung hell auf (Abb. 82G). Um das Entstehen einer Schnalle von Anfang an zu verfolgen, sucht man nahe der Hyphenspitze das vor der vordersten Schnalle liegende Dikaryon, da in dessen Nähe die Wahrscheinlichkeit der Schnallenbildung am größten ist. Die zwei nebeneinanderliegenden haploiden Kerne des Dikaryons sind im nicht zu hell eingestellten Hellfeld bei sorgfältigem Beobachten gut zu sehen. Mitunter ist längeres Einsehen notwendig (Abb. 82F). Die Kerne sind recht groß und füllen manchmal den gesamten Querschnitt der Hyphe aus (Abb. 82M). Meist sind sie etwas oval gestreckt. Der Ort der entstehenden Schnalle wird durch die Änderung der Brechzahl markiert: An diesen Stellen leuchtet die Zellwand hell auf. Dann wächst der für Schnallen typische hakenförmige Fortsatz aus (Abb. 82H–L). Die Hyphenbrücke, über die die komplizierte Verteilung der Kerne erfolgt, wächst im Zeitraum von 15 bis 20 min aus und erweckt dabei den Eindruck des Hervorquellens der Hyphenwandung. (Das Spiel der Kerne im Schnallenbereich läßt sich im Hellfeld an der lebenden Hyphe nur im Anfangsstadium verfolgen. Die fotografische Darstellung mit einfachen Mitteln ist dabei schwierig, da der relativ schnelle Bewegungsablauf starkes Licht für kurze Belichtungszeiten erfordert. Beobachtung im Phasenkontrast bringt für die empfohlene Objektträgermethode keinen Gewinn, da die Brechzahldifferenz zwischen Hyphe und Kulturmedium zu groß ist. Abhilfe erfordert unangenehm hohen Aufwand.)
Im Bereich der wachsenden Schnalle erhöht sich die Aktivität der Protoplasmabewegung. Die Kerne des Dikaryons wandern heftig unter dem Hyphenfortsatz hin und her und gleiten dabei mehrmals aneinander vorbei. Es sind zu Tropfen ausgezogene Körperchen zu beobachten

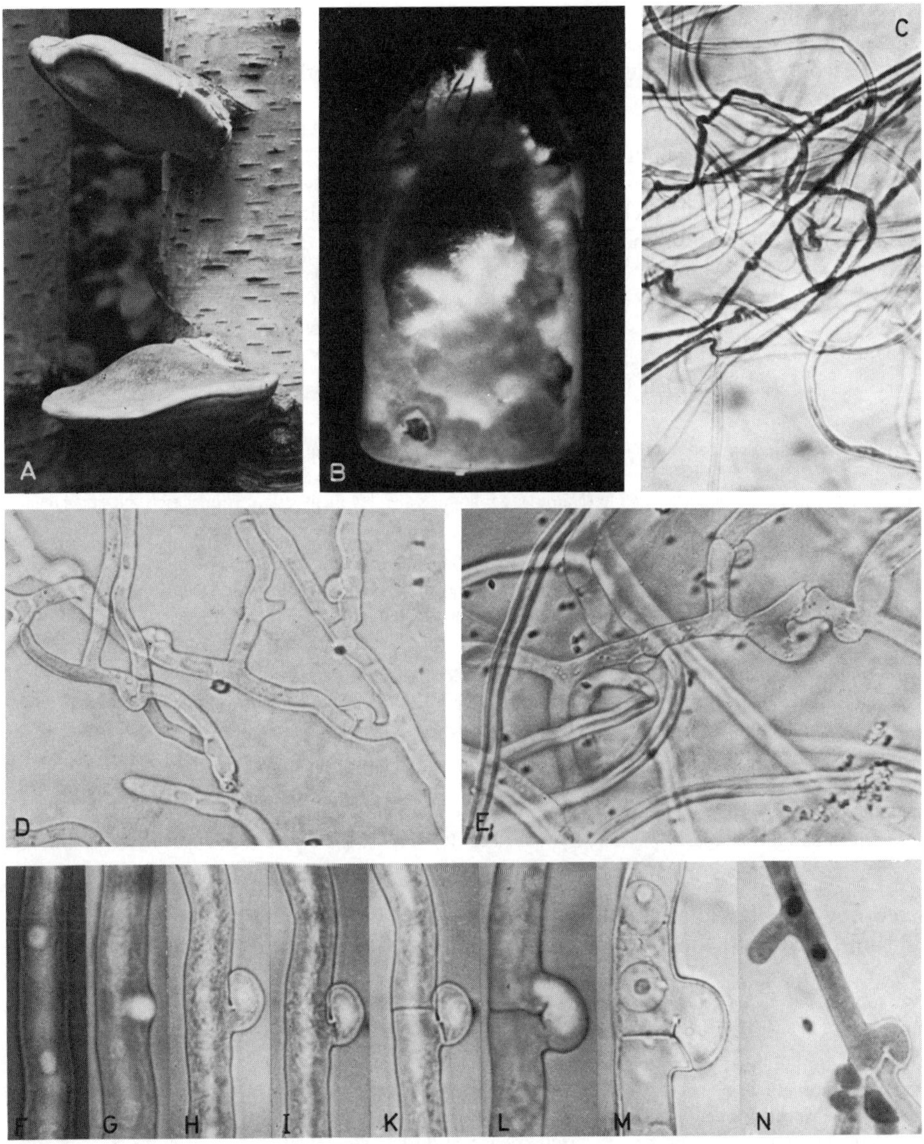

Abb. 82. *Piptoporus betulinus*. **A** Konsolenförmiger Fruchtkörper an Birkenstamm; 1:3. **B** Mycel auf Sabouraud-Agar in Kulturkölbchen. In der Mitte beginnende Fruchtkörperbildung; 1:1. **C** Dimitisches Mycel mit generativen Hyphen (dunkel) und Skelettyphen (hell) Fuchsinfärbung; 250:1. **D** Generative Hyphen (Schnallenmycel) in Objektträgerkultur; 400:1. **E** Dimitisches Mycel in Objektträgerkultur. Skeletthyphen schnallenlos, mit sklerenchymatisch verdickter Wand; 400:1. **F–M** Lebende Hyphen in Objektträgerkultur, Schnallenbildung. Zwischen dem Anfangs- und dem Endstadium liegt ein Zeitraum von etwa 20 Minuten. **M** Fertige Schnalle mit Dikaryon; 1100:1. **N** Generative Hyphe mit Dikaryon und Verzweigung im Schnallenbereich. Gefärbt; 500:1.

(Teilungsstadien der Kerne?). Ab dem Stadium, dem etwa die Abbildungen 82 I, K entsprechen, sind eindeutige Aussagen über das Verhalten der Kerne nicht mehr möglich.
Einige Zeit nach Abschluß der Schnallenbildung ist das neu entstandene Dikaryon vor der Schnalle zu sehen (Abb. 82M).
Erhöhte Stoffwechselaktivität im Schnallenbereich zeigt sich auch darin, daß sich die Hyphen vorzugsweise in diesem Abschnitt verzweigen (Abb. 82N).
In der Objektträgerkultur wachsen zuerst die generativen Hyphen (Schnallenhyphen) aus (Abb. 82D), später folgen die dickwandigen, schnallenlosen Skeletthyphen, die im mikroskopischen Bild Sklerenchymfasern höherer Pflanzen ähneln (Abb. 82E). Wird das dimitische Mycel mit verdünnter Fuchsinlösung gefärbt, so treten die generativen Hyphen stark tingiert hervor, während die Skeletthyphen nahezu ungefärbt bleiben (Abb. 82C).

Weitere Objekte:

Die folgenden, leicht isolier- und kultivierbaren Basidiomycetes werden in der Literatur häufig als Studienobjekte genannt.

Schizophyllum commune Fr. (Polyporales), Spaltblättling: Ganzjährig an lebendem oder frisch gefälltem Laubholz. Bis 4 cm große, hellgraue, muschelförmige Fruchtkörper in dachziegelförmigen Rasen; die rötlichgrauen, verschieden langen Blätter mit gespaltener Schneide (Name!). Monomitisches Hyphensystem. Eignet sich gut zur Anzucht von Schnallenmycel.

Lentinus lepideus Buxbaum ex Fr. (Polyporales), Schuppiger Sägeblättling: Die gestielten Fruchtkörper mit weißlichgelblichen, schuppigen Hüten und gelblichweißen, grobgesägten gekerbten Blättern von Mai bis Oktober meist einzeln an Nadelholzstümpfen, Eisenbahnschwellen, alten Pfählen usw. In der Form variabel. Dimitisches Hyphensystem.

Stropharia rugoso-annulata Farlow em. Murrill (Agaricales), Rotbrauner Riesenträuschling: Die großen, rotbraun bis ockergelblich gefärbten Hutpilze wachsen von August bis Oktober auf verrottendem Stroh. Kann als „Pilzbrut" im Fachhandel bezogen und auf präpariertem Stroh kultiviert werden.

Für das Studium des Schnallenmycels sollte nur auf Nährmedien kultiviertes Mycel benutzt werden. Mycel aus Freilandmaterial ist wenig oder nicht geeignet.
Schnallen im Fruchtkörper vorhanden: Agaricales, Mehrzahl der Cantharellales.
Schnallen fehlen im Fruchtkörper: Boletales, Lycoperdales, Russulales; Uredinales ebenfalls ohne Schnallen.

Beobachtungsziel: Basidiohymenium, Basidien und Cystiden bei Russula; Capillitiumfasern und Basidien aus der Gleba von Bovista

Objekte: *Russula pulchella* (Borszow) Sing. Mös. (Russulaceae), Verblassender Täubling; *Bovista nigrescens* Pers. (Lycoperdaceae), Schwärzender Eierbovist.

Materialbeschaffung: *Russula pulchella* ist von Juni bis Oktober häufig unter Birken zu finden. Die anfangs fleischrote Huthaut verblaßt bald über verwaschenrot nach grüngelblich. Hut dickfleischig, ziemlich fest. Stiel bleich, mitunter rot angehaucht. Blätter blaß gelblich bis grünlich-grau.
Die kugeligen, bis eigroßen Fruchtkörper (Schizothecien) von *Bovista nigrescens* sind von Juni bis November auf Wiesen und grasigen Stellen zu finden. Das anfangs weiße Fruchtfleisch (Gleba) färbt sich mit zunehmender Reife von weiß über oliv bis schwarzbraun.

Präparation: a) *Russula pulchella.* Von den Lamellen eines frischen, turgeszenten Hutes Querschnitte herstellen. Dazu die Hutscheibe tangential schneiden, so daß kammförmige Handschnitte entstehen. Die Handschnitte in Alkohol-Essigsäure (Reg. 36) oder in Fixiergemisch nach Karpetschenko (Reg. 36) fixieren und nach dem Auswaschen in Lactophenol-Anilinblau (Reg. 72), in essigsaurer Amidoschwarz-10 B-Lösung (Reg. 13) oder in Hämalaun-Chloralhydrat (Reg. 21) färben und in dem jeweils angegebenen Medium einbetten. Möglichst Frischmaterial für die Handschnitte verwenden; fixiertes Material läßt sich sehr schlecht schneiden.
b) *Bovista nigrescens.* Aus jungem Fruchtkörper, dessen Gleba sich von weiß nach oliv verfärbt, Mycelflocken entnehmen und in Abelsche Flüssigkeit (Reg. 2) oder in Lactophenol-Anilinblau

(Reg. 72) einbetten. Fruchtkörper, deren Gleba bereits in Autolyse übergeht, sind ungeeignet, weil die Basidiosporen schon von den Basidien abfallen.

Beobachtungen: Zunächst bei mittlerer Vergrößerung eine günstige Stelle des Lamellenquerschnittes von *Russula pulchella* aufsuchen und einen Überblick über den Aufbau einer Lamelle des Fruchtkörpers gewinnen (Abb. 83 A). Das dikaryotische, monomitische Plektenchym der Hymenophortrama besteht aus irregulär verflochtenen Hyphen mit dazwischen eingestreuten Nestern von größeren kugeligen bis ovalen Zellen (Sphaerocysten), die der Trama („Fleisch" der Fruchtkörper) der Gattung *Russula* die typische bröckelige Konsistenz verleihen.
Die Oberfläche der Hymenophortrama ist vom Basidiohymenium bedeckt, das aus Basidien, Pseudoparaphysen und Cystiden besteht.
Die Basidien sind an den dünnen Sterigmen zu erkennen, auf denen die Basidiosporen sitzen. Mit dem Immersionsobjektiv können im Hymenium einer Lamelle meist alle Entwicklungsstadien der Basidiosporenbildung beobachtet werden.
In der anfangs dikaryotischen Basidie erfolgt Karyogamie, der sich unmittelbar die Meiose anschließt (Unterschied zu den Probasidien der Uredinales!). Die vier haploiden Kerne sammeln sich am oberen Pol der Basidie, die währenddessen an Größe zunimmt und am Scheitel zu vier dünnen, zugespitzten Fortsätzen (Sterigmen) auswächst.
Bald schwillt jedes Sterigma zu einem tropfenförmigen Sporensäckchen an, in das je ein haploider Kern hineinschlüpft. Auf ihrem Weg durch den engen Sterigmenkanal werden die Kerne fadenförmig. Um jeden Kern entsteht eine Spore, deren Wand mit der Sporensäckchenwand völlig verschmilzt.
Bereits die jungen, noch kernlosen Sporensäckchen sitzen schräg auf den Sterigmen (Abb. 83 B, C). Bei den reifen Basidiosporen ist der abgeknickte Sitz noch deutlicher zu sehen (Abb. 83 D). Diese Struktur ist für das aktive Abschleudern der Basidiosporen wichtig. Einzelheiten des Mechanismus können mit dem Lichtmikroskop jedoch nicht analysiert werden.
Die reifen Basidiosporen sind von warzig-stachligen und gratigen Strukturen bedeckt, die sich bei Zugabe von Lugolscher Lösung (Reg. 62) blauviolett färben (amyloid).
Zwischen den Basidien entstehen im Hymenium in größerer Zahl die ebenfalls keulig geformten, sterilen Pseudoparaphysen, die kaum von unreifen, noch sterigmenlosen Basidien zu unterscheiden sind (Abb. 83 A). Sie enthalten ein degeneriertes Kernpaar. Als weitere Elemente fallen die schlauchförmigen Cystiden auf, die tief in der Trama entspringen (Tramacystiden) und mit ihren kegelförmig zugespitzten Enden ein Stück über die Basidien hinausragen (Abb. 83 A).
Bovista nigrescens. Während bei den hymenialen Fruchtkörpern (z. B. *Russula*) das Hymenium außen liegt, kleidet es bei gasteralen Fruchtkörpern die Innenwandung besonderer Hohlräume (Glebakammern) aus. Zwischen die generativen Hyphen der Gleba sind dickwandige, stark verzweigte Skeletthyphen (Capillitiumfasern) eingestreut (Abb. 83 E), die nach dem autolytischen Zerfall des sporogenen Teils der Gleba das entstandene Sporenpulver locker halten und damit dessen Verbreitung durch den Wind begünstigen.
Präparate, bei denen die Struktur der Glebakammern erhalten bleiben soll, erfordern mikrotomtechnische Bearbeitung. Die runden Basidiosporen, die nicht aktiv weggeschleudert werden, sitzen zentrisch auf langen Sterigmen (Abb. 83 F); (vgl. dazu die Befestigung der Basidiosporen von *Russula!*). Bei der Sporenreife brechen die Sterigmen ab, so daß die Basidiosporen gestielt sind. Die reifen Basidiosporen sind bereits zweikernig, auskeimende Hyphen daher von Anfang an dikaryotisch.

Weitere Objekte:

Für das Studium des Basidiohymeniums sind im Prinzip alle Pilze mit festen, gut schneidbaren Lamellen geeignet. Pilze mit Röhrenfutter sind kaum zu empfehlen, da sich röhrenförmiges Hymenophor schlecht präparieren läßt. *Bovista*-Arten sind deshalb günstige Objekte, weil sich anhand einfacher Zupfpräparate Basidien demonstrieren lassen.

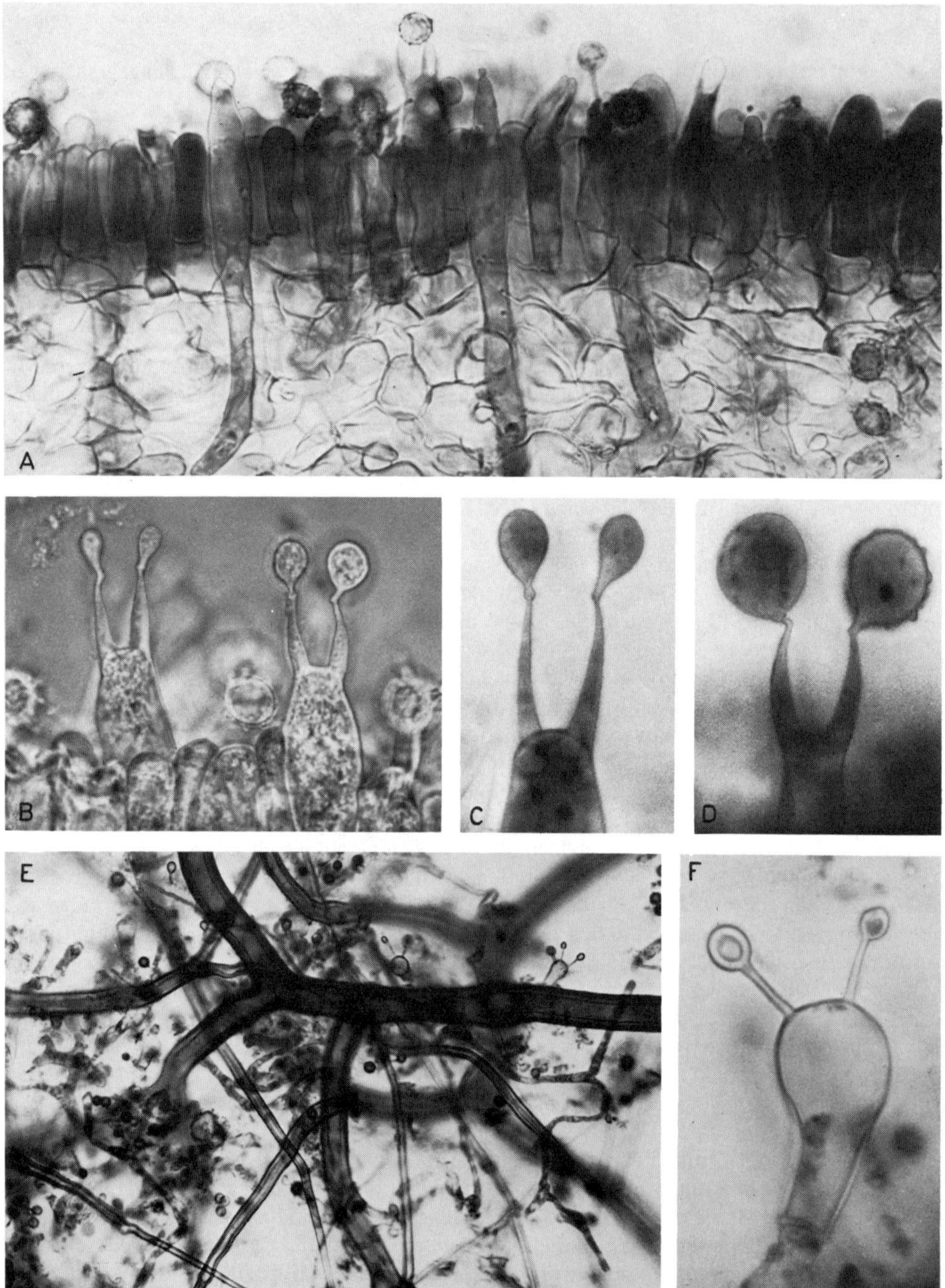

Abb. 83. **A–D** *Russula pulchella.* **A** Querschnitt durch Lamelle, gefärbt. Neben den Basidien gleichgroße, sterile Pseudoparaphysen und tief in der Trama entspringende, schlauchförmige Cystiden; 600:1. **B** Basidien mit verschieden alten, noch unreifen Basidiosporen; 1100:1. **C** Basidie, gefärbt. Am Scheitel der Basidie die vier haploiden Kerne kurz vor dem Einwandern in die Sterigmen. Die noch kernlosen Basidiosporen von tropfenförmiger Gestalt; 2200:1. **D** Basidie mit fast reifen Basidiosporen. Am geknickten Ansatz der Sporen liegt der Schleudermechanismus; 2200:1. E, F *Bovista nigrescens.* **E** Quetschpräparat der Gleba. Neben generativen Hyphen mit Basidien dickwandige Skeletthyphen (Capillitiumfasern); 150:1. **F** Basidie. Auf den langen Sterigmen die kleinen, runden Basidiosporen; 1750:1.

4. Lichenes (Flechten)

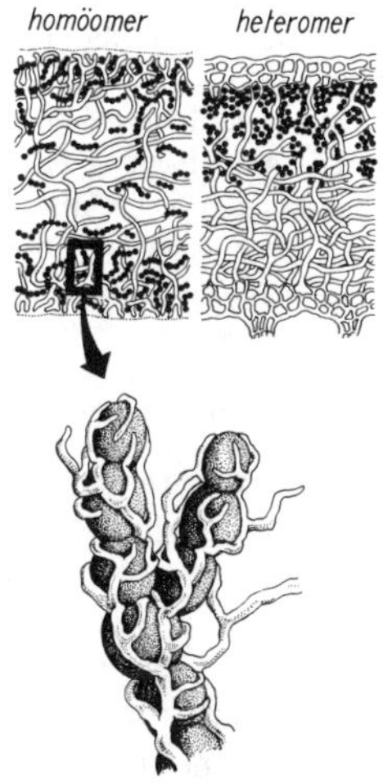

Aufbau des Flechtenthallus **aus Pilzhyphen** (fast ausschließlich Ascomycetes) **und Algen** (Chlorophyceae: besonders *Trebouxia,* auch *Chlorella,* und **Cyanobacteria** (Chroococcales und *Nostoc*). Der Verband unterscheidet sich von seinen Partnern in morphologischer und physiologischer Hinsicht und vollbringt Leistungen, zu denen die isolierten Partner nicht in der Lage sind (spezifische Gestalt, Synthese charakteristischer „Flechtenstoffe", Besiedlungsmöglichkeit neuer Biotope). Flechten gelten als Schulbeispiel für **Symbiose.**

Die Algen können entweder mehr oder weniger gleichmäßig im Flechtenkörper verteilt sein (**homöomerer Bau,** bei Gallertflechten) oder in einer bestimmten Schicht unterhalb der pseudoparenchymatisch verfestigten „Rinde" liegen (**heteromerer Bau,** bei Laub-, Strauch- und Krustenflechten). Die blattartigen, gelappten Thalli der Laubflechten sind durch besondere Hafthyphen, die **Rhizinen,** am Substrat verankert. Die Pilzhyphen gewinnen innigen Kontakt mit den Algenzellen durch Haustorien, die in die Wände der Algen oder bis ins Zellinnere eindringen.

Fortpflanzung und Vermehrung: Die **Algen** vermehren sich im Flechtenthallus **ausschließlich vegetativ** durch einfache Zellteilungen. Die **Pilze bilden** nach entsprechenden sexuellen Vorgängen **ihre charakteristischen Fruchtkörper** (scheibenförmige **Apothecien** bzw. krugförmige **Perithecien**), die die Sporen enthaltenden Asci tragen. Thallusabschnitte mit Fruchtkörpern haben mitunter besondere Gestalt (z. B. die stielartigen oder becherförmigen Podetien der Cladoniaceen). Da die Fruchtkörper meist algenfrei sind, ist zur „Synthese" eines neuen Flechtenthallus das Zusammentreffen der keimenden Pilzspore mit einer geeigneten Alge nötig.

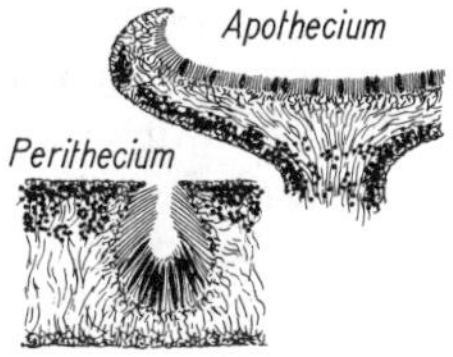

Viele Flechten vermehren sich rein vegetativ durch **Soredien** (an bestimmten Stellen des Flechtenthallus, den Soralen, in großen Mengen gebildete kleinste Flechteneinheiten aus Gruppen von Algenzellen, die von Pilzhyphen umsponnen sind), durch **Isidien** (stäbchenförmige oder verästelte Auswüchse, die leicht abbrechen und verweht werden) oder durch Thallusbruchstücke bei Zerfall.

Vorkommen: Weit verbreitet auf Steinen, am Erdboden, an Baumstämmen, oft endophlöisch (in der Rinde lebend) oder endolithisch (im Gestein lebend). **Besiedlung extremer Biotope** (Felsen, Spritzzone am Meer, feuchte Bergwälder, Arktis, Tundra) durch hohe Resistenz gegenüber Austrocknung, Hitze und Kälte. Als Indikatoren für Luftverschmutzung zunehmende Bedeutung beim Umweltschutz.

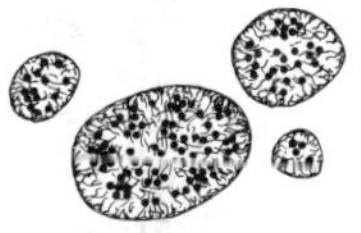

Übersicht über das System

1. Ascolichenes (der Pilzpartner ist ein Ascomycet)
   1.1. Pyrenocarpeae (mit Perithecien)
   Dermatocarpon, Verrucaria
   1.2. Gymnocarpeae (mit Apothecien)
      1.2.1. Caliciales
      1.2.2. Graphidales, z. B. *Graphis scripta,* Schriftflechte, auf Buchenrinde.
      1.2.3. Cyanophilales (Blaualgen führende Flechten), z. B. *Collema,* Gallertflechte; *Lobaria,* Lungenflechte; *Peltigera,* Schildflechte.
      1.2.4. Lecideales (Grünalgen führende Flechten, Apothecienrand algenfrei), z. B. *Rhizocarpon geographicum,* Landkartenflechte; *Cladonia.*
      1.2.5. Lecanorales (Grünalgen führende Flechten mit Algen im Apothecium), z. B. *Lecanora; Parmelia; Cetraria islandica,* Isländisch Moos; *Usnea.*
      1.2.6. Caloplacales, z. B. *Xanthoria parietina,* Gelbe Laubflechte.
2. Basidiolichenes (der Pilzpartner ist ein Basidiomycet). Vor allem tropische Formen.

Beobachtungsziel: Aufbau des Vegetationskörpers der Flechten; homöomere und heteromere Systeme

Objekte: *Collema* spec. (Gallertflechte), *Xanthoria parietina* (L.) Th. Fr. oder *Anaptychia ciliaris* (L.) Koerb.

Materialbeschaffung: *Collema* wächst auf feuchter Erde, an Felsen, Mauern und Baumstämmen; die Flechte ist weit verbreitet und besonders bei feuchtem Wetter im gequollenen Zustande leicht zu finden. *Xanthoria* besiedelt überall Steine und Baumstämme, bevorzugt Pappeln. Ihre lappig ausgebreiteten Thalli fallen besonders durch ihre orangegelbe Färbung auf. *Anaptychia* wächst an Baumstämmen. Der Thallus ist blattartig-büschelig, oberseits grün bis graugrün, unterseits grau.
Flechten können das ganze Jahr über – auch im Winter bei Schnee – frisch eingesammelt werden. Die Anlage von Kulturen zur Materialbeschaffung erübrigt sich daher und ist meist auch nicht möglich. Eine Materialreserve schafft man sich am leichtesten in Form getrockneter Flechtenthalli, denn anstelle von Frischmaterial sind mit gleichem Erfolg getrocknete Exemplare (auch aus Sammlungen, Herbarien) zu verwenden. Dieses Material vor dem Schneiden – eventuell über Nacht – in Wasser einquellen.

Präparation: Thallusquerschnitte nach der Anweisung für Blattquerschnitte herstellen; *Collema* (eventuell auch *Xanthoria*) besser im trockenen Zustande präparieren, da Schnitte durch die gequollene Gallerte nur schwer gelingen. Zum Mikroskopieren solche Schnitte anschließend gründlich in Wasser einquellen. Sie nehmen das Wasser gewöhnlich ungleichmäßig auf, verkrümmen und verwerfen sich. Das ist kaum zu vermeiden, es werden aber meist trotzdem einige brauchbare Stellen im Präparat vorhanden sein. Dünn schneiden und jeweils den gesamten Querschnitt erfassen! (Eventuell kann bei *Collema* auf Schnitte verzichtet werden, wenn kleine Thallusstücke in einem Tropfen Untersuchungsflüssigkeit unter dem Deckglas zu einer dünnen Schicht zerdrückt werden.)
Luftblasen durch vorsichtiges Erwärmen über kleiner Flamme aus dem Präparat vertreiben! Schnitte von trockenem Material werden am sichersten frei von Luftblasen, wenn sie sofort in hochprozentigen Alkohol eingelegt werden.
Flechten lassen sich schwierig anfärben. Die meisten der üblichen Methoden versagen. Daher ungefärbte Schnitte in Wasser oder Glycerolwasser beobachten.

Weitere Präparationen: Zur Herstellung von Dauerpräparaten am besten Einschluß in Glycerolgelatine. Eine Übersichtsfärbung für morphologische Untersuchungen gelingt noch am sichersten mit Säurefuchsin (Reg. 98) oder Azokarmin B (Reg. 17) nach einstündiger Fixierung mit 1%iger Chromiumsäure. Ergebnis: Alle Teile des Flechtenthallus in verschiedenen Abstufungen rot gefärbt. Simultanfärbung der Algen und Pilzhyphen mit Anilinblau und Orange G ist möglich.

Beobachtungen: Zunächst den Querschnitt durch den Thallus einer *Collema*-Art untersuchen (Abb. 84F). Zwischen die farblosen, glatten, verzweigten und septierten Hyphen des Pilzes sind Ketten kugelförmiger Blaualgenzellen (Cyanobacteria) einer *Nostoc*-Art eingelagert (Abb. 84F). Pilzhyphen und Blaualgenfäden sind an allen Stellen des Flechtenkörpers nahezu gleichmäßig in der gallertartigen Grundmasse verwoben. Es liegt ein homöomerer Flechtenthallus vor. Eine besondere Rindenschicht fehlt (Abb. 84E).
Der Querschnitt durch sterile Lappen der gelben *Xanthoria* liefert dagegen das Bild eines heteromeren Thallus (Abb. 84D): Ganz oben liegt eine kompakte Rindenschicht aus dicht verfilzten, dickwandigen Pilzhyphen, so daß der Eindruck eines pseudoparenchymatischen „Gewebes" entsteht. Unter dieser Rinde liegt ein grobmaschiges, lockeres Hyphengeflecht, die sogenannte Markschicht, an deren oberem Rand die Algen (hier *Trebouxia*) in einer ziemlich scharf begrenzten Zone als relativ große, grüne, kugelige Zellen eingelagert sind. Die Pilzhyphen umschließen dicht die grünen Algenzellen. Es sieht so aus, als seien sie von einem Netz umsponnen (Querschnitte eventuell mit Präpariernadeln zerzupfen und quetschen!).
Das Hyphengeflecht der Markschicht verdichtet sich nach unten zu wieder und bildet als unteren Abschluß des Thallus eine ähnlich gestaltete feste Rindenschicht wie an der Oberseite.
Von hier entspringen die Haftfasern (Rhizinen), die die Flechte am Substrat befestigen. Sie bestehen aus dichten Bündeln fest verflochtener Pilzhyphen. Die algenfreien Rinden- und Markschichten sind also deutlich von dem Algen führenden Thallusstreifen abgesetzt (Abb. 84D);

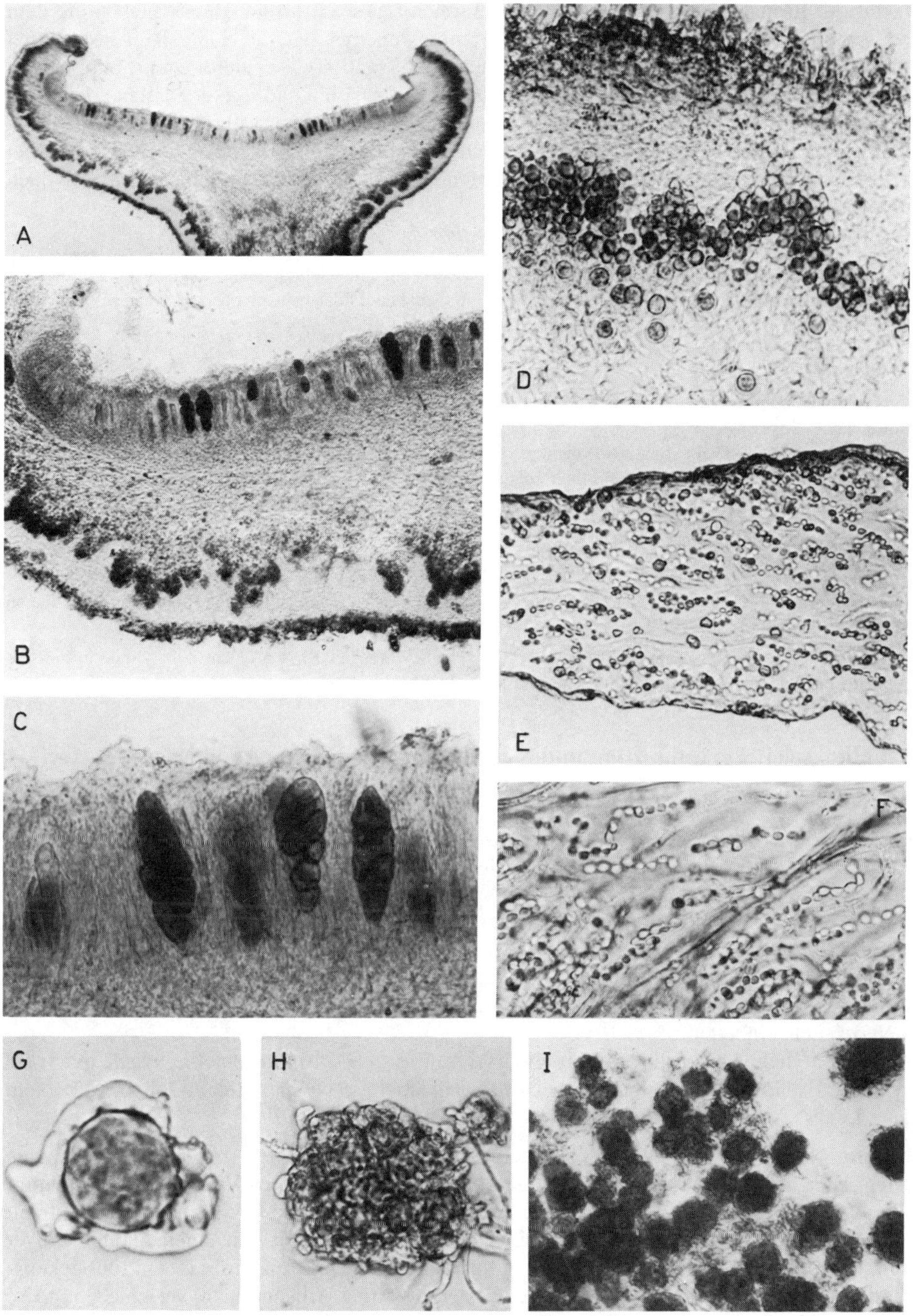

Abb. 84. **A, B** *Anaptychia.* Längsschnitt durch ein Apothecium. Von oben nach unten: Hymenium mit Asci zwischen den Paraphysen, Subhymenialschicht, das algenfreie Mark, Algenzone, Rindenschicht; A 22:1, B 55:1. **C** *Anaptychia.* Reife Asci im Hymenium; 190:1. **D** Querschnitt durch einen heteromeren Thallus *(Xanthoria);* 370:1. **E, F** *Collema.* Thallusquerschnitte. Homöomerer Thallus; E 200:1, F 430:1. **G–I** *Cladonia.* Soredien in verschiedenen Entwicklungsstadien; H 700:1, I 170:1. **G** Einzelne Algenzelle von Pilzhyphen umschlossen; 2300:1.

der Bau ähnelt formal dem Aufbau eines dorsiventralen Laubblattes (die Algenschicht wäre dem Palisadenparenchym, die Markschicht dem Schwammparenchym und die beiden Rindenschichten den Blattepidermen vergleichbar). Auch der wachsende Rand ist bei heteromeren Laubflechten algenfrei. Behandelt man junge Lappen von *Xanthoria* mit Alkohol und starker Kalilauge, so sieht man die strahlenförmig bis zum Thallusrand verlaufenden Pilzhyphen, während die Algen erst in einem gewissen Abstand vom Rande liegen. Durch die Kalilauge färbt sich der Thallus rot. Dabei zersetzt sich der zu den Flechtensäuren gehörende und als Körnchen auf den Pilzhyphen ausgeschiedene gelbe Farbstoff, Parietin.
Der Aufbau von *Anaptychia* ähnelt dem von *Xanthoria.*

Weitere Beobachtungen: Behandelt man die Flechtenquerschnitte mit Chlorzinkiodlösung, so färben sich die Zellwände der Algen bläulich (Cellulosenachweis!); die Chitinwände der Pilze nehmen dagegen einen gelblichen bis bräunlichen Farbton an.

Weitere Objekte:

Homöomere Thalli: *Leptogium* (papierdünner Thallus auf Erde und Baumstümpfen, beidseitig mit einschichtiger, algenfreier Rinde. Alge: *Nostoc*-Art).
Zum Studium heteromerer Thalli eignen sich die meisten Laub- oder Strauchflechten. Das beschriebene Bauprinzip variiert hauptsächlich in der Dicke der einzelnen Schichten und der Dichte der Geflechte.

Lobaria pulmonaria (L.) Hoffm. (Lungenflechte)

Peltigera canina (L.) Willd. (Hundsflechte, häufig)

Cladonia-Arten (mit keulen-, schlauch- oder schüsselförmigen Podetien)

Parmelia acetabulum (Neck.) Duby (Schüsselflechte; eine der häufigsten Flechten auf Baumstämmen, Holzzäunen und ähnlichen Substraten).

Usnea (fadenförmig auf Baumästen; radiär „sproßartig" gebaut; unter der Rindenschicht hohlzylinderförmig die Algenschicht, zentral zwei unterschiedlich dichte Markschichten).

Beobachtungsziel: Fortpflanzung und Vermehrung (Soredien, Apothecien mit Asci)

Objekte: *Cladonia* spec.; *Xanthoria parietina* (L.) Th. Fr. oder *Anaptychia ciliaris* (L.) Koerb.

Materialbeschaffung: *Cladonia*-Arten wachsen häufig auf Waldboden, zwischen Moos, auf Baumstümpfen, Felsen und Baumstämmen, meist grau bis graugrün gefärbt und auffallend durch ihre stiel-, becher- oder trompetenartigen Podetien. Zu *Xanthoria* und *Anaptychia* s. S. 210.
Fruktifizierende Flechten sind das ganze Jahr über anzutreffen.

Präparation: Soredien gewinnt man leicht durch Abschaben des körnigen Belages von der Außenseite der als Podetien bezeichneten Apothecienträger von *Cladonia.* Die abgeschabte Masse ist mit Wasser schwer zu benetzen (Lufteinschluß); daher vorteilhaft in Ethanol bzw. in die Lösung eines Netzmittels einbetten.
Weiterhin sind Thallusquerschnitte erforderlich (siehe hierzu S. 210), die bei *Anaptychia* durch die Mitte der schüsselförmigen Apothecien, bei *Xanthoria* durch fertile Thalli führen sollen. Außerdem mediane Längsschnitte durch die Spitzen der Podetien von *Cladonia.*

Beobachtungen: Von den Fortpflanzungseinrichtungen der Flechten zunächst die Soredien studieren. Ein gut geeignetes Objekt zur Beobachtung dieser vegetativen Vermehrungseinrichtungen ist *Cladonia,* deren keulen-, schlauch- oder trompetenförmige Podetien außen dicht mit Soredien besetzt sind. Der Thallus erscheint an diesen Stellen wie mit einem grauen Pulver bestäubt. Der Belag läßt sich leicht abschaben und auf einem Objektträger in einem Flüssigkeitstropfen aufschwemmen. Bereits bei mittlerer Vergrößerung erkennt man verschieden große Gruppen von Algenzellen, die von Pilzhyphen umsponnen sind (Abb. 84G). Die größeren (älteren) von ihnen sind von einer deutlichen, aus dicht gelagerten Pilzhyphen bestehenden Rinde umgeben (Abb. 84H, I). Beim weiteren Wachstum zerteilen sich diese „Brutknospen" häufig. Durch Einschieben von Pilzhyphen zwischen die sich teilenden Algen und allmähliche Verdichtung zu einer neuen Rinde trennen sich die „Tochter"-Soredien voneinander und werden durch Wind und

Regen von der Mutterpflanze abgelöst. Die Soredien können zu neuen Thalli heranwachsen; häufig zerteilen sie sich an geeigneten Standorten so stark, daß sich makroskopisch sichtbare Lager pulverförmiger Soredienanflüge bilden.

Zur Fortpflanzung der Flechten werden weiterhin – ausschließlich durch den Pilz – Sporen produziert. Bei *Anaptychia* liegen die Sporenbehälter, die Asci, in offenen, runden, kurz gestielten schalenförmigen Gebilden, den Apothecien (Abb. 84A, vgl. auch Abb. 76D). Ein medianer Längsschnitt durch einen solchen „Fruchtkörper" unterrichtet über seinen Bau (Abb. 84B): Die Oberseite ist von einer gelblich-bräunlichen Schicht, dem Hymenium, überzogen. Hier liegen zahlreiche dünne, septierte Pilzfäden, die Paraphysen, parallel und unverfilzt, palisadenartig angeordnet. Zwischen ihnen sind – viel weniger zahlreich – einzelne braun erscheinende keulenförmige Asci eingestreut. Bei stärkerer Vergrößerung sind alle Entwicklungsstadien der Asci innerhalb eines Apotheciums zu beobachten. Im reifen Zustande enthalten sie je acht dunkelbraune Ascosporen (Abb. 84C).

Reife Ascosporen sind zweizellig, median etwas eingeschnürt und terminal leicht zugespitzt. Das Hymenium liegt einer zunächst ziemlich dichten, schmalen Subhymenialschicht auf (Abb. 84B), die nach unten zu von dem nur sehr locker verwobenen, weitmaschigen, algenfreien Mark abgelöst wird. Mark und Hymenium werden becherartig von einer Hüllschicht umgeben, deren Rand bei älteren Apothecien etwas nach innen eingerollt ist. Diese äußere Umhüllung des schüsselförmigen Gebildes besteht aus einer dichten, verfestigten Rindenschicht und der die Algen enthaltenden Zone (Abb. 84A, B). Die Algenschicht reicht bei *Anaptychia* bis an den eingerollten Rand des „Bechers".

Bei Querschnitten durch fertile Thalli von *Xanthoria* trifft man in der Regel Apothecien in den verschiedenen Entwicklungsstadien an. Die runden Sporenlager entstehen im Innern des Thallus als dichte Hyphenknäuel in der Nähe der Algenzone. Erst allmählich ordnen sich die Fäden, die die Asci und die Paraphysen ausbilden, bevor der Durchbruch nach außen erfolgt. Flechten aus der Gruppe der Cladoniaceen tragen die Apothecien am oberen Ende besonderer, im Innern hohler „Stiele", den Podetien. Das Hymenium kleidet dann die Innenfläche der becherförmigen Gebilde aus bzw. überzieht die Oberfläche der meist kegelförmig gewölbten Köpfchen. In den becherförmigen Podetien der verbreiteten *Cladonia pixidata* sucht man nach Asci oft vergebens. Die Podetien sind meist steril.

Weitere Beobachtungen: An gut gelungenen Mikrotomschnitten quer durch einen Soredien tragenden Thallus bzw. ein Podetium ist die Bildung dieser Fortpflanzungseinrichtungen aus der Algenschicht des Thallus zu beobachten. Häufig kann man auch Stadien der allmählichen Lösung der Soredien vom Thallus verfolgen (Verminderung des durch Pilzhyphen vermittelten Kontaktes zum Mutterorganismus).

Neben den Apothecien enthält der Thallusquerschnitt von *Anaptychia* sogenannte Spermogonien: eingesenkte, eiförmige Gebilde, deren Inneres von Fäden ausgekleidet ist, die an der Spitze kugelige Zellen abgliedern. Diese Zellen können wahrscheinlich als Sporen oder als männliche Geschlechtszellen (Spermatien) fungieren. Spermogonien offenbaren sich bei Lupenbetrachtung der Thallusoberfläche als kleine, warzenförmige Erhebungen. Die weibliche Gamocyste, das Ascogon mit der Trichogyne, ist nur äußerst selten eindeutig zu beobachten. Anstelle der Apothecien bilden manche Flechten kugel- bis eiförmige, in den Thallus eingesenkte Perithecien, deren vom Hymenium ausgekleideter Innenraum nur durch einen engen Porus mit der Außenwelt in Verbindung steht (z. B. bei *Verrucaria*).

Weitere Objekte:

Soredien: *Evernia* (eine Strauchflechte; Soredien über die ganze Thallusoberfläche verteilt)
Apothecien: *Usnea* (große Apothecien, gut schneidbar), *Lecanora, Parmelia, Cetraria*
Perithecien: *Endocarpon, Dermatocarpon.*

5. Bryophyta (Moospflanzen)

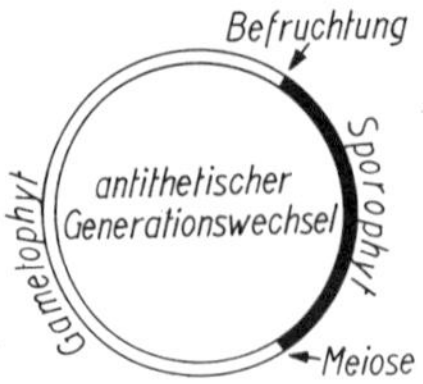

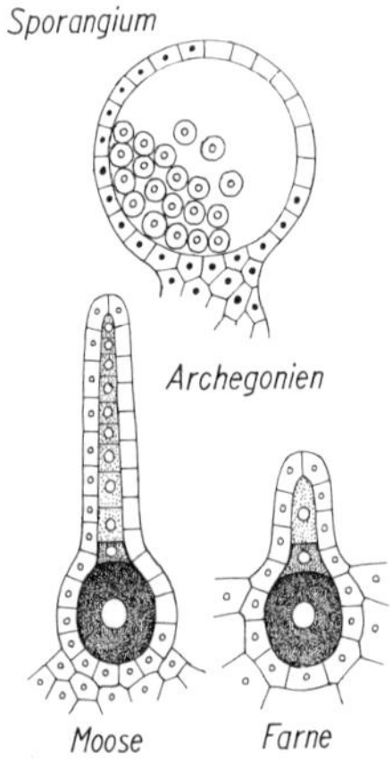

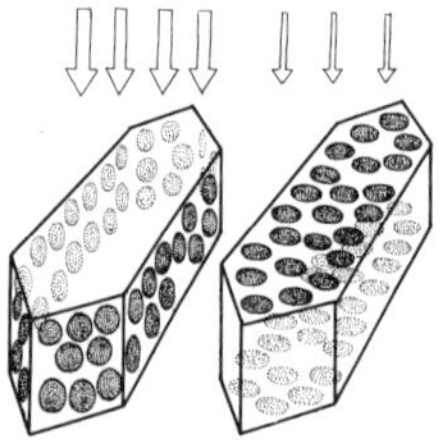

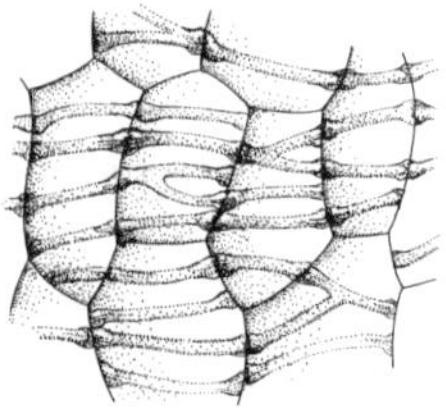

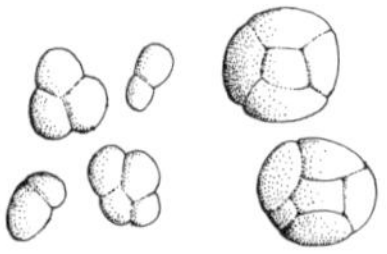

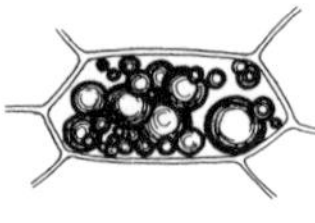

Photoautotrophe, meist ganzjährig grüne **Landpflanzen;** typische Bewohner feuchter Standorte, besonders der Moore und Wälder. Bedeutung für den Wasserhaushalt in der Natur; Moorbildung.
Relativ einheitliche, klar umrissene Abteilung des Pflanzenreichs. Durch **einheitlichen Entwicklungszyklus** charakterisiert, der mit **intermediärem Kernphasenwechsel** verbunden ist. Aus morphologisch-anatomischer Sicht stehen die Bryophyta zwischen den Thallophyten und Cormophyten.

Gemeinsamkeiten mit Cormophyten:

- **Echte Gewebe,** die durch die Tätigkeit zwei- bzw. dreischneidiger Scheitelzellen und durch Meristeme (Seta und Kapsel der Laubmoose) entstehen.
- Im Unterschied zu den Sporocysten und Gametocysten der niederen Thallophyten **vielzellige Sporangien und Gametangien,** deren **äußere Zellschicht steril** ist und als Wand fungiert.

Unterschiede zu Cormophyten:

- Unvollkommene Einrichtungen zur Stoffleitung **(keine Siebröhren, keine** „Gefäße“ mit **Ring-** und **Spiralverdickungen).**
- Unvollkommene Abschlußgewebe.
- **Keine Wurzeln** (Funktion wird von ein- oder wenigzelligen Rhizoiden übernommen: Verankerung im Substrat, kapillare Wasserzuführung).
- Sporophyt bleibend unselbständig und nie verzweigt.

Phylogenetisch bestehen enge Beziehungen zwischen Bryophyta und Pteridophyta unter anderem durch den weitgehend übereinstimmenden Bau der weiblichen Gametangien (Archegonien). Die beiden Pflanzengruppen können daher auch als **„Archegoniatae“** zusammengefaßt werden.
Auf die Herkunft von Chlorophyceenartigen deuten biochemische Gemeinsamkeiten (**Chlorophyll a und b, Stärke** als Reserveprodukt) und die Ultrastruktur der **isokonten Spermatozoiden** (S. 217).
Der Zellbau entspricht weitgehend dem der höheren Pflanzen. Die Chloroplasten werden je nach Lichtverhältnissen in eine für die Photosynthese optimale Position verlagert: Bei starkem Lichteinfall an die antiklinen, bei schwächerer, diffuser Belichtung an die periklinen Zellwände.
In der Zellwand neben **Cellulose** noch **Pectinstoffe** (*Sphagnum*-Arten) und **Gerbstoffe** (*Dicranum*-Gerbsäure). Zur mechanischen Festigung kollenchymatische oder sklerenchymatische Verdickungen, dann auch getüpfelt. Bei Zellen mit mechanischer Funktion mitunter nur begrenzte Verdickungen in Form von Leisten, Balken, Ringen, Zäpfchen (z. B. Kapselwandungen der Lebermoose; Thalluszellen bei *Pellia epiphylla;* Rhizoide der Marchantiales; Peristomzähne der Laubmoose). **An Außenwänden zarte Cuticula,** die meist nur geringen Verdunstungsschutz bietet. Bemerkenswert ist das Fehlen von Plasmodesmen zwischen den heranreifenden Zellen in den Gametangien und zwischen den Fußzellen des diploiden Sporophyten und den Vaginulazellen des haploiden Gametophyten.
Als **Reservestoff** ist **Stärke** in manchen Geweben und Organen reichlich enthalten (z. B. Columella der Laubmoose vor der Sporenentwicklung, Seta, Vaginula, Thalluszellen der Lebermoose).

Öltropfen (vorwiegend in Sporen, an Stellen der Gewebebildung und am Fuße sich entwickelnder Sporophyten). Zellen oft mit Öltropfen prall gefüllt. Spezielle Speicherorgane für Reservestoffe fehlen.

Weitere Stoffwechselprodukte: **ätherische Öle,** vorwiegend in den Ölkörpern der Lebermoose. **Schleimstoffe** in Idioblasten der Lebermoose; keine Kristallidioblasten.

Wachstum: Charakteristische, stets apikal liegende **Scheitelzellen** erzeugen meristematische Zellkomplexe, die durch intensive Teilungstätigkeit den Massenzuwachs bringen.

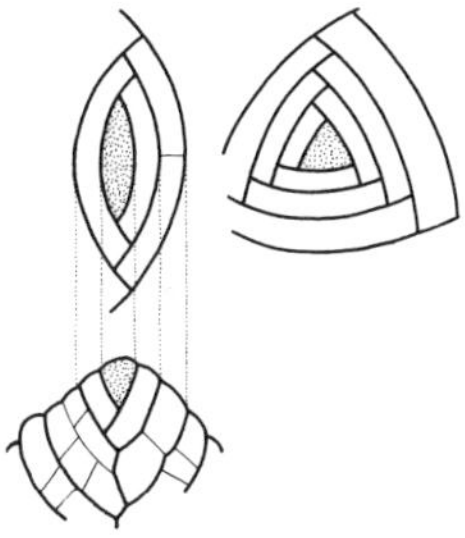

Teilungsmodus der Scheitelzellen bedingt Wuchsform des Thallus: zweischneidige Scheitelzellen → bandförmige, ein- und mehrschichtige Thalli (thallose Lebermoose); dreischneidige Scheitelzellen → aufgerichtete, in Stämmchen und Blättchen gegliederte Thalli (Laubmoose). Beim Längenwachstum der Seta der Laubmoose, beim Aufbau des Epigons (Hülle um Embryo) und bei der Entwicklung der Kapsel sind **interkalare Meristeme** tätig.

Gabelige Verzweigung der Thalli von Lebermoosen entsteht durch Anlage neuer Scheitelzellen am Vegetationspunkt (nicht durch äquale Teilung der Scheitelzelle wie bei dichotom verzweigten Algen).

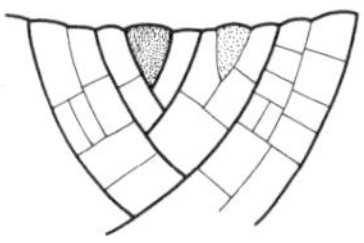

Vegetative Vermehrung durch ausgeprägtes **Regenerationsvermögen:** Aus speziellen „Brutorganen" sowie aus Thalluslappen, Stämmchen, Blättchen und Teilen dieser Organe können direkt oder über Sekundärprotonemen neue Moospflänzchen heranwachsen.

Die Brutkörper sind einzellig **(Gemmen)** oder vielzellig (**Brutknospen,** Brutscheiben).

Sexuelle Fortpflanzung und Entwicklungszyklus: Bei allen Moosen prinzipiell gleichartiger **antithetisch-heteromorpher Generationswechsel.** Die haploide Meiospore **(Moosspore)** keimt zu einem **Protonema** (Vorkeim) aus, an dem sich zahlreiche Moospflänzchen **(Gametophyten)** entwickeln (Entstehung der Moospolster!).

Auf den Gametophyten wachsen acrocarp (gipfelständig) oder pleurocarp (seitenständig) die **Gametangien** in monöcischer, diöcischer oder zwittriger Verteilung.

Aus den **Antheridien** treten die **Spermatozoiden** aus, schwimmen zum **Archegonium** (Chemotaxis!) und dringen durch den Archegonienhals in den Archegonienbauch bis zur **Eizelle** vor, die von einem Spermatozoiden befruchtet wird **(Oogamie).**

Die **Zygote** entwickelt sich ohne Ruhepause zum diploiden **Embryo,** der anfangs von einem Gewebekomplex aus Archegonium- und Thalluszellen umhüllt ist (Embryotheka, Epigon).

Der heranwachsende diploide **Sporophyt** (Sporogon) wird über das Haustorium (Fußteil) ernährt, das in dem Gametophyten verankert ist. Die **Sporenkapsel** – sitzend oder von einer **Seta** (Stiel) emporgehoben, oft mit dem Oberteil der zerrissenen Embryotheka mützenartig bedeckt **(Calyptra)** – enthält das **Archespor,** in dem unter Meiose aus den mitotisch vermehrten diploiden **Sporenmutterzellen** (Sporocyten) **Sporentetraden** entstehen, deren haploide Einzelzellen sich zur Reife voneinander lösen und als **Sporen** aus der Kapsel verstreut werden.

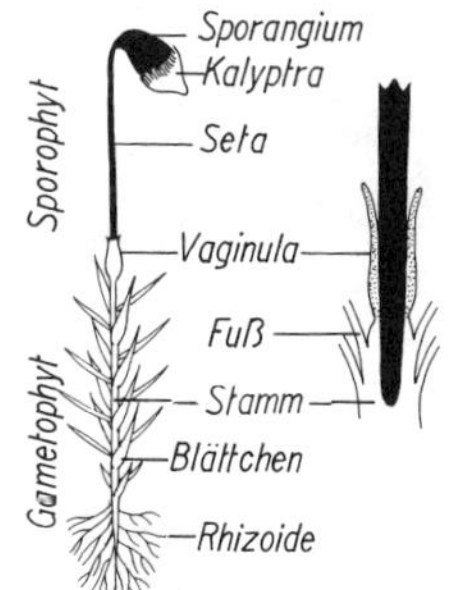

System

(vereinfachte Übersicht; nur wichtige Ordnungen mit bekannten bzw. typischen Gattungen)

1. Klasse: Anthocerotae
   Ordnung: Anthocerotales — *Anthoceros, Dendroceros*
2. *Klasse: Marchantiatae*
   thallose Lebermoose
   Ordnung: Sphaerocarpales — *Sphaerocarpos, Riella*
   Ordnung: Marchantiales — *Marchantia, Lunularia, Asterella, Preissia*
   Ordnung: Metzgeriales — *Metzgeria, Pellia, Riccardia*
   foliose Lebermoose
   Ordnung: Jungermanniales — *Lophozia, Lophocolea, Jungermannia*
3. Klasse: Bryatae
   Ordnung: Sphagnales — *Sphagnum*

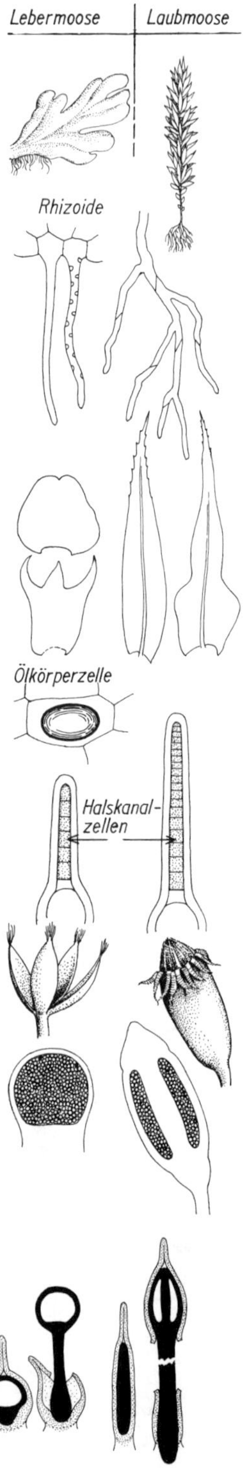

Ordnung: Polytrichales	*Polytrichum, Atrichum*
Ordnung: Dicranales	*Dicranum, Distichum, Ceratodon, Leucobryum*
Ordnung: Funariales	*Funaria, Physcomitrium*
Ordnung: Bryales	*Bryum, Mnium*

Die beiden Klassen unterscheiden sich durch charakteristische Merkmale:

	Marchantiatae	**Bryatae**
Protonema	bei thallosen Formen sehr kurzer Schlauch; bei foliosen Formen vielzellig, vielgestaltig	dünne, vielzellige, verzweigte Fäden (Ausnahme: *Sphagnum*)
Vegetationskörper	thallos; wenn folios, dann Stämmchen dorsiventral	immer in Stämmchen, Blättchen und Faserrhizoide gegliedert; meist nicht dorsiventral
Rhizoide	einfache einzellige Haare, teilweise zu „Zäpfchenrhizoiden" differenziert	verzweigt, mehrzellig, mit schrägen Querwänden, keine „Zäpfchenrhizoide"
Caulidien (Stämmchen)	ohne Leitgewebe	teilweise mit primitiven Leitelementen (Leptoide, Hydroide) im Zentralstrang
Phyllidien (Blättchen)	ohne Mittelrippe; oft mehrspitzig, gelappt oder segmentiert, zwei- oder dreizeilig angeordnet	meist mit mehrschichtiger Mittelrippe; nie mehrspitzig; immer einfach; meist nicht zwei- oder dreizeilig angeordnet
Ölkörper	vorhanden	fehlen
Anzahl der Halskanalzellen	4–8	10–30
Seta	nicht immer vorhanden, farblos, zart; Streckung, nachdem Kapsel endgültige Größe erreicht hat; Streckung schnell, bei manchen Arten in wenigen Stunden	immer vorhanden, gefärbt, derb; Längenwachstum vor Entwicklung der Kapsel; Längenwachstum langsam (vollständige Entwicklung des Sporogons in 5 bis 19 Monaten)
Kapsel	kugel- bis eiförmig, ohne Columella (Ausnahme *Anthoceros*), nie mit Peristom	birnenförmig bis zylindrisch, meist mit Columella, meist mit Peristom
Calyptra	reißt bei Streckung der Seta auf und bleibt an Archegoniumwand hängen	reißt ringsum ab und wird von wachsender Seta emporgehoben
Elateren	oft vorhanden	fehlen

Einige charakteristische Formen von Moosen sind in Abb. 85 dargestellt.

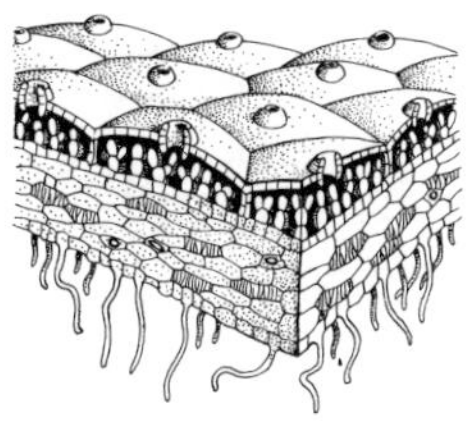

5.1. Marchantiatae (Lebermoose)

Zahlreiche Arten thallos; Sporophyt ohne Stomata und ohne nennenswertes Assimilations- und Leitgewebe; Kapsel ohne Columella, Sporen in der Kapsel mit sterilen Zellen (meist als Elateren ausgebildet) vermischt; Ausnahme *Anthoceros:* Sporophyt mit Stomata und Assimilationsgewebe.

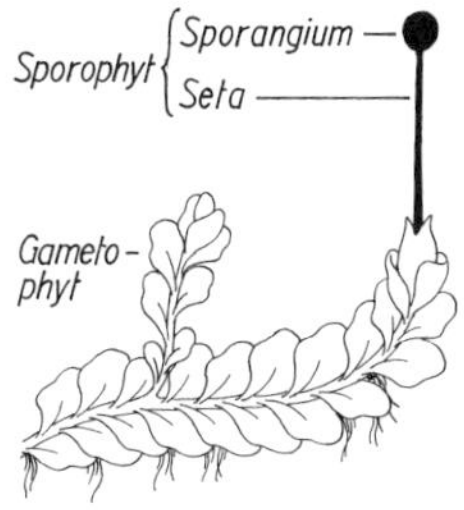

Vegetationskörper des Gametophyten: Bei Marchantiales und Metzgeriales bandförmig-lappig, meist mehrschichtig; bei Marchantiales aber schon weitgehend differenziert: Die oberen Zellschichten bauen ein kompliziertes assimilatorisches System auf (Luftkammern mit kaminartigen Atemöffnungen und wenigzelligen, chloroplastenreichen Säulchen als Assimilatoren).
Die unteren, gleichförmigen Zellschichten dienen als Speichergewebe (Stärke). Einzelne dieser Zellen mit „Ölkörpern" (Terpene; so nur bei Marchantiatae!). An der Thallusunterseite einfache, einzellige Anhangsgebilde der Epidermis (Faser- und Zäpfchenrhizoide), die der Befestigung im Boden und der kapillaren Wasserleitung (Dochtwirkung!) dienen. Häufig auf der Thallusoberseite Brutkörper, bei *Marchantia* sogar in speziellen Brutbechern.
Bei den Jungermanniales ist der Thallus gegliedert. Ein dorsiventrales, verzweigtes Stämmchen ohne Leitstrang trägt einschichtige Blättchen ohne Mittelrippe (Unterschied zu meisten Bryatae). Vegetationskörper der Metzgeriales dagegen nicht in Blättchen und Stämmchen gegliedert (z. B. *Metzgeria, Pellia*). Jungermanniales 90% aller Hepaticae!

Gametangien: Bei Marchantiales oft an negativ geotropen, schirmchenförmigen Ständern (Thallusmetamorphosen). Bei *Marchantia* diözisch verteilt; bei Metzgeriales auf dem liegenden Thallus flächenständig **(anakrogyn)** von besonderen Gewebelappen **(Perichaetium)** und bei Jungermanniales endständig **(akrogyn)** von besonderen, miteinander verwachsenen Blättchen (Perianth) umhüllt.

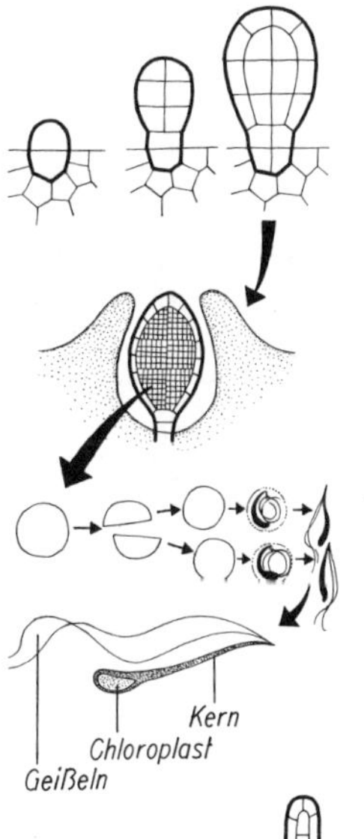

Antheridium: Nach mehreren mitotischen Zellteilungen der Antheridienanlage (Oberflächenzelle) frühzeitige Trennung in **sterile Wandzellen** (Angialwand) und – durch weitere mitotische Zellteilungen stark vermehrt – in erheblich kleinere, **spermatogene Zellen** mit dünner Wand, die sich schließlich in einer letzten Zellteilung in je zwei **Spermatiden** umwandeln. In jeder Spermatide entsteht ein von einem dünnen Häutchen (Vesikel) umhüllter Spermatozoid. Die reifen, **isokonten Spermatozoiden** werden durch Verschleimen der Angialwand frei (Unterschied zu Bryatae!).
Je Antheridium mehrere hundert bis mehrere tausend Spermatozoiden (Unterschied zu Pteridophyta!).

Archegonium: Nach mehreren mitotischen Zellteilungen der Archegoniumanlage (Oberflächenzelle) frühzeitige Differenzierung in **sterile Wandzellen** und **primäre Zentralzelle.** Wenige mitotische Zellteilungen der primären Zentralzelle liefern eine einfache Zellreihe, die sich in große, basale **Eizelle,** kleine **Bauchkanalzelle** und noch kleinere **Halskanalzellen** (4–8, Unterschied zu Bryatae) differenziert. Mit zunehmender Reife degenerieren alle inneren Zellen außer der Eizelle und lösen sich auf. Eizellprotoplast liegt frei im Archegoniumbauch und ist dann befruchtungsfähig.

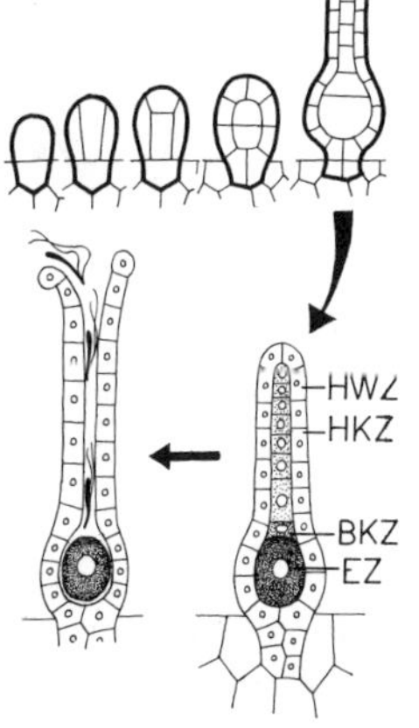

Sporogon (Sporophyt): Das der Zygote folgende Zweizellstadium ist bereits determiniert: aus der spitzenwärts gelegenen Zelle entsteht die Kapsel (Marchantiales) bzw. Kapsel und Stiel (Jungermanniales), aus der basalen Zelle entstehen Sporogonfuß und Kapselstiel (Marchantiales) bzw. Sporogonfuß (Jungermanniales) oder/und Suspensor (Haustorium), z. B. bei *Pellia.* Sporogonfuß und Anhängsel (Suspensor) sind für die Ernährung des Sporophyten wichtig und zweckentsprechend differenziert (s. u. Bryatae, S. 223).

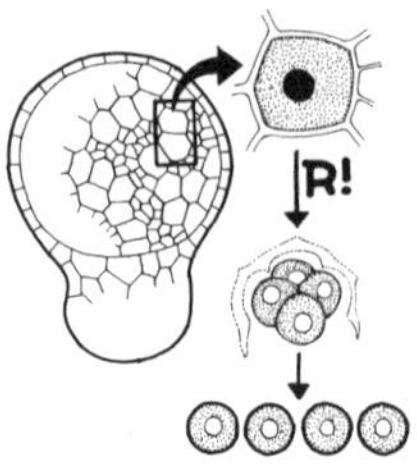

Der weiche, farblose Kapselstiel hat keinen Zentralstrang und verlängert sich nur durch Zellstreckung (Unterschied zu Musci).

Kapsel: Nach mitotischen Zellteilungen in der Sporangienanlage Trennung in **sterile Wandzellen** (einschichtig: Marchantiales; mehrschichtig: Jungermanniales) und **Archespor,** dessen Zellen sich mitotisch weiter vermehren. Aus dem entstandenen **sporogenen Gewebe** gehen die **Sporenmutterzellen** (Sporocyten) hervor, die unter Meiose zu haploiden **Sporentetraden** werden und zur Reife in die einzeln lose im Sporangium liegenden **Sporen** (Meiosporen) zerfallen. Steril bleibende Zellen zwischen den Sporocyten werden zu **Elateren** (Schleuderzellen). Beim Öffnen reißt die Kapselwand unregelmäßig (Marchantiales) oder in vier gleichmäßigen Klappen (Jungermanniales) auf.

Im Unterschied zu Bryatae **keine Columella** (Ausnahme: Anthocerotales). Sporen können bereits in der Kapsel keimen und im mehrzelligen Stadium ausgestreut werden (z. B. *Pellia*).

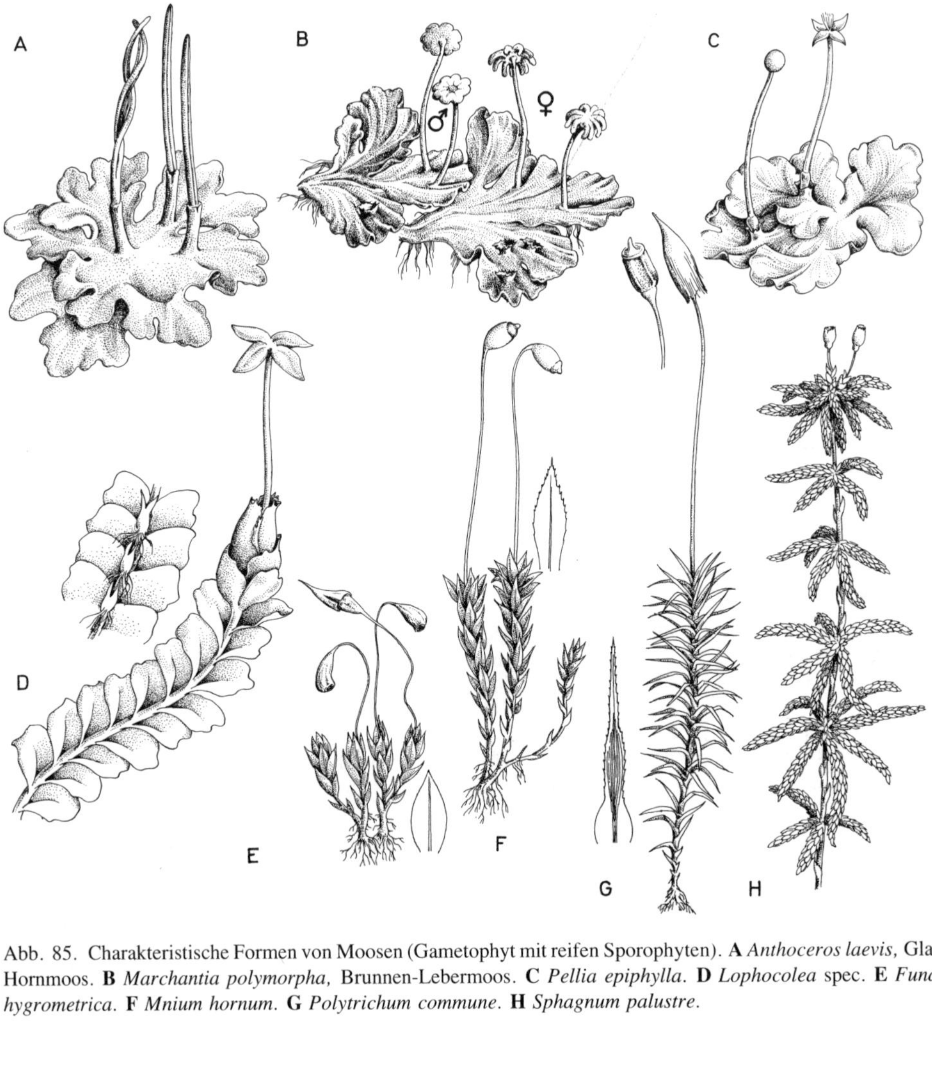

Abb. 85. Charakteristische Formen von Moosen (Gametophyt mit reifen Sporophyten). **A** *Anthoceros laevis,* Glattes Hornmoos. **B** *Marchantia polymorpha,* Brunnen-Lebermoos. **C** *Pellia epiphylla.* **D** *Lophocolea* spec. **E** *Funaria hygrometrica.* **F** *Mnium hornum.* **G** *Polytrichum commune.* **H** *Sphagnum palustre.*

Beobachtungsziel: Gametophyt und Gametangien eines thallosen Lebermooses

Objekt: *Pellia epiphylla* (L.) Corda (Gemeines Beckenmoos).

Materialbeschaffung: Dunkelgrüne, dichte Lager an ständig feuchten, schattigen Bachufern; nur auf sauren, mineralischen Böden. Thalluslappen bis 1 cm breit, unregelmäßig verzweigt; monöcisch; proterandrisch. Äußerlich ähnlich *Marchantia,* aber auf der Thallusoberfläche keine Brutbecher und Atemöffnungen. Im Frühling Kapseln auf etwa 5 cm langer Seta; Elateren haften pinselförmig in der Mitte der Kapselbasis (Abb. 85C).

In feuchter Kammer (Reg. 84) kann *Pellia* lange Zeit kultiviert werden (Raumtemperatur; direktes Sonnenlicht vermeiden).

Präparation: Vom Standort- oder Kulturmaterial mit Hilfe einer Lupe solche Thalluszweige aussuchen, die nahe dem Vorderende eine kleine grüne Schuppe (Perichaetium über Archegonien!) und entlang der Mittellinie grünlichgelbe bis rötliche Pusteln (Antheridien!) tragen. Entsprechende Thallusabschnitte abtrennen. Handschnitte (für Archegonienpräparate längs, für Antheridien längs oder quer) und ganze Stücke in Alkohol-Essigsäure fixieren (Reg. 36), anschließend in einem Gemisch von Chloralhydrat-Glycerolwasser-Hämalaun nach Mayer färben und einbetten (Reg. 21). Färben und Aufhellen von Einwirkungsdauer des Gemischs abhängig. Präparate aufbewahren und zu verschiedenen Zeiten untersuchen. Handschnitte von Frischmaterial in Wasser einbetten.

Beobachtungen: Thallusbau (Abb. 86A, B). Bei mittlerer Vergrößerung auf gefärbte Thallusschnitte einstellen. Handschnitte von Frischmaterial vergleichend beobachten! – Der Thallus ist aus wenigen Schichten gleichförmiger, dünnwandiger Zellen aufgebaut, die in Thalluslängsrichtung etwas gestreckt sind. Die Zellen der oberen Epidermis enthalten zahlreiche linsenförmige, meist mit Assimilationsstärke beladene Chloroplasten. Bei der unteren Epidermis wachsen einzelne Zellen im Bereich der angedeuteten Mittelrippe zu einfachen, unverzweigten Faserrhizoiden aus. Ihre Zellwände sind glatt, durch Gerbstoffeinlagerung braun gefärbt; Innenfläche ohne zäpfchenförmige Verdickungen (wichtiges Unterscheidungsmerkmal zu Marchantiales!). Die parenchymatischen Zellen zwischen den Epidermen enthalten nur wenige Chloroplasten, sind aber z. T. mit Reservestoffen prall gefüllt. Besonders an gefärbten Längsschnitten fallen im mehrschichtigen medianen Bereich Verdickungen der Zellwände auf, die von Zelle zu Zelle korrespondieren und den Eindruck eines grobmaschigen Netzes vermitteln (wichtiges Unterscheidungsmerkmal zu anderen *Pellia*-Arten!). Die spangenartigen Verdickungen, vorzugsweise in vertikaler Richtung ausgebildet, färben sich mit Hämalaun deutlich an (Abb. 86B). Die Verdickungen sind im Querschnitt linsenförmig, 10 bis 20 μm breit und 6 bis 10 μm dick. Die Mittelrippe geht allmählich nach den Seiten in die wenigschichtigen, am Rande einschichtigen Thallusflügel über. In der Aufsicht können an jungen, kräftig wachsenden Thallusenden in den Scheitelbuchten die Scheitelzellen und die sie umgebenden meristematischen Zonen beobachtet werden. Sehr schöne Mitosebilder! Die Scheitelbuchten sind oft dicht mit meist zweizelligen Keulenhaaren besetzt, die Schleimstoffe sezernieren und damit die Wachstumszone vor Austrocknung schützen.

Antheridium. Schon mit bloßem Auge sind auf der Oberseite des Thallus verstreut entlang der Mittelrippe kleine Pusteln zu erkennen. Jede dieser Erhebungen enthält ein Antheridium, das vom Perichaetium bedeckt ist. Anhand von Thallusquerschnitten ist die Entwicklung der Antheridien mikroskopisch zu verfolgen (Abb. 86C–E): Eine Oberflächenzelle kurz hinter der Scheitelregion wird zur Antheridieninitiale, die papillenförmig über die Thallusoberfläche hinausragt und sich durch perikline Teilungen in Basalzelle, primäre Stielzelle und primäre Antheridialzelle gliedert. Aus der primären Stielzelle entsteht der mehrzellige, sehr kurze Antheridienstiel. Die primäre Antheridialzelle liefert in wenigen Teilungsschritten Angialwandinitiale und primäre spermatogene Zellen, aus denen in wiederholten, synchronen Teilungsschritten die Masse des spermatogenen Gewebes hervorgeht, das von der einschichtigen Angialwand umschlossen ist (Abb. 86H). Die spermatogenen Zellen teilen sich noch einmal diagonal und bringen je zwei Spermatiden hervor (Abb. 86F, G) (Entwicklung der Spermatozoiden s. a. S. 230–236). An entsprechenden Schnitten durch den Thallus ist zu erkennen, daß sich das umgebende Thallusgewebe schon sehr frühzeitig als Perichaetium über das junge Antheridium wölbt. Durch einen engen Kanal am Scheitel können die Spermatozoiden nach außen gelangen (Abb. 87A). Das reife Antheridium ist annähernd kugelför-

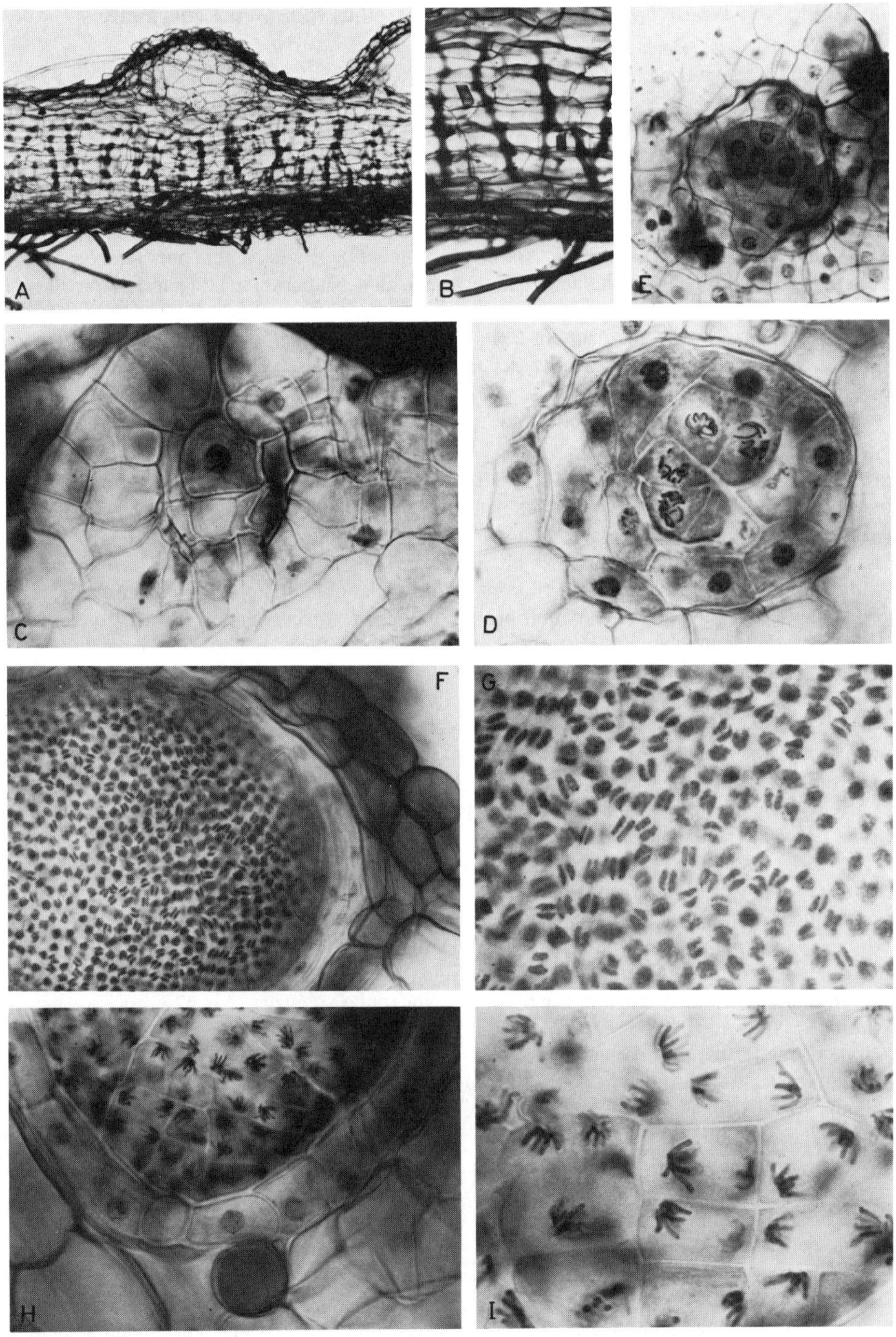
A
B
E
C
D
F
G
H
I

mig und sitzt auf einem sehr kurzen, mehrzelligen Stiel in der vom Perichaetium gebildeten Antheridialhöhle (Abb. 87B). Der Antheridienstiel ist sehr unscheinbar und kann leicht übersehen werden. Im engen Spalt zwischen Angialwand und Perichaetium stehen vereinzelt zweizellige Drüsenhaare, wie sie auch in der Archegonialhöhle zwischen den Archegonien zu finden sind.
Archegonium (Abb. 87C–G). Auf der Oberfläche generativer Thalluszweige fällt jeweils nahe der Scheitelregion ein schuppenförmiges Blättchen auf, das eine kleine, nach vorn offene Tasche bildet (Perichaetium). Jedes bedeckt eine Gruppe von 4 bis 12 Archegonien, die einem Gewebesockel mehr oder weniger horizontal entspringen. Da die Archegonien nicht gleichzeitig reifen, sind meist verschiedene Entwicklungsstadien zu finden (Abb. 87C, D). An aufgehellten, apikalen Thallusstücken können die Archegonien durch das Perichaetium hindurch gut beobachtet werden (Abb. 87E–G).
Im Bereich der Scheitelzelle vergrößert sich eine Oberflächenzelle papillenartig und wird zur Archegonieninitiale. Sie teilt sich in eine untere Basalzelle und eine distale Außenzelle. Danach gliedert sich die Außenzelle durch Einziehen vertikaler und horizontaler Zwischenwände in eine primäre Zentralzelle und Angialwandinitialen. Antikline Teilungen der primären Zentralzelle führen zu Stadien, wie sie Abb. 87E, F zeigen: Eizelle, Bauchkanalzelle, Halskanalzellen; Angialwand noch einschichtig. Halswandzellen und Halskanalzellen vermehren sich. Mit zunehmender Reife des Archegoniums wird die Bauchwand durch wenige perikline Teilungen mehrschichtig. In Angialwandzellen sind oft Mitosestadien gut zu sehen (Abb. 87E). Der befruchtungsfähige, zarte Eizellenprotoplast liegt frei im Bauch des Archegoniums und bleibt bei der empfohlenen einfachen Präparationstechnik nicht oder nur mangelhaft erhalten. Ebenso sind unter diesen Bedingungen kaum Stadien der Befruchtung zu beobachten, dagegen sind in das Archegonium eindringende Spermatozoiden öfter zu finden. Sie dringen in solchen Mengen in den Archegonienhals ein, daß sie den Halskanal fast ausfüllen. Dabei sind die im freien Wasser korkzieherartig gewundenen Spermatozoiden weitgehend gestreckt. Mit Hämalaun werden sie deutlich angefärbt (Abb. 94 I).
Junge Embryonalstadien (im Frühjahr zu finden) lassen bereits die weitere Entwicklung zum Sporogonium erkennen (Abb. 87G). Die nackte Zygote, die sich nach der Befruchtung mit einer Zellwand umgibt und sich vergrößert, wird bei der ersten Teilung in Epi- und Hypobasalzelle gegliedert. Aus der Epibasalzelle – in Abb. 87G bereits zu mehrzelligem Stadium herangewachsen – entsteht bei *Pellia epiphylla* das eigentliche Sporogonium (Fuß, Seta, Kapsel). Die Hypobasalzelle macht nur wenige Teilungen durch und wird lediglich zu einem Anhang des Fußes (Suspensor), der die Ernährung des Sporophyten vermittelt. Die Wand des Archegoniumbauches nimmt währenddessen durch erneute aktive Teilungstätigkeit ihrer Zellen erheblich an Dicke zu und umgibt als schützende Embryotheka (Epigon) das heranwachsende Sporogon.

Weitere Objekte:

Marchantia polymorpha L. (Marchantiaceae), Brunnenlebermoos (Abb. 85B): Auf nährstoffreichen, dauernd feuchten Böden. Thallus über 1 cm breit, Oberseite mit kreisrunden Brutbechern und tonnenförmigen Atemporen, deutlich gefeldert; Unterseite mit kleinen Bauchschuppen. Diöcisch. Kapselbildung Sommer und Herbst. Beispiel für stark differenzierten Gametophyten. Gametangien auf besonderen Ständern. Günstiges Objekt für Studium der „Ölkörper".
Metzgeria furcata (L.) Dum. (Metzgeriaceae): Thallus sehr klein! Weniger als 1 cm lang und unter 1 mm breit. Auf Borke alter Bäume. Diöcisch. Kapselbildung im Herbst. Besonders für das Studium der Scheitelzelle geeignet.

Abb. 86. *Pellia epiphylla*. Entwicklung der Antheridien. **A** Schnitt durch Thallus. Auf der Oberseite kuppelförmige Erhebungen, in denen, vom Perichaetium überdeckt, die Antheridien sitzen; an der Unterseite Rhizoide; 40:1. **B** Ausschnitt aus A, die spangenartigen Verdickungen der vertikalen Zellängswände treten als unscharfe dunkle Streifen hervor; 70:1. **C** Antheridien im Primärstadium, längs geschnitten. Thalluszellen wachsen als Perichaetium empor und hüllen das Antheridium ein; 500:1. **D** Synchrone Zellteilung der primären, spermatogenen Zellen; 500:1. **E** Junges Antheridium, bereits in Angialwand, primäre spermatogene Zellen und Antheridiumstiel differenziert; 300:1. **F** Die spermatogenen Zellen haben sich in je zwei Spermatiden geteilt; 250:1. **G** Vergrößerter Ausschnitt aus F; 500:1. **H** Synchrone Zellteilungen im spermatogenen Gewebe; in der Antheridialhöhle ein Drüsenhaar in Aufsicht (unten); 400:1. **I** Vergrößerter Ausschnitt aus spermatogenem Gewebe; 800:1.

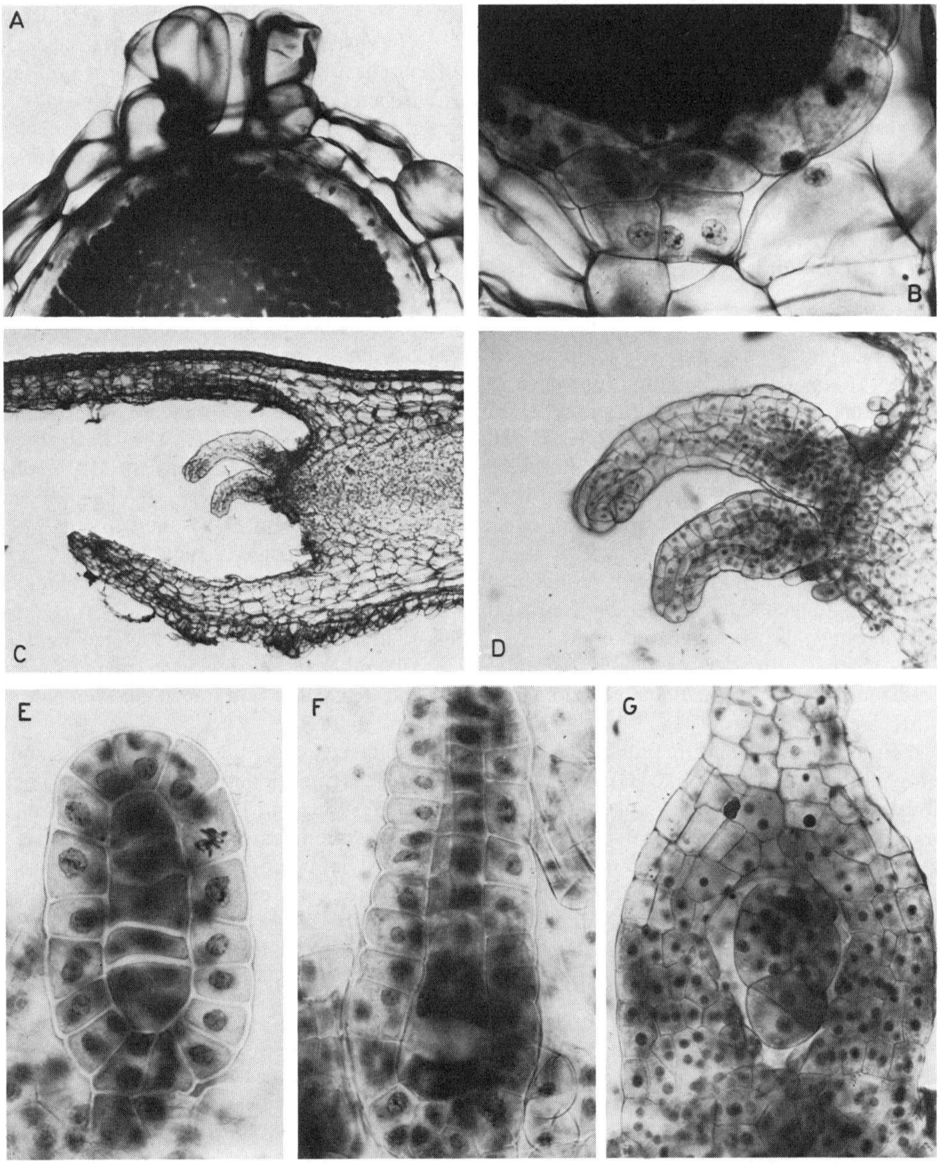

Abb. 87. *Pellia epiphylla.* **A** Reifes Antheridium. Durch den schornsteinförmigen Kanal des Perichaetiums entweichen später die Spermatozoiden; 400 : 1. **B** Basis des Antheridiums von A. Antheridienstiel; 400 : 1. **C** Längsschnitt durch Thallusscheitel. Archegoniumgruppe, von Perichaetium überdacht; 30 : 1. **D** Vergrößerter Ausschnitt aus C. Neben den reifen Archegonien zweizellige Drüsenhaare und unentwickelte Archegonienanlagen; 80 : 1. **E** Junges Archegonium. Angialwand noch einschichtig. Erste antikline Teilungen der primären Zentralzelle; 350 : 1. **F** Innere Zellen in Halskanalzellen, Bauchkanalzelle und Eizelle differenziert. Angialwand noch einschichtig; 300 : 1. **G** Archegonium mit jungem Embryo. Wand des Archegoniumbauchs mehrschichtig (Embryotheka); 200 : 1.

5.2. Bryatae (Laubmoose)

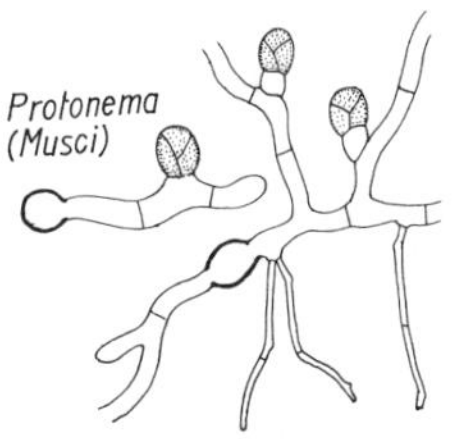

Vegetationskörper des Gametophyten: Einheitlicher als Marchantiatae. **Keine thallös-lappigen Formen** mehr. Protonema gut entwickelt: Von chloroplastenreichen **Chloronemen** (Querwände senkrecht zur Fadenachse) zweigen chloroplastenarme **Caulonemen** (Querwände schräg) ab.

Vegetationskörper immer in **Blättchen, Stämmchen** und **Rhizoide** gegeliedert: Blättchen einschichtig, meist mit Mittelrippe und oft mit besonderen Randzellen; bei manchen Gattungen mit speziellen Differenzierungen für Wasserspeicherung (z. B. *Sphagnum, Leucobryum*) und Vergrößerung der zur Photosynthese wirksamen Oberfläche *(Polytrichum);* schraubig angeordnet. Stämmchen orthotrop, acrocarp, einfach, oder plagiotrop, pleurocarp und fiedrig verzweigt; bei höchstentwickelten Formen (Polytrichales) bereits Zentralstrang mit differenzierten Leitelementen (Leptoide, Hydroide). Rhizoide mehrzellig, dienen nur der Verankerung im Substrat, nicht der Wasseraufnahme (Unterschied zu thallösen Marchantiatae).

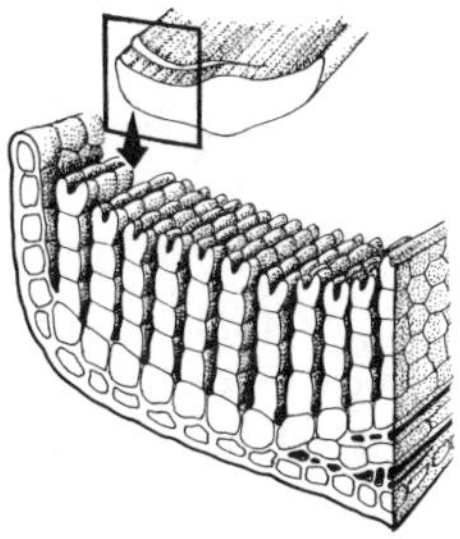

Gametangien: Gruppenweise (monöcisch, diöcisch, zwittrig) auf dem verbreiterten Scheitel der Hauptachsen bzw. Seitenzweige, meist mit mehrzelligen Paraphysen (Safthaaren) vermischt und von Hüllblättern (Perichaetialblätter) umgeben. Sexualorgane gestielt und **stets aus Segmenten von Scheitelzellen aus aufgebaut** (Unterschied zu Marchantiatae und Pteridophyta!).

Archegonium: Scheitelzelle wird nach Aufbau eines schmalen Zellsockels (späterer Stiel des Archegoniums) zur **Archegonienmutterzelle,** aus der **Zentralzelle, Deckzelle** und **Wandzellen** hervorgehen die sich mitotisch weiterentwickeln; Zentralzelle liefert **Eizelle** und **Bauchkanalzelle,** primäre Halskanalzelle bildet untere und primäre Deckzelle, obere **Halskanalzellen.** Weitere Entwicklung bis zur Befruchtung wie bei Marchantiatae.

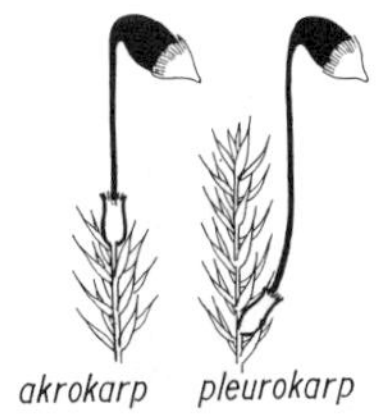

Antheridium: Zweischneidige Scheitelzelle liefert ebenfalls Wand- und Innenzelle. Aus letzterer entsteht spermatogenes Gewebe. Entwicklung der Spermatozoiden wie bei Marchantiatae. Öffnung der Antheridien nur an der Spitze durch Quellung und Verschleimen spezieller, chloroplastenfreier Wandzellen (Unterschied zu Marchantiatae). Reife Antheridien keulen-, spindel- oder bananenförmig.

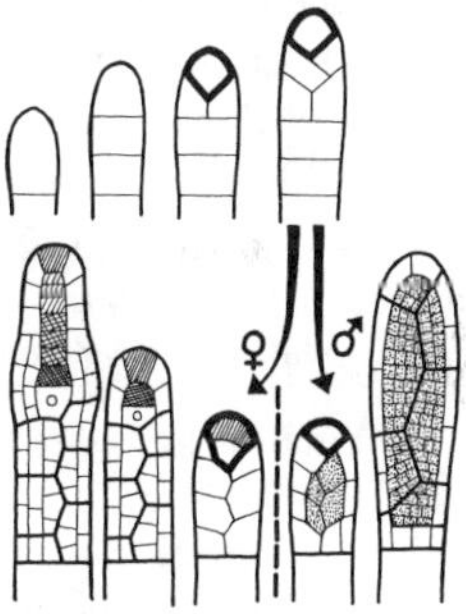

Sporophyt (Sporogon): Komplizierter als bei Marchantiatae. Nach wenigen Querteilungen der Zygote Ausbildung von Scheitelzelle und meristematischen Fußzellen. Junges Sporogon anfangs von **Embryotheka** (Gewebeanteile von Archegoniumbauch, Archegoniumstiel, Stämmchenscheitel) geschützt. Oberer Teil der haploiden Embryotheka bleibt als Calyptra auf dem emporwachsenden diploiden Sporophyten hängen. Beachte: Bei *Sphagnum* ist an Stelle der „Seta" eine Verlängerung des Gametophyten (Pseudopodium) ausgebildet, und diese ist daher haploid!

Sporogonfuß als Organ für Ernährung des Sporogons meist mit zweckentsprechenden Einrichtungen für **Haustorialfunktion** versehen: mitunter tiefes Einwachsen in Gametophytenscheitel; Oberflächenvergrößerung durch plazentaähnliches Verwachsen mit Gametophytengewebe (papillöse Zellfortsätze) und durch manschettenartige Wucherungen (Haustorialkragen); Umhüllung durch plasmatisches gametophytisches Nährgewebe.

Anti- und perikline Teilungen der von der Scheitelzelle abgegliederten Segmente liefern in der Kapselanlage äußere und inner Zellschichten (Amphithecium, Endothecium)! Das **Amphithecium** wird zur mehrschichtigen, an der Basis (Apophyse) mit Stomata versehenen **Kapselwand** (bei *Sphagnum* wird innere Schicht zum Archespor); aus der äußersten Zellschicht des **Endotheciums** entsteht das **Archespor,** aus den inneren Zellschichten die **Columella.**

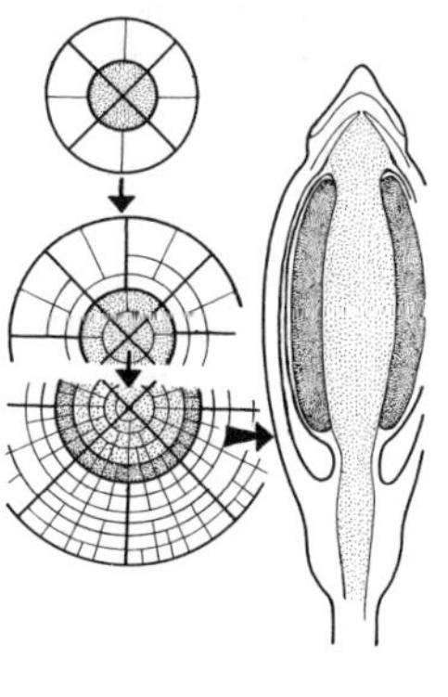

Die Kapsel reift auf der durch ein Meristem bereits emporgewachsenen **Seta** und öffnet sich bei der Reife an der Spitze. Der Deckel **(Operculum)** wird durch den quellenden **Anulus** abgesprengt. Dosierte Sporenfreisetzung durch hygroskopische Bewegung der **Peristomzähne** (Unterschied zu Marchantiatae).

Einige Laubmoosarten sporulieren selten, oder ihre Sporophyten sind noch nicht bekannt. Das Sporangium der Laubmoose ist im Vergleich zu den Sporangien der Farne differenzierter.

Beobachtungsziel: Das Laubmoosblättchen. Spezielle Differenzierungen zur Optimierung von Photosynthese und Wasserhaushalt: Chloroplastenzellen, Wasserspeicherzellen (Hyalinzellen), „Assimilationslamellen"

Objekte: *Sphagnum palustre* L. (= *S. cymbifolium* Ehrh.) oder *S. acutifolium* Ehrh. (Torfmoose); *Leucobryum glaucum* (Hedw.) Ångstr. (Weißmoos); *Polytrichum commune* Hedw. (Goldenes Frauenhaar, Gemeines Widertonmoos).

Materialbeschaffung: *Sphagnum.* Reich verzweigte, große Moose, die in Mooren, Gräben und sonstigen sehr feuchten, sauren Standorten dichte, weiche Rasen bilden (Abb. 85 H). Torfmoose werden in Gärtnereien häufig als Packmaterial zum Feuchthalten von Pflanzen benutzt.

Leucobryum glaucum. Die oft über 10 cm hohen, gabelig verzweigten Pflänzchen bilden mehr dichte, halbkugelig gewölbte Polster, die bei Trockenheit silbrig bis weißlichgrau aussehen. Auf Heideland und feuchtem Wald- und Torfboden. Verbreitet. Das Moos wird auch in der Blumenbinderei benutzt.
Polytrichum commune, s. S. 230.

Präparation: Gut entwickelte Blättchen vom oberen Drittel der Stämmchen ablösen und mit der Oberseite (adaxiale Fläche) nach oben in Wasser einbetten. Von *Polytrichum* Quer- und Längsschnitte von Blättchen anfertigen. Dazu Spitzenregion beblätterter Gametophyten so in den Spalt eines Holundermarkstückes einziehen, daß dabei die Blättchen mit der Oberseite an die Stämmchenachse angepreßt werden (für Querschnitte vertikal, für Längsschnitte horizontal einklemmen). Querschnitte durch die Stämmchenspitze liefern auch frühe Entwicklungsstadien der Blättchen.
Handschnitte vorsichtig auf einem Objektträger in Alkohol-Essigsäure (Reg. 36) fixieren und mit Deckglas abdecken. Nach einigen Minuten Fixiergemisch durch Chloralhydrat-Glycerolwasser-Gemisch (Reg. 21) ersetzen. Vorsicht! Nicht an das Deckglas stoßen! An den Querschnitten verschieben sich die „Assimilationslamellen" sehr leicht, oder die Querschnitte kippen um. In der gleichen Weise Querschnitte durch Blättchen von *Leucobryum* präparieren. Auch vollständige Blättchen in Alkohol-Essigsäure fixieren und mit adaxialer Seite nach oben in Chloralhydrat-Glycerolwasser-Gemisch einbetten.
Zum Vergleich frische Schnitte in Wasser einbetten. Luftblasen zwischen den Lamellen können durch Infiltrieren im Vakuum entfernt werden (Reg. 56).

Weitere Präparationsmöglichkeiten: Färbung mit verdünnten wäßrigen Anilinfarblösungen, z. B. Gentianaviolett (Reg. 107), läßt Poren in den Zellwänden deutlicher hervortreten. Nachweis von Assimilationsstärke in den Chloroplasten durch Zugabe von Lugolscher Lösung (Reg. 62).

Beobachtungen: *Sphagnum palustre* (Abb. 88 D): Die zugespitzte, ganzrandige Blättchenspreite ist einschichtig, hat keine Mittelrippe und überrascht bei erster Betrachtung (mit 200facher Vergrößerung) durch ungewohnte Differenzierung der Zellen. Annähernd schlauchförmige, chloroplastenreiche Zellen bilden ein lockeres Netz. Anstelle der Maschenlöcher liegen weitlumige, leere Zellen (Hyalinzellen) mit auffallenden ring- oder spiralförmigen Zellwandversteifungen und großen runden bis ovalen Poren. Auf 300- bis 600fache Vergrößerung umstellen: Die Chloroplastenzellen nahe der Blättchenbasis sind schlank und so stark gestreckt, daß die großen Chloroplasten teilweise nur in einer Reihe hintereinander liegen können. Chloroplasten sind hier sehr gut zu beobachten! Auf Teilungsstadien und Granastruktur achten! Zur Blättchenspitze zu sind die chloroplastenführenden Zellen gedrungen, oval spindelförmig und untereinander – meist mit den prosenchymatisch zugespitzten Enden – zu einem kontinuierlichen Netz verbunden.
Die toten Hyalinzellen enthalten Luft bzw. Wasser und dienen so als kapillar wirkendes Wasserreservoir. Bei gründlichem Fokussieren läßt sich der Verlauf der Verdickungsleisten verfolgen. Auch die großen Poren an der Unterseite der Zellen sind zu erkennen. Besonders bei schiefer Beleuchtung (Reg. 99) treten die Strukturen deutlich hervor.
Wie bei vielen Moosen unterscheiden sich die Randzellen von denen der Blattfläche: Sie sind schmal, prosenchymatisch gestreckt, haben verdickte Außenwände und enthalten keine Chloroplasten.

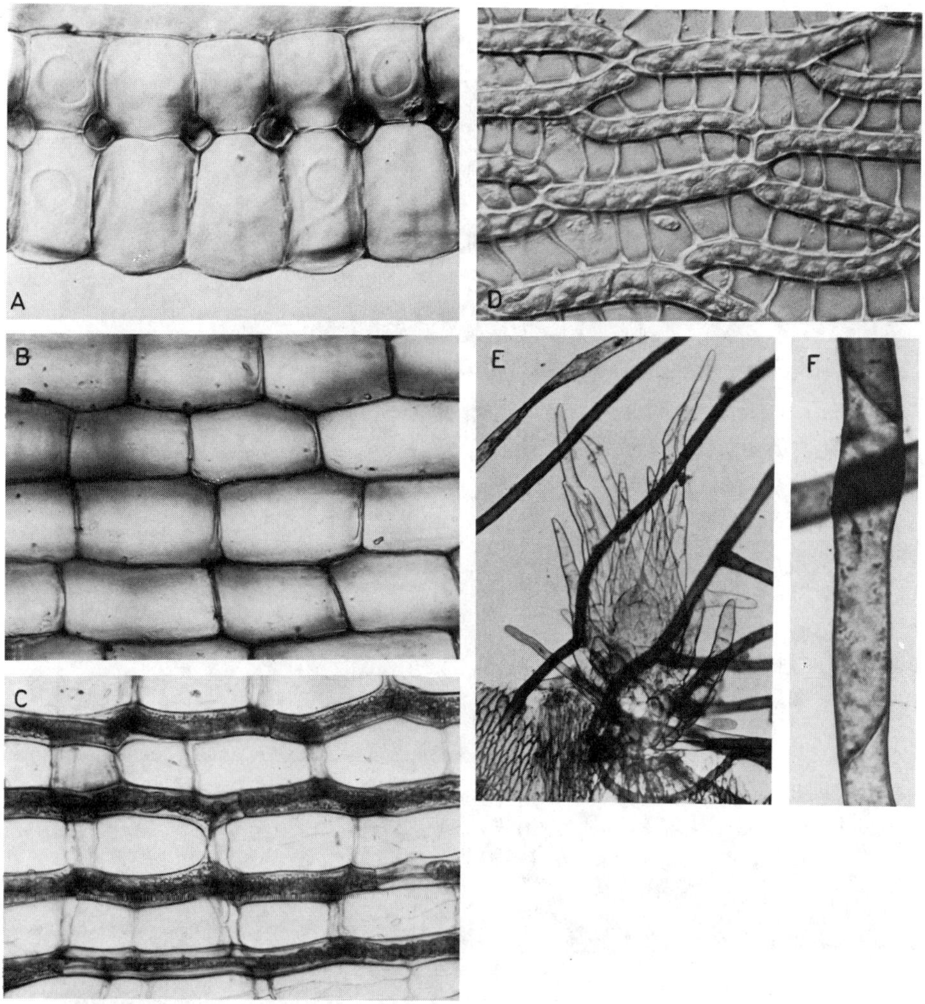

Abb. 88. **A–C** *Leucobryum glaucum.* **A** Querschnitt durch ein Blättchen. Zwischen weitlumigen Wasserspeicherzellen mit großen, runden Wanddurchbrüchen englumige Chloroplastenzellen. **B** Aufsicht auf obere Schicht der Hyalinzellen. **C** Optische Ebene gesenkt. Aufsicht auf die zwischen den Hyalinzellen liegenden Chloroplastenzellen; 300:1. **D** *Sphagnum* spec. Aufsicht auf ein Blättchen. Zwischen dem Netz chloroplastenhaltiger Zellen leere Wasserspeicherzellen (Hyalinzellen) mit Wanddurchbrüchen und spiraligen Wandverdickungen; 650:1. **E** Basis eines abgetrennten Laubmoosblättchens mit Sekundärprotonema und Knospe; 125:1. **F** Ausschnitt aus einem Caulonema mit den typischen schrägen Querwänden; 600:1.

Leucobryum glaucum (Abb. 88 A–C). Der Querschnitt durch Blättchen (Abb. 88 A) zeigt anschaulich, daß im Unterschied zum einschichtigen Blättchen von *Sphagnum palustre* das Blättchen von *Leucobryum glaucum* bei funktionell ähnlicher Differenzierung mehrschichtig ist (meist dreischichtig). Zwischen zwei lückenlosen Schichten kastenförmiger, plasmafreier Wasserspeicherzellen (Hyalinzellen) liegt ein Netz schlauchförmiger, chloroplastenreicher Zellen, die in Längsachse des Blättchens orientiert und in Querrichtung durch kurze Anastomosen miteinander verbunden sind. Die Zellen verlaufen dort, wo die Wasserspeicherzellen mit ihren inneren Längskanten aneinandergrenzen. Die weitlumigen, toten Hyalinzellen stehen durch große runde Wanddurchbrü-

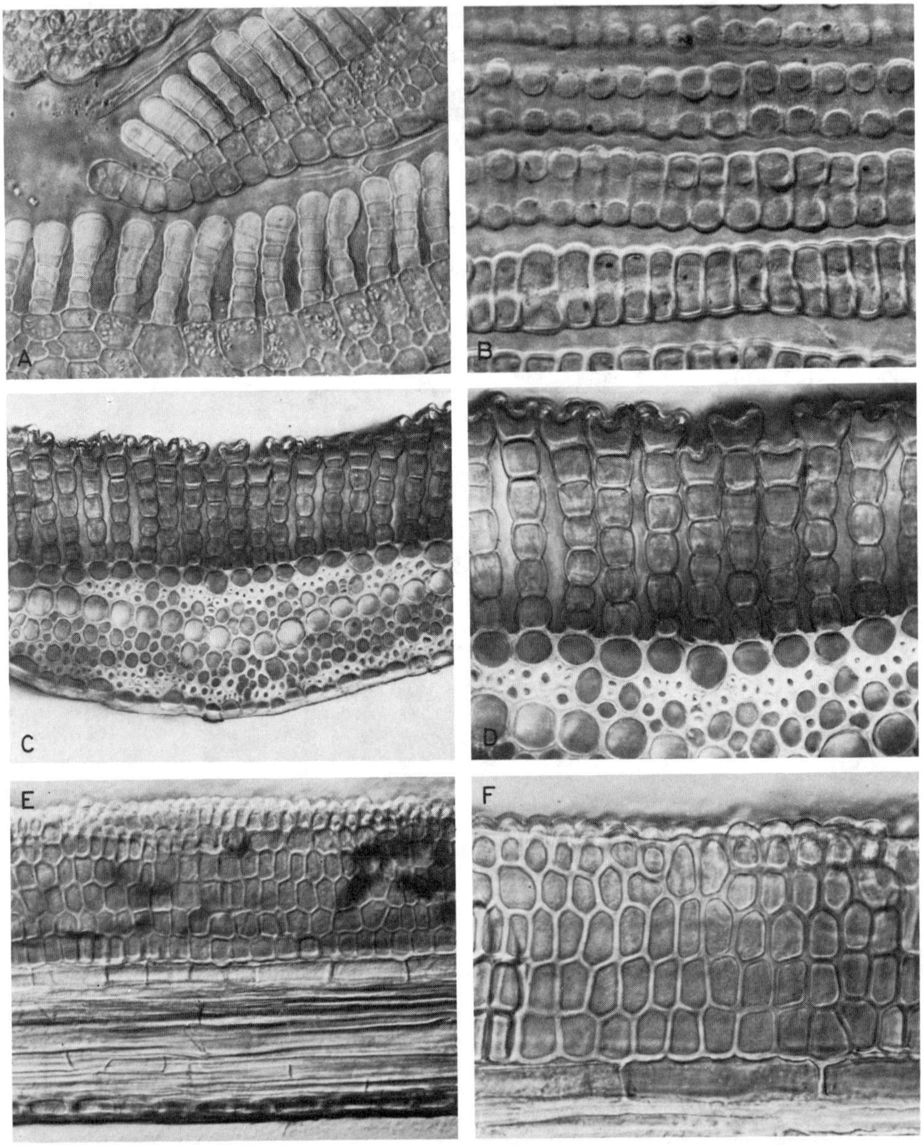

Abb. 89. *Polytrichum commune*. **A** Querschnitt durch junge Blättchen. „Assimilationslamellen" noch nicht völlig ausdifferenziert. Am oberen Blättchen links das Rudiment der Blättchenspreite; 500:1. **B** Lamellen in Aufsicht. Höcker der eingebuchteten Endzellen als runde Scheibchen zu erkennen; 650:1. **C** Querschnitt durch ausdifferenziertes Blättchen. Lamellen erscheinen als vorwiegend sechszellige Zellsäulchen; 250:1. **D** Vergrößerter Ausschnitt aus C. Auf der großzelligen Epidermis der Blättchenrippe stehen die Lamellen. Endzellen deutlich eingebuchtet. Subepidermal sklerenchymartige Zellagen; 400:1. **E** Längsschnitt durch Blättchen. Seitliche Aufsicht auf die Fläche einer Lamelle. Die Schatten auf der Lamelle stammen von Luftblasen, die in tieferen Lagen des Schnittes zwischen den Lamellen eingeschlossen sind. E und B vergleichen; 300:1. **F** Vergrößerter Ausschnitt einer Lamelle in seitlicher Aufsicht; 400:1.

che miteinander in Verbindung und bilden ein zusammenhängendes Wasserreservoir. Die Kontinuität läßt sich oft anhand eingewachsener Pilzhyphen oder von Zelle zu Zelle schwimmender Protozoen beobachten.

Die von den Chloroplastenzellen gebildete Netzstruktur tritt bei der Aufsicht auf die Blättchenspreite hervor (Abb. 88C). Die Anordnung der Zellelemente bietet eine günstige Gelegenheit, räumliche Verhältnisse durch Fokussieren zu analysieren.

Polytrichum commune (Abb. 89). Bau der Blättchen (Lupe, Präpariermikroskop): Aus breiter, farbloser Basis, die an der Pflanze scheidenartig dem Stämmchen anliegt, geht das Blättchen in die viel schmalere, grüne, zugespitzte Spreite über, deren Rand deutlich gezähnt ist. In der Aufsicht sind auf der Fläche des Pyhllidiums in Längsrichtung verlaufende parallele Zellbänder zu erkennen, über deren Natur das Studium der Querschnitte Aufschluß gibt (Abb. 89C, D). Die Lamina besteht fast nur aus der mehrschichtigen, im Querschnitt halbmondförmigen Mittelrippe, die am Rand in die rudimentären, einschichtigen Spreitenflügel übergeht (Abb. 89A). Die Unterseite der breiten Mittelrippe ist durch eine großzellige Epidermis begrenzt, deren Außenwände verdickt sind. Subepidermal folgt ein unregelmäßiges Band sklerenchymatischer Zellen mit teilweise sehr engem Lumen. Zellen mit weitem Lumen und dünneren Wänden, denen die Funktion von Leitparenchym zugesprochen wird, liefern die Masse des zentralen Gewebeanteils. Zwischen ihnen liegen verstreut einzelne Hydroiden (s. S. 228); Interzellularen kommen vor. Zur adaxialen Seite zu folgt wieder ein Streifen sklerenchymatischer Zellen. An der Oberseite wird die breite Mittelrippe von einer Schicht weitlumiger Bauchzellen begrenzt, die die bemerkenswerten Assimilatinoslamellen tragen. Nach dem Querschnittsbild zu urteilen, scheint auf jeder Bauchzelle ein Säulchen von 5 bis 8 tonnenförmigen Zellen zu stehen. Die „Säulchen" sind jedoch quergeschnittene, einschichtige Lamellen, die sich in gleichen Abständen in parallelem Verlauf über die gesamte Lamina erstrecken (Abb. 89B). Die Endzellen der Lamellen sind etwas größer und bilden oben eine Rinne. Dadurch dichten sie die Räume zwischen den Lamellen weitgehend ab und schaffen so ein kapillaraktives Wasserreservoir. Die Lamellenzellen enthalten einige Chloroplasten und sind dadurch photosynthesewirksam. Abb. 89A zeigt junge Entwicklungsstadien, bei denen die Endzellen noch nicht die für *P. commune* charakteristische Form aufweisen. Am Blattrand ist das aufgebogene Rudiment der Spreite zu sehen.

Das Studium eines Längsschnittes, der parallel zu den Lamellen verläuft und etwas Mühe erfordert, soll das Bild vom Aufbau des hochentwickelten Laubmoosblättchens abrunden (Abb. 89E, F). Auf den gestreckten, großen Bauchzellen (Bildmitte) stehen die Lamellen. Sie zeigen jetzt die Flächenansicht und ihren Aufbau aus hexagonalen Zellen, die lückenlos aneinanderschließen und den Lamellen Ähnlichkeit mit Bienenwaben verleihen.

Weitere Beobachtungsmöglichkeiten: Entblätterte Zweigstücke von *Sphagnum* spec. in Aufsicht und an Querschnitten untersuchen. In der meist einschichtigen Rinde neben parenchymatischen Zellen auffallend große, plasmafreie, flaschenförmige „Retortenzellen", die ebenfalls der Wasserspeicherung dienen (nicht bei *Sphagnum palustre* und seinen Verwandten).

Weitere Objekte:

Sphagnum spec. (Sphagnaceae), Torfmoose: Blättchen bei allen Arten prinzipiell gleichartig; Unterschiede zwischen Assimilations- und Hyalinzellen in Proportion und Lage besonders im Querschnittsbild.

Polytrichum spec. (Polytrichaceae), Widertonmoose: Blättchen aller Arten mit Assimilationslamellen. Randzellen der Lamellen wichtiges Bestimmungsmerkmal.

Beobachtungsziel: Regenerationsvermögen der Moose; Sekundärprotonema mit Knospen

Objekt: Blättchen von Laubmoosen, z. B. von *Mnium, Funaria, Brachythecium, Phascum.*

Präparation: Blättchen vom Stengel abzupfen und einzeln auf feuchte Glasplatte in feuchte Kammer (z. B. Innenwandung von Petrischalen) legen und Gefäß am Fenster stehenlassen. Nach einigen Tagen wachsen an den Rißstellen der Phyllidiumbasen Sekundärprotonemen mit Brutknospen.

Blättchen vorsichtig abnehmen, in Alkohol-Essigsäure (Reg. 36) fixieren und anschließend in einem Gemisch von Chloralhydrat-Glycerolwasser-Hämalaun nach Mayer färben und einbetten (Reg. 21). Frischmaterial in Wasser einbetten.

Beobachtungen (Abb. 88 E, F): An der Basis der abgetrennten Blättchen wachsen einzelne der unverletzt gebliebenen Zellen zu sekundärem Protonema aus. Dabei bräunen sich die anfangs ungefärbten Wände der Zellen und der Protonemen durch Einlagerung von Gerbstoffderivaten (Phlobaphenen). Die Rhizoide wachsen an der Spitze weiter. Dort bleiben die Zellwände farblos. Meist ist sekundäres Protonema von Anfang an als Caulonema entwickelt (schräggestellte Querwände, zahlreiche Verzweigungen, gebräunte Zellwände, Ausbildung von Knospen, wenige Chloroplasten). Die typischen Merkmale des ontogenetisch jüngeren Chloronemas (Querwände senkrecht zur Längsachse des Fadens, zahlreiche Chloroplasten, weniger Verzweigungen, Zellwände nicht gebräunt, keine Ausbildung von Knospen) sind besser an primären Protonemen keimender Moossporen zu beobachten.
Die einzelnen Fäden haben einen Durchmesser von 12 bis 15 μm. Von einem Axialfaden zweigen in regelmäßigen Abständen Seitenfäden ab, an deren Basis Knospen entstehen, die schon bald die Merkmale des Gametophyten erkennen lassen: Scheitelzelle, Blattanlagen, Stämmchen und Rhizoide (Abb. 88 E). Letztere gleichen sekundären Vorkeimfäden mit schräggestellten Querwänden und entstehen vor Anlage der Blättchen. Durch die Entwicklung zahlreicher Knospen auf engem Raum kommt es zum typischen Polsterwuchs vieler Moose.

Weitere Objekte:

Anzucht von Protonemen.
a) Reife Sporen auf sterilisierte Komposterde aussäen. Mit Glasplatte abdecken, feucht halten, sonniger Standort! Bei folgenden Beispielen bedeuten die Zahlen die Monate der Sporenreife:
Atrichum undulatum 2., 3.; *Brachythecium rivulare* 3.; *Phascum cuspidatum* 4., 5; *Bryum argenteum* 4. 5.; *Mnium punctatum* 4.–6.; *Mnium hornum* 5.; *Polytrichum juniperinum* 6. 7.; *Polytrichum commune* 7. 8.; *Funaria hygrometrica* 7.–10.; *Sphagnum squarrosum* 7., 8. (Sporen keimen nur bei Anwesenheit von Mykorrhizapilzen aus).
b) *Mnium*-Rasen mit Rhizoiden nach oben in feuchter Kammer an hellem Standort aufbewahren. Aus den Rhizoiden entwickeln sich chloroplastenreiche Protonemen.
c) In Gewächshäusern können meist auf der Erde in Blumentöpfen Protonemen gefunden werden.

Beobachtungsziel: Achse eines hochentwickelten Laubmooses; Hydroide, Leptoide, Stereide

Objekt: *Polytrichum commune* Hedw. (Gemeines Widertonmoos, Goldenes Frauenhaar).

Materialbeschaffung: s. S. 230.

Präparation: Vom grünblättrigen Teil eines Stämmchens Querschnitte herstellen und sowohl in reinem Glycerolwasser (Reg. 47) als auch in Glycerolwasser einbetten, dem etwas verdünnte Safraninlösung (Reg. 107) zugesetzt wurde. Das Glycerolwasser darf nur zart rosa gefärbt sein.

Weitere Präparationsmöglichkeiten: Ligninreaktion mit Phloroglucinol-Salzsäure (Reg. 89) – verläuft negativ! Nachweis von Reservestärke mit Hilfe von Lugolscher Lösung (Reg. 62).

Beobachtungen (Abb. 90 A–C): Vergrößerung so wählen, daß der gesamte Querschnitt im Bildfeld liegt. An der Peripherie des unregelmäßig rundlichen Achsenquerschnittes fallen ein- bis wenigschichtige flügelartige Auswüchse auf (Abb. 90 B): Es sind Abschnitte der mit dem Stämmchen verwachsenen Basis eines Blättchens. Je nach Schnitthöhe durch die Blattbasis erscheinen verschieden große Lücken im Querschnitt.
Bei der eingestellten Vergrößerung unterscheidet man an dem Querschnitt in zetripetaler Richtung verschiedene Gewebearten: auf zwei bis drei Zellschichten mit sklerenchymatisch verdickten Wänden folgt parenchymatisches Grundgewebe, das den in der Mitte verlaufenden Zentralstrang umschließt. Im Grundgewebe verstreut liegen auffallende, verschiedengroße Zellgruppen: die

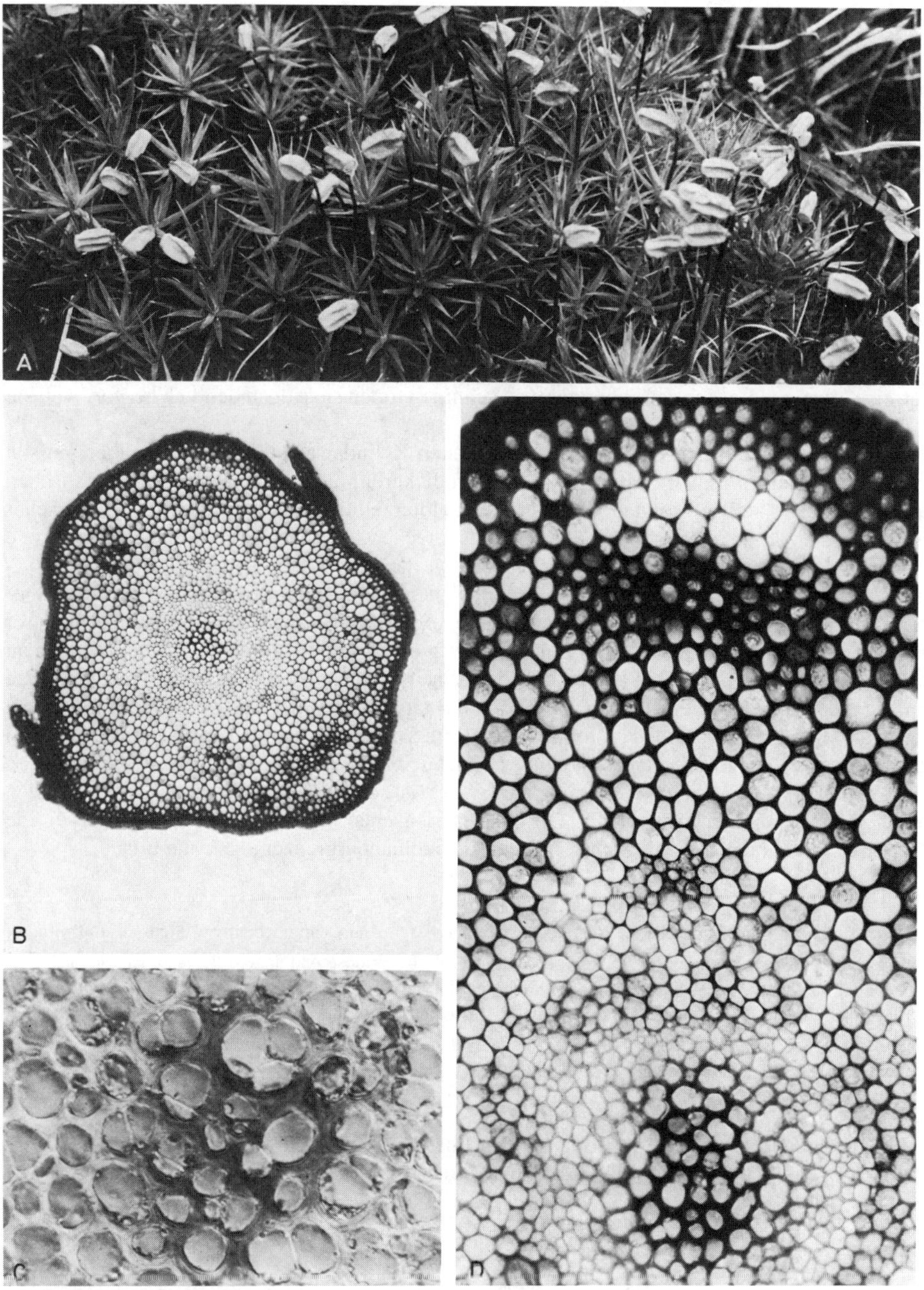

Abb. 90. *Polytrichum commune.* **A** Moosrasen. Von den charakteristischen vierkantigen Sporenkapseln sind die Calyptren bereits abgefallen; 1:1,5. **B** Achsenquerschnitt. Außen mit Anschnitten von zwei Blättchenbasen. Auf das wenigschichtige sklerenchymatische Stereom folgt zentripetal Grundgewebe, in dem drei große und mehrere kleine Blattspurstränge liegen. Innen der Zentralstrang; 90:1. **C** Hydroidzylinder. Dickwandige, paarige Hydroide mit sehr dünnen Scheidewänden; Stereide mit allseitig verdickten Zellwänden; 700:1. **D** Vergrößerter Ausschnitt von B. Unten Zentralstrang mit Leptoidzylinder, Hydrommantel (helle Zone) und Hydromzylinder. Außerhalb des Leptoidzylinders (Mitte) ein kleiner und peripher (oben) ein großer Blattspurstrang; 350:1.

Blattspurstränge. Da sie sich im spitzen Winkel an den Zentralstrang anlegen, hängt ihr Querschnittsbild im parenchymatischen Grundgewebe davon ab, in welcher Höhe geschnitten wurde. Kleine, im Umriß kreisförmige Querschnittsbilder nahe dem Zentralstrang gehören zu höher inserierten Blättern. Kurz nach dem Eintritt in die Achse sind die Stränge tangential verbreitert und großzellig (Abb. 90D oben). Im Unterschied zu den „echten" Blattspursträngen der Polytrichaceae werden die der übrigen Moose, die nicht in den Zentralstrang einmünden, als „falsche" Spurstränge bezeichnet. (An dieser Stelle sei ausdrücklich darauf hingewiesen, daß bei den Polytrichaceae die Gametophytenstämmchen die höchste Differenzierung innerhalb der Moose erreicht haben!) Zum genaueren Studium auf 300- bis 600fache Vergrößerung umstellen: Die peripheren Zellschichten, bei denen die Wände der Zellen fast bis zum Schwund des Lumens verstärkt sind, bilden mit ihren prosenchymatischen Zellen (Stereiden) einen Hohlzylinder (Stereom), der die Achse mechanisch festigt. Da sich die Zellen der äußersten Schicht morphologisch nicht von den nach innen folgenden Stereiden unterscheiden, werden sie nicht als echte Epidermis aufgefaßt. Bei den safraningefärbten Schnitten treten sie jedoch deutlich hervor, weil sie nicht oder nur schwach tingiert sind (Abb. 90B).

Das Stereom geht ohne scharfe Grenzen in den dicken Zylinder aus Grundgewebe über, dessen äußere Schichten aus prosenchymatischen Zellen mit dickeren, die inneren aus parenchymatischen Zellen mit weniger dicken Wänden aufgebaut sind. Interzellularen fehlen. Aus topographischer Sicht kann man von äußerer und innerer „Rinde" sprechen. Neben Chloroplasten enthalten die Zellen des Grundgewebes zeitweilig reichlich Reservestärke.

In der Mitte des Querschnitts liegt ein aus Leit-, Speicher- und Festigungselementen zusammengesetzter Zentralstrang, der bei den Polytrichaceae einem periphloematischen Leitbündel höherer Cormophyten ähnelt (Abb. 90D). Das Grundgewebe grenzt mit einer oft stärkereichen Zellage an einen Gürtel phloemartiger Zellen (Leptoide), die keine typischen Merkmale erkennen lassen. Die darauffolgenden ein bis zwei Schichten braun gefärbter Zellen (ungefärbte Präparate ansehen!) umgeben als Hydromscheide den Hydrommantel, der aus dünnwandigen, leeren Zellen besteht. Im Zentrum liegt der eigentliche Hydromzylinder, der aus den Wasser leitenden und speichernden Hydroiden und allseitig verdickten Stereiden aufgebaut ist, die besonders in ihren dicken Wänden ebenfalls Wasser speichern (Abb. 90C). Die charakteristischen, oft paarig angeordneten Hydroide sind daran zu erkennen, daß die Wand, mit der sie aneinandergrenzen, sehr dünn ist.

Weitere Objekte:

Polytrichum spec. (Polytrichaceae), Widertonmoose: Bei allen Arten Achse mit hochentwickeltem Zentralzylinder.

Mnium spec. (Mniaceae), Sternmoose; *Bryum* spec. (Bryaceae), Birnmoose und andere Bryidae: Einfach gebauter Zentralzylinder aus englumigen, dünnwandigen Zellen deutlich gegen größerzelliges Grundgewebe (Rinde) abgesetzt. Blattspurstränge enden blind im Grundgewebe (Unterschied zu Polytrichaceae!).

Sphagnum spec. (Sphagnaceae), Torfmoose: Im Unterschied zu vielen anderen Laubmoosen Achse ohne Zentralstrang. Rindenzellen als Wasserspeicher ausgebildet.

Beobachtungsziel: Gametangien der Laubmoose; Antheridium, Entwicklung der Spermotozoiden; Archegonium

Objekte: *Polytrichum commune* Hedw. (Gemeines Widertonmoos, Goldenes Frauenhaar); *Mnium hornum* Hedw. (Stermoos).

Materialbeschaffung: *P. commune.* 10 bis 40 cm (!) hohe, dunkelgrüne, starre Rasen auf feuchten, moorigen, sauren Stellen in Wäldern und Heiden (Abb. 90A). Oft Massenvegetation; mitunter mit Torf- und Lebermoosen vergesellschaftet. Diöcisch. Reife der Gametangien Mai/Juni, Sporenreife Juli/August, Entwicklungsdauer des Sporogons 13 bis 16 Monate. Kapsel vierkantig. Calyptra gelbbraun filzig (Name!). Gametangien scheitelständig. Antheridien in blütenähnlichen, schüsselförmigen Ständen; von den strahligen, rötlich gefärbten Perichaetialblättern eingefaßt; leicht zu erkennen (Abb. 91A, B).

Gametophyten mit Archegonien unterscheiden sich makroskopisch dagegen kaum von sterilen Pflänzchen. Am leichtesten findet man archegonientragende Gametophyten durch zartes Befühlen der Stämmchenspitze zwischen

Daumen und Zeigefinger. Weibliche Gametophyten: Stämmchenscheitel etwas verdickt; sterile Pflänzchen: Stämmchenscheitel dünn, spitz auslaufend (Abb. 91 C, D).

M. hornum. 2 bis 7 cm hohe frischgrüne (jung) bis dunkelgrüne Rasen (älter) auf feuchten, sauren Waldböden. Weit verbreitet, oft Massenbestände. Diöcisch. Reife der Gametangien und Sporenreife im Mai, Entwicklungsdauer des Sporogons 12 Monate. Blättchen relativ groß, schmallanzettlich. Rand mit doppelter Zahnreihe (charakteristisches Kennzeichen! Lupe!). Erkennung der männlichen und weiblichen Gametophyten wie bei *P. commune*.

Präparation: a) Längsschnitt vom Gametophytenscheitel herstellen, dazu Moospflänzchen horizontal in längsgespaltenes Holundermarkstück so einziehen, daß der oberste Teil des Stämmchens (etwa 5 mm) genau waagerecht eingeklemmt ist. Bei sorgfältigem Schneiden können von einem Gametophytenscheitel 8 bis 12 Längsschnitte hergestellt werden. Schnitte in Alkohol-Essigsäure fixieren (Reg. 36) und in Chloralhydrat-Glycerolwasser-Hämalaun-Gemisch färben und einbetten (Reg. 21).

b) Zum Studium der Spermatozoiden Antheridienstände mit reifen, gelb bis bräunlich gefärbten Antheridien auswählen. Gametophytenscheitel auf einem Objektträger in Wasser legen und quer schneiden. Inhalt der angeschnittenen Antheridien quillt wurstförmig heraus, und reife Spermatozoiden schlüpfen aus den Vesikeln. Deckglas auflegen! Lebendbeobachtung!

Für Dauerpräparate und Mikrofotos Objekt nicht in Wasser, sondern in Lugolscher Lösung schneiden. Verdunstende Flüssigkeit durch Glycerolwasser ersetzen und dadurch Objekt allmählich in Glycerol überführen.

Weitere Präparationsmöglichkeit: Glaskapillaren von 0,05 bis 0,1 mm Weite mit 0,1- bis 0,01 %iger Saccharoselösung füllen und zu den schwärmenden Spermatozoiden mit unter das Deckglas legen. Chemotaktische Reaktion der Spermatozoiden beobachten!

Beobachtungen: *Antheridien und Entwicklung der Spermatozoiden* (Abb. 92, 93). Bei 30- bis 50facher Vergrößerung verschafft man sich einen Gesamtüberblick über den medianen Längsschnitt. Der tellerartig verbreiterte Stämmchenscheitel bildet mit den Perichaetialblättern einen Becher, in dem dicht gedrängt die kurzgestielten, keulenförmigen Antheridien stehen. Sie werden von mehrzelligen, sterilen Paraphysen überragt, die bei *Polytrichum* im oberen Abschnitt als Zellfläche (Abb. 92B), bei *Mnium* als keulig verdickte Zellreihe mit zugespitzter Endzelle ausgebildet sind (Abb. 91 A, B). Paraphysen enthalten in ihren Zellen kleine Chloroplasten und Öltropfen.

Bei *Polytrichum* entspringen die Antheridien in Gruppen an der Basis der Perichaetialblätter. Jede dieser Gametangiengruppen stellt einen stark verkürzten Seitenzweig dar. Die Scheitelzelle der Hauptachse geht nicht mit in die Antheridienbildung ein (Unterschied zu weiblichen Gametophyten!), sondern sie setzt nach der Reife der Antheridien wieder mit Teilungen ein. Im folgenden Jahr werden die Antheridienstände vom Stämmchenscheitel durchwachsen (Proliferation! Ermöglicht Altersbestimmung des Gametophyten. Mehr als zehnmaliges Durchwachsen wurde beobachtet).

Einzelheiten der Antheridien bei 300- bis 600facher Vergrößerung untersuchen. Zwischen Antheridien unterschiedlichen Reifegrades finden sich auch jüngere Entwicklungsstadien, die noch den Aufbau aus der Tätigkeit einer keilförmig-zweischneidigen Scheitelzelle erkennen lassen (Abb. 92A). Wesentlicher Unterschied zum Aufbau der Lebermoosgametangien! Nach Ausbildung der einschichtigen Angialwand erfolgt im Inneren die mitotische Vermehrung der spermatogenen Zellen durch synchrone Zellteilungen (Abb. 92B–E).

Die Wand des Antheridiums ist einschichtig und besteht aus plattenförmigen, rechteckigen Zellen, die wenige große Chloroplasten enthalten (Abb. 92F).

Für das Studium der Spermatozoidenentwicklung möglichst ungefärbte Präparate bei schiefer Beleuchtung betrachten (Reg. 99)! Fast bis zur Reife des Antheridiums lassen sich die Grenzen der wenigen Scheitelzellsegmente erkennen, aus denen die spermatogenen Zellen entstanden sind, die genetisch zusammengehören (Abb. 92E). Nach der letzten Zellteilung runden sich die Tochterzellen ab und werden zu autonomen, freien Zellen (Spermatiden, Abb. 93A) im Angialraum. Im weiteren Verlauf streckt sich der Zellkern, und die Spermatide wird zum Spermatozoid, das bis zum Austritt in das freie Wasser in einem strukturlosen, sehr zarten Vesikel zusammengerollt bleibt (Abb. 93B–D). Die Spermatozoiden sind im Vesikel bereits beweglich und führen heftige Drehbewegungen aus.

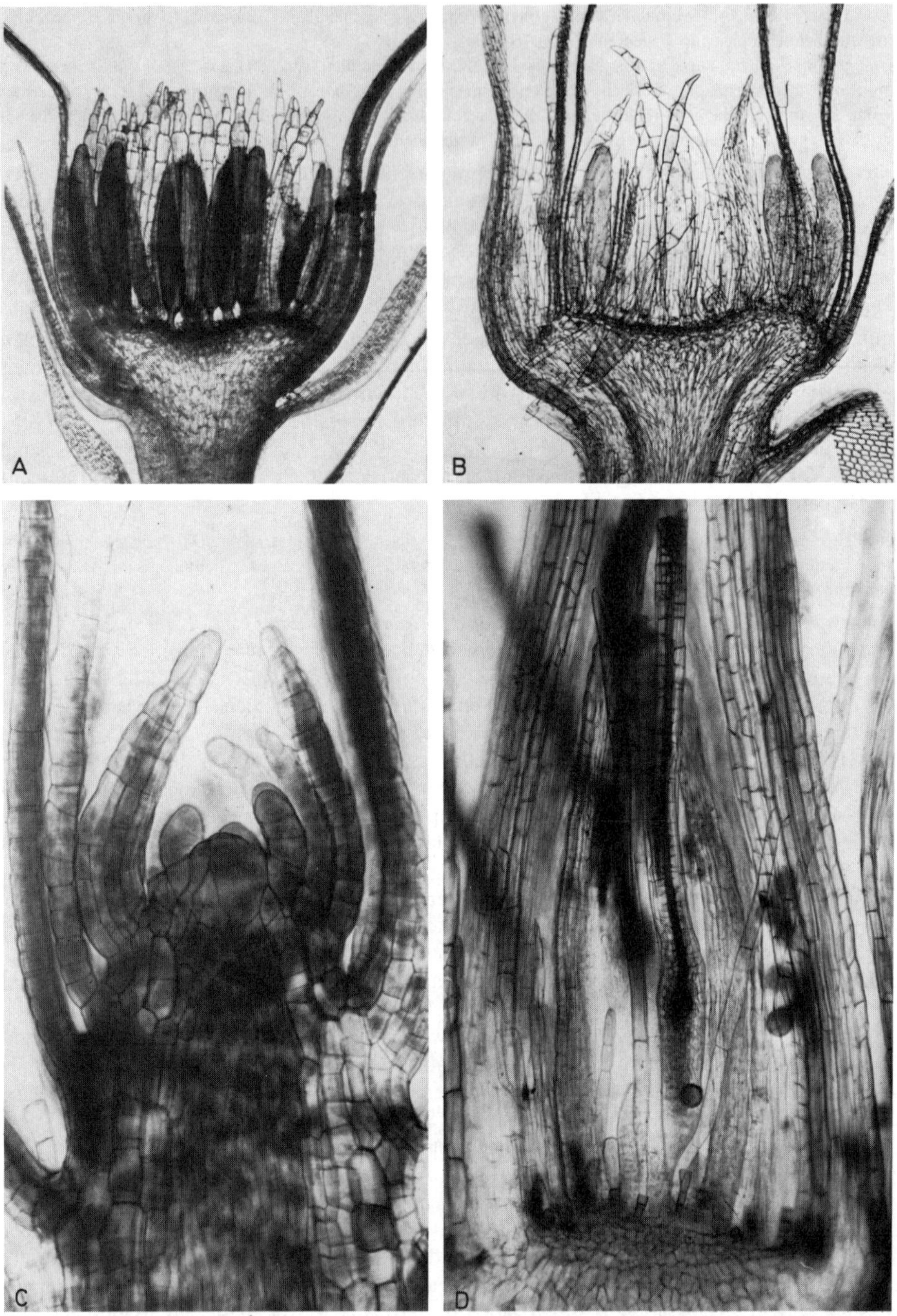
A
B
C
D

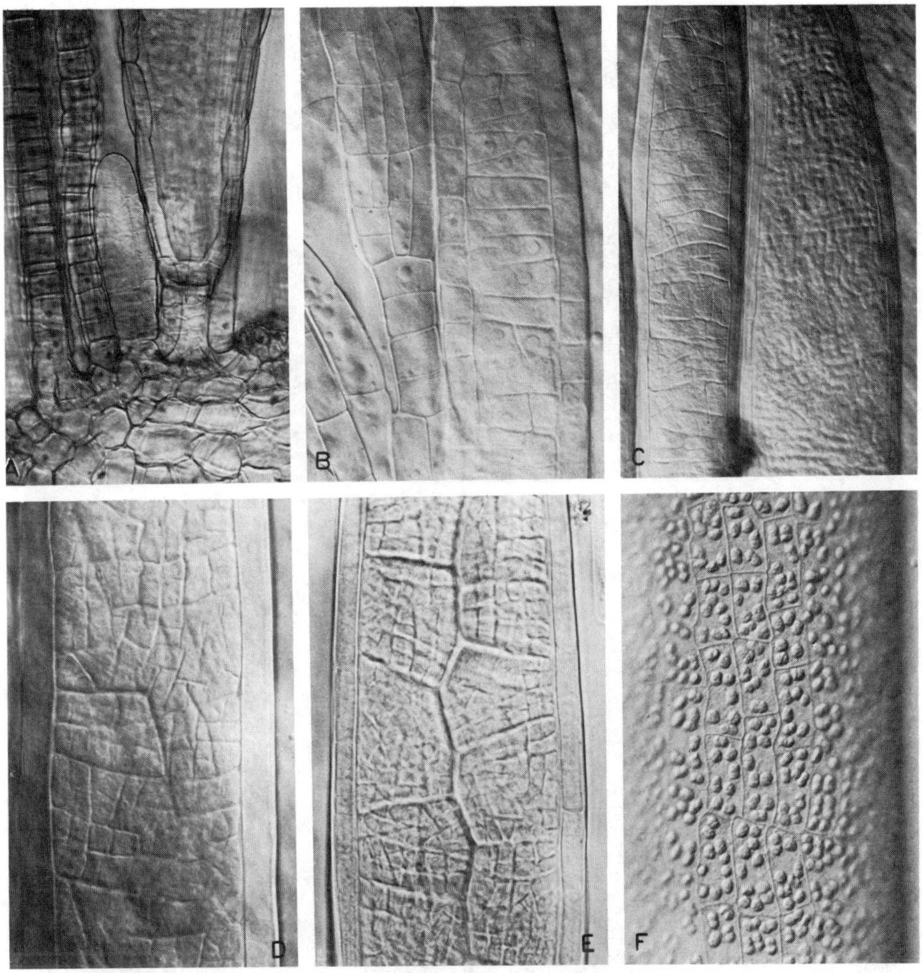

Abb. 92. **A** *Mnium hornum.* Ausschnitt von Antheridienstand-Längsschnitt. Zwischen den Basen zweier Perichaetialblätter und gestieltem, ausdifferenziertem Anthreridium junges Entwicklungsstadium eines Antheridiums; 250:1. B–F *Polytrichum commune.* **B** Links Paraphyse mit dem typischen, zur Fläche verbreiterten oberen Abschnitt. Daneben junges Antheridium; Angialwand einschichtig, spermatogenes Gewebe noch wenigzellig; 400:1. **C–E** Antheridien mit zunehmender Vermehrung und damit verbundener Verkleinerung der spematogenen Zellen. Auch in E sind noch die Grenzen der ursprünglichen Scheitelzellsegmente zu erkennen; C 350:1, D 450:1, E 350:1. **F** Aufsicht auf die Angialwand: die Zellen enthalten wenige, große Chloroplasten; 300:1. Präparate ungefärbt, Schräglicht.

Abb. 91. *Mnium hornum.* **A** Medianer Längsschnitt durch becherförmigen, von Perichaetialblättern umgebenen Antheridienstand. Die reifen, keulenförmigen Antheridien von mehrzelligen Paraphysen überragt; 40:1. **B** Wie A, aber Antheridien weitgehend entfernt, so daß die Paraphysen deutlicher hervortreten; 40:1. **C** Längsschnitt durch den Scheitel eines sterilen Pflänzchens. Die Achse läuft konisch in die Scheitelzelle aus, die von jungen Blattanlagen und entwickelten Blättchen knospenartig geschützt wird; 350:1. **D** Längsschnitt durch Archegonienstand. In der Mitte langgestieltes, vollständiges Archegonium, dessen Halskanal und Bauchhöhle dunkel pigmentiert sind. Die Perichaetialblätter neigen sich knospenartig über dem Archegonienstand zusammen; 120:1.

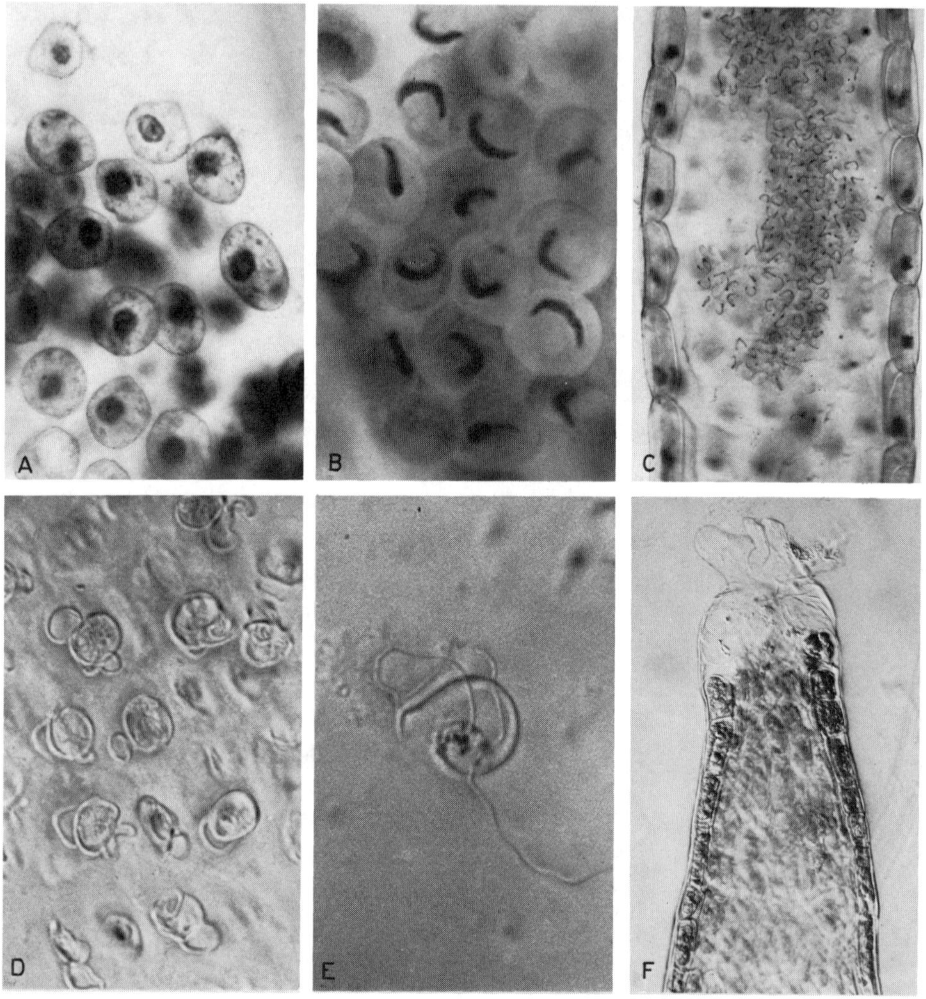

Abb. 93. **A–C** *Mnium hornum*. **A** Spermatogene Zellen nach der Teilung. Tochterzellen runden sich ab und werden zu Spermatiden; 1100:1. **B** Der Zellkern der Spermatiden streckt sich, die Zellen werden zu Spermatozoiden; 1600:1. **C** Längsschnitt durch Antheridium, das reife Spermatozoiden enthält; 300:1. D–F *Polytrichum commune*. **D** Spermatozoiden noch in Vesikel eingeschlossen, bereits beweglich; 1200:1. **E** Spermatozoid, in Lugolscher Lösung fixiert. Der fadenförmige Zelleib (Zellkern) trägt am Vorderende zwei lange Geißeln, am Hinterende ein Protoplasmaklümpchen mit winzigem Chloroplasten; 2500:1. **F** Reifes Antheridium, das sich an der Spitze durch Verschleimen chloroplastenfreier Zellen öffnet; 200:1.

Abb. 94. *Mnium hornum*. **A** Stielsockel einer Archegoniumanlage; 450:1. **B** Archegoniumanlage im Stadium der primären Zentralzelle; 900:1. **C** Stadium mit primären Halskanalzellen und primärer Zentralzelle; 750:1. **D** Zentralzelle hat sich in Bauchkanalzelle und Eizelle (freier Protoplast) differenziert. Wand des Archegoniumbauches wird mehrschichtig; 800:1. **E** Reifes Archegonium, daneben einreihig-fadenförmige Paraphysen; 200:1. **F** Befruchtetes Archegonium. Haustorium wächst in Archegonienstiel ein. Im Bauch des Archegoniums noch Spermatozoiden; 350:1. **G** Hals eines jungen Archegoniums mit Halskanalzellen. Daneben Paraphyse; 350:1. **H** Trichterförmig erweiterte Halsmündungen befruchtungsbereiter Archegonien; 400:1. **I** *Pellia epiphylla*. Archegoniumhals mit Spermatozoiden im Halskanal. Hämalaun-Färbung; 400:1.

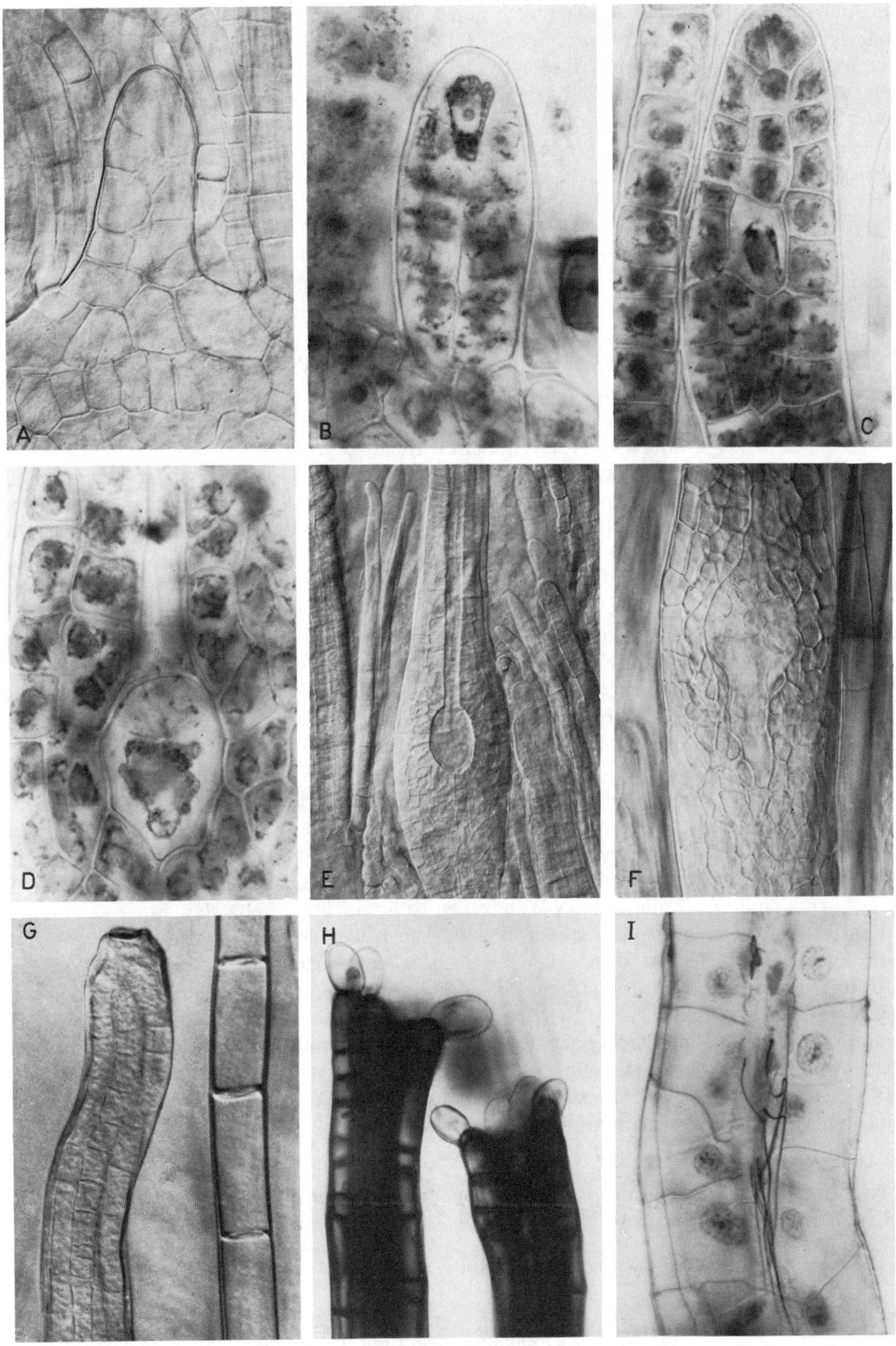
A
B
C
D
E
F
G
H
I

Reife Antheridien öffnen sich an der Spitze durch Verschleimen spezieller, chloroplastenfreier Wandzellen (Abb. 93F). Aus der Öffnung tritt – wie auch aus angeschnittenen Antheridien – der Inhalt als wurstförmige Schleimmasse aus. Je nach Reifegrad befreien sich die isokonten Spermatozoiden mehr oder weniger schnell aus den Vesikeln und schwimmen umher. Sie reagieren chemotaktisch auf schwache Saccharoselösungen. Bei starker Vergrößerung erkennt man an den Spermatozoiden den korkzieherartig gewundenen fädigen Leib, der nur aus Zellkernsubstanz besteht, ein kleines Protoplasmabläschen am Hinterende und am Vorderende zwei lange, im spitzen Winkel nach hinten gerichtete Geißeln (Abb. 93E); (Unterschied zu vielgeißeligen Spermatozoiden der Farne).

Archegonium (Abb. 94). Medianen Längsschnitt – vorzugsweise von *Mnium hornum* – bei 30- bis 50facher Vergrößerung betrachten. (Bei *Polytrichum commune* stehen die Archegonien apikal in Gruppen meist zu dritt auf sehr kurzen, sockelartigen Seitenzweigen.) Der Scheitel des Stämmchens ist schwach gewölbt und nicht so auffallend verbreitert wie bei männlichen Gametophyten. Die Perichaetialblätter gleichen einfachen Laubblättchen und sind knospenähnlich zusammengeneigt. Im Gegensatz zu den Antheridienständen stehen die Archegonien in weit geringerer Zahl locker verteilt und mit Paraphysen vermischt auf der Scheitelfläche. Die Paraphysen sind hier nicht so charakteristisch ausgebildet wie bei den Antheridienständen. Jedes der schlank flaschenförmigen Archegonien sitzt auf einem vielzelligen Gewebesockel, dem Stiel, der ohne sichtbare Grenze in den schwach erweiterten Archegoniumbauch übergeht. Der Bauchteil verjüngt sich apikal zu einem röhrenförmigen, bis 30 Zellen hohen Archegonienhals (Unterschied zu Archegonien der Farne!). Es erfordert etwas Geduld, Handschnitte zu gewinnen, die Archegonien mit unverletztem Halsteil zeigen (Abb. 91D). Neben ausgereiften Archegonien finden sich meist auch jüngere Entwicklungsstadien.

Zum Studium von Einzelheiten stärkere Vergrößerung einstellen. Die Scheitelzelle (Apikalzelle) baut zuerst den säulenförmigen Stiel auf (Abb. 94A). Nach einigen charakteristischen Teilungen entstehen die apikal gelegene primäre Deckzelle und die darunterliegende primäre Zentralzelle, aus der die inneren Zellen des Archegoniums durch ausschließlich antikline Zellteilungen hervorgehen (Abb. 94B, C). Bei der ersten Mitose teilt sich die primäre Zentralzelle in die obere primäre Halskanalzelle und die untere primäre Zentralzelle, die bald an Größe zunimmt und sich in die voluminöse basale Eizelle und die kleinere Bauchkanalzelle differenziert (Abb. 94C, D). Im weiteren Verlauf baut die primäre Deckzelle den oberen Abschnitt des Archegoniumhalses auf [sechs Reihen Wandzellen und eine Reihe Halskanalzellen (Abb. 94G)], während aus der primären Halskanalzelle die Halskanalzellen des unteren Teiles entstehen. Gleichzeitig wird die Wand des Bauches durch perikline Teilungen der Wandzellen mehrschichtig (Abb. 94E, F).

Zur Reife des Archegoniums verschleimen alle Halskanalzellen und die Bauchkanalzelle. An der Spitze des Halses weichen die Wandzellen auseinander und bilden einen Trichter, durch den die Spermatozoiden in das Archegonium eindringen können (Abb. 94H). Im befruchtungsbereiten Archegonium sammeln sich zahlreiche Spermatozoiden an. Selbst nach dem Einwachsen des Haustoriums in den Stiel des Archegoniums sind im Archegoniumbauch noch Spermatozoiden zu erkennen (Abb. 94F). Die reife Eizelle, die als nackter Protoplast frei im Archegoniumbauch liegt, bleibt bei der vorgeschlagenen einfachen Präparationstechnik kaum erhalten. Genaues Studium des Befruchtungsvorganges erfordert aufwendigere Mikrotomtechnik.

Beobachtungsziel: Sporogon der Laubmoose; Sporogonfuß, Apophyse, Urne, Peristom, Sporenentwicklung

Objekt: *Mnium hornum* Hedw. (Mniaceae), Sternmoos.

Materialbeschaffung: s. S. 230.

Präparation: Längsschnitte vom Gametophytenscheitel mit darin eingewachsenem Sporogonfuß und von der Kapsel herstellen. Dabei wie auf S. 231 angegeben verfahren. Unreife Kapseln (noch grün gefärbt, jedoch bereits ausdifferenziert) lassen sich besser schneiden als ausgereifte. Notfalls

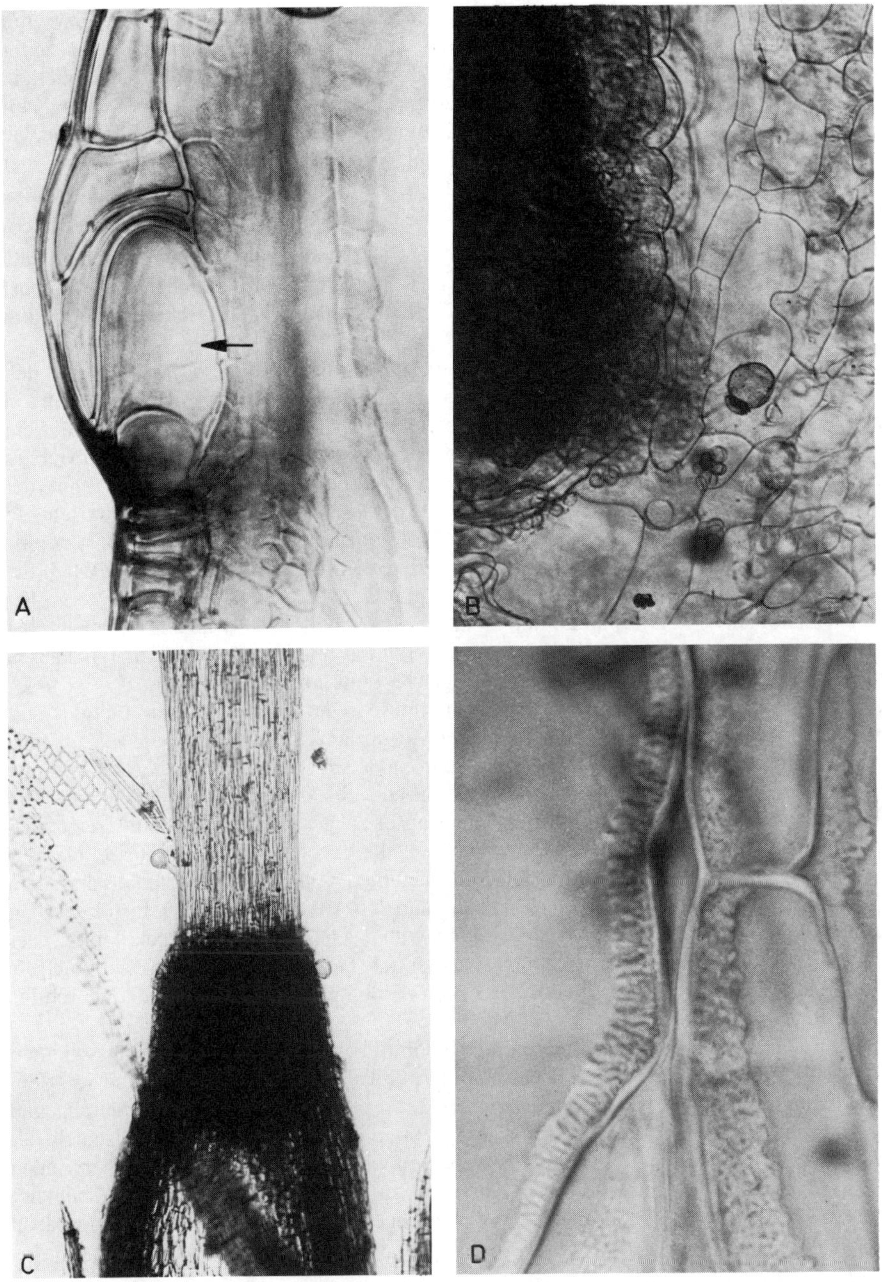

Abb. 95. *Mnium hornum*. **A** Längsschnitt durch Operculum und Urne, Detailbild von der Trennstelle des Operculums. In der Mitte die auffallenden Zellen des dreireihigen Anulus, untere Anuluszelle mit eiförmigem, strukturlosem Schwellkörper in Seitenansicht (←). Rechts Peristom zu erkennen; 350:1. **B** Ausschnitt aus Kapsellängsschnitt. Links Sporensack, der durch Spannfäden (Mitte) mit innerer Zellschicht der Kapselwand (rechts) verbunden ist. In der Mitte die Lakune; 100:1. **C** Unterer Teil der Seta, von Vaginula umwachsen; 80:1. **D** Saugzellen mit Stäbchensaum; 1500:1.

genügt es, die Kapseln längs zu halbieren und je eine Kapselhälfte mit der Schnittfläche bzw. mit der Außenseite nach oben einzubetten. Für das Studium des Öffnungsmechanismus von fast reifer Kapsel mit Hilfe einer Präpariernadel den Deckel absprengen, mit Oberseite nach oben in Chloralhydrat-Glycerolwasser-Hämalaun-Gemisch (Reg. 21) einbetten und etwas quetschen. Kapsel knapp unter dem oberen Rand querschneiden. Peristomring auf Objektträger übertragen und wie Deckel einbetten. Für das Studium der Sporenentwicklung den Inhalt aus Kapseln verschiedener Reifestadien in Chloralhydrat-Glycerolwasser-Hämalaun-Gemisch (Reg. 21) ausquetschen. Deckglas auflegen.

Beobachtungen (Abb. 95–97): Am unreifen Sporogon lassen sich bereits makroskopisch Seta (Stiel), Apophyse (verdickter Übergang vom Stiel in die Kapsel), Urne (eigentlicher Kapselkörper) und Deckel unterscheiden. Bei reifen Kapseln ist anstelle des abgefallenen Deckels das Peristom (Mundbesatz) zu sehen.
Mit schwacher Vergrößerung (50- bis 100fach) an möglichst medianem Längsschnitt den Sporogonfuß betrachten. Das Sporogon wächst bereits während seiner Embryonalentwicklung in das Gewebe des Gametophyten ein. Gleichzeitig entwickeln sich nach der Befruchtung mit dem heranwachsenden Embryo der Archegoniumstiel und der basale Teil des Archegoniumbauches unter erneuten Zellteilungen zum Epigon (= Embryotheka), das mit seinem unteren Abschnitt, der Vaginula, den Sporogonfuß und den unteren Teil der Seta manschettenartig umschließt (Abb. 95C). Die histologischen Verhältnisse bei der Differenzierung des Sporogonfußes, der als mechanische Verankerung und als Haustorium dient, sind kompliziert. Hier sollen lediglich die Saugzellen an der Grenze zwischen Fußgewebe und Vaginula interessieren. Bei starker Vergrößerung (600- bis 1200fach) erkennt man an den einander zugewandten Zellwänden stäbchenartige Strukturen, die zotten- oder placentaähnlich in das Zellumen hineinragen (Abb. 95D). Diesen eigentümlichen Strukturen wird ernährungsphysiologische Funktion zugesprochen.
Bei mittlerer Vergrößerung (200- bis 400fach) die Apophyse in der Aufsicht und im Längsschnitt untersuchen. Im Gegensatz zu allen übrigen Teilen der Moospflanze besitzt die Apophyse einfache Stomata vom *Mnium*-Typ (Abb. 96G, H). (Bei den Sporophyten der Farne hingegen ist die gesamte Epidermis der oberirdischen Teile mit Stomata durchsetzt.) Spezielle Nebenzellen fehlen. Die Spaltöffnungen sind parallel zur Längsrichtung der Kapsel ausgerichtet. Der Schnitt zeigt, daß unter den länglichen Schließzellen eine weite „Atemhöhle" die Verbindung zu den Interzellularräumen des subepidermalen Parenchyms herstellt, das reichlich Chloroplasten enthält und dem Schwammparenchym der Blätter höherer Pflanzen ähnelt (Abb. 96H). Diese histologischen Merkmale charakterisieren die Apophyse als photosynthetisch aktiven Gewebekomplex, der wesentlich zur Ernährung des Sporogons beiträgt. Das zentrale Gewebe der Apophyse setzt sich als steriler Strang dünnwandiger parenchymatischer Zellen (Columella) durch die Urne hindurch bis zum Peristom fort.
Am fertilen Kapselabschnitt, der Urne, erkennt man bei mittlerer Vergrößerung an Längsschnitten oder auch an lediglich halbierten Kapseln den Aufbau: Auf die mehrschichtige Wand folgt ein schmaler Luftraum (Lakune), der von wenigen dünnen Zellreihen, den „Spannfäden", durchzogen ist. Diese sehr zarten Spannfäden verbinden den äußeren Sporensack mit der inneren Zellschicht der Kapselwand (Abb. 95B) und leiten während der Sporenentwicklung aus den stärkereichen Zellen der Kapselwand dem sporogenen Gewebe Nährstoffe zu. Im Sporensack, der als schmaler Hohlzylinder die Columella umgibt, befindet sich das sporogene Gewebe. (Lakune und Spannfäden

---

Abb. 96. *Mnium hornum*. **A** Verschluß der Urne. Operculum sitzt noch auf dem Peristom. Peristomzähne schon ausgebildet; 75:1. **B** Abgesprengtes Operculum in Aufsicht. Am Rand die Anuluszellen; 80:1. **C** Peristom in Aufsicht. Die breiten Zähne des Exostomiums zurückgebogen, die Wimpern des Endostomiums zusammengeneigt; 150:1. **D** Peristom in Seitenansicht. Wimpern des Endostomiums aufrecht, Zähne des Exostomiums links und rechts ebenfalls aufrecht, in der Bildmitte nach vorn umgebogen; 200:1. **E** Anuluszellen mit eingeschlossenem Schwellkörper (←); 350:1. **F** Mit Papillen besetzte Außenwände der Exostomiumzähne; 1500:1. **G** Stomata der Apophyse in Aufsicht und (**H**) im Längsschnitt. Unter den Schließzellen Interzellularraum; 350:1.

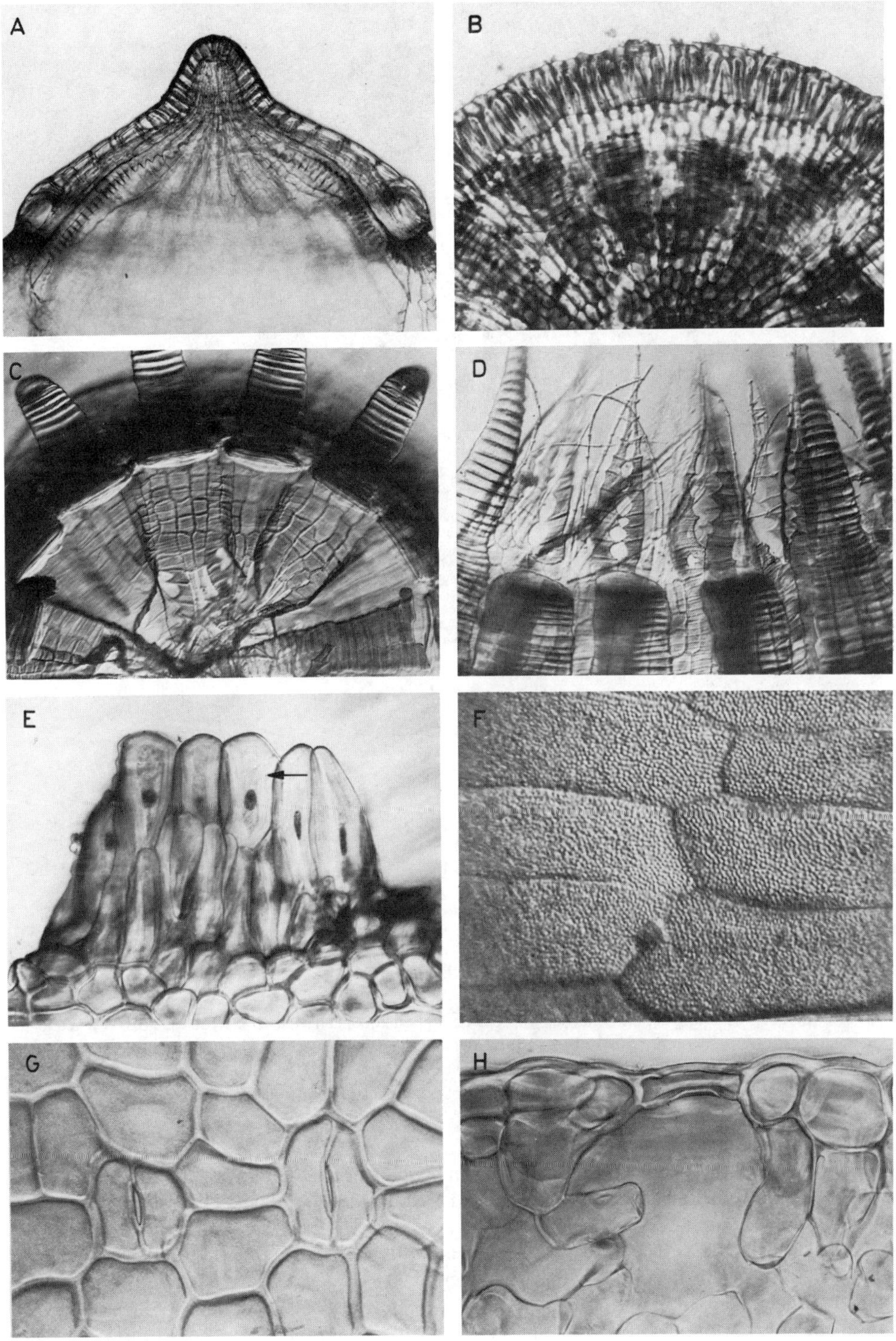
A
B
C
D
E
F
G
H

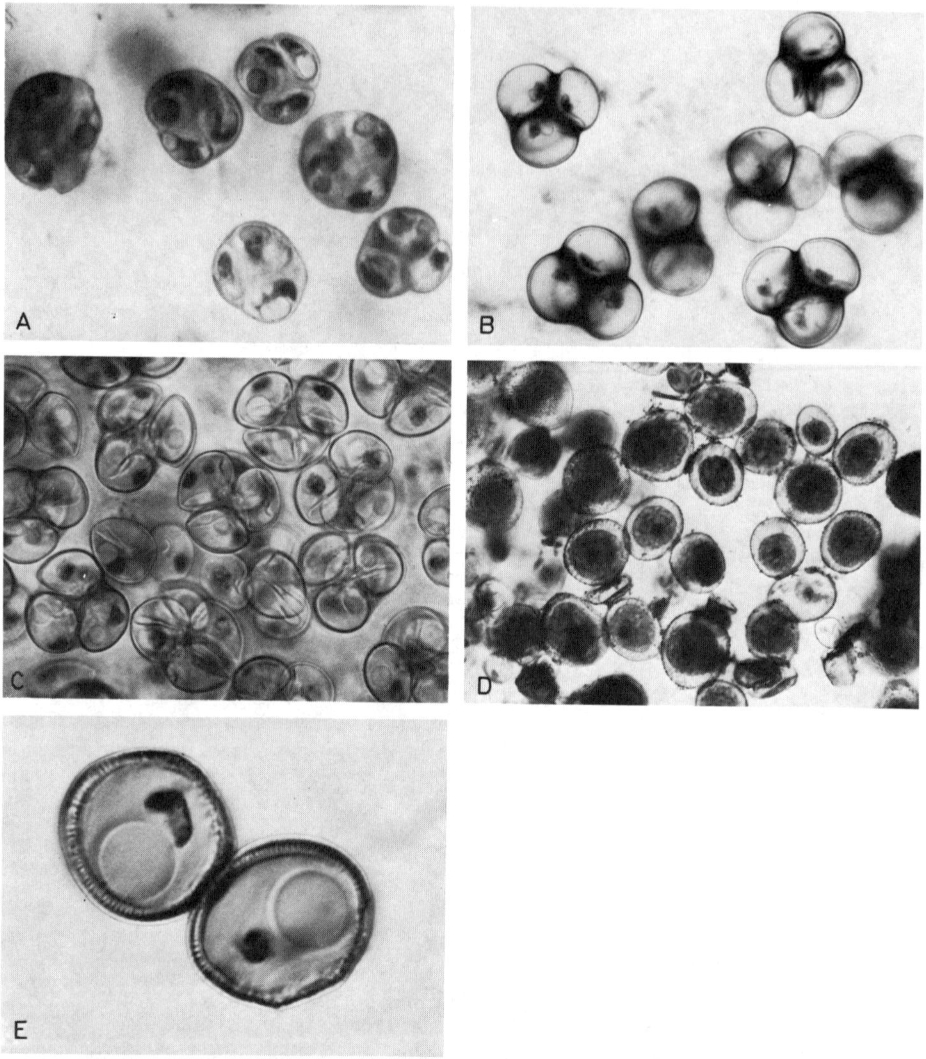

Abb. 97. Sporenentwicklung der Laubmoose. **A** Haploide Sporen kurz nach Meiose; als Tetrade noch von Wand der Sporenmutterzelle umschlossen; 550:1. **B** Zellwand der Sporenmutterzellen resorbiert. Sporen noch nicht frei; 550:1. **C** Sporen frei, von der Tetrade her noch dreikantig verformt; 500:1. **D** Reife Sporen; Cytoplasma geschrumpft (dunkel), in der Mitte der kleine Zellkern; 400:1. **E** Reife Sporen; neben dem dunkel gefärbten kleinen Zellkern ein großer Öltropfen, Exine strukturiert; 1500:1.

sind die Ursache dafür, daß bei Handschnitten von Frischmaterial Sporensack und Columella meist aus dem Gewebeverband herausgerissen werden.) Es lohnt, Verschluß und Öffnungsmechanismus der Urne (Operculum und Peristom) näher zu untersuchen: Bis zum Ausstreuen der reifen Sporen bleibt die Urne durch das Operculum verschlossen (Abb. 96A, B). Zur Reife platzen vorgebildete dünne Wandstellen im Bereich des Anulus (Abb. 95A, 96E), und das Operculum fällt ab. Im Präparat erscheint die Trennlinie der noch geschlossenen Kapsel als goldgelb gefärbtes Band. Am Kapsellängsschnitt und an der Aufsicht auf das Operculum lassen sich die Strukturen der Anuluszellen untersuchen. Der Anulus ist ein dreischichtiger Zellring zwischen Operculum und oberem Urnenrand. Die obere Zellreihe fällt durch sklerenchymähnliches Aussehen der radialen Zellwände auf. Die scheinbaren Wandverdickungen stellen jedoch Schwellkörper dar, die zur Reifezeit aus den Zellen hervorquellen und das Ablösen des Operculums bewirken. Sie sind in der Aufsicht besser zu erkennen als am Längsschnitt (Abb. 96B, E).

Unter dem Deckel liegt das Peristom, das entwicklungsgeschichtlich aus dem Amphithecium hervorgeht und sich aus dem Gewebe differenziert, das den Raum zwischen Operculum und Columella ausfüllt. An der geöffneten Kapsel besteht der „Mundbesatz" aus der äußeren (Exostomium) und inneren Zahnreihe (Endostomium). Die Zähne sind die Reste der tangentialen Zellwände der ursprünglichen Peristomzellen, die an Radialwänden aufreißen. Während die schmalen Zähne bzw. Wimpern des Endostomiums wie ein Sieb wirken und das Ausstreuen der Sporen rationieren, geben die kräftigen Zähne des Exostomiums aufgrund der ausgeprägten Fähigkeit zur hygroskopischen Bewegung in Abhängigkeit von der Luftfeuchtigkeit die Öffnung der Urne frei oder verschließen sie (Abb. 96C, D). Winzige Papillen auf der Außenwand der äußeren Zähne scheinen für die Feuchtigkeitsregulation der Zellwand von Bedeutung zu sein (Abb. 96F).

Für das Studium der Sporenentwicklung ist 600- bis 1000fache Vergrößerung nötig. Nach der mitotischen Vermehrung der Archesporzellen (entwicklungsgeschichtlich der äußeren Zellschicht des Endotheciums entstammend) läuft in den fertilen, nunmehr als Sporenmutterzellen bezeichneten Zellen die Meiose ab. Die Reduktionsteilung ist auf einen kurzen Zeitraum beschränkt. Bis zu diesem Entwicklungsstadium ist man für genauere Untersuchungen auf Mikrotomtechnik angewiesen.

Innerhalb der Sporenmutterzellen bilden sich die haploiden Sporen, die noch eine Zeitlang als Tetrade von deren Zellwand umschlossen bleiben (Abb. 97A, B). Diese Umhüllung wird erst während des Heranreifens der Sporen resorbiert. Die Sporen liegen dann frei im Sporangiumraum (Sporensack). Kurz nach dem Freiwerden sind die Sporen von der tetraedrischen Lagerung her auf einer Seite noch dreikantig verformt (Abb. 97C).

Die reifen Sporen sind mit dichtem Protoplasma angefüllt. Der Zellkern ist relativ klein (Abb. 97D). Neben einigen Chloroplasten ist noch Reservestoff in Form von Öltropfen enthalten. Die Sporenwand ist zweischichtig und besteht aus der derberen, braungefärbten Exine, die außen fein strukturiert ist, und aus der zarteren Intine (Abb. 97E).

Weitere Beobachtungen:

1. Von sehr jungen Kapseln Quetschpräparate (Reg. 64, 92) herstellen und nach Meiosestadien absuchen.
2. Vergleichend zu den prinzipiell gleichartig gebauten Sporogonien der Laubmoose Sporogon eines Torfmooses untersuchen.
3. Querschnitte von der Apophyse präparieren und die Stomata (*Mnium*-Typ) studieren.

Weitere Objekte:

Funaria hygrometrica Hedw. (Funariaceae), Drehmoos (Abb. 85E): Dichte, 1–3 cm hohe Rasen auf Mauern, Baumstümpfen, Brand- und Schuttstellen. Sehr häufig. Stets mit 3–5 cm hohen Sporogonen, die besonders im Frühjahr durch die dicht stehenden, rostroten Setae mit den grasgrünen Kapseln auffallen. Kapseln keulig-birnförmig, schief. Deckel flach, ohne Warze.

Polytrichum commune Hedw. (Polytrichaceae), Gemeines Widertonmoos (Abb. 85G, 90A): Besonders für das Studium der Calyptra geeignet (haploides Gametophytengewebe!). Fasern der Calyptra sind Protonemafäden ähnlich. Urne außer durch Peristom noch durch trommelfellartiges Epiphragma verschlossen. Peristomzähne bestehen nicht aus Zellwandreihen, sondern aus Zellreihen. Sporensack allseitig von Lakune umgeben.

Sphagnum spec. (Sphagnaceae), Torfmoose (Abb. 85H): Columella nicht durchgehend, sondern kuppelförmig; sporogenes Gewebe liegt schalenförmig darüber. „Sporogonstiel" (Pseudopodium) ist eine Verlängerung des Gametophytenstämmchens, daher haploid!

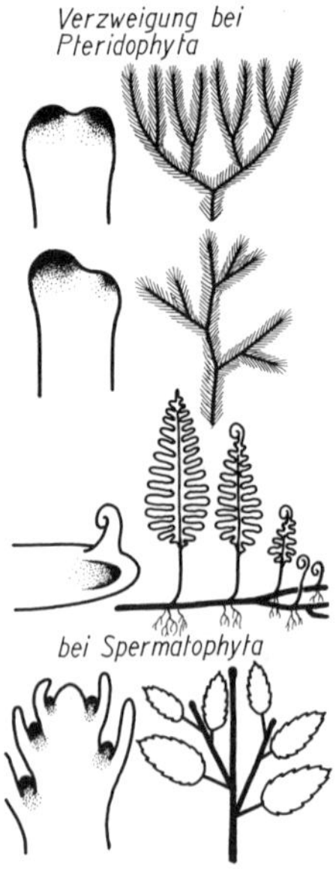

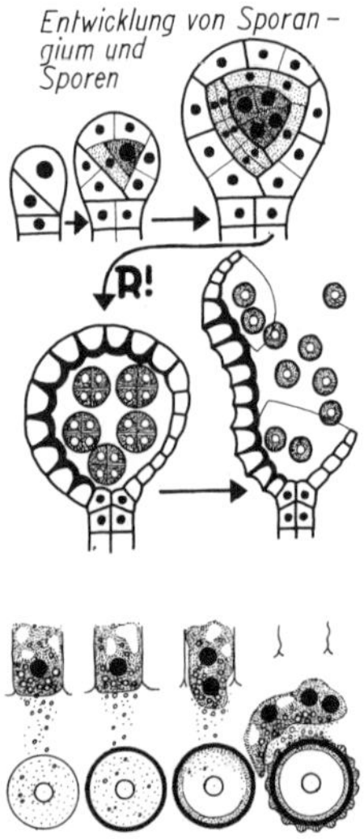

6. Pteridophyta (Farnpflanzen)

Der Lebensablauf der Pteridophyten vollzieht sich in regelmäßigem Wechsel zwischen zwei in ihrem Fortpflanzungsverhalten unterschiedlichen Generationen (Generationswechsel), wobei die Fortpflanzungszellen der *einen* Generation jeweils die *andere* Generation erzeugen **(antithetischer** oder **heterophasischer Generationswechsel).** Beide Generationen sind selbständige Individuen von unterschiedlicher Lebensdauer, mit unterschiedlicher Kernphase (d. h. es liegt intermediärer **Kernphasenwechsel** vor) und von unterschiedlichem Aussehen (der Generationswechsel ist **heteromorph**). Das „Farnkraut", der „Schachtelhalm" bzw. das „Bärlappgewächs" ist jeweils der **diploide Sporophyt,** der unter Reduktionsteilung **haploide Meiosporen** erzeugt. Meiose in den vom ernährenden Tapetum umgebenen Sporenmutterzellen. Sporen entweder gleichgestaltet: **Isosporen,** oder von unterschiedlicher Größe: große **Megasporen** (= Makrosporen) und kleine **Mikrosporen** in mehrzelligen, von sterilen Hüllzellen umschlossenen **Mega-** bzw. **Mikrosporangien** gebildet; die Sporenwand gliedert sich in ein innen gelegenes, cellulosehaltiges **Endospor,** das nach außen folgende und gegen Zersetzung widerstandsfähige **Exospor** und häufig ein ganz außen gelegenes, strukturiertes, vom Tapetum gebildetes **Perispor.** Die Sporen keimen zu einem kleinen, thallösen, **haploiden Gametophyten,** dem **Prothallium** aus. Am Prothallium bilden sich Gameten: in **Antheridien** die Spermatozoiden, in **Archegonien** die Eizelle. Beide Gametangien sind mehrzellig mit einer Hülle aus sterilen Zellen. Die befruchtete Eizelle entwickelt sich erneut zu einem diploiden Sporophyten.

Der Sporophyt der Farnpflanzen ist bereits ein **Cormus** mit Wurzeln, Sproßachse und Blättern.

Besondere Merkmale im Bau des Sporophyten: Alle drei Grundorgane werden bei den meisten Pteridophyten von **Scheitelzellen** gebildet.

Wurzel: Alle Wurzeln der Pteridophyten sind **sproßbürtig (primäre Homorhizie).** Initialzone der Seitenwurzelbildung ist nicht der Perizykel, sondern die innerste Rindenschicht.

Sproßachse, Wurzel und Blätter werden von kompletten, zusammengesetzten Leitbündeln durchzogen **(meist konzentrische, periphloematische Bündel)** mit verholzten **Tracheiden** (selten Tracheen) als wasserleitende und **Siebzellen** als Assimilate leitende Elemente. Rezente Formen ohne nennenswertes sekundäres Dickenwachstum.

Dichotomie (Bärlappe) oder **seitliche Verzweigungen** (diese jedoch nie aus den Blattachseln).

Blatt: Mit ähnlichem anatomischem Bau wie bei Spermatophyten. Epidermis allerdings meist mit Chloroplasten. Cuticula und Spaltöffnungen vorhanden.

Obwohl die Farnpflanzen von geringem wirtschaftlichem Gewicht sind, sind sie für die Erkundung phylogenetischer Zusammenhänge (besonders im Hinblick auf die Eroberunge des Landes als Lebensraum und die Entwicklung der Samenpflanzen) von großem wissenschaftlichem Interesse.

Übersicht über das System

1. Lycopodiatae (Bärlappgewächse)
   1.1. Lycopodiales (Bärlappe)
   1.2. Selaginellales (Moosfarne)
2. Equisetatae (Schachtelhalmgewächse)
3. Filicatae (Farne)
   mit 9 Unterklassen, u. a.
   3.1. Ophioglossidae, Natternzungenfarne. Eusporangiat *(Ophioglossum, Botrychium)*
   3.2. Osmundidae, Königsfarne *(Osmunda)*

3.3. Polypodiidae, Leptosporangiate Farne (hierher gehören die meisten bekannten Arten, z. B. *Pteridium, Asplenium, Athyrium, Dryopteris, Polytrichum*)
3.4. Marsileidae, Kleeblatt-Wasserfarne *(Marsilea)*
3.5. Salviniidae, Schwimm-Wasserfarne *(Salvinia, Azolla)*

6.1. Lycopodiatae

6.1.1. Lycopodiales (Bärlappe)

Krautige, immergrüne Pflanzen **mit dichotom** (gabelig) **verzweigten Sprossen und Wurzeln.** Ihre Stengel sind dicht mit kleinen derben schuppen- bis nadelartigen Blättchen besetzt. Die **Sporophylle** stehen außen am Ende von Sproßachsen in der Regel zu dichten, ährenförmigen **Sporophyllständen** vereinigt und tragen nur jeweils ein Sporangium. Die **Isosporen** keimen nach mehrjähriger Ruhepause zu monöcischen, unteriridisch saprophytisch (Mykorrhizapilze!) lebenden **Prothallien** aus, die erst nach weiteren 12–15 Jahren geschlechtsreif werden. Zweigeißelige Spermatozoiden. Archegonien oft **noch mit zahlreichen Halskanalzellen.** Die befruchtete Eizelle teilt sich quer, wobei sich nur die untere (basale) Tochterzelle zum Embryo weiterentwickelt; die den Archegonienhals zugewandte Zelle wird zum **Embryoträger (Suspensor),** der den Embryo zur Ernährung über ein **Haustorium** in das Innere des Prothalliums hineindrückt (**endoskopische Lage** des Embryos). Später krümmt sich der Embryo empor und wächst zum „Bärlapp" heran.

Beobachtungsziel: Bau des Sporophyten (Sproßachse, Blatt; Entwicklung der Sporangien, Isosporen)

Objekt: *Lycopodium clavatum* L., Keulenbärlapp.

Materialbeschaffung: *Lycopodium* findet man fast überall nur zerstreut (geschützt!); in Misch- und Nadelwäldern, auch an feuchteren Stellen. Sprosse kriechend, Sporophyllstände im Juli/August zu je 2–3 an einem aufrechten, nur locker beblätterten Stiel.

Präparation: Dünne Querschnitte durch den beblätterten Sproß gelingen am ehesten, wenn man gezielt nach Art von Blattquerschnitten unter dem Präpariermikroskop schneidet. Färbung mit 1%iger wäßriger Safraninlösung. Medianer Längsschnitt durch einen reifenden Sporophyllstand (Handschnitte von Frisch- oder Alkoholmaterial, besser Mikrotomschnitte, Reg. 80). Totalpräparat (Reg. 105) eines Sporophylls mit Sporangium (Präpariermikroskop, Reg. 103). Quetschpräparat eines Sporangiums. Einbetten der Sporen in hochprozentigen Alkohol, da sie vom Wasser nur schwer benetzt werden und leicht Luftblasen ins Präparat gelangen.

Weitere Präparationen: Zum Studium der cytologischen Verhältnisse bei der Sporangienentwicklung werden junge Sporophyllstände mit Alkohol-Formaldehydlösung (Reg. 5) fixiert, mit dem Mikrotom median längs geschnitten und am besten mit einer der Hämatoxylinlösungen gefärbt (Reg. 50, 27). Totalpräparate von Sporen und Sporophyllen mit anhaftendem Sporangium können, in Glycerolgelatine eingebettet (Reg. 46), zu Dauerpräparaten verarbeitet werden (Deckglasstützen! Reg. 25).

Beobachtungen: Der Querschnitt durch die am Boden kriechende Sproßachse liefert etwa das folgende Bild (Abb. 98 D, Ausschnitt aus dem zentralen Teil): Schon bei mittlerer Vergrößerung fällt der im Zentrum liegende Leitgewebestrang auf. Dieser zentrale Gewebekomplex besteht aus einzelnen flachen oder im Querschnitt mehr oder weniger gebogen erscheinenden Lagen wasserleitender Elemente (Ring-, Schrauben-, Treppentracheiden), die sich mit Safranin kräftig rot gefärbt haben, und dem Siebteil, dessen Zellen (Siebzellen) farblose, hell glänzende Zellwände besitzen. Zwischen den einzelnen Schichten der Leitbündelanteile liegen Parenchymzellen mit dünnen Wänden und engem Lumen. Der Zentralzylinder wird von zwei scheidenartigen Geweben umschlossen: zunächst von einer Schicht weitlumiger isodiametrischer Zellen, deren Wände ungefärbt bleiben, nach außen gefolgt von mehreren Lagen radial verkürzter Zellen mit verholzten Zellwänden (mit Safranin rot gefärbt). Nach außen folgt das mächtige Rindengewebe, dessen Zellen fortschreitend an Weite zunehmen, während die Wandstärke gleichzeitig abnimmt. Somit bilden die inneren dieser Rindenzellen eine feste, sklerenchymartige Scheide aus Zellen mit stark

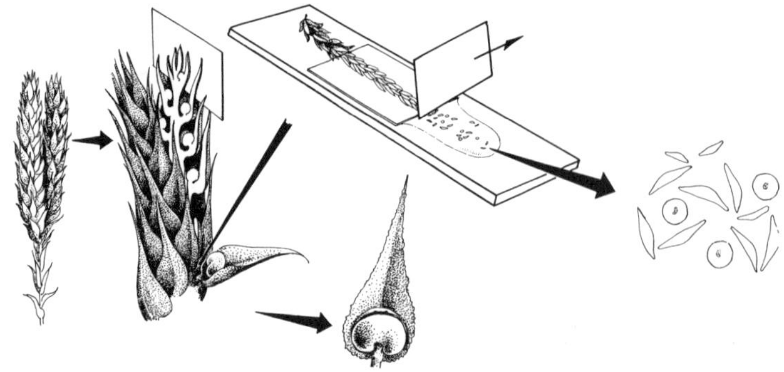

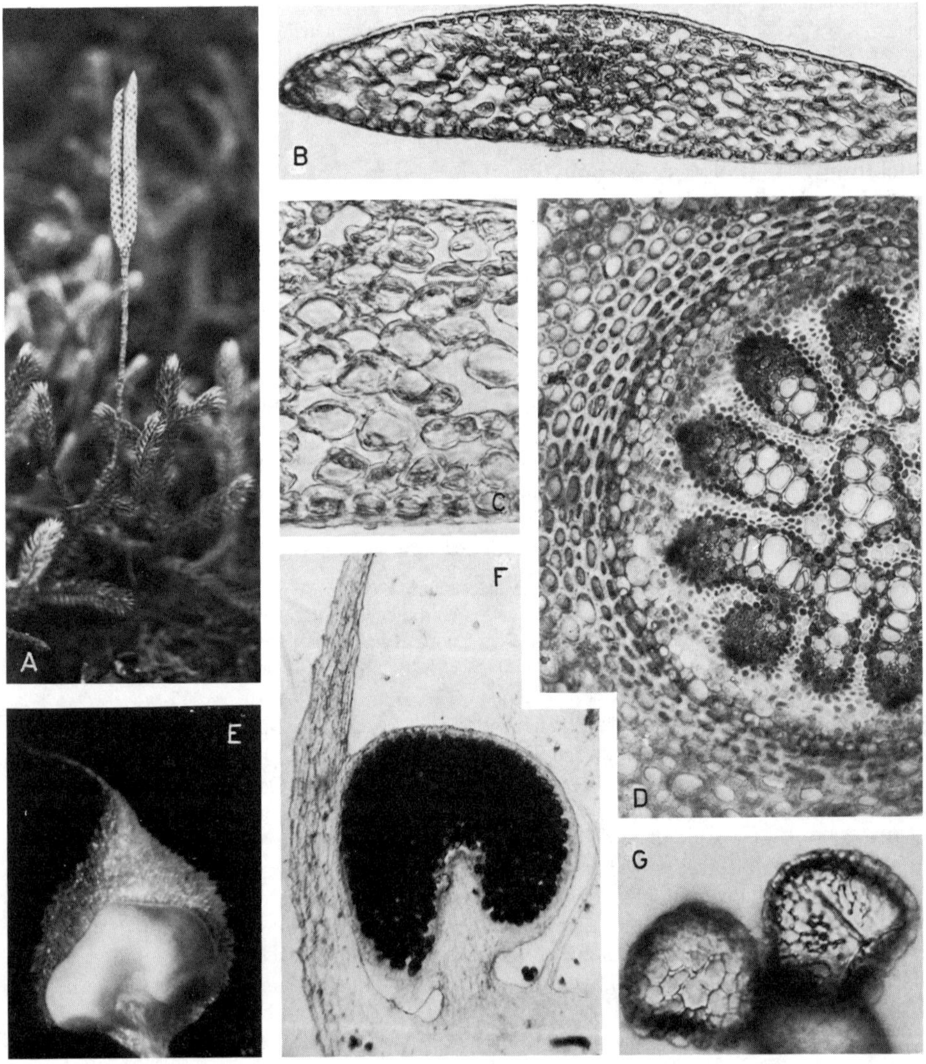
A
B
C
D
E
F
G

verdickten Wänden. Unter der Epidermis liegen Kollenchymzellen und, bei grünen, dem Licht ausgesetzten Sprossen, Chloroplasten enthaltende Assimilationszellen.
Mit dem Querschnitt durch den Sproß sind meist gleichzeitig auch Blätter günstig getroffen (Abb. 98 B): Von der stark bauchig gewölbten Unterseite bis zur mehr flachen Oberseite ist das Blatt aus einheitlichem Mesophyll aufgebaut. (Es ist also noch kein Palisaden- und Schwammparenchym zu unterscheiden, wie es für die Blätter der Angiospermen typisch ist.) Vom zentral gelegenen kleinen Gefäßbündel aus erstrecken sich strahlenartig Reihen rundlicher Zellen (Abb. 98 C), zwischen denen große Interzellularen liegen. Die Zellen beider Epidermen haben nach außen stark verdickte Wände. Zwischen die Epidermiszellen sind die Spaltöffnungen eingebettet.
Zum Studium der Sporangien nun ein fertiles Blatt aus dem walzenförmigen Sporophyllstand mit einer Pinzette herauslösen und mit der Außenseite (= Unterseite) des Tragblattes auf einen Objektträger legen. Beobachtung unbedeckt mit dem Präpariermikroskop oder notfalls mit einem Lupenobjektiv! Das bohnen- bis nierenförmige, bei Reife gelbliche Sporangium (Abb. 98 E) sitzt nahe der Basis des lanzettlichen Tragblattes auf einem sehr kurzen, breiten Stiel. Das Sporangium nun mit Hilfe von Nadeln abpräparieren! Am konvexen Sporangienscheitel, der ehemals zur Blattspitze hinwies, ist eine Trennungsstelle vorgebildet, die parallel zur Blattfläche liegt und bei Reife durch einen Querriß zur klappenartigen Öffnung des Sporangiums führt. (Der abweichende Bau dieser Zellen ist auch in Oberflächenansicht zu sehen; durch Einlegen des Sporangiums in Phloroglucinol-HCl (Reg. 89) erscheinen sie als rotes Band: verholzte Zellwände!).
Durch leichten Druck auf ein fast reifes Sporangium treten die Sporen aus. Dazu abpräpariertes Sporangium auf dem Objektträger in Wasser legen, quetschen und danach die Hülle entfernen. Nach Abdecken mit einem Deckglas die Sporen bei mittlerer Vergrößerung untersuchen: Alle Sporen sind von gleicher Gestalt und Größe (Isosporie), viele sind jedoch, ihrem gemeinsamen Ursprung aus jeweils einer Mutterzelle gemäß, zu Tetraden verbunden. (Hinweis auf die vorausgegangene Meiose!) Die Sporen sind kantig, von je einer abgerundeten und drei abgeflachten Seiten geformt (Abb. 98 G), von „kugeltetraedrischer“ Gestalt, weil sie lange zu Tetraden verbunden bleiben und so jede durch die Berührung mit ihren 3 Schwesterzellen in der Form geprägt wird. Die braune Sporenwand ist netzartig gezeichnet. Bei der Keimung öffnet sich die Spore an den Kanten, die zu einem dreistrahligen Stern zusammenlaufen (Abb. 98 G).
Der mediane Längsschnitt durch den Sporophyllstand zeigt von der Spitze zur Basis fortschreitend eine Stufenfolge der Anlage, allmählichen Ausbildung und Reifung der Sporangien: Sie werden nahe der Blattbasis zunächst als kleine Höcker angelegt, die sich vergrößern und in denen sich das Archespor differenziert. Allmählich entwickeln sich die Sporangien zu ovalen, kurz gestielten Behältern, die von Sporenmutterzellen erfüllt sind. Das Tapetum wird während der nun folgenden Reduktionsteilung der Sporenmutterzellen aufgelöst, so daß das reife Sporangium (Abb. 98 F)) eine zweischichtige Wand besitzt. Aus den Sporenmutterzellen sind Sporentetraden entstanden. Ist beim Schneiden die Ansatzstelle des Sporangiums am Sporophyll getroffen worden, sieht man, daß der leitbündelfreie Stiel zapfenartig in den Behälter hineinragt (Abb. 98 F).

Weitere Beobachtungen: Der Bau der Wurzel entspricht weitgehend dem der Sproßachse. An medianen Längsschnitten durch die Sproßachse (auch durch einen Sporophyllstand!) erkennt man, daß der Zuwachs am Vegetationspunkt nicht von einer einzelnen Scheitelzelle, sondern von einer Gruppe von Initialen ausgeht. Prothallien zu züchten oder in der Natur zu finden, gelingt nur unter großem Aufwand. Sie stellen bei *L. clavatum* wulstiggelappte Gewebekomplexe von etwa 1 cm Durchmesser dar. Zum Studium der Gametangien und der Embryoentwicklung Mikrotomschnitte anfertigen, die senkrecht zur Oberseite liegen.

Abb. 98. *Lycopodium clavatum.* **A** Habitus; Pflanze mit 2 Sporophyllständen; 0,5 : 1. **B, C** Querschnitt durch ein Blättchen. Zwischen den Epidermen das einheitliche, interzellularenreiche Mesophyll (C); B 110 : 1, C 270 : 1. **D** Sproßachse quer. Zentraler Leitgewebestrang von Scheiden umgeben, die äußere mehrschichtig mit verholzten Zellwänden; nach außen folgt lockeres Rindengewebe; 130 : 1. **E** Isoliertes Sporophyll mit nierenförmigem Sporangium; 17 : 1. **F** Längsschnitt durch ein Sporophyll; sporengefülltes Sporangium auf kurzem Stiel; 30 : 1. **G** Einzelne der kugeltetraedrischen Isosporen in verschiedener Ansicht; mit netzartiger Oberflächenstruktur und Keimspalten; 570 : 1.

Fehlermöglichkeiten: Bei sehr dünnen Sproßquerschnitten bricht der Zentralzylinder sehr leicht aus dem Gewebeverband heraus.

Weitere Objekte:

Mit annähernd gleichem Erfolg können auch andere Arten untersucht werden. Ganz ähnliche Verhältnisse zeigen:

Huperzia selago (L.) Trevisan, Tannenbärlapp.
Sporophylle nicht zu einem ährenartigen Sporophyllstand vereinigt;

Lycopodium annotinum, L., Schlangenbärlapp.
Sporophyllstände einzeln;

Lycopodium inundatum, L., Sumpfbärlapp.
Auf sumpfigen, moorigen Böden.

Entwicklung in der Mikro- und Megaspore

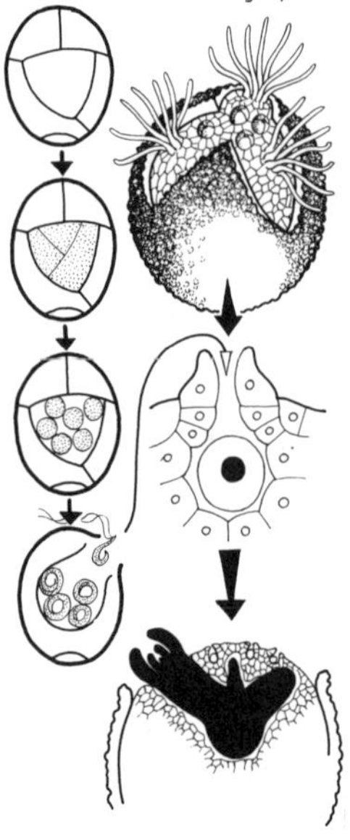

Anisophyllie

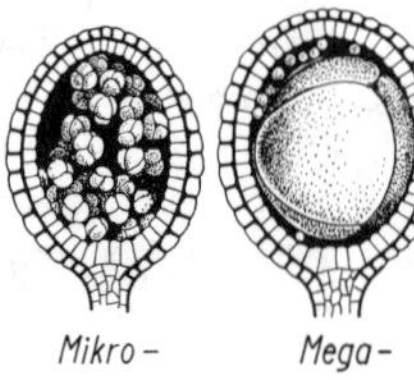

Mikro- Mega- Sporangium

6.1.2. Selaginellales (Moosfarne)

Krautige, in der Mehrzahl tropische Pflanzen **mit dichotom** (gabelig) **verzweigten Sprossen.** Ohne sekundäres Dickenwachstum. Die kleinen, zarten, schuppenartigen Laubblättchen (Trophophylle) stehen meist, in 4 Zeilen inseriert, zu viert nahe beeinander, wobei je zwei verschiedene Größe haben **(Anisophyllie).** An der Blattbasis ist eine **Ligula** ausgebildet, eine farblose, schuppenartige epidermale Bildung an der Blattoberseite, die der Regulation des Wasserhaushaltes dient. Oft wachsen exogen chlorophyll- und blattlose Seitensprosse positiv geotrop, an deren Enden Adventivwurzeln gebildet werden (Wurzelträger, **Rhizophoren**).
Die **Sporophylle** tragen jeweils nur ein Sporangium und sind zu endständigen **Sporophyllständen** vereinigt. **Heterosporie:** Die Sporangien enthalten entweder vier **Mega-** oder zahlreiche **Mikrosporen,** beide Arten kommen im gleichen Sporophyllstand vor. Die **reduzierten Prothallien** (im weiblichen Geschlecht) bzw. nur je ein Gametangium (im männlichen Geschlecht) entwickeln sich noch **innerhalb der Spore,** bei den Mikrosporen sogar schon innerhalb des Sporangiums. Aus der befruchteten Eizelle bildet sich der **Suspensor** und nach innen zu der **Embryo,** der über ein **Haustorium** ernährt wird, sich aufwärts krümmt und zum „Moosfarn" auswächst.

Beobachtungsziel: Bau des Sporophyten (Anisophyllie, Blattbau, Sporophylle mit Sporangien, Mega- und Mikrosporen)

Objekt: *Selaginella martensii* Spring.

Materialbeschaffung: *Selaginella*-Arten werden in den Gewächshäusern fast jeder Blumengärtnerei als immergrüne Zierpflanzen kultiviert und verkauft. Sporen tragende Pflanzen erkennt man an den endständigen, scharf-vierkantigen Ähren (Sporophyllstände, Abb. 99B). Auch getrocknetes Material ist nach entsprechender Vorbehandlung (siehe unter „Präparation") für die Mehrzahl der Untersuchungen zu verwenden.

Präparation: Totalpräparate (Reg. 105) von Sproßstückchen und vorsichtig abgezupften Sporophyllen und Trophophyllen zur Untersuchung unter dem Präpariermikroskop (Reg. 103). Querschnitte durch den beblätterten Sproß (mehrere Sprosse gleichzeitig schneiden oder Zielschnitt unter dem Präpariermikroskop). Längsschnitt durch einen jungen Sporophyllstand, dabei den vierkantigen Sporophyllstand median über zwei gegenüberliegene Kanten schneiden. Gelungene Handschnitte sind gut brauchbar, aber nicht leicht zu gewinnen. Quetschpräparat (Reg. 92) von reifen Mega- und Mikrosporangien.

Muß getrocknetes bzw. herbarisiertes Material verwendet werden, sind die Pflanzenteile zunächst in heißem Wasser aufzuweichen. Zur Entfernung von Luft gegebenenfalls vorher in ein Netzmittel einlegen: Saponine, Spülmittel der Küche, hochprozentiger Alkohol.

Material wenn nötig aufhellen. Von Handschnitten bzw. Totalpräparaten können Dauerpräparate angefertigt werden (Einbetten in Glycerolgelatine, Reg. 46).

Weitere Präparationen: Zum Studium der Sporenentwicklung und der Bildung der Gametophyten in den Sporen sind Mikrotomschnitte (Reg. 80) durch reifende Sporangien erforderlich (Fixierung mit Alkohol-Formaldehydlösung-Essigsäure, Reg. 6, und Färbung mit Eisenhämatoxylin, Reg. 27). Zum Studium der Embryonalentwicklung verfährt man entsprechend mit Megasporen, in denen eine Befruchtung stattgefunden hat (s. o. und Reg. 68).

Stadien der Gametophyten- und Embryoentwicklung erhält man, wenn reife Sporen gemeinsam längere Zeit in einem Tropfen Flüssigkeit unter physiologischen Bedingungen aufbewahrt werden (Nährlösung, feuchte Kammer); junge Keimlinge auch in der Nähe sporulierender Pflanzen.

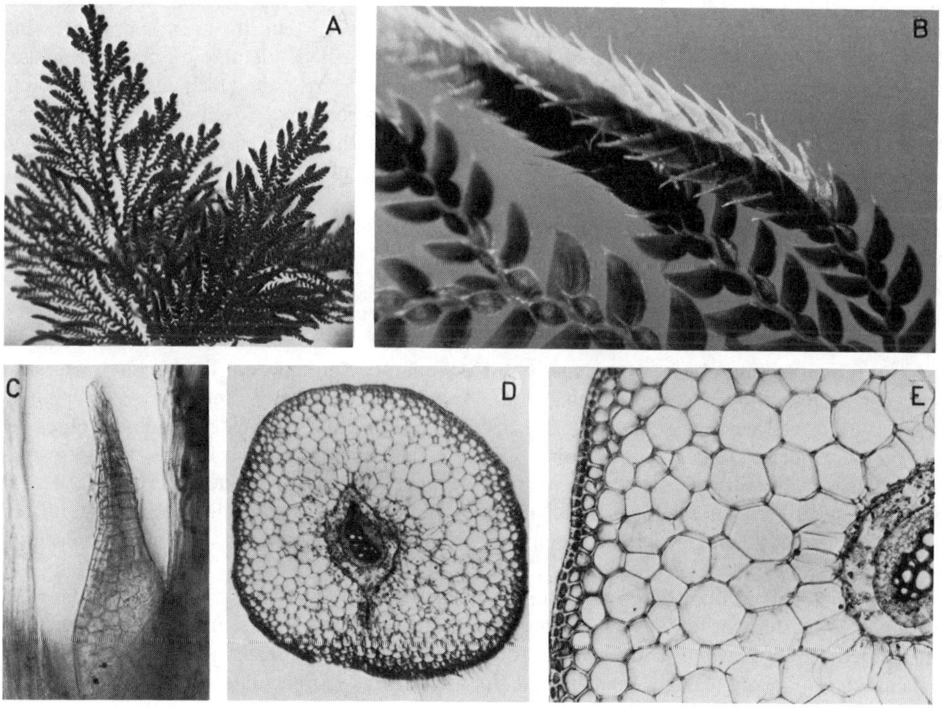

Abb. 99. *Selaginella martensii.* **A** Habitus; 0,5 : 1. **B** Sproßstück mit 2 der vierkantigen Sporophyllstände (oben) mit deutlicher Anisophyllie; 5 : 1. **C** Längsschnitt durch die Blattbasis: Unverletzte Ligula zwischen Blatt (rechts) und Sproßachse (links); 250 : 1. **D, E** Querschnitt durch die Sproßachse; zentrales periphloematisches Leitbündel von interzellularenreicher, kleinzelliger innerer und großzelliger, mächtig entwickelter äußerer Rinde umgeben, die außen von einer sklerenchymatisierten Epidermis umschlossen wird; D 45 : 1, E 100 : 1.

Beobachtungen: An intakten, kurzen Sproßstücken soll zunächst die Erscheinung der Anisophyllie studiert werden (Abb. 99 A, B): Unter dem Präpariermikroskop (evtl. Lupe!) bei geringer Vergrößerung die Blattstellung untersuchen. Der flach in einer Ebene ausgebreitete Sproß trägt vier Reihen von Blättern, von denen je zwei kleinere auf der Oberseite der Sproßachse eng anliegen, während die zwei größeren an der Unterseite seitlich von der Sproßachse abstehen. Dabei weist von den kleinen die Unterseite und von den großen die Oberseite nach oben. Werden die Blättchen herabgebogen, bis sie senkrecht zur Sproßachse ausgerichtet sind, ergibt sich eine normale Oberseite/Unterseite Orientierung der Blätter, wobei jeweils ein Paar kleiner und ein Paar größerer Blättchen in annähernd gleicher Höhe festgewachsen sind. Kleinere und größere Blättchen stehen sich dabei gegenüber (Abb. 99 B). Die Sporophyllstände zeigen nicht diese Anisophyllie.
Mit etwas Geduld gelingen auch genügend dünne Querschnitte durch die zarten Blättchen. Die obere Epidermis besteht aus einer Schicht trichter- bzw. kegelförmiger Zellen, deren Spitze nach innen zeigt und die von einem großen schüsselförmigen Chloroplasten ausgefüllt ist. Auch die untere Epidermis, in die die Spaltöffnungen eingefügt sind, enthält Chloroplasten, jedoch – wie das zwischen beiden Epidermen gelegene Schwammparenchym – jeweils mehrere vom linsenförmigen Typ der höheren Pflanzen.
Die Sproßachse (Querschnitt, Abb. 99 D, E) enthält im Zentrum ein konzentrisches Leitbündel, das von sehr lockerem Gewebe, der interzellularenreichen inneren Rinde, umgeben ist. Das Leitgewebe ist gewissermaßen in einem großen zylinderförmigen Hohlraum nur durch wenige Zellketten an der äußeren Rinde aufgehängt.
Die Sporophyllstände sind terminale, vierkantige Ähren (Abb. 99 B). Zunächst sollen einzelne, mit einer Nadel oder Pinzette abgetrennte basale Sporophylle unter dem Präpariermikroskop untersucht werden (Abb. 100 B). Die in den Blattwinkeln an der Oberseite einzeln sitzenden Sporangien sind oval und leicht abgeflacht. Oft kann man bereits mit dieser Methode kleinere rot gefärbte, glatte, ovale bis rundliche und größere blaßgelbliche, buckelige Sporangien unterscheiden (Mikro- und Megasporangien). Nun das Sporangium vorsichtig vom Sporophyll lösen und die Blattbasis (Oberseite!) bei stärkerer Vergrößerung betrachten. Dicht oberhalb der Ansatzstelle des entfernten Sporangiums entdeckt man ein farbloses, zartes, zungenförmiges Häutchen: die Ligula (Abb. 99 C).
Ein richtig geführter Längsschnitt durch den Sporophyllstand läßt die Anordnung und Insertion der Sporangien erkennen (Abb. 100 A). Im basalen Teil der Ähre befinden sich vorwiegend die weniger zahlreichen Megasporangien, die jeweils vier dickwandige Megasporen enthalten. Die Megasporen füllen das Sporangium völlig aus und wölben dessen Wände sogar beulenartig hervor (Abb. 100 C). Die glattwandigen roten Mikrosporangien (Abb. 100 E) enthalten zahlreiche Mikrosporen, deren Wand im reifen Zustand dunkelbraun aussieht. Den Bau der Sporenwand, die kugeltetraedrische Form der Sporen, ihr Größenverhältnis, deren Anzahl je Sporangium und ihre Anordnung in Tetraden am besten nach Ausquetschen der Sporangien auf einem gesonderten Objektträger bei stärkerer Vergrößerung untersuchen (Abb. 100 D, F). Die Durchmesser der Mikro- und Megasporen verhalten sich etwa wie 1:10; die leistenförmigen Wandverdickungen werden nach dem Zerquetschen der Megasporen klarer sichtbar. Auch die Lage der Ligula zwischen Blattspreite und Sporangium ist bei günstiger Schnittführung zu erkennen. Eventuell führt hierfür ein Zielschnitt unter dem Präpariermikroskop besser zum Ziel (s. Abb. 99 C).
An medianen Längsschnitten durch den Sporophyllstand (Abb. 100 A) ist auch die Entwicklung der Sporangien zu verfolgen. In den Achseln der obersten Blätter liegen die jüngsten Sporangienanlagen, die sich wie bei *Lycopodium* auch hier als exogene Höcker differenzieren. Aus dem Archespor im Innern der Sporangienanlage entstehen die Sporenmutterzellen, die unter Reduktionsteilung zu Sporen werden. Im Verlaufe dieser Entwicklung übernimmt nur die äußerste Schicht der Sporangienwand die Schutzfunktion.

Weitere Beobachtungen: Die reduzierten Gametophyten entstehen innerhalb der Sporenhülle: Wenn sich die Megasporen aus den platzenden Sporangien gelöst haben, bilden sich auf dem in der Spore eingeschlossenen Prothallium Archegonien. Sie werden durch einen dreiklappigen Riß am Sporenscheitel zugänglich. Das Innere der

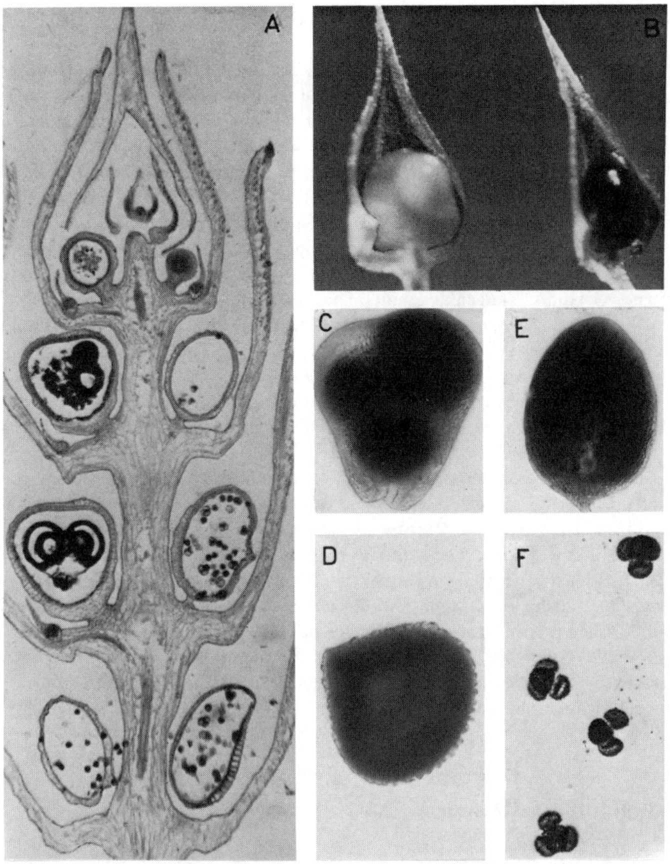

Abb. 100. *Selaginella martensii.* **A** Mikrotomlängsschnitt durch den Sporophyllstand; Mitte links Megasporangien mit Megasporentetraden, rechts zahlreiche Mikrosporentetraden in Mikrosporangien; 30:1. **B** Isolierte Sporophylle mit gelblichem buckligem Mega- (links) und rot gefärbtem glattem Mikrosporangium (rechts) auf der Blattober-(innen-)seite; 20:1. **C** Aufsicht auf ein unverletztes isoliertes Megasporangium: Die 4 Megasporen verursachen die beulenartige Verformung des Behälters; 40:1. **D** Isolierte reife Megaspore; 80:1. **E** Aufsicht auf ein unverletztes isoliertes Mikrosporangium; 40:1. **F** Mikrosporentetraden; 100:1.

Mikrosporen bildet sich nur noch in ein Antheridium um, das bei Reife durch Riß in der Sporenwand die Spermatozoiden entläßt.
Der Embryo entwickelt sich an einem Suspensor innerhalb der Megaspore.

Weitere Objekte:

Ähnliche wie die hier beschriebenen Verhältnisse findet man auch bei anderen *Selaginella*-Arten (z. B. *S. stolonifera* [Sw.] Spring, *S. inaequalifolia* [Hook et Grev.] Spring, *S. pallescens* [Presl.] Spring. Die beiden in Mitteleuropa heimischen Arten, *S. helvetica* [L.] Link und *S. selaginoides* [L.] Link), die nur in höheren Gebirgen und auch dort oft nur zerstreut vorkommen, dürften schwerer zu erhalten sein als eine der kultivierten Formen.

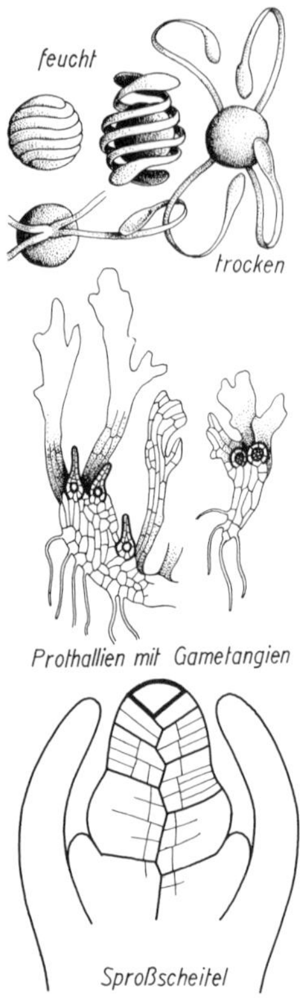

6.2. Equisetatae (Schachtelhalme)

Die **Sporophyten** rezenter *Equisetum*-Arten sind **krautige Pflanzen ohne sekundäres Dickenwachstum,** bei denen aus einem ausdauernden, unterirdischen Rhizom aufrechte **einfache** oder **wirtelig verzweigte Sproßachsen** von meist nur kurzer (in der Regel einjähriger) Lebensdauer hervorwachsen. Die halmartigen Sprosse tragen an den Knoten im Wechsel mit den Seitenzweigen (die neben den Blättern, nicht in deren Achseln hervortreten!) Wirtel spitzer, am Grunde scheidenartig verwachsener Blättchen. Die gestreckten Internodien wachsen interkalar an der Basis und reißen deshalb bei Zug in Richtung der Längsachse dort leicht auseinander. Sie enthalten einen **Ring kollateraler Leitbündel** und ein System weiter **Interzellularräume (Zentral-, Carinal-, Vallecularkanäle).** Die Sproßspitze wächst mit einer **Scheitelzelle.** Bei vielen Schachtelhalmen tritt eine **funktionelle Differenzierung der Halme** ein: chlorophyllfreie, unverzweigte, Sporangien tragende Triebe werden nach dem Absterben durch „assimilierende“, verzweigte, „sterile“ Sprosse ersetzt, oder es bilden sich nach der Sporenreife am gleichen Halm grüne Seitenzweige.

Die **Sporophylle** haben meist die Form eines vielkantigen Schildchens mit zentralem Stiel („einbeinige Tischchen“) und sind am Sproßende dicht zu zapfenartigen, kolbenförmigen Sporophyllständen („Schachtelhalmblüten“) vereinigt. Sie tragen auf ihrer Unterseite mehrere sackförmige **Sporangien,** die sich bei Reife durch Längsriß an der Innenseite öffnen und zahlreiche grüne **Meiosporen** entlassen (Sporenwand mit **Endo-, Exo- und Perispor;** die äußerste Schicht bildet die charakteristischen bandförmigen **Hapteren**). Die äußerlich gleich gestalteten Meiosporen keimen zu thallösen, wenige Millimeter großen, stark gelappten monöcischen oder diöcischen grünen **Prothallien** aus, die sich außerhalb der Sporen entwickeln. Sie stellen die **Gametophyten** dar, die die **Gametangien (Archegonien, Antheridien)** tragen. Nach der Befruchtung der Eizelle (vielgeißelige Spermatozoiden!) entwickelt sich ohne Suspensorbildung der Embryo, der zum neuen „Schachtelhalm“ heranwächst.

Beobachtungsziel: Bau des vegetativen Halmes

Objekt: *Equisetum arvense* L., Acker-Schachtelhalm. Nichtsporulierender, vegetativer Sproß.

Materialbeschaffung: Der Acker-Schachtelhalm ist auf Äckern, an Straßen-, Weg- und Waldrändern und besonders an sandigen Trockenstellen häufig. Es wird nirgends schwierig sein, Material zu finden.
Die hier zur Untersuchung erforderlichen verzweigten, grünen vegetativen Sprosse erscheinen erst, wenn die chlorophyllfreien, sporentragenden unverzweigten Halme zugrunde gehen (etwa ab Mai). Frisch- oder Alkoholmaterial verwenden.

Präparation: Querschnitt durch den mittleren Bereich eines Internodiums. Der Schnitt soll nach Möglichkeit den gesamten Halmquerschnitt erfassen. Zum Studium der Spaltöffnungen muß der Schnitt an der Peripherie besonders dünn sein. Eventuell ein gesondertes Präparat dieser Bereiche herstellen. Es empfiehlt sich hierzu, durch den basalen, noch wenig verkieselten Teil des interkalar wachsenden Internodiums zu schneiden, am besten dicht über den Spitzen der Blattscheiden, wo die Differenzierungsprozesse schon genügend weit fortgeschritten sind.
Flächenschnitte zur Beobachtung der Spaltöffnungen in der Aufsicht. Nachweis der verkieselten Zellwände im Flächenschnitt (Herstellen eines Kieselskelettes, Reg. 67).
Medianer Längsschnitt durch die Sproßspitze (Handschnitte aufhellen).

Weitere Präparationen: Nachweis lignifizierter Zellwände (Reg. 89) in den Sproßquerschnitten. Dauerpräparate herstellen (Reg. 46, 51).

Beobachtungen: Den Querschnitt durch das Internodium des „sterilen“ Halmes zunächst bei schwacher Vergrößerung untersuchen (Abb. 101 B): Im Übersichtsbild erscheinen die verschiedenen Differenzierungen deutlich auf Radien angeordnet und wiederholen sich in dieser Weise in regelmäßigem Rhythmus. So entstehen – in anderer Sicht – um die große zentrale Markhöhle

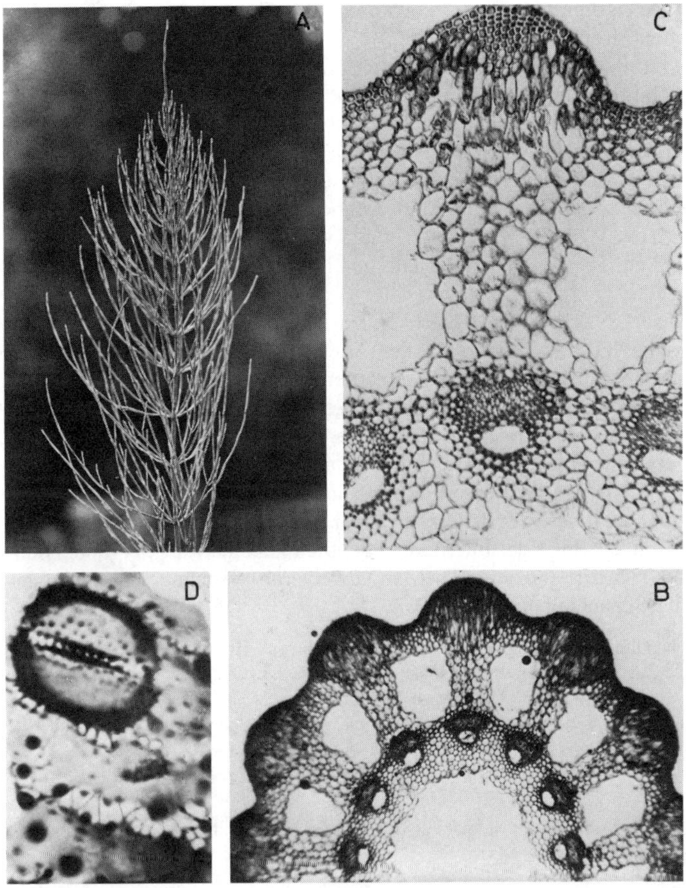

Abb. 101. *Equisetum arvense*. **A** Vegetativer Halm; 0,5 : 1. **B** Querschnitt durch die Sproßachse (den Halm). Um die zentrale Markhöhle ein Ring kollateraler Leitbündel mit den Carinalhöhlen im Innern, eingebettet in Markparenchym. Die außerhalb des Leitbündelringes gelegene Rinde von großen Vallecularhöhlen durchzogen; 25 : 1. **C** Ausschnitt aus B; 70 : 1. **D** Epidermisstück als Kieselskelett; Aufsicht; 680 : 1.

herum konzentrische Kreise gleicher Strukturen; zunächst (in Markparenchym eingebettet) ein Ring kollateraler Leitbündel mit einem weiten Interzellulargang am Innenrande der Bündel (Carinalhöhlen). Es folgt nach außen großzelliges Rindenparenchym, das ebenfalls in seinem innen gelegenen Anteil von weiten Interzellulargängen, den sogenannten Vallecularhöhlen, durchzogen ist. Diese lufterfüllten Hohlräume alternieren in ihrer Lage mit den Leitbündeln. Die Halmoberfläche ist nicht glatt, sondern weist leistenartige Vorsprünge und dazwischen eingesenkte Rillen auf, so daß im Querschnitt ein „Vieleck“ entsteht. Die Leisten (Carinae) korrespondieren in der Lage mit den Leitbündeln und ihren Carinalhöhlen; die zwischen den Vorsprüngen liegenden Einsenkungen (Valleculae) liegen auf dem gleichen Radius wie die Vallecularhöhlen. Die Anzahl der Leisten entspricht somit derjenigen dieser Strukturen im Halminnern.

Bei stärkerer Vergrößerung (Abb. 101 C) werden histologische Besonderheiten deutlich: Die Epidermis ist nur an wenigen ganz bestimmten Stellen von Spaltöffnungen durchsetzt. Man beobachtet sie nur an den geneigten „Böschungen“ der Carinae, dort, wo der hypodermale Sklerenchymring durch die offenen Schenkel des rinnenförmigen, chloroplastenreichen Assimilationsparenchyms unterbrochen wird. Zwischen dem Mark und der Rinde liegt innen stärkereiches

Perizykelparenchym und nach außen unmittelbar anschließend die einschichtige primäre Endodermis mit deutlichen Casparyschen Streifen.
In den Leitbündeln liegen dem zentralen Siebteil die verholzten Tracheiden seitlich an. Interessante Einzelheiten lassen die Spaltöffnungen bei Beobachtung von der Fläche her erkennen (dazu zwei Flächenschnitte in verschiedener Lage zur Ansicht von außen und von innen unter dem gleichen Deckglas einschließen). Die Außenfläche der Epidermis ist von höckerartigen Papillen besetzt. Im Bereich der Schließzellen umgeben diese Strukturen als doppelte „Perlenringe" von elliptischem Umriß den schmal-langgestreckten Spalt. Zum Spalt führen stark verkieselte Verdickungsleisten, Wandverdickungen, die ein klares Bild erst bei Betrachtung von der Epidermisunterseite her ergeben (fokussieren!). Nur die Schließzellen, nicht die halbmondförmigen Nebenzellen, enthalten kleine Chloroplasten.
Um ein Skelett von den verkieselten Zellwänden zu erhalten, muß in dem Flächenschnitt in der angegebenen Weise die organische Substanz zerstört werden. Auch nach diesen Behandlungen sind die Struktureigentümlichkeiten der Zellwände erhalten geblieben (Abb. 101 D).
An medianen Längsschnitten durch die Halmspitze ist am Vegetationskegel die große und daher hier besonders leicht zu beobachtende tetraedrische Scheitelzelle zu sehen. Sie hat die Form einer mit der Spitze nach unten liegenden dreiseitigen Pyramide mit nach außen gekrümmter Grundfläche. An Längsschnitten junger *Equisetum*-Sprosse sind meist auch Anlagen von Seitenzweigen median getroffen, an denen dann ebenfalls die Scheitelzelle zu erkennen ist. An älteren Nodi setzen sich die interkalaren Meristeme an der Basis der Internodien deutlich gegen die sich abrundenden, voneinander lösenden Zellen des sich differenzierenden Markgewebes ab. (Von hier aus erfolgt das basal-interkalare Wachstum der Schachtelhalmsprosse.)

Weitere Beobachtungen: Nach Behandlung der Halmquerschnitte mit Phloroglucinol-HCl (Reg. 89) werden an den radialen Wänden der Endodermis die Casparyschen Streifen sichtbar. Neben diesen Strukturen nehmen nur noch die Wände der Tracheiden die charakteristische kirschrote Färbung an.
An guten medianen Längsschnitten durch die Halmspitze lohnt es sich, von der Scheitelzelle beginnend, die Differenzierung der Gewebe und die Ausbildung der Mark-, Carinal- und Vallecularhöhlen zu verfolgen.

Weitere Objekte:

Zum Studium der Halmanatomie und des Aufbaus der Stomata eignen sich auch Internodienquerschnitte von

Equisetum hiemale L., Winter-Schachtelhalm,

E. sylvaticum L., Wald-Schachtelhalm,

E. fluviatile L. em. Ehrh., Teich-Schachtelhalm.

Junge Sprosse von *Equisetum fluviatile* eignen sich gut für die Untersuchung der Scheitelzelle und der Differenzierungsprozesse der Sproßachsengewebe.

Beobachtungsziel: Sporophylle mit Sporangien; Sporen, Sporenkeimung

Objekt: *Equisetum arvense* L., Acker-Schachtelhalm.

Materialbeschaffung: Die den Sporophyllstand tragenden Sprosse sind unverzweigt und hellbraun gefärbt. Sie erscheinen an den bezeichneten Standorten (s. S. 250) früher als die vegetativen Sprosse und sterben nach der Sporenreife ab. Sammelzeit: März/April.

Präparation: Herauslösen unverletzter Sporophylle aus dem Sporophyllstand an der Spitze fertiler Sprosse. Beobachtung mit dem Präpariermikroskop (Reg. 103). Querschnitt durch einen jungen Sporophyllstand (evtl. Alkoholmaterial verwenden). Sporen durch Quetschen oder Ausschaben frischer Sporangien gewinnen. Wenn man Sporophyllstände trocknen läßt, erhält man trockene Sporen als graugrüne Masse, die zwischen den auseinanderweichenden Sporophyllschildchen hervortritt.
Zum Beobachten die Sporen auf einen Objektträger geben und nicht bedecken. Cellulosenachweis an den Hapteren durch Einbetten in Chlorzinkiodlösung.

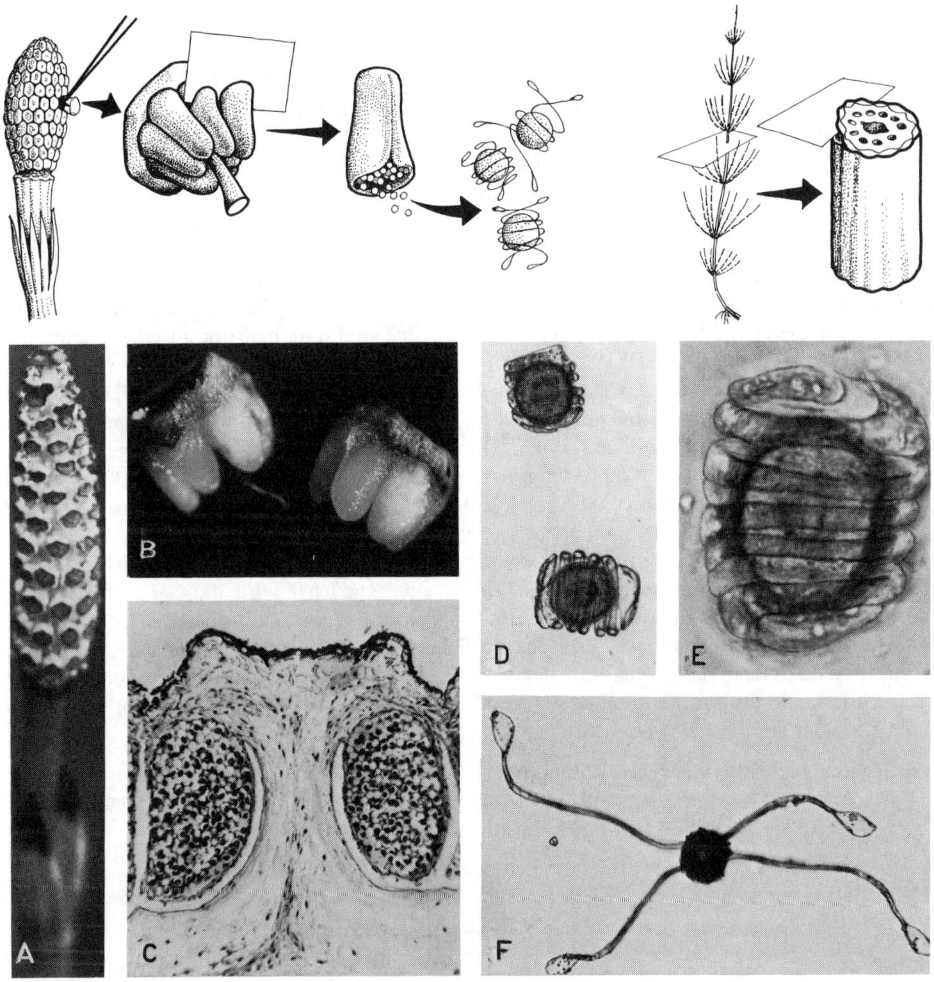

Abb. 102. *Equisetum arvense*. **A** Sporulierender Frühjahrshalm. Sporophyllstand; 2:1. **B** Zwei tischchenförmige Sporophylle mit Sporangien; 12:1. **C** Mikrotomquerschnitt durch den Sporophyllstand: ein Sporophyll mit 2 angeschnittenen Sporangien; 30:1. **D, E** Reife Sporen in feuchter Atmosphäre (bzw. in wäßrigem Medium): Die Hapteren umwinden dicht die kugeligen Sporen. Jeweils in der Mitte der Zellkern; D 180:1, E 540:1. **F** Spore in trockener Atmosphäre bzw. bei Wasserentzug: Hapteren ausgebreitet, die spatelartig verbreiterten Enden sind weit vom Sporenkörper ausgestreckt; 140:1.

Frisch aus dem Sporangium gewonnene reife Sporen in einem flachen Schälchen auf Agar-Agar (Reg. 8), Gelatine (Reg. 43) oder feuchtem Filtrierpapier aussäen.

Weitere Präparationen: Das Auskeimen der Sporen an drei verschiedenen Proben beobachten, die entweder von oben, von unten oder von der Seite beleuchtet werden.

Beobachtungen: Einzelne Sporophylle vom Sporophyllstand (Abb. 102A) mit einer Nadel ablösen und vorteilhaft mit dem Präpariermikroskop oder mit Hilfe einer Lupe beobachten: Sie ähneln kleinen einbeinigen Tischchen (Abb. 102B). An der Unterseite der sechseckigen „Tischplatte“ hängen etwa 6 bis 8 säckchenförmige Sporangien. Die Sporophylle sind mit ihrem Fuß senkrecht an der Längsachse des Sporophyllstandes angeheftet und stehen vor der Sporenreife dicht

geschlossen beieinander. Bei Reife streckt sich die Längsachse des Sporophyllstandes, so daß die einzelnen Sporophylle etwas auseinanderrücken. Zu dieser Zeit öffnen sich die Sporangiensäckchen durch einen Längsriß auf der dem Stielchen zugewandten Seite und entlassen die grünlichen Sporen, die nun ungehindert durch die entstandenen Lücken ins Freie gelangen. Der Querschnitt durch einen jungen, noch geschlossenen Sporophyllstand läßt an einigen Stellen den inneren Bau der Sporophylle mit den angehefteten Sporangien erkennen (Abb. 102C). Sie haben in dieser Ansicht T-förmige Gestalt. Jedes Sporangium wird von einem Leitbündel versorgt.
Die reifen Sporen (Abb. 102D–F) sind kugelig. An jeder von ihnen scheinen vier Bänder befestigt zu sein, die im trockenen Zustand tentakelartig vom Sporenkörper ausgestreckt liegen (Abb. 102F). Sie sind an den Enden etwas spatelförmig verbreitert. Bei genauer Untersuchung der Anheftungsstelle erkennt man, daß je zwei dieser Bänder zusammengehören. Die beiden „Arme" sind jeweils ungleich lang. Die Hapteren genannten Gebilde sind stark hygroskopisch: Haucht man die trockenen, offen auf dem Objektträger liegenden Sporen während der mikroskopischen Untersuchung an, so kann man das Einrollen der Hapteren beobachten. Die ganze Sporenmasse gerät dann in Bewegung, und am Ende ist jede der Sporen von den schraubig aufgewundenen Bändern dicht umschlossen (Abb. 102D, E). Die hygroskopischen Bewegungen der Hapteren erleichtern wahrscheinlich die Verbreitung der Sporen durch den Wind (Auflockerung der Sporenmassen), garantieren aber gewiß die enge Verkettung verschiedengeschlechtiger Sporen, um bei diöcischen Arten die Befruchtung zu sichern.
Frisch aus einem reifen Sporangium entleerte Sporen (durch Chloroplasten grün gefärbt) keimen auf feuchtem Substrat bereits nach wenigen Tagen aus: Zunächst wird die Spore durch eine Scheidewand in zwei ungleich große Zellen zerlegt. Die kleinere, nahezu farblose Zelle wächst zu einem fadenförmigen Rhizoid aus. Aus der größeren, die Chloroplasten enthält, geht durch wiederholte Zellteilungen das Prothallium hervor. Die Untersuchungen werden am einfachsten auf Objektträgern durchgeführt, die dünn mit Agar beschichtet und zur Keimung der Sporen in einer feuchten Kammer (Petrischale) bei diffusem Tageslicht ausgelegt werden (Reg. 84).

Weitere Beobachtungen: Bei einseitiger Belichtung entwickelt sich das Prothallium stets an der der Lichtquelle zugewandten Seite. Am entgegengesetzten Pol differenziert sich die Rhizoidzelle an der vor der Keimung offenbar indifferenten Spore. Die Prothallien lassen sich mehrere Wochen lang bis zur Entwicklung der Gametangien züchten.

Weitere Objekte:

Die entsprechenden Beobachtungen sind auch an anderen *Equisetum*-Arten möglich.

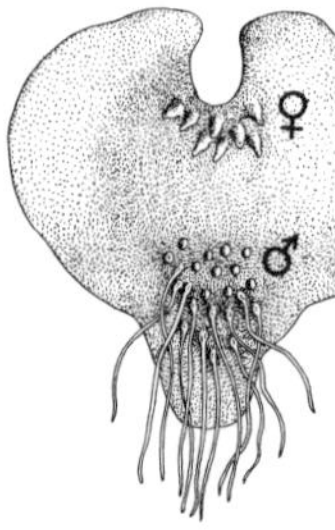

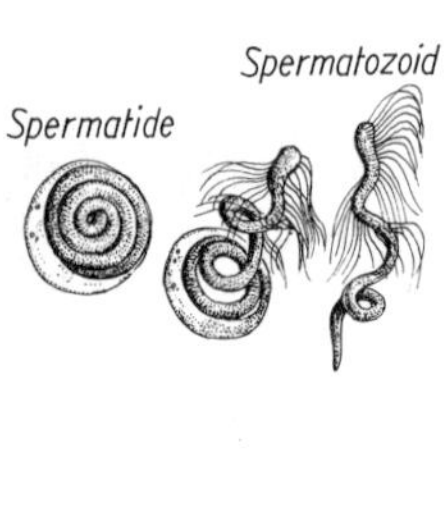

6.3. Filicatae (Farne)

6.3.1. Polypodiidae

Schattenliebende, meist krautige Pflanzen. Sprosse der Sporophyten einheimischer Arten sind **Erdsprosse (Rhizome)** mit **Scheitelzellenwachstum** und konzentrischen, **periphloematischen Leitbündeln** (im Xylem Treppentracheiden, z. T. bereits Tracheen). Sekundäres Dickenwachstum fehlt. **Wurzeln** entstehen **sproßbürtig (homorrhize Bewurzelung).** Bei den großen Blättern (Megaphylle, Wedel) hält im Gegensatz zu den Blättern der Spermatophyta das Spitzenwachstum lange an. Sie sind durch stärkeres Wachstum der Blattunterseite in der Jugend zur Knospe eingerollt. Der **histologische Blattbau ähnelt dem höherer Landpflanzen** (Palisaden- und Schwammparenchym, verzweigte Leitbündel, Stomata). Die **Sporangien** sitzen in der Regel an der Unterseite der **Sporophylle,** die den sterilen **Trophophyllen** morphologisch ähnlich oder aber, bei einigen Arten durch Reduktion der Blattspreite, von abweichendem Bau sein können. Sie entwickeln sich aus einzelnen Epidermiszellen an einer Gewebewucherung des Blattes **(Placenta, Receptaculum)** und sind bei den meisten einheimischen Arten zu Gruppen **(Sori)** vereint. Oft dienen

dem Schutz der Sori häutige „Schleier" **(Indusien),** die die Sporangien bis zur Reife bedecken.
Die Sporangien sind je nach Art verschieden gestaltete, meist gestielte Kapseln. Ihre Wand ist einschichtig und oft mit einem Ring abweichend gebauter Zellen (dem **Anulus**) versehen: Ungleichmäßig verdickte Zellen ermöglichen einen Kohäsionsmechanismus zum Öffnen der reifen Sporangien.
Die unter Meiose aus den Sporenmutterzellen hervorgehenden Sporen einer Art sind gleich groß **(Isosporie).** Sie keimen zunächst zu einem meist stark reduzierten, nur sehr wenige Zellen kurzen, fädigen Protonema aus, das sich frühzeitig zum meist flächigen und herzförmigen **Prothallium** (dem Gametophyten) entwickelt. An der Unterseite des wenige Millimeter großen Prothalliums entstehen zahlreiche **Rhizoide** und beiderlei Gametangien: **Antheridien** und **Archegonien.** Die Antheridien sind papillenförmige Behälter mit einschichtiger Wand und enthalten kugelige **Spermatiden** mit je einem **Spermatozoid.** Die Archegonien sind in der Regel aus **Halswandzellen** und **Halskanal-** und **Bauchkanalzelle** aufgebaut und enthalten je eine **Eizelle.**
Aus der befruchteten Eizelle geht der **endoskopisch gelegene Embryo** (vgl. S. 243) hervor, der zum Sporophyten (der Farnpflanze) mit Sproß, Wurzeln und Blättern heranwächst.

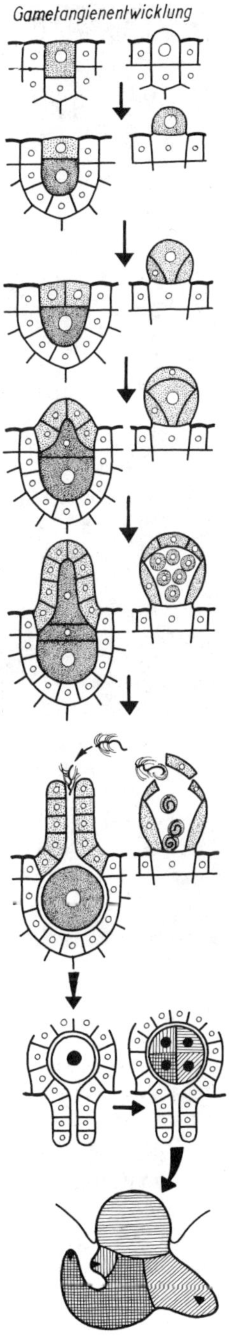

Beobachtungsziel: Vegetativer Aufbau des Sporophyten (Bau des Rhizoms mit periphloematischen Leitbündeln, Wurzelspitze mit Scheitelzellenwachstum)

Objekt: *Pteridium aquilinum* (L.) Kuhn, Adlerfarn.
Erdsproß (Rhizom) mit anhaftenden Wurzeln.

Materialbeschaffung: Auf sandigen und anderen sauren Böden einer der häufigsten Farne. In lichten Laub- und Mischwäldern, besonders auf Kahlschlägen, mitunter Massenbestände. Nur selten (Kalkböden!) fehlend.
Die oft sehr tief unterirdisch kriechenden Rhizome sind das ganze Jahr über erreichbar. Zur Untersuchung der Leitbündel eignen sich auch Blattstiele. Alkoholmaterial ist verwendbar.

Präparation: Querschnitte durch das Rhizom. Sie gelingen wegen der starken Sklerenchymatisierung älterer Abschnitte am leichtesten dicht hinter dem Vegetationspunkt. Möglichst durch einen wurzel- und blattansatzfreien Abschnitt so schneiden, daß der Schnitt genau senkrecht zur Längsachse liegt. Zum Studium der periphloematischen Leitbündel eignet sich auch ein Querschnitt durch den jungen Blattstiel. Durch Färbung der verholzten Zellwände wird der Überblick erleichtert. Längsschnitte durch Rhizom oder Blattstiel. Dauerpräparate in Glycerolgelatine einschließen (Reg. 46).

Weitere Präparation: Längsschnitt durch die Wurzelspitze. Die hellen unverletzten Wurzelspitzen sind vom natürlichen Standort schwierig zu gewinnen, da sie beim Ausgraben sehr leicht abreißen. Daher ist es oft leichter, das Material durch Umstülpen des Topfes einer der kultivierten Arten zu beschaffen (z. B. *Pteris*). Mit etwas Geduld gelingen die erforderlichen medianen Längsschnitte mit der Hand zwischen Daumen und Zeigefinger. Mikrotomschnitte (Reg. 80) ergeben bessere Präparate, allerdings bei wesentlich höherem Aufwand.

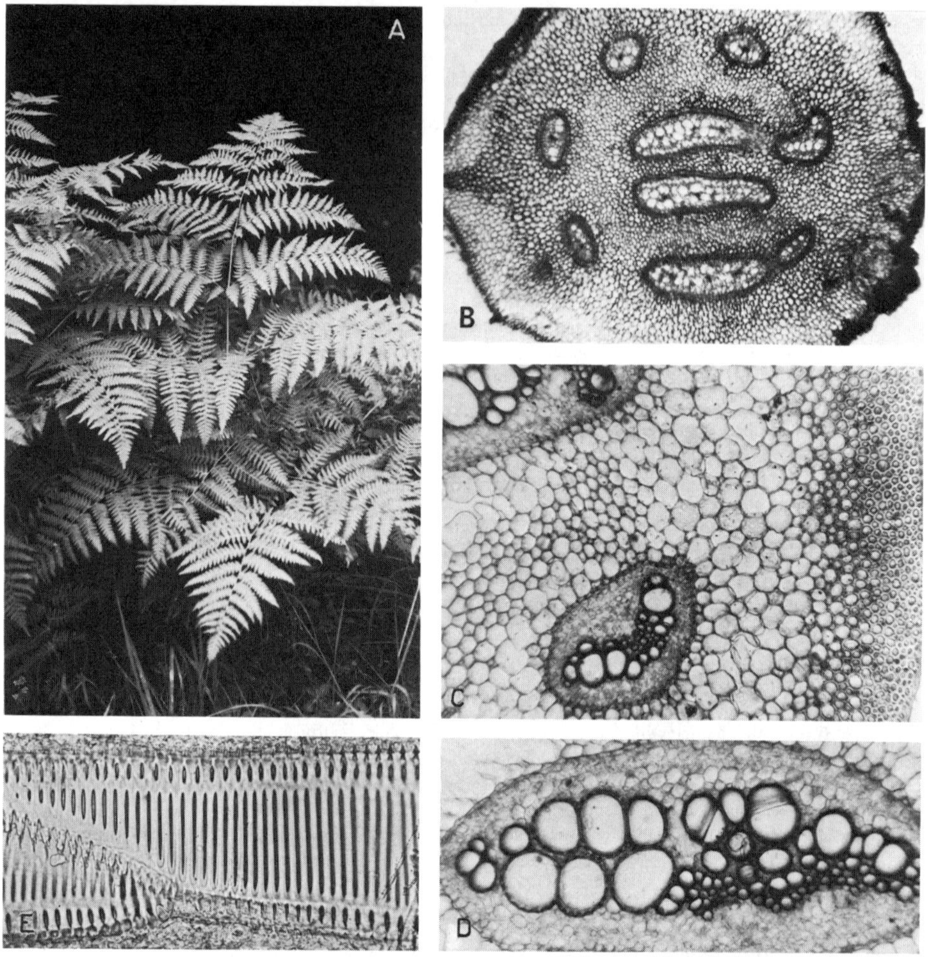

Abb. 103. *Pteridium aquilinum*. **A** Habitus. **B** Querschnitt durch einen jungen Abschnitt des Rhizoms; im Parenchym eingebettet zwei breit-bandartige innere und 6 äußere Leitbündelstränge; 20 : 1. **C** Ausschnitt aus (B) mit breitem subepidermalem Sklerenchymring und zwei angeschnittenen konzentrischen Leitbündeln im Grundgewebe; 40 : 1. **D** Periphloematisches Leitbündel aus dem Rhizom im Querschnitt. Eine primäre Endodermis bildet die Grenze zum äußeren Parenchym; 40 : 1. **E** Teil einer Treppentracheide aus dem Xylem des Rhizoms (Längsschnitt); 200 : 1.

Beobachtungen: Die Übersicht über den Rhizomquerschnitt zeigt bei geringer Vergrößerung folgendes Bild (Abb. 103B, C): Unter der braun gefärbten Epidermis liegt ein mehr oder weniger dicker Zylinder ebenfalls dunkel gefärbter, sklerenchymatischer Zellen. Nach innen folgt farbloses, stärkereiches Parenchym, in das ein Kranz von Leitbündeln eingelagert ist. Nur eines der Leitbündel ist bedeutend größer als die anderen: Es ist das in der Medianlinie der Organunterseite gelegene Bündel. Spätestens jetzt kann man das Präparat so ausrichten, daß der Rhizomquerschnitt in der natürlichen Lage zu beobachten ist: Die Organunterseite soll im mikroskopischen Bild unten liegen. Auch im Zentrum befindet sich Parenchym ähnlicher Beschaffenheit, in das ebenfalls Leibündel eingebettet sind: In der Regel zwei große, verbreiterte, leicht bohnenförmig gekrümmte zentrale Bündel. Zwischen den kleinen peripheren zu den Blättern führenden Bündeln und den großen, breiten, übereinander liegenden zentralen („sproßeigenen") Bündeln liegen in älteren

Rhizomen breite Platten von rotbraunem Sklerenchym, in das die Bündel des äußeren Ringes etwas eingesenkt sind.
Zum Studium des Leitgewebes ein kleineres Bündel auswählen und bei stärkerer Vergrößerung beobachten (Abb. 103 D). Die Bündel sind periphloematisch gebaut. Zuerst fallen im Zentrum die weiten Leitungsbahnen im Xylem auf. Es handelt sich um Treppentracheiden bzw. Treppentracheen (Längsschnitt!), xylematische Elemente mit stufenartig hintereinander liegenden schmal-spaltenförmigen, behöften Tüpfeln (Abb. 103 E). Die Wasserleitungsbahnen werden von stärkereichen Xylemparenchymzellen umgeben. Meist sind im zentralen Xylem auch Gruppen von Xylemprimanen zu erkennen. Nach außen sind diese Gewebe konzentrisch von den Phloemelementen umschlossen: von quer durchschnittenen Siebröhren mit weitem Lumen und schließlich außen von stärkereichem Phloemparenchym. Zwei einschichtige scheidenartige Gewebe bilden den äußeren Abschluß des Bündels: Das Phloem wird von einem Ring stärkehaltiger Zellen (Phloemscheide) umschlossen, dem nach außen unmittelbar ein Gewebe folgt, das die Merkmale einer primären Endodermis trägt. Die Zellen beider Scheiden sind in Form und Größe sehr ähnlich; auch die Lage deutet auf gemeinsamen Ursprung aus einer Zellschicht des embryonalen Grundgewebes hin.
Am Längsschnitt durch das Rhizom bzw. den Blattstiel ist der Bau der Treppentracheiden mit den quer gestreckten, schlitzförmigen, behöften Tüpfeln gut zu beobachten (Abb. 103 E). Die Wandverdickungen zwischen den Tüpfeln liegen regelmäßig leitersprossenartig übereinander.

Weitere Beobachtungen: In einem gelungenen Längsschnitt durch die Wurzelspitze ist die dreischneidige, pyramidenartige Scheitelzelle leicht zu finden. Sie gibt von ihrer Grundfläche her, also zur Wurzelspitze zu, Segmente zur Bildung der Wurzelhaube ab. Diese Zellen sind später meist dicht mit Stärkekörnern angefüllt. Parallel zu den Seitenflächen der mit ihrer Spitze in den Wurzelkörper eingesenkten „Pyramide“ entstehen Zellen, die den Wurzelkörper aufbauen.

Fehlermöglichkeiten: Ältere, stark sklerenchymatisierte Pflanzenteile setzen dem Schneiden oft erheblichen Widerstand entgegen. In solchem Material grenzen die zarten Endodermiszellen an dickwandige Grundgewebszellen außerhalb der Leitbündel, und die Schnitte reißen in dieser Zone. Jüngeres Material verwenden!

Weitere Objekte:

Der Aufbau konzentrischer Leitbündel ist auch bei den meisten anderen einheimischen Farnen gut zu studieren (z. B. *Athyrium filix-femina* [L.] Roth, *Dryopteris filix-mas* [L.] H. W. Schott, *Polypodium vulgare* L.).
Für Wurzeluntersuchungen eignen sich aus den genannten Gründen besser in Töpfen kultivierte Formen (z. B. *Pteris, Nephrolepis, Adiantum, Alsophila, Polystichum, Asplenium nidus* L.).

Beobachtungsziel: Fortpflanzung und Generationswechsel; Bau der Sporangien und ihre Anordnung am Sporophyten, Sporen; Bau der Gametangien und ihre Anordnung am Gametophyten

Objekt: *Dryopteris filix-mas* (L.) Schott, Gemeiner Wurmfarn.
Sporentragende Blattwedel, bei denen die Sporangien noch von den Indusien bedeckt sind, und solche mit reifen Sporangien. Prothallien von *Polypodium vulgare* L., Tüpfelfarn, oder einer anderen Farn-Species.

Materialbeschaffung: *Dryopteris* ist ein weit verbreiteter, häufiger Farn in frischen aber auch trockeneren Laubwäldern, Mischwäldern, Gebüschen und an Waldrändern. Günstige Sammelzeit: Ende Juli (zu dieser Zeit sind gewöhnlich alle Entwicklungsstadien der Sporangien am gleichen Wedel, die jüngsten an der Spitze; aber auch später findet man an den nachgewachsenen Blattwedeln junge Sori). In Alkohol konserviertes Material ist für den größten Teil der Untersuchungen verwendbar.
Farnprothallien sind am sichersten durch eigene Aufzucht aus Sporen zu beschaffen: Keimfähige Sporen der gewünschten Species erhält man, indem man Farnwedel mit reifen aber noch ungeöffneten Sporangien auf ein sauberes Blatt glatten, weißen Papiers für einige Tage auslegt. Die dann ausgeworfenen Sporen bilden einen feinen staubartigen Belag auf dem Papier. Zur Aufzucht verwendet man einen einfachen, unglasierten Ton-Blumentopf (etwa 7 cm Durchmesser), der randvoll mit Torfmoos *(Sphagnum)* ausgestopft und umgekehrt in eine Schale (evtl. auf einen Teller) gestellt wird (Abb. 104). Die Schale wird mit Regenwasser oder destilliertem Wasser gefüllt (hartes Wasser und Leitungswasser sind in der Regel ungeeignet!). Nun vorsichtig die Sporen auf die Oberfläche des feuchten Blumentopfes stäuben (nicht zu dicht!) und anschließend den Topf mit einer Glasglocke oder einem Becherglas abdecken. Diese „feuchte Kammer“ ans Licht stellen (hell, aber keine direkte Sonne! Verdunstendes Wasser in der

Abb. 104. Vorrichtung zur Anzucht von Farnprothalien.

Schale ständig ergänzen, sie darf nie austrocknen!). Nach etwa 2 Wochen setzt üppiges Wachstum von Gametophyten ein, die nach 6 Wochen zur Untersuchung der Gametangien bestens geeignet sind.
Zuverlässig (aber saisonabhängig) erhält man Farnprothallien auch aus Gewächshäusern: Auf Blumentöpfen mit stark humosem Boden, an feuchten, schattigen Flächen findet man häufig die wenige Millimeter großen, meist herzförmigen, zarten grünen Thalli (Vorsicht vor Verwechslungen! Lebermoosthalli sind kräftiger, größer und anders gelappt). Stets verschieden alte Prothallien einsammeln! Das Material muß bis zur Bearbeitung in feuchter Kammer (Reg. 84) aufbewahrt werden (z. B. eine mit feuchtem Filterpapier ausgekleidete Petrischale), da die empfindlichen Gebilde sonst rasch vertrocknen.

Präparation: Querschnitte durch sporulierende Blattfiederchen sind erforderlich, die möglichst median durch einen Sorus geführt werden. Einschluß von Luft unter dem Indusium kann vermieden werden, wenn die Blattstücke beim Schneiden unter Wasser liegen. Vorteilhaft unter dem Präpariermikroskop gezielt schneiden. Eingeschlossene Luftblasen verschwinden gewöhnlich nach Einbettung in hochprozentigen Alkohol bzw. bei längerem Stehen in Glycerolwasser (über Nacht).
Frische, reife Sporangien abkratzen (Lanzettnadel), sowohl in Wasser als auch in Glycerol einbetten und vergleichend beobachten.
Die Sporen durch leichten Druck auf das Deckglas aus den reifen Sporangien herausquetschen.
Zur Beobachtung der Gametangien genügt es meist, die von anhaftenden Bodenteilchen und Sandkörnern befreiten Prothallien als Totalpräparat aufzubereiten (Reg. 105). Man beobachtet in der Aufsicht auf die Unterseite oder faltet das Prothallium mit Hilfe von Präpariernadeln entlang der Linie zwischen „Herzspitze“ und Einbuchtung wie einen Heftdeckel und beobachtet den „Falz“ im Profil (einbetten in Wasser!). Wenn das Verfahren nicht zum Ziel führt – und auch für genauere Studien an den Archegonien –, müssen Querschnitte durch das Prothallium entlang der angegebenen Linie angefertigt werden. Mehrere entsprechend orientierte Prothallien aufeinanderlegen und gleichzeitig schneiden. Alle Arbeiten sind durch Beobachtungen unter dem Präpariermikroskop vorzubereiten.

Weitere Präparationen: Durch Befeuchten angewelkter Prothallien (Einlegen in einen Wassertropfen auf dem Objektträger) die Spermatozoiden befreien und im Dunkelfeld (Reg. 26), im Phasenkontrast (Reg. 87) oder nach Fixierung in Iod-Kaliumiodidlösung (Reg. 62) beobachten. Zur Beobachtung der Chemotaxis: Sehr feine, mit 0,05%iger Äpfelsäurelösung gefüllte, einseitig zugeschmolzene Kapillare in einen Tropfen Wasser mit frisch entlassenen Spermatozoiden eintauchen. Beobachtung des Befruchtungsvorganges: Zu einem Präparat mit reifen, unverletzten Archegonien einen Tropfen Wasser geben, der frisch entlassene Spermatozoiden enthält, oder verschieden alte Prothallien, die entweder reife Archegonien oder reife Antheridien tragen, gemeinsam unter ein Deckglas einschließen. An reifen Archegonien beobachten.

Beobachtungen: Zunächst soll die Unterseite eines sporulierenden Blattstückchens unter dem Präpariermikroskop betrachtet werden (Abb. 105A, B). Zu beiden Seiten des Mittelnervs der Fiederzipfel liegen rundliche bis nierenförmige, grünlichgraue oder braun gefärbte schuppenartige Gebilde: Es sind Gruppen von Sporangien, die Sori. Junge Sori werden von einer dünnen häutigen Wucherung des Blattes, dem schützenden Indusium, bedeckt und sehen dann weißgrau, später blaß-bleifarben aus. Ältere (reife) Sori sind dagegen braun (rot- bis schwarzbraun). Es ist die Farbe der reifen Sporangien, die jetzt frei sichtbar werden, da die Indusien mehr und mehr schrumpfen und schließlich völlig verschwinden.

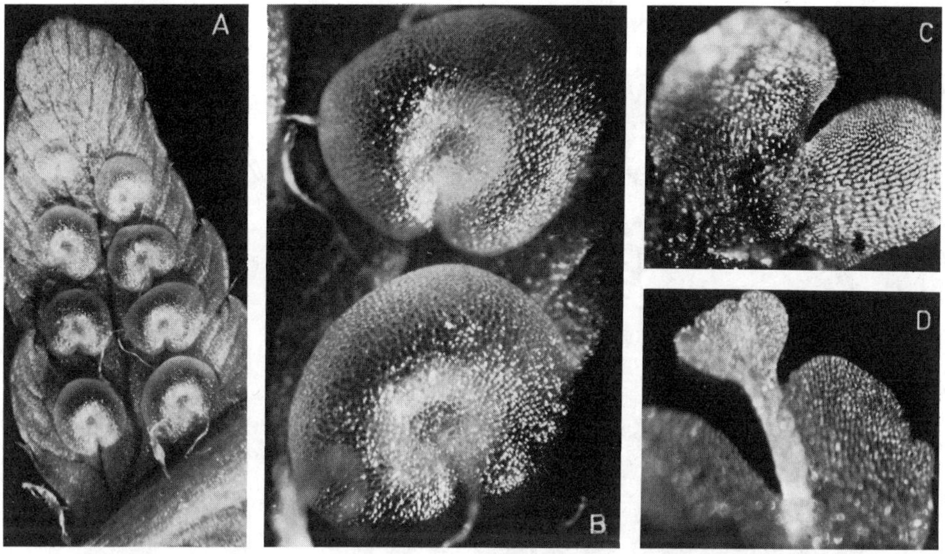

Abb. 105. *Dryopteris.* **A, B** Unterseite der Blattfiederchen eines sporulierenden Wedels: Junge, indusienbedeckte Sporangien-Sori, A 7:1, B 30:1. **C** Herzförmiges Farnprothallium, gegenüber dem Einschnitt mit Hilfe von Rhizoiden im Substrat verankert. **D** Älteres Prothallium, an dem eine befruchtete Eizelle zu einem jungen Sporophyten ausgekeimt ist. C, D 13:1.

Am Querschnitt durch die entsprechende Stelle des Blattes und median durch ein junges Sporangienhäufchen erkennt man den Bau des Sorus deutlicher (Abb. 106A; schwache Vergrößerung im Hellfeld): Die gestielten Sporangien entspringen einem kleinen Blattgewebepolster, der Placenta. Vom Scheitel der Placenta aus entfaltet sich auch das Indusium, der „Schleier", das die sich entwickelnden Sporangien schirmartig überdacht. Die Indusien sind chlorophyllfreie einschichtige Häute und durch langgestreckte Zellen an der Placenta befestigt. Ihr Rand ist stets frei.
Zur Beobachtung reifer Sporangien einzelne Sporangien vom Blatt abschaben bzw. mit Hilfe einer Nadel ablösen. Stärker vergrößern! Dem mehrzelligen Stiel sitzen die Sporenkapseln kopfartig oval-rundlich auf (Abb. 106B). Die in der Aufsicht zu erkennenden Wandzellen sind verschieden geformt und von unterschiedlichem Bau: Zuerst fällt der Anulus auf, ein Wulst dickwandiger Zellen, der sich wie eine Helmraupe über den Scheitel der Kapsel zieht. Dieser „Ring" beginnt bei *Dryopteris* am Stiel und endet auf der gegenüberliegenden Seite etwa in der Mitte, ohne dort den Stiel wieder zu erreichen. An dieser Stelle bekommen die Wandzellen einen anderen Charakter: Während die Zellen des Anulus nur zarte Außenwände, sonst aber stark verdickte braune Seiten- und Innenwände (radiale bzw. innere tangentiale Wände) erkennen lassen, sind die an der weniger stark gewölbten Bauchseite des Sporangiums gelegenen Zellen schmal und ausschließlich von sehr zarten Wänden umgeben. Beides sind Einrichtungen, die das Öffnen der Kapsel und das Ausstoßen der Sporen ermöglichen: Die bei Reife toten, aber wassergefüllten Zellen des Anulus verlieren bei Trockenheit Wasser, die dünnen Außenwände schrumpfen, der Anulus wird dadurch verkürzt, und die entstehende Spannung bewirkt das Aufreißen der Kapsel am „schwächsten Punkt" im Bereich der zarten Zellen der Bauchseite, dem Stomium (Abb. 106C, D). Schließlich wird die Spannung so groß, daß ein Riß in der Kohäsionskette entsteht und der gebogene Ring zurückschnellt, das Sporangium wird dadurch wieder mehr oder weniger vollständig verschlossen.
Dieser Vorgang, der sich in der Natur je nach Luftfeuchtigkeit wiederholt, kann durch Zusatz wasserentziehender Mittel (reines Glycerol, absoluter Alkohol) bzw. durch direktes Einbetten in diese Medien oder in trockener Luft (Erwärmen durch Mikroleuchte!) künstlich hervorgerufen und in seinem Ablauf mikroskopisch verfolgt werden. Der Versuch gelingt zuverlässig und ist sehr eindrucksvoll!

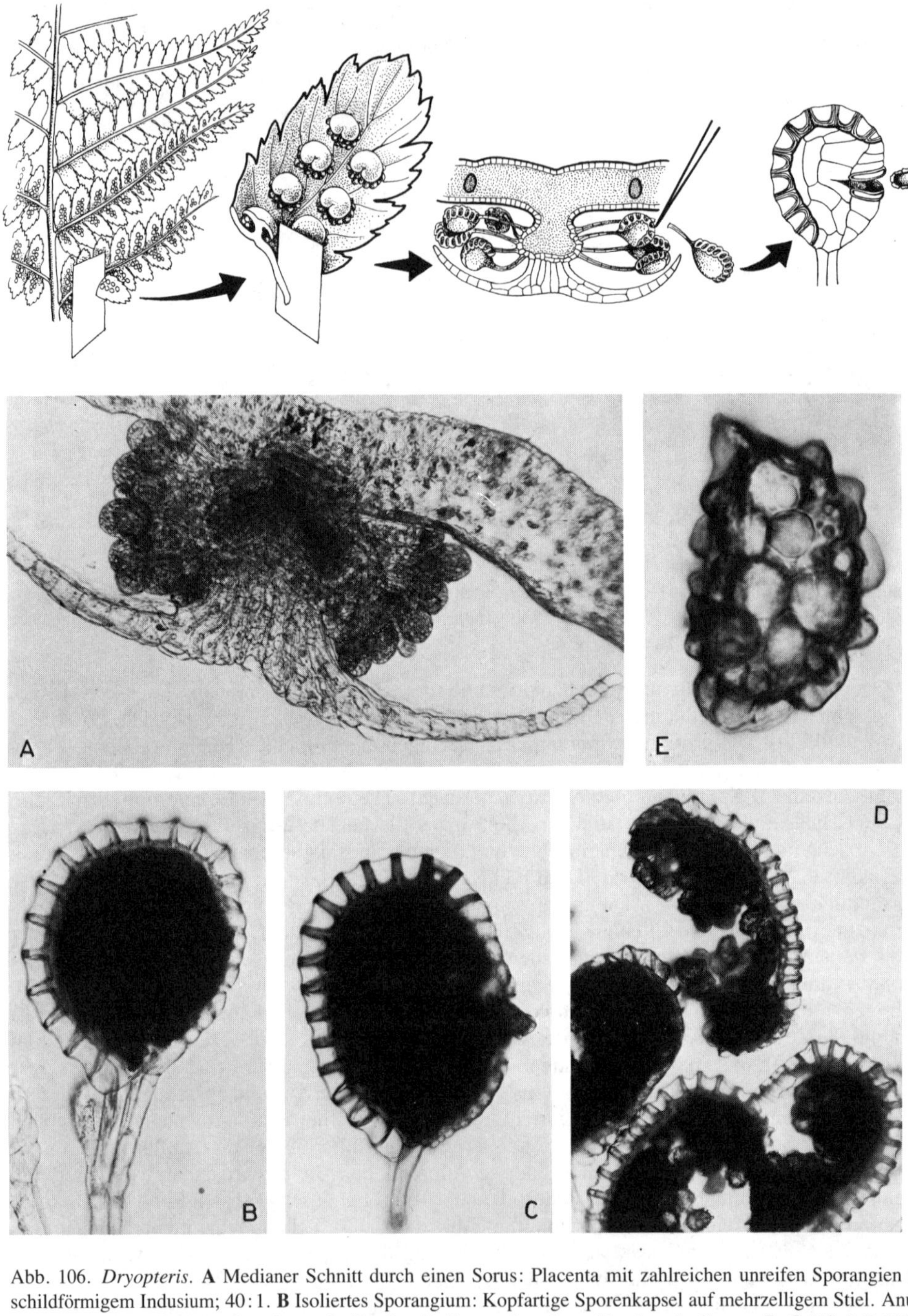

Abb. 106. *Dryopteris*. **A** Medianer Schnitt durch einen Sorus: Placenta mit zahlreichen unreifen Sporangien und schildförmigem Indusium; 40 : 1. **B** Isoliertes Sporangium: Kopfartige Sporenkapsel auf mehrzelligem Stiel. Anulus noch geschlossen. **C, D** Am Stomium aufreißende reife Sporangien; Ausschleudern der Sporen; **B, C** 140 : 1; **D** 100 : 1. **E** Einzelne Farnspore mit runzelig-warzigem Perispor; 800 : 1.

Die ausgestoßenen Sporen (Abb. 106E) sind unregelmäßig, etwas länglich-schiffchenartig geformt. Ihre Außenhaut (Perispor) ist dunkelbraun und runzelig.
Zu Beginn der Untersuchung des Gametophyten orientiert man sich zunächst wieder mit Hilfe des Präpariermikroskops (Abb. 105C). Die gesäuberten Prothallien von der Unterseite betrachten! Der Einbuchtung gegenüber, an der Spitze des lebhaft grünen, blattartig-herzförmigen Gebildes, entspringen zahlreiche lange, haarähnliche, zunächst farblose, später bräunliche einzellige Schläuche, die Rhizoide, durch die das Pflänzchen im Substrat verankert ist. An der Einbuchtung des Prothalliums liegt das Meristem des Vegetationspunktes, von dem aus die chloroplastenreichen vieleckigen Zellen des Thallus entstehen. Nur im mittleren Bereich – zwischen Einschnitt und Spitze – ist das Gewebe mehrschichtig. Zwischen den Rhizoiden, aber auch seitlich davon, erkennt man die papillenartig vorgewölbten männlichen Gametangien (Antheridien, Abb. 107A). Die Archegonien liegen dagegen am vorderen Einschnitt des Prothalliums auf dem medianen Gewebepolster. Sie sind an ihren länglich-fingerförmigen, zur Prothalliumspitze zu geneigten Hälsen leicht von den Antheridien zu unterscheiden (Abb. 107B). Die Antheridien reifen zuerst; sie sind deshalb an jungen Prothallien zu finden. Erst allmählich entwickeln sich auch Archegonien, nachdem ein großer Teil der Antheridien bereits entleert und funktionslos geworden ist. Intakte Gametangien beiderlei Geschlechts findet man daher nur in einer kurzen Übergangsperiode: Ältere Prothallien tragen ausschließlich funktionstüchtige Archegonien.
Bei geringer bis mittlerer Vergrößerung im Hellfeld erkennt man diese Veränderungen genauer: In der Aufsicht auf die Unterseite des Prothalliums erscheinen die Antheridien kreisrund (Abb. 107A, C). Die ältesten, nahe der Spitze gelegenen, sind bereits entleert; das ist deutlich an der sternförmigen Öffnung am Scheitel der kugelig hervorgewölbten Gebilde zu sehen. Die näher zum Einschnitt zu gelegenen Antheridien reifen später. Ihre einschichtigen Wände umschließen viele kleine kugelige Zellen, die Spermatiden, die nach ihrer Befreiung aus dem Antheridium je ein bewegliches Spermatozoid entlassen (Abb. 107C–E). Der Vorgang dauert nur wenige Minuten und ist mühelos zu beobachten. Die jüngsten Archegonien liegen ganz nahe dem Einschnitt; die älteren, geöffneten und abgestorbenen, braun verfärbten von ihm entfernt.
Weitere Einzelheiten erkennt man erst, wenn die Gametangien im Profil beobachtet werden können (Querschnitte bzw. Faltkanten!). Erst jetzt wird bei gut gelungenen Präparaten der Aufbau der Archegonien genügend deutlich (Abb. 107F–H): Das fingerartig gekrümmte, über die Oberfläche des Prothalliums hinausragende Gebilde ist der Halsteil des Archegoniums. Im ungeöffneten Zustand umschließen hier in einfacher Zellage Halswandzellen eine Halskanal- und eine Bauchkanalzelle. Die Eizelle liegt eingesenkt im Gewebe des Prothalliums (Abb. 107G). Bei den Antheridien sind in Seitenansicht die Wandzellen und die zahlreichen kugeligen Spermatiden zu erkennen.

Weitere Beobachtungen: Die Blattquerschnitte, an denen der Aufbau der Sori studiert wurde, erlauben gleichzeitig einen Einblick in den anatomischen Bau der Farnwedel (er entspricht dem bei Blättern höherer Pflanzen). Die Zellen der Indusien sind in der Flächenansicht von unregelmäßig welligem Umriß und enthalten viele große Stärkekörner. An Querschnitten durch sehr junge, farblose Sori sind verschiedene Stadien der Sporangien- und Sporenentwicklung zu beobachten (auch vorsichtig abgelöste junge Sori sind geeignet). Interessante Stadien: Zentrale, dreieckige Archesporzelle von je einer Schicht Tapetumzellen und Wandzellen umgeben; Teilung der Sporenmutterzellen zu Sporentetraden (= Meiose).
An freigesetzten Spermatozoiden lohnt Untersuchung im Dunkelfeld, im Phasenkontrast oder nach Fixierung mit Iod-Kaliumiodidlösung. Ihre Form entspricht einem sich verjüngenden Schraubenband mit 2–3 Windungen (Abb. 107E). Am verjüngten Ende werden die Windungen enger. Dort entspringen zahlreiche feinfädige Geißeln. Der Nachweis chemotaktischer Bewegungen dieser Spermatozoide und die Beobachtung des Befruchtungsvorganges erfordern sehr viel Geduld. Mit etwas Glück wird man in beiden Fällen das Eindringen von Spermatozoiden in die Öffnungen (Kapillare bzw. Halskanal des Archegoniums) verfolgen können. Prothallien mit ausgekeimten Sporophyten sind dagegen keine Seltenheit (Abb. 105D).

Fehlermöglichkeiten: Sie ergeben sich vor allem aus möglichen Abweichungen des vorhandenen Materials hinsichtlich der erforderlichen Entwicklungsstadien. Dann neues Material beschaffen! Wenn Dauerpräparate von Farnsporangien hergestellt werden sollen, sind in allen wasserfreien Medien nur aufgesprungene Sporangien zu erwarten (eventuell Einschluß unreifer Sporangien in Luft!).

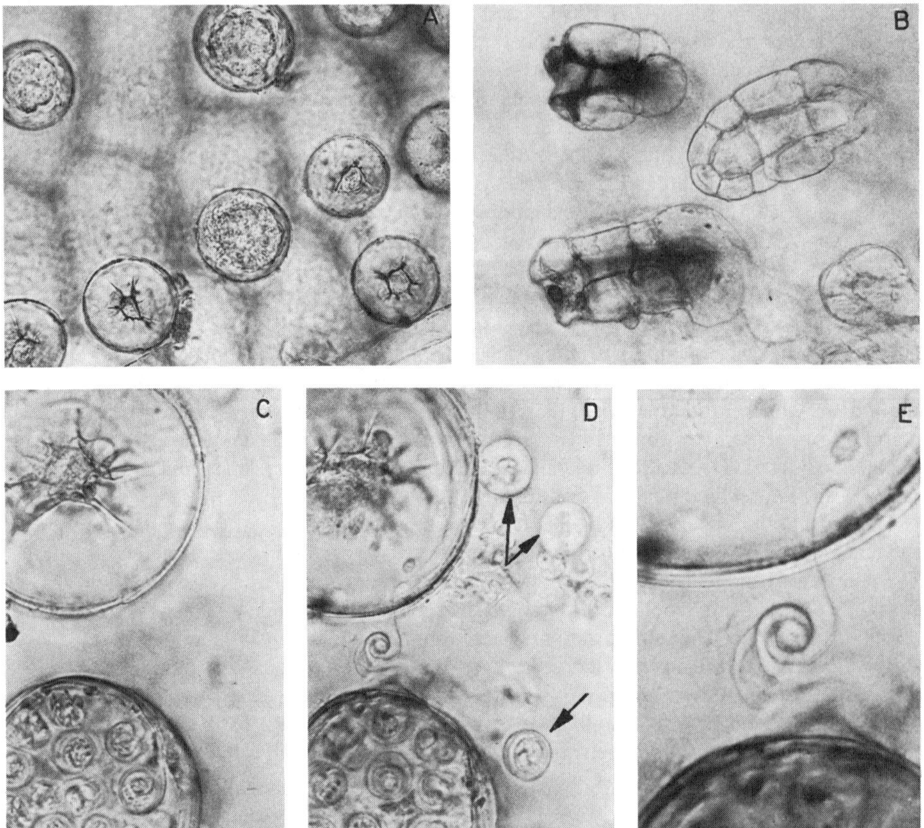
A
B
C
D
E
F
G
H

Weitere Objekte:

- Sporophyt:
  Polypodium vulgare L., Tüpfelfarn: Sori groß, kreisrund, ohne Indusien.
  Asplenium ruta-muraria L., Mauerraute: Sori streifenförmig, alle Altersstufen der Sporangien nahezu das ganze Jahr über verfügbar.
  Asplenium nidus L., Vogelnestfarn: Der streifenförmige Sorus enthält stockwerkartig gleichzeitig an jeder Stelle alle Stadien der Sporangienentwicklung.
- Die Zuordnung der Prothallien zu einer bestimmten Art ist unbedeutend, da die erörterten Verhältnisse bei allen zugänglichen Formen im Prinzip übereinstimmen.

6.3.2. Marsileidae, Salviniidae (Wasserfarne)

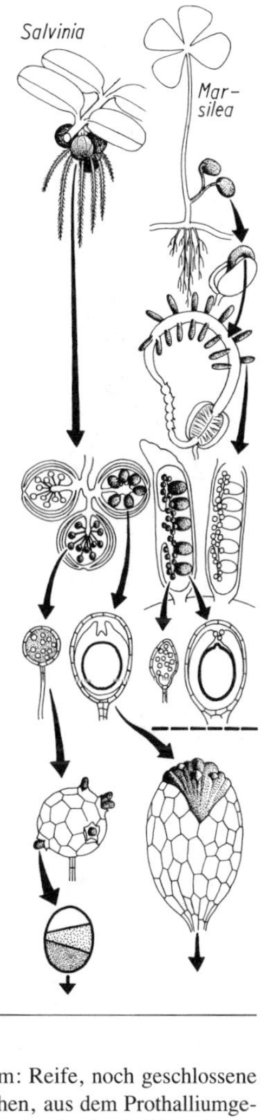

Krautige Wasser- oder Sumpfpflanzen mit **Heterosporie:** Kleine **Mikrosporangien** (mit **Mikrosporen**) und große **Megasporangien** (mit **Megaspore**) sind in besonderen Sporangienbehältern bzw. Sporenfrüchten **(Sporocarpien)** eingeschlossen (umgewandelte Indusien bzw. Sporophylle). Die Sporangienbehälter entwickeln sich meist an der Blattbasis. Sporenbildung unter Meiose. Aus den Sporen bilden sich – oft noch innerhalb der Sporen und Sporangien – **stark reduzierte** eingeschlechtliche (monöcische) **Prothallien.** Die Heterosporie und die Reduktion des Gametophyten sind Hinweise auf die Höherentwicklung, die schließlich mit der Samenbildung zu den Spermatophyten überleitet.

Beobachtungsziel: Heterosporie der Wasserfarne

Objekt: *Salvinia natans* (L.) All., Schwimmfarn. Pflanze mit Sporangienbehältern.

Materialbeschaffung: In der Natur selten; verschiedene Arten sind beliebte Aquarienpflanzen und daher aus Zoohandlungen und botanischen Gärten zu beschaffen. Sporangienbehälter von August bis Oktober.

Präparation: Untersuchung der Pflanze unter dem Präpariermikroskop (Reg. 103). Mediane Längsschnitte durch verschiedene Sporangienbehälter. Auch vorsichtiges Öffnen der kugeligen Gebilde unter dem Präpariermikroskop führt zum Ziel.

Weitere Präparationen: Querschnitte durch die Schwimmbehälter und die Sproßachse. Beim Überwintern fruktifizierender Pflanzen im Zimmer oder Gewächshaus keimen die Mikro- und Megasporen etwa ab Februar.

Beobachtungen: Die wurzellose Pflanze besteht aus einer kaum verzweigten Sproßachse, die an jedem Knoten zwei verschiedene Blattformen ausbildet (Abb. 108 A, B): Je zwei obere grüne, ovale, durch große Interzellularräume schwammartige, dicht behaarte

Abb. 107. Farn-Gametophyt. **A** Aufsicht auf die kugeligen Antheridien am Prothallium: Reife, noch geschlossene (oben) und bereits entleerte Behälter (unten, vor den Rhizoiden); 230:1. **B** Die länglichen, aus dem Prothalliumgewebe herausragenden Archegonienhälse in ihrer natürlichen Lage (Aufsicht auf die Unterseite des Prothalliums in der Nähe des Einschnittes). Die beiden linken Archegonienhälse bereits geöffnet; 250:1. **C–E** Entleerung eines Antheridiums (unten): Ausstoß der Spermatiden (Pfeil) und Befreiung der Spermatozoiden **(E);** (das obere Antheridium ist bereits entleert). C, D 640:1, E 1350:1. **F–H** Archegonienentwicklung (Mikrotomschnitte, Hämatoxylinfärbung). **F** Hüllzellen umschließen die Zentralzelle. **G** Langgestreckte Halskanalzelle (von Hüllzellen umgeben), darunter scheibenförmig die dunkel erscheinende Bauchkanalzelle und darunter die Eizelle mit großem Kern und Nucleolus. **H** Aufsicht auf die Wandzellen (Hüllzellen) des reifen Archegoniums; F–H 700:1.

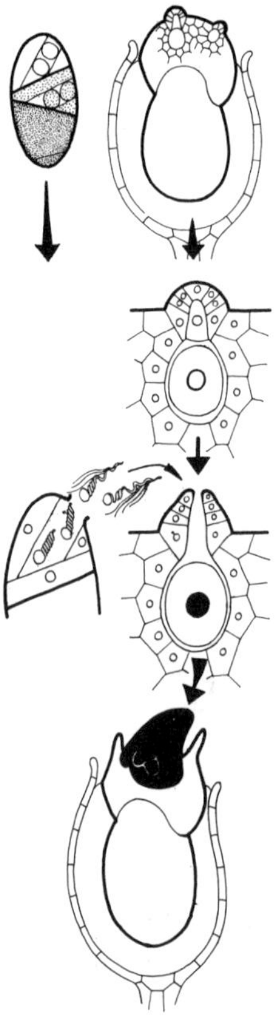

Schwimmblätter und ein nach unten in das Wasser hineinhängendes, vielfach fadenartig zerschlissenes, behaartes Wasserblatt (Heterophyllie!). Am Grunde dieser Wasserblattzipfel sitzen die Sporangienbehälter (Abb. 108C). Sie sind an getrennten Stielen in Gruppen traubenartig angeordnet, sind kugelig, stark mit schuppenartigen Blättchen besetzt und mit Längsrippen versehen. Der mediane Längsschnitt zeigt den Aufbau dieser Gebilde genauer. Vorteilhaft sucht man vorher die selteneren Megasporangienbehälter unter dem Präpariermikroskop heraus und beobachtet bei schwacher bis mittlerer Vergrößerung im Hellfeld: Zahlreiche kleine kugelige (Abb. 108D) oder (in anderen Behältern) weniger zahlreiche größere ovale Sporangien sitzen an dem fingerartig in das Innere der Kugeln sich fortsetzenden dicken Stiel der Sporangienbehälter, der Placenta. Die Mikrosporangien haben lange fadenförmige, die Megasporangien kurze mehrzellige Stiele. Die Gesamtheit der Sporangien eines Behälters entspricht somit einem Sorus. Seine Hülle ist aus zwei voneinander getrennten Zellschichten aufgebaut, also doppelt. Sie wird als geschlossenes Indusium aufgefaßt.

Die reifen Sporangien sind braun gefärbt. Die Zellwände ihrer dünnen Hülle markieren ein weitmaschiges Netz auf der Oberfläche (Abb. 108D, Schärfenebene des Mikroskops entsprechend einstellen!). Wird die optische Schärfenebene gesenkt, sieht man die durchscheinenden Mikrosporen im Innern des Sporangiums. Die durch Nadelstich, Schnitt oder Quetschen geöffneten Sporangien lassen den Inhalt deutlicher erkennen: zahlreiche zartwandige in Tetraden entstandene Mikrosporen liegen in einer schaumigen Masse eingebettet (Abb. 108E). In der Natur werden die Sporen jedoch nie aus dem Sporangium entlassen, sondern keimen in dessen Innerem.

Im reifen Megasporangium liegt nur eine einzige große Megaspore. Ihr Aufbau ist an längs durchschnittenen Sporangien meist gut zu erkennen: Der kugelige, reservestoffreiche Zellinnenraum der Spore (besonders stark lichtbrechende Proteine) wird von dem derben, braunen Exospor umschlossen. Außerhalb des Exospors liegt noch eine Hülle, die der schaumigen Zwischensubstanz im Mikrosporangium entspricht und ebenso beschaffen ist, das Perispor. Am Scheitel der Spore, der zum Scheitel des Sporangiums weist, ist das Perispor warzenartig emporgewölbt und zerklüftet. An dieser Stelle öffnet sich die Spore später. Auch die Megaspore tritt niemals aus der Sporangienwand aus.

Weitere Beobachtungen: An Sporangienbehältern, die in Schalen bzw. Aquarien überwintern, kann man die weitere Entwicklung verfolgen: Je nach Temperatur keimen im Januar/Februar (im Feiland im Mai) die Sporen nach Zerfall der Sporangienbehälter innerhalb der Sporangien aus. Die Mikrosporen bilden stark reduzierte Prothallien, die allseitig papillenförmig die Wand der Sporangien durchbrechen, um die Spermatozoiden zu entlassen. Im Innern der Megaspore wächst das Makroprothallium heran, das Sporen- und Sporangienwand durchbricht, ohne die Megaspore zu verlassen.

Querschnitte durch Sproßachse und Blatt zeigen große lufterfüllte Hohlräume, zwischen denen sich zarte, einschichtige Zellplatten segelartig ausspannen. Dieses äußerst lockere Gewebe sichert die Schwimmfähigkeit. Der Sproßquerschnitt bietet das Bild eines regelmäßigen Speichenrades.

Weitere Objekte:

Azolla: Ähnliche Verhältnisse wie bei *Salvinia.* Mikrosporen bilden Konglomerate, die Massulae, die sich mit gestielten Widerhaken, den Glochidien, an der Megaspore verankern.

Marsilea: Sporangienbehälter aus umgewandelten Blatteilen, daher als Sporocarpien, Sporenfrüchte, bezeichnet. Sori innerhalb der Sporocarpien reihenweise mit je einem Megasporangium und zahlreichen Mikrosporangien.

Pilularia: mit kugeligen Sporocarpien.

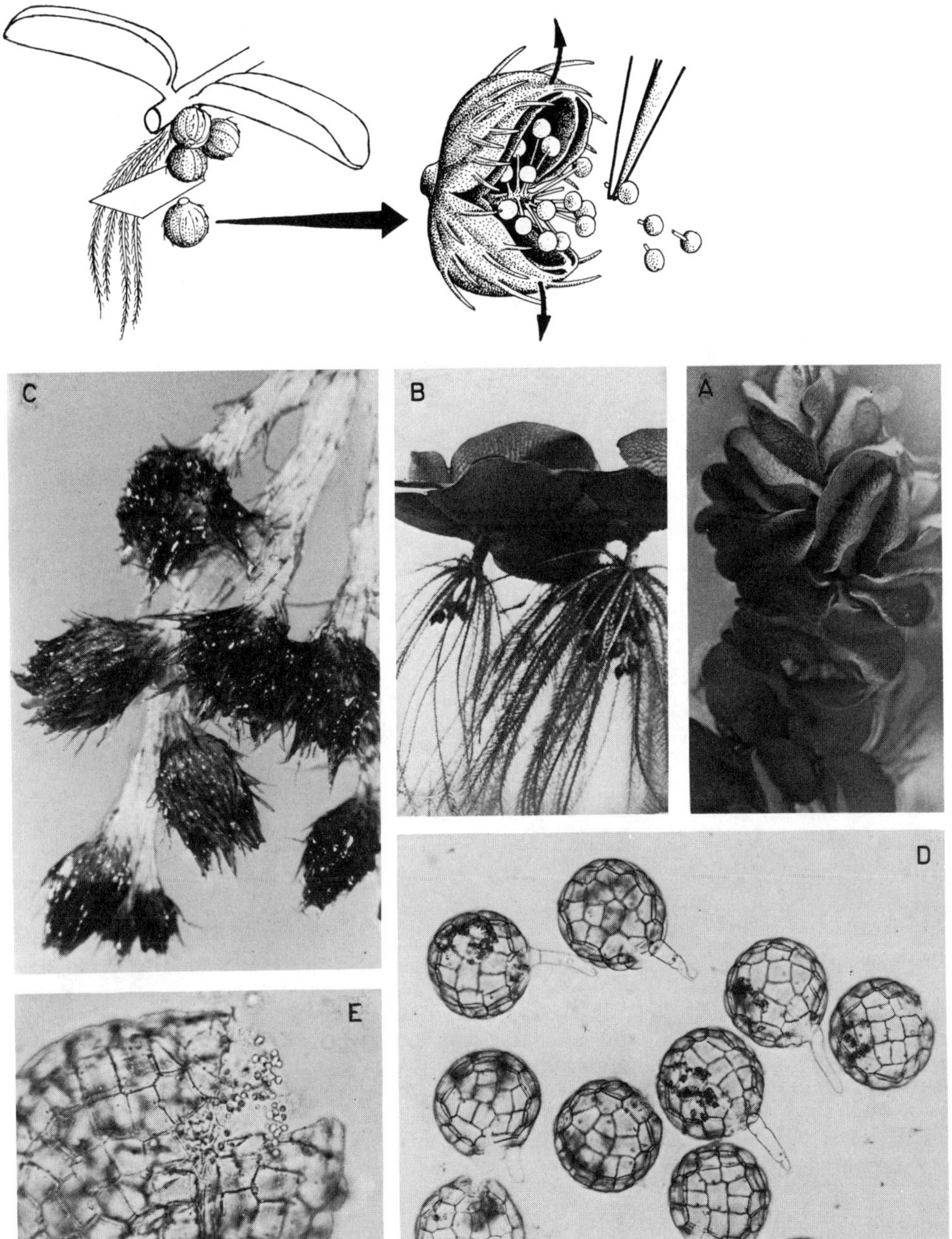

Abb. 108. *Salvinia natans.* **A, B** Habitus der schwimmenden Pflanze: **A** von oben, **B** von der Seite gesehen. Oben die dicken Schwimmblätter, unten das fadenartig zerschlissene Wasserblatt, zwischen dem traubig die Sporangienbehälter hängen; A, B 1:1. **C** Sporangienbehälter an verzweigten Stielen; 10:1. **D** Aus den Sporangienbehältern befreite Mikrosporangien; 75:1. **E** Durch Deckglasdruck gequetschtes und dadurch künstlich geöffnetes Mikrosporangium: Austritt der schaumigen Grundmasse, in die die Mikrosporen eingebettet sind; 250:1.

Methodenregister

Nr. 1 Abdecken mit Deckglas

Mikroskopische Präparate müssen aus optischen Gründen, und um sie zu schützen, mit einem Deckglas bedeckt werden. Die meisten Mikroskopobjektive sind auf eine Deckglasdicke von 0,17 ± 0,01 mm berechnet. Die Abbildungsqualität von Trockensystemen höherer Apertur wird bei Abweichungen von dieser Dicke empfindlich vermindert (Deckglasdicke mit Feinmeßschraube messen und geeignete Deckgläser auslesen).
Um zu vermeiden, daß störende Luftblasen mit eingebettet werden (besonders bei viskosen Einschlußmedien), zweckmäßig wie folgt verfahren (vgl. Abb. 128):

- Objektträger mit Objekt auf ebene Tischplatte legen.
- Objekt mit einer der Deckglasgröße angemessenen Menge Einschlußmittel (z. B. Neutralbalsam) bedecken.
- Deckglas in die linke Hand; linke Kante des schräg gehaltenen Deckglases links neben den Tropfen Einschlußmedium auf den Objektträger aufsetzten.
- Deckglas in dieser Stellung nach rechts führen, bis es Kontakt zum Einschlußmedium erhält, danach wieder einige Millimeter nach links zurückführen.
- Mit der rechten Hand Präpariernadel steil mit der Spitze rechts neben das Einschlußmittel auf den Objektträger aufsetzen und nach links führen, bis die rechte Kante des Deckglases durch die Nadel gestützt wird. Der Winkel zwischen Deckglas und Objektträger darf nicht zu klein sein!
- Die linke Hand läßt das Deckglas los. Nun mit der linken Hand zweite Präpariernadel mit der Spitze auf den Objektträger setzen, so daß die Nadelspitze zugleich den linken Deckglasrand berührt und so das Deckglas daran hindert, nach links wegzugleiten.
- Die mit der rechten Hand gehaltene Nadel langsam (!) so bewegen, daß der Winkel zwischen Nadel und Objektträger kleiner wird. Das Deckglas senkt sich. Danach Nadel sehr langsam (!) nach rechts ziehen, bis der rechte Deckglasrand von der Nadel abgleitet.
- Bei Einschluß in Neutralbalsam während dieser Manipulation nicht auf den Objektträger atmen. Einschluß von Kondenswasser trübt das Einschlußmedium.
- Bei gut bemessener Menge Einschlußmittel liegt das Deckglas nun luftblasenfrei und mit sauberem Rand auf dem Objektträger.

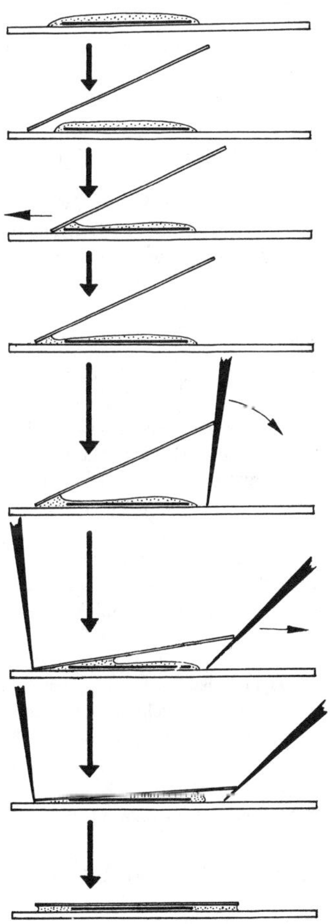

Abb. 128

Nr. 2 Abelsche Flüssigkeit

Zum Beobachten und Einbetten von Mycel.

Ansatz:

Ethanol 96%ig	25,0 ml
Ammoniaklösung, 10%ig	25,0 ml
Glycerol	15,0 ml
dest. Wasser	30,0 ml

Anwendung: Einen Tropfen Flüssigkeit auf Objektträger geben, Mycelflocke darin eintauchen und ausbreiten. Luftblasen werden verdrängt; selbst zarte Hyphen schrumpfen kaum; Sporen bleiben weitgehend an den Sporangienträgern haften. Verdunstende Flüssigkeit durch neue Abelsche Flüssigkeit ersetzen, dadurch werden die Objekte allmählich in Glycerol überführt. Präparate können staubfrei in waagerechter Lage als Dauerpräparate aufbewahrt werden. Flüssigkeit wirkt aufhellend.

Nr. 3 Abklatschpräparat

Einfache Methode, um Präparate herzustellen, bei denen die natürliche Lage der Mikroorganismen weitgehend erhalten bleibt. Möglichst fettfreies Deckglas sanft von oben auf die zu untersuchende Bakterien- oder Pilzkolonie aufdrücken ohne zu verschieben, dann wieder vorsichtig abheben, lufttrocknen und wie normales Ausstrichpräparat (Reg. 16) weiterbehandeln. Sind anschließende Präparationsschritte sehr aggressiv (z. B. Kernfärbung nach Boroviczeny, Reg. 66), so ist das Deckglas vor dem Aufdrücken auf die Kolonie mit Eiweißglycerol (Reg. 29) einzureiben, um das Ablösen der Objekte zu verhindern.

Nr. 4 Ablösen der Deckgläser bei cytologischem Quetschverfahren

Das Verfahren ist dann nötig, wenn nach dem Quetschen gefärbt werden soll (z. B. bei Heidenhainfärbung). Es setzt voraus, daß beim vorausgegangenen Quetschen einwandfrei saubere Objektträger und Deckgläser verwendet wurden (Reg. 94). Auch dann gelingt es nicht immer und führt oft zu Gewebeverlusten.

Durchführung:

Variante 1

- Präparate nach dem Quetschen hinreichend lange (etwa 24 Std.) in horizontaler Lage in 96%igem Ethanol untergetaucht stehenlassen (um die zum Quetschen verwendete Essigsäure zu vertreiben und zum Härten des Gewebes – zuweilen lösen sich die Deckgläser von allein ab).
- Präparate in kleinere, mit 96%igem Ethanol gefüllte Petrischale übertragen, dabei schräg halten (Deckglas muß untergetaucht bleiben) und vorsichtig bewegen, bis das Deckglas abschwimmt. Nur wenn sich das Deckglas nicht löst, Präparat umdrehen, daß das Deckglas jetzt auf der Unterseite des Objektträgers liegt, bewegen und gegebenenfalls leicht mit der Schmalkante des Objektträgers auf den Boden der Petrischale aufstoßen. Wenn sich das Deckglas abgelöst hat, befindet sich das gequetschte Gewebe entweder auf dem Objektträger oder auf dem Deckglas. Das Gewebe darf nicht austrocknen.
- Objektträger werden in Färbeküvetten, Deckgläser in Blockschälchen weiterverarbeitet.

Variante 2

- Präparate nach dem härtenden Alkoholbad einige Stunden in Leitungswasser übertragen und dort in horizontaler Lage untergetaucht stehenlassen.
- Präparate mit Hilfe der Kühleinrichtung eines Gefriermikrotoms oder direkt durch Aufblasen von Kohlendioxid aus einer CO_2-Druckflasche tiefgefrieren (Reduzierventil! Vorsicht!).
- Deckglas sofort mittels Skalpell ablösen.
- Weitere Verarbeitung in Färbeküvetten oder Blockschälchen, ehe das gequetschte Gewebe austrocknet.

Nr. 5 Alkohol-Formaldehydlösung

Fixiergemisch, besonders für Algen, Pilze, Moose und Pteridophyten.
Ethanol (70%ig): 100 ml.
Formaldehydlösung (etwa 35% Formaldehyd in Wasser): 6 ml.
Objekte können auch längere Zeit in dem Gemisch aufbewahrt werden.

Nr. 6 Alkohol-Formaldehydlösung-Essigsäure

Fixiergemisch, besonders für zellmorphologische Zwecke.
Ethanol (50%ig): 90 ml.
Essigsäure: 5 ml.
Formaldehydlösung (etwa 35%ig): 5 ml.
Durch Reduktion des Alkoholanteils und Erhöhung des Gehaltes an Essigsäure auch für zartere, leicht schrumpfende Objekte verwendbar; durch Variieren geeignete Mischung erproben!
Auch als Konservierungsflüssigkeit für längere Aufbewahrung geeignet.

Nr. 7 Alkohol-Glycerol-Wasser

Zur Aufbewahrung von Algen im Verhältnis 1:1:1 mischen (= Strasburgers Aufbewahrungsgemisch). Einbringen der Organismen unmittelbar nach dem Auswaschen des Fixiermittels.

Nr. 8 Agar

(genauer Agar-Agar): Trägerkolloid für Nährmedien; wird nur von wenigen marinen Bakterien enzymatisch angegriffen. Chemisch: Schwefelsäureester linearer Galactane, deren Makromoleküle über Ca-Ionen miteinander vernetzt sind; daher: je sauerer das Medium, um so mehr Vernetzungsstellen gelöst, um so weicher der Agar!
Aus marinen Rotalgen (vorwiegend *Gelidium, Gracilaria*) gewonnen. Gelierungsvermögen: Verflüssigung in Wasser bei etwa 95 °C, Verfestigung bei etwa 42 °C. Je nach Qualität des Agars und *p*H-Wert des Mediums sind 1,5 bis 3% (durchschnittlich 2%) Agar zum Verfestigen der Nährmedien notwendig.

Nr. 9 Algennährlösungen

Siehe Kulturmedien für Algen, Reg. 70/3.

Nr. 10 Alizarinviridin

Zur Übersichtsfärbung universell einsetzbar. Färbung nur im Zusammenwirken mit einer Chromiumalaunbeize.

Ansatz: In 100 ml einer kochenden, wäßrigen 5%igen Chromiumalaunlösung 1 bis 2 g Alizarinviridin lösen (mindestens 5 min kochen, umrühren!). Die abgestandene Lösung am nächsten Tage filtrieren. Gebrauchsfertige Lösung in gut verschlossener Flasche lange haltbar.

Fixierung: Am besten mit Chromium-Essigsäure (Reg. 23) oder Pfeifferschem Gemisch (Reg. 36).

Färbezeit: 2 bis 24 Std. (Überfärbung ist nicht zu befürchten; die längeren Zeiten gelten für verdünnte Farblösungen: ein Teil Farblösung mit 2 bis 5 Teilen Wasser verdünnt.) Auswaschen mit dest. Wasser, bis sich keine Farbwolken mehr lösen. Einschluß in Glycerol, Glycerolgelatine, Harze oder Kunstharze nach vorsichtiger Entwässerung (Reg. 31).

Ergebnis: Abgestufte Grünfärbung der protoplasmatischen Bestandteile, Zellwand bleibt mehr oder weniger ungefärbt (vorteilhafte Gegenfärbung der Scheiden mancher Cyanobacteria mit Methylenblau; auch als Simultanfärbung anzuwenden, dann der Farblösung 5% kalt gesättigte, wäßrige Methylenblaulösung zusetzen; Reg. 75).

Nr. 11 Alkoholreihe

Mit dem Mikrotom hergestellte Paraffinschnitte müssen von Paraffin befreit und vor dem Färben mit wasserlöslichen Farbstoffen über Ethanol abgestufter Konzentrationen schonend meist bis in destilliertes Wasser überführt werden (= „Alkoholreihe abwärts"). Entsprechend müssen die Schnitte nach dem Färben meist aus Wasser über die gleichen Ethanolstufen in umgekehrter Folge geführt werden, um das Wasser zu ersetzen („Alkoholreihe aufwärts"). Anschließend folgt Xylen als Intermedium, um die Schnitte in Einbettharz unter Deckglas dauerhaft zu konservieren (siehe auch Reg. 61).
Man verwendet dazu zweckmäßig runde Färbeküvetten, die je einen oder zwei Objektträger aufnehmen können.

Reihenfolge der Medien für

Alkoholreihe abwärts
Objektträger mit aufgeklebten Paraffinschnitten in:

Xylen I
Xylen II
absolutes Ethanol I
absolutes Ethanol II
(Xylen I bis absolutes Ethanol II: mit Deckel verschlossen halten)
96%iges Ethanol
90%iges Ethanol
80%iges Ethanol
70%iges Ethanol
50%iges Ethanol
destilliertes Wasser
↓
Färbung →

Alkoholreihe aufwärts
Objektträger mit gefärbten Schnitten in:

destilliertes Wasser
50%iges Ethanol
70%iges Ethanol
80%iges Ethanol
90%iges Ethanol
96%iges Ethanol
absolutes Ethanol I
absolutes Ethanol II
Xylen I
Xylen II
(absolutes Ethanol I bis Xylen II: mit Deckel verschlossen halten)
↓
mit Einbettharz eindecken (Reg. 1, 51)

Beim Gebrauch der Alkoholreihe auf folgendes achten:

- Aufenthaltsdauer je Stufe etwa 2 bis 3 min
- Küvetten so weit mit Medium füllen, daß die Objektträger ganz untertauchen (Gefahr des Verschleppens z. B. von Wasser ins Xylen und umgekehrt).
- Küvetten eindeutig etikettieren.
- Beim Wechsel des Mediums Objektträger mit Pinzette ergreifen, gut ablaufen lassen, untere Schmalkante kurz auf Fließpapier oder Zellstofflage aufsetzen, dann erst in das neue Medium eintauchen.
- Jede Küvette kann gleichzeitig zwei Objektträger (Rücken an Rücken!) aufnehmen. Der Wechsel des Mediums muß unbedingt mit jedem Objektträger einzeln durchgeführt werden (Verschleppung der Medien zwischen den Objektträgern!).
- Bei stärkerem Gebrauch der Alkoholreihe zuerst die Stufen „absol. Ethanol I" und „Xylen I" auswechseln. Küvetten ausleeren, mit dem Inhalt der Küvetten „Ethanol II" und „Xylen II" füllen und diese letzteren Stufen neu beschicken.
- In den Xylenstufen sind die Schnitte durch Brechzahlangleich schwer sichtbar. Die „richtige Seite" (Schnitte auf der dem Betrachter zugewandten Seite des Objektträgers) erkennt man am „Doppelbild" jedes Schnittes im schräg einfallenden Licht.

Nr. 12 Alkoholmaterial

Pflanzenmaterial, das zur Konservierung in 70- bis 80%igen Alkohol (Ethanol) eingelegt wurde. Das pflanzliche Gewebe ist darin unbeschränkt haltbar. Alkoholmaterial ist nicht zum Studium plasmatischer Zellbestandteile geeignet.

Nr. 13 Amidoschwarz 10 B

Syn.: Naphtholblauschwarz, Naphthylaminschwarz 10 B
Anwendung: Zum Anfärben von Albumin und Globulin; auch zum Färben von Zellkernen in saurem Milieu geeignet.
Vorteil: Bei Aufhellung von Objekten in Milchsäure bleibt die Färbung längere Zeit erhalten.
Ansatz: 0,55 g Amidoschwarz 10 B in 100 ml 7,5%iger Essigsäure lösen. Zum Gebrauch je nach gewünschter Farbtiefe mit 7,5%iger Essigsäure verdünnen.

Durchführung:

- Objekte in Alkohol-Essigsäure fixieren (Reg. 36).
- Aus dem Fixiergemisch in verdünnte Farblösung übertragen. Färbedauer mehrere Minuten. Mögliche Varianten: Objekte aus dem Fixiergemisch in Chloralhydratlösung (Reg. 20) geben und nach dem Aufhellen in die Farblösung übertragen oder frische Objekte direkt in Chloralhydratlösung legen und nach dem Aufhellen in die Farblösung geben.
- Objekte aus der Farblösung auf einen Objektträger in einen Tropfen Milchsäure übertragen, der mit einer Spur Farblösung schwach hellblau getönt wurde.
- Deckglas auflegen.

Nr. 14 Anreichern von Plankton

- Durch *Filtration* (siehe Planktonnetz, Reg. 91. Membranfiltration ist für die vorliegenden Zwecke wenig geeignet).
- Durch *Zentrifugieren:* Besonders geeignete Methode zur Anreicherung von Phytoplanktonorganismen in geschöpften Wasserproben, da auch kleine Algen erfaßt werden, die durch Netzfiltration verlorengehen (s. Planktonnetz, Reg. 91), und das Material lebend gewonnen werden kann. Zentrifugalbeschleunigung der Organismengröße und -empfindlichkeit (Geißelverlust!) anpassen. Günstige Werte für die meisten Fälle: 5–10 min bei 500–2000 U/min zentrifugieren.
- Durch *Sedimentieren:* Formen ohne aktive Eigenbewegung und ohne ausgeprägtes Schwebeverhalten sedimentieren in einer geschöpften Probe meist befriedigend nach einigen Stunden. Die übrigen müssen abgetötet werden, am besten unter Erhöhung ihres spezifischen Gewichtes: Fixierung mit Lugolscher Lösung (Reg. 62) ist gut geeignet. Trennen des Sedimentes vom Überstand im Scheidetrichter, durch Abpipettieren oder Abhebern.
- Durch Ausnutzung des Bewegungsverhaltens freilebender, mobiler Formen (z. B. Phototaxis, s. Reg. 90).

Nr. 15 Aseptische Arbeitsweise

Auch unter den Bedingungen einfacher Arbeitsplätze (Kurssäle, Schulräume) kann bei Beachtung folgender Regeln keimarm, bei besonderer Sorgfalt und geschicktem Manipulieren auch keimfrei (aseptisch) gearbeitet werden:

- Größte Sauberkeit am Arbeitsplatz! Vor allem Staubentwicklung vermeiden. Staub ist gefährlichste Kontaminationsquelle!
- Unnötige Luftbewegung (Umherlaufen, Öffnen von Türen und Fenstern) vermeiden (Staub!). Aseptische Arbeiten möglichst zuerst, vor Betreten des Raumes durch andere Personen (und vor dem Reinigen des Raumes!) durchführen.
- Tischfläche vor Beginn der Arbeit mit Desinfektionslösung abwischen (neben handelsüblichen Desinfektionsmitteln ist auch 70%iges Ethanol geeignet; 0,5- bis 1,0%ige Peressigsäure tötet auch Bakteriensporen ab).
- Hände mit Bürste und Seife möglichst unter fließendem warmem Wasser gründlich reinigen. Anschließend 1–2 min in Händedesinfektionslösung waschen (gut geeignet ist z. B. 70- bis 80%iges Ethanol mit 5% Glycerolzusatz). Lufttrocknen lassen.
- Kulturgefäße nur kurzzeitig und dann so öffnen, daß möglichst weder Staub noch Atemluft eindringen kann.
- Kulturgefäße abflammen, d. h. im Schutze einer Spiritus- oder Bunsenbrennerflamme öffnen. Die Wirkung der Flamme besteht darin, vor dem offenen Kulturgefäß einen heißen, aufsteigenden Luftstrom zu erzeugen, der das Eindringen unsteriler Außenluft verhindert. An Gefäßrändern haftende Mikroorganismen werden nur nach längerem, kräftigen Erhitzen abgetötet
- Impfösen und -nadeln nur sorgfältig ausgeglüht verwenden und nur so aus der Hand legen.

Nr. 16 Ausstrichpräparat

Die meisten Färbungen von Bakterien werden am Ausstrichpräparat durchgeführt.

Variante 1:

- Auf einen Objektträger seitlich der Mitte einen Tropfen physiolgische Kochsalzlösung (0,9%ige Kochsalzlösung) oder Wasser auftragen.
- Mit der Impföse wenig (!) bakterienhaltiges Material aufnehmen (z. B. von einer Bakterienkolonie oder aus einer Flüssigkultur) und zunächst neben dem Tropfen auf dem Objektträger vorsichtig verreiben, dann allmählich mit der Flüssigkeit vermischen und zu größerem Fleck von etwa 2×2 cm Fläche ausbreiten. Dann staubfrei lufttrocknen lassen. Es muß ein noch durchsichtiger, schwach milchig getrübter Fleck bleiben; die Mikroorganismen sollten einzeln liegen.
- Anschließend hitzefixieren: Objektträger mit Schicht nach oben dreimal langsam durch die rauschende Bunsenbrennerflamme ziehen (Tempo des Brotschneidens!). Dabei werden die hitzeresistenten Bakteriensporen jedoch nicht abgetötet!
- Nach dem Abkühlen (Handballenprobe!) weiterverarbeiten oder staubfrei aufbewahren. Der hitzefixierte Ausstrich ist haltbar und kann auch erst später weiterverarbeitet werden.

Variante 2:

- Einen Flüssigkeitstropfen (z. B. physiologische Kochsalzlösung, Wasser, Tusche Reg. 106) nahe der Schmalseite eines Objektträgers auftragen und die Mikroorganismen darin suspendieren.

- Ein Deckglas oder einen Objektträger mit der Schmalseite im spitzen Winkel an den Tropfen anlegen (Abb. 129), dann rasch über die Fläche des Objektträgers schieben. Der Tropfen wird dabei je nach Geschwindigkeit zu einem gleichmäßigen, mehr oder weniger dünnen Flüssigkeitsfilm auseinandergezogen.
- Ausstrich lufttrocknen und wie oben angegeben weiterverarbeiten.

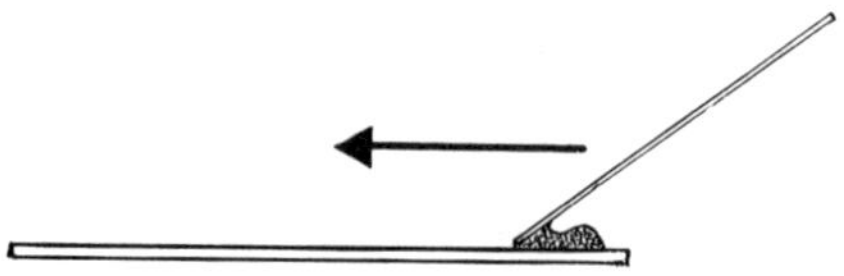

Abb. 129.

Nr. 17 Azokarmin B

Für Übersichtsfärbungen von Blaualgen, Rotalgen und Flechten.

Anwendung: Nach vorheriger Fixierung mit Chromiumsäure oder Chromium-Essigsäure (Reg. 23, 24).

Ansatz: 1%ige wäßrige Lösung mit 1 Vol.-% Essigsäure versetzen. Farblösung ist lange haltbar.

- Färben: 1–2 Std.
- Auswaschen in Leitungswasser
- Gegebenenfalls mit Ethanol differenzieren.

Ergebnis: Kerne und Plasma rot gefärbt. Färbung in Glycerol oder Glycerolgelatine nicht haltbar.

Nr. 18 Beschriftung von Präparaten

Dauerpräparate sofort eindeutig beschriften. Unbeschriftete Präparate sind oft wertlos. Die Beschriftung soll enthalten:

Genaue Angabe zum Objekt
Fixierung
Färbung
Einbettung
Datum

- Eine runde Färbeküvette mit Xylen füllen und Neutralbalsam eintropfen. Volumenverhältnis Xylen : Balsam etwa 10 : 1. Umrühren, bis Balsam gelöst ist.
- Objektträger des Dauerpräparates von einer oder nacheinander von beiden Schmalkanten her bis nahe an den Deckglasrand in die Balsamlösung eintauchen.
- Gut abtropfen lassen, Präparate mit der Schmalseite in steiler Stellung schräg auf Fließpapier oder Zellstofflage abstellen, bis der Balsamfilm trocken ist (ungefähr 10 min).
- Auf dem Balsamfilm kann jetzt mit spitzer Feder und Ausziehtusche bequem beschriftet werden.
- Nach Trocknen der Tusche Präparat erneut tauchen und schräg aufgestellt trocknen lassen. Die Beschriftung ist so dauerhaft fixiert und nur empfindlich gegen balsamlösende Medien (Xylen, Benzen, Benzin, Chloroform).

Nr. 19 Bierwürze

Von Maische abgezogene Flüssigkeit, die etwa 15% Trockensubstanz enthält: Maltose 50–54%, Glucose 18–20%, Saccharose 1–2%, Dextrin und andere Kohlenhydrate 15–20%, stickstoffhaltige Verbindungen 4–5%, Mineralstoffe 1–2%. Wichtige Komponente in Nährmedien für Pilze.

Nr. 20 Chloralhydrat

Verwendung: Als Aufhellungsmittel; das Chloralhydrat imprägniert die Zellbestandteile, wirkt quellend und gleicht die unterschiedlichen Brechzahlen der Objektdetails untereinander und gegen die Umgebung ab.

Ansatz: Wäßrig konzentrierte Lösung (8 Teile Chloralhydrat in 3 Teilen dest. Wasser lösen) oder mit geringem Glycerolzusatz, um Auskristallisieren zu vermeiden. Wenn Neutralisation notwendig ist, Lösung mit festem Calciumcarbonat versetzen, schütteln und über dem Bodensatz stehenlassen.

Anwendung:

Objekte in die Lösung einlegen, bis sie glasig erscheinen oder sofort zwischen Objektträger und Deckglas in Chloralhydrat einbetten. Die Brechzahl des Mediums kann durch Zusatz von Glycerol (bei Dauerpräparaten) oder Wasser verringert werden, um optimalen Kontrast zu erreichen. Für simultane Färbungen z. B. mit Hämalaun nach Mayer, s. Reg. 21.

Nr. 21 Chloralhydrat-Hämalaun

Objekte, in die Farbstoffe schwer eindringen oder die durch stark lichtbrechende Oberflächenstrukturen undurchsichtig sind (z. B. Pollen) und Handschnitte nach Gelatineeinbettung (Reg. 44) werden zweckmäßig mit einer Lösung von Hämalaun nach Mayer in Chloralhydrat behandelt. Das Chloralhydrat fördert das Eindringen des Farbstoffes und hellt die Objekte gleichzeitig auf.

Variante 1:

Ansatz: Neutralisierte (!), konzentrierte, wäßrige Lösung von Chloralhydrat (Reg. 20) direkt mit Farbstammlösung von Hämalaun nach Mayer (Reg. 49) gut durchmischen. Das Volumenverhältnis liegt bei etwa 5:1 bis 50:1, richtet sich nach dem Objekt und muß erprobt werden.

Anwendung:

Färbung von Handschnitten nach Gelatineeinbettung:

- Gelatine kann in den Schnitten belassen werden.
- Schnitte in das Gemisch einlegen. Vorteilhaft mit geringeren Farbstoffkonzentrationen arbeiten und länger färben (Richtwert: 20 Volumenteile Chloralhydratlösung auf 1 Volumenteil Farbstammlösung, 10 min färben). Progressiv färben, bis mikroskopische Kontrolle guten Färbegrad anzeigt.
- Schnitte direkt in reinem neutralisiertem Chloralhydrat auf dem Objektträger eindecken.
- Die Färbung ist haltbar, aber die Deckgläser müssen unbedingt mit Deckglaslack (gegebenenfalls farbloser Lack, z. B. Nagellack) umrandet werden (Reg. 108).

Variante 2:

Ansatz: Chloralhydratlösung mit Glycerolwasser (Reg. 47) zu gleichen Teilen mischen. Hämalaunfarblösung nach Mayer zugeben, bis das Gemisch schwach rot bis rotbraun gefärbt ist. Dann tropfenweise Leitungswasser zusetzen, bis der Farbton des Gemisches nach Blauviolett umschlägt. Das Glycerolwasser verhindert das Auskristallisieren des Chloralhydrats.

Anwendung:

- In dieses Gemisch Handschnitte von Frischmaterial oder von fixiertem Material so lange einlegen, bis die Zellkerne gut gefärbt sind (ist bei Pilzmaterial – besonders bei Sporen – oft auch nach langer Einwirkungszeit nicht in befriedigendem Maße zu erzielen).
- Die Objekte in Chloralhydrat-Glycerolwasser-Gemisch einbetten.

Nr. 22 Chloroform

Zur Fixierung von Euglenophyceen: Objektträger mit dem die Euglenen enthaltenden Flüssigkeitstropfen nach unten über ein Schälchen mit Chloroform legen (oder zusammen mit einem chloroformgetränkten Wattebausch in einer Petrischale einschließen). Die Euglenen sterben unter Kontraktion ab; Chloroplasten werden daher deutlicher sichtbar.

Nr. 23 Chromium-Essigsäure

Vielseitig verwendetes Fixiermittel.

Ansatz: Ein Teil Chromiumsäure (10%ig wäßrig) mit 2 Teilen Essigsäure (10%ig) vermischen, dann 1:10 mit dest. Wasser verdünnen (stets frisch mischen! Grünlich verfärbte chromiumhaltige Fixierlösungen sind unbrauchbar). Es werden auch andere Mengenverhältnisse angegeben. Gegebenenfalls dem Objekt angepaßtes geeignetes Mischungsverhältnis selbst erproben.

Anwendung: Algen etwa eine Stunde fixieren, dann unter fließendem Wasser gründlich auswaschen, bis das Waschwasser nicht mehr gelb gefärbt ist.

Nr. 24 Chromiumsäure

Schnell wirkendes Fixiermittel. Gift! Schrumpfende Wirkung (starker Wasserentzug!) durch Mischen mit Essigsäure kompensierbar (s. Chromium-Essigsäure, Reg. 23).
Stammlösung: 10%ig wäßrig
Gebrauchslösung: 1%ig wäßrig
Fixierdauer: Meist genügt eine Minute bis 2 Std.; maximal 24 Std. (Gefahr zu starker Mazeration!). Gründliches Auswaschen am besten in fließendem Wasser.

Nr. 25 Deckglasstützen

Empfindliche Objekte werden durch den Druck des Deckglases zerquetscht.

- Schutz durch 3–4 gleichzeitig eingebettete Deckglassplitter oder Stücke von Angelschnur.
- Durch Anbringen von „Deckglasfüßchen": Hierzu die Ecken des Deckglases jeweils mit der gleichen Seite über die Oberfläche einer Paraffin-, Vaseline-, Vaseline-Paraffin-Mischung oder Plastilinaschicht ziehen, so daß etwa gleiche Mengen des Materials hängenbleiben. Deckglas mit den Füßchen nach unten auf das Objekt legen. Vorteil: Abstand zwischen Deckglas und Objektträger kann der jeweiligen Dicke des Präparates durch Druck auf das Deckglas entsprechend variiert werden.

Nr. 26 Dunkelfeldverfahren

Das Dunkelfeldverfahren bildet die Objekte helleuchtend in schwarzem Umfeld ab (Hellfeld: Objekte dunkler in hellem Umfeld). Es ist dem Phasenkontrastverfahren optisch nahe verwandt und wird zu gleichen Zwecken eingesetzt (Reg. 87). Vorteil: brillante Abbildung besonders sehr kleiner oder feinfibrillärer Strukturen, die im Hellfeld wegen Kontrastmangel unsichtbar bleiben; Abbildung der Objekte in ihren natürlichen Farben; geringerer apparativer Aufwand. Nachteil: Oft geringerer Informationsgewinn als bei Phasenkontrast, da meist nur die Konturen der zu beobachtenden Strukturen sichtbar werden. Begrenzung der maximalen Objektivapertur auf < 1. Das Dunkelfeldverfahren wird in der Regel mit Hilfe spezieller Kondensoren durchgeführt, die von optischen Firmen als Zusatzgeräte zu den Mikroskopen im Handel sind. Objektive mit Aperturen > 1 können für Dunkelfeld nur dann verwendet werden, wenn ihre Apertur mit Hilfe einer eingebauten Irisblende eingeschränkt werden kann. Die Handhabung der Dunkelfeldkondensoren muß den mitgelieferten Bedienungsanleitungen entnommen werden.

Nr. 27 Eisenhämytoxylinfärbung nach Heidenhain

Etwas aufwendige Regressivfärbung (Reg. 34) für Mikrotomschnitte und Quetschpräparate (nach Ablösen des Deckglases, Reg. 4), aber von unübertroffener Brillanz.
Das Hämatoxylin bildet auf den vorgebeizten Strukturen der Zelle einen schwarzen Farblack, der beim Differenzieren wieder herausgelöst wird. Da sich alle Strukturen färben, den Lack aber in unterschiedlichem Maße festhalten, lassen sich je nach Dauer des Differenzierens sehr verschiedenartige Details darstellen.

Reagenzien

1. Eisen-III-ammoniumsulfat (Eisenammoniumalaun) als Beize und Differenzierungsmedium. Die Kristalle müssen hellviolett aussehen; gelbe, „verwitterte" Kristalle sind unbrauchbar! 3%ige Lösung in destilliertem (!) Wasser.
2. Handelsübliche Stammlösung von Hämatoxylin nach Heidenhain. Stammlösung zum Gebrauch mit destilliertem (!) Wasser 1:5 verdünnen. Verdünnte Lösung in der Färbeküvette einige Tage (besser einige Wochen) staubfrei, aber unter Luftzutritt stehenlassen. Dieses „Reifen" ist unabdingbar für das Gelingen der Färbung. Gebrauchte Farblösungen nicht verwerfen, sondern filtrieren und immer wieder verwenden.

Anwendung:

- Objektträger mit den zu färbenden aufgeklebten Paraffinschnitten über die Xylen-Ethanol-Reihe nach Reg. 11 in destilliertes Wasser überführen.
- Präparate für 2 bis 24 Std. zur Beizung in Eisen-III-ammoniumsulfat-Lösung (Färbeküvette) einstellen.
- Jedes Präparat einzeln (!) nacheinander in drei mit wenigstens 500 ml dest. Wasser gefüllten Bechergläsern spülen. Präparate darin vorsichtig bewegen. Aufenthalt in jedem Gefäß etwa 5 Sekunden. Sobald sich das Wasser im ersten Becherglas zu trüben beginnt, Wasser ersetzen und Spülgefäß an die dritte Stelle setzen.
- Gespülte Präparate sofort in Färbeküvetten mit verdünnter Hämatoxylinlösung einstellen. Dauer der Färbung 2 bis 24 Std., etwa ebenso lange, wie gebeizt wurde.
- Differenzieren. Dieser Arbeitsschritt erfordert Sorgfalt. Ein Präparat wird der Färbeküvette entnommen und in reichlich destilliertem Wasser gespült. Präparat danach unter ständigem, vorsichtigem Bewegen in Beize

eintauchen. Die tiefschwarz gefärbten Objekte geben dichte Farbwolken ab. Nach jeweiligem Zwischenspülen in destilliertem Wasser (!) Entfärbung laufend mikroskopisch mit schwachem Objektiv kontrollieren (Aperturblende auf!), bis die gesuchten Strukturen deutlich hervortreten. Differenzierungsprozeß nicht zu früh abbrechen, sonst bleibt die Färbung zu dicht, erst das fertig eingebettete Präparat zeigt, ob die Differenzierung gelungen ist.

- Zwischenspülen in frischem dest. Wasser.
- Einstellen des Präparates in eine Färbeküvette unter fließendem Leitungswasser. Vorsicht, daß Objekte nicht abschwimmen. Aufenthalt im Leitungswasser mindestens 15 min, um die Färbung zu entwickeln, oder länger, während die nächsten Präparate differenziert werden.
- Zwischenwässern in dest. Wasser (1 min).
- Präparate die Ethanolreihe aufwärts führen und über Xylen in Balsam eindecken.

Ergebnis: Die Strukturen, auf deren Kontrastierung hin differenziert wurde, z. B. Chromatin, blauschwarz, Kernspindel, Zellgranula schwarz bis grau auf gelblichem Untergrund. In Neutralbalsam ist die Färbung haltbar.

Fehlermöglichkeiten: In Präparaten, die im Differenzierungsmedium nicht bewegt wurden, bleiben auch Gewebepartien, die durchsichtig werden sollen (Zytoplasma), trübbraun.
Wenn beim Aufkleben der Schnitte zu viel Eiweißglycerol auf den Objektträger aufgetragen wurde, färbt sich die Eiweißkomponente mit an.

Über Eisenhämtytoxylinfärbung nach Heidenhain in Verbindung mit zytologischem Quetschverfahren vgl. Reg. 28!

Nr. 28 Eisenhämatoxylinfärbung nach Heidenhain in Verbindung mit cytologischem Quetschverfahren

Vorteil: Die Zellen, auf die hin differenziet wurde, liefern Bilder unübertroffener Brillanz und Schärfe auch feinster Strukturen. Es müssen keine Mikrotomschnitte angefertigt werden.

Nachteile: Es muß immer mit Gewebeverlusten während der Präparation gerechnet werden. Erst gegen Ende aller Manipulationen ist mit Sicherheit festzustellen, ob die gesuchten zytologischen Bilder überhaupt im Präparat vorhanden sind. Als Ganzes wirken die Präparate durch ungleichmäßige Farbdichte oft unsauber.
Das Verfahren ist nicht als Stückfärbung durchführbar. Die Gewebe müssen zuvor hydrolysiert und gequetscht werden.

Durchführung:

- Nach Nawaschin oder Lavdowsky (Reg. 36) fixiertes Material über destilliertes Wasser in kalte 1 mol/l HCl überführen (etwa 5 min).
- Material nach Reg. 83/2 etwa 5 min in 1 mol/l HCl bei 55 bis 60 °C hydrolysieren. Hydrolyse durch Übertragen in angesäuertes destilliertes Wasser abbrechen.
- Sofort in einem Tropfen 45%iger Essigsäure quetschen und nach 24stündigem Alkoholbad des Präparates (vgl. Reg. 83/2) Deckglas ablösen (Reg. 4); oder nach Reg. 92 quetschen, dann fällt das Ablösen des Deckglases weg.
- Vorläufige mikroskopische Kontrolle, ob das Präparat die gewünschten Stadien enthält. Das ist ohne Phasenkontrastverfahren (Reg. 87) schwierig und gelingt zum Teil mit schiefer Beleuchtung (Reg. 99) oder mit ziemlich geschlossener Aperturblende.
- Die weitere Färbung verläuft sinngemäß nach Reg. 27.

Nr. 29 Eiweißglycerol

Zum Aufkleben von Mikrotomschnitten auf Objektträger.
Ansatz: Eiweiß eines frischen Hühnereies mit gleichem Volumen Glycerol mischen und filtrieren. Schon während des sehr langsam verlaufenden Filtrierens einen kleinen Kristall Thymol, Phenol oder etwas 35%ige Formaldehydlösung (100:1) als Konservierungsmittel zugeben. Das Klebemittel ist Jahre haltbar.
Anwendung: Vgl. Reg. 80/Aufkleben.

Nr. 30 Entkalken

Je nach Grad der Verkalkung Material (z. B. calcifizierte Algen) für einige Minuten bis mehrere Stunden in Salzsäurealkohol einlegen.
Ansatz: 2–3 ml konz. Salzsäure auf 100 ml 70%iges Ethanol. Anschließend gründlich in 70%igem Ethanol auswaschen (Entfernen der Säure und der Gasblasen).

Nr. 31 Entwässern

Zum schonenden Überführen sehr zarter, leicht schrumpfender Objekte (Algen) in wasserfreie Medien.

- Überführen in reines Glycerol erfolgt am schonendsten durch das *Verdunstungsverfahren:* In ein flaches Gefäß (Uhrglas- oder Blockschälchen, Petrischale, Becherglas), das eine Mischung von Glycerol und Wasser im Verhältnis 1:10 enthält, gibt man die zu bearbeitenden Objekte und läßt offen an einem staubgeschützten Ort stehen, bis sich das Volumen nicht mehr vermindert, d. h. bis das Wasser nahezu vollständig verdunstet ist (je nach Ansatzmenge und Gefäßbeschaffenheit mehrere Tage bis Wochen). Die Objekte liegen dann in nahezu reinem Glycerol und können direkt in Glycerolgelatine oder nach unmittelbarem Überführen in absolutes Ethanol oder Isopropanol in anderen Medien eingeschlossen werden (Reg. 46, 51).
- Schonende Entwässerung *mit Aceton im Vakuum* nach Sitte: Objekte in der Untersuchungsflüssigkeit (kleine Portion in flachem Schälchen) in einem mit $CaCl_2$ beschickten Exsikkator neben eine große flache, mit Aceton gefüllte Schale stellen. Exsikkator evakuieren. Nach wenigen Stunden liegen die Objekte in reinem Aceton; das Wasser wurde vom $CaCl_2$ gebunden. Vor der Weiterverarbeitung noch für je 30 min in jeweils erneuertes reines Aceton übertragen.
- Überführen in hochprozentigen Alkohol durch *isotherme Destillation:* Das zu entwässernde Untersuchungsmaterial in ein kleines, offenes Schälchen geben. Das Schälchen in ein gasdicht verschließbares Gefäß stellen (Schliffverschluß, kleiner Exsikkator). Der Boden des Gefäßes ist mit absolutem Ethanol oder Isopropanol bedeckt (Vorsicht! Keinen Alkohol in das Materialschälchen fließen lassen! Eventuell Schälchen auf einen „Sockel" stellen). Nach etwa 24 Std. liegen die Objekte durch Kondensation der Alkoholdämpfe in hochprozentigem Alkohol. Dann direkte Überführung in absoluten Alkohol möglich.
- Beim Entwässern in der üblichen Weise durch Überführen des Materials in einzelne *Stufen steigender Alkoholkonzentrationen* sollte in kleinen Schritten vorgegangen werden (5%, 10%, 15% usw.). Wechsel durch vorsichtiges Abhebern der Flüssigkeit oder Einhängen kleiner permeabler, eventuell mit feinen Poren durchbrochener Gefäße, in denen sich die Objekte verlustlos transportieren lassen.

Nr. 32 Erdabkochung

Viele Algen wachsen besser in Kulturen, denen Erdabkochung zugesetzt wurde. Sie sind dann frei von Bodenpartikeln, die eventuell in Erd-Wasser-Kulturen (Reg. 33) störend wirken können.
Grundmedium: Gartenerde mittleren Humusgehaltes (nicht frisch gedüngt) in einem geeigneten Gefäß mit so viel Wasser überschichten, daß der Überstand das doppelte Volumen des Gartenbodens ausmacht. Erhitzen im Dampftopf (100 °C) für 1–3 Std. bzw. Sterilisation im Autoklaven. Der filtrierte, braune Überstand wird zum Gebrauch mit der jeweils gewünschten Nährlösung auf 2–10% verdünnt.

Nr. 33 Erd-Wasser-Kulturen

In vielen Fällen wird mit dieser Methode bei Algen das beste Wachstum erreicht.
Grundmedium: Kulturröhrchen zu etwa einem Viertel mit Gartenerde füllen (mittlerer Humusgehalt, nicht frisch gedüngt, wenig Ton), gegebenenfalls mit gewaschenem Quarzsand dünn bedecken und dann vorsichtig auf zwei Drittel bis drei Viertel mit dest. Wasser überschichten. Nach Watteverschluß Sterilisation im Dampftopf (nicht unter Druck im Autoklaven) 2mal eine Stunde an aufeinanderfolgenden Tagen.
Modifikationen: Bei höherem Nährstoffanspruch nicht mit dest. Wasser, sondern mit geeigneter Nährlösung auffüllen (s. Reg. 70).

- Absenken der cH^+ durch Zusatz einer Spur $CaCO_3$ auf den Gefäßboden vor dem Sterilisieren bzw. Einstellen eines bestimmten *p*H-Wertes.
- Ersatz der Gartenerde durch andere Bodenarten (z. B. Torf für Desmidiaceen).

Nr. 34 Färben

Mikrokopische Objekte werden angefärbt, um Zell- oder Gewebestrukturen deutlicher hervortreten zu lassen oder überhaupt erst sichtbar zu machen. Die Anzahl der Farbstoffe und Färbemethoden ist so groß, daß die einschlägige Spezialliteratur herangezogen werden muß. Einige ausgewählte Verfahren werden im Text und im Register beschrieben.
Bei embryologischen Arbeiten sind zu unterscheiden:

- Schnittfärbung: Das Objekt wird erst geschnitten und dann gefärbt. Bei Paraffin-Mikrotomschnitten (Reg. 80) muß das Paraffin aus den Schnitten herausgelöst werden, ehe sie gefärbt werden können. Manche Färbemethoden sind nur an Dünnschnitten sinnvoll (z. B. Eisenhämotoxylinfärbung nach Heidenhain).

- Stückfärbung: Das Objekt wird im ganzen gefärbt und entweder im ganzen beobachtet (sehr kleine oder dünne Objekte) oder nach dem Färben geschnitten oder gequetscht (z. B. Karminessigsäurefärbung, Reg. 64, und Nuklealreaktion nach Feulgen, Reg. 83).
- Progressivfärbung: Das Objekt wird so lange gefärbt, bis die entsprechenden Strukturen hinreichend kontrastiert sind (z. B. Färbung mit Hämalaun nach Mayer, Reg. 49).
- Regressivfärbung: Das Objekt wird überfärbt und danach in geeigneten Medien so lange wieder entfärbt (differenziert), bis der gewünschte Färbungsgrad erreicht ist (z. B. Eisenhämatoxylinfärbung nach Heidenhain, Reg. 27).

Nr. 35 Fixieren

Notwendiger Präparationsschritt bei Pflanzenmaterial, das für die mikroskopische Bearbeitung abgetötet werden muß. Alle Fixiermittel wirken als Eiweißfällungsmittel.

Bedeutung:

- Schnelles und einheitliches Abtöten der Zellen, um ihre Strukturen möglichst lebensnah zu erhalten.
- Verhindern von Fäulnis oder Autolyse.
- Koagulation des Protoplasmas fixiert intrazelluläre Partikel und Organellen an dem Ort, den sie im Leben innehatten.
- Härten des Gewebes, damit es der weiteren Präparation (z. B. Schneiden) standhält.
- Vielfach Voraussetzung für nachfolgendes Färben.

Allgemeine Regeln:

- Nur frische Objekte fixieren.
- Objekte so klein wie möglich halten, damit sie vom Fixiermittel möglichst schnell durchtränkt werden.
- Objektvolumen zu Fixiermittelvolumen etwa 1:50 (ausgenommen Osmiumsäure).
- Fixiergefäße hinreichend groß wählen, daß die Objekte nicht deformiert werden.
- Fixiermittel muß schnell und gleichmäßig eindringen. Wenn die Objekte nicht rasch untersinken, infiltrieren (Reg. 56), Objekte eventuell anstechen oder in kleinere Stücke zerschneiden.
- Fixiermittel nur einmal verwenden (ausgenommen Osmiumsäure).
- Fixiermittel nach Ablauf der empfohlenen Dauer mit den angegebenen Medien gründlich auswaschen.

Spezielle Fixiermittel und ihre Anwendung s. Reg. 5, 6, 23, 24, 36, 40, 71, 85.

Nr. 36 Fixiergemische

- nach Carnoy

  Verwendung: Für botanisches Material universell und häufig angewendetes Fixiermittel, das bequem zu handhaben ist. Es dringt leicht und schnell ein, die Fällung des Eiweißes ist nicht sehr feinkörnig; nur mäßig härtend.

  Ansatz:

Gebräuchliche Varianten:	a	b (für zarte Objekte)	c
Ethanol 98–100%ig	3 Teile	6 Teile	6 Teile
Essigsäure	1 Teil	1 Teil	1 Teil
Chloroform	–	–	3 Teile

  Anwendung: Komponenten erst kurz vor dem Fixieren mischen (sonst Veresterung unter Bildung von Wasser, das die Wirkung beeinträchtigt).
  Zarte Objekte 1–4 Std., derbere bis 24 Std. fixieren.
  Mit 96%igem Ethanol auswaschen, bis kein Essiggeruch mehr wahrnehmbar ist.
  Objekte über 90%iges und 80%iges Ethanol in 70%iges Ethanol zur Aufbewahrung überführen oder sofort weiterverarbeiten.

- nach Flemming

  Universell einsetzbares Gemisch höchster Fixierungsqualität. Besonders auch für sehr kleine, zarte Objekte geeignet.

Stammlösung: 0,5 g Osmiumtetroxid werden in einer braunen Schliffstopfenflasche in 120 ml 1%iger Chromiumsäurelösung gelöst (geritzte Ampulle erst im Inneren der Flasche nach Einbringen der Chromiumsäurelösung mit einem Glasstab zertrümmern. Glassplitter in der Flasche belassen; Lösung erfolgt langsam, daher erst am folgenden Tage weiterverwenden. Stammlösung im Dunkeln gut verschlossen jahrelang haltbar; Vorsicht! Stark ätzend, giftig!).

Ansatz: 1,9 Vol.-Teile Osmiumtetroxidstammlösung werden mit 0,1 Vol.-Teil Essigsäure gemischt. Nur kleine Mengen ansetzen (Osmiumtetroxid ist sehr teuer!). Es genügt jeweils etwa die 5fache Volumenmenge des zu fixierenden Materials!

Fixierdauer: bis zu 24 Std.
Auswaschen mindestens 2 Std. in fließendem oder mehrfach gewechseltem Leitungswasser.

- nach Karpetschenko

Allgemein für pflanzliche Objekte geeignet. Das Gemisch dringt gut ein und verursacht nur geringe Schrumpfung.

Lösung A:		Lösung B:	
Chromiumsäureanhydrid	1 g	Formaldehydlösung ca. 30%ig	10 ml
Essigsäure	10 ml	dest. Wasser	40 ml
dest. Wasser	90 ml		

Vor Gebrauch gleiche Teile von Lösung A und B mischen. Das Material 48 Std. in der Mischung belassen, dann 6 bis 12 Std. mit fließendem Wasser auswaschen. Sollten sich die Objekte nach dem Fixieren nicht gut anfärben lassen, kann vor dem Färben mit einer Lösung, die 0,3% Chromiumsäure und 1,5% Essigsäure enthält, 15 min behandelt werden. Anschließend 30 min in Wasser auswaschen.

- nach Lavdowsky

Verwendung: Für cytologische Studien an Meristemen (gut härtend, wenig schrumpfend).

Ansatz:

destilliertes Wasser	30 Teile
Ethanol 96%ig	15 Teile
Formaldehyd-Lsg. ca. 35%ig	5 Teile
Essigsäure	1 Teil

Anwendung: 12 Std. fixieren. Einige Stunden in mehrfach zu wechselndem Wasser oder 30%igem Ethanol auswaschen. Über 50%iges Ethanol (4 Std.) in 70%iges Ethanol zur Aufbewahrung überführen.

- nach Nawaschin

Verwendung: Für cytologische Studien an Meristemen, gut härtende und wenig schrumpfende Wirkung.

Ansatz:

Komponente A				
Chromiumsäureanhydrid	1,5 g	oder:	Chromiumsäure 1%ig	10 Teile
Essigsäure 10%ig	100 ml		Essigsäure	1 Teil

Komponente B	
destilliertes Wasser	60 ml
Formaldehyd-Lösung (35%ig)	40 ml

Erst vor Gebrauch die Komponenten A:B = 11:4 zusammengeben.

Anwendung: 12 bis 24 Std. fixieren. 12 Std. in fließendem Wasser auswaschen. Über dest. Wasser (kurze Passage) und 50%iges Ethanol (4 Std.) in 70%iges Ethanol zur Aufbewahrung überführen oder sofort weiterverarbeiten.

- nach Pfeiffer

Verwendung: Hervorragend geeignetes Gemisch zum Fixieren von Süßwasseralgen (Meerwasser ergibt einen Niederschlag), aber auch für Pilze, Moose, Farne und für embryologisches Material von Coniferen.

Ansatz:

Formaldehydlösung, Holzessig, Methanol im Verhältnis 1:1:1 mischen (der Holzessig ist gegebenenfalls durch Essigsäure ersetzbar).

Anwendung: Fixierung bei Süßwasseralgen nach 30–60 min, bei derberem Material nach 24 Std. beendet.

Objekte können auch im Fixiergemisch aufbewahrt werden (als Konservierungsmittel für Sammlungszwecke zu verwenden; Aufbewahrung von Kursmaterial!).
Zur anschließenden Färbung Auswaschen in Wasser, Glycerolwasser (10% Glycerol) oder Ethanol (40%ig).

- nach Rawlins

Verwendung: Zum Fixieren von Mycel. Rawlins I: für Mycel, das *im* Gewebe der Wirtspflanze wächst. Rawlins II: für Mycel, das *auf* der Wirtspflanze wächst.

Ansatz:	Rawlins I	Rawlins II
Ethanol, 50%ig	100,0 ml	100,0 ml
Formaldehyd-Lösung, ca. 30%ig	6,5 ml	10,0 ml
Essigsäure	2,5 ml	10,0 ml

Anwendung: Objekte 48 Std. fixieren (aber auch längeres Aufbewahren in den Gemischen ist möglich).
Mit 50%igem Ethanol auswaschen, bis kein Essigsäuregeruch mehr wahrnehmbar ist.
Objekte zum Färben über absteigende Alkoholreihe (Reg. 11) in Wasser überführen.

Nr. 37 Fixiermittel

Chromium-Essigsäure (Reg. 23)
Chromiumsäure (Reg. 24)
Formaldehyd-Lösung (Reg. 40)
Kupferlactophenol (Reg. 71)
Osmiumsäure (Reg. 85)

Fixiergemische (Reg. 36)
nach Carnoy
nach Flemming
nach Karpetchenko
nach Lavdowsky
nach Nawaschin
nach Pfeiffer
nach Rawlins

Nr. 38 Fixierung von Meeresalgen

- ca. 3%ige Formaldehydlösung in Meerwasser (Reg. 40); die Algen können darin für einige Zeit aufbewahrt werden, dann in 70%iges Ethanol oder in Alkohol-Glycerol-Gemisch überführen (Reg. 7).
- Lugolsche Lösung (Reg. 62) in Meerwasser geben bis zur schwachen Gelbfärbung. Objekte nach 24 Std. in 70%iges Ethanol überführen.

Nr. 39 Flüssigkeitskultur

Besonders für frei bewegliche, begeißelte Algen (Volvocales). Nährlösungen nach Vorschrift (Reg. 70) ohne Agarzusatz in watte- oder kappenverschlossenen Kulturröhrchen ansetzen.

Nr. 40 Formaldehyd-Lösung

Ein besonders für Wasserorganismen (Algen!) universell verwendbares Fixiermittel.
Von der käuflichen Formaldehydlösung (etwa 35%ig) wird etwa 1/10 des Volumens der zu fixierenden Probe hinzugefügt. Auswaschen nach 1–24 Std. mit Leitungswasser. Auch zur konservierenden Aufbewahrung über längere Zeit häufig verwendet.

Nr. 41 Frischpräparat (zur einmaligen Verwendung bestimmtes Präparat)

- Objektträger und Deckglas säubern (nichtfaserndes Läppchen, Putzpapier!).
- Einen Tropfen Untersuchungsflüssigkeit in die Mitte des Objektträgers bringen (Glasstab, Pipette). Auf richtige Flüssigkeitsmenge achten.
- Objekt mit Nadel, Pinsel, Pinzette, Spatel o. ä. in den Flüssigkeitstropfen überführen.
- Mit Deckglas bedecken (Reg. 1).

Nr. 42 Geißelfärbung bei Bakterien

Ansatz:

Natriumchlorid	0,5 g
Tannin	1,0 g
Pararosanilinacetat	0,3 g
Pararosanilinhydrochlorid	0,1 g
Ethanol	33,0 ml
dest. Wasser	67,0 ml
*p*H-Wert 4,0 bis 5,0	

Farbstoffe in Ethanol, die übrigen Komponenten in Wasser lösen, dann beide Lösungen vereinigen und in fettfreier Flasche vor Licht geschützt und kühl aufbewahren.

Durchführung:

- Homogen benetzbare, fettfreie Objektträger verwenden (Reg. 94).
- Wenig Material vom Rand junger, kräftig wachsender Kolonien entnehmen und auf dem Objektträger in einem Tropfen Wasser verreiben. Temperaturunterschiede vermeiden! Vorsicht beim Suspendieren! Bakterien verlieren sehr leicht Geißeln. (Beweglichkeit vorher kontrollieren: Kolonierand mit mittlerer Vergrößerung betrachten; dazu aus optischen Gründen Deckglas auf den Rand der Kolonie auflegen.) Bakterien müssen einzeln liegen.
- Mit der Impföse eine Spur dieser Suspension auf einen Objektträger überführen und ausstreichen. Gegebenenfalls Beweglichkeit auch auf dem Objektträger mikroskopisch kontrollieren!
- Ausstriche bei Zimmertemperatur lufttrocknen lassen, bis das Zentrum des Ausstrichs gerade noch feucht ist.
- Farblösung durch Filtrierpapier ringsum auftropfen, bis der gesamte Ausstrich bedeckt ist. Auf der Farblösung entsteht ein golden-metallisch schimmerndes Häutchen, das nicht mit dem Ausstrich in Berührung kommen darf (störende Verschmutzung).
- Nach 4 bis 12 min (Färbedauer ausprobieren!) Farblösung mit kräftigem Wasserstrahl abspülen.
- Präparat lufttrocknen lassen, Neutralbalsam auftragen und mit Deckglas abdecken.
- Die Farblösung färbt mitunter besser, wenn sie vorher in eine flache Schale gegossen wird und unbedeckt bis zur Ausbildung des schillernden Häutchens stehenbleibt. Farblösung unter dem Häutchen absaugen und auf das Präparat tropfen.

Nr. 43 Gelatine

Eine 3%ige wäßrige Lösung erhöht die Viskosität der Untersuchungsflüssigkeit und erleichtert damit die Untersuchung frei beweglicher Mikroorganismen (z. B. *Euglena*).

Nr. 44 Gelatineeinbettung von Objekten zum Schneiden mit der Hand

Unhandlich kleine, leicht zerfallende oder zu weiche Objekte lassen sich sehr gut mit der Hand schneiden, wenn sie in Gelatine eingebettet werden.

- Handelsübliche Glycerolgelatine vorsichtig verflüssigen (Wasserbad), fixiertes Objekt aus Wasser (!) in die Gelatine einlegen und Medium einige Zeit flüssig halten.
- Der Größe des Objektes angemessene Menge flüssiger Glycerolgelatine auf kühle Glasplatte auftropfen und erstarren lassen.
- Gelatinedurchtränktes Objekt auf die erstarrte Gelatine legen und mit flüssiger Gelatine übertropfen, bis es ganz umhüllt ist (oder mit Paraffinum liquidum ausgestrichene Einbettschälchen verwenden – vgl. Reg. 80).
- Erstarrte Gelatine mit eingeschlossenem Objekt mit Hilfe einer Rasierklinge von der Glasplatte lösen und zu handlichem Block zurechtschneiden.
- Blöckchen zum Härten in 96%iges Ethanol einlegen. Die Härtung schreitet etwa 1 mm/Tag nach innen fort.
- Die gehärteten Blöckchen lassen sich mit alkoholbenetzter Rasierklinge sehr gut schneiden, so daß auch mit der Hand dünne, zusammenhaltende Schnitte zu erzielen sind.
- Gelatineschnitte vorteilhaft nach der Chloralhydrat-Hämalaun-Methode weiterbehandeln (Reg. 21), dann stört die Gelatine nicht und kann in den Schnitten belassen werden. Oder Schnitte in 10%ige Natrium- oder Kaliumhydroxidlösung einlegen, bis die Gelatine herausgelöst ist (Blockschälchen, schwarze Unterlage).
- Natrium- bzw. Kaliumhydroxid gründlich durch mehrfach gewechseltes destilliertes Wasser auswaschen. Nachfolgend kann beliebig gefärbt und eingebettet werden.

Nr. 45 Giemsafärbung der Kernäquivalente bei Cyanobacteria

Reagenzien: Giemsalösung (handelsüblich, enthält in methanolischer Lösung Eosin, Methylenblau, Azur).

Pufferlösung *p*H 7,0:

a) 9,08 g KH_2PO_4/l
b) 11,88 g $Na_2HPO_4 \cdot 2\ H_2O$/l
zum Gebrauch 39,2 ml (a) und 60,8 ml (b) vermischen.

1 mol/l HCl (ist keine Titersubstanz vorhanden, konz. HCl etwa 1:10 mit dest. Wasser verdünnen).

Ansatz: Ein Teil Giemsalösung mit 9 Teilen der Pufferlösung vermischen.

Anwendung:

- Fixierung des Materials in Carnoyschem Gemisch (Reg. 36) 1 Std.
- Auswaschen in dest. Wasser.
- Hydrolyse in 1 mol/l HCl bei 60 °C etwa 5 min (steht kein Thermostat zur Verfügung, mit großem wassergefülltem Topf behelfen; Temperatur ständig überprüfen!).
- Auswaschen in Wasser und zuletzt in Pufferlösung *p*H 7 (jeweils mehrmals wechseln!).
- Färben in der verdünnten Giemsalösung (3–4 Std.).
- Auswaschen in Pufferlösung (mehrfach wechseln!).
- Nach Entwässern (Alkoholstufen, Reg. 11) ist Einschluß in Neutralbalsam oder Kunstharz möglich.

Ergebnis: Kernäquivalente heben sich blaurot vom farblosen übrigen Protoplasten ab.

Nr. 46 Glycerolgelatine

Einschlußmedium zur dauerhaften Aufbewahrung mikroskopischer Objekte. Bei Zimmertemperatur gallertig, bei Erwärmung flüssig; handelsüblich.

Anwendung:

- Objekt in Glycerol überführen (Reg. 31).
- Eine kleine Menge Glycerolgelatine in einem geeigneten Gefäß (Reagenzglas) durch Erwärmen verflüssigen (nicht kochen! Reagenzglas in Wasserbad stellen!).
- Objekt mit wenig anhaftendem Glycerol auf einen angewärmten Objektträger legen.
- Einen angemessenen Tropfen flüssige Glycerolgelatine auf das Objekt bringen und schnell, ehe die Gelatine erstarrt, mit einem ebenfalls angewärmten Deckglas bedecken. Einschluß von Luftblasen vermeiden! Eventuell Deckglasstutzen anbringen (Reg. 25).
- Erkalten lassen und sofort an alle vier Kanten des Deckglases einen Tropfen Glycerol bringen.
- 3–6 Monate lang staubfrei trocknen lassen.
- Nach Entfernen der Glycerolspuren vorsichtig säubern; mit Neutralbalsam, Deckglaslack oder -kitt umranden (Reg. 108).

Nr. 47 Glycerolwasser

Mischungen von Glycerol mit Wasser gelingen in jedem Verhältnis. Als Einschluß für Objekte zur mikroskopischen Sofortbeobachtung am besten im Verhältnis 1:1 mischen (Brechzahl n_D^{20} 1,397).

Nr. 48 Gramfärbung

Wichtige Färbung, die für die praktische Mikrobiologie von großem differentialdiagnostischem Wert ist (s. a. S. 16). Bei Gram-positiven Keimen werden Anilinfarben nach erfolgter Iodbeizung so fest an die Zellen gekoppelt, daß sie bei kurzzeitiger Behandlung mit Ethanol nicht entfernt werden können; Gram-negative Keime geben dabei den Farbstoff wieder ab. Es gibt zahlreiche Modifikationen der Gramfärbung.

Durchführung:

- Ausstrichpräparat (Reg. 16) von einer Bakterienkultur anfertigen, die nicht älter als 24 Std. sein sollte. Auf dem gleichen Objektträger zur Kontrolle der Färbung getrennt einen Ausstrich anlegen, der bekannte Gram-positive (z. B. *Staphylococcus*) und Gram-negative (z. B. *Escherichia coli*) Keime enthält, die nicht nur aufgrund ihrer Gramreaktion, sondern auch morphologisch eindeutig unterschieden werden können.

- Ausstriche mit Karbolgentianaviolettlösung überschichten und 1 bis 3 min färben (100 ml 2,5%ige wäßrige Phenollösung mit 10 ml Gentianaviolettstammlösung, Reg. 107, mischen).
- Farblösung mit Lugolscher Lösung (Reg. 62) abspülen (nicht vorher mit Wasser!), Ausstrich erneut mit Lugolscher Lösung überschichten; 1 min einwirken lassen („beizen").
- Präparat mit Ethanol entfärben (etwa 30 s), bis sich keine Farbwolken mehr ablösen. Vorsicht! Zu intensives Entfärben kann bei manchen Gram-positiven Keimen Gram-negative Reaktionen vortäuschen!
- Mit verdünnter Fuchsinlösung (Reg. 107) für einige Sekunden gegenfärben.

Ergebnis: Gram-positive Keime blauschwarz, Gram-negative Keime rot.
Achtung! Die Lugolsche Lösung darf nicht sauer reagieren!

Nr. 49 Hämalaun nach Mayer

Zur Darstellung von Zellkernen bzw. Kernteilungsfiguren.

Ansatz: 1 g Hämatoxylin (handelsüblich) in 1000 ml Wasser lösen. Danach zur Farblösung 0,2 g Natriumiodat ($NaJO_3$) und 50 g Alaun ($K_2SO_4-Al_2(SO_4)_2 \cdot 24\ H_2O$) geben und bei Zimmertemperatur lösen. Diese Stammlösung ist in 24 Std. gebrauchsfertig. Die fertige Farbstammlösung ist auch handelsüblich.

Anwendung:
Zur Färbung von
Handschnitten
Quetschpräparaten
keimenden Pollen
embyrologischen Stückpräparaten
in Verbindung mit Chloralhydrat (Reg. 21)

Nr. 50 Hämatoxylin nach Wittmann

Besonders zur Chromosomenfärbung bei Algen geeignet.

Ansatz der Stammlösung: In 100 ml 45%iger Essigsäure 4 g Hämatoxylin und 1 g Eisenaluminiumalaun lösen. Farblösung in einer offenen Flasche am Licht für 1–5 Tage reifen lassen (Oxidation des Hämatoxylins). Stammlösung dann gut verschlossen und dunkel aufbewahren.

Gebrauchslösung: in 5 ml Stammlösung 2 g Chloralhydrat lösen (nur kurze Zeit haltbar).

Anwendung: Nach Fixieren in Carnoyschem Gemisch (Reg. 36) die Objekte in einen Tropfen Farblösung überführen. Sofort oder nach gelindem Erwärmen über kleiner Flamme in der Farblösung eindecken und beobachten.

Ergebnis: Chromosomen nahezu schwarz gefärbt.

Nr. 51 Harze als Einschlußmittel für Dauerpräparate

Wasserunlösliche, fest werdende Medien. Zunächst in gelöster Form auf die Objekte aufgebracht, erhärten sie nach Verdunsten des Lösungsmittels. Handelsübliche Substanzen.

- Neutralbalsam (neutralisierter Kanadabalsam, Balsamum canadense):
  Klare, gelbliche, viskose Flüssigkeit; meist in Xylen gelöst. Erstarrt an der Luft zu bernsteinartiger Konsistenz. Brechzahl günstig: n_D^{20} 1,52 bis 1,53.

Verwendung: Als Einschlußmedium zum Konservieren und Aufhellen mikroskopischer Objekte. Zum Umranden von Deckgläsern, wenn die Objekte in Einschlußmitteln eingebettet wurden, die nicht selbst aushärten (Reg. 108).
Anwendung: Die Objekte müssen vor dem Einschluß völlig wasserfrei sein.
Daher: Gründliches Entwässern (Reg. 11, 31), dann Einbetten der Objekte aus Xylen.
Das Einschlußmedium härtet sehr langsam aus, in der Präparatemitte oft erst nach Jahren. Der Vorgang wird bei 30 °C im Trockenschrank beschleunigt.
Treten in den Präparaten nach einiger Zeit milchig-trübe bis undurchsichtige Flecken auf, deutet das auf eingeschlepptes Wasser hin. Deckglas durch Einstellen in Xylen ablösen, Präparat über reines Xylen in absolutes Ethanol überführen und entwässern. Danach über Xylen erneut in Balsam einbetten.
Nachteile: Ausbleichen von Färbungen durch nachträgliche Versauerung ist möglich.

- Euparal: Klare gelbliche, viskose, neutral reagierende Flüssigkeit; n_D^{20} flüssig 1,48, n_D^{20} fest 1,53; löslich in Ethanol.
  Verwendung: wie Neutralbalsam.

Anwendung: Entwässerte Objekte aus 96%igem (auch vergälltem) Ethanol in das Einschlußmedium übertragbar, ohne Zwischenmedium. Geeignet für den Einschluß von Quetschpräparaten, die mit Karminessigsäure gefärbt wurden.

- Caedax (ein synthetisches Harz): Klare, viskose, neutral reagierende Flüssigkeit. n_D^{20} 1,55. Löslich in Xylen, Toluen und Benzen.
  Verwendung und Anwendung wie Neutralbalsam.
  Erhärtet langsam; Präparate gegebenenfalls für 1–2 Tage bei etwa 40 °C im Trockenschrank aufbewahren.
- Entellan: Übertragung aus wasserfreiem Alkohol direkt (ohne Xylenzwischenstufe) möglich. Schnell härtend. Starke Volumenverminderung beim Festwerden durch Wahl geeigneter Tropfengröße vorher beachten! Färbungen sehr gut haltbar. Ohne Eigenfluoreszenz, daher für fluoreszenzmikroskopische Untersuchungen geeignet.
- Piaflex: Klare, farblose, viskose, neutral reagierende Flüssigkeit, löslich in Xylen, fluoreszenzfrei. Verwendung und Anwendung wie Neutralbalsam, härtet sehr schnell aus.

Nr. 52 Herbarisieren von „Großalgen" (Tange)

Viele der sogenannten Großalgen haben schleimige Zellwände und haften dadurch beim Antrocknen auf Papier ohne weitere Befestigung. Habituspräparate erhält man daher sehr einfach durch bloßes „Aufziehen" auf festes, gut geleimtes Papier (Zeichenkarton).

- Algen in flache, etwa 2–3 cm hoch mit Leitungswasser gefüllte Schale (z. B. Fotoschale) bringen. Salzwasserformen müssen vorher in Süßwasser überführt werden. Das ist für die meisten unempfindlichen Arten ohne Schaden möglich. (Beim Trocknen auskristallisierendes Salz wirkt hygroskopisch und könnte Verpilzung fördern.)
- Fremdkörper entfernen (Schmutz, fremde Algen, Muschelschalen, Tiere).
- Nun das Papier zusammen mit einer stabilisierenden Unterlage (Kunststoffplatte, Schreibunterlage, Glasscheibe, Brett o. ä.) ins Wasser unter die Alge schieben, Alge mit der Basis voran über das Papier ziehen, die Thallusteile (noch unter Wasser) naturnahe anordnen, in geeigneter Position an der Basis festhalten und zusammen mit der Unterlage vorsichtig aus dem Wasser ziehen (Abb. 130).
- Aufgezogene Algen nach Vortrocknung an der Luft unter leichtem Druck möglichst schnell trocknen (Filterpapier wechseln!).
- Derbe, schlecht haftende Tange mit Klebestreifen befestigen. Die natürlichen Farben bleiben bei den meisten Arten unverändert erhalten.

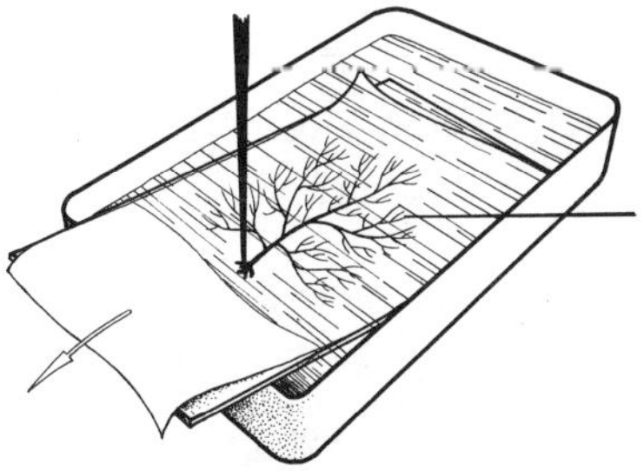

Abb. 130.

Nr. 53 Heuaufguß zur Isolierung von *Bacillus subtilis*

Etwas kleingeschnittenes Heu in einem Kulturgefäß (Erlenmeyerkolben, Nährbodenflasche) in Wasser suspendieren. Das Gefäß mit Wattestopfen oder Glaskappe verschließen und bei Raumtemperatur, besser bei 30 bis 35 °C im Brutschrank, einige Stunden stehenlassen. Dann den Aufguß dekantieren, mit etwa dem gleichen Volumen Wasser verdünnen und einige Minuten schwach sieden lassen oder 30 min im Dampftopf erhitzen. Dabei werden alle nicht versporten Keime abgetötet. Nach dem Abkühlen bei Raumtemperatur, besser 30 bis 35 °C im Brutschrank, stehenlassen. In 2 bis 3 Tagen entsteht auf der Flüssigkeitsoberfläche eine zarte, matt graue Kahmhaut, die fast nur aus Keimen von *B. subtilis* besteht. Um Reinkulturen zu erhalten, von Kahmhaut fraktionierte Ausstriche (Reg. 55) auf Nähragar (Reg. 70) herstellen.

Nr. 54 Holundermark

Mark aus der Sproßachse von *Sambucus nigra* (Caprifoliaceae). Altbewährtes Hilfsmittel zum Schneiden zarter Objekte. Die Objekte werden zwischen Holundermark geklemmt und mit diesem zusammen geschnitten.

Nr. 55 Impftechnik

Das Entnehmen von Mikroorganismen aus flüssigen oder von festen Substraten und das anschließende aseptische Übertragen (Impfen) auf oder in andere Substrate ist im mikrobiologischen Laboratorium ein grundlegender Arbeitsvorgang.
Mit geeigneten Instrumenten (Impföse, Impfnadel, Spatel, Pipette; Abb. 131) werden geringe Mengen des Impfmaterials in zweckentsprechender Weise auf oder in das zu beimpfende Substrat gebracht.

a) Beimpfen fester Medien

- Einfacher Ausstrich:
  Mit der Impföse wird das Impfmaterial in schlangenförmiger Linie auf das Kulturmedium ausgestrichen; wird besonders zum Beimpfen von Schrägagar (Reg. 70) angewendet (Erhaltung von Stammsammlungen, Versandproben usw.).
- Fraktionierter Ausstrich (Abb. 131 L):
  Mit der Impföse wird auf die Oberfläche des Kulturmediums in einer Petrischale ein Sektor durch mehrere Zickzackstriche beimpft. Dann wird mit ausgeglühter Impföse ein wenig über diesen Sektor gestrichen und ein zweiter Sektor beimpft. Genauso wird mit einem dritten Sektor verfahren. Durch das fraktionierte Ausstreichen wird das Impfmaterial verdünnt, so daß im dritten Sektor Einzelkolonien wachsen (Abb. 131 M).
  Diese Methode wird in der Differentialdiagnostik und zur Isolierung von Mikroorganismen häufig gebraucht.
- Ausspateln:
  Auf die Oberfläche eines festen Kulturmediums wird etwas Keimsuspension aufgetropft und mit Hilfe eines dreieckig gebogenen Glasspatels (Drigalsky-Spatel, Abb. 131 C) gleichmäßig auf der Oberfläche verteilt. Wird für Keimzahlbestimmungen und für die Gewinnung größerer Mengen einer Mikroorganismenart angewendet.

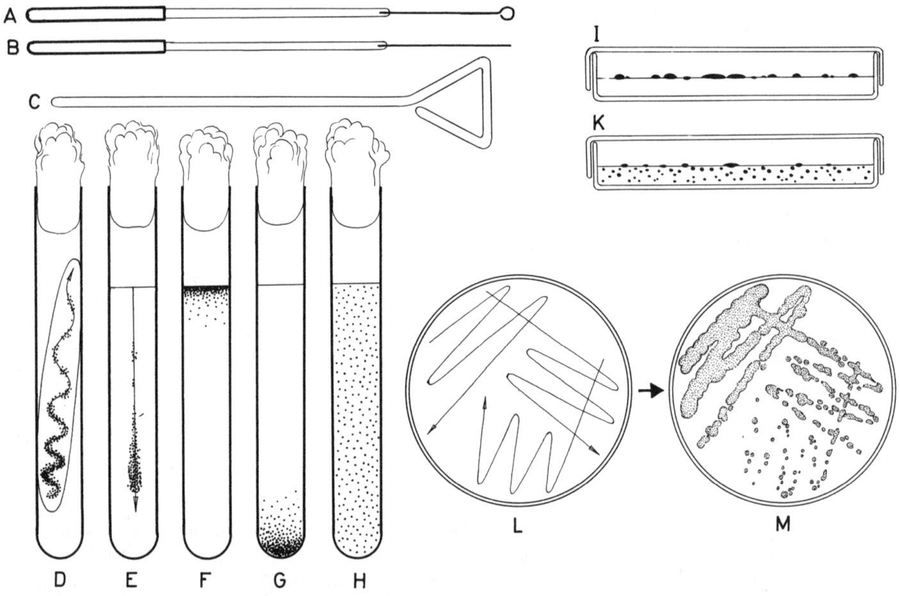

Abb. 131. **A** Impföse. **B** Impfnadel. **C** Drigalsky-Spatel. **D** Schrägagar mit Impfspur. **E** Stichkultur in Hochschichtagar. F–H Flüssigkulturen. **F** Oberflächenwachstum (Aerobier). **G** Bodensatz (Anaerobier). **H** Homogene Trübung. **I** Fangplatte mit Oberflächenkulturen. **K** Gußplatte. L Fraktionierter Ausstrich; Impfspur. **M** Wachstum nach fraktioniertem Ausstrich.

- Stichkultur (Abb. 131 E):
  Mit der Impfnadel wird die Nähragarsäule (3 bis 10 cm hoch) in einem Kulturröhrchen durch einen senkrechten Stich beimpft, der kurz über dem Boden endet. Zur Kultur von Mikroorganismen, für deren Entwicklung nur wenig (mikroaerophil, z. B. Milchsäurebakterien) oder kein Luftsauerstoff (anaerob, z. B. *Fusobacterium, Clostridium*) vorhanden sein darf.
- Gußplatte (Abb. 131 K):
  Verflüssigter und wieder auf 45 °C abgekühlter Nähragar wird mit Mikroorganismen versetzt und nach gutem Mischen in Petrischalen ausgegossen. Zur Isolierung von Mikroorganismen (z. B. aus Bodenproben) und für Keimzählungen (z. B. bei Wasserproben).
- Fangplatte (Abb. 131 I):
  Eine Petrischale, die sterilen Nähragar (Reg. 70) enthält, wird eine Zeitlang offen stehengelassen, dann wieder abgedeckt und bebrütet. Dabei wachsen die Keime, die während der Exposition aus der Luft auf die Oberfläche des Kulturmediums fielen, zu Kolonien aus. Die Expositionszeit richtet sich nach dem Keimgehalt der Luft. Durch die Auswahl des Kulturmediums kann eine gewisse Auswahl der anwachsenden Keime getroffen werden.
  Für die Gewinnung von Untersuchungsmaterial (es sind zahlreiche verschiedene Mikroorganismen-Arten zu finden!) und für die grobe Einschätzung des Keimgehaltes der Luft geeignet (auch für Abdrücke zum Bestimmen des Keimgehaltes an Gegenständen).

b) Beimpfen flüssiger Substrate (Abb. 131 F–H):

- Mit Impföse oder Pipette wird eine geringe Menge des Impfmaterials in flüssiges Kulturmedium übertragen. Die eingebrachten Mikroorganismen können sich als Oberflächenkultur (Kahmhaut, Myceldecke) oder submers als Bodensatz, homogene Trübung oder in Form eines Ringes in der oberen Flüssigkeitsschicht entwickeln.

Nr. 56 Infiltrieren

Frische Pflanzenteile enthalten in den Interzellularen Luft, die beim Beobachten stört. Das Verdrängen der Luft durch ein flüssiges Medium unter vermindertem Druck heißt „Infiltrieren“: Die Pflanzenteile werden im ganzen oder besser in kleinere Stücke zerschnitten in Wasser gegeben. Durch Anlegen von Unterdruck (Vakuumpumpe, auch Wasserstrahlpumpe) wird dann die Luft aus den Geweben entfernt. Dabei werden die Pflanzenteile glasig-durchscheinend und sinken unter, weil sich die Interzellularen mit Wasser füllen. Auch Fixiermittel werden zweckmäßigerweise inflitriert. Das Infiltrieren läßt sich beschleunigen, wenn der Unterdruck mehrmals plötzlich aufgehoben wird (Quetschhahn, Daumen! s. Abb. 132). Das Verfahren eignet sich auch, um Luftblasen aus Frischpräparaten (Objektträgerpräparaten) zu entfernen. Dazu das fertige Präparat in ein leeres Infiltrationsgefäß legen und wie beschrieben behandeln.

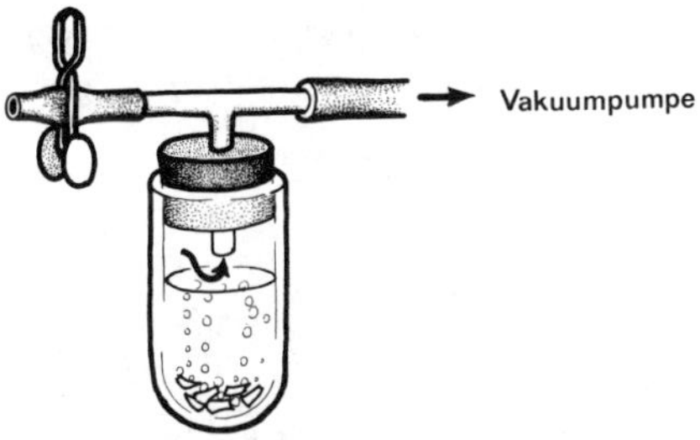

Abb. 132.

Nr. 57 Interferenzkontrast

Wird mit Hilfe spezieller Interferenzeinrichtungen erzeugt, in denen die optischen Leistungen der Lichtmikroskopie im sichtbaren Spektralbereich einen sehr hohen Stand erreichen. Durch Prismensysteme im beleuchtenden und bildseitigen Strahlengang werden sogenannte Phasenobjekte (Reg. 87) reliefartig und kontrastreich abgebildet und sehen elektronenoptischen Aufnahmen von Oberflächenstrukturen nach schräger Bedampfung ähnlich. Die scheinbare Erhebung der abgebildeten Strukturen über bzw. ihre Versenkung unter das Umfeldniveau gibt zugleich Auskunft über den Trockensubstanzgehalt der biologischen Details. Einrichtungen zur Erzeugung des differentiellen Interferenzkontrastes werden von den Optikfirmen in der Regel als Zusatzeinrichtungen zu allgemeinen Mikroskopen angeboten. Ihre Handhabung muß den mitgelieferten Bedienungsanleitungen entnommen werden.

Nr. 58 Isolierung von Pilzen aus Rohkulturen

Artisolierungen sind wegen der Begleitflora (Bakterien, Hefen, andere Pilzarten) oft nicht einfach. Meist sind die Arbeitsmöglichkeiten eines mikrobiologischen Laboratoriums erforderlich. Am einfachsten sind Mucorales und andere „Schimmelpilze“ *(Penicillium, Aspergillus)* zu isolieren, da sie schnell wachsen, reichlich Lufthyphen bilden und stark sporulieren. Sie erschweren daher das Isolieren anderer weniger rasch wachsender Arten (z. B. Ascobolaceen und Sordariaceen) außerordentlich. Allgemein können folgende Methoden versucht werden:

- Sporen mit Impföse aufnehmen und auf Nähragar so ausstreichen, daß Einzelkolonien entstehen (Ascosporen der Ascobolaceae keimen nur nach Passage durch den Verdauungstrakt von Herbivoren oder nach besonderer Behandlung, z. B. kurzzeitiges Erhitzen auf 70 °C).
- Flocken von Luftmycel auf Nährager übertragen.
- Von der noch bakterienfreien Peripherie junger, gut wachsender Oberflächenkolonien ein kleines Stück Mycel (zusammen mit Agarschicht) entnehmen und auf frischen Nähragar übertragen. (Der Flüssigkeitsfilm um wachsende Hyphenspitzen herum ist meist noch bakterienfrei.)
- Die sterile Nähragarschicht keilförmig einschneiden. Die Keilspitze anheben, ein von Hyphen bewachsenes Nähragarstück darunter legen und mit dem Nähragarkeil wieder abdecken. Die Hyphen wachsen durch die Nähragarschicht hindurch, die Bakterien bleiben zurück.
- Beimpfte Nähragarschichten senkrecht stellen. Nach oben wachsende Hyphen bleiben länger bakterienfrei. Meist sind einige Passagen notwendig, um den gewünschten Pilz von der Begleitflora abzutrennen.

Nr. 59 Isolierung von Sporenbildnern aus Bodenproben

Etwa 1 g keimreiches Material (Komposterde, Klärschlamm) in 100 ml Wasser geben und mehrere Minuten gut schütteln. Anschließend die Suspension aufkochen, um alle nicht versporten Keime abzutöten. Da die Sporen der Bacillaceae bis zu mehreren Stunden Siedehitze ohne Schaden ertragen, kann man durch diese einfache Methode Sporenbildner isolieren (Sporen von natürlichen Standorten sind in der Regel hitzestabiler als Sporen von Laborstämmen): Vom Überstand mit der Impföse Material entnehmen und auf Nähragar (Reg. 70) fraktioniert ausstreichen (Reg. 55). Den Nähragar bei Raumtemperatur, besser bei 30 bis 32 °C im Brutschrank, so lange bebrüten (etwa 24 bis 48 Std.), bis gut entwickelte Einzelkolonien vorliegen. Wachstum wiederholt kontrollieren, da mitunter schwärmende Keime die Nährbodenoberfläche rasenförmig überwachsen. Um Reinkulturen einzelner Arten zu erhalten, sind von Einzelkolonien in mehreren Passagen fraktionierte Ausstriche zu bebrüten.

Nr. 60 Isolierung von Streptomyceten aus Bodenproben

- 5 bis 10 g Bodenprobe mit etwa 100 ml Wasser versetzen und mehrere Minuten lang kräftig schütteln.
- Einen aliquoten Teil des Überstandes in verflüssigtes Kulturmedium folgender Zusammensetzung geben (etwa 1 ml in 20 ml):

Hafermehl	3,0 g
KNO_3	0,2 g
K_2HPO_4	0,5 g
$MgSO_4$	0,2 g
Agar	15–20 g
dest. Wasser	auf 1000 ml

*p*H-Wert nach dem Sterilisieren 7,0

- Gut durchmischen und in eine Petrischale ausgießen. Die Nährbodenschicht soll 3 bis 4 mm dick sein.
- Petrischale abdecken und nach dem Erstarren des Kulturmediums in umgekehrter Lage bei 26 bis 28 °C bebrüten. Streptomyceten wachsen langsam; sporulierende Kolonien liegen nach 7 bis 10 Tagen vor.

Variante:

- Auf das erstarrte Kulturmedium in einer Petrischale von 8 bis 10 cm Durchmesser 0,3 ml des Überstandes auftropfen und mit Drigalsky-Spatel (Abb. 131) gut verteilen. Bebrütung wie oben angegeben.
- Unerwünschtes Bakterienwachstum läßt sich durch Zugabe einer Antibioticumlösung unterdrücken.

Nr. 61 Isopropanol (= Propan-2-ol)

Kann zur Entwässerung der Objekte (Reg. 31) und in der Alkoholreihe anstelle des Ethanols verwendet werden. Es ist mit Wasser und Xylen in jedem Verhältnis mischbar. Als „absolutes Isopropanol“ handelsüblich.

Vorteile: Wesentlich geringerer Preis; weniger hygroskopisch als Ethanol, bleibt daher in der Alkoholreihe länger hinreichend wasserfrei und läßt sich in verschlossenen Flaschen jahrelang ohne Nachteil aufbewahren.
Nachteil: Die Aufenthaltsdauer der Objekte in Isopropanol höherer Konzentration muß etwa verdoppelt werden.

Nr. 62 Iodkaliumiodid

Ansatz: 0,5–1 g Kaliumiodid in wenig Wasser lösen, erst dann 1 g Iod zugeben und ebenfalls lösen (nicht in umgekehrter Reihenfolge!). Mit Wasser auf 100 ml auffüllen.

Oder:
2 g Kaliumiodid in 5 ml Wasser lösen, dann 1 g Iod zugeben und ebenfalls lösen. Mit Wasser auf 300 ml auffüllen (= Lugolsche Lösung).
Die gebrauchsfertigen Lösungen sind handelsüblich.

- In stark verdünnter Lösung als Fixiermittel geeignet. Teilweise sehr gute Kontrastierung bestimmter Zellbestandteile (besonders Geißeln, Pyrenoide, Chromatophoren).
- Nachweis des Glykogens der Blaualgen: Braunfärbung.

Nr. 63 Karbolfuchsinlösung

Verwendung: Verdünnt zur Übersichtsfärbung von Ausstrichpräparaten (Reg. 16) und zum Gegenfärben bei Gramfärbung (Reg. 48).
10 ml alkoholische Stammlösung (Reg. 107) mit 5%iger wäßriger Phenollösung auf 100 ml auffüllen. Bis etwa zehnfach mit dest. Wasser weiter verdünnen.

Nr. 64 Karminessigsäure

Zur Darstellung von Zellkernen, Kernteilungsfiguren und Cyanophycinkörnern.
Ansatz: 4 bis 5 g handelsübliches Karmin in 100 ml Essigsäure (Essigsäure mit Wasser 1 : 1 verdünnt) eine Std. kochen (Rückflußkühler, notfalls einfaches Steigrohr). Nach dem Erkalten filtrieren. Die Lösung ist haltbar, ihre Färbeleistung hängt von der Qualität des Karmins ab. Die fertige Lösung ist handelsüblich.

Anwendung:

- Schnellfärbung von Zellkernen und Cyanophycinkörnern:
  Objekte (gegebenenfalls mit Carnoyschem Gemisch vorfixiert, s. Reg. 36) einige Minuten in Karminessigsäure kochen (in kleinem Reagenzglas; gegebenenfalls auf einem Objektträger, dann verkochende Farblösung ständig ersetzen!). In einem Tropfen Karminessigsäurelösung (nicht in Wasser!) beobachten.
- Darstellung von Zellkernen und Kernteilungfiguren nach dem Quetschverfahren.

Schnellverfahren (z. B. zum Vorprüfen des cytologischen Materials):

- Möglichst kleine Probe des Materials unfixiert auf Objektträger geben und mit großem Tropfen Karminessigsäure bedecken.
- Farblösung ungefähr 2 min eindringen lassen.
- Objektträger auf kleiner Flamme vorsichtig erwärmen, bis sich der Farblösungstropfen zusammenzieht. Tropfen ungefähr ein Minute kurz vor dem Kochen halten, ohne daß er eintrocknet.
- Möglichst kleines Deckglas auf das noch heiße Objekt auflegen. Sofort durch kräftigen, senkrecht (!) geführten Druck (Präpariernadel, Griff der Präpariernadel, Gummistopfen) quetschen und gleichzeitig am Deckglasrand austretende überschüssige Farbstofflösung mit Filterpapier restlos absaugen. Sofort beobachten.
  Nachteil: Färbung oft ungleichmäßig, störende Schollen ausgefallenen Farbstoffes.

Standardverfahren:

- Objekte mit Carnoyschem Gemisch fixieren (Reg. 36). Aus dem Fixiergemisch (oder aus 70%igem Ethanol) in Karminessigsäure übertragen, in der sie einige Stunden (oder Tage und länger) liegenbleiben.
- Ganze Objekte in kleinem Reagenzglas mit Karminessigsäure mehrmals kurz aufkochen und die Lösung mit den Objekten rasch in Blockschälchen ausgießen.
- Von den so vorhydrolysierten Objekten lassen sich nun mit Präpariernadeln auf dem Objektträger winzige Portionen abtrennen. Je weniger Material gequetscht wird, um so besser gelingen die Präparate. Die Manipulationen zweckmäßig mit Eisennadeln ausführen, da Eisen in Spuren (!) die Färbung vertieft.
- Eine möglichst kleine Portion des Objektes in die Mitte des Objektträgers bringen, übriges Material (und etwa vorhandene Fusseln) sorgfältig zur Seite schieben. Das ausgewählte Objekt mit einem großen Tropfen Karminessigsäure bedecken, ehe es eintrocknet.

- Objektträger sofort auf kleiner Flamme erhitzen, bis sich der Farblösungstropfen zusammenzieht (nicht länger!).
- Noch heißes Objekt mit fusselfreiem kleinem Deckglas bedecken und quetschen, wie oben beschrieben. Der am Deckglasrand austretende Farblösungsüberschuß muß während des Quetschens mit Filterpapier abgesaugt werden! Sofort beobachten.
- Sollen die Präparate einige Stunden (bis Tage) halten, kann mit verflüssigter Vaseline oder (bei fortdauerndem Druck auf das Deckglas) mit Nagellack umrandet werden; Druck auf das Deckglas erst aufheben, wenn der Lack getrocknet ist (1 bis 2 min).
- *Ergebnis:* Zellen in einschichtiger Lage ausgebildet und flach, sie sollen aber nicht zerissen sein. Cytoplasma schwach rosa, Interphasekerne schwach rot granuliert oder von feinsten roten Chromatinfibrillen durchzogen. Chromatin angequollen, kräftig rot bis bräunlich rot (bei Anwesenheit von Eisen). Cytoplasmatische Strukturen (z. B. Kernspindeln) weniger deutlich. Undurchsichtig braunrote oder schwärzlich rote Überfärbung rührt von zu viel Eisen her.

Nr. 65 Kernfärbungen

Amidoschwarz 10 B (Reg. 13)
nach Boroviczeny (Reg. 66)
Chloralhydrat-Hämalaun (Reg. 21)
Eisenhämytoxylin nach Heidenhain (Reg. 27)
Giemsafärbung für Kernäquivalente (Reg. 45)
Hämalaun nach Mayer (Reg. 49)
Hämatoxylin nach Wittmann (Reg. 50)
Karminessigsäure (Reg. 64)
Methylgrünessigsäure (Reg. 78)
Nuklealreaktion nach Feulgen (Reg. 83)

Nr. 66 Kernfärbung nach Boroviczeny

Ansatz:

Toluidinblau	1,0 g
Safranin	0,5 g
Dikaliumhydrogenphosphat	1,0 g
Kaliumdihydrogenphosphat	0,5 g
dest. Wasser	200,0 ml
Methanol	zu 1000,0 ml

*p*H-Wert der gepufferten Lösung: 8,6 ± 0,3
Die Farblösung ist haltbar.

Durchführung:

- Fettfreies Deckglas dünn mit Eiweißglycerol (Reg. 29) bestreichen.
- Kleinen Tropfen dest. Wasser auftragen und mit der Impföse die zu färbenden Mikroorganismen darin verreiben (die Menge so bemessen, daß Zellen bzw. Hyphen vereinzelt liegen). Den Ausstrich lufttrocknen lassen.
- Das Deckglas mit der Schicht nach oben auf einen Objektträger legen und über kleiner Flamme vorsichtig erhitzen (Eiweiß koaguliert, dadurch besseres Haften der Objekte).
- Anschließend 10 min in Gemisch nach Carnoy (Reg. 36) fixieren, mit dest. Wasser abspülen und 5 bis 8 min in 5 mol/l Salzsäure bei Raumtemperatur hydrolysieren. Danach die Salzsäure mit dest. Wasser abspülen und lufttrocknen.
- Das Deckglas für 0,5 bis 2 min in die Farblösung übertragen und darin sanft bewegen (optimale Einwirkungszeit ausprobieren). Nach dem Färben die Farblösung mit dest. Wasser abspülen, lufttrocknen und in Neutralbalsam (Reg. 51) einbetten.

Nr. 67 Kieselskelette

Gewinnung:

- durch Glühen des Materials (z. B. eines Flächenschnittes der Epidermis von *Equisetum*) auf einem Silber- oder Glimmerplättchen.
- Durch Oxidation des organischen Materials mit H_2SO_4 (s. S. 107).

Nr. 68 Kleine Objekte

Handhaben beim Präparieren, Flüssigkeitswechsel zur Präparation von Mikroalgen (Fixieren, Färben, Waschen, Entwässern usw.) wird ermöglicht durch

- Zentrifugieren (jeweils Wechsel des Überstandes und gründliche Resuspension des Sedimentes).
- Transport der angereicherten Organismen in Röhrchen, die einseitig so verschlossen sind, daß zwar die Flüssigkeit, nicht aber die Organismen hindurchtreten können (Filter, Membranfilter, Gaze).
- Transport der Organismen in Agar: In einem Blockschälchen werden die konzentrierten (eventuell fixierten und gewaschenen) Organismen mit dem gleichen Volumen 3- bis 4%igem, bei 40 bis 45 °C flüssigem Agar übergossen und vermischt. Das bei Abkühlung erstarrte Agarblöckchen mit den angereicherten Organismen läßt sich ohne Nachteile bequem weiter behandeln.

Markieren bei Paraffineinbettung zur Mikrotomie:

- Eine angemessene Menge Paraffin verflüssigen und mit wenig Sudan III versetzen. Der Farbstoff löst sich im Paraffin, das eine kräftig orangerote Färbung annehmen soll.
- Objekte aus verflüssigtem Paraffin in das angefärbte Paraffin übertragen und ein bis zwei Std. im Thermostaten bei 60 °C halten.
- Angefärbte Objekte aus dem gefärbten Paraffin direkt in Einbettschälchen einbetten, die mit farblosem Paraffin gefüllt sind, und nach Reg. 80 weiterverarbeiten. Nach Erkalten schimmern die angefärbten Objekte nunmehr durch das weiß erstarrte Paraffin hindurch und sind gut zu erkennen, so daß die Blöckchen ohne Gefahr für die Objekte zurechtgeschnitten werden können.
- Während der Passage der Schnitte durch Xylen in der absteigenden Ethanolreihe (Reg. 11) wird das Sudan III wieder aus den Objekten herausgelöst.

Nr. 69 Koprophile Pilze, Anzucht

Aus mehreren Gründen als Objekte für mykologische Studien sehr zu empfehlen.

- unabhängig von der Jahreszeit ständig verfügbar
- leicht zu kultivieren
- formenreich, z. T. mit lehrbuchhafter Klarheit der Strukturen
- schneller Ablauf des gesamten Entwicklungszyklus (*Sordaria* entwickelt sich in 9 bis 12 Tagen von der Spore bis zum reifen Perithecium!).

Durchführung: Möglichst frischen Dung von Herbivoren (Pferd, Rind, Schaf, Stallkaninchen, Wild) auf Filtrierpapier oder Sägespäne in etwa 1 cm dicker Schicht in feuchte Kammer (Reg. 84) einlegen. Bei 15 bis 20 °C und diffusem Licht stehenlassen. Nicht zu feucht halten. Im Verlauf der Bebrütungszeit entwickeln sich verschiedene Arten in bestimmter Reihenfolge (die einzelnen Phasen überschneiden sich, manche Formen können ausbleiben. Aufzählung nicht vollständig):
Nach 2 bis 3 Tagen Mucorales:
Mucor, Rhizopus, Thamnidium, Pilobolus, Absidia, Pilaira, Phycomyces; und die parasitischen Begleiter *Chaetocladium, Piptocephalis* und *Parasitella.*
Wachstum der Mucoraceenflora ebbt nach etwa 10 Tagen ab, es hält jedoch ungefähr 3 Wochen an.
Nach 4 bis 7 Tagen Ascomycetes (Pezizales):
Ascobolus, Ascophanus, Humaria, Lachnea, Lasiobolus, Rhyparobius, Saccobolus, Telebolus. Nach 4 Wochen Rückgang.
Nach 9 bis 10 Tagen Ascomycetes (Sphaeriales):
Chaetomium, Pleurago, Podospora, Sordaria, Sporormia.
Nach 12 bis 15 Tagen Basidiomycetes *(Coprinus, Panaeolus)* und Deuteromycetes (z. B. *Fusarium*).
Auf Pferdedung reichste Ausbeute an Pilzen bei Haferfütterung der Tiere. Bei Grünfutter oft kein oder nur karges Pilzwachstum.
Aus lufttrockenem Dung lassen sich noch nach Monaten Ascobolaceen, Sordariaceen und *Coprinus*-Arten züchten; Mucoraceen fehlen dann weitgehend.

Nr. 70 Kulturmedien

Herstellung: Die Einzelkomponenten in ungefähr drei Viertel des Endvolumens der erforderlichen Wassermenge geben und bis zum Lösen im Dampftopf erhitzen. Wird Fadenagar verwendet, den Agar vor der Zugabe möglichst über Nacht vorquellen und mehrmals mit Leitungswasser waschen. Nach dem Lösen der Substanzen mit Salzsäure

bzw. Natronlauge den *p*H-Wert einstellen. Dabei beachten, daß beim Sterilisieren im Autoklaven der *p*H-Wert um 0,2 bis 0,3 absinken kann! Die Messung der Wasserstoffionenkonzentration sollte elektrochemisch und nur im Ausnahmefall mit Hilfe von Indikatorpapier erfolgen. Für die hier beabsichtigten Untersuchungen ist besondere Filtration oder Klärung der Kulturmedien nicht notwendig (jede dieser Manipulationen verringert den Nährwert!).
Nach dem Einstellen des *p*H-Wertes mit Wasser auf das Endvolumen auffüllen, in Kulturgefäße abfüllen und diese verschließen (Wattestopfen, spezielle Kappenverschlüsse, Deckel). Die Kulturgefäße im Autoklaven 20 min bei 121 °C sterilisieren oder dreimal 30 min (mit jeweils 24 Std. Zwischenlagerung bei 30 bis 35 °C, notfalls Raumtemperatur) im Dampftopf erhitzen (fraktionierte Sterilisation, Tyndallisation; besonders für zuckerhaltige Kulturmedien empfohlen); Kochtöpfte oder Einwecktöpfe können notfalls als Dampftopf verwendet werden.
Kulturröhrchen und -flaschen vor dem Erkalten schräg legen, damit das Kulturmedium als Schrägagar (Abb. 131 D) erstarrt. Petrischalen nach dem Erstarren des Kulturmediums mit Deckel nach unten aufbewahren!
Eine Anzahl Kulturmedien sind in Pulverform im Handel. Die nachfolgend angeführten Medien (Beispiele aus einer Vielzahl von Möglichkeiten) sind in flüssiger Form (dann ohne den angegebenen Agarzusatz) oder durch Agar verfestigt zu verwenden (Reg. 8).

Zusammensetzung:

1. Für Bakterien

- *Nähragar* (für Aerobier):

Fleischextrakt	10,0 g
Glucose	1,0 g
Caseinpepton, tryptisch	10,0 g
NaCl	3,0 g
K_2HPO_4	2,0 g
Agar	20,0 g
dest. Wasser auf	1000 ml
*p*H-Wert nach dem Sterilisieren:	7,2 ± 0,2

- *Thioglycolatmedium* (für Anaerobier und Aerobier):

Hefeextrakt	5,0 g
Caseinpepton, tryptisch	15,0 g
Glucose	5,5 g
Natriumthioglycolat oder	0,5 g
Thioglycolsäure	0,3 ml
NaCl	2,5 g
1-Cysteinhydrochlorid	0,5 g
Resazurin	0,001 g
Agar	0,5 g
*p*H-Wert nach dem Sterilisieren:	7,2 ± 0,2

- *Kartoffelnährmedien*

Sterilisierte Kartoffelstückchen bilden für viele Bakterien einen idealen Nährboden, der jederzeit auch unter einfachen Arbeitsbedingungen leicht herzustellen ist. Pigmentbildende Arten werden auf Kartoffel besonders gut zur Farbstoffbildung angeregt.

Einige Möglichkeiten, Kartoffeln für Nährmedien zu verarbeiten:

- 0,5 bis 1 cm dicke Scheiben von geschälten rohen Kartoffeln auf Filtrierpapier in Petrischalen legen und die geschlossenen Schalen im Dampftopf (vorzugsweise!) oder im Autoklaven sterilisieren (Reg. 104). Es können auch Scheiben von gekochten Kartoffeln verwendet werden.
- Mit dem Korkbohrer 4 bis 5 cm lange Stücke aus geschälter roher Kartoffel ausstanzen und so längsteilen, daß abgeschrägte Keile entstehen. Jeweils einen Keil mit dem dicken Ende nach unten in ein Kulturröhrchen geben. Für die Anzucht chromogener Bakterien ist es von Vorteil, wenn die Keile vorher mit Glycerol benetzt werden. Die Kulturröhrchen mit Wattestopfen verschließen und im Dampftopf (vorzugsweise!) oder im Autoklaven sterilisieren.

Kartoffelscheiben und die Schrägfläche der Kartoffelkeile in Schlangenlinie beimpfen. Petrischalen mit sterilen Kartoffelscheiben können auch als Fangplatten (Reg. 55) dienen. Zur Pigmentbildung die Kulturen bei 20 bis 25 °C bebrüten.

2. Für Cyanobacteria

- Medium der Culture Collection, Cambridge University

KNO_3	5,0 g
K_2HPO_4	0,1 g
$MgSO_4 \cdot 7\ H_2O$	0,05 g
dest. Wasser	1000 ml

Eisen-II-ammoniumzitrat 10 Tropfen einer 1%igen Lösung.
Die Lösung gegebenenfalls mit 1,5–2,0% Agar verfestigen.

3. Für Algen

Die angegebenen Nährmedien gegebenenfalls mit 1,5 bis 2,0% Agar verfestigen.

- *Bristollösung:* Zunächst 6 Stammlösungen herstellen, von denen jede in 400 ml eines der folgenden Salze in der aufgeführten Menge enthält:

$NaNO_3$	10,0 g
$CaCl_2$	1,0 g
$MgSO_4 \cdot 7\ H_2O$	3,0 g
K_2HPO_4	3,0 g
KH_2PO_4	7,0 g
NaCl	1,0 g

10 ml jeder dieser Stammlösungen werden zu 940 ml dest. Wasser gegeben und ein Tropfen einer 1%igen $FeCl_3$-Lösung hinzugefügt (außerdem bei Bedarf 1–2 ml einer Spurenelementlösung, Reg. 102).

- *Chu-Lösung Nr. 10:*

$Ca(NO_3)_2$	0,04 g
K_2HPO_4	0,01 g
$MgSO_4 \cdot 7\ H_2O$	0,025 g
Na_2CO_3	0,02 g
Na_2SiO_3	0,025 g
$FeCl_3 \cdot 6\ H_2O$	0,0008 g; eine Variante sieht anstelle von $FeCl_2$ Eisen-III-citrat 0,003 g und Zitronensäure 0,003 g vor.
dest. Wasser	1000 ml

Bei Bedarf: Spurenelementlösung 1 ml/Liter (s. Reg. 102).

- *Desmidiaceenmedium* (Pringsheim):

Zu 1000 ml dest. Wasser werden 10 ml der folgenden Lösungen gegeben:

$MgSO_4 \cdot 7\ H_2O$	0,1%
K_2HPO_4	0,1%
KNO_3	1%

Besseres Wachstum wird erzielt, wenn zu jedem Liter Nährlösung 50 ml des Überstandes einer Erdabkochung (Reg. 32) hinzugefügt werden. Agar zur Verfestigung: 7,5 g/l.

- *Diatomeenmedium:*

K_2HPO_4	0,2 g
KNO_3	0,2 g
$MgSO_4 \cdot 7\ H_2O$	0,05 g
Na_2SiO_3	0,01 g
dest. Wasser	1000 ml

Bei Bedarf Spurenelemente (1 ml/l, Reg. 102) und $CaCO_3$ (*p*H 7,5 erzielen) hinzufügen.
Geeignetes Medium ist auch die Bristollösung mit Zusatz von 4% Erdabkochung (Reg. 32).

- *Knop-Lösung* (modifiziert):

KNO_3	1,0 g
$Ca(NO_3)_2$	0,1 g
K_2HPO_4	0,2 g
$MgSO_4 \cdot 7\ H_2O$	0,1 g
$FeCl_3$	0,001 g
dest. Wasser	1000 ml

- *Nährlösung für Zygnemales* (Uspenski):

$Ca(NO_3)_2$	0,1 g
KNO_3	0,025 g
$MgSO_4 \cdot 7\ H_2O$	0,025 g
KH_2PO_4	0,025 g
K_2CO_3	0,035 g
Na-zitrat	1,400 g
$Fe_2(SO_4)_3$	0,0025 g
dest. Wasser	1000 ml

- *Waris-Medium:* in je 100 ml glasdestilliertem Wasser lösen:

KNO_3	10 g
$MgSO_4 \cdot 7\ H_2O$	2 g
$(NH_4)_2HPO_4$	2 g
$CaSO_4$	5 g

Je 1 ml dieser Lösungen auf 1000 ml dest. Wasser geben und mit 0,01 mol/l HCl oder (und) 0,01 mol/l KOH auf *p*H 6,0 einstellen.

Zusatz von 5 ml EDTA-Lösung folgender Zusammensetzung:

Ethylendiamintetraessigsäure	5,2 g
$KHCO_3$	5,4 g
$FeSO_4 \cdot 7\ H_2O$	5,0 g

zusammen in 1000 ml dest. Wasser gelöst.
Bei Bedarf Zusatz von 1 ml Spurenelementlösung (Reg. 102).

4. Für Pilze

- *Maismehlextrakt-Malzextrakt-Agar:*

Maismehlextrakt	1000,0 ml
Malzextrakt	5,0 g
Kalilauge 10%ig	2,0 ml

Maismehlextrakt:
50,0 g nicht zu fein gemahlenen Mais in 2000 ml Leitungswasser suspendieren. Die Suspension etwa 12 Std. auf 60 °C erwärmen, dann den Überstand dekantieren und das Sediment verwerfen.

- *Sabouraudagar*

Glucose	20,0 g
Caseinpepton tryptisch bzw. pankreatisch	5,0 g
Fleischpepton peptisch	5,0 g
Agar	20,0 g
dest. Wasser	auf 1000 ml
*p*H-Wert nach dem Sterilisieren:	5,7 ± 0,2

Anstelle von 20,0 g Glucose können auch 10,0 g Glucose und 10,0 g Maltose eingesetzt werden.

- *Bierwürzeagar:*

Bierwürze (Reg. 19)	500,0 ml
Agar	20,0 g
dest. Wasser	auf 1000 ml
*p*H-Wert nach dem Sterilisieren:	5,7 ± 0,2

Dem Nährboden können noch 0,5 bis 1% Casein- oder Fleischpepton zugesetzt werden.

- *Herbivoren-Dungextrakt-Agar* (besonders für koprophile Pilze):

Herbivoren-Dungextrakt	100,0 ml
Bierwürze (Reg. 19)	50,0 ml
Agar	20,0 g
dest. Wasser	auf 1000 ml
*p*H-Wert nach dem Sterilisieren:	6,8 bis 7,4

Dem Kulturmedium können noch 0,25 bis 0,5% Hefeextrakt und Pepton zugesetzt werden.

Herbivoren-Dungextrakt:
Lufttrockenen Dung (Reg. 69) mit gleicher Menge Wasser versetzen, 30 min kochen, dann filtrieren. Um Trübungen zu vermeiden, kann der Dung vor dem Kochen trocken auf 120 bis 130 °C erhitzt werden. Koagulation der Eiweißbestandteile.
Dem Kulturmedium kann noch Heuaufguß (Reg. 53) zugesetzt werden.

Nr. 71 Kupfer-Lactophenol

Zum Fixieren unter Erhaltung der Grünfärbung bei Algen.

Ansatz:

- Lactophenol: 20 g Glycerol, 10 g Milchsäure und 10 g Phenol in 10 ml dest. Wasser lösen (Lösung ist längere Zeit haltbar).
- Wäßrige Kupfersalzlösungen: $CuCl_2$ 0,5%ig; Cu-azetat 0,5%ig werden zu gleichen Teilen vermischt.

Ausführung:

- Unmittelbar vor Gebrauch mischt man 50 Teile Lactophenol mit 5 Teilen des Gemisches der Kupfersalzlösungen.
- Ein Teil dieses gebrauchsfertigen Gemisches mit etwa 10–20 Teilen des Algen enthaltenden Wassers vermischen und etwa 30 min einwirken lassen.
- Nach Absaugen des größten Teils der Flüssigkeit (Filtrierpapier) kann unmittelbar in Glycerolgelatine eingebettet werden.

Ergebnis: Die chlorophyllhaltigen Strukturen erscheinen durch die Bildung eines Kupferkomplexes dauerhaft blaugrün gefärbt; die Fixierung erhält somit nicht die natürliche Färbung des Chlorophylls selbst.

Nr. 72 Lactophenol-Anilinblau

Zum Anfärben von Hyphen in oder auf dem Gewebe von Wirtspflanzen bei Handschnitten oder kleinen Objekten. Vorwiegend Plasmafärbung. Das Wirtsgewebe wird gleichzeitig aufgehellt und transparent.

Glycerol	20 ml (40 ml)
Milchsäure	20 ml
Phenol, krist.	20 g (40 g)
dest. Wasser	20 ml
Anilinblau (Synonyme: Wasserblau, Baumwollblau, Chinablau)	0,05 g

(Zahlen in Klammern: Von manchen Autoren bevorzugte Zusammensetzung).

Anwendung: Nach Rawlins oder Carnoy (Reg. 36) fixiertes Material (Handschnitte oder kleine Gewebestücke) in die Farblösung einlegen und mit Deckglas abdecken. Bei zu starker Färbung Objekte in Lactophenol einbetten, das keinen Farbstoff enthält; bei zu schwacher Färbung Objekte in der Farblösung kurz aufkochen. Mitunter erst nach einiger Zeit optimale Färbung.

Nr. 73 Meerwasser, künstliches

- Käufliches Meersalz so ansetzen, daß Salzgehalt des Herkunftswassers der Organismen erreicht wird (für die Ostsee etwa 1 – 1,5 %, die Nordsee und das Mittelmeer 3 – 3,5 %).
- Auch folgender Ansatz ist verwendbar: NaCl 3%; KCl 0,07%; $MgCl_2 \cdot 6\,H_2O$ 0,5%; $CaSO_4$ 0,1%. $CaCO_3$ hinzufügen, bis cH^+ zwischen *p*H 8,2 und 8,5 (etwa 0,5 g/l). Je Liter Seewasser 10–50 mg Ethylendiamintetraessigsäure (EDTA) hinzufügen. Für Formen aus Ostseewasser 1 Teil dieser Lösung mit 2 Teilen einer 0,2%igen Nährlösung (z. B. nach Knop, Reg. 70) vermischen.

Nr. 74 Methylbenzoat

Mit Ethanol und Xylen in jedem Verhältnis mischbar, in Wasser sehr wenig löslich. n_D^{20} 1,515.

Verwendung: Als Intermedium zwischen den Stufen Ethanol und Xylen zum Vertreiben des Ethanols beim Entwässern von Objekten, die nach Paraffineinbettung mit dem Mikrotom geschnitten werden sollen (Reg. 80). Als Immerssionsmittel für Immersionsobjektive. Vorteil gegenüber handelsüblichen Immersionsflüssigkeiten: dünnflüssig, so daß Deckgläser von Frischpräparaten beim Bewegen der Objektträger nicht verschoben werden. Methylbenzoat verdunstet rückstandslos.

Nr. 75 Methylenblau

- *Zur Färbung der Scheiden bei Cyanobacteria:*

  Etwa 0,5 g Methylenblau in 100 ml dest. Wasser lösen.
  Färbung 15–60 min
  Gründliches Auswaschen in Leitungswasser

  Ergebnis: Scheiden blau.

- Zur Darstellung der Volutinkörper (= Polyphosphatkörper) bei Cyanobacteria und Spirillen:
  Ansatz der Stammlösung: etwa 5 g Methylenblau in 100 ml 96%igem unvergälltem Ethanol lösen.
  Zur Färbung mit dest. Wasser 1:10 verdünnen, etwa 15 min färben.
  Überfärbung mit verdünnter (1%iger) H_2SO_4 differenzieren (mikroskopisch kontrollieren!).
  Ergebnis: Volutin dunkelblau, Protoplast farblos.
- Nach Löffler zur Darstellung der „metachromatischen Körper" (= Polyphosphatkörper) bei Bacteria und Cyanobacteria.
  Ansatz der Stammlösung: 2 g Methylenblau in 100 ml 70%igem Ethanol lösen.
  Zur Färbung einen Teil der Stammlösung mit 3 Teilen dest. Wasser verdünnen; auf 100 ml etwa 1 ml einer 1%igen KOH zusetzen.
  Färbedauer etwa 15 min.
  Ergebnis: „Metachromatische Körper" färben sich rot bis rotviolett.

Nr. 76 Methylenblau-Eosin

Simultanfärbung zur Unterscheidung von Chromatoplasma und Centroplasma bei Cyanobacteria.

Ansatz: 4 Teile eine konzentrierten wäßrigen Methylenblaulösung (etwa 10%ig) werden mit 1 Teil konzentrierter wäßriger Eosinlösung (etwa 3%ig) vermischt.

Durchführung

- Fixieren mit 1%iger wäßriger Chromium- oder Chromiumessigsäure für etwa 1–3 min (Reg. 35, 36).
- Färben mit Farbstoffgemisch für etwa 3 min.
- gründlich mit dest. Wasser auswaschen.

Ergebnis: Chromatoplasma rot, Centroplasma blau.

Nr. 77 Methylenblaulösung nach Löffler, alkalisch

Zur Übersichtsfärbung von Ausstrichpräparaten (Reg. 107).
30 ml alkoholische Stammlösung (Reg. 107) mit 100 ml 0,01%iger Kalilauge mischen. Wenn notwendig, bis etwa zehnfach mit dest. Wasser weiter verdünnen.

Nr. 78 Methylgrün-Essigsäure

Ansatz: 1%ige wäßrige Methylgrünlösung 1:1 mit Essigsäure versetzen (vor dem Mischen evtl. Reinigung der Methylgrünlösung durch Ausschütteln des Methylvioletts mit Chloroform in einem Scheidetrichter, bis sich das Chloroform nicht mehr violett färbt). Oder: so viel Methylgrün in 2%iger Essigsäure lösen, bis tief blaugrüne Farbe entsteht.

Verwendung: Verrühren eines Tropfens des biologischen Materials mit einem Tropfen Farblösung. Deckglas auflegen, sofort beobachten.

Ergebnis: Kerne grün gefärbt (stärkerer Kontrast mit Rotfilter).

Nr. 79 Methylgrün-Fuchsin

Zur Simultanfärbung von Zellkernen, Aleuronkörnern und Zellwänden.
Ansatz: Zu einer dunkelgrün gefärbten wäßrigen Methylgrünlösung so viel wäßrige Fuchsinstammlösung (Reg. 107) geben, bis die Mischung violett aussieht.
Schnitte progressiv färben (Reg. 34).

Nr. 80 Mikrotomtechnik

Mit Hilfe des Mikrotoms lassen sich in geeigneter Weise vorbehandelte Objekte in lückenlose Schnittserien von etwa 5 bis 12 µm Dicke aufbereiten. Nach zweckentsprechendem Färben und Einbetten unter Deckglas erlauben derartige Dünnschnitte genaues Beobachten auch subtiler histologischer und cytologischer Strukturen, deren Lage topographisch weitgehend richtig erhalten bleibt. Das Verfahren ist apparativ und manuell aufwendig, führt in vielen Fällen aber zu Ergebnissen, die auf andere Weise nur schwierig oder gar nicht zu erreichen sind. Von den vielfältigen Varianten soll hier nur auf die wesentlichen Grundzüge des verbreiteten und einfach zu handhabenden Paraffinverfahrens und des Polyethylenglycol-Verfahrens eingegangen werden.

1. Paraffinverfahren

Ausgehend von Objekten, die in 70%igem Ethanol aufbewahrt wurden, gliedert es sich in folgende Arbeitsschritte (vgl. dazu auch Abb. 133):

1. Entwässern der Objekte
2. Überführen in Paraffin
3. Einbetten
4. Aufblocken
5. Schneiden
6. Aufkleben der Schnitte auf Objektträger.

Entwässern der Objekte (s. auch Reg. 31).

Die in 70%igem Ethanol aufbewahrten Objekte in Gefäß übertragen, das zum Dekantieren geeignet ist, um die flüssigen Medien bequem wechseln zu können (z. B. mit Schliffdeckeln verschließbare Wägegläschen). Nach 70%igem Ethanol Objekte nacheinander in:

Ethanol 80%ig etwa 4 Std.
Ethanol 90%ig etwa 4 Std.
Ethanol 96%ig etwa 4 Std.
Ethanol 98- bis 100%ig etwa 2 Std.
Ethanol 98- bis 100%ig etwa 2 Std.

Medien mit den Objekten wiederholt umschütteln, da sich sonst aus den Objekten herausdiffundierendes Wasser am Boden ansammelt, also da, wo die Objekte liegen. Die Zeiten für 80- bis 96%iges Ethanol können verlängert werden, für 98- bis 100%iges Ethanol nicht (ungünstige Härtung). Bei sofortigem Weiterverarbeiten nach Fixierung in Carnoyschem Gemisch fallen die Stufen 80- bis 96%iges Ethanol weg.

Überführen in Paraffin

98- bis 100%iges Ethanol ersetzen durch
Methylbenzoat (Reg. 74).
Objekte schwimmen zunächst oben, werden glasig und sinken ab. Methylbenzoat nacheinander ersetzen durch (jeweils frisches):

Methylbenzoat etwa 2 Std.
Methylbenzoat etwa 2 Std.
Benzen nicht länger als 30 min
Benzen nicht länger als 30 min

Benzenstufen kurz halten (stark härtend). Danach in die letzte Benzenstufe so viel

Paraffinschnitzel

geben, daß ein bei Zimmertemperatur ungelöster Rest bleibt. Nach 1 bis 2 Std. wird eine weitere, größere Menge

Paraffinschnitzel

zugegeben, und die Objekte im Wärmeschrank 1 bis 2 Std. bei etwa 40 °C gehalten. Danach Übertragung der Objekte in

reines geschmolzenes Paraffin.

Notwendige Anforderungen an die Qualität des Parffins:

- Schmelzpunkt 56 bis 58 °C (Schmelzpunkt gegebenenfalls durch Mischen höher- und niederschmelzender Paraffinsorten korrigieren). Der Schmelzpunkt beeinflußt die Schneidbarkeit der Objekte erheblich!
- Das Paraffin muß gas- und wasserfrei sein. Frisch vom Handel bezogenes Paraffin ist meist unbrauchbar. Neues Paraffin im Becherglas unter Abzug ungefähr 15 min überhitzen, bis weißliche Dämpfe entwickelt werden. Danach im Wärmeschrank bei 60 °C durch weiches Filter filtrieren.
- Am Besten eignet sich altes Paraffin, das schon oft geschmolzen wurde und wieder erkaltete. Es bleibt auch bei langem Liegen homogen trübglasig und schlierenfrei. Darum Paraffinabfälle sammeln und immmer wieder einschmelzen.

Das Paraffin, in das die Objekte übertragen werden, darf nicht heißer als 62 °C sein. Dauer der Durchtränkung im Wärmeschrank 1 bis 2 Std. Danach Objekte in

reines geschmolzenes Paraffin

überführen. In diesem Paraffin können die Objekte nach Erkalten beliebig lange aufbewahrt werden, oder sie werden sofort weiterverarbeitet.

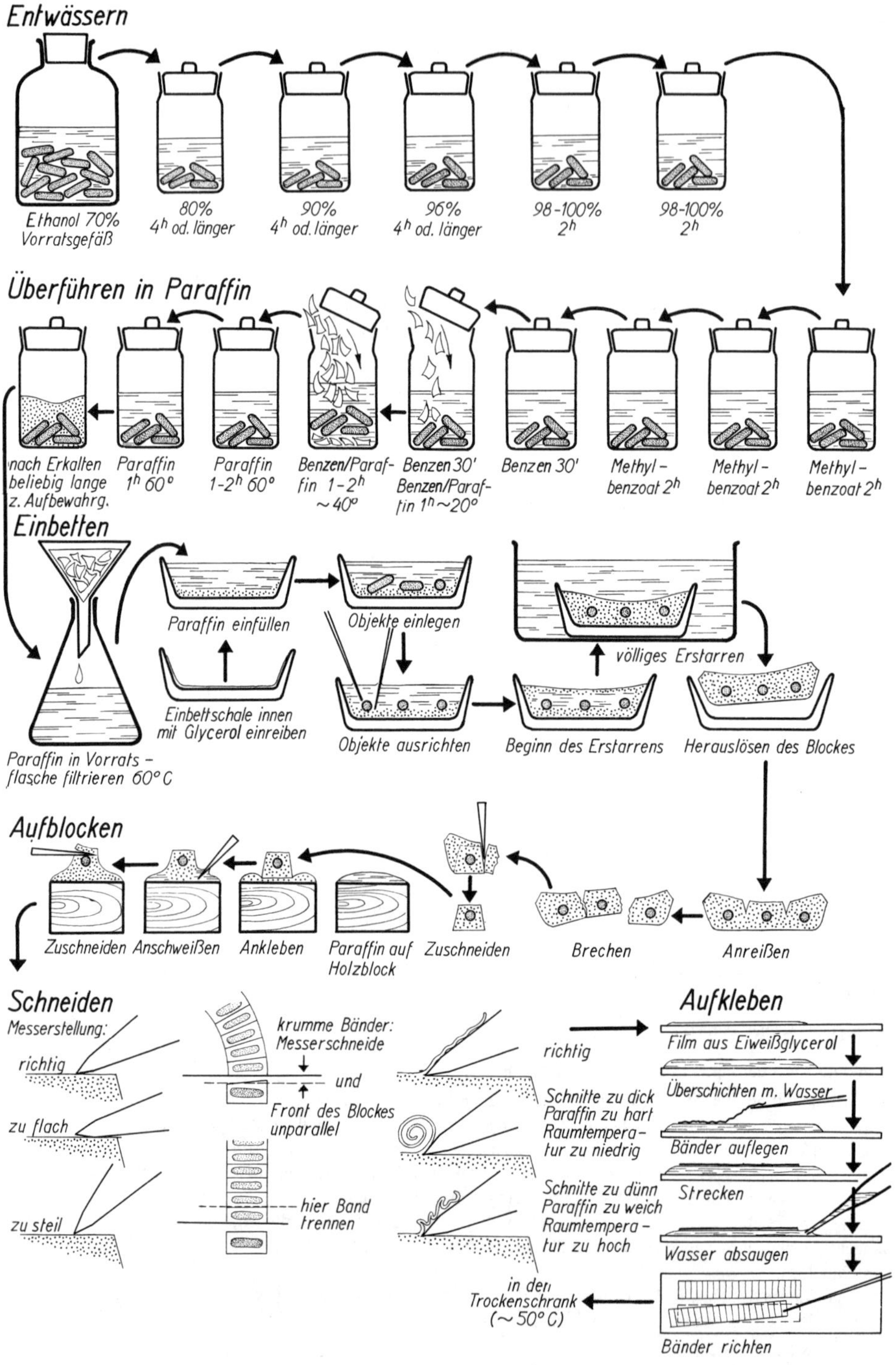
Entwässern
Ethanol 70%
Vorratsgefäß
80%
4h od. länger
90%
4h od. länger
96%
4h od. länger
98-100%
2h
98-100%
2h
Überführen in Paraffin
nach Erkalten
beliebig lange
z. Aufbewahrg.
Paraffin
1h 60°
Paraffin
1-2h 60°
Benzen/Paraffin 1-2h
~40°
Benzen 30'
Benzen/Paraffin 1h ~20°
Benzen 30'
Methylbenzoat 2h
Methylbenzoat 2h
Methylbenzoat 2h
Einbetten
Paraffin einfüllen
Objekte einlegen
völliges Erstarren
Einbettschale innen
mit Glycerol einreiben
Objekte ausrichten
Beginn des Erstarrens
Herauslösen des Blockes
Paraffin in Vorratsflasche filtrieren 60° C
Aufblocken
Zuschneiden
Anschweißen
Ankleben
Paraffin auf Holzblock
Zuschneiden
Brechen
Anreißen
Schneiden
Messerstellung:
richtig
zu flach
zu steil
krumme Bänder:
Messerschneide
und
Front des Blockes
unparallel
hier Band
trennen
richtig
Schnitte zu dick
Paraffin zu hart
Raumtemperatur zu niedrig
Schnitte zu dünn
Paraffin zu weich
Raumtemperatur zu hoch
Aufkleben
Film aus Eiweißglycerol
Überschichten m. Wasser
Bänder auflegen
Strecken
Wasser absaugen
in den
Trockenschrank
(~50° C)
Bänder richten

Abb. 133.

Einbetten

Als Hilfsmittel dienen Einbettschälchen aus Porzellan oder Einbettrahmen (aus zwei losen Metallwinkeln und einer Glasplatte, Abb. 134), notfalls in zweckentsprechender Größe aus Aluminium-Folie oder steifem Papier gefaltete offene Kästchen oder bei kleinen Objekten gläserne Uhr- oder Blockschälchen.
Innenfläche des Einbettgefäßes mit etwas Glycerol einreiben, damit sich später der erkaltete Paraffinblock leicht ablöst.

Einbettgefäß auf möglichst kühle Unterlage stellen.
Reines Paraffin eingießen.
(nicht heißer als 62 °C), bis das Einbettgefäß fast voll ist. Daraufhin sofort mit vorgewärmten Nadeln oder Lanzettnadeln

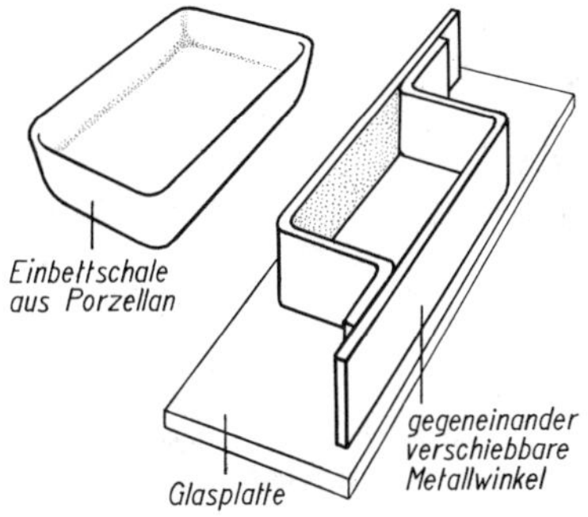

Abb. 134.

Objekte in das Einbettgefäß übertragen.
Wenn richtig gearbeitet wurde, sinken die Objekte dabei nicht auf den Boden des Einbettgefäßes, da das Paraffin dort beim Kontakt mit der kühlen Fläche in dünner Schicht erstarrte. Sonst gegebenenfalls Objekte mit vorgewärmter Nadel anheben. Nun mit warmen Nadeln

Objekte orientieren,
bis sie eine durch die beabsichtigte Schnittrichtung definierte Lage erhalten. Die Arbeit muß rasch erfolgen, damit das Paraffin währenddessen nicht erstarrt, und zugleich sorgfältig, denn von ihrem Gelingen hängt die Präzision der Schnittrichtung beim späteren Schneiden mit ab. Die Anzahl der gleichzeitig in ein Gefäß eingebetteten Objekte so beschränken, daß die erforderlichen Handgriffe hinreichend flink bewältigt werden. Solange die Qualität des Paraffins nicht zuverlässig bekannt ist, bettet man auch insgesamt vorteilhaft nur so viele Objekte ein, wie am gleichen Tag geschnitten werden können. Kleine oder schwer sichtbare Objekte können markiert werden, indem man sie zunächst in Paraffin einbettet, das durch Sudan III gefärbt ist (s. Reg. 68).

Objekte rasch abkühlen.
Nachdem sich eine derbe Haut aus erstarrtem Paraffin gebildet hat, darf das ganze Einbettgefäß in einer Schale kalten Wassers untergetaucht werden (genau horizontal halten, langsam eintauchen!). Nach völligem Erstarren des Paraffins den

Block aus dem Einbettgefäß herauslösen.
und trocknen lassen. Block löst sich meist von selbst aus dem Einbettgefäß.

Aufblocken

Entlang der Linie, in der die zusammen eingebetteten Objekte voneinander getrennt werden sollen, die

Oberfläche des Blockes 1 bis 2 mm tief einritzen.

Paraffinblock an angerissenen Linien brechen.
Niemals ganz durchschneiden; Gefahr von Sprüngen, die die Objekte durchsetzen.

Blöckchen konisch zuschneiden.
Die kleinere Fläche ist später dem Mikrotommesser zugewandt, sie soll rechteckig begrenzt sein. Auf richtige Orientierung des Objektes achten, das durch den glatten Schnitt jetzt gut sichtbar wird.

Holzklötzchen geeigneter Größe (etwa 1,5 × 2 × 1 cm) auf der Oberseite mit verflüssigtem Paraffin überschichten.
(Die Größe des Klötzchens richtet sich nach dem eingebetteten Objekt und der Einspannvorrichtung am Mikrotom) und sofort

Paraffinblöckchen mit der (größeren) Grundfläche aufmontieren. Mit vorgewärmtem Messer das inzwischen erstarrte Paraffin auf dem Holzklötzchen und das Paraffin des Blöckchens an allen vier Kanten verschweißen. Paraffin *über* dem Objekt mit Skalpell in dünnen Schichten abtragen, bis das Objekt dicht unter der Oberfläche liegt.

Schneiden

verlangt Fingerspitzengefühl und Erfahrung. Zunächst alle

Gleitbahnen des Mikrotoms mit Petroleum reinigen und mit dünnem Film von Nähmaschinenöl versehen, damit der Schlitten leicht läuft. Der Schlitten „schwimmt“ auf dem Öl. Zu viel Öl auf den Gleitbahnen („Bugwelle“) führt zu unregelmäßiger Schnittdicke und Ärger beim späteren Färben.

Holzklötzchen in Einspannvorrichtung klemmen.
Dabei so orientieren, daß das Messer den kürzesten Weg durch das Objekt nimmt.

Messer einspannen.
Dabei auf richtige Neigung der Messerfacette zur Oberfläche des Blöckchens achten (s. Abb. 133). Für Paraffinschneiden sind Plan-konkav-Messer am besten geeignet, konkave Seite nach oben. Das Messer muß trocken sein. Größte Vorsicht! Unfallgefahr!

Paraffinblöckchen bzw. Objekt mittels Gelenken der Einspannvorrichtung gemäß der beabsichtigten Schnittrichtung genau zur Schneide des Messers ausrichten.
Schnittdicke einstellen.
Richtwert: 10 µm.

Schneiden.
Die ersten Schnitte sind leer und die Objektanschnitte meist zu verwerfen. Dennoch keinesfalls dicker als 20 bis 30 µm abtragen. Während des Anschneidens korrigieren, bis einwandfreie Bänder auf dem Messer liegen.

Einige allgemeine Regeln:

Objekt auf der Oberseite des Blockes während des Anschneidens laufend mit Lupe kontrollieren, um zu erkennen, wann die gewünschten Objektdetails im Schnitt erscheinen. Man kann auch Bandabschnitte nach flüchtigem Strecken (s. u.) mit dem Mikroskop bei schwacher Vergrößerung beobachten (Aperturblende etwas schließen). Dazu ist es allerdings wünschenswert, ungefähre Vorstellungen davon zu haben, wie das gesuchte Detail auszusehen hat. Auf diese Weise spart man sich den unnützen Aufwand für das Färben uninteressanter Objektabschnitte.

Fehler:

- Schnitte rollen sich vor der Messerschneide: Schneide unsauber; mit trockenem, weichem Tuch vom Messerrücken zur Schneide hin reinigen. Vorsicht!
  Paraffin hat zu hohen Schmelzpunkt; dünner schneiden oder Raumtemperatur erhöhen oder Objekte umbetten.
- Schnitte schieben sich faltig auf dem Messer zusammen: Messeroberfläche unsauber; reinigen. Paraffin hat zu niedrigen Schmelzpunkt; dicker schneiden oder Raumtemperatur senken oder Objekte umbetten.
  Block und Messer elektrisch aufgeladen; Gasflamme in unmittelbarer Nähe brennen lassen. Messer anhauchen. Vorsicht!
- Schnitte bleiben einzeln, ohne ein Band zu bilden: Senkrechte, dem Messer zugewandte Frontfläche des Blockes unsauber oder nicht winklig zugerichtet, mit Rasierklinge neue Fläche schneiden.
- Band ist krumm: Schneide und Frontfläche des Blockes sind nicht parallel; mit Rasierklinge korrigieren. Härte des Objektes ist inhomogen; Block entsprechend keilförmig schneiden. Vorher kontrollieren, ob die Bänder beim späteren Strecken (s. u.) nicht von selbst gerade werden.
- Schnitte bröckeln, Objekt fällt ganz oder teilweise heraus: Fehler beim Entwässern, Durchtränken oder Einbetten; Einbetten wiederholen. Wenn kein Erfolg eintritt, ist es meist am besten, die Objekte zu verwerfen und mit der Präparation von neuem zu beginnen.

Aufkleben der Bänder auf Objektträger

Dieser Arbeitsschritt erfordert besondere Sorgfalt, damit die mühevoll gewonnenen Schnitte beim späteren Färben nicht umklappen und sich nicht ablösen oder ganz abschwimmen.

Objektträger reinigen (Reg. 94).
Auf die Mitte des Objektträgers mit der Nadel eine Spur Eiweißglycerol geben (Reg. 29), etwa so viel wie das Volumen des Metallkopfes einer Stecknadel.

Eiweißglycerol auf dem Objektträger zu einem Film verteilen.

Objektträger an den beiden Schmalkanten zwischen Daumen und Zeigefinger der einen Hand halten, mit der (möglichst fettfreien) Fingerbeere eines Fingers der anderen Hand Eiweißglycerol verstreichen.

Die so behandelte Seite des Objektträgers mit destilliertem Wasser überschichten (Pipette).

Aufzuklebendes Schnittband, das jetzt noch auf dem Messer liegt, mit Rasierklinge oder Nadel trennen,

am besten hinter dem letzten Schnitt, so daß nach Abnehmen des Bandes noch ein Schnitt hinter der Messerschneide liegenbleibt (Abb. 133). Auf diese Weise sind lückenlose Bänder zu erzielen. Länge der Bandabschnitte sorgfältig abschätzen. Beim Strecken werden die Bänder etwa um die Hälfte länger. Sie dürfen dann nicht länger sein als die verfügbaren Deckgläser, mit denen sie abgedeckt werden sollen.

Abgetrennten Bandabschnitt mit angefeuchteter Nadel oder spitzem Pinsel an einem Ende aufnehmen und auf den Wasserfilm legen,

so daß die dem Messer zugewandte glänzende Unterseite jetzt dem Objektträger zugewandt ist; so orientieren, daß letzter oder erster Schnitt an einer Schmalkante, das Band stets parallel einer Längskante des Objektträgers zu liegen kommt. Sind die Bänder schmal, können mehrere parallel auf einem Objektträger aufgelegt werden. Reihenfolge der Schnitte vgl. Abb. 135.

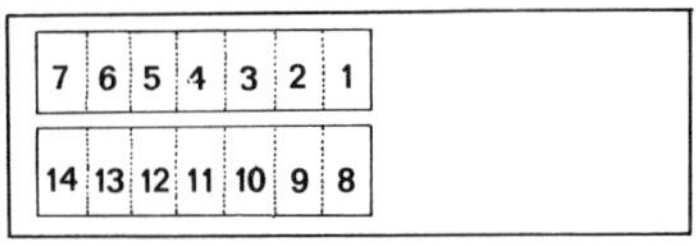

Abb. 135.

Schnittbänder strecken.

Die Objektträger werden horizontal dicht über eine Heizplatte (oder Glühlampe) gehalten und dabei etwas bewegt. Wenn sich die auf dem Wasser schwimmenden Bänder zu strecken beginnen, weitere Wärmezufuhr vorsichtig dosieren, bis die Schnitte glasig werden aber keinesfalls schmelzen.

Den größten Teil des Wassers mit der Pipette absaugen,

aber so viel Wasser auf dem Präparat belassen, daß die Bänder in jeder Richtung frei beweglich bleiben (die endgültige Streckung erfolgt erst im Wärmeschrank!).

Schnittbänder mit Nadel richten, so daß ein sauberes Bild entsteht (vgl. Abb. 135).

Präparate horizontal im Wärmeschrank unterbringen.

Temperatur ungefähr 50 °C, Dauer 1 bis 2 Std., bis alles Wasser abgetrocknet ist.

Danach können die Präparate unbegrenzt staubfrei in Präparatekästen aufbewahrt werden, bis gefärbt wird (z. B. mit Eisenhämatoxylin, Reg. 27).

2. Polyethylenglycol-Verfahren

Vorteil: Polyethylenglycol (PG) ist wasserlöslich, wodurch die aufwendigen Entwässerungsprozeduren entfallen.
Die Eigenschaften des PG sind von dessen Molekulargewicht abhängig: für die botanische Mikrotomtechnik kommen die PG-Typen PG 1000, PG 1500 und PG 2000 zum Einsatz (Typen entsprechen dem mittleren Molekulargewicht).

Präparieren:

- Objekte in möglichst kleinen Stücken nach dem Fixieren gründlich waschen (Waschflüssigkeit wird durch das gewählte Fixiermittel bestimmt, Reg. 35, 36).
- Ausgewaschene Objekte in eine 20%ige wäßrige Lösung von PG einlegen (100-ml-Becherglas).
- Im Wärme- bzw. Trockenschrank bei etwa 60 °C das Wasser abdampfen, bis das Gesamtvolumen auf etwa ⅕ der ursprünglichen Menge vermindert ist. Dabei sinken die anfangs auf der Lösung schwimmenden Objekte unter (Dauer: 3 bis 4 Tage).
- Die eingedickte PG-Lösung abgießen und durch 30 bis 40 ml reines, zuvor geschmolzenes PG ersetzen (Durchtränken der Objekte mit PG; Temperatur 60 bis 65 °C, Dauer mindestens 10 Std., Verflüssigung von PG 1500 bei etwa 44 bis 48 °C).

Einbetten:

- Man verfährt sinngemäß, wie es zum Paraffinverfahren beschrieben wurde: Geeignete Gußformen (z. B. aus Aluminiumfolie) mit dem geschmolzenen PG und den Objekten beschicken.
- Objekte mit spitzem Holzstäbchen in die gewünschte Lage ausrichten.
- Bis zum Erstarren des PG abkühlen lassen.
- Gußblöckchen aus der Form herauslösen, in noch warmem, halbweichem Zustand mit Rasierklinge aufteilen und zu mikrotomgerechten Stücken zuschneiden.

Schneiden:

- Schneidefähigkeit und erreichbare Schnittdicke hängen von der Härte des verwendeten PG-Mediums (je härter, desto dünnere Schnitte sind möglich) und damit sowohl vom PG-Typ wie von der Temperatur ab.
- Für botanische Zwecke hat sich besonders PG 1500 (auch 2000) bewährt; gegebenenfalls geeignete Härte durch Mischungen herstellen; bei Verwendung von PG 1000, auch nur als Zusatz, werden die Blöckchen bei Luftzutritt feucht und klebrig (Schutz ist möglich durch Eintauchen in verflüssigtes Paraffin). Günstigere Schneideeigenschaften sind gegebenenfalls durch Abkühlen der Blöckchen zu erreichen.

Weiterverarbeiten der Schnitte zum Präparat

- Schnitte auf Objektträger auftragen.
- PG mit Wasser herauslösen (Einstellen in Becherglas, Überschichten in Petrischale).
- Präparate mit frischem Wasser waschen.
- Färben mit wasserlöslichen Farbstoffen ist unmittelbar möglich.
- Gefärbte Präparate in ein wasserlösliches Einbettungsmedium oder (nach Entwässerung, Reg. 11) in Harze bzw. Kunstharze (Reg. 51) einbetten und mit Deckglas abschließen.

Nr. 81 Milchsäure

In der Mikroskopie als Aufweich-, Aufhellungs- und Entkalkungsmittel benutzt.
Im Handel als Mischung aus DL-Milchsäure, Lactylmilchsäure, Lactid und Wasser. Gehalt an Milchsäure und Milchsäureester 88 bis 92%, bezogen auf wasserfreie Milchsäure. Klare, farblose bis schwach gelbliche, schwach hygroskopische Flüssigkeit mit charakteristischem, säuerlichem Geruch; stark sauer. Mit Wasser, Ethanol, Glycerol in jedem Verhältnis mischbar.
Dichte: 1,206 bis 1,216 g/ml; $n_D^{20} = 1,441$.

Nr. 82 Muzikarmin

Zur Anfärbung der Schleimhüllen bei Cyanobacteria und Algen.
Ansatz der Stammlösung: 1 g Karmin mit 0,5 g $AlCl_3$ in einer Porzellanschale gut vermischen und mit 2 ml dest. Wasser verrühren. Dann etwa 2 min über sehr kleiner Flamme unter ständigem Rühren erhitzen, bis sich das hellrote Gemisch dunkel-schwarzrot verfärbt. Die dickflüssig-zähe Masse ist in 50%igem Ethanol löslich. Mit Ethanol in ein Vorratsgefäß überführen und auf 100 ml auffüllen. Die fertige Lösung ist handelsüblich.

Anwendung:

- Stammlösung etwa 1:10 mit dest. Wasser verdünnen.
- Fixiertes Material (30–60 min Pfeiffersches Gemisch, Reg. 36) für etwa 4 Std. in die verdünnte Farblösung bringen (Färbedauer gegebenenfalls je nach Art variieren).
- Gründlich in Leitungswasser auswaschen.
- Direkt beobachten oder Einschluß in Glycerolgelatine.

Ergebnis: Schleime kräftig rot gefärbt.

Nr. 83 Nuklealreaktion nach Feulgen

Prinzip: Durch saure Hydrolyse werden Stickstoffbasen von der DNA abgespaltet. Dadurch öffnen sich die Desoxyribosemoleküle zu Ketten mit freien Aldehydgruppen, die sich nun mit fuchsinschwefeliger Säure (eine Verbindung vom Typ der Schiffschen Basen) in typischer Aldehydreaktion zu einem rot-violetten Farbstoff verbinden können. Wenn die Reaktion richtig durchgeführt wird, ist sie DNA-spezifisch und vorzüglich zur „Chromatin"-Darstellung geeignet.

Erforderliche Lösungen:

1 mol/l Salzsäure. Fuchsinschwefelige Säure: 0,5 g gepulvertes basisches Fuchsin (Pararosanilin) im Erlenmeyerkolben mit 100 ml destilliertem Wasser aufkochen, 5 Tropfen Essigsäure zugeben. Nach Abkühlen auf etwa 50 °C in mit Schliffstopfen verschließbare dunkle Flasche filtrieren, 20 ml 1 mol/l Salzsäure zugeben. Nach Abkühlen auf etwa 20 °C 0,5 g festes Kaliumdisulfit oder Natriumhydrogensulfit zugeben, Flasche verschließen. Nach 24 Std. ist die Lösung entfärbt und gebrauchsfertig. Kühl aufbewahrt längere Zeit haltbar. Die fuchsinschwefelige Säure soll farblos oder schwach gelblich aussehen. Orangefärbung deutet auf ungeeignetes Fuchsin – die Reaktion ist sehr von der Qualität des Farbstoffes abhängig, bei ungeeignetem Fuchsin kann sie völlig ausbleiben. Handelsübliche fuchsinschwefelige Säure ist keineswegs immer für die Feulgensche Nuklealreaktion geeignet.

Disulfit-Lösung: auf 200 ml Wasser 10 ml 1 mol/l HCl und 10 ml 10%ige Natriumhydrogensulfitlösung geben. Das Gemisch vor Gebrauch stets frisch ansetzen. Es ist nicht haltbar.
Halbsgut (persönl. Mittlg.) verwendet mit Erfolg nur die in Ethanol lösliche Fraktion des Fuchsins und empfiehlt folgende Modifikation: Von einer übersättigten alkoholischen Fuchsinlösung ausgehen und auf 1 ml des klaren Überstandes 25 ml 1 mol/l HCl und 200 ml 10%ige Disulfitlösung geben (klare Färbungen, auch bei Nukleotiden der Bakterien; relativ gute Haltbarkeit).

Durchführung:

1. Für Mikrotomschnitte

- Mit Eiweißglycerol aufgeklebte Mikrotomschnitte entparaffinieren und in destilliertes Wasser überführen (Reg. 80).
- Färbeküvette für mehrere Objektträger mit 1 mol/l HCl so weit füllen, daß die Schnitte ganz untertauchen können, auf dem Wasserbad (oder im Thermostaten) auf 60 ± 1 °C vorwärmen (Kontrolle mit Thermometer! Küvetten zudecken, Säurestand mit Fettstift markieren, bei Verdunstungsverlust nur mit destilliertem Wasser auffüllen).
- Mikrotomschnitte in die vorgewärmte Salzsäure einstellen. Temperatur konstant auf 60 °C halten. Optimale Dauer der Hydrolyse richtet sich nach Material und Fixierung. Richtwert nach Carnoyfixierung 8 bis 15 min, nach Nawaschin- oder Lavdowskyfixierung 10 bis 20 min. Bei zu kurzer oder zu langer Hydrolyse ist die Reaktion schwächer oder fällt ganz aus. (Der Fehler kann aber auch durch ungeeigneten Farbstoff verursacht werden).
- Schnitte kurz in kaltes destilliertes Wasser überführen.
- In Färbeküvette mit fuchsinschwefeliger Säure einstellen, Küvetten zudecken. Aufenthalt etwa 30 min. Wenn die Lösung nach längerem Gebrauch rötlich wird, muß sie durch neue ersetzt werden.
- Nacheinander in drei Küvetten mit Disulfit-Lösung je 2 min einstellen. Wenn viele Schnitte bearbeitet worden sind, Disulfit-Lösung im ersten Gefäß gegen frische auswechseln und das Gefäß an die dritte Stelle setzen. Die Spülung hat den Sinn, überschüssige fuchsinschwefelige Säure unter Bedingungen aus den Schnitten zu vertreiben, unter denen sie sich nicht zersetzen kann. Anderenfalls entsteht freies Fuchsin, das das Gewebe unerwünscht färbt.
- Auswaschen der Disulfit-Lösung in fließendem oder mehrmals gewechseltem Leitungswasser (nicht destilliertes Wasser!), danach kurzes Eintauchen in destilliertes Wasser.
- Steigende Alkoholreihe (Reg. 80), einschließen in Harze (Reg. 51).
- Ergebnis: Kräftige rotviolette Anfärbung aller DNA-Orte in der Zelle. Alle übrigen Strukturen farblos. Die Färbung ist sehr gut haltbar.

2. Als Stückfärbung mit nachfolgendem Quetschen

- Carnoy-fixiertes Stückmaterial (z. B. Wurzelspitzen, Antheren) aus destilliertem Wasser in kalte 1 mol/l HCl überführen (auch Fixierung nach Nawaschin oder Lavdowsky ist möglich. Sie härtet die Strukturen der Zelle dauerhafter, das Material läßt sich zuweilen weniger gut quetschen als nach Carnoyfixierung). Aufenthaltsdauer richtet sich nach der Größe der Objekte.
  Richtwert: 15 min.
- Überführen der Objekte in 1 mol/l HCl im Hydrolysegefäß, die auf 60 °C vorgewärmt wurde. An den Objekten pflegen sich Gasblasen anzusetzen, so daß sie an die Oberfläche gehoben werden. Man verwendet zweckmäßig einen „Käfig" aus offenem Glasrohr, das auf einer Seite mit feinmaschigem Kunstfasergewebe abgeschlossen ist, etwa nach einer Anordnung wie im Schema der Abb. 136. So bleiben die Objekte während der Hydrolyse untergetaucht. Hydrolyse wenig länger, als im Verfahren 1 angegeben ist.
- Käfig samt Objekten in nicht zu kleine Menge kaltes destilliertes Wasser übertragen, um die Hydrolyse abzubrechen und überflüssige Salzsäure zu entfernen.
- Objekte aus dem Käfig in fuchsinschwefelige Säure übertragen, bei hinreichend kleinen Objekten z. B. in Blockschälchen, das zugedeckt werden muß.
- Die Objekte beginnen nach wenigen Minuten, sich allmählich tief rot zu färben. Die Reaktion ist nach etwa 30 min weitgehend beendet, das Material muß sofort weiterverarbeitet werden.
- Eine möglichst kleine Portion des angefärbten Materials direkt aus der fuchsinschwefeligen Säure auf einen Objektträger bringen und mit einem Tropfen 45%iger Essigsäure bedecken. Sehr vorsichtig auf kleinster Flamme anwärmen (Essigsäure darf sich nur schwach rosa anfärben), sofort mit kleinem Deckglas bedecken, quetschen und überschüssiges Medium absaugen (vgl. Reg. 1).
- Mikroskopische Kontrolle, ob das Präparat die gesuchten cytologischen Bilder enthält. Präparat verwerfen oder, wenn sich weitere Bearbeitung lohnt,
- in horizontaler Stellung vorsichtig in große, mit 96%igem Ethanol halb gefüllte Petrischale übertragen und im Ethanol langsam untertauchen. Aufenthalt etwa 24 Std. Der Alkohol wirkt härtend auf das mazerierte Gewebe. Gleichzeitig zersetzt sich der eingeschleppte Rest der fuchsinschwefeligen Säure, so daß frei werdendes Fuchsin

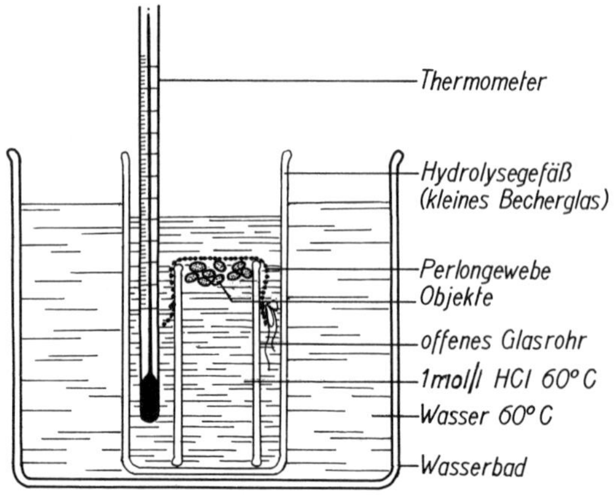

Abb. 136.

den gesamten Zellkomplex zunächst kräftig rot färbt. Nachfolgend löst der Alkohol das Fuchsin aus dem Gewebe heraus, so daß ein (ganz oder nahezu) reines Bild der Nuklealreaktion resultiert. Bei höheren Ansprüchen an die DNA-Spezifität der Reaktion muß das Stückmaterial vor dem Quetschen so lange mit Disulfit-Lösung gewaschen werden, bis zugesetzte Formaldehyd-Lösung die Waschflüssigkeit nur noch schwach anfärbt. Das so gewaschene Material wird dann in 45%ige Essigsäure übertragen und sofort gequetscht (Färbung läßt sonst nach).

- Nach dem Differenzieren (mikroskopische Kontrolle) Objektträger, ohne das Deckglas zu berühren, mit Filterpapier trocknen. An der Luft nachtrocknen lassen, bis eine erste Luftblase beginnt, unter das Deckglas zu kriechen (Objektträger schräg gegen das Licht halten). Dann sofort einen Tropfen Euparal (Reg. 51) auf die der Luftblase gegenüberliegende Deckglaskante geben. Das Einbettungsmedium zieht langsam unter das Deckglas, und das Präparat ist nach 15 min zur Beobachtung fertig.
- Ergebnis: Alle Zellen sind in einer Schicht flach ausgebreitet. Die in jeder Zelle stets vollständigen Chromosomensätze scharf violettrot. Übrige Zellstrukturen durchsichtig farblos. Präparate haltbar.
- Die Hydrolyse kann notfalls auch kalt in 6 mol/l HCl durchgeführt werden.

Nr. 84 Objektträgerkultur

Plastilin zwischen zwei mit Wasser angefeuchteten Petrischalendeckeln zu ungefähr 1 mm dicker Schicht pressen. Mit Rasierklinge rechteckig schneiden und vier Streifen abtrennen (1 bis 2 mm breit, und so lang wie die Kanten des für die Kultur vorgesehenen Deckglases). Die Streifen mitten auf einem Objektträger zum Quadrat anordnen. Aus einer Petrischale, die halbfestes Kulturmedium in 1 bis 2 mm Schichtdicke enthält, möglichst aseptisch mit Skalpell oder mit Rasierklinge ein Agarstückchen von etwa 4 × 4 mm Kantenlänge entnehmen, in die Mitte des Quadrates legen und auf der Oberfläche mit wenig Material (Sporen, Hyphen usw.) beimpfen. Keimfreies Deckglas (Alkohol, Flamme!) vorsichtig auf Agarstück und Plastilinrahmen auflegen und mit Petrischalendeckel andrücken. Durch den Plastilinrand im Bedarfsfall mit erwärmter Nadel Löcher bohren, durch die Flüssigkeits- bzw. Luftaustausch erfolgen kann. Objektträger in feuchter Kammer aufbewahren. Anstelle von Plastilin kann auch ein Papprahmen verwendet werden, der mit Vaseline abgedichtet wird.

Feuchte Kammer: Zur Aufbewahrung von Objekten bei hoher relativer Luftfeuchtigkeit.

Variante 1: Den Deckel einer Petrischale mit mehreren Lagen wassergetränkter Rundfilter auslegen. Der Durchmesser der Filter muß kleiner sein als der Druchmessser des Bodenteils der Schale (sonst Gefahr des Austrocknens!). Eventuell zusätzlich feuchte Watte auf den Gefäßboden legen. Objekte in die Kammer einbringen und Kammer verschließen. Objektträger zweckmäßigerweise durch Unterlegen von Glasstäbchen bodenfrei lagern. Die Wirkung der Kammer wird erhöht, wenn man sie als „Objekt" in einer zweiten, größeren unterbringt.

Variante 2: Für Mikrokulturen, die mikroskopisch beobachtet werden sollen, können Feuchtkammern aus Objektträgern und Deckgläsern zusammengesetzt werden: Auf einem Objektträger wird ein Rahmen montiert (Plastilina, Metall- oder Glasring, z. B. Raschigringe), die sich durch ein entsprechend großes Deckglas abdecken lassen (Bindemittel: Vaseline). Auf der Unterseite dieses Deckglases befinden sich die Objekte auf einem Film aus Nährmedium oder in einem Flüssigkeitstropfen („hängender Tropfen").

Nr. 85 Osmiumsäure (Osmiumtetroxid, OsO_4)

Bevorzugtes Fixiermittel für kleinste Objekte.

Ansatz: 0,5%ige Lösung in 1%iger wäßriger Chromiumsäurelösung. Vorsicht beim Ansatz! Stark ätzend; Augen schützen, giftig!
(Lösungshinweise bei Reg. 36 beachten.)
In gut verschlossenen, sauberen, braunen Schliffflaschen lange haltbar.
Anwendung in Dampfform: Objekte in einem Tropfen Wasser (am Objektträger nach unten hängend) 2–3 min auf die geöffnete Flasche legen, die die OsO_4-Lösung enthält.
(Besonders geeignet für Flagellaten, Algen und ähnliche kleine Objekte; Fixierung hoher Qualität, allerdings kann die Anfärbbarkeit bei vielen Farbstoffen beeinträchtigt werden; Hämatoxylinfärbung ist möglich.)

Nr. 86 Peptone

Aus eiweißhaltigen Rohstoffen (z. B. Fleisch, Casein, Sojamehl) durch enzymatische Hydrolyse (z. B. Pepsin, Pankreatin, Trypsin, Papain) oder Säurehydrolyse gewonnene Produkte, die je nach Ausgangstoff und Hydrolysegrad unterschiedlich lange Peptidketten und verschiedene freie Aminosäuren enthalten. Im Gegensatz zu Proteinen: wasserlöslich, durch Hitze nicht koagulierbar, für Mikroorganismen leichter verwertbar.

Nr. 87 Phasenkontrastverfahren

Nicht gefärbte, lebende biologische Objekte werden im mikroskopischen Hellfeld häufig kontrastarm oder bestimmte Strukturen in ihnen völlig kontrastlos abgebildet. Ursache: Die Netzhaut des menschlichen Auges ist für Phasendifferenzen unempfindlich, die dem mikroskopischen Bild aufgeprägt werden, wenn das Licht Objekte durchdringt, die aus Strukturen unterschiedlicher Brechzahl zusammengesetzt sind (wie es für biologische Objekte typisch ist). Indessen ist die Netzhaut empfindlich für Amplitudendifferenzen im Bild, die als Hell-Dunkel-Kontrast wahrgenommen werden. Durch Veränderung des Strahlenganges im Mikroskop können die (unsichtbaren) Phasendifferenzen in (sichtbare) Amplitudendifferenzen umgewandelt werden. Die Methode heißt Phasenkontrastverfahren. Sie ermöglicht es, biologische Objekte, die im Hellfeld flau abgebildet werden, kontrastreich darzustellen. Der optische Eingriff in den mikroskopischen Strahlengang, der zum Phasenkontrast führt, erfordert spezielle Einrichtungen, die von den optischen Firmen als Zusatzgeräte zu den Mikroskopen angeboten werden. Die Handhabung dieser Zusatzgeräte muß den mitgelieferten Bedienungsanleitungen entnommen werden.

Nr. 88 Phenolglycerol

Verwendung: Aufhellendes Einschlußmittel

Ansatz: Gleiche Gewichtsteile kristallisiertes Phenol (farblos bis hellrosa) und reines Glycerol zusammengeben und öfter durchmischen. Wenn sich das Phenol gelöst hat, ist das Einschlußmittel gebrauchsfertig.
Vorsicht! Phenol ist giftig und ätzend!

Anwendung: Objekte auf dem Objektträger in einen Tropfen des Mediums einbetten, mit Deckglas zudecken. Bei kleinen Objekten tritt die aufhellende Wirkung sehr rasch ein. Das Medium wird nicht fest, Färbungen halten sich nicht.

Nr. 89 Phloroglucinol-Salzsäure

Zur Reaktion auf verholzte Zellwände.

Reagenzien:

1. Beliebig konzentrierte alkoholische Lösung von käuflichem Phloroglucinol (es genügen Spuren).
2. Konzentrierte Salzsäure.

Anwendung: Objekte für kurze Zeit (bei dünnen Schnitten genügen Sekunden) in einen Tropfen Phloroglucinollösung legen, dann für wenige Sekunden in einen Tropfen konzentrierte HCl überführen, anschließend (ohne vorheriges Auswaschen) in Wasser beobachten (Vorsicht! Nie die Salzsäure an die Optik oder an andere Teile des Mikroskops bringen!).

Ergebnis: Verholzte Zellwände sind kräftig violettrot gefärbt. Alle anderen Zell- und Gewebebestandteile bleiben ungefärbt.

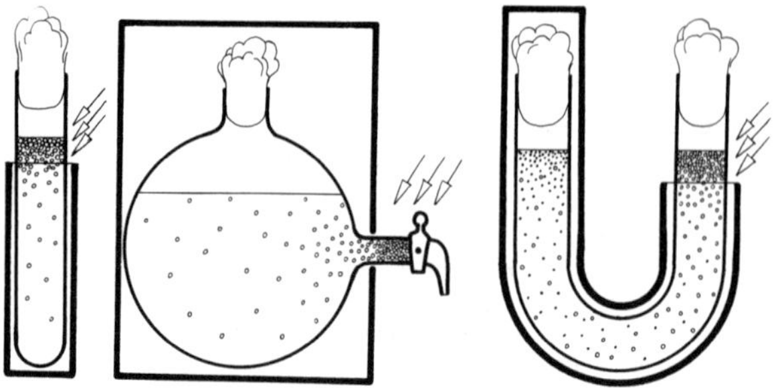

Abb. 137.

Nr. 90 Phototaxis, Ausnutzung zur Anreicherung von beweglichen Algen

- Positiv phototaktisch reagierende Algen reichern sich an der belichteten Seite der Kulturgefäße an.
- Benutzt man geeignete Gefäßformen mit angesetztem Rohr und Hahn (Abb. 135), kann man die angereicherten Organismen in bequemer Weise isolieren (der gesamte Kolben wird bis auf den Stutzen verdunkelt).
- Anreicherung bei gleichzeitigem Abtrennen von Begleitbakterien erreicht man oft in folgender Anordnung: Ein U-Rohr wird zu etwa zwei Drittel mit Agar geringer Festigkeit (max. 0,5- bis 1%ig) gefüllt. Auf das eine offene Ende wird die Algenprobe aufgebracht. Nach Watteverschluß der beiden Enden wird nun die gesamte Einrichtung bis auf den anfangs algenfreien Schenkel abgedunkelt. Nur das algenfreie Ende wird dem Licht ausgesetzt. Die beweglichen Algen reichern sich bald an der belichteten Seite an und können dort bequem entnommen werden.

Nr. 91 Planktonnetz

Zur qualitativen Entnahme kleiner Wasserorganismen nach dem Filtrationsprinzip sind kleine kegelförmige Wurfnetze gut geeignet. Sie werden aus Kunstfasergewebe hergestellt (Hinweise zum Selbstbau bei Schwoerbel: Methoden der Hydrobiologie, 2. Aufl., Stuttgart 1980). Für Phytoplankton benutzt man vorteilhaft Gaze mit der geringsten lichten Maschenweite (Gaze-Nr. 25, lichte Maschenweite etwa 60 μm).

Nr. 92 Quetschen mit Folie

Für cytologische Verfahren, bei denen vor dem Färben gequetscht werden muß. Die Methode erleichtert das Ablösen des Deckglases nach dem Quetschen (vgl. auch Reg. 64).

Durchführung:

- Möglichst kleine Portion des fixierten und beliebig vorbehandelten Stückmaterials aus mit Essigsäure angesäuertem destilliertem Wasser auf vorgewärmten Objektträger bringen und mit einem Tropfen warm verflüssigter, handelsüblicher Glycerol-Gelatine bedecken.
- Ein Stückchen dünne, chloroformlösliche Folie (Polystyrol, Piacryl, Plexiglas) auflegen, darauf Deckglas legen und quetschen.
- Präparat (wenn sich das Deckglas nicht sofort wieder ablösen läßt, auch mit Deckglas) in Chloroform-Aceton-Gemisch 3:1 einstellen, bis sich die Folie aufgelöst hat.
- Präparat nacheinander in Chloroform (3 min), absolutes Ethanol (3 min) und (wenn aus wäßriger Phase gefärbt werden soll) über Alkoholreihe abwärts (sinngemäß wie Reg. 11, 31, 80) in destilliertes Wasser überführen.
- Weiterverarbeitung beliebig (Hydrolyse für Feulgensche Nuklealreaktion, Eisenhämatoxylin nach Heidenhain oder andere Färbungen).

Nr. 93 Quittenschleim

Zur Erhöhung der Viskosität des Mediums, wenn schnell bewegliche Organismen (z. B. *Euglena*) beobachtet werden sollen. Quittensamen in einem Schälchen (Uhrglas, Blockschälchen) mit Wasser stehenlassen, bis genügend Schleim aus den Samen herausgequollen und damit das Wasser zu einem zähflüssigen Medium geworden ist.

Nr. 94 Reinigung von Objektträgern

Fettfreie Objektträger sind daran zu erkennen, daß sich ein aufgetragener Wassertropfen zu einem gleichmäßigen Film über die Glasfläche verteilen kann. Es bereitet oft große Mühe, die geforderte Eigenschaft zu erreichen.

Es werden verschiedene Methoden empfohlen:

- Über der nichtleuchtenden Bunsenbrennerflamme stark erhitzen (Objektträger springen dabei sehr leicht);
- mit Chromiumschwefelsäure: In konzentrierte Schwefelsäure mit Glasstab pulverisiertes Kaliumdichromat einrühren, bis ungelöster Bodensatz bleibt. Die Lösung wirkt stark oxidierend, solange sie braun aussieht. Aufenthaltsdauer der zu entfettenden Gläser bei Zimmertemperatur wenigstens 24 Std., in heißer Säure etwa eine Stunde (größte Vorsicht! Arbeitsschutzbestimmungen einhalten!). Grüngefärbte Chromiumschwefelsäure hat nur noch geringe Oxidationskraft (Reinigungswirkung).
  Objektträger einzeln einlegen, später mit Pinzette herausholen, unter fließendem Leitungswasser sehr gündlich spülen (Säurespuren verderben die Färbung!), in destilliertem Wasser spülen und steil aufgestellt trocknen lassen. Nicht mit Tuch abtrocknen, nur an den Kanten anfassen.
  Für Glas, daß in Kontakt mit Objekten kommt, deren Leben erhalten werden soll, nicht anwenden (toxische Wirkung von Chromiumspuren).
- Einlegen in Lösungen oberflächenaktiver Stoffe (z. B. Fit, Tween), dann Abspülen mit destilliertem Wasser.
- Einlegen in Fettlösungsmittel (z. B. für mehrere Tage in absolutes Ethanol; dann abflammen: Jeden Objektträger einzeln! Vorsicht!).
- Gebrauchtes Fixiergemisch nach Carnoy ist ebenfalls sehr gut zum Reinigen von Objektträgern und Deckgläschen geeignet: Gläser einzeln in das Gemisch einlegen; Reinigungseffekt meist sofort oder innerhalb weniger Minuten. Mit fettfreiem Tuch trocken wischen.

Nr. 95 Reinkulturen von Algen

1. *Artreinkulturen* (= Kulturen, die nur eine Algenspezies enthalten, jedoch noch nicht frei von Bakterien sind) gewinnt man:
   - durch Selektion der dominierenden Arten aus Rohkulturen (Reg. 96),
   - direkt aus angereichertem Material des Standortes, wenn die Art im Biotop sehr stark vorherrscht (zur Anreicherung s. Reg. 14, 90),
   - käuflich oder durch Tausch aus den Kulturensammlungen der Forschungsinstitute.

   Zur Übertragung des Materials in geeignete Nährmedien (Reg. 70) benutzt man für Flüssigkeitskulturen Pipetten, für feste Nährmedien Impfösen (Reg. 55).
2. *Axenische Reinkulturen* (= bakterienfreie Algenkulturen): Aus Artreinkulturen zu erhalten.
   Für Algen haben sich bewährt:
   - Verdünnungsverfahren: Bei wiederholtem Übertragen in frische, rein mineralische Nährlösungen bzw. auf feste Nährböden (Reg. 70) werden die auf organisches Material angewiesenen Bakterien zurückgedrängt.
   - Sprühverfahren: Verteilung einer nicht zu dichten Algensuspension mit Hilfe eines Zerstäubers (evtl. Haarlacksprüher) auf eine flache Schicht Agarnährmedium kann zur Isolierung einzelner bakterienfreier Zellen führen, die nach Auswaschen zu einer „Kolonie“ bakterienfrei weiterkultivierbar sind.
   - Ausstrichverfahren: Isolierung einzelner Zellen entsprechend dem Sprühverfahren durch mechanische Verteilung auf einem festen Nährboden durch zickzackartiges und kreuzweises Ausstreichen mit Hilfe einer Impföse (Reg. 55).
   - Zusätze von Antibiotika. Antibiotika in geeigneter Konzentration hemmen die Bakterien, ohne die Algen abzutöten.
     Günstige Konzentrationen müssen in oft langwierigen Experimenten jeweils neu erprobt werden.
   - UV-Bestrahlung. Für Blaualgen (Cyanobacteria) wird eine 20–30-min-Bestrahlung mit einer Quecksilberdampflampe (λ_{max} = 275 nm) empfohlen. Bestrahlt wird in geringer Schichtdicke und dünner Suspension, von der in 5-min-Intervallen Proben zur Subkultur entnommen werden.
     Bei UV-Bestrahlung muß mit der Möglichkeit genetischer Veränderungen gerechnet werden!

   Für alle Verfahren zur Reinkultur müssen sterile Bedingungen eingehalten werden (Nährmedien, Übertragung, Aufbewahrung; Reg. 15).

Nr. 96 Rohkulturen (Vorkulturen) von Süßwasseralgen

Für die empfohlenen Untersuchungen:

- zur Versorgung mit Untersuchungsmaterial über einen längeren Zeitraum (besonders solcher Arten, deren Dauerkultur erhebliche Schwierigkeiten bereitet),
- zum Studium ontogenetischer Entwicklungsabläufe,
- als Grundlage für die Anlage von Reinkulturen (Reg. 95).

Zielgerichtet entnommenes Algenmaterial, geschöpfte Wasserproben, Netzfiltrate, abgeschabte oder abpipettierte Überzüge auf untergetauchten Substraten oder kleine Teile dieser Substrate selbst werden in geeignete Gefäße gegeben (z. B. Bechergläser, Weithalsflaschen, Erlenmeyerkolben, Petrischalen) und (die Schöpfproben ausgenommen) Wasser des Herkunftsortes oder eine geeignete Nährlösung (Reg. 70) in nicht zu hoher Schicht hinzugefügt. Die Kultur ist auch auf festen Nährböden möglich (Reg. 70). Die Gefäße werden einer geeigneten Lichtquelle ausgesetzt (Lichtregal, Lichtthermostat, Leuchtstoffröhrenlicht, im einfachsten Falle an ein helles Fenster stellen; direktes Sonnenlicht und starke Erwärmung sind zu vermeiden; geeignete Temperatur: 15–20 °C).
Je nach der verwendeten Nährlösung (Zusammensetzung, Konzentration, *p*H-Wert), den spezifischen Zusätzen (Spurenelemente, Vitamine, organische Substanzen), den Licht- und Temperaturbedingungen und der Herkunft des Materials entwickeln sich nach einigen Wochen spezifische Algengesellschaften, wobei meist einige Arten dominieren, die zur Weiterzucht als Reinkulturen (Reg. 95) entnommen werden können. Nährlösungen ohne organische Zusätze drängen das Bakterienwachstum zugunsten der Algen zurück. Gute Ergebnisse werden auch in Rohkulturen mit der Erd-Wasser-Methode erzielt (Reg. 33).

Nr. 97 Rutheniumrot

Zum Anfärben der Gallerthüllen bei Cyanobacteria.

Ansatz: Man löst 0,01–0,02 g Rutheniumrot in 100 ml destilliertem Wasser und fügt dann einige Tropfen Ammoniak hinzu. Die gebrauchsfertige Lösung ist nicht beständig, daher stets frisch ansetzen.
Färbedauer: etwa 10 min.
Auswaschen in Wasser.
Einschluß in Glycerol, Glycerolgelatine, Harze oder Kunstharze nach Entwässern möglich.

Ergebnis: Gallerthüllen karminrot.

Nr. 98 Säurefuchsin

Ansatz: 1 %ige wäßrige Lösung. Die Farblösung ist lange haltbar.

Anwendung: Beliebig fixiertes Material kalt oder wenn nötig heiß für 5–10 min färben. Überfärbungen mit Wasser auswaschen. Durch leichtes Ansäuern des Waschwassers (einige Tropfen Essigsäure auf 100 ml Wasser) wird das Differenzieren gestoppt.

Nr. 99 Schiefe Beleuchtung

Durch die sogenannte schiefe Beleuchtung kann das Auflösungsvermögen von Mikroskopobjektiven in gewissen Grenzen erhöht werden. Sie wird häufig dazu eingesetzt, um Strukturen mikroskopischer Objekte zu kontrastieren, die wegen geringer Brechzahldifferenzen im Präparat oder weil sie ungefärbt sind, flaue Bilder ergeben. Bei normaler Köhlerscher Beleuchtung kaum sichtbare Konturen werden dann reliefartig und scharf abgebildet.

Einstellung:

- Optisch exakt: mit dem Abbeschen Beleuchtungsapparat, der eine verschiebbare Aperturblende enthält, oder mit Azimutblenden, die von den Optik-Firmen angeboten werden.
- Behelfsmäßig: Entweder Hohlspiegel verwenden, Kondensor unter das für Köhlersches Beleuchtungsprinzip erforderliche Niveau senken, Spiegel schräg stellen und Öffnung der Aperturblende variieren, bis der gewünschte Kontrast eintritt.
  Oder (z. B. bei Mikroskopen mit eingebauter Beleuchtung): Köhlersches Beleuchtungsprinzip einstellen: Aperturblende öffnen; eine lichtundurchlässige exzentrische Blende (aus Karton ausschneiden) als Ersatz für Aperturblende in den Filterhalter unterhalb des Kondensors einlegen (Druchmesser der runden exzentrisch liegenden Blendenöffnung ungefähr ½ bis ⅓ des Gesamtblendendurchmessers). Lage der Blendenöffnung durch Drehen der Blende im Filterhalter variieren, bis optimaler Kontrast eintritt.

Nr. 100 Seewasser (s. Meerwasser)

Nr. 101 Simultanfärbung der Gonidien im Flechtenthallus

- Fixierung: Pfeiffersches Gemisch, Reg. 36 (kann notfalls unterlassen werden).
- Gründliches Auswaschen mit dest. Wasser.
- Färbung: Anilinblau/Orange G (je nach Objekt 5 min bis mehrere Stunden)

Ansatz der Lösung:
0,25 g Anilinblau (wasserlöslich)
1,00 g Orange G
100 ml dest. Wasser
Lösung aufkochen; nach dem Erkalten 5 ml Essigsäure zusetzen; anschließend filtrieren. Die Farblösung ist lange haltbar.

- Gründliches Auswaschen in Isopropylalkohol, bis keine Farbwolken mehr auftreten (Waschflüssigkeit wechseln!)
- Xylen
- Einschluß in Caedex oder Neutralbalsam.

Ergebnis: Gonidien rein gelb, Pilzhyphen blau.

Nr. 102 Spurenelementlösung nach Hoagland

Die Salze werden in den aufgeführten Mengen in 1000 ml dest. Wasser gelöst. 1 ml der Lösung ist zu jeweils einem Liter gebrauchsfertiger Nährlösung (Reg. 70) hinzuzufügen.

$Al(SO_4)_3$	55 mg
KI	28 mg
KBr	28 mg
LiCl	28 mg
$MnCl_2 \cdot 4\,H_2O$	389 mg
H_3BO_3	614 mg
$CuSO_4 \cdot 5\,H_2O$	55 mg
$NiSO_4 \cdot 6\,H_2O$	55 mg
$Co(NO_3)_2 \cdot 6\,H_2O$	55 mg
$ZnSO_4 \cdot 7\,H_2O$	55 mg

Nr. 103 Stereomikroskope (Präpariermikroskope)

Spezielle Mikroskope, die im hier interessierenden Zusammenhang als Präparationshilfen eingesetzt werden. Stereomikroskope liefern in der Regel schwache bis mittlere Vergrößerungen, aufrechte, seitenrichtige Bilder, die räumlich gesehen werden (Stereoeffekt). Wesentliches Kennzeichen ist ein großer freier Arbeitsabstand zwischen Tisch und Objektiv.

Nr. 104 Sterilisation

- *Dampfsterilisation:* Die Sterilisation mit Hilfe des heißen, gespannten Dampfes im Autoklaven ist die sicherste Methode zum Abtöten aller Formen von Mikroorganismen. Der Dampf gibt eine hohe Wärmeenergie beim Kondensieren an das Sterilisiergut ab, wobei die Proteine der vorhandenen Mikroorganismen hydratisiert, koaguliert und hydrolysiert werden. (Bei dicht verschlossenen Gefäßen mit trockenem Inhalt, und bei wasserfreien öligen Substanzen ist dieser Sterilisationseffekt nicht gewährleistet!) Hitze- und feuchtigkeitsempfindliche Substanzen und Geräte nicht im Autoklaven sterilisieren!
  Richtwerte: 121–124 °C, 12 min (Abtötungszeit mit Sicherheitszuschlag). Dabei entwickelt sich ein Druck von 0,11 bis 0,13 MPa (≙ 1,1 bis 1,3 kp/cm^2).
  Die Ausgleichszeit (Zeit vom Erreichen der Sterilisiertemperatur im Autoklavennutzraum bis zum Erreichen der Sterilisiertemperatur an allen Stellen des Sterilisiergutes) muß empirisch ermittelt und dazugezählt werden. Von Ausnahmen abgesehen (z. B. große Flüssigkeitsvolumina; dicht gepacktes Material), wird in der Praxis meist 20 min lang bei 121 °C sterilisiert.
  Bei Benutzung von Autoklaven Arbeitsschutzanordnungen beachten!
- *Heißluftsterilisation:* Sterilisation in trockener Heißluft erfolgt langsamer als in heißem Dampf. Sie wird bevorzugt zum Sterilisieren von Metall- und Glasgeräten eingesetzt; für Gummi, Kunststoffe und Flüssigkeiten ist sie nicht geeignet.
  Richtwerte: 180–200 °C, 25 min (Abtötungszeit mit Sicherheitszuschlag). Die Ausgleichszeit ist bedeutend länger als im Autoklaven. In der Praxis wird meist 2 Std. bei 180 °C sterilisiert.
- *Tyndallisation:* Das Sterilisiergut wird im Dampftopf oder in einem anderen geeigneten Behältnis (z. B. Einwecktopf) an vier aufeinanderfolgenden Tagen je 30 min lang dem strömenden Dampf ausgesetzt. In den Zwischenzeiten wird es bei 20–25 °C aufbewahrt.

Vorteile der Methode: Schonendes Sterilisieren von empfindlichem Sterilisiergut (z. B. zuckerhaltige Nährmedien): geringer technischer Aufwand, Tyndallisation kann daher auch unter einfachen Arbeitsbedingungen durchgeführt werden; durch die fraktionierte Dampfbehandlung wird auch solches Sterilisiergut steril, das mit Bakteriensporen kontaminiert ist.

Nr. 105 Totalpräparate

Viele Objekte, die es durch ihre geringe Größe und ausreichende Druchsichtigkeit erlauben, können für morphologische Studien ohne präparativen Aufwand untersucht werden: Dazu die ganzen Pflanzen – bei größeren Individuen auch Teile davon – auf einem Objektträger in einen angemessen großen Tropfen desjenigen Wassers bringen, das den Objekten als Lebensraum dient. Dabei nicht zu viele Individuen in den Flüssigkeitstropfen einbringen, damit sie sich nicht gegenseitig überdecken. Nachfolgend wird wie bei gewöhnlichen Frischpräparaten verfahren (Reg. 41).

Nr. 106 Tusche

- Zum Darstellen von Gallertbildungen bei Algen. Als Einbettungsmedium beim Herstellen des Präparates dient hierbei nicht Wasser, sondern verdünnte Tuschesuspension. Gute, konservierungsmittelfreie Tusche verwenden. Gut geeignet ist Tusche für mikroskopische Zwecke nach Burri (ohne Zusätze toxischer Konservierungsmittel).
  Anwendung: Ein Tropfen Tusche wird auf einem Objektträger mit so viel Wasser vermischt (etwa 1 : 1), daß das von unten einfallende Licht einer Mikroskopierleuchte gerade nicht mehr total absorbiert wird. Die Tuscheschicht erscheint dann nicht tiefschwarz, sondern schwarzbraun bis braun. Das zu untersuchende Material wird lebend und ungefärbt auf das Deckglas gebracht. Dann Deckglas auf den Tuschetropfen auflegen (so wird vermieden, daß Tuschepartikel zwischen Deckglas und Objekt gelangen; der Kontrast wäre geringer).

  Ergebnis: In diese Mischung eingebettete Organismen heben sich im Mikroskop hell gegen den dunklen (Tusche-) Untergrund ab. Die äußeren Grenzen der Gallertmassen treten scharf gegen das mit feinen Tuschepartikeln erfüllte Einschlußmittel hervor, da die suspendierten Teilchen nicht in die Schleimhüllen eindringen können.

- Tuscheausstrich zum Darstellen von Bakterien und deren Schleimhüllen.
  - Ausstrich wie unter Reg. 16, Variante 2, angegeben herstellen. Als Flüssigkeit Spezialtusche (Burritusche, Ausziehtusche) oder eine Suspension des wasserunlöslichen Anilinfarbstoffs Nigrosin verwenden.
  - Mitunter ist es vorteilhaft, die Mikroorganismen zuerst in einem kleinen Tropfen Wasser neben dem Tuschetropfen zu suspendieren und anschließend beide Tropfen mit der Impföse zu mischen. Die optimale Verdünnung des Tuschetropfens muß ausprobiert werden. Durch die Geschwindigkeit, mit der man den Tropfen auseinanderzieht, kann die Stärke des Tuschefilms und damit die Verteilung der Mikroorganismen variiert werden.
  - Tuscheausstriche trocknen an der Luft rasch.
  - Zum Beobachten kann die Immersionsflüssigkeit direkt auf den trockenen Tuschefilm aufgetragen werden. Achtung! Die Mikroorganismen sind nicht abgetötet.

  Die Färbung von Bakterien innerhalb der Schleimhülle läßt sich nur dann durchführen, wenn für den Ausstrich Ausziehtusche verwendet wurde. Nigrosin löst sich bei nachfolgender Färbung vom Objetträger ab.

  Durchführung der Färbung:
  - Tuscheausstrich wie gewöhnliches Ausstrichpräparat hitzefixieren (Reg. 16).
  - Objektträger mit Karbolfuchsingebrauchslösung (Reg. 63, 107) überschichten und so lange über der schwachen Bunsenbrennerflamme erwärmen, bis Dampf aufsteigt.
  - Farblösung vorsichtig mit Wasser abspülen (Bakterienzellen werden leicht aus den Schleimhüllen herausgerissen).
  - Präparat vorsichtig auf Fließpapier drücken und dann lufttrocknen.

Nr. 107 Übersichtsfärbung

Zur Darstellung von Mikroorganismen in Ausstrichpräparaten. Es werden meist die Farbstoffe Methylenblau, Fuchsin, Gentianaviolett und Methylviolett verwendet.

Farbstoffstammlösung:
In einer Schliffstopfenflasche so viel Farbstoff (etwa 10 g/100 ml) mit Ethanol übergießen, daß ein Farbstoffüberschuß ungelöst am Boden bleibt. Die Mischung öfter umschütteln und stehenlassen. Die Stammlösung ist haltbar.

Farbstoffgebrauchslösung:

Filtrierte Stammlösung mit dest. Wasser auf das fünf- bis zehnfache Volumen verdünnen. Sollen zarte Details dargestellt werden, muß die Farblösung noch weiter verdünnt werden. Am häufigsten werden für Übersichtsfärbungen folgende Farbstoffgebrauchslösungen verwendet:
Alkalische Methylenblaulösung nach Löffler (Reg. *77).* Karbolfuchsinlösung (Reg. 63).

Durchführung:

- Auf das hitzefixierte Ausstrichpräparat (Reg. 16) Farbstoffgebrauchslösung auftropfen (wenn notwendig, durch einen Filter hindurch) und etwa 1 min einwirken lassen.
- Danach mit Wasser abspülen, das Präparat zwischen Filterpapier legen und vorsichtig darüberstreichen (nicht mit dem Papier wischen!), anschließend staubgeschützt an der Luft trocknen lassen.
- Die Färbung wird verstärkt, wenn der mit Farblösung beschichtete Objektträger über der schwachen Bunsenbrennerflamme erwärmt wird, bis von der Farblösung Dampf aufsteigt. Vorsicht – Siedeverzug!
- Zum Mikroskopieren der gefärbten Ausstrichpräparate kann die Immersionsflüssigkeit direkt auf die lufttrockene Schicht aufgetragen werden.
- Für dauerhafte Aufbewahrung (z. B. Demonstrationspräparate) unter einem Deckglas in Harz einschließen (Reg. 1, 51).

Nr. 108 Umranden der Deckgläser bei Dauerpräparaten

Bei Präparaten mit flüssigen nicht erhärtenden oder halbfesten Einbettungsmedien (z. B. Glycerol-Gelatine) erforderlich. Bedingung: Das Einbettungsmedium darf nicht unter dem Deckglas hervorquellen, da sonst der Kontakt des Umrandungsmittels mit dem Glas verhindert wird.

- Einfaches Verfahren: Nagellack mit feinem Pinsel (Fotoretuschierpinsel) so auf Deckglasrand auftragen, daß der Lackstreifen ein bis zwei Millimeter breit Deckglas *und* Objektträger bedeckt und die Fuge lückenlos schließt. Umrandung zweckmäßig nach einer Stunde wiederholen. Vorteil: Sofort aushärtend, mit den meisten Einschlußmedien nicht mischend, resistent gegen Xylen, Alkohol und Immersionsflüssigkeit. In vielen Fällen ist auch Neutralbalsam in sirupöser Konsistenz verwendbar (nicht bei Chloralhydrat!). Nachteil: in Xylen löslich (bei Reinigung des Präparates von Immersionsflüssigkeit).
- Verfahren für besonders dauerhafte Umrandung: Objekt zwischen kleinerem und größerem Deckglas einbetten, so daß das größere Deckglas das kleinere rundum überragt. Der freie Rand des großen Deckglases muß dabei sauber und trocken bleiben! 2–3 Tropfen sirupösen Neutralbalsam auf Objektträger geben und auf eine Fläche verteilen, die etwas kleiner ist als das größere Deckglas. Die beiden Deckgläser, das kleinere nach unten (schnell umdrehen!), auf die Balsamschicht legen, daß die ganze Deckglasfläche blasenfreien Kontakt mit dem Balsam erhält. Wenn das Einschlußmedium mit Balsam mischbar ist oder sich nicht mit Balsam verträgt (z. B. Chloralhydrat), gelingt die Operation bei raschem Arbeiten auch mit (farblosem, klarem!) Nagellack.

Nr. 109 Vesuvin

Für Übersichtsfärbungen von Braunalgen und Diatomeen.
Ansatz: 1–2 g Farbstoff in 100 ml 70%igem Ethanol lösen, eventuell erwärmen (Vorsicht! Flammpunkt beachten!), anschließend filtrieren. Farblösung ist lange haltbar.
Durchführung: Die beliebig fixierten Objekte für 10–30 min färben (mikroskopische Kontrolle!). Bei Überfärbung mit 96%igem Ethanol extrahieren.
Auswaschen in 96%igem Ethanol.
Einschluß in Harze (Reg. 1, 51).
Ergebnis: Zellwände und Zellinhaltskörper abgestuft braun.

Literatur

Eine Auswahl von Praktika und technischen Anleitungen

Aaronson, Sh .: Experimental Microbial Ecology. New York 1970.

Alexopoulos, C. J., and E. S. Beneke: Laboratory Manual for Introductory Mycology. Minneapolis 1964.

Appelt, H.: Einführung in die mikroskopischen Untersuchungsmethoden. 4. Aufl. Leipzig 1959.

Beyer, H.: Handbuch der Mikroskopie. 3. Aufl.. Berlin 1988.

Braune, W., A. Leman und H. Taubert: Pflanzenanatomisches Praktikum I. 8. Aufl. Jena, Heidelberg 1999.

Collins, C. M.: Microbiological Methods. 2. Aufl. London 1967.

Cooke, W. B.: A Laboratory Guide to Fungi in Polluted Waters, Sewage, and Sewage Treatment Systems. Cincinnati 1963.

Dade. H. A., and J. Gunnell: Class Work with Fungi. 2nd Ed. Kew 1969.

Dawid, W.: Experimentelle Mikrobiologie. Heidelberg 1969.

Drews, G.: Mikrobiologisches Praktikum für Naturwissenschaftler. 4. Aufl., Berlin, Heidelberg. New York. 1983.

Eagon. R. G.: Advanced General Microbiology. Laboratory Methods. Minneapolis 1968.

Eckert, F.: Das Präparieren von Algen. Stuttgart 1939.

Erb, B., und W. Matheis: Pilzmikroskopie: Präparation und Untersuchung von Pilzen. Stuttgart 1983.

Esser, K.: Kryptogamen. Blaualgen, Algen, Pilze, Flechten. Praktikum und Lehrbuch. 2. Aufl. Berlin, Heidelberg, New York, Tokyo 1986.

Feder, N. and T. P. O'Brien: Plant Microtechnique: Some Principles and new Methods. Amer. J. Botany 55. p. 133–142, 1968

Fogg, G. E.: Algal Cultures and Phytoplankton Ecology, Madison 1966.

Freytag, K.: Schulversuche zur Bakteriologie. Köln 1960

Friedrich, W.: Das Mikrotom. Wetzlar 1961.

Gantt, E. (Ed.): Handbook of Phycological Methods. Developmental and Cytological Methods. London, New York 1980.

Garnett, W. J.: Freshwater Microscopy. London 1953.

Gerlach, D.: Botanische Mikrotechnik. Eine Einführung. 3. Aufl.. Stuttgart 1984.

Gerlach, D.: Das Lichtmikroskop. Eine Einführung in Funktion und Anwendung in Biologie und Medizin. 2. Aufl. Stuttgart 1985.

Gorbunowa, N. P.: Kleines Praktikum zu den niederen Pflanzen (russisch). Moskau 1967.

Groman, N. B., and V. C. Chambers: Basic Laboratory Techniques for Microbiology. New York 1972.

Gurr, G. T.: Biological Staining Methods. 7. Ed. London 1963.

Harms, H.: Handbuch der Farbstoffe für die Mikroskopie. Kamp-Lintfort 1965.

Koch, W. J.: Fungi in the Laboratory. A Manual and Text. 2nd Ed. Carolina 1972

Koch, W. J.: Plants in the Laboratory. A Manual and Text for Studies of the Culture, Development, Reproduction, Cytology, Genetics, Collection, and Identification of the Major Plant Groups. New York 1973.

Kreisel, H., und F. Schauer: Methoden des mykologischen Laboratoriums. Jena 1987.

Kuhn, K. und W. Probst: Biologisches Grundpraktikum, Bd. I. 4. Aufl. 1983.

Kursanow, L. J., and N. A. Komarnitzki: Kurs der niederen Pflanzen (russ.). 3.Aufl. Moskau 1945.

Larpent, J.-P., et M. Larpent-Gourgand: Microbiologie pratique. Paris 1970.

Lemon, P. C., and N. H. Russell: General Botany Manual: Exercises on the Life Histories, Structures, Physiology and Ecology of the Plant Kingdom. 3rd Ed. St. Louis 1970.

Lindau, G.: Hilfsbuch für das Sammeln der Ascomyzeten. Berlin 1922.

– Hilfsbuch für das Sammeln parasitischer Pilze mit Berücksichtigung der Nährpflanzen Deutschlands, Osterreich-Ungarns, Belgiens, der Schweiz und der Niederlande nebst einem Anhang über die Thierparasiten. 2. Aufl. Berlin 1901.

– und O. C. Schmidt: Hilfsbuch für das Sammeln und Präparieren der niederen Kryptogamen. 2. Aufl. Berlin 1938.

Littler, M. M., and D. S. Littler (Eds.): Handbook of Phycological Methods. Ecological Field Methods; Macroalgae. Cambridge. London. New York 1985.
Lobban, Ch. S., D. J. Chapman, B. Kremer: Experimental Phycology. A Laboratory Manual. Cambridge, 1988.
Möbius, M.: Mikroskopisches Praktikum für systematische Botanik.
I. Angiospermae. Berlin 1912.
II. Kryptogamae und Gymnospermae. Berlin 1915.
Müller, J., und H. Melchinger: Methoden der Mikrobiologie. Stuttgart 1964.
Nävecke, R., und K.-P. Tepper: Einführung in die mikrobiologischen Arbeitsmethoden.Stuttgart 1979.
Nielsen, H.: Introduktion til alger og bakterier. 2. Aufl. Kopenhagen 1983.
Nienhaus, F.: Phytopathologisches Praktikum. Versuchsanleitungen und Laboratoriumsmethoden für Studium und Praxis. Berlin und Hamburg 1969.
Norris, J. R., and D. W. Ribbons: Methods in Microbiology. New York und London ab 1969.
Nultsch, W., und Anneliese Grahle: Mikroskopisch-botanisches Praktikum für Anfänger. 10. Aufl. Stuttgart 1995.
Prat, S., J. Dvorakova and M. Baslerova: Cultures of Algae in Various Media. Prag 1972.
Pringsheim, E. G.: Algenreinkulturen, ihre Herstellung und Erhaltung. Jena 1954.
Rawlins, Th. E.: Phytopathological and Botanical Research Methods. New York 1933.
Reichardt, W.: Einführung in die Methoden der Gewässermikrobiologie. Stuttgart 1978.
Rodina, G. G.: Methods in Aquatic Microbiology. Baltimore 1972.
Romeis. B.: Mikroskopische Technik. 17. Aufl. München 1989.
Round, F. E.: Introduction to the Lower Plants. London 1969.
Sass, J. E.: Elements of Botanical Microtechnique. 3. Aufl. Ames Jowa 1958.
Schlüter, W.: Mikroskopie für Lehrer und Naturfreunde. Berlin 1973.
Schömmer, F.: Kryptogamen-Praktikum. Stuttgart 1949.
Schröder, Helga: Mikrobiologisches Praktikum. 3. Aufl. Berlin 1980.
Shapton, D. A., and G. W. Gould: Isolation Methods for Microbiologists. London, New York 1969.
Stein, J. R. (Ed.): Handbook of Phycological Methods. Culture Methods and Growth Measurements. London 1973.
Stevens, R. B. (Ed.).: Mycology Guidebook. Seattle, London 1974.
Strasburger, E.: Das botanische Praktikum. 5. Aufl. Jena 1913.
– und M. Koernicke: Das kleine botanische Praktikum für Anfänger. 14. Aufl. Stuttgart 1970.
Walter, F.: Das Mikrotom, Leitfaden der Präparationstechnik und des Mikrotomschneidens.Wetzlar 1961.

Pflanzenverzeichnis

*: Abbildung
halbfett: eingehender behandelt
kursiv: theoretischer Teil
nicht kursiv: praktischer Teil und „weitere Objekte“

Sachverzeichnis

*: Abbildung
halbfett: eingehender behandelt
kursiv: theoretischer Teil
nicht kursiv: praktischer Teil und Methodenregister

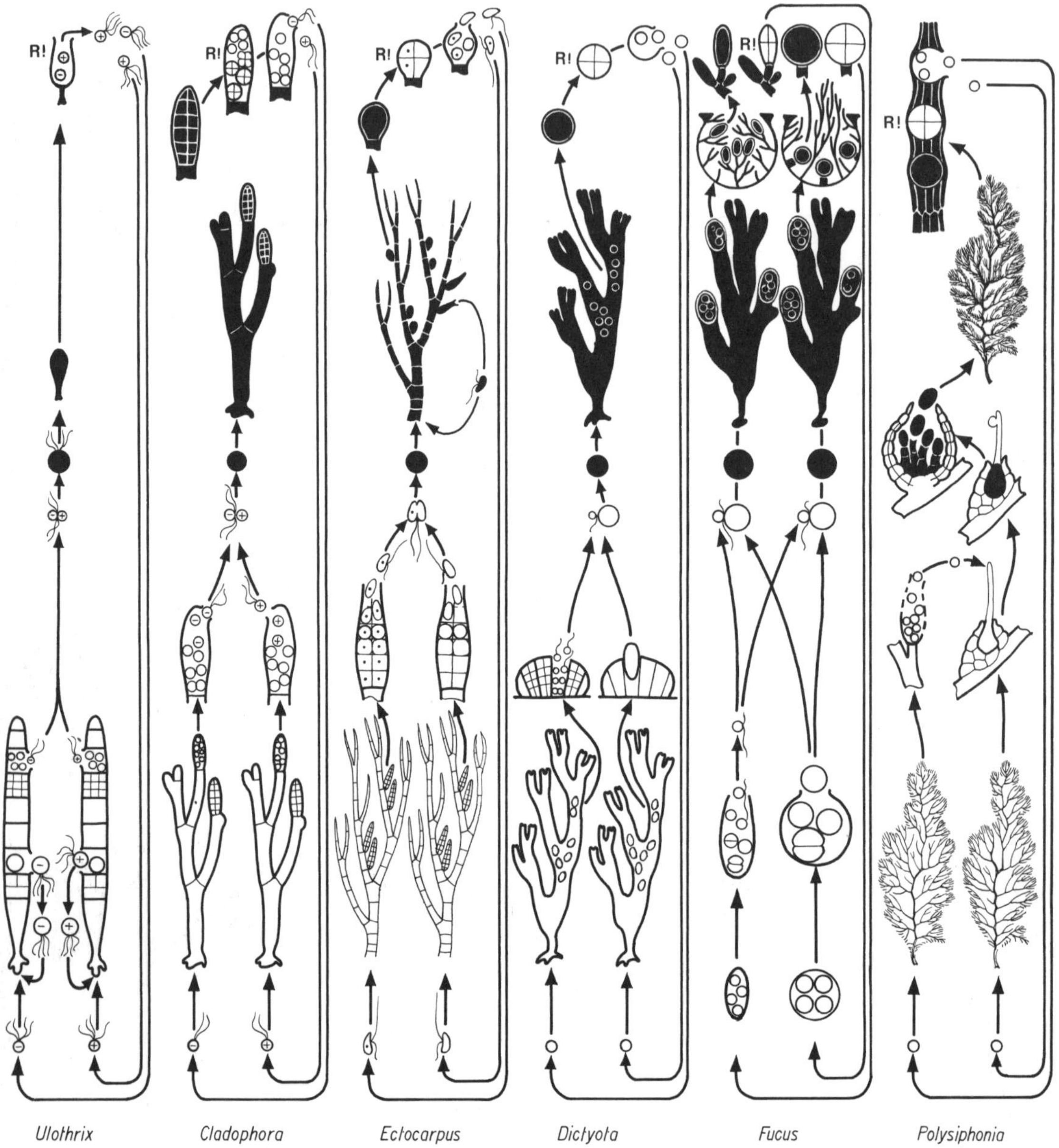
R!
R!
R!
R!
R!
R!
Ulothrix
Cladophora
Ectocarpus
Dictyota
Fucus
Polysiphonia